DAS PERIODEN-SYSTEM

DAS PERIODEN-SYSTEM

VON DER ALCHEMIE
ZUM NUKLEAREN ZEITALTER

EINFÜHRUNG

ANTIKE BIS ALCHEMIE
Frühgeschichte bis 1700

INHALT

WISSEN-SCHAFTLICHE REVOLUTION
1700–1799

INDUSTRIELLE REVOLUTION
1800–1859

KLASSIFIKATION DER ELEMENTE
1860–1899

DAS SYSTEM FÜLLT SICH
1900–1944

DK | Penguin Random House

DK London / Delhi

Lektorat
Peter Frances, Rob Houston, Bharti Bedi, Abigail Ellis, Hannah Westlake, Angeles Gavira Guerrero, Georgina Dee, Liz Gough

Gestaltung und Bildredaktion
Steve Woosnam-Savage, Judy Caley, Noor Ali, Michael Duffy, Max Pedliham, Sonakshi Singh, Aarushi Dhawan, Tanya Varkey P, Sudakshina Basu, Malavika Talukder, Nunhoih Ching Guite, Virien Chopra, Harish Aggarwal, Anurag Trivedi, Manish Upreti, Vijay Kandwal

Umschlaggestaltung
Suhita Dharamjit, Juhi Sheth, Priyanka Sharma Saddi, Tarun Sharma

Herstellung
Robert Dunn, Meskerem Berhane

Für die deutsche Ausgabe:
Projektbetreuung Silke Tauscher
Herstellungskoordination Bianca Isack
Herstellung Claudia Bürgers

Titel der englischen Originalausgabe:
The Periodic Table. From Alchemy to the Nuklear Age

Übersetzung Dr. Stephan Matthiesen
Lektorat Micaela Krieger-Hauwede

ISBN 978-3-8310-5224-0
5902-342132-24208-01

Druck und Bindung TBB, a.s., Slowakei

www.dk-verlag.de

KÜNSTLICHE ELEMENTE
nach 1944

BEITRAGENDE

Victoria Atkinson hat an der Universität Oxford mit einem Dr. phil. in organischer Chemie promoviert. Heute ist sie freiberufliche Wissenschaftsautorin und schreibt vor allem über Chemie – sie berichtet über die neuesten Forschungsergebnisse für Zeitschriften wie Chemistry World und Live Science – und teilt ihre Begeisterung für die Wissenschaft mit Lesern aller Altersgruppen durch ihre Arbeit an populärwissenschaftlichen Büchern.

Rebecca Mileham studierte Physik und dann Wissenschaftskommunikation am Imperial College London, bevor sie zehn Jahre lang im Science Museum in London arbeitete. Heute verfasst sie Texte für internationale Ausstellungen und schreibt populärwissenschaftliche Bücher zu Themen wie Chemie, Physik, Technik und Kultur.

Paul Board ist analytischer Chemiker und Mitglied der Royal Society of Chemistry. Er hat für mehrere naturwissenschaftliche Zeitschriften geschrieben und ist seit 2009 der Hauptverantwortliche für die Chemie-Rätsel im Magazin Chemistry World der Royal Society of Chemistry.

BERATENDE

Andy Extance arbeitete sechseinhalb Jahre lang in der Drug-Discovery-Phase der Medikamentenentwicklung, bevor er sich ganz dem Wissenschaftsjournalismus zuwandte. Seine Artikel behandeln alle Themen rund um die Chemie, von der Umwelt der Erde bis zum Weltraum, von Lebensmitteln bis zur Fusion und von Solarzellen bis zu unserem Geruchssinn.

Cally Oldershaw ist professionelle Geologin, Gemmologin und Beraterin für den Erdkundeunterricht. Sie war Kuratorin für Edelsteine am Naturhistorischen Museum in London und Leiterin der Lehrplanentwicklung bei der Association for Science Education. Außerdem war sie Vorsitzende der Gemmological Association of Great Britain und der Earth Science Teachers Association.

VORWORT

Dmitri Mendelejew schrieb die Namen der chemischen Elemente mit ihrem jeweiligen Atomgewicht auf Karten. Drei Tage und drei Nächte blieb er wach. Wie passten all die Karten zusammen? Schließlich nickte er am vierten Tag ein und hatte einen Traum – eine Tabelle, in der alle bekannten Elemente in einer Weise angeordnet sind, die ihr Atomgewicht und ihre chemischen Eigenschaften widerspiegelt.

Aufbauend auf Arbeiten vieler Vorgänger veröffentlichte der russische Chemiker Dmitri Mendelejew 1869 das berühmte Periodensystem. Seitdem haben Elementforscher vieler Fachgebiete und Nationalitäten die von ihm vorhergesagten Lücken mit verschiedenen Methoden gefüllt. Dabei gingen sie tatsächlich weit über das hinaus, was Mendelejew sich jemals hätte träumen lassen. Frühere Alchemisten wären von Atomumwandlungen wie dem radioaktiven Zerfall und der Atomspaltung, darunter auch der Umwandlung von Quecksilber in Gold, verblüfft gewesen.

Die tabellenartige Standarddarstellung des Periodensystems, die wie eine zinnenbewehrte Festung aussieht, kennen viele von Laborwänden oder aus Hörsälen. Natürlich ist sie ein menschliches Konstrukt – so wie viele der schwereren Elemente menschliche Produkte sind. Dieses Buch stellt die Elemente in der Reihenfolge ihrer Entdeckung vor. Die Entdeckungsgeschichte reicht von der Antike (als man nur vier »Elemente« kannte: Erde, Wasser, Feuer und Luft) bis in die Moderne, von der Synthese von Elementen in Sternen bis zu neuen Elementen, die für Sekundenbruchteile in Teilchenbeschleunigern entstehen – und sogar zu einigen, die man im Niederschlag der ersten Wasserstoffbombe entdeckte.

Manche Entdeckungen waren zufällig. So wurde Jod entdeckt, als der französische Chemiker Bernard Courtois aus Seetang Salpeter für die Napoleonischen Kriege erzeugen wollte. Phosphor wurde vom deutschen Alchemisten Hennig Brand, der eigentlich nach dem Stein der Weisen suchte, aus Urin isoliert. Viele Forschende nutzten die neueste Technik ihrer Zeit. Im frühen 19. Jh. entdeckte der englische Chemiker Humphry Davy mehrere Elemente durch Elektrolyse. Später in demselben Jahrhundert fand man weitere Elemente durch Spektroskopie von Mineralien und der Sonne. Dann kam das 1,5 m große Zyklotron des US-Physikers Ernest Lawrence (als »produktivster Atomzerstörer der Geschichte" gefeiert). Seitdem wurden Teilchenbeschleuniger immer größer: Der Large Hadron Collider des CERN erstreckt sich über zwei Länder. Viele Entdeckungen waren mühsam, manche umstritten. Mehrere Forschende verloren bei der Arbeit ihr Leben.

Einige Elemente werden für Kernenergie und Kernwaffen verwendet. Andere sind für die Energiewende von fossilen Brennstoffen zu einer nachhaltigeren Zukunft entscheidend. Viele sind für Lebewesen unverzichtbar, und einige der weniger bekannten Beispiele können unser Leben verlängern: Technetium-99m (»m« steht für metastabiler Kern) mit einer Halbwertszeit von etwa sechs Stunden ist der weltweit am häufigsten verwendete Radiotracer in der diagnostischen Medizin.

Mendelejew hat die damals bekannten 56 Elemente sortiert, um das Periodensystem zu erstellen. Heute kennen wir 118. Die Suche geht weiter.

PAUL BOARD

EINFÜHRUNG

ATOME

Atome sind die einfachsten Einheiten chemischer Elemente. Ihre Grundstruktur erklärt einige der Eigenschaften und Gemeinsamkeiten der verschiedenen Elemente im Periodensystem.

Atome sind für jedes Element einzigartig, und ein Atom ist die kleinste Einheit eines Elements. Die moderne Atomtheorie führte 1803 der englische Chemiker John Dalton ein. Fast ein Jahrhundert hielt man Atome für nicht weiter teilbar, doch heute wissen wir, dass sie aus drei Arten subatomarer Teilchen bestehen: Protonen, Neutronen und Elektronen (siehe unten).

Im Zentrum jedes Atoms sitzt der Atomkern, der alle Protonen und Neutronen enthält. Obwohl er weniger als 0,01 % des Volumens eines Atoms ausmacht, liefert er etwa 99,9 % der Gesamtmasse. Die positive elektrische Ladung des Protons stößt andere Protonen ab. Kerne enthalten in der Regel etwa ebenso viele Neutronen, die die Protonen voneinander trennen. Neutronen und Protonen (zusammen Nukleonen genannt) werden durch eine fundamentale Wechselwirkung, die Starke Kernkraft, zusammengehalten. Sie ist so stark, dass sie die Abstoßung zwischen den positiven Protonen überwindet.

Die negativ geladenen Elektronen umgeben den Kern und werden von den positiven Protonen angezogen. In dem Atommodell des dänischen Physikers Niels Bohr von 1913 umkreisen Elektronen den Kern in konzentrischen Schalen. Die chemischen Eigenschaften jedes Elements beruhen darauf, wie leicht die äußerste Schale, die Valenzschale, Elektronen aufnehmen oder abgeben kann. Atome sind am stabilsten und am wenigsten reaktiv, wenn die Valenzschale vollständig besetzt ist. Obwohl das Bohrsche Modell die tatsächliche Atomstruktur vereinfacht, kann man mit ihm Atome praktisch grafisch darstellen (siehe rechts).

Elemente verstehen

Man charakterisiert Elemente durch mehrere Zahlen. Die Identität eines Elements wird durch die Anzahl der Protonen im Kern bestimmt: die sogenannte Ordnungszahl. Sie wird gewöhnlich unten links neben dem Symbol des Elements angegeben (siehe unten).

Neutrale (ungeladene) Atome haben immer ebenso viele Elektronen wie Pro-

PROTONEN, NEUTRONEN, ELEKTRONEN

Atome wie dieses Heliumatom bestehen aus winzigen subatomaren Teilchen: Protonen, Neutronen und Elektronen. Protonen sind positiv geladen und befinden sich im Kern, Neutronen sind ungeladen und trennen die Protonen im Kern, und negativ geladene Elektronen umgeben den Kern in Anordnungen, die man Schalen nennt.

RELATIVE MASSE UND RELATIVE LADUNG

Für winzige Teilchen sind die üblichen Einheiten (wie Kilogramm) unpraktisch. Daher gibt man Massen und Ladungen relativ zum Proton an, das dann die relative Masse 1 und die relative Ladung +1 hat. Neutronen sind ein wenig schwerer und neutral. Elektronen haben eine negative Ladung mit gleichem Betrag wie das Proton, sind aber viel leichter.

	Relative Masse	Relative Ladung
Proton	1	+1
Neutron	1,008	0
Elektron	1/1840	−1

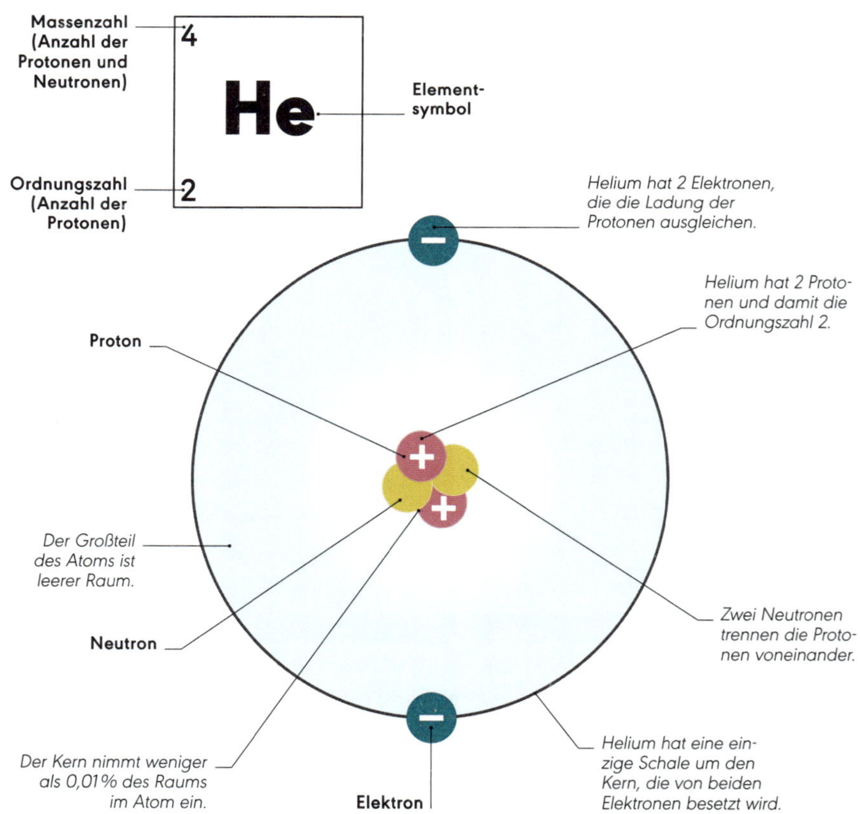

ELEKTRONENSCHALEN

Jede Schale nimmt nur eine bestimmte Anzahl von Elektronen auf, und erst wenn eine Schale voll ist, wird die nächste gefüllt. Volle Schalen schirmen die Anziehung des Kerns teilweise ab, sodass Elektronen umso weniger fest gebunden sind, je weiter sie vom Kern entfernt sind.

tonen. Atome können einige Elektronen abgeben oder weitere aufnehmen, sodass sie positiv bzw. negativ geladen sind; dann nennt man sie Ionen.

Die Zahl oben neben dem Elementsymbol ist die Massenzahl: die Anzahl der Protonen plus die Anzahl der Neutronen. Bei vielen Elementen können Atome eine unterschiedliche Anzahl von Neutronen haben; diese verschiedenen Versionen nennt man Isotope. Bei der relativen Atommasse eines Elements wird die Masse der einzelnen Isotope unter Berücksichtigung ihrer jeweiligen Häufigkeit gemittelt.

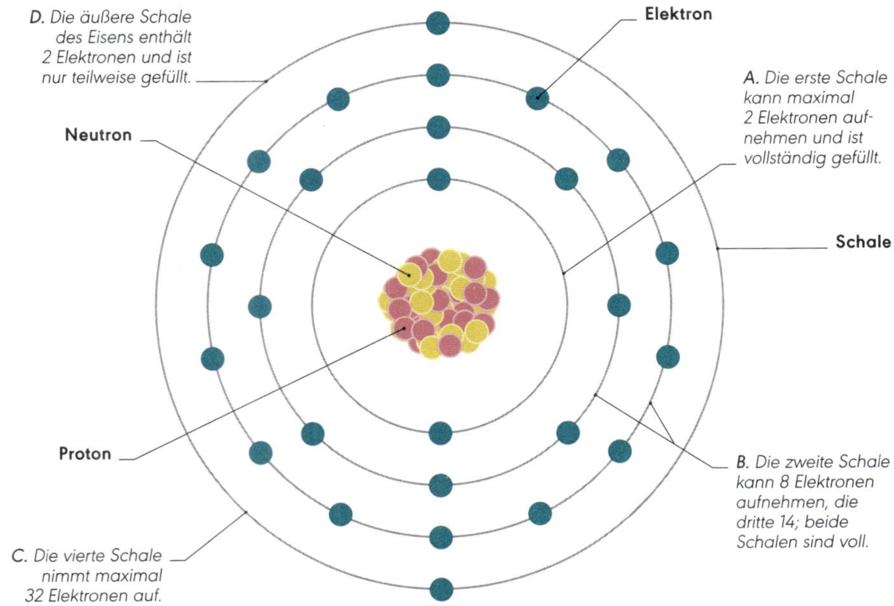

Schalen im Eisenatom

Eisen hat 26 Protonen und 26 Elektronen, die die ersten drei Schalen vollständig und die vierte teilweise füllen. Dieses Isotop enthält 28 Neutronen, sodass dieses Atom die Massenzahl 54 hat.

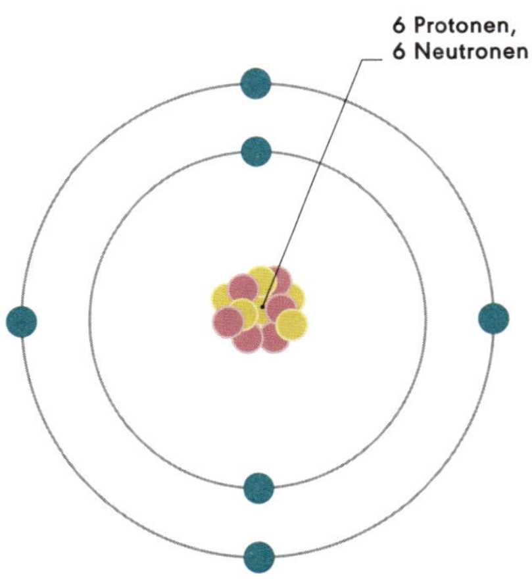

Kohlenstoff-12-Atom
Häufigkeit: 98,89 %

12
C
6

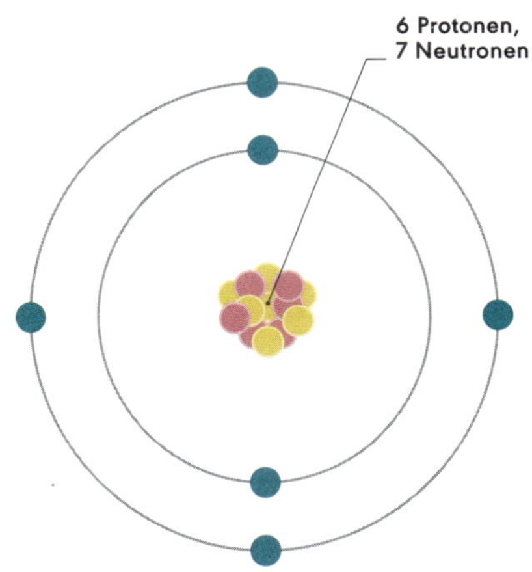

Kohlenstoff-13-Atom
Häufigkeit: 1,1 %

13
C
6

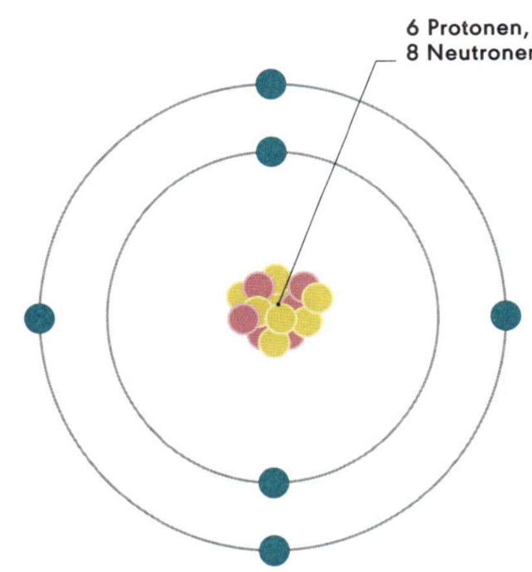

Kohlenstoff-14-Atom
Häufigkeit: etwa 1 pro Billion Kohlenstoffatome

14
C
6

ISOTOPE

Die meisten Elemente haben mehrere »Versionen«, teils mit nützlichen Verwendungszwecken. So hat Kohlenstoff drei wichtige Isotope. Kohlenstoff-12 ist das häufigste. Das seltenere Kohlenstoff-13 ist in der chemischen Analyse äußerst nützlich. Kohlenstoff-14 macht nur eines von einer Billion Kohlenstoffatomen aus, aber da es radioaktiv ist, kann man mit ihm archäologische Funde datieren (Radiokarbonmethode).

Relative Atommasse als Mittelwert der Isotopmassen, gewichtet mit der Häufigkeit — 12,01

C

Ordnungszahl (Kernladungszahl) — 6

ELEKTRONENORBITALE

Jede Hauptelektronenschale (siehe S. 12–13) ist in kleinere »Taschen« unterteilt, die man Orbitale nennt. Die Anordnung der Elektronen in den Orbitalen bestimmt die physikalischen und chemischen Eigenschaften eines Elements.

Das Bohrsche Atommodell (siehe S. 12) ist eine Vereinfachung der Struktur der Elektronenhülle. 1924 entwickelte der französische Physiker Louis de Broglie die Theorie des Welle-Teilchen-Dualismus: Elektronen verhalten sich sowohl als Wellen als auch als Teilchen. Diese Erkenntnis führte zum Quantenmodell des Atoms, das heute als seine beste Beschreibung gilt.

Demnach existieren Elektronen nicht als punktförmige Teilchen auf Umlaufbahnen, sondern als Wellen, die ganze Raumvolumen, sogenannte Orbitale, einnehmen. Mathematische Gleichungen beschreiben die Wahrscheinlichkeit für den Ort der Elektronen. Nach der Quantentheorie gibt es vier Arten von Orbitalen: s, p, d und f. Das Periodensystem gibt diese Struktur wieder: Die Nummer der Periode (Zeile) zeigt an, wie viele Schalen besetzt sind; die Gruppe (Spalte; siehe S. 16) ordnet die Elemente nach der Anzahl der Elektronen in der äußeren Schale.

Orbitale haben verschiedene Energieniveaus. Wenn entlang des Periodensystems immer mehr Elektronen hinzukommen, füllen sie die Orbitale mit niedriger Energie zuerst. Jedes Orbital nimmt maximal zwei Elektronen auf, denn Elektronen haben selbst eine Eigenschaft: den Spin. Er hat zwei Werte, die man up und down nennt. Nach der Quantenmechanik können zwei Elektronen nicht den gleichen Zustand haben. Daher enthält jedes Orbital höchstens ein Elektron mit Spin up und eines mit Spin down. Alle Orbitale eines Typs in einer Schale nennt man zusammen Unterschale (siehe unten). Die Orbitale einer Unterschale werden zunächst mit je einem Elektron besetzt und dann erst doppelt.

Die Spins der ungepaarten Elektronen einer Unterschale sind parallel: alle up oder alle down. Halb oder ganz gefüllte Unterschalen sind besonders stabil; die Neigung, diese günstigen Anordnungen zu erreichen, bestimmt

ORBITALE

Nach der Quantentheorie haben Elektronen keinen genau bestimmbaren Ort. Vielmehr ist ein Orbital eine Art »Wolke«, in der sich ein Elektron mit hoher Wahrscheinlichkeit befindet. Man bezeichnet Orbitale durch eine Zahl für die Schale und einen Buchstaben für ihre Form.

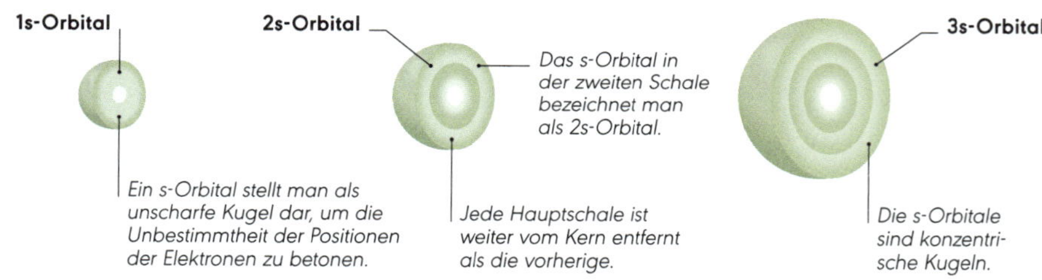

SCHALEN UND UNTERSCHALEN

Jeder der vier Orbitaltypen hat eine andere Form und ist in jeder Schale immer in gleicher Anzahl vorhanden. Alle Orbitale desselben Typs in einer bestimmten Hauptschale werden zusammen als Unterschale bezeichnet.

Schale	1	2	3	4
Vorhandene Orbitale	s	s	s	s
		p p p	p p p	p p p
			d d d d d	d d d d d
				f f f f f f f
Maximale Anzahl an Elektronen in der Schale	2	8	18	32

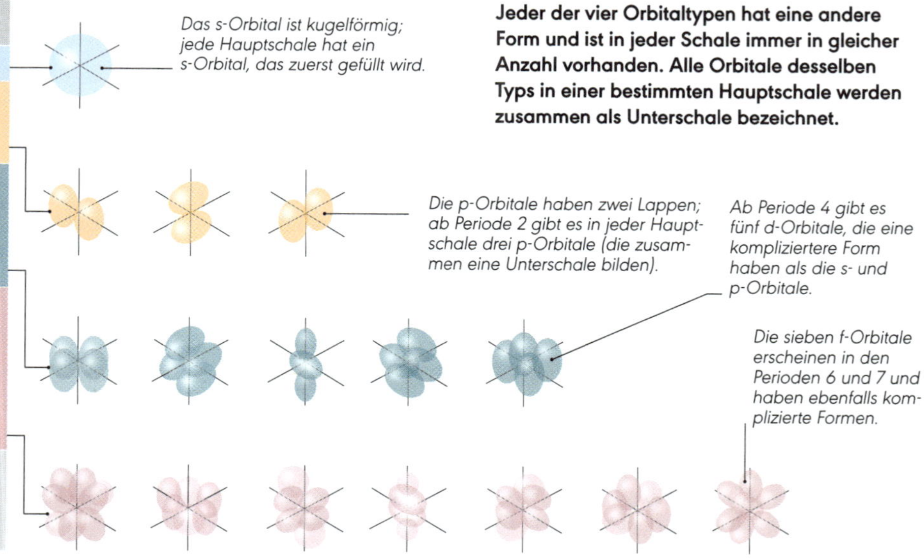

das chemische Verhalten der Elemente wesentlich. Atome mit parallelen bzw. gepaarten Spins haben verschiedene magnetische Eigenschaften.

Die Elektronenkonfiguration beeinflusst sowohl die physikalischen als auch die chemische Eigenschaften. In diesem Buch werden die Konfigurationen vieler Elemente anhand von Diagrammen veranschaulicht, die eine Auswahl der Orbitale in den äußeren Schalen der Atome des Elements zeigen.

ORBITALE IM PERIODENSYSTEM

Das Periodensystem gibt die Elektronenkonfiguration wieder. Die beiden linken Spalten, der s-Block, enthalten Elemente mit Valenzelektronen in den s-Orbitalen. Elemente im mittleren d-Block haben Valenzelektronen in den d-Orbitalen. Die Elemente ganz rechts gehören zum p-Block mit Valenzelektronen in den p-Orbitalen. Zwei Zeilen, die man aus Platzgründen meist unter der Tabelle anordnet, sind der f-Block mit teilweise gefüllten f-Orbitalen.

Legende

- s-Block-Elemente
- p-Block-Elemente
- d-Block-Elemente
- f-Block-Elemente

DARSTELLUNG DER ORBITALE

Dieses Buch stellt die Formen der Orbitale vereinfacht dar. Sphärische s-Orbitale sind als hellblaue Kreise und p-Orbitale als orangefarbene Lappen dargestellt. Die komplizierteren d-Orbitale sind blau und die f-Orbitale rosa. Jeder Lappen enthält zwei Elektronen (als ein Kreis mit einem Pfeil für den Spin dargestellt). Blass gefärbte Lappen enthalten ein ungepaartes Elektron; ungefärbte Lappen sind leer.

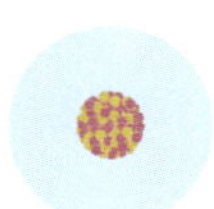

s-Orbital

p-Orbital

d-Orbital

f-Orbital

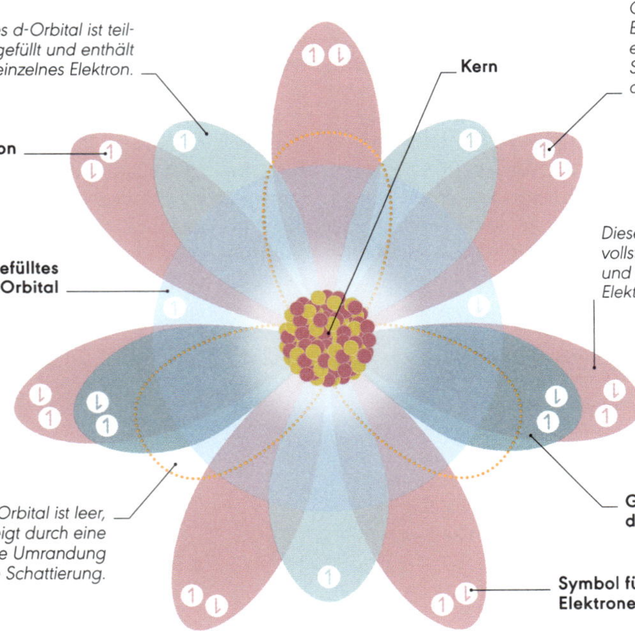

Orbitale

Die äußere Schale enthält je nach Element unterschiedlich viele Orbitale. Bei diesem Element, das zur 6. oder 7. Periode gehört, enthält sie ein s-, sieben f-, fünf d- und drei p-Orbitale, die in dieser Reihenfolge besetzt werden.

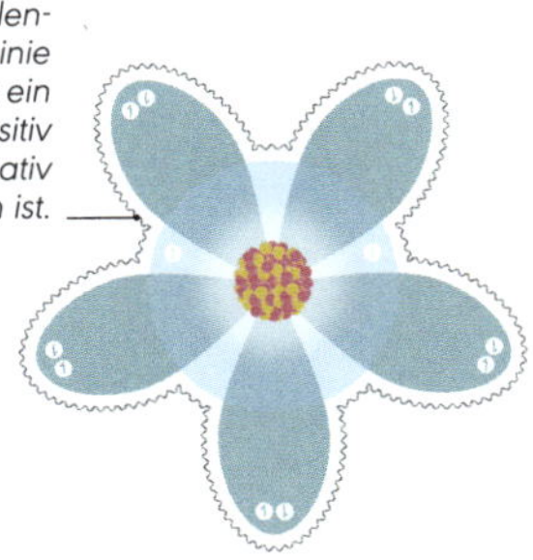

Ionen

Viele Atome nehmen Elektronen auf oder geben sie ab, um vollständige Schalen zu haben. Dann sind sie geladen und man nennt sie Ionen (siehe S. 12). Dies wird durch eine Wellenlinie angezeigt.

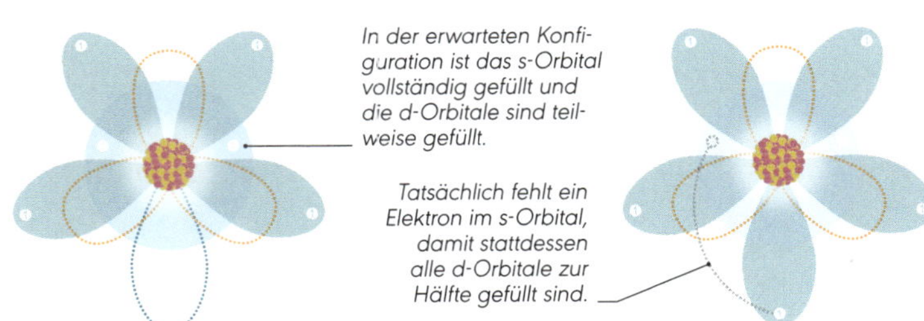

Erwartete und tatsächliche Elektronenkonfiguration

Manchmal sind Schalen anders gefüllt, als nach dem Aufbauprinzip (einer quantenmechanischen Regel) am stabilsten wäre, oft um eine stabile halb oder vollständig gefüllte Unterschale zu erreichen. Den Unterschied zeigen die Grafiken für die »erwartete« und »tatsächliche« Konfiguration.

DAS PERIODENSYSTEM

Mit 118 Elementen enthält das moderne Periodensystem Ergänzungen zu Mendelejews Version, die Lücken hatte, an denen er Elemente vermutete, die man erst später entdeckte. Die Edelgase wurden etwa 30 Jahre später erstmals identifiziert und als zusätzliche Gruppe ganz rechts hinzugefügt. Die Lanthanoide und Actinoide, die heute in zwei Reihen unterhalb der Tabelle stehen, wurden noch später, in den 1940ern, entdeckt.

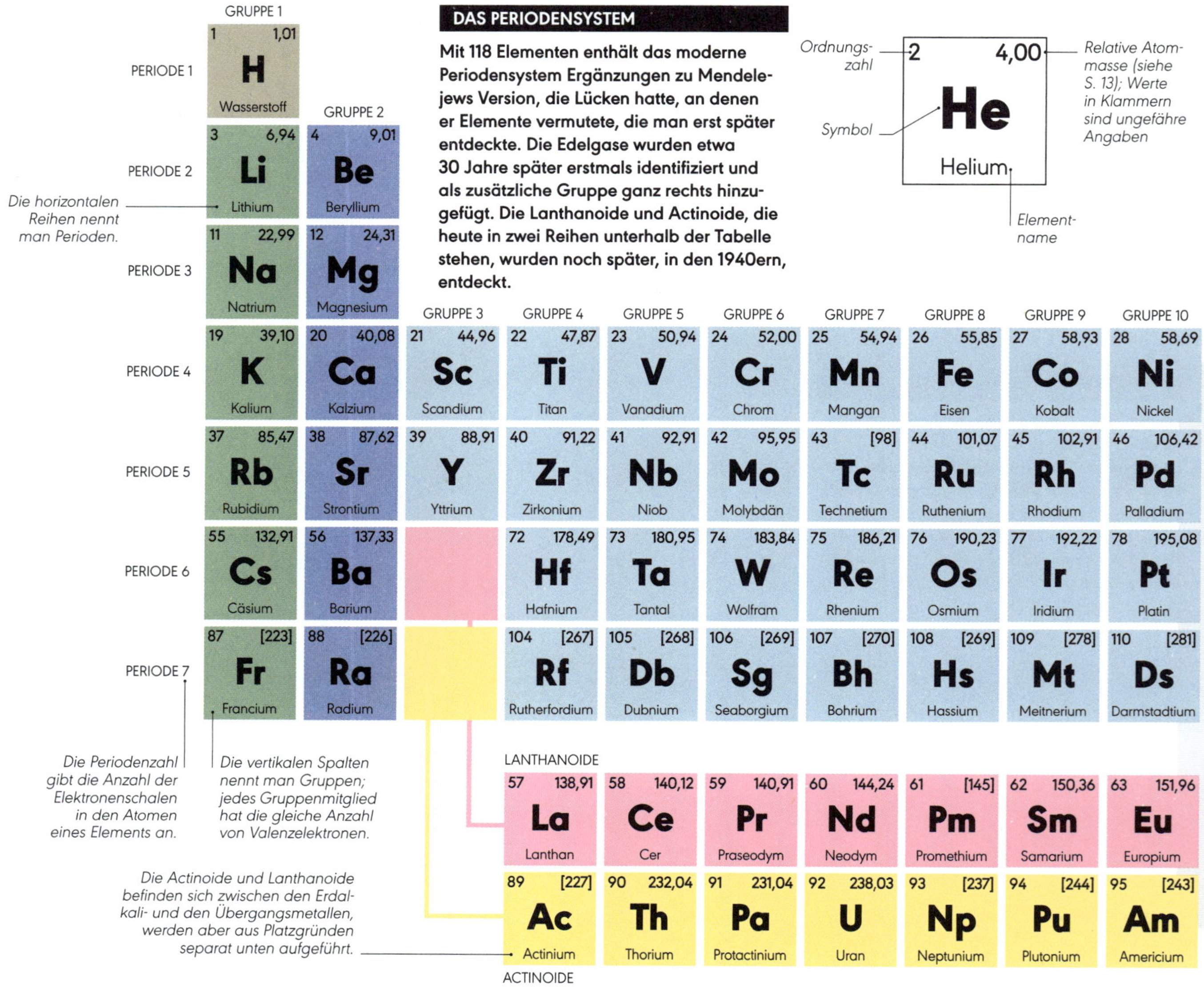

DAS PERIODENSYSTEM

Das Periodensystem ist eines der bekanntesten Bilder der Chemie und zeigt alle bekannten Elemente. Durch die systematische Anordnung der Elemente erkennt man Muster im chemischen Verhalten und in den physikalischen Eigenschaften.

Bis zur Mitte des 19. Jh. waren etwa 60 Elemente entdeckt worden, und man wollte sie systematisch ordnen und ihre gegenseitigen Beziehungen verstehen. Da man die grundlegende Atomstruktur damals noch kaum kannte, suchte man in den Beobachtungen der Reaktivität nach Mustern. Mehrere Forscher schlugen Systematiken vor, etwa Dreiergruppen ähnlicher Elemente (»Triaden«), ein System mit Achtergruppen (»Oktaven«) und eine Anordnung der Elemente nach ihrer Valenz (siehe S. 22).

Schließlich ordnete der russische Chemiker Dmitri Mendelejew 1869 die Elemente nach der Atommasse und veröffentlichte das Periodensystem. Er hatte bemerkt, dass sich bestimmte Elementtypen wiederholten: Auf ein reaktives Nichtmetall (Halogen) folgte ein reaktives Metall (Alkalimetall) und dann ein weniger reaktives Metall (Erdalkalimetall). Damit hatte er die Basis für chemische Gruppen erkannt.

GRUPPE 11	GRUPPE 12	GRUPPE 13	GRUPPE 14	GRUPPE 15	GRUPPE 16	GRUPPE 17	GRUPPE 18
							2 **He** Helium 4,00
		5 **B** Bor 10,81	6 **C** Kohlenstoff 12,01	7 **N** Stickstoff 14,01	8 **O** Sauerstoff 15,99	9 **F** Fluor 19,00	10 **Ne** Neon 20,18
		13 **Al** Aluminium 26,98	14 **Si** Silizium 28,08	15 **P** Phosphor 30,97	16 **S** Schwefel 32,06	17 **Cl** Chlor 35,45	18 **Ar** Argon 39,95
29 **Cu** Kupfer 63,55	30 **Zn** Zink 65,38	31 **Ga** Gallium 69,72	32 **Ge** Germanium 72,63	33 **As** Arsen 74,92	34 **Se** Selen 78,97	35 **Br** Brom 79,90	36 **Kr** Krypton 83,80
47 **Ag** Silber 107,87	48 **Cd** Kadmium 112,41	49 **In** Indium 114,82	50 **Sn** Zinn 118,71	51 **Sb** Antimon 121,76	52 **Te** Tellur 127,60	53 **I** Jod 126,90	54 **Xe** Xenon 131,29
79 **Au** Gold 196,97	80 **Hg** Quecksilber 200,59	81 **Tl** Thallium 204,38	82 **Pb** Blei 207,2	83 **Bi** Bismut 208,98	84 **Po** Polonium [209]	85 **At** Astat [210]	86 **Rn** Radon [222]
111 **Rg** Röntgenium [280]	112 **Cn** Copernicium [285]	113 **Nh** Nihonium [286]	114 **Fl** Flerovium [289]	115 **Mc** Moscovium [289]	116 **Lv** Livermorium [293]	117 **Ts** Tenness [294]	118 **Og** Oganesson [294]

64 **Gd** Gadolinium 157,25	65 **Tb** Terbium 158,93	66 **Dy** Dysprosium 162,50	67 **Ho** Holmium 164,93	68 **Er** Erbium 167,26	69 **Tm** Thulium 168,93	70 **Yb** Ytterbium 173,05	71 **Lu** Lutetium 174,97
96 **Cm** Curium [247]	97 **Bk** Berkelium [247]	98 **Cf** Californium [251]	99 **Es** Einsteinium [252]	100 **Fm** Fermium [257]	101 **Md** Mendelevium [258]	102 **No** Nobelium [259]	103 **Lr** Lawrencium [262]

Entscheidend war jedoch, dass er die Elemente nicht rein nach der Masse sortierte, sondern teils vertauschte und Lücken ließ, wenn ihre Eigenschaften nicht passten. So konnte er unentdeckte Elemente vorhersagen – und dies wurde später durch die Entdeckung von Gallium, Scandium und Germanium bestätigt. Als man schließlich die Atomstruktur aufgeklärt hatte, verstand man auch die Vertauschungen: Nicht die Masse, sondern die Protonenzahl im Kern bestimmt die Ordnungszahl und den Platz im Periodensystem.

Das moderne Periodensystem entspricht fast genau dem von Mendelejew. Die Spalten nennt man Gruppen; ihre Elemente haben dieselbe Anzahl von Valenzelektronen und damit ähnliche chemische Eigenschaften, die sich systematisch innerhalb der Gruppe verändern. Die horizontalen Reihen heißen Perioden: Heute kennen wir sieben. Ihre Nummer entspricht der Anzahl von Elektronenschalen. Da höhere Schalen mehr Elektronen aufnehmen, enthalten die höheren Perioden zunehmend mehr Elemente. Mit der systematischen Anordnung erkennt man Trends in den Eigenschaften der Elemente.

ELEMENTSERIEN

Das Periodensystem ist in große Kategorien unterteilt, die Elemente mit ähnlichem chemischen Verhalten enthalten. Da benachbarte Elemente oft ähnliche Eigenschaften haben, umfassen viele dieser Kategorien Elemente aus mehreren Perioden und Gruppen.

Wasserstoff Als einfachstes Element ist Wasserstoff mit keinem anderen Element eng verwandt und steht im Periodensystem üblicherweise für sich allein.

REAKTIVE METALLE

Alkalimetalle Metalle der Gruppe 1 sind meist weich und dank des einzigen Elektrons in der Valenzschale äußerst reaktiv.

Erdalkalimetalle Diese relativ weichen Metalle haben zwei Elektronen in ihrer äußeren Schale, die sie bei chemischen Reaktionen normalerweise abgeben.

SELTENE ERDEN

Lanthanoide Die Lanthanoide, die man auch als Seltene Erden bezeichnet, haben alle eine teilweise gefüllte f-Unterschale.

Actinoide Viele Actinoide sind radioaktiv, und einige können nur synthetisch hergestellt werden. Sie haben wie die Lanthanoide eine teilweise gefüllte f-Unterschale.

METALLE

Übergangsmetalle Die Elemente in dieser großen Serie haben alle teilweise gefüllte d-Orbitale und bilden viele farbige Verbindungen.

Sonstige Metalle Die Metalle der Gruppen 13–16 sind in der Regel schwerer und weniger reaktiv als die Übergangsmetalle und haben teilweise gefüllte p-Orbitale.

VORWIEGEND NICHTMETALLE

Halbmetalle Diese Elemente befinden sich an der Grenze zwischen metallischen und nichtmetallischen Elementen und haben daher dazwischenliegende Eigenschaften.

Reaktive Nichtmetalle Dazu gehören Kohlenstoff und mehrere hochreaktive Elemente mit unvollständigen p-Orbitalen. Die Elemente der Gruppe 17 heißen Halogene.

Edelgase Diese farblosen, geruchlosen Gase haben eine vollbesetzte äußere Schale und sind äußerst reaktionsarm.

Unbekannte Eigenschaften Einige synthetische Elemente sind so instabil, dass es schwierig ist, ihre Eigenschaften zu messen und sie zu klassifizieren.

PERIODEN UND GRUPPEN

Trends entlang der horizontalen Perioden und vertikalen Gruppen des Periodensystems stehen mit systematischen Veränderungen der Eigenschaften der Atome in Zusammenhang.

Im modernen Periodensystem sind die Elemente in vertikalen Gruppen und horizontalen Reihen, den Perioden, angeordnet (siehe S. 16–17). Die Elemente einer Gruppe haben alle die gleiche Anzahl an Valenzelektronen, dies aber jeweils in einer anderen Hauptschale (siehe S. 12). Dadurch verhalten sie sich chemisch ähnlich, reagieren also auf ähnliche Weise mit anderen Stoffen. Innerhalb einer Periode liegen die Valenzelektronen dann in derselben Hauptschale, und ihre Anzahl steigt von links nach rechts stetig an.

Mit dieser systematischen Anordnung sieht man Trends in den Eigenschaften der Elemente sowohl innerhalb der Gruppen als auch über die Perioden hinweg. Zu diesen Eigenschaften, die für das Verständnis der Wechselwirkungen der Elemente wichtig sind, gehören die Größe der Atome, wie stark sie Elektronen binden und wie viel Energie nötig ist, um Elektronen zu entfernen.

Atomradius

Eine von etlichen Definitionen bestimmt den Atomradius als die Hälfte des Abstands zwischen den Kernen zweier Atome, die nicht gebunden sind. Tatsächlich sind Atome keine perfekten Kugeln und wechselwirken durch Anziehung und Abstoßung mit Nachbaratomen, wobei sie ihre Größe und Form leicht verändern. Dennoch ist der Atomradius eine nützliche Näherung und hilft bei der Vorhersage der Eigenschaften und Stabilität komplexerer Verbindungen.

Innerhalb jeder Periode nimmt der Atomradius nach rechts hin ab. Denn

ATOMRADIUS

Die Werte der Atomradien in diesem Buch sind Messungen des van-der-Waals-Radius. Er ist definiert als die Hälfte des minimalen Abstands zwischen zwei Kernen, die nicht in einer chemischen Bindung sind. Es gibt verschiedene Definitionen und Schätzungen des Atomradius für verschiedene Anwendungszwecke.

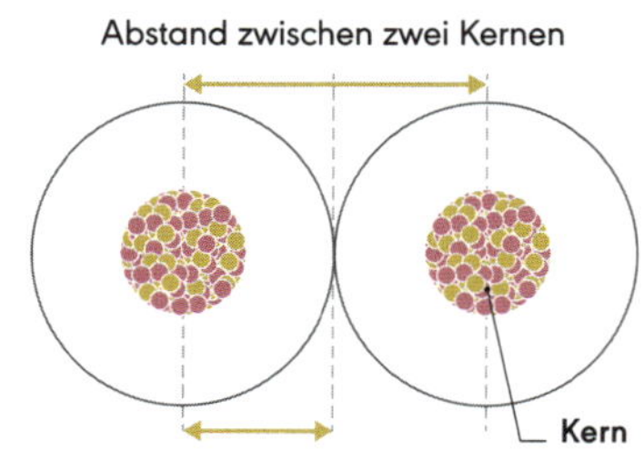

Der Atomradius ist die Hälfte des Abstands zwischen zwei Kernen.

ABSCHIRMUNG

Der positiv geladene Kern hält die negativ geladenen Elektronen im Atom. Je nach ihrer Position erfahren jedoch nicht alle Elektronen dieselbe Anziehungskraft. Die inneren Elektronenschalen sind dem Kern am nächsten und so der gesamten Anziehungskraft der Protonen ausgesetzt. Da diese Schalen selbst negativ sind, schirmen sie aber auch die äußeren Elektronen vom Kern ab, sodass die Valenzelektronen weniger stark gebunden sind.

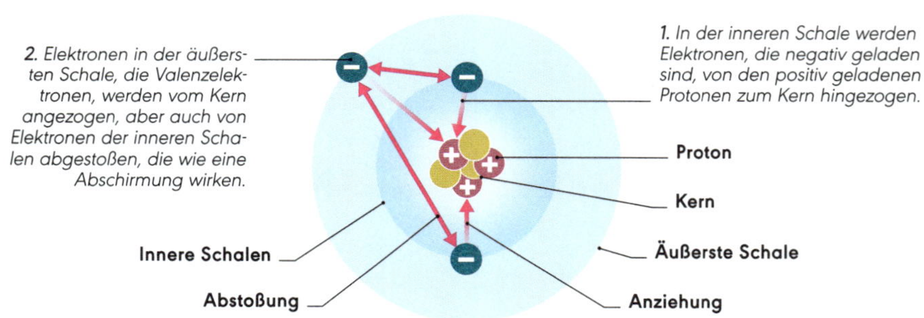

TRENDS DER ATOMRADIEN

Von links nach rechts in jeder Periode nimmt der Atomradius ab: Die äußersten Elektronen befinden sich alle in derselben Schale, aber die Kernladung nimmt innerhalb der Periode zu, sodass die Elektronen stärker angezogen werden und die Schalen kleiner werden. Innerhalb der Gruppen nimmt der Radius nach unten hin zu, da immer weitere, größere Schalen hinzukommen und die äußersten Elektronen immer weiter vom Kern entfernt sind.

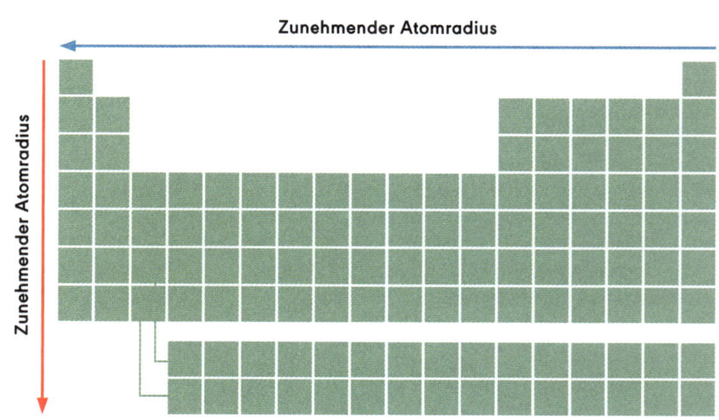

TRENDS IN DER ELEKTRONEGATIVITÄT

Die Elemente werden in jeder Periode nach rechts hin elektronegativer, da die Kernladung zunimmt, die Zahl der Schalen und damit die Abschirmung aber gleich bleibt. Nach unten hin nimmt die Elektronegativität ab, da immer mehr Schalen hinzukommen, die die Kernladung abschirmen, wodurch das Atom weniger gut weitere Elektronen anzieht. Die Elektronegativität misst man auf der Pauling-Skala mit dem höchstmöglichen Wert 4 (für Fluor).

Legende

0,0–1,2 | 1,2 -2,0 | 2,0–3,0 | Über 3 | Unbekannt

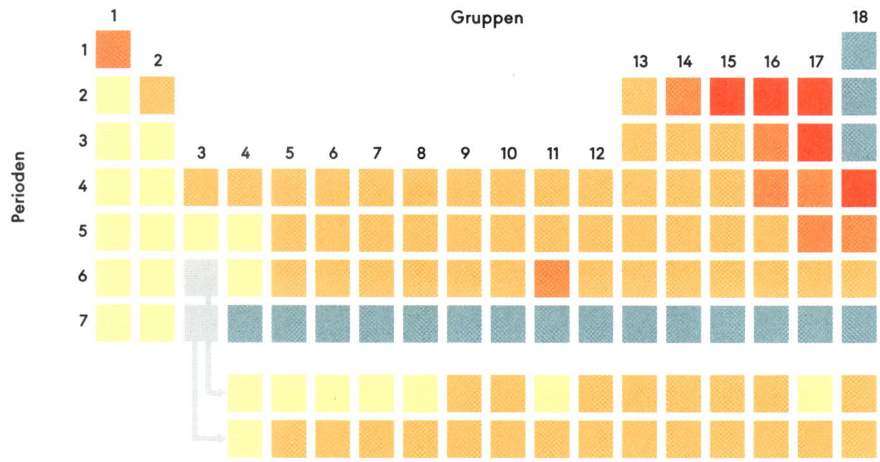

die Kernladung nimmt zu, während sich die äußeren Elektronen alle weiter in derselben Schale befinden und keine zusätzliche Abschirmung (siehe links) vor der Anziehung des Kerns spüren. Daher werden die Elektronen immer stärker zum Kern gezogen: Die Atome werden von links nach rechts kleiner.

Innerhalb jeder Gruppe nimmt der Radius zu, da jeweils eine Elektronenschale hinzukommt, die weiter vom Kern entfernt ist. Zwar nimmt die Kernladung zu, aber die inneren Schalen schirmen die äußeren Elektronen vor dem Kern ab, sodass die Atome am unteren Ende der Gruppe größer sind.

Elektronegativität

Die Elektronegativität ist ein Maß dafür, wie stark ein Atom in einer Bindung Elektronen anziehen kann, was sich auf die Art der Bindungen mit anderen Atomen auswirkt. Entlang jeder Periode werden die Elemente immer elektronegativer. Daher neigen die Elemente auf der rechten Seite, etwa Fluor und Sauerstoff, dazu, Elektronen aufzunehmen und negative Ionen zu bilden (siehe S. 13). Innerhalb jeder Gruppe nimmt die Elektronegativität ab. Beide Tendenzen entstehen dadurch, dass die inneren Schalen die Anziehungskraft des Kerns abschirmen (siehe oben).

Ionisierungsenergie

Die Energie, die nötig ist, um ein Elektron aus einem neutralen Atom (im gasförmigen Zustand) zu lösen, heißt Ionisierungsenergie (siehe rechts). Letztlich muss sie die Anziehungskraft auf die Elektronen, die durch die Elektronegativität bestimmt ist, überwinden; daher zeigen Elektronegativität und Ionisierungsenergie gegensätzliche Trends.

IONISIERUNGSENERGIE

Die Ionisierungsenergie ist die Energie, die nötig ist, um das energiereichste Elektron aus einem Atom, Molekül oder Ion zu entfernen. Wenn man nacheinander mehrere Elektronen entfernt, ist die benötigte Energie mit jedem Elektron höher, da immer weniger Elektronen die Anziehungskraft des Kerns abschirmen.

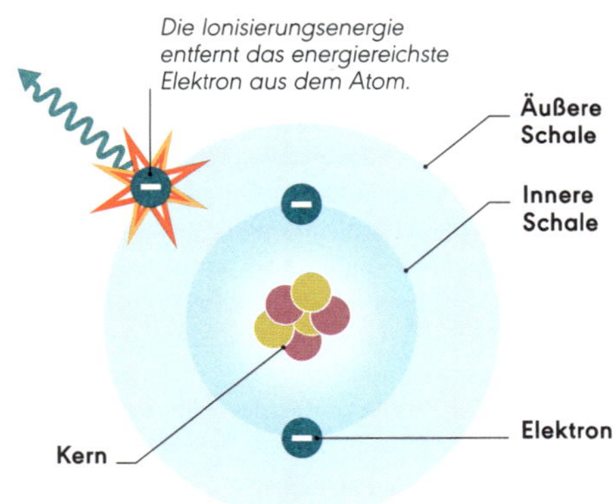

TRENDS DER IONISIERUNGSENERGIE

Die Ionisierungsenergie steigt in jeder Periode an, weil die Kernladung zunimmt, aber die äußeren Elektronen dieselbe Hauptschale besetzen. Beim Schritt zur nächsten Periode fällt die Ionisierungsenergie stark ab, da sich das Valenzelektron nun in einer höheren Hauptschale befindet und somit weiter vom Kern entfernt und leichter zu entfernen ist. Die Ionisierungsenergie nimmt innerhalb jeder Gruppe durch zunehmende Abschirmung ab.

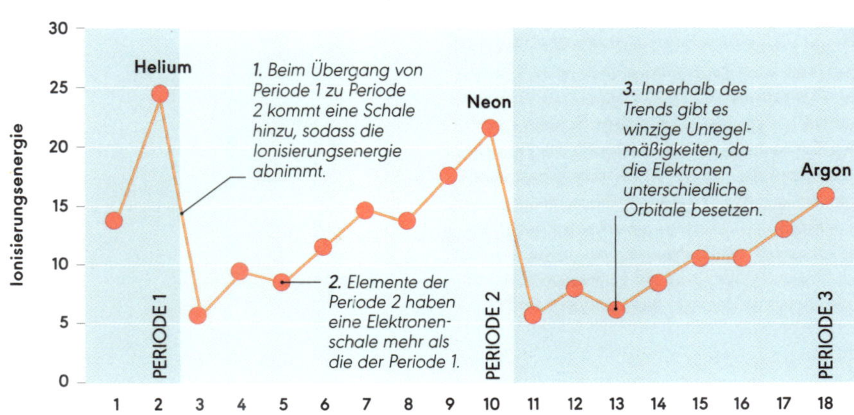

ENTSTEHUNG UND HÄUFIGKEIT DER ELEMENTE

Wasserstoff und Helium entstanden kurz nach dem Urknall und machen heute 98 % der Masse des Universums aus. Fast alle anderen natürlich vorkommenden Elemente sind in Sternen entstanden.

Die allerersten Teilchen entstanden etwa drei Minuten nach dem Urknall. Als sich das heiße, dichte junge Universum ausdehnte, kühlte es auf etwa eine Milliarde Kelvin ab. Eine Ursuppe von Elementarteilchen (Quarks und Gluonen) kondensierte zu Protonen und Neutronen.

In einer intensiven Viertelstunde war das Universum heiß genug für einen Fusionsprozess, den man primordiale Nukleosynthese nennt: Aus Protonen und Neutronen entstanden die leichten Elemente Wasserstoff und Helium sowie Spuren von Lithium und ein instabiles Berylliumisotop. Noch heute überwiegen Wasserstoff und Helium im Weltall bei Weitem. 20 Minuten nach dem Urknall war das Universum unter die für die Fusion nötige Temperatur abgekühlt. Es bildeten sich keine weiteren Elemente, bis Sterne entstanden.

Das Universum war nun von einem Plasma erfüllt: zu heiß, als dass sich Elektronen und Kerne verbinden konnten. Beim weiteren Abkühlen bildete sich ein gleichmäßiger Nebel aus Wasserstoff- und Heliumgas, der etwa 100 Millionen Jahre lang alles durchdrang. Kleine Dichteschwankungen verstärkten sich durch ihre eigene Schwerkraft immer mehr; in diesen Regionen stiegen Druck und Temperatur an und eine erneute Fusion von Wasserstoff zu Helium wurde möglich: Die ersten Sterne strahlten Licht in die Dunkelheit.

Elementbildung in Sternen

Seitdem startet jeder Stern sein Leben mit der Fusion von Wasserstoff zu Helium; in diesem Stadium nennt man ihn Hauptreihenstern. Wenn der Wasserstoff aufgebraucht ist, beginnt die

WIE DIE ERSTEN ELEMENTE ENTSTANDEN

Die Elementbildung begann kurz nach der Entstehung des Universums. Protonen und Neutronen verbanden sich zu Deuterium, einem Wasserstoffisotop mit einem Proton und einem Neutron. Weitere Verbindungen mit Protonen führten zu Helium-3 und Helium-4. Lithium und Beryllium entstanden ebenfalls, jedoch nur in Spuren, da sie weniger stabil und daher unter den damaligen Bedingungen kurzlebig waren.

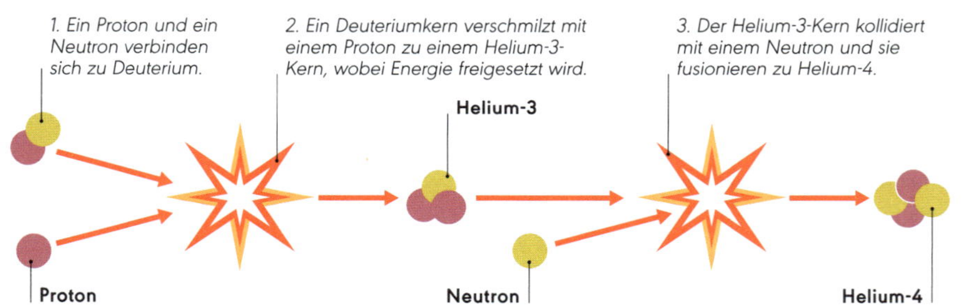

LEBENSZYKLUS EINES STERNS

Sterne durchlaufen im Laufe ihres Lebens eine Reihe von Phasen. Zunächst verschmelzen alle Sterne Wasserstoffkerne zu Helium; diese Phase dauert am längsten. Je nach ihrer Masse werden sie dann zu Roten Riesen oder Überriesen und fusionieren Helium zu Kohlenstoff und dann zu immer schwereren Elementen bis hin zum Eisen. Schließlich, wenn sie sterben, werfen sie ihre äußeren Schichten ab oder explodieren als Supernova; dabei wird so viel Energie frei, dass noch schwerere Elemente entstehen und alle Elemente ins All geschleudert werden. Weiße Zwerge, Neutronensterne oder Schwarze Löcher sind (je nach Sternmasse) die Endformen eines Sterns.

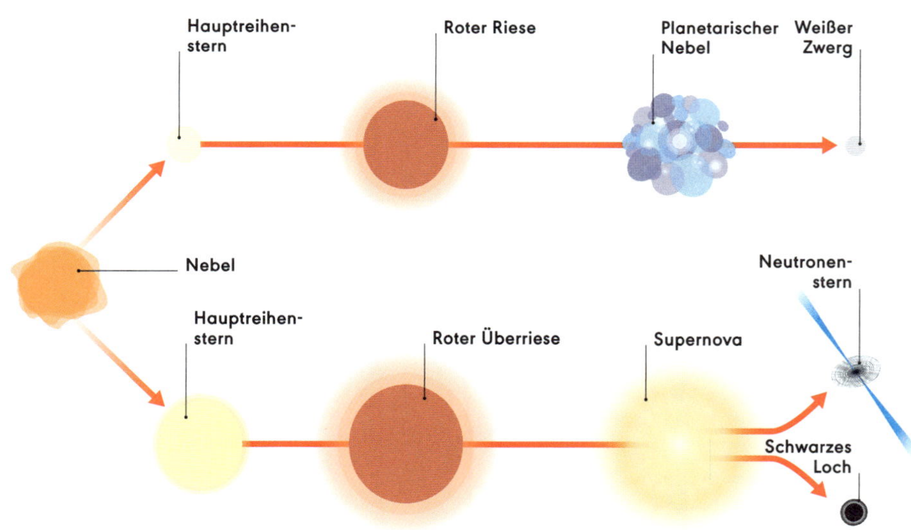

Fusion schwererer Elemente. Ein massearmer Stern (wie die Sonne) bläht sich dabei zu einem Roten Riesen auf, und im Kern fusioniert Helium zu Kohlenstoff und teils auch zu Sauerstoff sowie kleinen Mengen Neon und schwereren Elementen. Am Ende stößt der Stern die äußeren Schichten als enorme Gas- und Staubwolken ab, die man Planetarische Nebel nennt. Dies bläst die Elemente ins All, wo sie zum Rohmaterial für neue Sternsysteme werden.

Der Rest des Sterns wird zum Weißen Zwerg. Wenn er Teil eines Doppelsternsystems ist, kann er Masse vom Begleiter anziehen und, sobald er groß genug ist, als Supernova explodieren; dabei entstehen Elemente wie Eisen und Nickel und werden ins All geblasen.

Elementfabriken

Die größten »Elementfabriken« sind jedoch massereiche Sterne. Sterne mit mehr als achtfacher Sonnenmasse werden zu Roten Überriesen, wenn ihr Wasserstoff verbrannt ist. In mehreren Schichten im Kern entstehen aus Helium nacheinander Kohlenstoff, Sauerstoff, Magnesium, Silizium und alle Elemente bis hin zum Eisen. Wenn diese Fusionen enden, wird der Überriese zur Supernova und schleudert die Atome ins All. Dabei fangen einige Atomkerne Neutronen ein, die sich in Protonen umwandeln, sodass in der Explosion schwerere Elemente entstehen bis hin zum schwersten Element, das in Sternen entsteht und auf der Erde vorkommt, dem Uran.

Danach kollabiert ein Überriese entweder zu einem Neutronenstern oder einem Schwarzen Loch. Wenn sich zwei Neutronensterne nähern, umkreisen sie sich und verschmelzen schließlich. Durch die Energie dieser Kollision entstehen schwere Elemente jenseits von Eisen, etwa Gold und Platin.

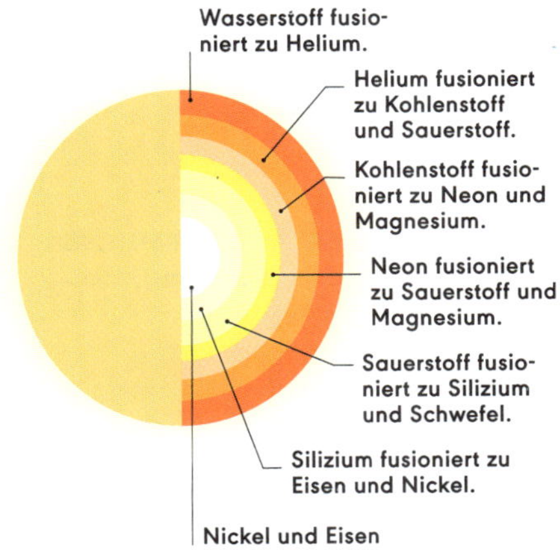

WIE ÜBERRIESEN ELEMENTE ERSCHAFFEN

In Überriesen verschmelzen in mehreren inneren Schalen leichtere Elemente zu schwereren. Einige Elemente sind nur Zwischenprodukte, sodass sie weniger häufig sind. Sobald Eisen und Nickel entstanden sind, endet die Fusion. Der Stern wird instabil und explodiert.

ELEMENTE IM UNIVERSUM

Von aller Materie im Universum macht Wasserstoff 74 % der Masse aus und Helium etwa 24 %. Ein Prozent ist Sauerstoff. Alle übrigen Elemente, wie Kohlenstoff, Eisen, Stickstoff und weitere, machen den winzigen Rest aus.

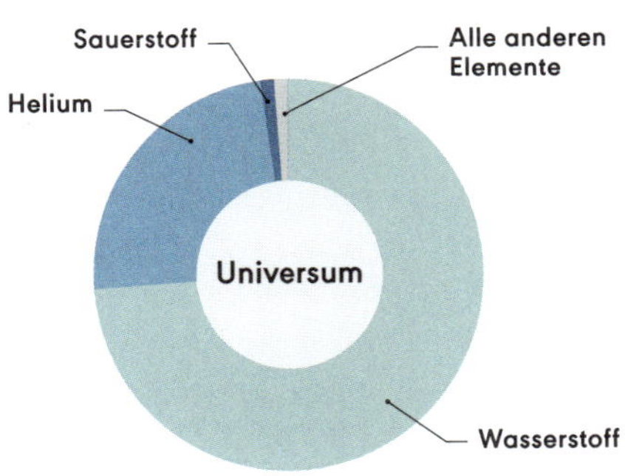

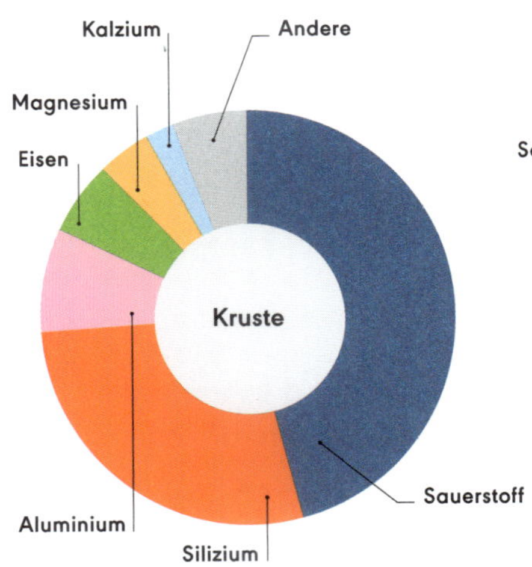

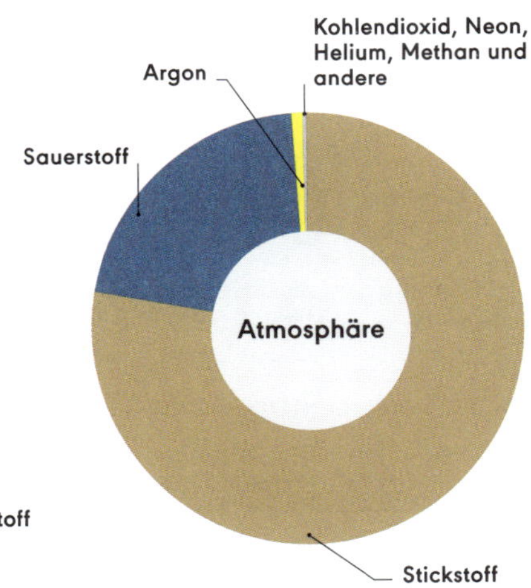

ELEMENTE AUF DER ERDE

Auf der Erde gibt es viel mehr schwerere Elemente als Wasserstoff und Helium, da sie sich aus Staub zusammengeballt hat. Die Gesteinskruste besteht vor allem aus Sauerstoff und Silizium. Der Erdmantel ist ähnlich zusammengesetzt, doch mit mehr Magnesium. Der Erdkern besteht aus Eisen und Nickel. Die Atmosphäre enthält vor allem Stickstoff und Sauerstoff, und die Biosphäre (Lebewesen und Ökosysteme) ist reich an Sauerstoff und Kohlenstoff.

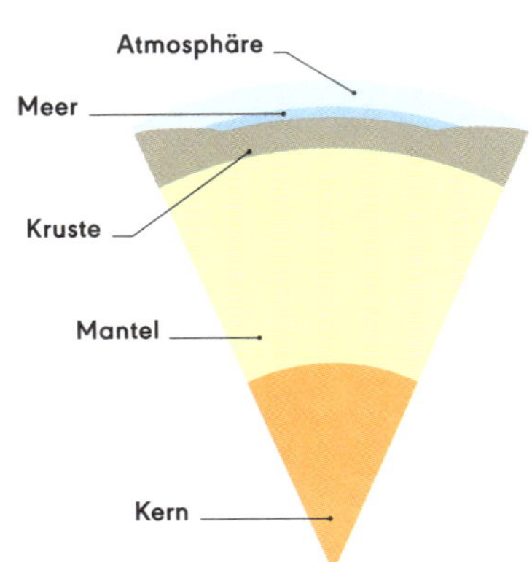

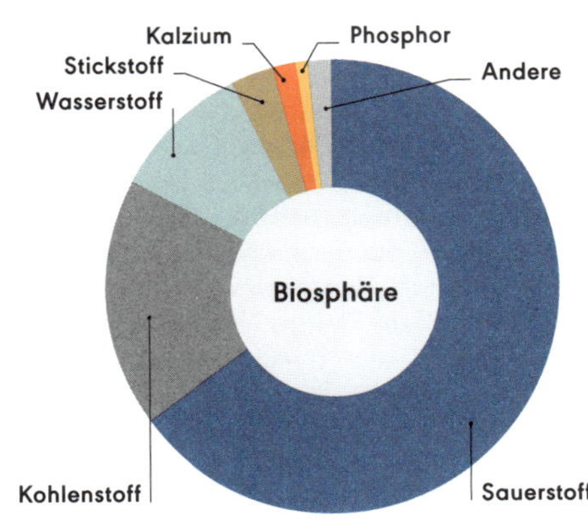

ANIONEN UND KATIONEN

Ein Ion ist ein Atom oder Molekül, das eine elektrische Ladung hat, weil es Elektronen gewonnen oder abgegeben hat, um eine stabilere Konfiguration zu erreichen. Positive Ionen, die durch die Abgabe von Elektronen entstehen, nennt man Kationen, während negative Anionen Elektronen aufgenommen haben.

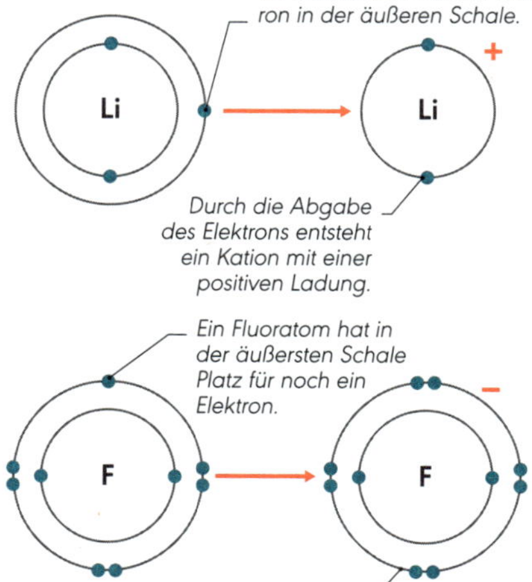

TYPEN VON CHEMISCHEN BINDUNGEN

Atome oder Moleküle gehen chemische Bindungen ein, indem sie Valenzelektronen teilen oder übertragen und so die äußerste Schale vervollständigen. Die Elektronegativität der Atome bestimmt, ob Bindungen ionisch, kovalent oder metallisch sind. Neben diesen Typen gibt es weitere Wechselwirkungen, durch die sich Moleküle und Ionen schwächer anziehen.

Ionenbindung

Die Ionenbindung tritt auf, wenn die Elektronegativität der Partner stark verschieden ist, meist zwischen Metalle und Nichtmetallen. Sie bilden Ionen, die sich gegenseitig anziehen.

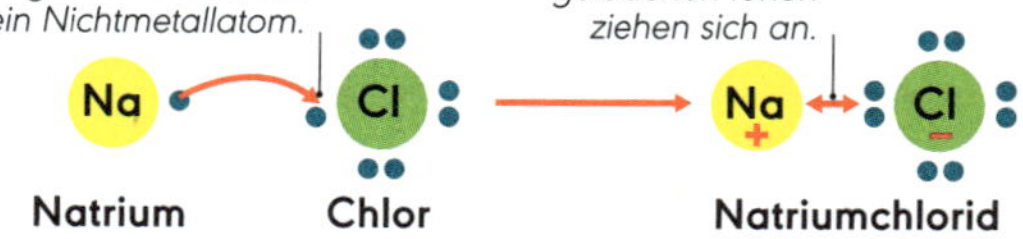

Kovalente Bindung

Kovalente Bindungen entstehen zwischen Elementen mit ähnlicher Elektronegativität, häufig zwei Nichtmetalle oder Atome desselben Elements. Durch die gemeinsame Nutzung von Valenzelektronen füllen die Atome ihre äußeren Schalen auf.

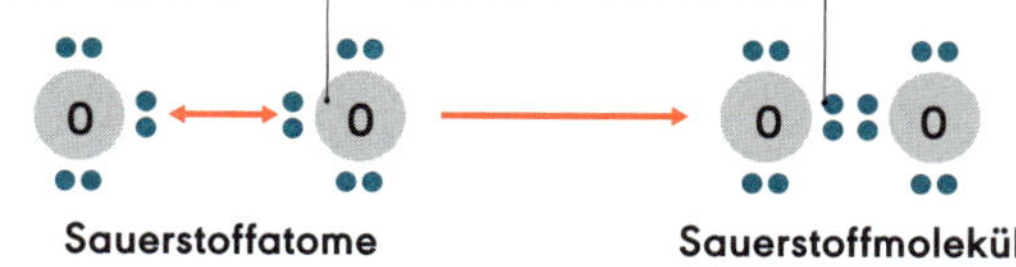

Metallische Bindung

Metallatome haben eine niedrige Elektronegativität. Die Valenzelektronen lösen sich von den Kernen und delokalisieren: Sie bilden ein diffuses »Elektronenmeer«, das die nun positiv geladenen Restatome zusammenhält.

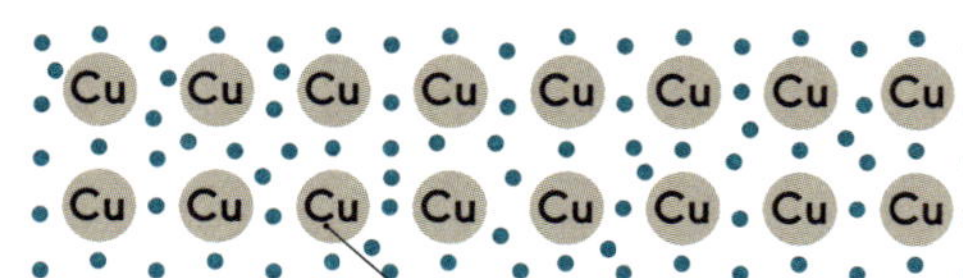

BINDUNGEN VON ATOMEN

Von der Verbrennung über die Rostbildung und die Atmung bis hin zur Fotosynthese: Überall sehen wir chemische Reaktionen, die alle auf der Bildung und Aufspaltung von Bindungen zwischen Atomen und Molekülen beruhen.

Die Identität eines Elements hängt von der Anzahl der Protonen im Kern ab. Die Wechselwirkungen mit anderen Atomen wird jedoch durch die Anzahl der Elektronen in der äußeren Schale, den Valenzelektronen, bestimmt (siehe S. 12).

Elektronenkonfiguration

Atome neigen dazu, an chemischen Reaktionen teilzunehmen, sodass sie eine volle äußere Elektronenschale erreichen, die besonders stabil ist. Die Wertigkeit (oder Valenz) ist die Anzahl der Elektronen, die ein Atom abgeben, aufnehmen oder mit anderen teilen kann, um eine volle Schale zu erhalten.

Atome können sich mit anderen Atomen des gleichen Elements oder anderer Elemente verbinden (siehe oben rechts). Diese chemischen Bindungen werden durch Elektronen vermittelt. Die Wertigkeit erklärt, warum Elemente sich in festen Proportionen verbinden. So hat das Sauerstoffatom in Wasser eine Wertigkeit von −2, weil seine Valenzschale Platz für zwei weitere Elektronen hat; Wasserstoff hat +1, weil es ein Elektron abgeben kann. Daher geht ein Sauerstoffatom kovalente Bindungen mit zwei Wasserstoffatomen ein. Die Gesamtwertigkeit der Elemente in H_2O ist Null: Das Molekül ist also neutral und stabil.

In Natriumchlorid hat Natrium eine Wertigkeit von +1, weil es für eine volle äußere Schale ein Valenzelektron abgeben muss. Chlor hat sieben Valenzelektronen, braucht also ein weiteres für eine volle Schale, sodass es eine Wertigkeit von −1 hat. Die beiden Elemente gehen eine ionische Bindung ein.

Einflüsse auf die Bindung

Die bevorzugte Bindung (kovalent, ionisch oder metallisch) wird durch die Elektronegativität beeinflusst, einem Maß für die Fähigkeit eines Atoms, in einer Bindung Elektronen anzuziehen (siehe S. 18).

GEMISCH, VERBINDUNG UND LEGIERUNG

Die einzelnen Atome jedes Elements sind identisch. In Molekülen und anderen Verbindungen sind sie chemisch mit anderen Atomen in festen Verhältnissen gebunden. Minerale sind Naturstoffe mit fester Zusammensetzung und einer Kristallstruktur, mit der man sie oft leicht bestimmen kann. Gemische sind nicht chemisch gebunden; viele weisen für uns nützliche Eigenschaften auf. Legierungen sind Metallgemische.

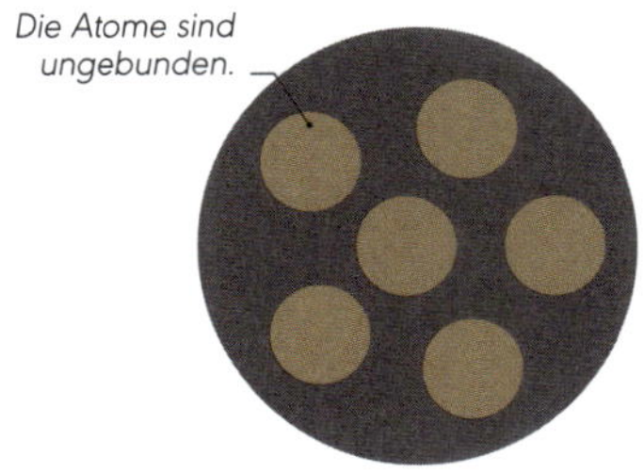

Unverbundene Atome
Ein Atom ist die kleinste Einheit eines Elements und die Grundeinheit der Materie. Alle chemischen Verbindungen und Reaktionen beruhen auf Kombinationen von Atomen.

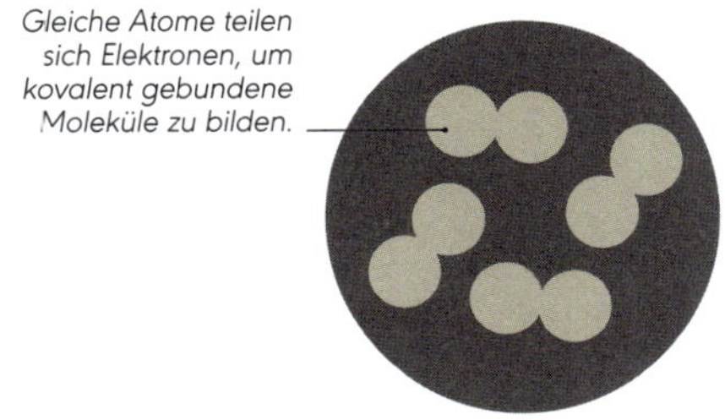

Moleküle
Zwei oder mehr Atome sind miteinander verbunden und bilden ein Molekül. Moleküle können aus Atomen eines Elements oder verschiedener Elemente bestehen.

Verbindung
Verbindungen sind Stoffe, in denen zwei oder mehr verschiedene Elemente chemisch (z. B. als Moleküle) gebunden sind. Man kann sie nur durch chemische Reaktionen trennen.

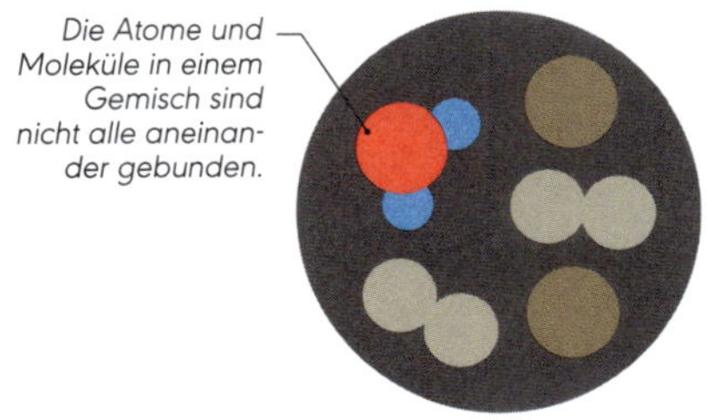

Gemisch
In einem Gemisch sind die Bestandteile nicht chemisch gebunden und könnten durch ein physikalisches Verfahren wie Filtration in die einzelnen Stoffe getrennt werden.

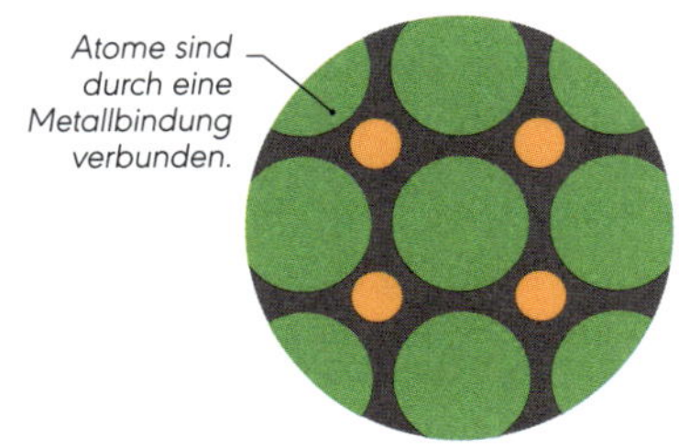

Legierung
Eine Legierung ist ein Gemisch aus Metallen oder aus einem Metall mit Nichtmetallen (aber in metallischer Bindung), wodurch sich die Eigenschaften des Metalls ändern.

CHEMISCHE REAKTIONEN

Stoffe, die miteinander reagieren, nennt man Reaktanten und die neu entstehenden Stoffe heißen Produkte. Hier reagieren zwei Magnesiumatome mit einem Sauerstoffmolekül und bilden Magnesiumoxid. Die Bindungen im Sauerstoffmolekül brechen auf und die Ionenbindung hält das Magnesiumoxid zusammen.

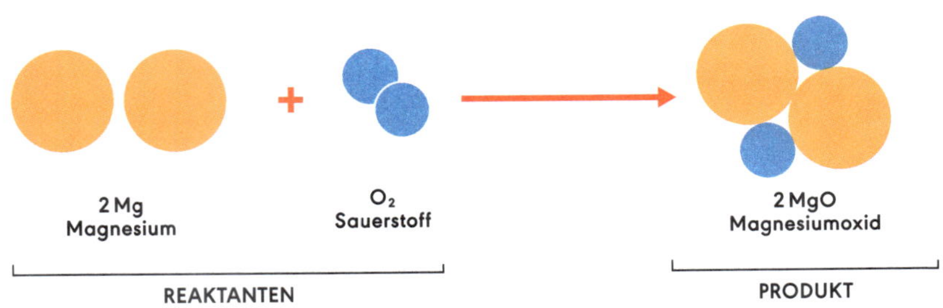

Die Bindungsart wird auch von der Ionisierungsenergie beeinflusst: der Energie, die ein Elektron aus der äußeren Schale entfernt (siehe S. 19). Elemente mit hoher Ionisierungsenergie wie Kohlenstoff und Sauerstoff geben Elektronen kaum ab und formen eher kovalente Bindungen, während Metalle, deren Ionisierungsenergien niedriger sind, eher Ionenbindungen mit Nichtmetallen eingehen.

Chemische Reaktionen

Bei einer chemischen Reaktion werden Stoffe verändert, indem Bindungen zwischen Atomen aufbrechen und neue Bindungen entstehen. Meist ist zunächst eine Aktivierungsenergie nötig, um die Atombindungen in den Reaktanten zu lösen. Diese Mindestenergie, die die Reaktion startet, wird durch Wärme, Licht, Elektrizität, Druck oder Umrühren der Reaktanten geliefert. Ein Katalysator kann die Aktivierungsenergie verringern, wobei er in der Reaktion nicht verbraucht wird. Die Reaktion selbst kann endotherm sein, also Energie aus der Umgebung aufnehmen, oder exotherm, also Energie freisetzen.

Der Elektronentransfer ist der Schlüssel zu allen Reaktionsmechanismen, von der Art der Bindung bis hin zur Umwandlung von Reaktanten in Produkte. Bei Reduktions-Oxidations-Reaktionen (Redoxreaktionen) nimmt ein Element Elektronen auf (es wird reduziert); das andere verliert Elektronen (es wird oxidiert). Dies wird durch die Oxidationsstufe oder Oxidationszahl beschrieben: die Anzahl der Elektronen, die ein Atom in der Bindung formell aufgenommen (negative Oxidationsstufe) bzw. abgegeben (positive Oxidationsstufe) hat. Welche Oxidationsstufen ein Atom erreicht, bestimmt die Konfiguration der Elektronen in den Orbitalen.

INSTABILE ELEMENTE

Von den 118 Elementen sind 19 vollständig stabil. Alle anderen haben Isotope, die radioaktiv sind: Ihre Kerne können Energie freisetzen und zerfallen.

Drei Jahre vor Beginn des 20. Jh. entdeckte der englische Chemiker J. J. Thomson das Elektron. Damit hatte er erstmals nachgewiesen, dass sich Atome aus kleineren Bestandteilen zusammensetzen – eine grundlegende Erkenntnis der modernen Physik und Chemie.

Der winzige, dichte Kern des Atoms wurde erst 14 Jahre später entdeckt. In Frankreich untersuchten Henri Becquerel sowie Marie und Pierre Curie jedoch bereits ein seltsames atomares Phänomen, das sie Radioaktivität nannten: Einige Stoffe senden ionisierende Strahlen (siehe unten) aus, die Elektronen aus Atomen herausschlagen. Das erste Element, das sich als radioaktiv erwies, war Uran. Es ließ eine fotografische Platte in Becquerels Schublade trüb werden. Marie Curie fand dann heraus, dass Thorium eine ähnliche Eigenschaft hat. Bei der Verarbeitung von Tonnen von Uranerz entdeckten die Curies zwei neue radioaktive Elemente: Polonium und Radium. Da die Stärke der Strahlung proportional zur Menge der Substanz war, musste die Radioaktivität eine Eigenschaft der Atome selbst sein.

Der in Neuseeland geborene Physiker Ernest Rutherford und der englische Physiker Frederick Soddy beobachteten zwei verschiedene Arten von Strahlung. Die eine war positiv geladen und stark ionisierend; diese Strahlung nannten sie Alphastrahlen. Die andere hatte eine negative Ladung und war weniger

STRAHLUNGSARTEN

Beim radioaktiven Zerfall verliert ein instabiler Atomkern Energie, indem er Strahlung aussendet. Beim Alpha- und Betazerfall emittiert er subatomare Teilchen, beim Gammazerfall elektromagnetische Wellen. Die Strahlungsarten durchdringen feste Materialien verschieden gut.

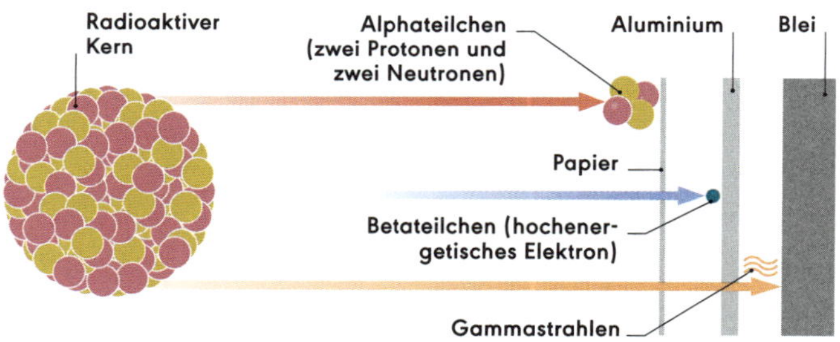

TRANSMUTATION DER ELEMENTE

Beim Betazerfall eines instabilen Elements wie Kohlenstoff-14 wandelt sich ein Neutron in ein Proton plus ein Elektron und ein Antineutrino um. Der Kern hat nun ein Proton mehr: Er ist kein Kohlenstoffatom mit sechs Protonen mehr, sondern ein Stickstoffatom mit sieben Protonen.

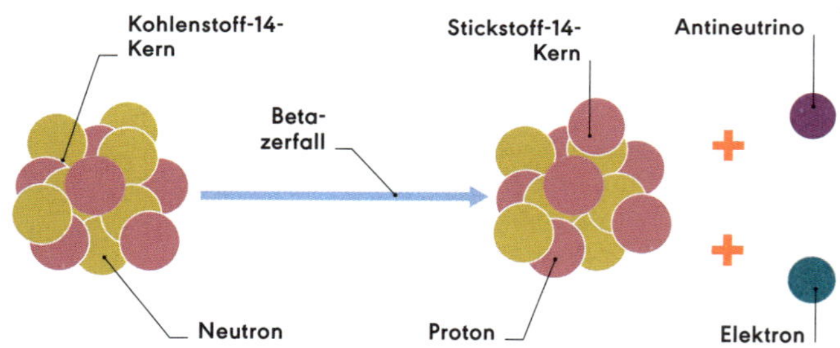

HALBWERTSZEITEN

Es ist unmöglich zu wissen, wann ein einzelnes radioaktives Atom zerfällt, da dies zufällig geschieht. Man kann jedoch die charakteristische Halbwertszeit eines radioaktiven Isotops bestimmen. Dies ist die Zeit, in der die Hälfte der radioaktiven Atome in einer Probe zerfallen ist. Daher folgt der radioaktive Zerfall einer exponentiellen Kurve. Bei Kobalt-60 beispielsweise, das eine Halbwertszeit von 5,27 Jahren hat, sind nach 5,27 Jahren (einer Halbwertszeit) noch 50 % übrig, nach 10,54 Jahren (zwei Halbwertszeiten) noch 25 % und so weiter.

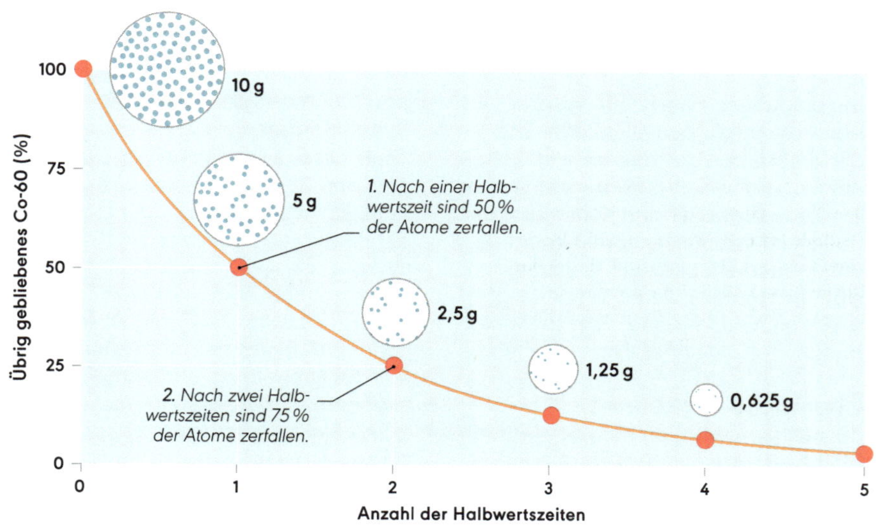

ionisierend, die Betastrahlen. Später erkannte man noch eine dritte Art von Strahlung, die weder von Magnetfeldern abgelenkt noch von Materialien so leicht absorbiert wurde wie Alpha- und Betastrahlen: die Gammastrahlung.

Elementumwandlung

1902 hatte Rutherford die radikale Idee, dass ein radioaktives Element, um Energie freizusetzen, zerfallen muss. Seine kanadische Studentin Harriet Brooks zeigte, dass beim Zerfall von Thorium ein Gas mit einem deutlich geringeren Molekulargewicht als das von Thorium entsteht, was Rutherford und Soddy zu der Annahme führte, dass es ein neues Element sein müsse, das wir heute Radon nennen. Ein Element konnte sich tatsächlich in ein anderes umwandeln.

Eine ausgewogene Anzahl von Protonen und Neutronen im Kern bewirkt, dass die starke Kernkraft, die die Kernteilchen bindet, nicht durch die elektrostatische Abstoßung zwischen den positiven Protonen überwunden wird. Bei einem Ungleichgewicht zerbricht der Kern in stabilere Teile.

Beim Alphazerfall verlassen zwei Protonen und zwei Neutronen den Kern. Beim Betazerfall wandelt sich ein Neutron in ein Elektron, ein Proton und ein Antineutrino um. In beiden Fällen ändert sich die Protonenzahl: Das Ergebnis ist ein anderes Element. Ein Gammazerfall folgt oft auf den Alpha- oder Betazerfall, wenn der neue Kern seinen niedrigsten Energiezustand einnimmt.

ZERFALLSKETTEN

Zerfallskettendiagramme zeigen den Prozess, durch den radioaktive Elemente zerfallen, die Art des Zerfalls und die Halbwertszeiten der Zwischenprodukte. In diesem Beispiel wandelt sich Uran-235 über mehrere Zwischenzerfälle in Radium-223 um. Bei jedem Alphazerfall nimmt die Protonenzahl im Kern um 2 ab, bei jedem Betazerfall nimmt sie um 1 zu.

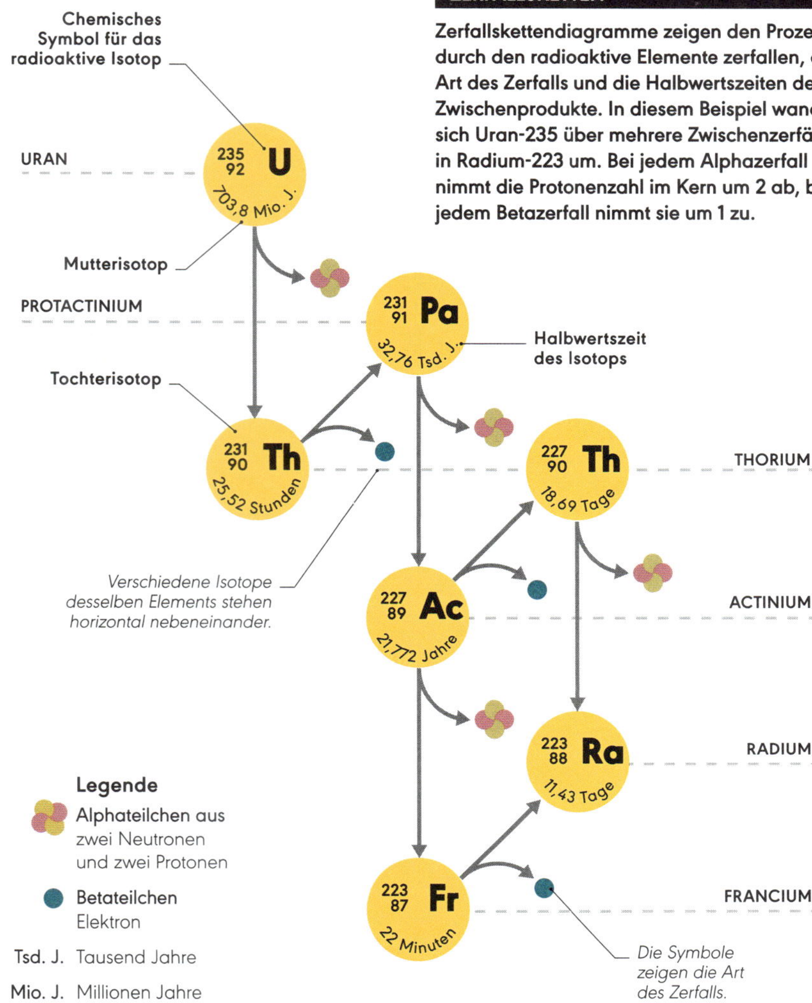

STABILE UND INSTABILE ISOTOPE

Achtzig Elemente im Periodensystem haben mindestens ein stabiles Isotop, das nicht radioaktiv zerfällt. Viele der bekanntesten dieser Elemente haben aber auch radioaktive Isotope, z. B. Kohlenstoff, Wasserstoff, Jod und Blei. Technetium und Promethium haben nur instabile Isotope, ebenso wie alle Elemente mit einer höheren Ordnungszahl als die des Bleis. Die Elemente nach Uran kommen in der Natur nicht vor und werden alle künstlich hergestellt; sie zerfallen sehr schnell nach der Synthese.

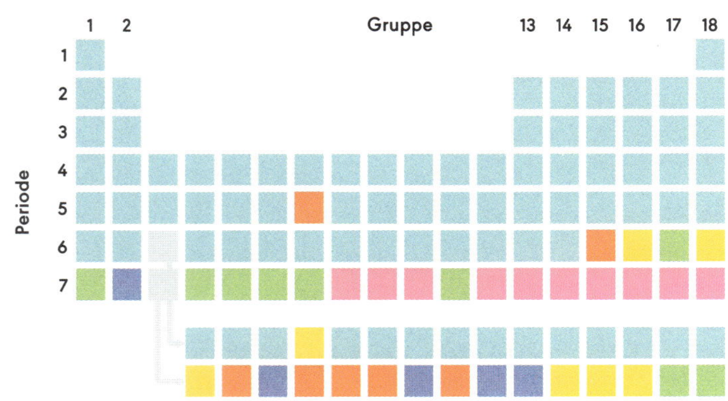

Legende

- Elemente mit mindestens einem stabilen Isotop
- Das stabilste Isotop hat eine Halbwertszeit zwischen 1 Tag und 200 Jahren.
- Das stabilste Isotop hat eine Halbwertszeit über 1 Million Jahre.
- Das stabilste Isotop hat eine Halbwertszeit zwischen 1 Minute und 1 Tag.
- Das stabilste Isotop hat eine Halbwertszeit zwischen 200 und 1 Million Jahre.
- Das stabilste Isotop hat eine Halbwertszeit unter 1 Minute.

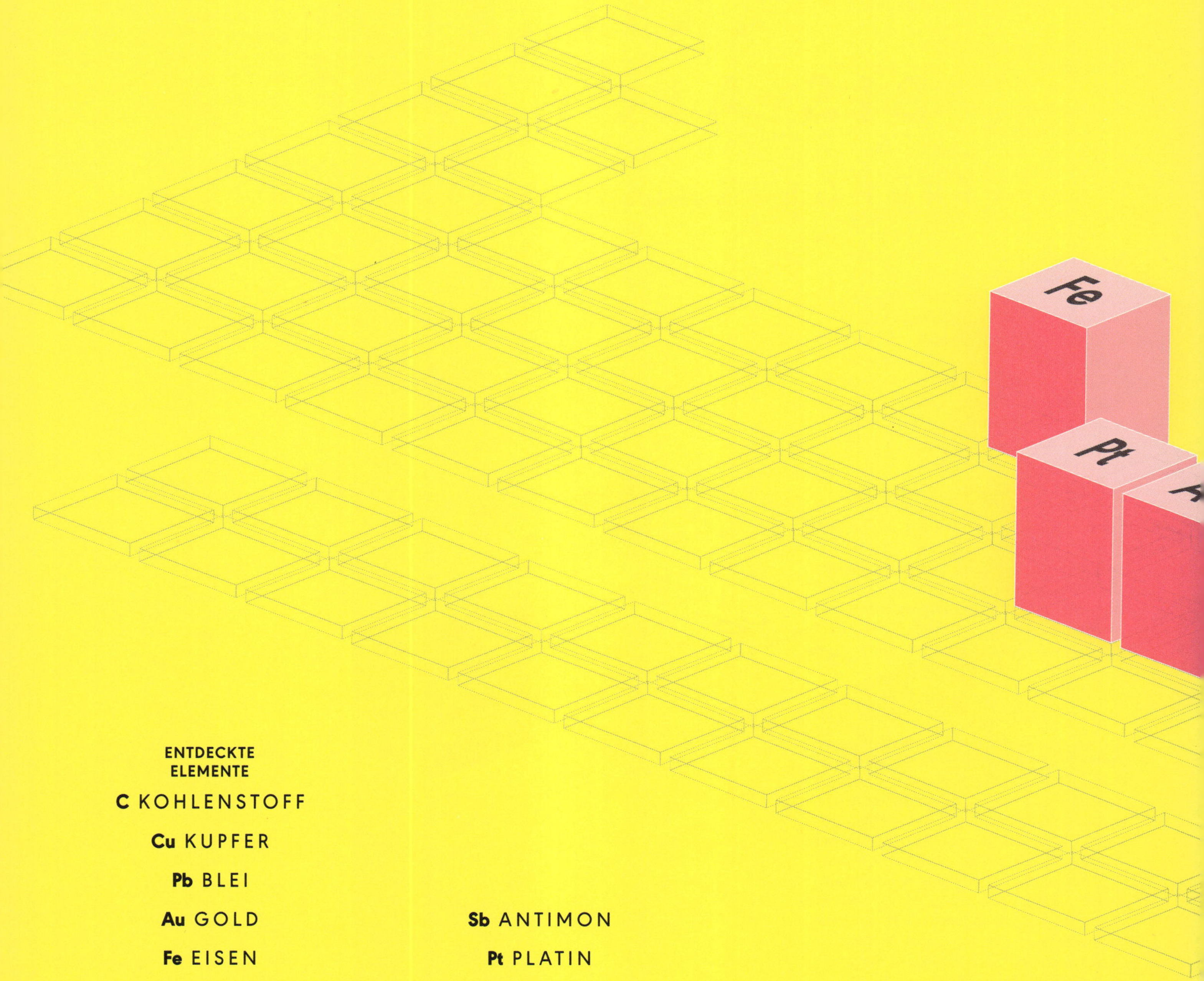

ENTDECKTE ELEMENTE

C KOHLENSTOFF

Cu KUPFER

Pb BLEI

Au GOLD

Fe EISEN

Ag SILBER

S SCHWEFEL

Sn ZINN

Hg QUECKSILBER

Sb ANTIMON

Pt PLATIN

Zn ZINK

As ARSEN

Bi BISMUT

P PHOSPHOR

ANTIKE BIS ALCHEMIE

FRÜHGESCHICHTE BIS 1700

1

2

3

BERGBAU UND VERHÜTTUNG

Die Entdeckung, wie man Metalle gewinnt und bearbeitet, hat die menschliche Zivilisation verändert. Auch nach Tausenden von Jahren verwenden wir vielfach immer noch die gleichen Techniken.

Sechs Metalle waren in der Antike bekannt: Gold, Silber, Kupfer, Zinn, Blei und Eisen. Die ersten drei kommen in der Natur oft gediegen (in reiner Form) vor. Während frühe Menschen diese nur mechanisch umformten, entdeckten sie bald, dass man sie durch Erhitzen zu vielen nützlichen Gegenständen verarbeiten konnte.

Die erste Verhüttung beginnt

Die Nutzung von Hitze zur Metallverarbeitung hatte einen tiefgreifenden Einfluss auf die Menschheit und führte im 6. Jahrtausend v. Chr. zur Entdeckung der Verhüttung: der Gewinnung von Metall aus Erzen. Erze sind Minerale mit einem hohen Anteil von Metall, das aber nicht rein, sondern mit anderen Elementen als Verbindung vorliegt, z. B. mit Sauerstoff als Metalloxid. Wenn man das Erz mit Kohlenstoff erhitzt, wird es »reduziert«: Das reine geschmolzene Metall fließt aus; die unerwünschten Anteile entweichen als Gas oder bilden zähflüssige Schlacke. Auch heute noch gewinnt man viele Metalle so. Die frühesten Belege für die Kupferverhüttung stammen aus Serbien, aber wir wissen nicht, wie die Technik entdeckt wurde. Da für Kupfer eine Hitze von etwa 1300 °C nötig ist, wurde sie wohl mithilfe von Töpferöfen statt offenem Feuer entwickelt. Mit der Gewinnung reiner Metalle wurde es auch möglich, sie zu Legierungen zu verbinden (siehe S. 23). Die erste Legierung war Bronze, die härter ist als ihre Bestandteile Kupfer und Zinn. Damit begann eine äußerst bedeutende Epoche der Menschheitsgeschichte: Die Bronzezeit (3300–1200 v. Chr.) begann wohl in Westasien und breitete sich westwärts nach Europa und Afrika aus. Die überlegenen Eigenschaften von Bronze gaben den Kulturen einen technischen Vorsprung und sie etablierten ausgedehnte Handelsrouten. Nach und nach gewann man auch andere Metalle wie Quecksilber und Zink mit der gleichen Technik.

Auf der Suche nach mehr

Mit zunehmender Bedeutung von Metallen suchten die Kulturen der gesamten antiken Welt nach neuen Quellen für diese wertvollen

1. Ornamentale Goldscheibe
Das Volk der Quimbaya, das zwischen 100 v. Chr. und 900 n. Chr. im heutigen Kolumbien lebte, war berühmt für seine kunstvollen Goldarbeiten wie diese ornamentale Goldscheibe.

2. Shang-Bronzekessel
Die Shang-Dynastie (China, 2. Jahrtausend v. Chr.) war eine Periode der chinesischen Bronzezeit. Dieser dekorative Widderkopf ziert ein Bronzegefäß.

3. Verhüttung im alten Ägypten
Die alten Ägypter verhütteten Kupfer und später auch Eisen für Werkzeuge, Dekorationen und Waffen. Es ist wahrscheinlich, dass das ab etwa 1200 v. Chr. verwendete Eisen zunächst von Meteoriten stammte.

Werkstoffe. Die römische Invasion Britanniens im Jahr 43 n. Chr. wurde wohl teils durch die Vorkommen von Zinn, Blei und anderen Metallen im Süden des Landes motiviert. Die Römer nutzten drei Bergbautechniken, die auch heute noch üblich sind. Beim Seifenbergbau wird Kies und Sand an der Oberfläche oder in Flussbetten nach Teilchen gediegener Metalle wie Gold und Silber durchsiebt. Manchmal kann man die Herkunft der »Seifen« (oberflächlichen Mineralablagerungen) verfolgen und das Ursprungsgestein im Tagebau (mit offenen Gruben) abbauen. Im römischen Britannien gewann man so vor allem Zinn und Blei. Die wertvollsten Metalle baute man »unter Tage« (unterirdisch) in tiefen Minen ab. Dabei legte man vertikale Schächte von der Oberfläche oder horizontale Stollen von einem Berghang an, um das Erz in der Tiefe zu finden. Doch der Untertagebergbau ist riskant, da es dunkel und eng ist und Gefahr durch giftige Gase oder Wassereinbrüche droht.

VERHÜTTUNG

Verhüttung ist die Gewinnung von Metall aus Erz. Dazu erhitzt man Erz zusammen mit Holzkohle oder Koks (das durch Erhitzen von Kohle entsteht) unter Luftabschluss. Die Reduktionsreaktion wandelt das Metalloxid im Erz in geschmolzenes Metall um.

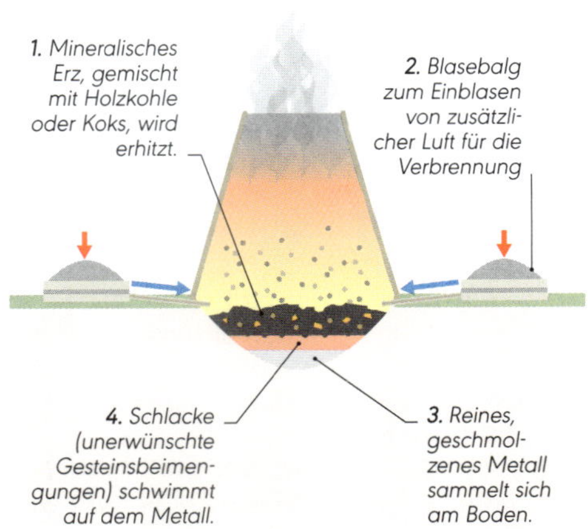

Vorgeschichte

um 18 000 v. Chr.
Die ersten bekannten Beispiele für Töpferwaren sind in Ostasien belegt.

um 14 000 v. Chr.
Die ersten bekannten Beispiele der japanischen Jomon-Keramik erscheinen.

um 8000 v. Chr.
Natürlich vorkommende Metalle werden kalt umgeformt; indigene Amerikaner gehören zu den ersten Menschen, die Pfeilspitzen und Messer aus Kupfer herstellen.

um 6000 v. Chr.
Erste Töpferöfen sind aus der Hassuna-Kultur in Mesopotamien bekannt.

5500–5000 v. Chr.
Kupfer wird als erstes Metall verhüttet.

um 3200 v. Chr.
Die frühesten bekannten Eisenartefakte – neun kleine Perlen – werden aus dem Eisen von Meteoriten hergestellt; Kupfer und Zinn werden zu Bronze legiert.

um 3000 v. Chr.
Tiegelöfen aus Lehm zum Verhütten von Metallen erscheinen in Mesopotamien.

um 1600 v. Chr.
Glas wird in Ägypten und Westasien in großen Mengen produziert.

um 1300 v. Chr.
Die Eisenverhüttung wird unabhängig in Indien entwickelt; um 1000 v. Chr. wird die Verhüttung in Westasien üblich und ist um 700 v. Chr. in ganz Europa verbreitet.

um 430 v. Chr.
Demokrit von Abdera nennt die Bausteine der Materie *atomos* (»Unteilbares«).

um 200 v. Chr.
Die Alchemie beginnt in China.

1 n. Chr.

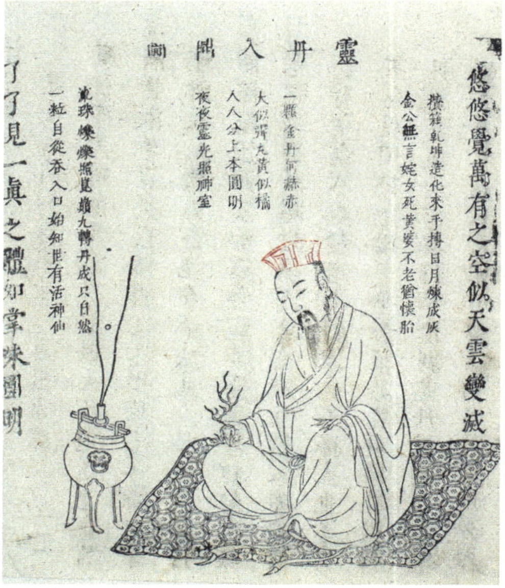

1

2

3

ALCHEMIE

Die Alchemie, die weithin als Vorläuferin der modernen Chemie angesehen wird, befasste sich mit der Manipulation und Umwandlung von Metallen und wurde von mehreren Kulturen der antiken Welt praktiziert.

Auch wenn sie heute als Pseudowissenschaft gilt, war die Alchemie einst eine angesehene Disziplin, die in mehreren Kulturen der antiken Welt praktiziert wurde. Die Ziele und Methoden variierten je nach Zeit und Ort, aber generell verfolgten Alchemisten drei Ziele: die Umwandlung unedler Metalle wie Blei in edle Metalle wie Gold, die Herstellung eines Elixiers der Unsterblichkeit und die Herstellung eines Allheilmittels, das jede Krankheit besiegt.

Alchemie in der ganzen Welt

Die vom Taoismus beeinflusste chinesische Alchemie gilt als die älteste alchemistische Praxis der Welt. Sie konzentrierte sich auf Unsterblichkeit und Lebensverlängerung. Das Streben nach Reichtum war verpönt, aber Unsterblichkeit sah man als edles Ziel an.

Auch die indischen Praktiken waren eng mit der Religion (Hinduismus) verbunden und richteten sich eher auf medizinische Elixiere als auf Reichtum. Indische Alchemisten manipulierten Metalle und glaubten, dass das »Töten« des Metalls einen Patienten heilen könne.

Die früheste westliche Alchemie befasste sich vor allem mit dem Färben und Tönen von Metallen, wohl um künstliche Edelsteine sowie Gold- und Silberimitate herzustellen. Die hellenistische Alchemie nahm Teile der Philosophie der griechischen Kultur auf, enthielt aber wohl weit weniger mystische und philosophische Elemente als ihre asiatischen Gegenstücke.

Die arabische Alchemie vereinte Aspekte der griechischen und ägyptischen Alchemie. Arabische Alchemisten sahen Metalle als eine Vereinigung von Schwefel und Quecksilber in der Erde: Verschiedene Metalle seien verschiedene Mengenverhältnisse dieser beiden Elemente. Sie entwickelten die Idee des Steins der Weisen weiter, die ursprünglich aus dem antiken Griechenland stammte, und legten damit den Grundstein für viele Überzeugungen der westlichen mittelalterlichen Alchemie.

Der Stein der Weisen

Die Alchemisten des westlichen Mittelalters waren besessen vom Stein der Weisen, einer mythischen Substanz, die jedes Metall in Gold

1. Chinesischer Alchemist
Auf diesem chinesischen Holzschnitt aus dem 17. Jh. gibt ein Alchemist ein Elixier in einen Topf.

2. Entdeckung des Phosphors
Auf diesem Gemälde aus dem 18. Jh. kocht der deutsche Alchemist Hennig Brandt Urin, um den Stein der Weisen herzustellen, und entdeckte Phosphor.

3. Dschabir ibn Hayyan (Geber)
Der persische Alchemist Dschabir ibn Hayyan, der hier in Griechenland lehrt, entwickelte die erste systematische Stoffklassifikation. Er entwickelte viele Methoden zur Gewinnung anorganischer und organischer Stoffe.

4. Alchemistische Symbole
Alchemisten benutzten eine spezielle Notation, um ihre Arbeit festzuhalten. Diese Tabelle des deutschen Alchemisten Johann Joachim Becher wurde 1689 veröffentlicht.

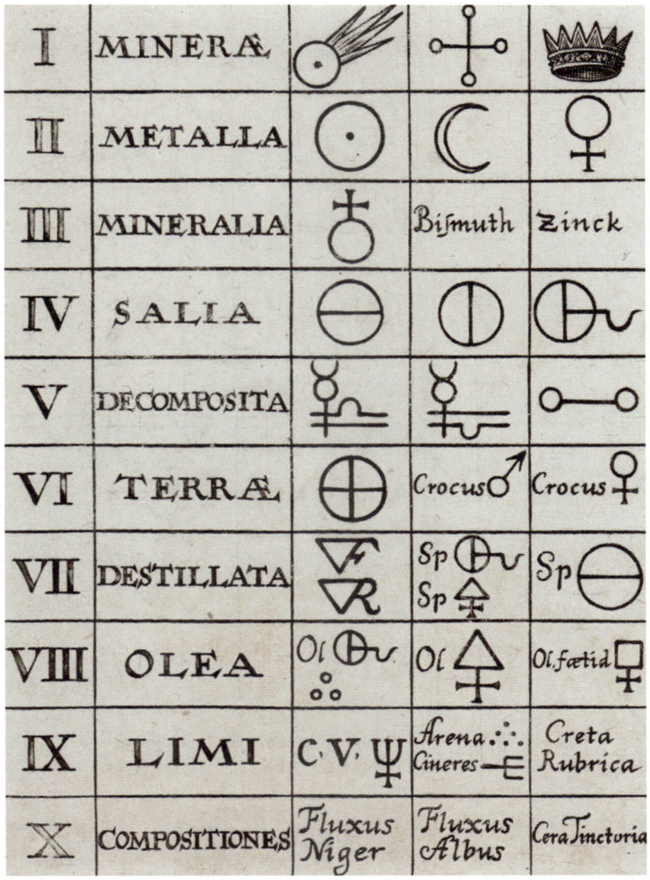

4

verwandeln konnte. Neben materiellem Reichtum hatte dies aber auch spirituelle Aspekte: Die Umwandlung von Blei (das als unrein und ungeordnet galt) in Gold (das Vollkommene und Göttliche) sollte zur Transformation des Geistes führen, die transzendenten Reichtum und Unsterblichkeit verlieh.

Einige Könige und Reiche förderten alchemistische Studien und erhielten dafür einen Anteil an dem gewonnenen Gold. Allerdings wurden einige erfolglose Alchemisten hingerichtet, weil sie nicht die versprochenen Reichtümer lieferten. Andere machten jedoch Entdeckungen, die heute noch wichtig sind. Mineralsäuren, etwa Salpeter-, Schwefel- und Salzsäure, entdeckte man durch die Destillation von Gemischen von Mineralen mit Flüssigkeiten. Auf der Suche nach dem Stein der Weisen isolierte der Deutsche Hennig Brand 1669 das Element Phosphor (siehe S. 82–85).

DESTILLIERKOLBEN

Bei vielen alchemistischen Experimenten erhitzte man Flüssigkeiten. Dies führte zur Erfindung des Alembiks, eines Vorläufers heutiger Destillierapparate. Er wird über ein Gefäß gestülpt und hat ein langes seitliches Rohr, in dem verdampfte Flüssigkeiten kondensieren. So trennt und reinigt man Gemische.

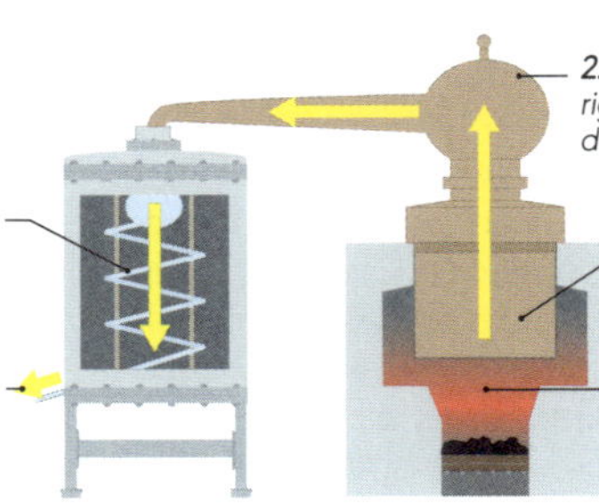

1 N. CHR.

um 300
Der Leydener Papyrus, einer der ältesten bekannten alchemistischen Texte, wird in Ägypten geschrieben.

um 4. Jahrhundert
Der griechische Alchemist Zosimos von Panopolis schreibt *Cheirokmeta*, das älteste bekannte Buch über Alchemie.

775
Der Perser Dschabir ibn Hayyan (in Europa Geber genannt) erfindet den Alembik (Destillierkolben).

890
Der persische Alchemist Abu Bakr ar-Razi (Rhazes) destilliert Alkohol aus Wein.

um 900
Rasahridaya, eine Abhandlung über die indische Alchemie, wird geschrieben.

um 1340
Der britische Philosoph John of Dumbleton ebnet den Weg für eine Theorie der Moleküle, indem er feststellt, dass bei der Kondensation keine Substanz verloren geht.

1525–1660
Der Schweizer Arzt und Alchemist Paracelsus macht die Iatrochemie populär, einen Wissenschaftszweig, der Chemie mit Medizin verbindet.

1527
Paracelsus entwirft eine neue Klassifizierung der chemischen Substanzen.

1661
Der anglo-irische Chemiker Robert Boyle schreibt *The Sceptical Chymist*, das den Übergang von der Alchemie zur Chemie markiert.

1662
Robert Boyle beschreibt die Beziehung zwischen dem Volumen und dem Druck eines Gases, die wir heute »Gesetz von Boyle und Mariotte« nennen.

1700 N. CHR.

Reactives Nichtmetall

C

Kohlenstoff

Elektronenkonfiguration

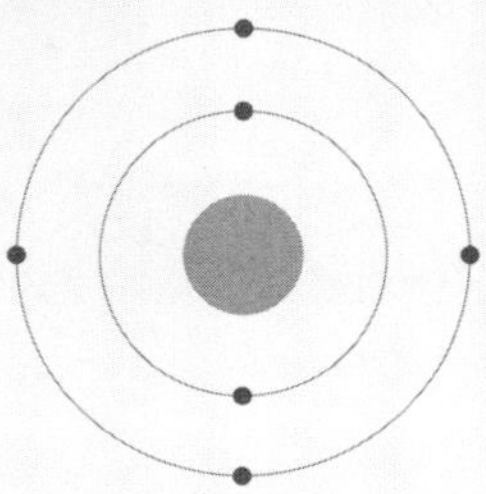

Ordnungszahl

6

Atommasse
12,01

Dichte (amorpher Kohlenstoff)
1,5 g/cm³

Radius
170 pm

Aggregatzustand
Fest

Sublimationspunkt
3825 °C

Entstehung
Fusion im Kern von Sternen

Anteil an der Erdkruste
200 ppm

Glaskohlenstoff ist spröde, hält aber Temperaturschocks gut aus.

Glaskohlenstoff ist schwarz und glänzend.

GLASKOHLENSTOFF

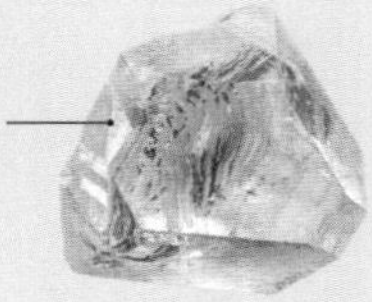

Diamant ist hart, spröde und farblos.

ROHDIAMANT

Graphit hat eine graue, glänzende Oberfläche.

GRAPHIT

Holzkohle stellt man durch Erhitzen von Holz her.

HOLZKOHLE

Kohle (Steinkohle) ist schwarz und brennbar.

KOHLE

Viele Formen des Kohlenstoffs
Reiner Kohlenstoff hat je nach den Entstehungsbedingungen viele Modifikationen. Kohle, die unter Druck aus Pflanzenmaterial entsteht, kommt relativ oft vor, während die Bildung von Diamant extreme Bedingungen und Milliarden von Jahren erfordert und daher viel seltener ist. Glaskohlenstoff ist ein künstliches Allotrop.

Der Grundbaustein des Lebens: Menschen nutzen Kohlenstoff seit Urzeiten, und er beeinflusst jeden Aspekt unseres Lebens. Seine einfache atomare Struktur schafft eine außergewöhnliche Welt chemischer Möglichkeiten.

Kohlenstoff in Form von Holzkohle und Ruß war das erste Element, das die Menschheit entdeckt und genutzt hat. Eine der frühesten bekannten Höhlenmalereien aus Holzkohle findet sich im australischen Outback und ist etwa 28 000 Jahre alt, aber mit Sicherheit wurde Kohlenstoff schon früher als Brennstoff für Feuer verwendet.

Holzkohle ist ein amorpher Kohlenstoff, eine der vielen natürlich vorkommenden Formen des Elements. Sie entsteht durch starkes Erhitzen von Holz ohne Sauerstoffzufuhr, sodass es nicht verbrennt. Wie Steinkohle, eine andere Kohlenstoffform, ist Holzkohle amorph, d. h., es hat eine unregelmäßige innere Struktur. Das Elementsymbol C kommt vom lateinischen Namen *Carboneum*, abgeleitet von *carbo* (»Kohle«).

Diamant und Graphit, die beiden anderen natürlichen Formen von Kohlenstoff, wurden erst viel später entdeckt. Diamant entdeckte man wohl um 2500 v. Chr. und Graphitvorkommen erst viele Jahrhunderte später, um 1500 n. Chr. Erst im 18. Jh. erkannte man, dass all diese Stoffe aus demselben Element bestehen: Kohlenstoff.

Elektronen und Bindung

Kohlenstoff befindet sich in der Mitte der Periode 2 (siehe S. 18–19) und hat vier Valenzelektronen (siehe unten). Um eine stabile Elektronenkonfiguration mit vollständiger äußerster Schale zu erreichen, müsste das Atom entweder alle Valenzelektronen abgeben oder vier weitere Elektronen aufnehmen, was beides sehr viel Energie erfordern würde. Stattdessen teilt Kohlenstoff seine vier Valenzelektronen mit anderen Atomen, die ihrerseits Elektronen mit Kohlenstoff teilen, sodass beide Atome durch die gemeinsamen Elektronen vollständige Schalen erreichen: Sie gehen eine kovalente Bindung ein (siehe S. 22). Da Kohlenstoff vier Bindungen eingehen kann, bildet es unglaublich vielfältige Moleküle, was ihn zum Grundbaustein allen Lebens auf der Erde macht.

Kohlenstoff kann ausgedehnte Ketten- und Ringstrukturen bilden, wobei aber die Kohlenstoff-Wasserstoff-Bindung die häufigste chemische Bindung in der Natur ist. Kohlenstoff geht mit sehr vielen anderen Elementen kovalente Bindungen ein, insbesondere mit den Nichtmetallen auf der rechten Seite des Periodensystems. Diese Bindungen

BINDUNG MIT ANDEREN ELEMENTEN

Kohlenstoff hat eine halb gefüllte äußere Schale und erhält die weiteren vier Elektronen für eine geschlossene Schalenstruktur, indem er kovalente Bindungen (siehe S. 22) mit anderen Atomen eingeht. Die 2p- und 2s-Orbitale überschneiden sich effizient mit den Orbitalen von Wasserstoff-, Sauerstoff- und Stickstoffatomen, sodass Kohlenstoff mit diesen Elementen starke Bindungen eingeht. Verbindungen dieser vier Elemente sind Grundlage des Lebens.

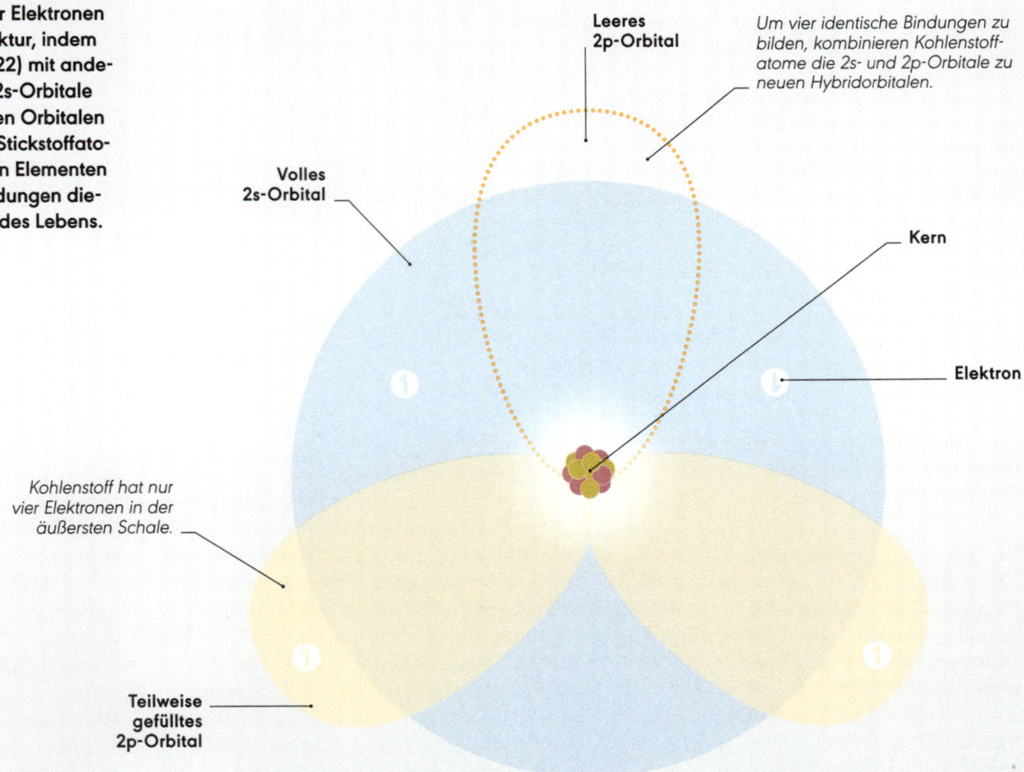

MOLEKULARSTRUKTUR VON KOHLENSTOFF

Durch ihre vielseitige Bindungsfähigkeit können sich Kohlenstoffatome zu verschiedenen Strukturen, sogenannten Allotropen, mit unterschiedlichen Eigenschaften ordnen. Hier sind zwei gängige Allotrope (Diamant und Graphit) und ein seltenes (Buckminsterfulleren) dargestellt.

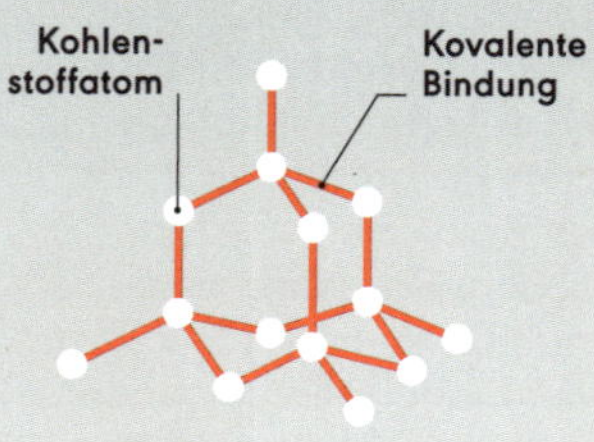

Diamant
Im Diamant ist jedes Atom mit vier anderen Atomen in einer tetraedrischen Struktur verbunden, sodass ein Netzwerk aus starken Bindungen entsteht.

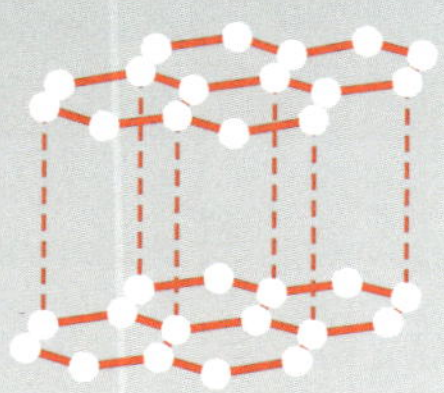

Graphit
Graphit besteht aus regelmäßigen bienenwabenförmigen Schichten, wobei jedes Kohlenstoffatom mit drei anderen verbunden ist.

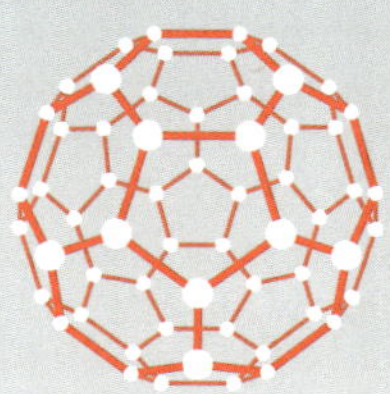

Buckminsterfullerene
Das Buckminsterfulleren hat eine kugelförmige Struktur aus 60 Kohlenstoffatomen, die wie ein Fußball als verbundene 5- und 6-Ecke angeordnet sind.

HYBRIDORBITALE

Trotz der unterschiedlich geformten s- und p-Orbitale können Kohlenstoffatome vier identische Bindungen eingehen. Dies ist möglich, weil Orbitale hybridisieren: Die kugelförmigen s-Orbitale und die keulenförmigen p-Orbitale vereinigen sich zu Hybridorbitalen. Je nachdem, wie viele Bindungen nötig sind, werden s- und p-Orbitale unterschiedlich gemischt.

Diamant
Um vier identische Bindungen zu bilden, hybridisieren die Kohlenstoffatome im Diamanten die 2s- und alle drei 2p-Orbitale, sodass vier identische sp^3-Orbitale entstehen. Jeder dieser Orbitale enthält drei Teile p und einen Teil s.

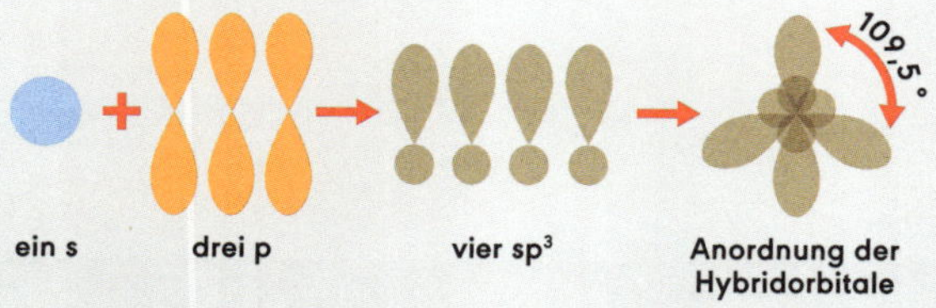

Graphit
Graphit bildet drei identische Bindungen, wobei die 2s- und zwei 2p-Orbitale zu einem sp^2-Orbital hybridisiert werden. Jedes enthält zwei Teile p und einen Teil s; das dritte p-Orbital bleibt unverändert.

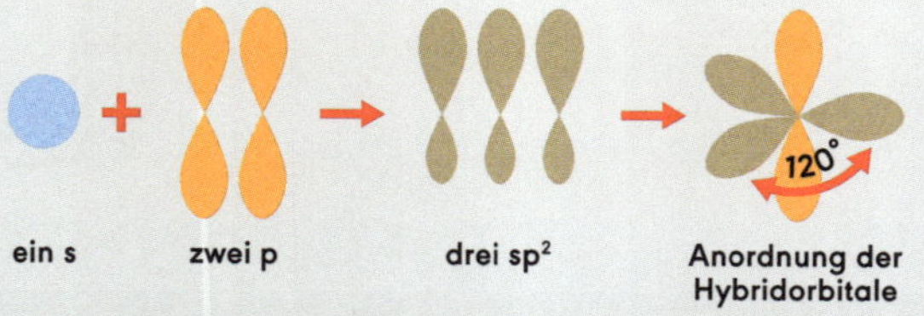

VERWENDUNG VON KOHLENSTOFF

Die einzelnen Kohlenstoffformen haben aufgrund ihrer Molekularstruktur jeweils einzigartige Eigenschaften. Vom harten Diamant bis zum weichen Graphit hat jedes Allotrop eine industrielle Nische, und erst im letzten Jahrhundert kamen ungewöhnliche Strukturen hinzu.

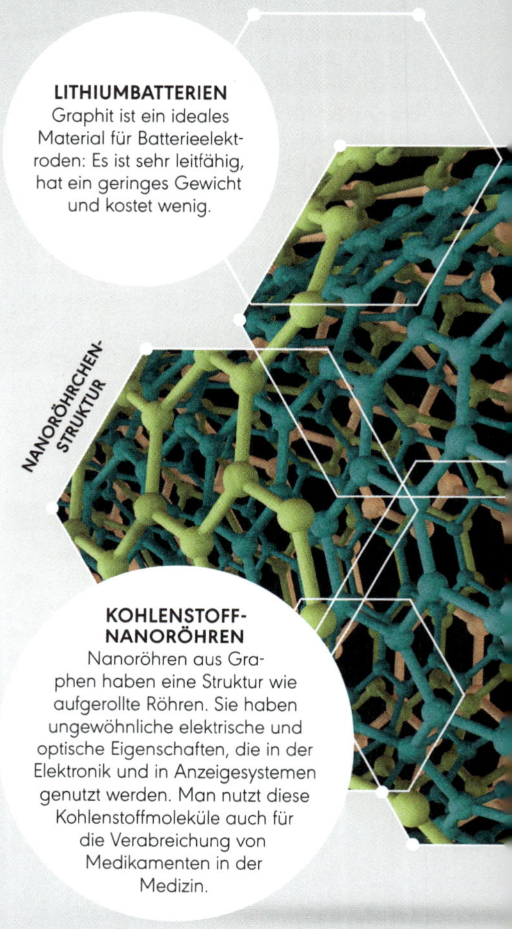

sind am stärksten, wenn die beiden Atome ähnlich groß sind und sich die Orbitale effizient überlappen können.

Verbindungen des Lebens

Der menschliche Körper besteht zu etwa 18 Gewichtsprozent aus Kohlenstoff. Die Grundstoffe des Lebens (Kohlenhydrate, Proteine und Fette) haben alle ein Kohlenstoffgerüst. Ihre genaue Struktur gibt diesen Molekülen ihre jeweiligen Eigenschaften, durch die sie sich zu Zellen und Organismen zusammenfügen.

Kohlenhydrate, die Energiequelle der Lebewesen, sind Ketten kleinerer Moleküle, den Monosacchariden (Einfachzucker). Am bekanntesten ist Glukose: ein kleines ringförmiges Molekül aus mehreren Kohlenstoffatomen, an die Hydroxylgruppen (OH) gebunden sind. Reaktionen zwischen einer OH-Gruppe und einem Kohlenstoff- und Wasserstoffatom eines anderen Zuckermoleküls verbinden die Moleküle miteinander. So entstehen lange, komplexe Ketten von Zuckermolekülen.

Auch Proteine sind komplexe Ketten aus einfacheren Molekülen, den Aminosäuren. Es gibt 20 natürlich vorkommende Aminosäuren jeweils mit einem Kohlenstoffatom, an das eine Aminogruppe (NH_2) und unterschiedliche Seitenketten gebunden sind. Verschiedene Abfolgen von Aminosäuren ergeben Proteine mit unterschiedlichen Eigenschaften.

Allotrope des Kohlenstoffs

Im reinen Kohlenstoff können die Atome auf verschiedene Weise angeordnet sein,

SCHMUCK
Die Härte des Diamanten, seine wohlgeformten Kristalle und die Art, wie er die Farben im weißen Licht streut, haben ihn zu einem sehr geschätzten Edelstein gemacht. Farblose Steine sind als Schmuck am beliebtesten.

DIAMANT-SCHMUCK

GRAPHIT-BLEISTIFTE

BLEISTIFTE
Die weiche Struktur von Graphit führt dazu, dass sich beim Schreiben Graphitpartikel von der Bleistiftspitze lösen und auf dem Papier ablagern, wodurch ein dunkler Strich entsteht.

MOTOREN
Kohlebürsten dienen dazu, einen elektrischen Strom zwischen den beweglichen Teilen eines Elektromotors zu übertragen. Die Bürsten nutzen sich dabei ab, können aber leicht ersetzt werden.

BOHREN UND SCHNEIDEN
Präzisionsbohr- und -schneidegeräte haben oft eine Diamantspitze. Als härtestes natürliches Material kann Diamant harte Materialien wie Beton, Granit und Metall durchdringen.

DIAMANT-BOHRKRONE

wodurch sich unterschiedliche Formen (Allotrope) desselben Elements ergeben. Kohlenstoff hat drei gängige Allotrope: Diamant, Graphit und amorpher Kohlenstoff. Doch in den letzten 40 Jahren haben Wissenschaftler mehrere weitere Allotrope entdeckt und geschaffen. Amorpher Kohlenstoff, wie Steinkohle (Anthrazit) oder Holzkohle, hat keine regelmäßige Kristallstruktur: Die Atome sind offenbar zufällig angeordnet. Die genauen Eigenschaften der Kohle hängen davon ab, wie sie hergestellt werden. Je nach Anwendung gibt es heute viele verschiedene Sorten.

Diamant wird bei unglaublichen Temperaturen und Drücken im Erdmantel gebildet. Bei Vulkanausbrüchen wird er mit den geschmolzenen Gesteinen an die Oberfläche gebracht. Die extremen Bedingungen (bis zu 1300 °C und das 50 000-Fache des Oberflächendrucks) pressen die Kohlenstoffatome in eine sehr starre geordnete Kristallstruktur. Jedes Atom hat identische kovalente Bindungen mit vier benachbarten Kohlenstoffatomen, wodurch ein endloses Netz von Tetraedern entsteht. Um vier identische Bindungen zu bilden, werden die Orbitale hybridisiert (siehe gegenüber): Drei p-Orbitale und ein s-Orbital vereinen sich zu vier sp^3-Hybridorbitalen. Dieses extrem starke Gerüst macht Diamant zum härtesten natürlichen Material. Er hat viele Anwendungen als Schneid-, Polier-, Bohr- und Gravurmaterial. Durch seine Kristallstruktur trennt Diamant außerdem weißes Licht in verschiedene

MENSCHEN UND DER KOHLENSTOFFKREISLAUF

Kohle, Öl und Erdgas kennt man vor allem als fossile Brennstoffe als Energieträger, aber dank der vielfältigen Bindungsmöglichkeiten des Kohlenstoffs haben sie auch viele andere überraschende und wichtige Anwendungen. Fossile Brennstoffe schaden jedoch der Umwelt.

KUNSTSTOFFE
Aus Rohöl gewinnt man raffinierte Chemikalien, aus denen man verschiedene Kunststoffpolymere herstellt. Dazu gehören weiche Polyethylen-Plastiktüten und robuste PVC-Abflussrohre.

PLASTIKSPIELZEUGSTEINE

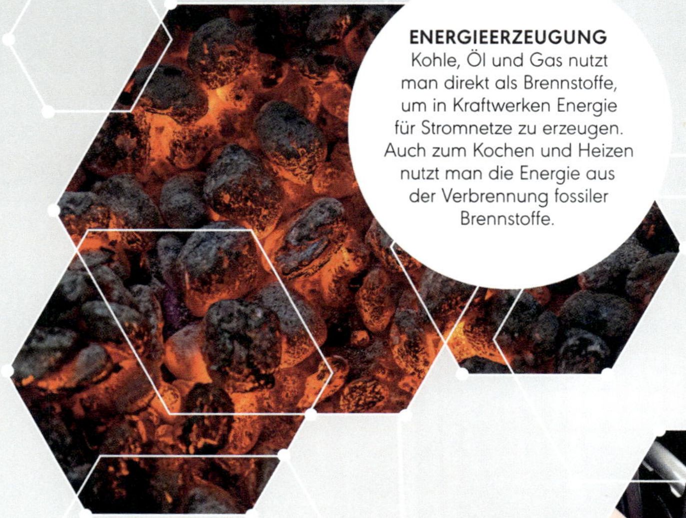

ENERGIEERZEUGUNG
Kohle, Öl und Gas nutzt man direkt als Brennstoffe, um in Kraftwerken Energie für Stromnetze zu erzeugen. Auch zum Kochen und Heizen nutzt man die Energie aus der Verbrennung fossiler Brennstoffe.

BRENNENDE KOHLE

FAHRZEUG-TREIBSTOFF
Rohöl wird zu Benzin und Dieselkraftstoffen raffiniert, die Fahrzeuge mit Verbrennungsmotoren antreiben.

ZAPFSÄULEN

STRASSEN-BELAG
Der schwere Rückstand, der nach der Raffination von Öl zurückbleibt, heißt Bitumen. Gemischt mit Gesteinskörnern bildet er den Asphalt, mit dem die meisten Straßen belegt sind.

Farben auf, wodurch seine Brillanz – das charakteristische Funkeln – entsteht. Diamanten werden schon fast seit man sie kennt als Edelsteine und Schmuckstücke geschätzt. Heute kann man sie synthetisch züchten. Da der Bergbau für die Umwelt und die Menschenrechte problematisch ist, entscheiden sich viele Menschen für künstliche Diamanten als nachhaltige und ethische Alternative zum natürlichen Mineral.

Graphit ist das stabilste der Kohlenstoffallotrope und entsteht durch die Metamorphose von kohlenstoffhaltigem Sedimentgestein. Wie beim Diamant bilden die Kohlenstoffatome Hybridorbitale, jedoch nur mit drei identischen Bindungen: Aus zwei p-Orbitalen und einem s-Orbital entstehen drei sp^2-Orbitale. Sie sind als flaches Dreieck im Winkel von 120° zueinander angeordnet, sodass Graphit flache Schichten aus Kohlenstoffsechsecken bildet. Das dritte, nicht hybridisierte p-Orbital ragt senkrecht über und unter diesen Schichten hervor. Die Elektronen deser p-Orbitale nehmen nicht an kovalenten Bindungen teil, sondern sind delokalisiert und im ganzen Festkörper frei beweglich, was Graphit zu einem hervorragenden Wärme- und Stromleiter macht. Graphit wird daher oft in Lithium-Ionen-Batterien verwendet. Da die delokalisierten Elektronen außerdem nur schwach binden, gleiten die einzelnen Kohlenstoffschichten leicht aneinander vorbei. Graphit ist daher sehr weich. So hinterlässt es Abdrücke auf Papier und etwa 7 % des Graphits werden für Bleistifte verwen-

LÖSUNGSMITTEL
Viele aus Rohöl gewonnene Chemikalien werden als flüssige Grundstoffe (Lösungsmittel) für wichtige kommerzielle Produkte wie Farben, Harze und industrielle Reinigungsmittel verwendet.

SCHMIERMITTEL
Öl ist bekannt für seine Gleitfähigkeit und eignet sich hervorragend als Schmiermittel für Maschinen. Es ist relativ zähflüssig, haftet daher an Metalloberflächen, ohne abgewischt zu werden, und bildet eine Schicht, die die Reibung verringert.

DER TREIBHAUSEFFEKT

Kohlendioxid (CO_2) und einige andere Atmosphärengase absorbieren einen Teil der Wärmestrahlung von der Erdoberfläche, die von der Sonne erwärmt wurde. Dadurch bleibt die Erde wärmer, als sie es sonst wäre. Dies nennt man Treibhauseffekt.

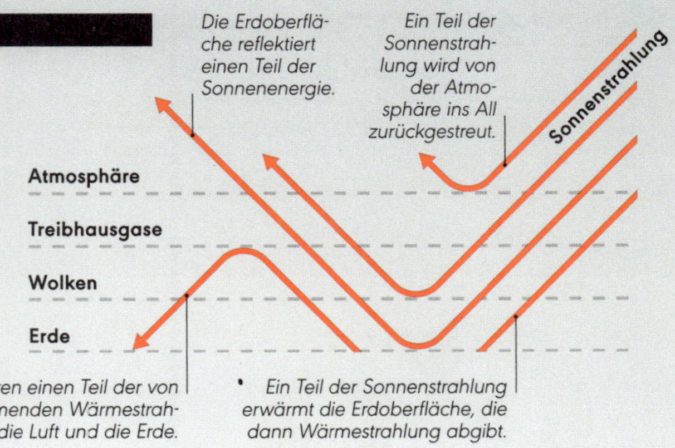

DER SCHNELLE KOHLENSTOFFKREISLAUF

Im schnellen Kohlenstoffkreislauf wandert Kohlenstoff zwischen Lebewesen und der Atmosphäre. Fotosynthese wandelt CO_2 aus der Luft in Nahrung um, und bei der Atmung wird aus dieser Nahrung Energie gewonnen, wobei wieder CO_2 freigesetzt wird. Diese beiden Reaktionen halten den CO_2-Gehalt seit Jahrtausenden im Gleichgewicht.

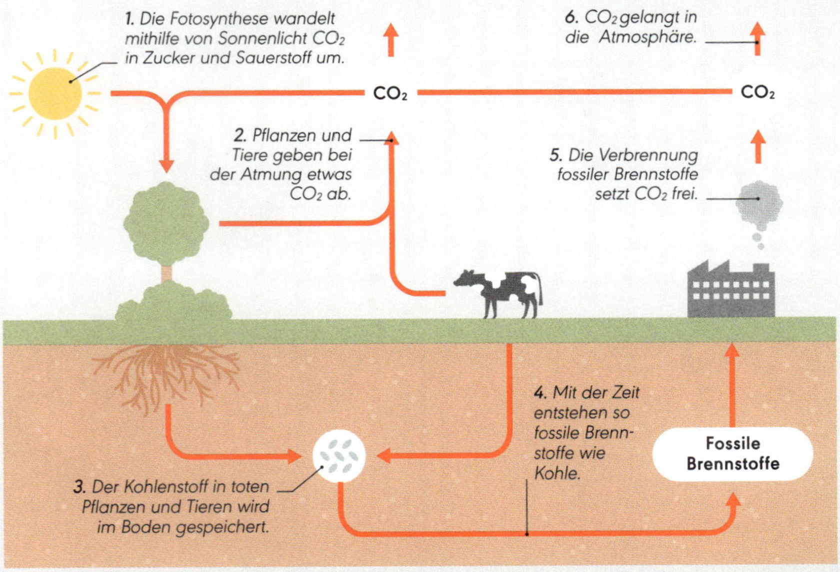

det, weitere 28 % für Schmiermittel und in Bahn- und Flugzeugbremsen.

Das 2004 entdeckte Graphen ist ein künstliches Allotrop aus einer einzigen Graphitschicht. Da es extrem dünn ist, hat es weitere ungewöhnliche magnetische und optische Eigenschaften und könnte in Batterien und in der Medizin Anwendungen finden.

Der Kohlenstoffkreislauf

Kohlenstoff ist das fünfzehnthäufigste Element auf der Erde und bewegt sich ständig zwischen Gestein, Meer, Lebewesen und der Atmosphäre; dieser Austausch heißt Kohlenstoffkreislauf. Man unterscheidet zwei sich ergänzende Teile: Der langsame oder geologische Kohlenstoffkreislauf umfasst chemische Reaktionen und tektonische Aktivitäten, die den Kohlenstoff über einen Hunderte Millionen Jahren dauernden Zyklus zwischen den Gesteinen, dem Meer und der Atmosphäre bewegen. Dagegen umfasst der schnelle oder biologische Kohlenstoffkreislauf (siehe oben) den Austausch von Kohlenstoff zwischen Lebewesen, Luft und Boden.

Heute stören menschliche Aktivitäten das Gleichgewicht dieser natürlichen Kohlenstoffkreisläufe, was zu einem Anstieg des Gehalts von Kohlendioxid (CO_2) in der Atmosphäre führt: In den letzten 250 Jahren ist er um 50 % angestiegen, was die globalen Temperaturen um bisher etwa 1,5 °C erhöht hat.

Übergangsmetall

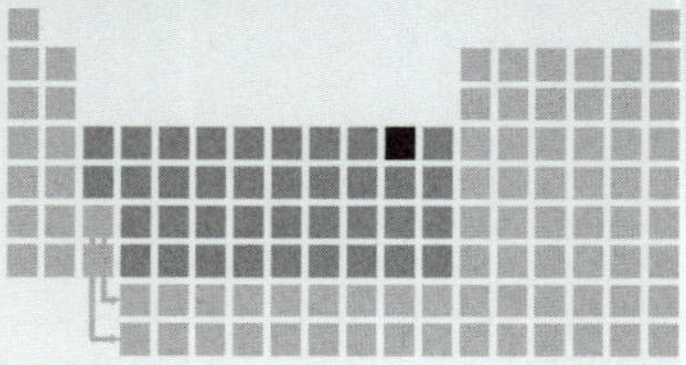

Cu

Kupfer

Elektronenkonfiguration

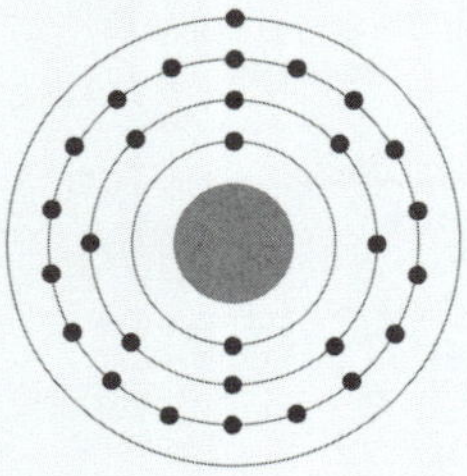

Ordnungszahl

29

Atommasse
63,55

Dichte
9,0 g/cm³

Radius
140 pm

Aggregatzustand
Fest

Schmelzpunkt
1085 °C

Entstehung
Supernovae

Anteil an der Erdkruste
60 ppm

Häufige Formen des Kupfers
Kupfer ist eines der wenigen metallischen Elemente, das in der Natur gediegen (als reines Element) vorkommt, wobei man es aber meist aus kupferhaltigen Mineralen gewinnt. Es ist ein chalkophiles Element: Es neigt dazu, Verbindungen mit Schwefel zu bilden.

Kupfer hat einen rötlichen Farbton und einen metallischen Glanz.

GEDIEGENES KUPFER

Azurit, ein Kupferkarbonat, nutzt man als blaues Pigment.

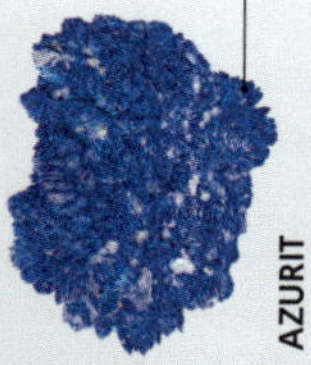

AZURIT

Chalkopyrit ist das wichtigste Kupfererz.

CHALKOPYRIT

Heller Malachit wird als grünes Pigment verwendet.

MALACHIT

Wegen seiner Farben heißt Bornit auch Buntkupferkies.

BORNIT

Kupfer kommt in der Natur gediegen vor, als einziges Metall mit rötlicher Farbe. Es ist seit dem Altertum bekannt und war in der Bronzezeit unverzichtbar. Heute ist es in elektrischen Anwendungen nicht wegzudenken.

Wenn Kupfer mit Zinn legiert wird, entsteht Bronze, ein härteres Metall, das man zu einer scharfen Schneide schleifen kann – als man dies um 3300 v. Chr. entdeckte, begann die Bronzezeit, eine der großen Epochen der Menschheit. 1994 fanden Archäologen in einem 4500 Jahre alten ägyptischen Pyramidenkomplex in Abusir (Ägypten) ein ausgeklügeltes Abwassersystem aus Kupfer – noch heute verwendet man für Wasserleitungen auch Kupferrohre. Messing ist eine Legierung aus Kupfer und Zink, die sich durch ihre Korrosionsbeständigkeit auszeichnet. Eine Kupfer-Nickel-Legierung wird in vielen Ländern für kleine Münzen verwendet; in den USA nennt man daher die 5-Cent-Münzen »Nickel« (sie sind nickelfarbig, enthalten aber mehr Kupfer als Nickel).

Die Rümpfe von Holzschiffen beschlug man mit Kupfer, damit auf ihnen keine Meeresorganismen wachsen, die das Schiff bremsen. Im Englischen nennt man daher heute noch eine sichere Investition *copper-bottomed.*

Bergbau und Verhüttung

Kupfer erhielt seinen Namen und sein Symbol (Cu) von der Insel Zypern (auf Lateinisch *Cuprum* genannt), weil dort seit Jahrtausenden Kupferminen betrieben wurden, bevor die Insel Teil des Römischen Reiches wurde. Das Bergbaugebiet des Großen Kupferbergs in Falun (Schweden) ist mindestens seit dem 13. Jh. in Betrieb, und im 17. Jh. war Schweden weltweit führend in der Kupfergewinnung und -produktion.

Im 19. Jh. kamen Kupfererze aus aller Welt im Hafen von Swansea (Wales) an und wurden in Anlagen raffiniert, die mit der in den walisischen Tälern reichlich geförderten Kohle betrieben wurden. Mit mindestens neun Kupferraffinerien in der Umgebung trug Swansea den Spitznamen Copperopolis. Bis 1860 wurden in Swansea 90 % des weltwei-

WARUM KUPFER RELATIV REAKTIONSARM IST

Die Besetzung aller fünf 3d-Orbitale macht Kupfer zu einem besonders stabilen Übergangsmetall. Eines der 4s-Elektronen wird leicht abgegeben, sodass die Oxidationsstufe +1 häufig vorkommt. Die Entfernung von Elektronen aus den vollständigen 3d-Orbitalen erfordert jedoch viel mehr Energie, wodurch Kupfer relativ reaktionsarm ist.

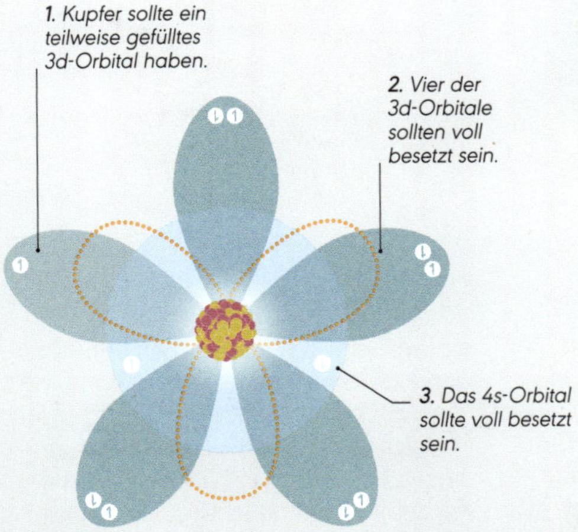

Erwartete Elektronenkonfiguration
Entsprechend seiner Position in Gruppe 11 des Periodensystems sollte Kupfer nach dem Aufbauprinzip ein gefülltes 4s-Orbital und neun Elektronen in den 3d-Orbitalen haben, wobei die 4p-Orbitale leer bleiben.

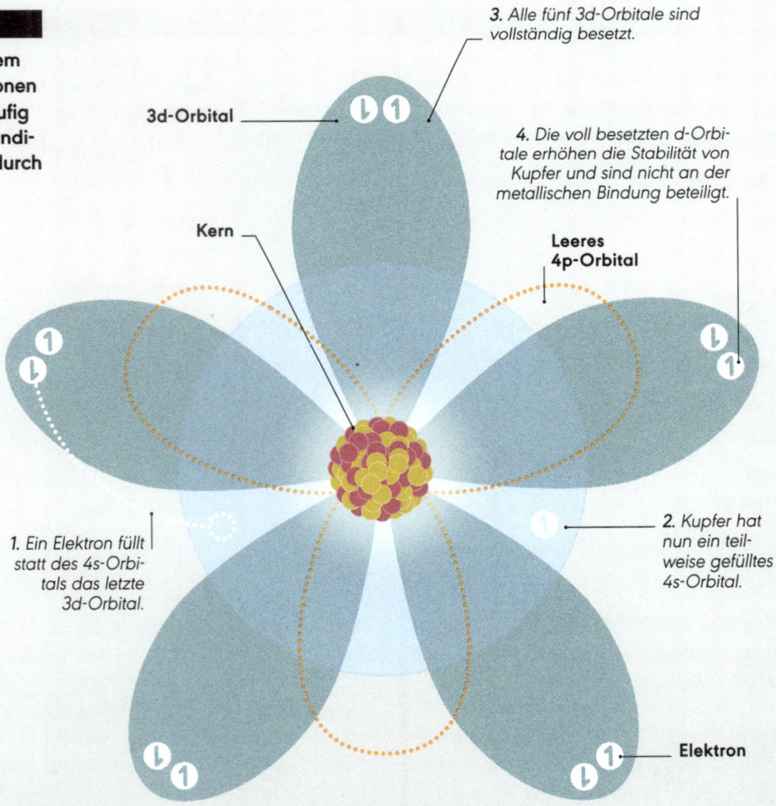

Tatsächliche Elektronenkonfiguration
Die Oxidationsstufe +1, bei der alle fünf 3d-Orbitale besetzt sind, ist eine besonders stabile Konfiguration. Kupfer ordnet daher die Elektronen nicht in der erwarteten Konfiguration, sondern ein Elektron aus dem 4s-Orbital füllt die 3d-Orbitale auf. Nur das einzelne 4s-Elektron hält die Ionen in der Metallbindung zusammen. Folglich ist Kupfer weicher und verformbarer als andere Übergangsmetalle.

VALENZELEKTRONEN UND LEITFÄHIGKEIT

Kupfer hat ein einziges Valenzelektron in seiner äußeren Schale, das nicht fest vom Kern gehalten wird, was zu seiner Leitfähigkeit beiträgt. Dies gilt auch für Silber und Gold, die im Periodensystem direkt unter Kupfer stehen und ebenfalls hervorragende Leiter sind.

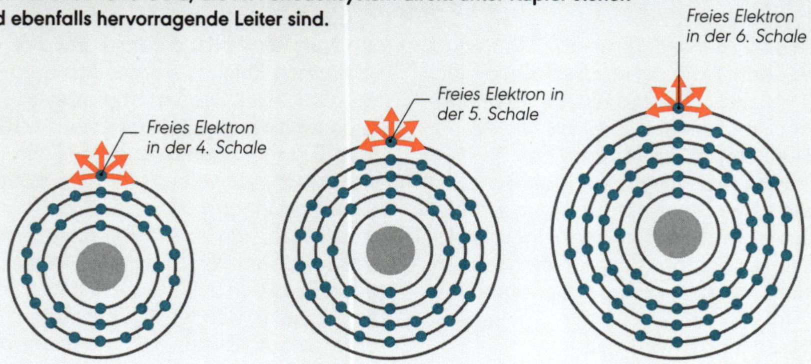

Kupfer
Kupfer hat ein einzelnes, lose gebundenes Valenzelektron in seiner äußersten Schale, das sich frei bewegen kann.

Silber
Silber steht im Periodensystem in der Gruppe 11 direkt unter Kupfer und hat ebenfalls ein einzelnes Valenzelektron.

Gold
Die äußerste Schale (6. Schale) von Gold enthält nur ein Elektron, das locker gehalten wird und sich frei bewegen kann.

DELOKALISIERTE ELEKTRONEN

Bei Metallen werden die Valenzelektronen nur locker am Kern gehalten. Bei der Metallbindung bilden die Atome ein Gitter, in dem sich Elektronen frei bewegen können: Sie sind delokalisiert und bilden eine Art »Elektronenmeer« und können durch ihre Beweglichkeit sowohl elektrischen Strom als auch Wärmeenergie sehr gut leiten.

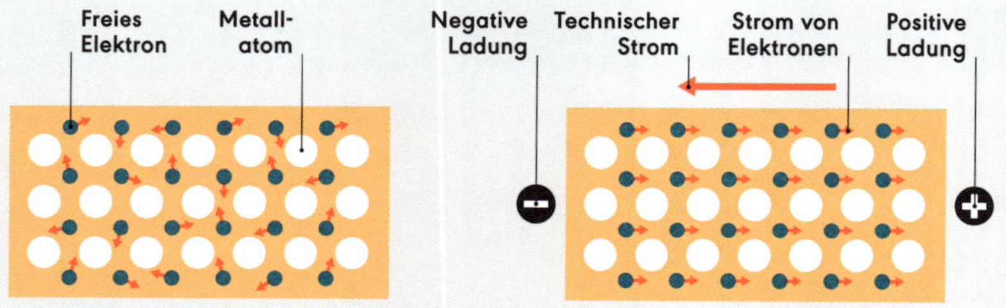

Keine Batterie angeschlossen
In einem Kupferdraht ohne Spannungsquelle bewegen sich die freien Elektronen zufällig im Gitter.

Batterie angeschlossen
Die negativen Elektronen strömen zum positiven Batterieanschluss, aber in der Technik definiert man Strom von plus nach minus.

VERWENDUNG VON KUPFER

Das gut leitfähige und verformbare reine Kupfer eignet sich für Kabel, Wasserrohre und viele andere Zwecke. Bronze (eine Legierung mit Zinn) hat die Geschichte geprägt, und Legierungen mit Zink (Messing) und anderen Metallen (wie Münzmetalle) werden weltweit verwendet.

DRÄHTE
Kupfer ist aufgrund seiner leichten Verfügbarkeit, Leitfähigkeit und Verformbarkeit ideal für elektrische Leitungen. Der Großteil unseres Stroms wird in Kupferspulen in Generatoren erzeugt. Für elektrische Anwendungen muss Kupfer raffiniert (gereinigt) werden.

KUPFERDRÄHTE

BEDACHUNG
Einige bedeutende Gebäude haben Dächer aus Kupfer. Nach einigen Jahren der Verwitterung entwickeln sie eine grüne Patina: ein Belag aus basischem Kupferacetat, dem sogenannten Grünspan.

ten Kupfers verhüttet. Doch Swansea verlor schließlich sein Fast-Monopol, da das dort produzierte Kupfer nicht rein genug für elektrische Drähte war.

Seit 2024 ist Escondida in Chile nach der Fördermenge die größte Kupfermine der Welt. 2023 wurden weltweit etwa 21 Millionen Tonnen Kupfer produziert.

Verbindungen von Kupfer

Kupfer ist das am wenigsten reaktive der Übergangsmetalle der 4. Periode. Es kann vier Oxidationsstufen annehmen, die man mit I bis IV bezeichnet. Am häufigsten kommen Kupfer(I)- und Kupfer(II)-Verbindungen vor.

Neben dem Metall selbst nutzt man seit dem Altertum auch zahlreiche Kupferverbindungen. Basisches Kupfer(II)-Acetat (oder Grünspan) wurde im alten Ägypten, Rom und Griechenland sowohl als Farbstoff als auch als Medikament verwendet.

Kupfer(II)-Verbindungen nutzt man in Pflanzenschutzmitteln: Erstmals verwendete man es in der Bordeauxbrühe, einem Gemisch aus Kupfer(II)-Sulfat und Kalziumhydroxid (Löschkalk), das man in Bordeaux (Frankreich) gegen Mehltau (Pilzbefall) der Weinreben einsetzte. Kupfer(II)-Nitrat dient in der Keramik-, Textil- und Druckindustrie sowohl als Pigment als auch als Beizmittel, das den Farbstoff fixiert (an den Stoff bindet). Es ist ein starkes Oxidationsmittel und erzeugt in Feuerwerkskörpern grüne Flammen.

In der analytischen Chemie sind Kupfer(II)-Verbindungen wichtig. Beim

BLITZABLEITER
Kupfer wird für Blitzableiter auf den Dächern hoher Gebäude verwendet. Die leitfähigen Stangen ziehen bei Gewittern Blitze an und leiten die elektrische Ladung sicher in den Boden.

BRAUEREIEN UND BRENNEREIEN
Whiskybrennblasen und Bierbottiche stellt man aus Kupfer her, da es ein guter Wärmeleiter ist, antibakterielle Eigenschaften hat und verformbar ist. Außerdem entfernt es Sulfide (die von der Hefe eingebracht werden), die den Geschmack negativ beeinflussen können.

PIGMENT
Im antiken Rom und Griechenland wurde das grüne Pigment Grünspan hergestellt, indem man Kupferstreifen über Essigbottiche hängte.

SCHMUCK
Durch seine Duktilität ist Kupfer leicht zu formen und hat einen schönen Glanz. Wenn es mit Gold legiert ist, hat es einen rosafarbenen Farbton.

BLUT
Tintenfische, Krebstiere und einige andere Gliederfüßer haben blaues Blut. Das liegt an einer kupferhaltigen Verbindung (Hämocyanin), die Sauerstoff transportiert, anstelle des eisenhaltigen Hämoglobins, das bei anderen Tieren vorkommt.

kolorimetrischen Biuret-Test für Proteine und Peptide (Aminosäureketten) bilden Kupferionen einen Komplex mit den Peptidbindungen und färben dabei eine alkalische Lösung von blau nach violett. Die Fehlingsche Lösung, die Kupfer(II) enthält, weist reduzierenden Zucker wie Glukose nach.

Kupfer und Elektrizität

Der englische Physiker Michael Faraday konstruierte 1831 den ersten elektrischen Generator: ein Rohr, um das er (mit Stoff isoliert) Kupferdraht gewickelt hatte. Führte man einen Magneten durch das Rohr, wurde ein elektrischer Strom induziert. Daraus entwickelten sich die heutigen Elektromotoren, Generatoren und Transformatoren. Heute wird über die Hälfte allen Kupfers für elektrische Anwendungen gebraucht. Die weltweite Energiewende weg von fossilen Brennstoffen hin zu erneuerbaren Energien erfordert mehr Kupfer für Spulen in Generatoren und Stromleitungen. Ein Elektroauto enthält drei- bis viermal so viel Kupfer wie ein herkömmliches Auto (obwohl schon dieses über einen Kilometer Kabel enthält). Die meisten Stromerzeuger, von fossilen Kraftwerken über Windkraft, Erdwärme, Kernkraft und Wasserkraft, nutzen Generatoren mit Kupferspulen.

Glücklicherweise kann Kupfer recycelt werden. Eine der Hauptquellen für Kupfer in der modernen Welt ist das Recycling alter elektrischer Geräte.

Metall

Pb

Blei

Elektronenkonfiguration

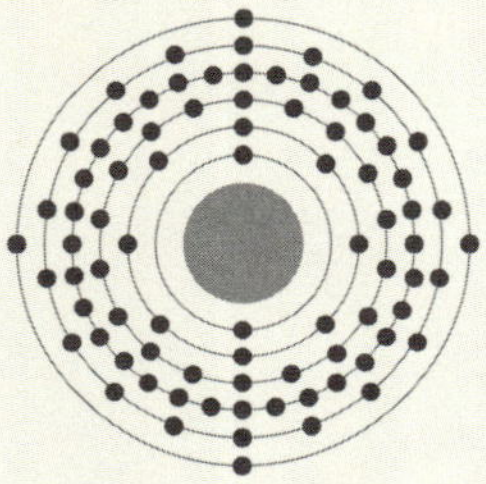

Ordnungszahl

82

Atommasse
207,2

Dichte
11,3 g/cm³

Radius
202 pm

Aggregatzustand
Fest

Schmelzpunkt
327 °C

Entstehung
Fusion im Kern von Sternen

Anteil an der Erdkruste
14 ppm

Elementares Blei und Bleiverbindungen
Blei kommt gediegen (als Element) in der Natur nur selten vor, daher wurde es schon in der Antike aus Erzen gewonnen. Galenit ist die wichtigste Quelle, enthält jedoch häufig auch Silber, für das es abgebaut wird, sodass Blei oft als Nebenprodukt der Silbergewinnung anfällt.

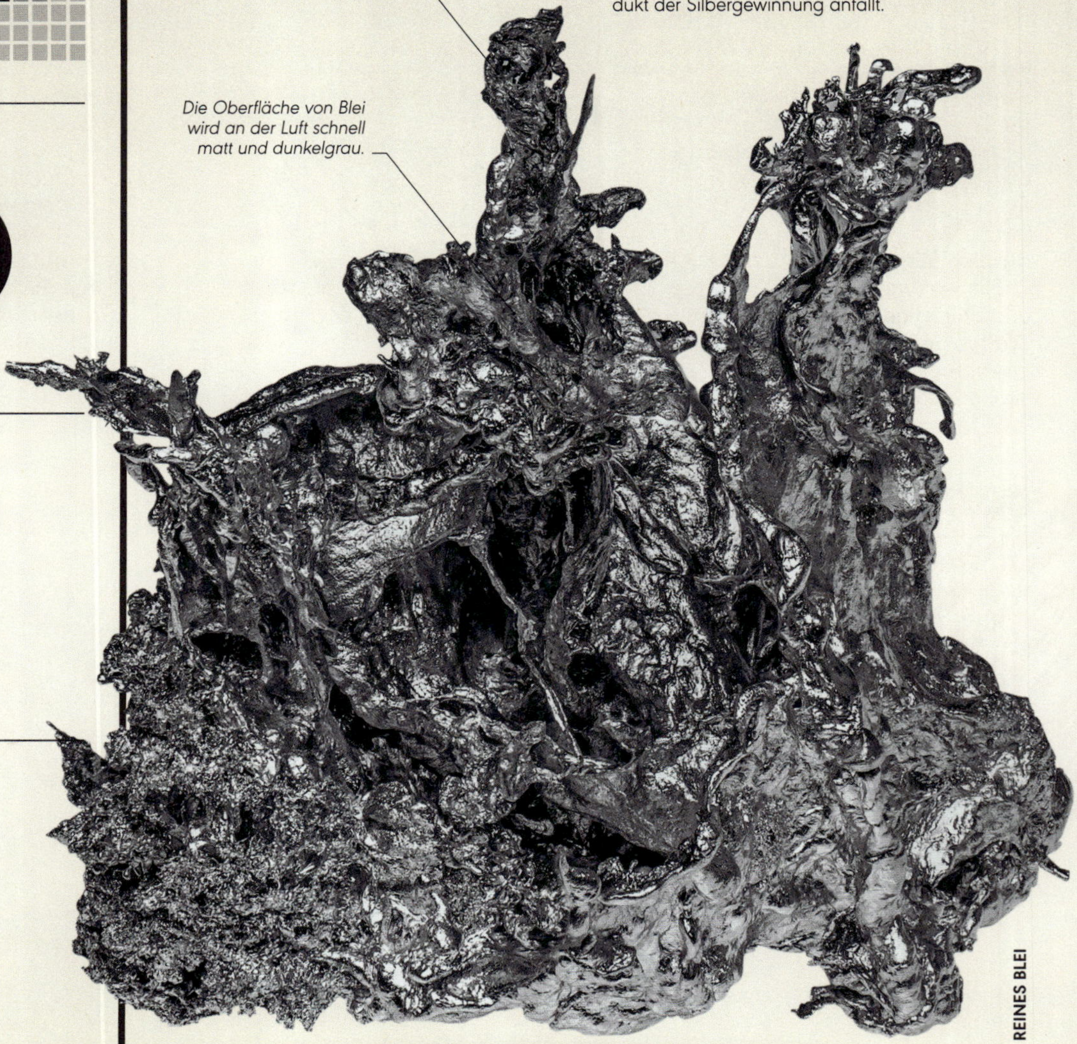

REINES BLEI

ANGLESIT

GALENIT

CERUSSIT

Das dumpfe Aussehen von Blei täuscht über seine bewegte Geschichte hinweg. Vom römischen Ingenieurwesen bis zum Tod von Königinnen hat dieses schwere, formbare Metall einige der aufregendsten Zeiten der Menschheit miterlebt.

Blei ist ein weiches, stumpfes Metall, das seit Urzeiten bekannt ist und vielleicht das erste Metall war, das verhüttet wurde (siehe S. 29). Obwohl es selten gediegen gefunden wird, lässt es sich leicht aus dem Sulfidmineral Bleiglanz gewinnen. In der jungsteinzeitlichen Stadt Çatalhöyük (heutige Türkei) fand man in den 1960er-Jahren Bleiperlen aus der Zeit um 6500 v. Chr.

Blei war wegen seiner Weichheit und Stumpfheit nicht für Schmuck oder Waffen geeignet. Da aber Bleiglanz oft zusammen mit Silber vorkommt, fielen große Mengen an Blei als Nebenprodukt des Silberbergbaus an und man fand einige Verwendungsmöglichkeiten. Weiche Bleche dienten als Schreibmaterial, Bleiklumpen als Gewichte für Fischernetze und Bleirohre versorgten Rom mit Wasser – und von dem lateinischen Elementnamen *plumbum* ist das heutige Elementsymbol Pb abgeleitet.

Römische Technik

Da es weich ist und bei niedriger Temperatur schmilzt, lässt sich Blei leicht verarbeiten und zu Wasserrohren formen. Blei wurde für das expandierende römische Wassersystem so wichtig, dass Englands reiche Bleivorkommen – neben anderen wertvollen Metallen wie Zinn, Kupfer und Silber – ein Grund für die römische Invasion in Britannien gewesen sein könnten.

Mit wachsenden Vorräten fanden die Römer weitere Anwendungen. Man kleidete Kochtöpfe mit Blei aus, was Speisen einen süßen Geschmack gab (verursacht durch Bleiazetat). Blei diente auch oft zur Konservierung von Lebensmitteln, da es Enzyme hemmt, die Lebensmittel verderben lassen. Doch schon damals waren die giftigen Nebenwirkungen bekannt. Dieses

WARUM BLEI SO WEICH UND DICHT IST

Die 6s- und 6p-Orbitale von Blei sind aufgrund der Lanthanoidenkontraktion (siehe S. 211) ziemlich klein. Deshalb hat das Bleiatom einen überraschend kleinen Atomradius und das Metall ist extrem dicht. Vor allem die s-Elektronen werden vom Kern so fest angezogen, dass sie nicht an der metallischen Bindung teilnehmen können, sodass Blei ziemlich weich ist.

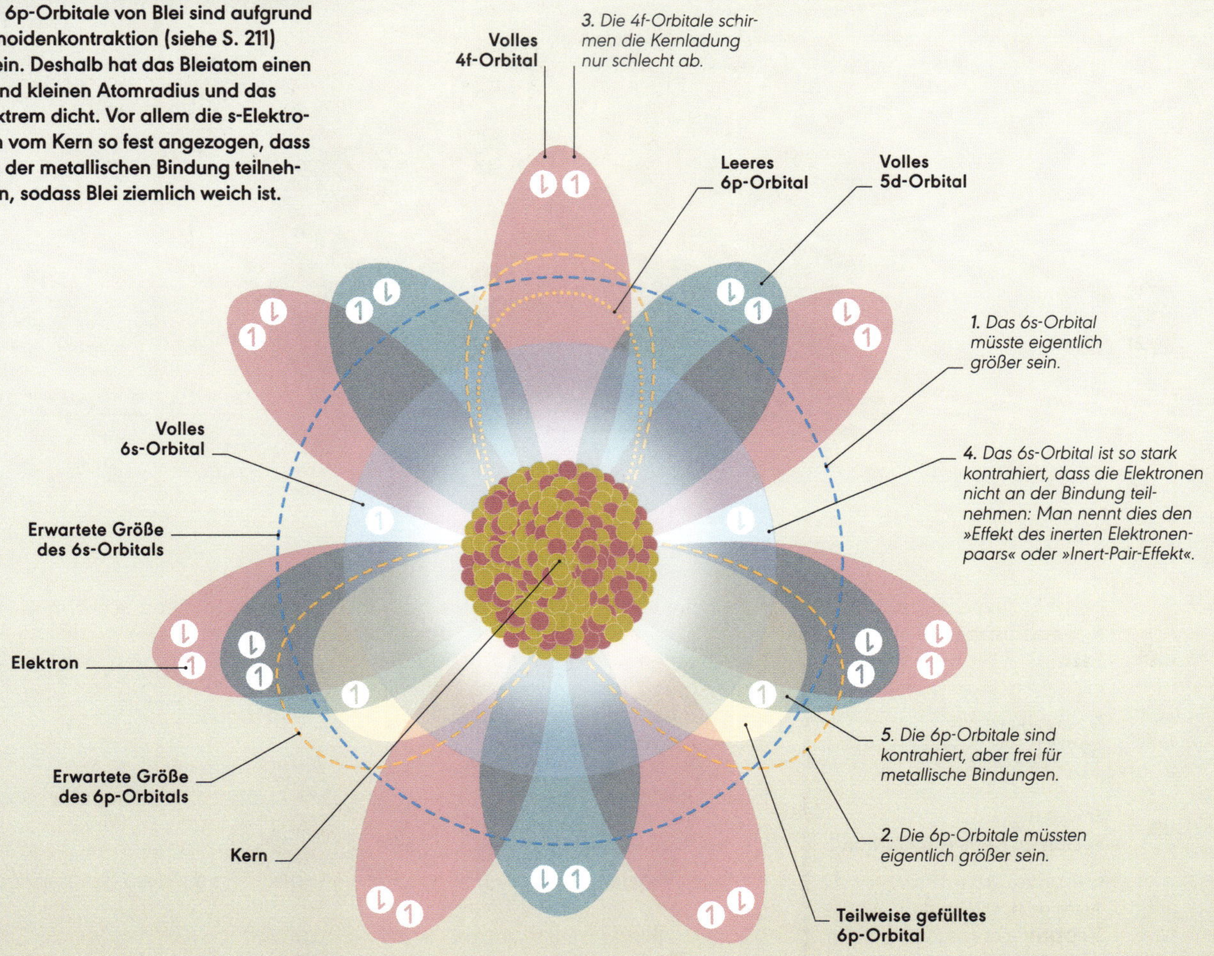

WIE MAN BLEI AUS DEM KÖRPER ENTFERNT

Blei ist ein extrem giftiges Metall. Im Körper reichert es sich im Fettgewebe an und verursacht Symptome von Bauchschmerzen bis zu Gedächtnisproblemen; es kann auch zum Tod führen. Die Chelat-Therapie mit dem Molekül Ethylendiamintetraessigsäure (EDTA) hilft dem Körper, das Schwermetall zu entfernen, indem es sich an Blei bindet; der Blei-EDTA-Komplex wird mit dem Urin ausgeschieden. Das Wort Chelat bezieht sich auf die Art, wie EDTA an Blei bindet.

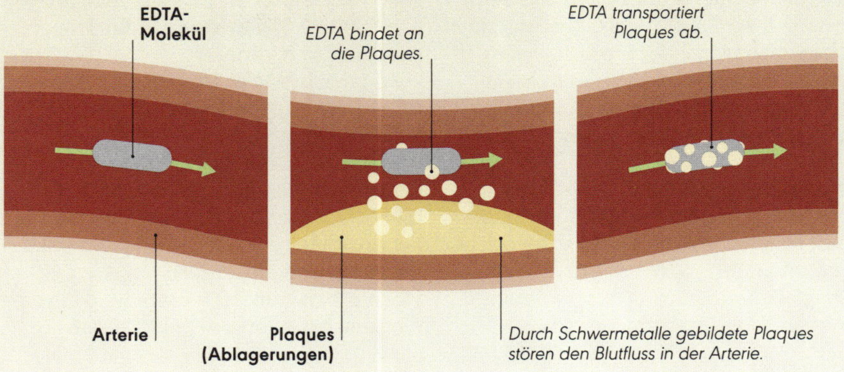

KERAMIK
Bleioxid wurde früher der Glasur beigemischt, um Keramik eine glänzende, wasserdichte Oberfläche zu geben. Die Bleizugabe erniedrigte den Schmelzpunkt des Glasurgemischs, sodass eine glatte, glasige Oberfläche entstand. Wegen seiner Giftigkeit ist die Bleiglasierung aber heute stark reguliert.

VERWENDUNG VON BLEI

Die Weichheit und hohe Dichte von Blei findet viele Anwendungen, von der Kunst bis hin zu Waffen. Heute ist die Nutzung von Blei wegen seiner Giftigkeit stark reglementiert, aber viele Branchen nutzen das vielseitige Metall weiterhin.

BUCHDRUCK
Im 15. Jh. entwickelte der deutsche Erfinder Johannes Gutenberg die Druckerpresse. Er erfand bewegliche Lettern (Buchstaben) aus einer Bleilegierung, die für Jahrhunderte zum Standard wurden.

BLEILETTERN

LÖTEN
Eine Legierung mit Zinn hat einen so niedrigen Schmelzpunkt, dass sie sich gut eignet, um Metallrohre oder elektronische Bauteile zu verbinden.

Schwermetall wirkt sich auf fast alle Organe aus. Symptome reichen von Magenbeschwerden bis hin zu Hirnschäden. Einige Historiker meinen, dass die weite Verbreitung von Blei und seine Auswirkungen auf die Bevölkerung zum Untergang Roms führten.

Blei in der Geschichte

Im 16. Jh. hatte man die Gefahren von Blei offenbar vergessen. Bleiweiß oder Cerussa, ein Bleikarbonat, wurde von der Aristokratie oft als Pigment für Schminke verwendet, da ein weißes Gesicht als nobel und göttlich galt. Einigen Quellen zufolge starb Elisabeth I. von England an einer chronischen Blei- und Schwermetallvergiftung aufgrund dieser giftigen Kosmetika.

Als die industrielle Revolution Großbritannien im 18. Jh. erfasste, hatte Blei wieder die Bedeutung erlangt, die es zur Zeit des Römischen Reiches gehabt hatte. Es wurde in großem Umfang für den Ausbau des Sanitärsystems und die Herstellung von Farben verwendet. Ärzte berichteten über einen enormen Anstieg von Bleivergiftungen, insbesondere bei Klempnern und Malern. Heute ist die Verwendung von Bleiprodukten stark reguliert.

Weich und stabil

Die Eigenschaften von Blei entsprechen seiner Stellung im Periodensystem: weit unten rechts. Schwerere Elemente haben viele innere Elektronenschalen, die die Anziehungskraft des positiv geladenen Kerns teilweise abschirmen.

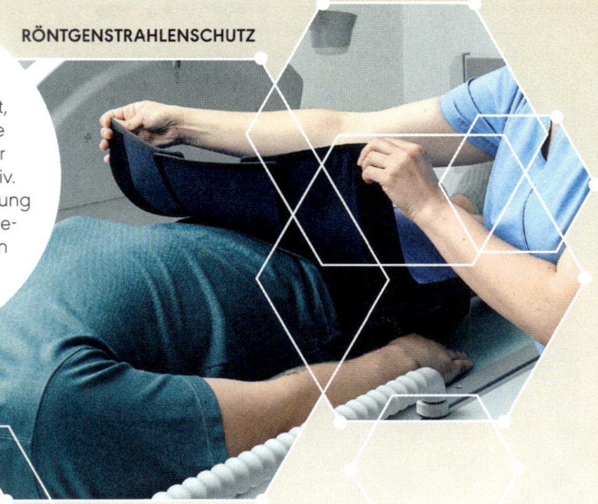

RÖNTGENSTRAHLENSCHUTZ

STRAHLENSCHUTZ
Da Blei eine hohe Dichte hat, blockiert es durchdringende Strahlung wie Röntgen- oder Gammastrahlung sehr effektiv. Daher wird es in der Abschirmung von medizinischen Röntgengeräten und in Kernkraftwerken eingesetzt.

MUNITION
Blei wird bei der Herstellung von Kugeln und anderer Munition verwendet. Seine hohe Dichte macht es zu einem guten Projektil, und es ist billig und einfach zu gießen.

BLEIGLASFENSTER
Die einzelnen farbigen Glasscheiben eines Bleiglasfensters werden durch dünne Bleistreifen, sogenannte Bleiruten, zusammengehalten. Da Blei weich und formbar ist, kann man es leicht um das zerbrechliche Glas herum formen; dennoch hält es Wind und Regen aus.

KIRCHENFENSTER

BALLAST
Da Blei sehr dicht und billig ist, ist es das ideale Material für Ballast und Gewichte. Ob als Gewichte für Fischernetze oder in modernen Anwendungen als Schiffsballast und Tauchgewichte dienten Bleibarren seit Jahrhunderten dazu, den Auftrieb des Wassers zu überwinden.

In den Elementen, die dem Blei vorausgehen und folgen, sind die Elektronen in den 4f-Orbitalen jedoch räumlich stärker verteilt und schirmen den Kern nicht so gut ab. Die nicht abgeschirmten 6s- und 6p-Orbitale werden daher näher zum Kern gezogen – ein Effekt, den man Lanthanoidenkontraktion nennt (siehe S. 211). Daher sind die 6s-Elektronen nur selten an Bindungen beteiligt. Beim elementaren Blei tragen nur die 6p-Elektronen, die leicht delokalisiert werden (siehe S. 40), zur metallischen Bindung bei, sodass die Metallionen noch relativ leicht aneinander vorbeigleiten können: Das Metall ist weich. Diese p-Elektronen werden leicht abgegeben, um das Pb^{2+}-Ion zu bilden. Dagegen sind die s-Elektronen wegen der starken Kernanziehung viel schwerer zu entfernen – man nennt dies »Effekt des inerten Elektronenpaars«. Insgesamt ist das Atom kleiner als erwartet und dementsprechend extrem dicht.

Blei ist das schwerste Element, das nicht radioaktiv zerfällt. Diese Stabilität geht auf die »magische Zahl« der Protonen im Kern zurück (siehe S. 112). In der Kernphysik führen bestimmte Zahlen von Protonen und Neutronen zu besonders stabilen Atomkernen, weil höhere Bindungsenergien den radioaktiven Zerfall verhindern. Die ersten sechs dieser Zahlen sind 2 (Helium), 8 (Sauerstoff), 20 (Kalzium), 28 (Nickel), 50 (Zinn) und 82 (Blei).

Übergangsmetall

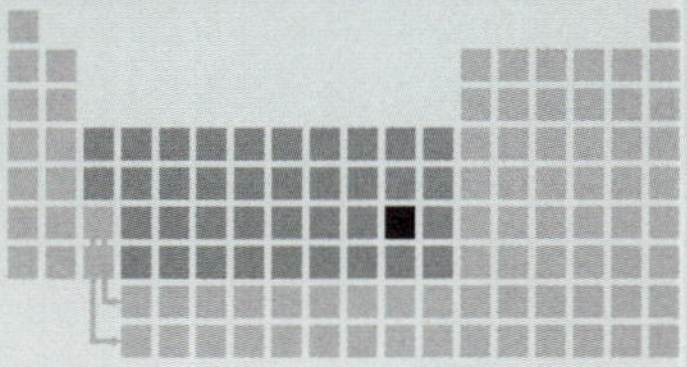

Au

Gold

Elektronenkonfiguration

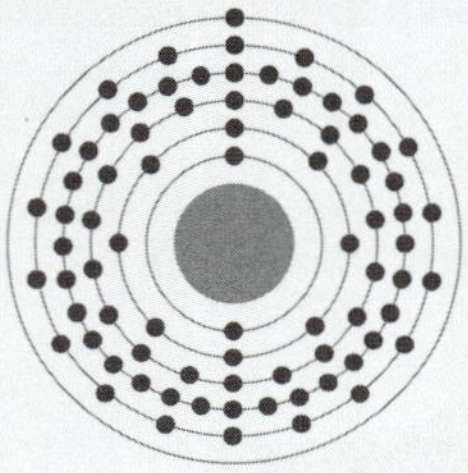

Ordnungszahl

79

Atommasse
196,97

Dichte
19,3 g/cm³

Radius
166 pm

Aggregatzustand
Fest

Schmelzpunkt
1064 °C

Entstehung
Neutronensternkollisionen

Anteil an der Erdkruste
0,004 ppm

Diese Masse aus verbundenen Goldkristallen entstand wohl aus einer mineralreichen Flüssigkeit.

Die Masse besteht aus vielen oktaedrischen (achtseitigen) Kristallen, die zusammengewachsen sind.

GEDIEGENES GOLD

Gold in der Natur

Gold ist so reaktionsarm, dass es eines der wenigen Elemente ist, die in der Erdkruste gediegen (als Element) vorkommen, meist als kleine Körner oder verzweigte Strukturen in anderen Mineralen. Gelegentlich kommt es in Mineralen legiert in anderen Metallen wie Silber vor.

Zwischen Quarzkristallen bilden diese kleinen Goldfragmente verzweigte Muster.

GEDIEGENES GOLD IM MINERAL QUARZ

Sylvanit ist ein Mineral aus den Metallen Gold und Silber und dem Halbmetall Tellur.

SYLVANIT

Die anhaltende Attraktivität von Gold ist auf seine atomare Struktur zurückzuführen. Es ist nicht nur erstaunlich stabil und reaktionslos, sondern auch eines der dichtesten, formbarsten und dehnbarsten aller Elemente.

Gold fasziniert die Menschen schon seit Urzeiten. Mit seinem attraktiven gelblichen Farbton und seiner weichen, formbaren Qualität verwendet man es seit fast 7000 Jahren für dekorative Gegenstände und Schmuck. Die ältesten Goldartefakte der Welt wurden 1972 zufällig bei Bauarbeiten in Warna (Bulgarien) gefunden, wo ein Gräberfeld freigelegt wurde, das man auf etwa 4500 v. Chr. datierte. Die 294 Gräber enthielten mehr als 3000 Objekte aus hochreinem Gold.

Seit jeher gilt Gold wegen seiner Seltenheit als sehr wertvoll und ist mit hohem Status assoziiert. Bei der Entstehung der Erde sank das wenige vorhandene Gold wegen seiner hohen Dichte in den flüssigen Erdkern, wo es für uns unzugänglich ist. In der Erdkruste gibt es jedoch einige wenige reine Goldflöze. Einige der reichsten Vorkommen der Welt liegen nahe des Einschlagkraters Vredefort in Südafrika. Womöglich trug der Asteroideneinschlag dazu bei, die Vorkommen zu erhalten, indem er sie verschüttete und vor Erosion schützte.

Ein reaktionsarmes Element

Die extreme Unreaktivität von Gold beruht auf der unerwartet stabilen Elektronenkonfiguration. Durch Umordnung eines 6s-Elektrons in die 5d-Orbitale füllt Gold die d-Unterschale vollständig auf. Die Abgabe des einzigen verbleibenden 6s-Elektrons gibt ihm die Oxidationsstufe +1, die seine chemischen Eigenschaften dominiert. Obwohl Gold mit Nichtmetallen, die größere Atome haben, wie Schwefel und Phosphor, Verbindungen eingehen kann, reagiert es bei keiner Temperatur mit Sauerstoff, d. h., es läuft nicht an. Im reinen Metall trägt nur das 6s-Elektron zur Metallbindung bei, weshalb es weich und formbar ist (siehe S. 48), und der freie Platz

WARUM GOLD SO REAKTIONSARM IST

Gold ordnet die Elektronen in den 6s- und 5d-Orbitalen um, um die 5d-Unterschale vollständig zu füllen, sodass alle d-Elektronen gepaart sind. Dabei bleibt ein einzelnes 6s-Elektron übrig, das dem Gold viele seiner ungewöhnlichen Eigenschaften gibt wie die Leitfähigkeit und die schwache Metallbindung.

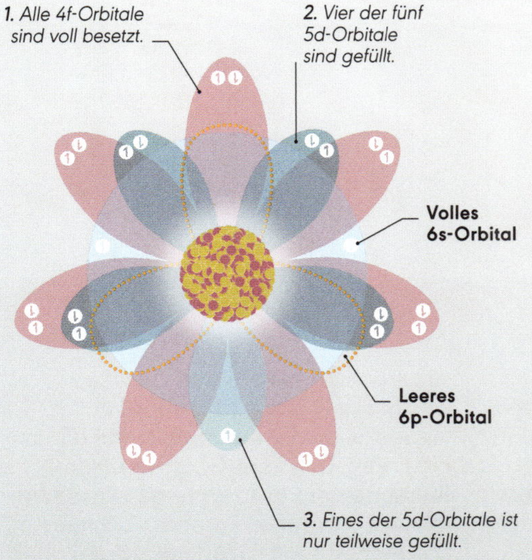

Erwartete Elektronenkonfiguration
Nach dem Aufbauprinzip, das die Reihenfolge der Besetzung von Atomorbitalen vorgibt, müsste Gold ein volles 6s-Orbital und neun Elektronen in den 5d-Orbitalen haben.

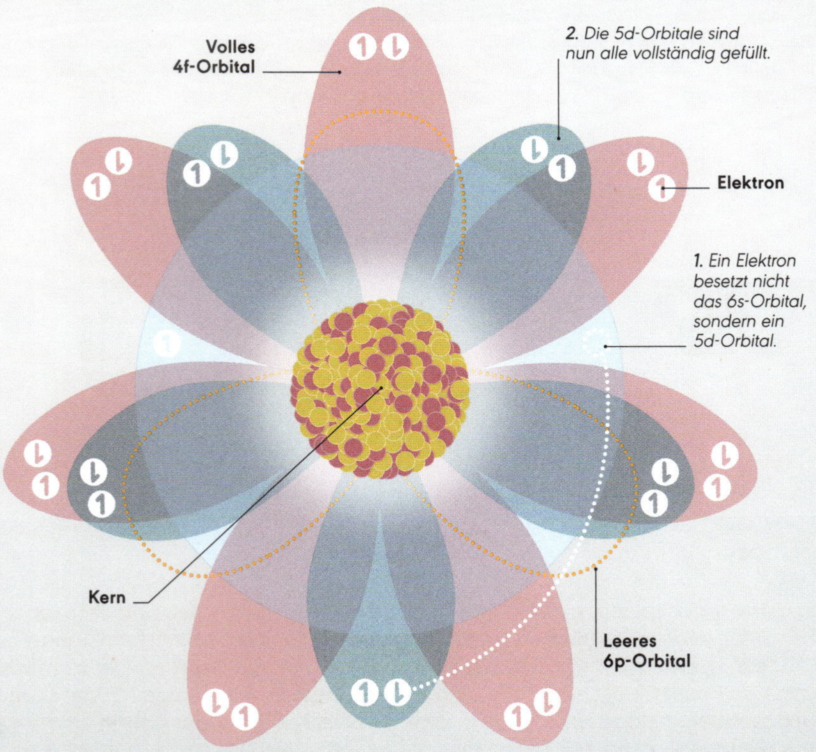

Tatsächliche Elektronenkonfiguration
Indem ein Elektron aus dem vollen 6s-Orbital in das teilweise gefüllte 5d-Orbital verschoben wird, kann Gold die 5d-Unterschale vollständig auffüllen. Die gepaarten d-Elektronen sind extrem stabil und nehmen nur selten an chemischen Reaktionen teil.

VERFORMBARKEIT: SCHMIEDBARKEIT UND DEHNBARKEIT (DUKTILITÄT)

Im Metall werden die positiven Ionen von einem »Meer« aus delokalisierten Elektronen elektrostatisch zusammengehalten. Gold hat eine schwache Metallbindung, da jedes Atom nur ein Elektron beiträgt, sodass die Teilchen leicht zu bewegen oder zu trennen sind.

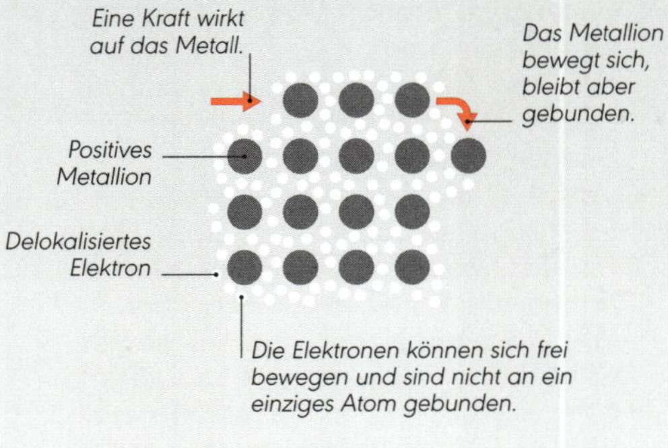

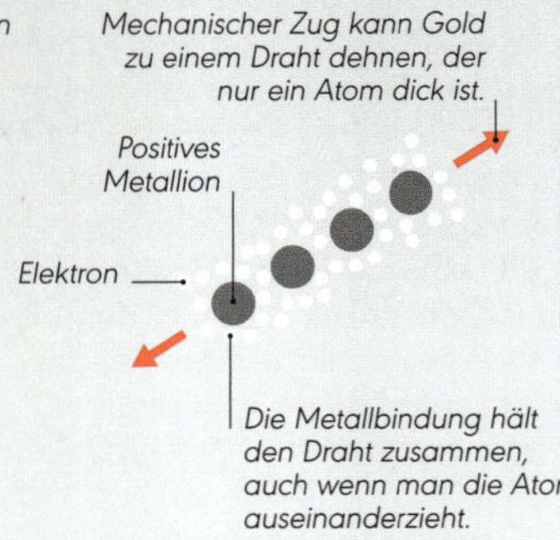

Schmiedbarkeit

Schmiedbarkeit ist die Eigenschaft, sich unter Druck zu verformen, ohne zu zerbrechen. Gold ist schmiedbar, weil die Teilchen wegen der schwachen Bindung aneinander vorbeigleiten.

Dehnbarkeit (Duktilität)

Dehnbarkeit ist die Eigenschaft, sich unter Zugbelastung ohne Reißen zu verformen. Dadurch kann man Gold zu Drähten ziehen, sogar zu Nanodrähten, die nur ein Atom dick sind.

WARUM GOLD GELB IST

Die meisten Metalle sind silbergrau oder weiß, da sie alle sichtbaren Wellenlängen des Lichts reflektieren. Gold hingegen absorbiert blaues Licht, wohl weil die Orbitale durch relativistische Effekte verzerrt werden. Dies beeinflusst die Farbe, die wir wahrnehmen.

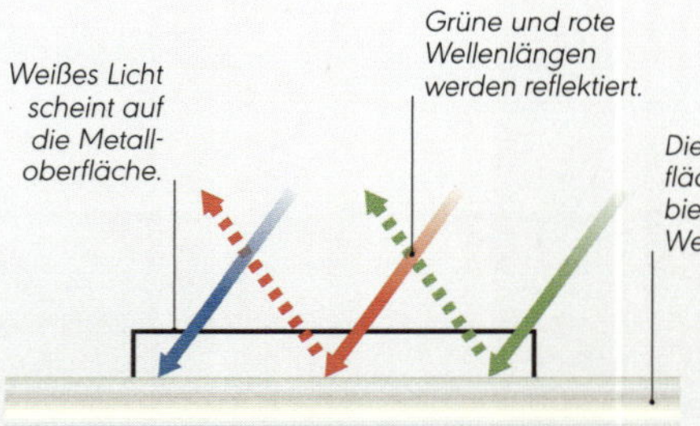

Selektive Reflexivität

Weißes Licht, wie Sonnenlicht, enthält Licht mit Wellenlängen von Rot bis Blau. Gold absorbiert Blau, reflektiert jedoch Grün und Rot.

Wie wir Gelb wahrnehmen

Wenn sowohl unsere grün- als auch unsere rotempfindlichen Rezeptoren im Auge zugleich angeregt werden, nehmen wir Gelb wahr.

VERWENDUNG VON GOLD

Gold wird seit Urzeiten als Schmuck geschätzt, aber seine vielfältigen ungewöhnlichen Eigenschaften machen es für so unterschiedliche Bereiche wie die Raumfahrt, die Nanomedizin und das Quantencomputing nützlich.

ELEKTRONIK
Aufgrund seiner Leitfähigkeit und Korrosionsbeständigkeit eignet sich Gold für elektronische Bauteile in Schaltkreisen und Audiogeräten, bei denen die Signalqualität von größter Bedeutung ist. Neue Supraleiter, die Gold enthalten, könnten künftige Quantencomputer ermöglichen.

MÜNZEN
Gold war das erste Material, das für Münzen verwendet wurde, und bildete die Basis für mehrere Weltwährungen. Die ersten Goldmünzen wurden um 640 v. Chr. in der heutigen Türkei geprägt.

in diesem Orbital macht Gold zu einem hervorragenden elektrischen Leiter.

Die ungewöhnlicheren Eigenschaften von Gold gehen auf seine Position in der sechsten Periode zurück. Gold folgt auf die Lanthanoide, bei denen die 4f-Orbitale nacheinander besetzt werden. Diese Orbitale können jedoch die Valenzelektronen nur schlecht von der Kernladung abschirmen, sodass sowohl das s- als auch das d-Orbital von Gold stark angezogen werden und viel kleiner sind als erwartet. Die Elektronen in diesen Orbitalen sind sehr schnell und die ungewöhnlichen Eigenschaften von Gold beruhen auf der Kombination relativistischer Effekte mit der Quantenphysik. Dies ist der Grund für die gelbe Farbe, den kleinen Atomradius und die hohe Dichte des Goldes.

Goldschattierungen

Gold ist zwar nicht reaktiv, bildet aber Legierungen mit anderen Metallen; die Reinheit von Gold gibt man in der Einheit Karat an. Reines Gold hat 24 Karat, ist jedoch für die meisten Zwecke zu weich. Die Zugabe anderer Metalle verändert die Eigenschaften, vor allem die Farbe. Drei Teile Gold mit einem Teil Kupfer ergibt 18-karätiges Roségold mit einem zartrosa Farbton, während Legierungen mit Palladium, Nickel oder Silber Weißgold (oder Elektrum) ergeben. Beide sind als Schmuck beliebt. Zu den ungewöhnlicheren Legierungen gehören: Grüngold (mit Silber oder Kadmium), Blaugold (mit Indium oder Gallium) und Purpurgold (mit Aluminium).

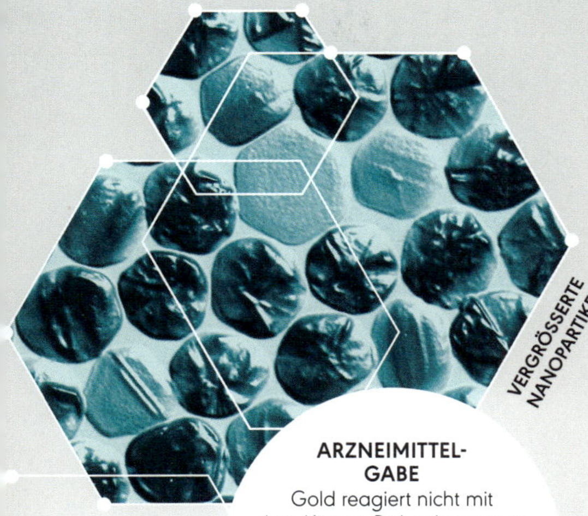

ARZNEIMITTEL-GABE
Gold reagiert nicht mit dem Körper. Daher kann man Arzneimittel als Beschichtung auf Goldnanopartikeln verabreichen, ohne dass die Gefahr besteht, dass das Gold unerwünschte Reaktionen auslöst.

ASTRONAUTEN-HELM
Im Weltraum schützen dünne Goldbeschichtungen auf Helmvisieren die Augen der Astronauten, indem sie die sichtbare, UV- und Infrarotstrahlung der Sonne reflektieren. Goldbeschichtete Spiegel nutzt man auch in Teleskopen für infrarotes Licht.

BLATTGOLD
Gold ist das formbarste und dehnbarste Metall und kann zu Blattgold verarbeitet werden, dessen Dicke nur 0,000127 mm ist. Es ist also 400-mal dünner als ein menschliches Haar.

SCHMUCK
Die meisten Metalle glänzen, aber Gold behält seinen Glanz dauerhaft. Dies und seine Farbe sind der Grund dafür, dass es für wertvolle Schmuckstücke so beliebt ist.

Synthese von Gold

Gold wird seit Langem mit Exzellenz und Göttlichkeit assoziiert, und die Herstellung von Gold aus unedlen Metallen war eines der Hauptziele europäischer Alchemisten. Eine mythische Substanz, der Stein der Weisen, sollte »unreine« Metalle wie Quecksilber oder Blei in »vollkommenes« Gold verwandeln. Dieses *magnum opum* (»Großes Werk«) war ein angesehenes Unterfangen, und viele Fürsten beschäftigten Alchemisten in der Hoffnung auf Reichtum. Während diese Bemühungen völlig erfolglos blieben, kann die moderne Wissenschaft kleine Mengen anderer Metalle in Gold umwandeln. 1941 gelang Forschenden der Harvard University die erste erfolgreiche Transmutation, indem sie Lithium- und Deuteriumkerne in einem Teilchenbeschleuniger auf Quecksilberatome schossen und so drei radioaktive Isotope von Gold erzeugten. Neununddreißig Jahre später wandelte der US-amerikanische Chemiker Glenn Seaborg mehrere Tausend Bismutatome in Gold um, indem er mit hochenergetischen Kohlenstoff- und Neonkernen Protonen und Neutronen aus dem Bismutkern herausschlug. Natürlich ist dies wegen des hohen Energiebedarfs kommerziell nicht praktikabel – es kostete wohl das Billionenfache des Goldpreises. Aber die moderne Wissenschaft kann nun den mysteriösen Stein der Weisen nachahmen.

Übergangsmetall

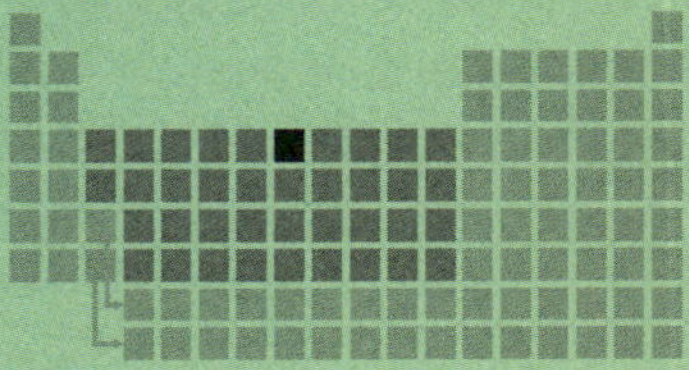

Fe

Eisen

Elektronenkonfiguration

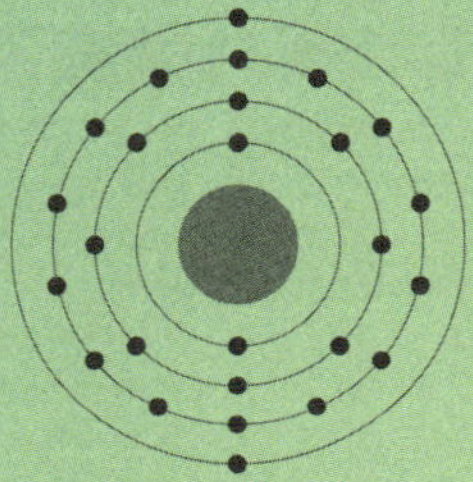

Ordnungszahl

26

Atommasse
55,85

Dichte
7,9 g/cm³

Radius
194 pm

Aggregatzustand
Fest

Schmelzpunkt
1538 °C

Entstehung
Supernovae Weißer Zwerge

Anteil in der Erdkruste
5,6 %

Reines Eisen und Minerale
Reines Eisen ist von Natur aus weich und leicht formbar. In Legierung mit anderen Metallen kann es aber hart oder spröde werden. Seine Oberfläche glänzt, oxidiert aber leicht. Gediegenes (elementares) Eisen kommt auf der Erde selten vor, findet sich aber in vielen Meteoriten. Auf der Erde tritt Eisen in Mineralen wie Hämatit und Magnetit auf.

Einige Eisenproben können aufgrund von kleinen, gasgefüllten Hohlräumen eine blasige Textur haben.

Reines Eisen ist ein glänzendes, graues Metall.

REINES EISEN

Hämatit (Blutstein oder Roteisenerz) ist das am häufigsten abgebaute Eisenerz.

HÄMATIT

Dieses Eisenerz ist das magnetischste natürlich vorkommende Mineral der Erde.

MAGNETIT

Siderit ist ein Eisenkarbonat, das Knollen oder Kristalle bildet.

SIDERIT

Eisen ist das zweithäufigste Metall auf der Erde, aber der größte Teil des Eisens auf der Oberfläche unseres Planeten stammt wohl aus Meteoriten. Dieses extraterrestrische Metall ist biologisch essenziell und einer der wirtschaftlich wichtigsten Stoffe.

Eisen macht etwa 35 % der Masse der Erde aus. Der größte Teil davon befindet sich mit Nickel gemischt im Kern unseres Planeten; die Bewegung des flüssigen äußeren Kerns erzeugt das veränderliche Magnetfeld der Erde. Im inneren Kern ist der Druck dagegen so hoch, dass das Eisen-Nickel-Gemisch wieder zu einem Feststoff wird.

Auch im Weltall kommt Eisen im Überfluss vor. Es entsteht bei Fusionsreaktionen in einigen Supernovae, die bei ihrer Explosion Eisen in den Weltraum schleudern, aber es ist auch der stabile Endpunkt von Fusionsketten in größeren Sternen (siehe S. 20). Auf der Erdoberfläche kommt Eisen meist in Verbindung mit anderen Elementen in Mineralen wie Hämatit, Magnetit und Siderit vor.

Herkunft aus Meteoriten

Vermutlich kam das von den Menschen zuerst verwendete Eisen aus dem Weltraum. Eisenmeteorite sind Bruchstücke embryonaler Planeten; ihr Eisen weist einen höheren Nickelgehalt und einen geringeren Kohlenstoff- und Schwefelgehalt auf als das der Erdkruste.

Eisen ist seit mindestens 3500 v. Chr. bekannt; in Ägypten fand man aus meteorischem Eisen geschmiedete Perlen aus dieser Zeit. Eisen wurde auch in Indien und im Römischen Reich verwendet: Das Symbol Fe stammt vom lateinischen Namen des Eisens, *ferrum.*

Obwohl Eisen bereits in der Bronzezeit gewonnen wurde, führte sein im Vergleich zu Kupfer und Zinn höherer Schmelzpunkt dazu, dass die Verhüttung erst um 1500 v. Chr. in großem Umfang einsetzte. Damals dürfte das meiste Eisen durch Kohlenstoff und andere Metalle wie Vanadium oder Nickel verunreinigt gewesen sein. Die Bedeutung der Verunreinigungen

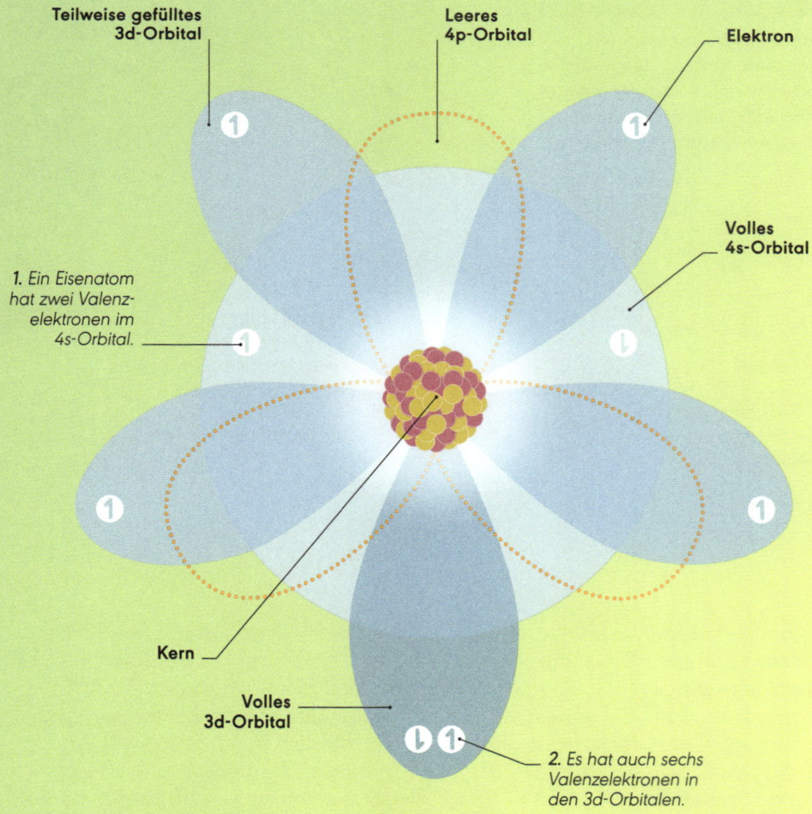

Eisenatom
Eisen hat acht Valenzelektronen: zwei im 4s-Orbital und sechs in den 3d-Orbitalen. Es kann bis auf zwei alle Elektronen abgeben und so eine Oxidationsstufe von +6 erreichen.

OXIDATIONSSTUFEN

Wie andere Übergangsmetalle kann auch Eisen Elektronen gewinnen oder verlieren, um Oxidationsstufen von −2 bis +6 anzunehmen (siehe S. 23). Obwohl es in Gruppe 8 steht, kann Eisen die Oxidationsstufe +8 nicht erreichen, da die für die Abgabe eines siebten und achten Elektrons nötige Energie den potenziellen Stabilitätsgewinn einer leeren vierten Schale übersteigt.

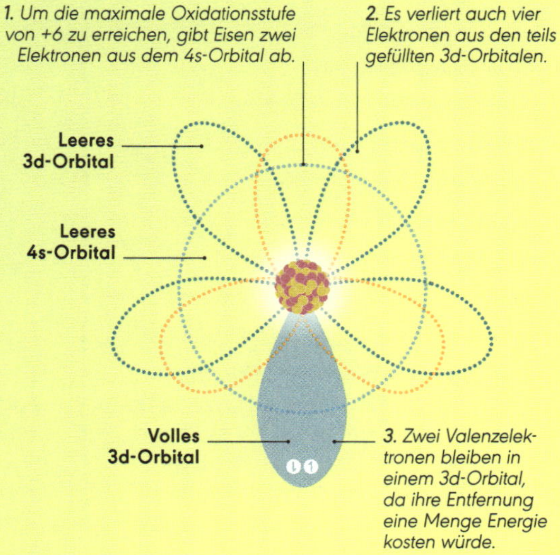

Oxidationsstufe +6
Anders als frühere Übergangsmetalle kann Eisen die vierte Elektronenschale nicht vollständig leeren, da die zur Entfernung der letzten beiden 3d-Elektronen nötige Energie größer ist als der potenzielle Stabilitätsgewinn.

SAUERSTOFFBLASVERFAHREN ZUR STAHLHERSTELLUNG

Stahl ist eine Legierung aus Eisen und Kohlenstoff. Um dem Stahl die gewünschten Eigenschaften zu geben, muss man die Zusammensetzung der Schmelze bei der Produktion steuern. Zu viel Kohlenstoff macht Stahl spröde, zu wenig macht ihn korrosionsanfällig.

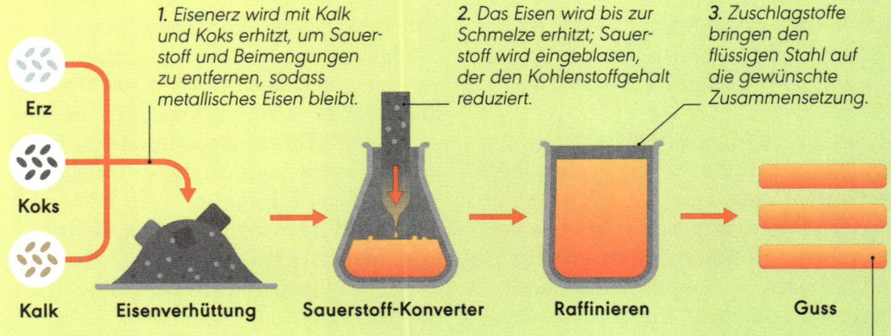

Stahlherstellung
Stahl wird auf zwei Weisen gewonnen: aus dem Erz durch das Sauerstoffblasverfahren (hier gezeigt) und aus Alteisen in einem elektrischen Lichtbogenofen.

WIE EISEN ROSTET

Rosten ist eine Oxidationsreaktion, bei der Eisen mit Sauerstoff und Wasser reagiert. Zunächst entsteht Eisenhydroxid, doch langsam wandelt sich diese orange Verbindung in Eisenoxid um, einen rötlich-braunen, schuppigen Feststoff, gemeinhin Rost genannt. Mit fortschreitender Oxidation wird die ursprüngliche Eisenstruktur zunehmend durch das schwächere, schuppige Eisenoxid ersetzt. Dies schwächt die Struktur des Materials.

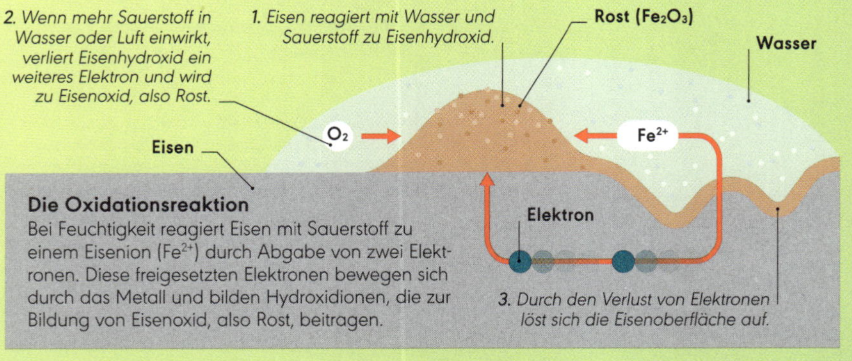

Die Oxidationsreaktion
Bei Feuchtigkeit reagiert Eisen mit Sauerstoff zu einem Eisenion (Fe^{2+}) durch Abgabe von zwei Elektronen. Diese freigesetzten Elektronen bewegen sich durch das Metall und bilden Hydroxidionen, die zur Bildung von Eisenoxid, also Rost, beitragen.

VERWENDUNG VON EISEN

Eisen ist das Metall, das die industrielle Entwicklung in Europa und Nordamerika maßgeblich vorangetrieben hat. Auch heute noch bildet es die Basis unserer Infrastruktur und ist einer der wichtigsten Werkstoffe im Bauwesen, im Verkehr und für Alltagsgegenstände.

wurde jedoch erst 1722 erkannt, als der französische Wissenschaftler René-Antoine Ferchault de Réaumur erklärte, dass die Menge an Kohlenstoff und anderen Beimengungen die Eigenschaften des Eisens beeinflusste.

Ein reaktives Metall

Eisen ist typisch für ein mittleres Übergangsmetall mit Oxidationsstufen von −2 bis +6, weil es leicht Elektronen aus den s- und d-Orbitalen aufnimmt bzw. abgibt. Es ist ein hochreaktives Metall: Gemahlenes Eisenpulver kann an der Luft spontan brennen. Das reine Metall reagiert auch schnell mit Sauerstoff und Luftfeuchtigkeit und bildet eine schuppige rotbraune Oxidschicht (Rost, siehe oben), die das übrige Metall schwächt.

Die Oxidationsstufen +2 und +3 dominieren seine Chemie, und seine Neigung, leicht Elektronen zu gewinnen und zu verlieren, macht es zu einem wichtigen Element in der Biologie. Bei Säugetieren ist Eisen ein Bestandteil des Hämoglobins – des roten Proteins im Blut, das Sauerstoff durch den Körper transportiert. Darin ist das Eisen in einem Häm enthalten, einem ringförmigen Molekül, das sich an Sauerstoffmoleküle bindet und so deren Transport ermöglicht. Ebenfalls in einem Häm liegt Eisen in einer wichtigen Klasse von Enzymen vor, den Cytochromen P450, die Prozesse von der Verstoffwechselung von Sexualhormonen bis zum Abbau von Giftstoffen in der Leber regulieren. Auch für Pflanzen ist Eisen lebenswichtig. Es ist für die Produktion von Chlorophyll

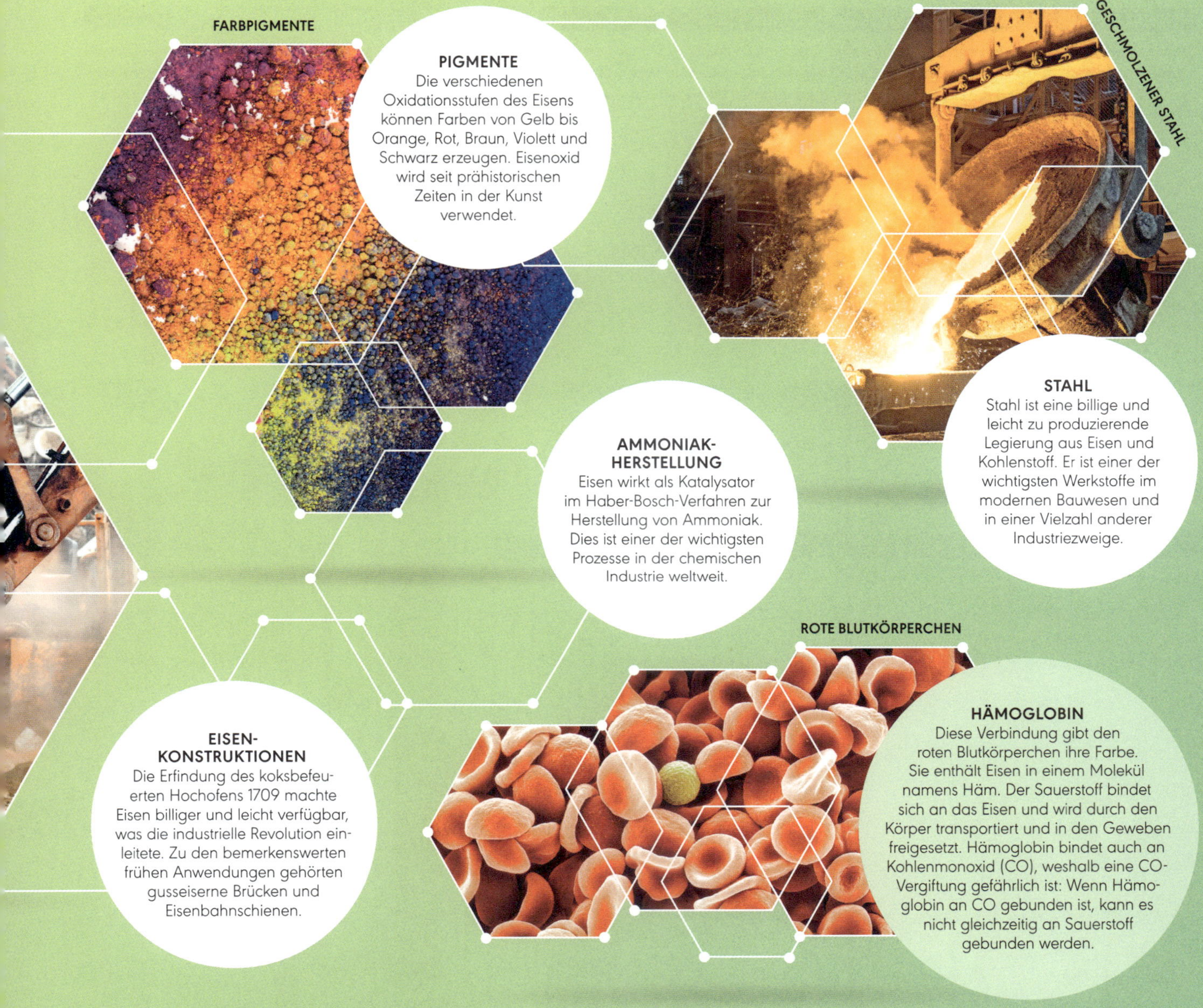

für die Fotosynthese unverzichtbar, und Eisen-Schwefel-Cluster sind Teil der Nitrogenasen, mit denen Hülsenfrüchte wie Bohnen den Stickstoff aus der Luft in eine nutzbare Form umwandeln können.

Schmiedeeisen, Gusseisen, Stahl

Möglicherweise ergaben einige frühe Verhüttungsmethoden Stahl: eine Legierung aus überwiegend Eisen und Kohlenstoff. Schmiedeeisen, das weniger als 0,05 % Kohlenstoff enthält, war jedoch wohl das häufigste Eisen, da sich dieses Metall im heißen Zustand leicht bearbeiten lässt. Gusseisen war in China bereits 500 v. Chr. bekannt. Es enthält über 2 % Kohlenstoff und hat einen niedrigeren Schmelzpunkt als Schmiedeeisen, ist aber nach dem Abkühlen spröde und schwer zu bearbeiten. Die Erfindung eines effektiven, kostengünstigen Verfahrens zur Herstellung von Gusseisen in großen Mengen war ein Schlüsselfaktor der industriellen Revolution.

Heute gehen über 90 % des Eisens in die Stahlproduktion. Dank moderner Erkenntnisse über die Wirkung von Beimengungen kann man Stahl für spezifische Anwendungen veredeln. Rostfreier Edelstahl enthält Chrom, während Werkzeugstahl Wolfram für Festigkeit und Härte enthält. Maraging-Stahl, etwa für Flugzeug- und Raketenrümpfe, enthält bis zu 25 % Nickel, um ihn dehnbarer und formbarer zu machen, ohne die Festigkeit zu verringern.

Übergangsmetall

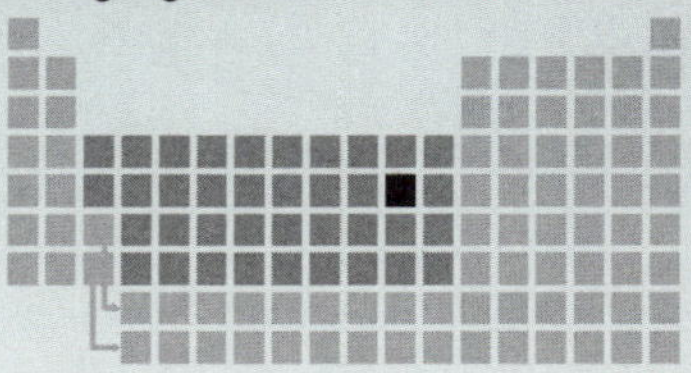

Ag
Silber

Elektronenkonfiguration

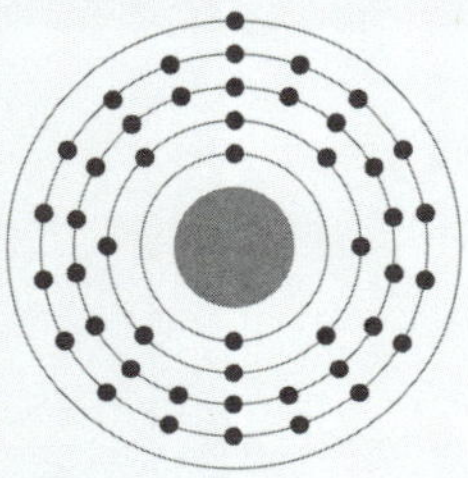

Ordnungszahl

47

Atommasse
107,87

Dichte
10,5 g/cm³

Atomradius
172 pm

Aggregatzustand
Fest

Schmelzpunkt
962 °C

Entstehung
Neutronensternkollisionen

Anteil an der Erdkruste
0,075 ppm

Empfindlich gegenüber Schwefel
Silber reagiert nicht mit Sauerstoff, aber es bildet mit Schwefelspuren in der Luft eine schwarze Sulfidbeschichtung. Silber kommt in der Natur gediegen (als ungebundenes Element) vor und ist auch in Erzen wie Chlorargyrit und Argentit enthalten.

Silber kommt in der Erdkruste auch gediegen (als reines Element) vor.

GEDIEGENES SILBER

Argentit (auch Silberglanz genannt) hat einen metallischen schwarzen Glanz.

ARGENTIT

Chlorargyrit färbt sich bei Lichteinwirkung violett.

CHLORARGYRIT

Silber ist weiß und glänzend, kann aber an der Luft anlaufen.

Reines Silber ist ein weiches Metall.

REINES SILBER

Dieses kostbare, glänzende Metall, das einst wertvoller war als Gold, wird seit Jahrtausenden geschätzt. Ursprünglich ein Statussymbol, hat Silber einzigartige Eigenschaften, die heute in der Elektronik bedeutsam sind.

Silber ist ein glänzendes, weißliches Metall, das seit Jahrtausenden begehrt ist. Obwohl es manchmal gediegen (als elementares Metall) vorkommt, tritt es überwiegend in Mineralerzen wie Argentit und Chlorargyrit auf, oft als Nebenbestandteil von Blei-, Zink- und Kupfererzen. Diese silberhaltigen Minerale wurden seit etwa 3000 v. Chr. in der Türkei und Griechenland abgebaut und durch Kupellation raffiniert. Dazu mischten die antiken Metallurgen die Metallerze in einem kleinen Gefäß und bliesen einen Luftstrom darüber. Die unedlen Metalle Blei und Zink reagierten mit dem Luftsauerstoff bei einer niedrigeren Temperatur als Silber und bildeten ein Oxid, das man dann einfach vom geschmolzenen Silbermetall abgießen konnte. Heute fällt das meiste Silber als Nebenprodukt bei der Gewinnung anderer Metalle an, und ein erheblicher Teil wird bei der elektrolytischen Raffination von Kupfer zurückgewonnen.

Eine anomale Konfiguration

Die ungewöhnliche Elektronenkonfiguration bestimmt viele der physikalischen und chemischen Eigenschaften. Mit nur einem 5s-Elektron und einer vollständig gefüllten 4d-Unterschale ist Silber relativ reaktionsarm. Das Element bildet fast nur Verbindungen mit der Oxidationsstufe +1 (siehe S. 23) durch die Abgabe des ungepaarten 5s-Elektrons (siehe unten). Der freie Raum im s-Orbital ermöglicht Elektronen die Bewegung durch den Festkörper, wodurch Silber die höchste thermische und elektrische Leitfähigkeit aller Metalle aufweist. Da es sehr teuer ist, wird Silber nicht in elektronischen Alltagsgeräten genutzt, aber seine überlegenen Eigenschaften sind für speziellere Elektronikanwendungen wichtig.

WARUM SILBER NICHT REAKTIV IST

Die geringe Reaktivität von Silber geht auf seine ungewöhnliche Elektronenkonfiguration zurück. Wie bei den anderen Elementen der Gruppe, Kupfer und Gold, besetzt ein Elektron nicht das 5s-Orbital, sondern vervollständigt die d-Unterschale. Die vollen d-Orbitale nehmen kaum an chemischen Reaktionen teil, weshalb Silber nicht sehr reaktiv ist.

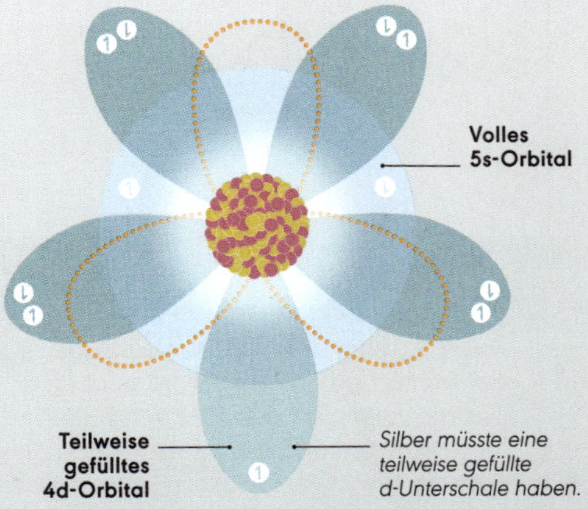

Erwartete Elektronenkonfiguration
Nach dem Aufbauprinzip (einer Quantenregel, die die Reihenfolge beschreibt, in der Atomorbitale gefüllt werden) müsste Silber zwei Elektronen im 5s-Orbital und neun Elektronen in den 4d-Orbitalen haben.

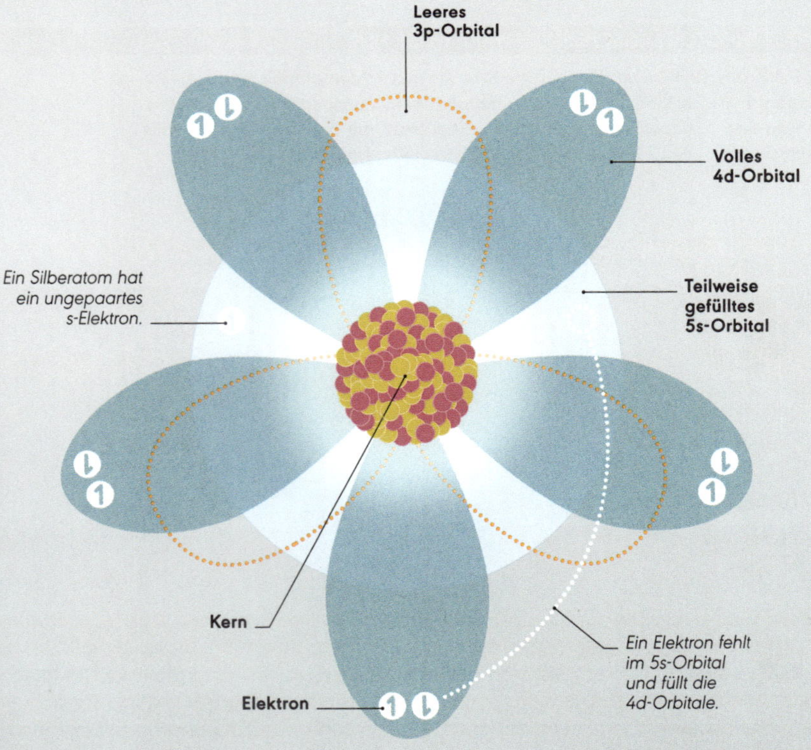

Tatsächliche Elektronenkonfiguration
Ein Elektron, das sich sonst im 5s-Orbital befinden würde, kann die 4d-Unterschale des Silbers besetzen, wodurch eine besonders energiearme Elektronenkonfiguration entsteht. Die gepaarten 4d-Elektronen sind extrem stabil und nehmen nicht oft an Reaktionen teil. Das einzelne 5s-Elektron gibt Silber viele seiner ungewöhnlichen Eigenschaften, etwa die ausgezeichnete Leitfähigkeit sowie seine Weichheit und Formbarkeit.

DIE ANTIBAKTERIELLEN EIGENSCHAFTEN VON SILBER

Winzige Silberionen stanzen effektiv Löcher in bakterielle Zellmembranen und verbinden sich mit Zellkomponenten wie DNA, Ribosomen und Enzymen. Dadurch stören sie lebenswichtige Prozesse im Zellinneren und beeinträchtigen den Stoffwechsel der Zellen.

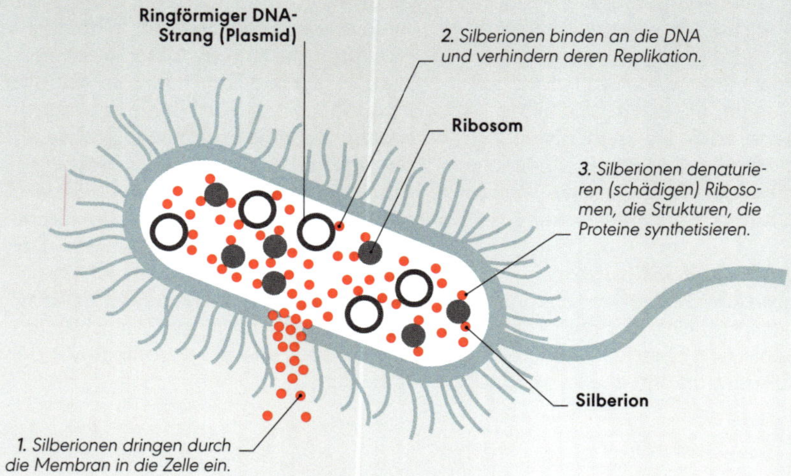

SILBER IN FOTOGRAFISCHEM SCHWARZ-WEISS-FILM

Der fotografische Film enthält winzige Kristalle aus lichtempfindlichem Silberhalogenid, die bei Lichteinwirkung zu metallischen Silberpartikeln werden. Die Kristalle sind in einer Gelatineemulsion suspendiert, mit der eine Kunststofffolie beschichtet ist. Die Gelatineschicht schützt das Silberhalogenid vor der Luft.

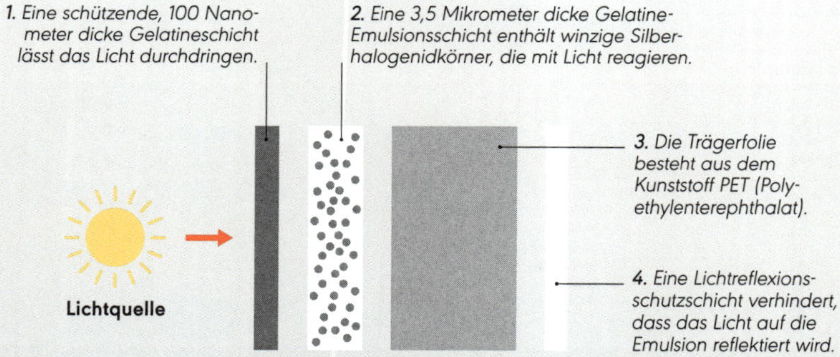

VERWENDUNG VON SILBER

Silber hat seit Urzeiten hohen Status. Heute nutzt man es kaum noch für Münzen, aber immer noch für Schmuck. Seine einzigartigen physikalischen und chemischen Eigenschaften haben wichtige industrielle Anwendungen in der Fotografie, Elektronik und Medizin.

Reines Silber ist relativ weich und duktil, da nur ein einziges Elektron zur Metallbindung beiträgt. Daher lässt sich das Metall leicht formen (siehe S. 48), aber wegen seiner geringen Festigkeit nutzt man es vor allem für Dekorationszwecke und Münzen und nicht für Waffen oder tragende Konstruktionen.

Silber in der Antike

Vor der Erfindung der Kupellation war Silber aufgrund seiner Seltenheit wertvoller als Gold. Ab 3000 v. Chr. verbreiteten sich Bergbau- und Raffinationstechniken in Europa und Asien, und wegen seiner Schönheit und leichten Formbarkeit wurde es in großem Umfang für Geld und hochwertigen Schmuck verwendet. Mit großen Vorkommen in Griechenland und Spanien war Silber für die Griechen und Römer ein besonders wichtiger Rohstoff. Silbermünzen bildeten die Basis des Römischen Reiches. In der Blütezeit des Reiches zirkulierten wohl 10 000 Tonnen Silber in der römischen Wirtschaft.

Auch in Mittel- und Südamerika gab es beträchtliche Vorkommen von Silber, das die zentralamerikanischen Kulturen für dekorative und religiöse Objekte nutzten. Die Inkas glaubten, dass das Silber aus den Tränen der Mondgöttin entstand, und sahen daher Silbervorkommen als heilige Orte an, um die herum sie Schreine errichteten. Im 15. und 16. Jh. plünderten spanische Eroberer diese Kulturen wegen ihrer Edelmetalle, die für das spanische Imperium eine Quelle großen Reichtums darstellten.

AUSBRINGUNG VON SILBERJODID

WOLKENIMPFUNG
Um Regen oder Schnee auszulösen, wird Silberjodid in Wolken versprüht. Die Kristalle bilden Zentren, um die die Feuchtigkeit zu Tropfen kondensieren kann.

SCHMUCK
Sterlingsilber enthält 92,5 % Silber und wird für die Herstellung von Schmuck, Geschirr und Dekorationsartikeln verwendet.

SILBERTEILCHEN IN DEODORANT

MEDIZIN
Die antibakteriellen Eigenschaften von Silber wurden bereits von den alten Griechen dokumentiert und in Wundauflagen verwendet. Heute wird Silber in der Nanomedizin verwendet, und Nanopartikel werden manchmal in Kleidung eingewebt, um den durch Bakterien verursachten Geruch zu verringern.

SPIEGEL
Silber ist der beste bekannte Reflektor für sichtbares Licht. Es wird auf Glas- oder Metallplatten abgeschieden, um Spiegel zu erzeugen; allerdings laufen sie leicht an und verlieren die reflektierenden Eigenschaften.

VERZIERTER SPIEGEL

BATTERIEN
Silber ist neben Zink einer der Hauptbestandteile von Silberoxidbatterien. Diese Knopfzellen werden häufig in kleinen Geräten verwendet.

LEGIERUNGEN
Silber lässt sich gut mit Kupfer, Gold und Zink legieren. Silberlegierungen werden zur Herstellung von Lötzinn verwendet und sind in Zahnamalgam enthalten.

SILBER-DIRHAM

MÜNZEN
Silbermünzen waren die wirtschaftliche Grundlage der griechischen und römischen Zivilisationen. Das Metall lässt sich leicht zu Münzen formen und war aufgrund seiner relativen Seltenheit sehr wertvoll.

Im Laufe der Zeit und in den verschiedenen Kulturen wurden dem Silber verschiedene Bedeutungen und Symboliken zugeschrieben. In der europäischen Folklore werden dem Silber übernatürliche Kräfte zugeschrieben. So soll nur eine silberne Kugel Werwölfe, Vampire und andere übernatürliche Wesen töten können – auch heute noch ist die »Silberkugel« in Sprachen wie Englisch, Französisch und Spanisch eine Metapher für eine einfache, perfekte Lösung für ein kompliziertes Problem. Silber hat jedoch auch negative Konnotationen. Das Edelmetall symbolisiert Gier und Verrat, was auf die biblische Geschichte von Judas Iskariot zurückgeht, der Jesus von Nazareth für 30 Silberstücke verriet.

Die ersten Fotografien

Viele Silberverbindungen sind lichtempfindlich, d. h. sie reagieren oder zersetzen sich, wenn sie Licht ausgesetzt werden. Diese Reaktionen liegen der traditionellen Fotografie zugrunde. Fotopapier ist mit lichtempfindlichen Silberhalogeniden (Verbindungen zwischen Silber und einem der Halogene) wie Silberchlorid behandelt, die sich unter Lichteinwirkung zu metallischem Silber zersetzen. Die Stärke dieser Reaktion hängt davon ab, wie viel Licht auf die einzelnen Bereiche des Papiers fällt. So entstehen hellere und dunklere Bereiche, die zusammen das fotografische Bild ergeben.

Reaktives Nichtmetall

S

Schwefel

Elektronenkonfiguration

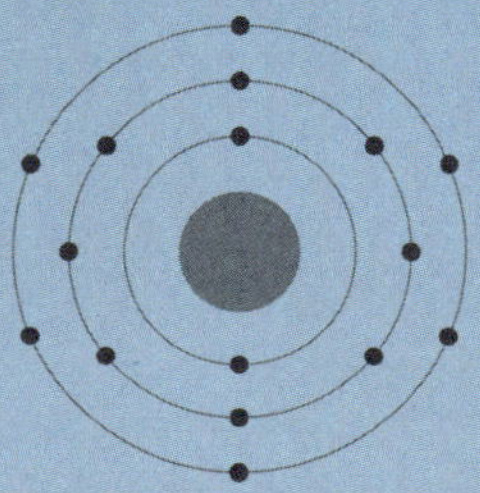

Ordnungszahl

16

Atommasse
32,06

Dichte
2,1 g/cm³

Radius
180 pm

Aggregatzustand
Fest

Schmelzpunkt
115 °C

Entstehung
Supernovae

Anteil in der Erdkruste
350 ppm

BOURNONIT

Bournonit enthält Schwefel, Blei, Kupfer und Antimon.

MARKASIT

Markasit ist ein Eisensulfid ebenso wie das sehr ähnliche Pyrit (Narrengold).

GALENIT

Galenit, ein Bleisulfid, ist auch ein wichtiges Erz für Silber.

REINER SCHWEFEL

Reiner Schwefel ist leuchtend gelb und kommt in der Natur gediegen vor.

Allotrope und Minerale

Schwefel existiert in mehr als 30 verschiedenen festen Formen, sogenannten Allotropen. Die bekannteste und stabilste Form ist der spröde gelbe Feststoff. Das Element kommt auch in vielen Mineralen vor, darunter Galenit, Markasit und Bournonit.

Schwefel ist wohl am bekanntesten für den stechenden Geruch. Das Element und seine Verbindungen sind jedoch auch nützliche Chemikalien, die in allem von Bleichmitteln bis zu Gummi vorkommen, und sie sind essenziell für Lebewesen.

Schwefel ist seit dem Altertum bekannt, aber erst 1809 wurde er durch die französischen Chemiker Joseph-Louis Gay-Lussac und Louis-Jacques Thénard endgültig als eigenständiges Element nachgewiesen. Schwefel ist das fünfthäufigste Element auf der Erde und kommt sowohl in reiner Form als auch in Mineralen vor. Gediegener (elementarer) Schwefel an der Erdoberfläche, insbesondere in vulkanischen Gebieten, war für viele alte Kulturen die Hauptquelle für Schwefel. Diese Verknüpfung mit Vulkanen führte wohl dazu, dass Schwefel mit der Hölle assoziiert wurde. Die reichlichen Vorkommen im Mittelmeerraum machten Schwefel zu einem wichtigen Rohstoff. Die Ägypter nutzten Schwefelverbindungen zum Bleichen von Stoffen und als Farbpigmente. Sowohl der griechische Philosoph Homer als auch der römische Naturforscher Plinius der Ältere beschrieben Schwefel als wichtiges Räuchermittel, Medizin und religiöses Symbol.

Schwefel war und ist ein wichtiger Rohstoff, zunächst für die Herstellung von Schießpulver, dann für alchemistische Studien und heute für die Herstellung von Schwefelsäure. 1894 entwickelte der deutsch-amerikanische Ingenieur Hermann Frasch ein Verfahren, bei dem man Schwefel in unterirdischen Lagerstätten schmilzt und flüssig zur Oberfläche fördert. Diese Methode war bis zum Ende des 20. Jh. die wichtigste kommerzielle Quelle. Heute wird der meiste Schwefel aus Schwefelwasserstoff, einer Verunreinigung in Erdgas, gewonnen.

Ein reaktives Element

Schwefel steht in der Gruppe 16 unter dem Sauerstoff und ist eines der reaktionsfreudigsten Elemente. Er bildet mit fast allen Elementen außer den Edel-

DIE VIELEN MÖGLICHEN OXIDATIONSSTUFEN DES SCHWEFEL

Schwefel hat sechs Außenelektronen: zwei im 3s-Orbital und vier in den 3p-Orbitalen. Für eine stabile Konfiguration kann er die dritte Schale entweder auffüllen oder entleeren. Wenn er in jedes der teils gefüllten 3p-Orbitale ein Elektron aufnimmt, hat er die Oxidationsstufe −2. Wenn er alle sechs Elektronen aus den 3s- und 3p-Orbitalen abgibt, hat er die maximale Oxidationsstufe +6.

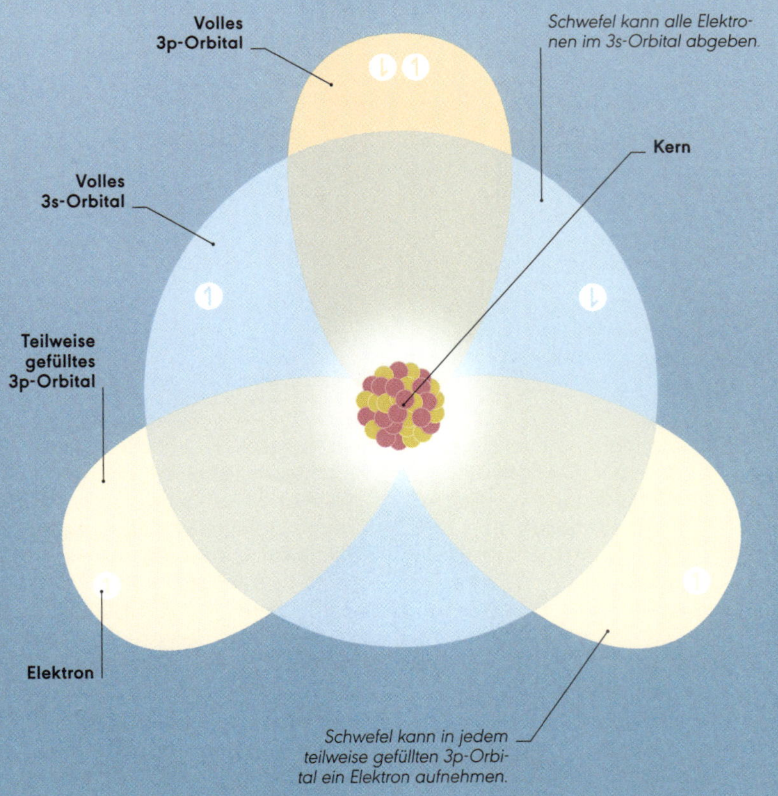

HAARE
Haare enthalten das Strukturprotein Keratin. Der hohe Anteil an schwefelhaltigen Aminosäuren im Keratin ermöglicht die Bildung starker Bindungen zwischen Schwefelatomen, die dem Molekül Festigkeit und Form verleihen.

SAURER REGEN

Fossile Brennstoffe wie Kohle und Erdgas enthalten oft schwefelhaltige Verunreinigungen, die bei der Verbrennung Schwefeloxide produzieren. Diese Gase lösen sich im Regenwasser und bilden Säuren. Der erhöhte Säuregehalt des Regens hat verheerende Auswirkungen auf Ökosysteme. Da die Gase oft lange Strecken zurücklegen, bevor sie als Regen fallen, tritt der Schaden meist weit entfernt von der Verschmutzungsquelle auf.

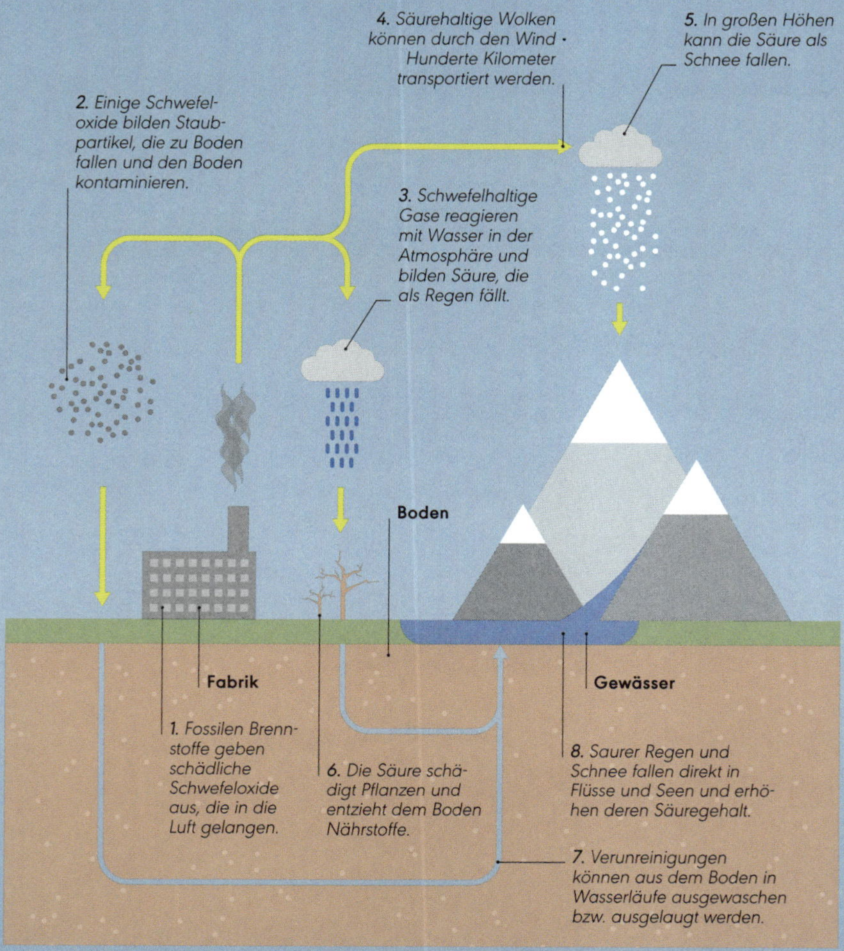

VERWENDUNG VON SCHWEFEL

Die vielseitige Chemie des Schwefels hat in der Menschheitsgeschichte zahlreiche Anwendungen gefunden. Viele moderne Nutzungen leiten sich aus alten Praktiken ab, etwa in Pestiziden und Bleichmitteln. Schwefelverbindungen sind für die chemische Industrie enorm wichtig.

PESTIZIDE
Schwefel ist eines der ältesten bekannten Pestizide und wird in Pulverform eingesetzt, um Pflanzen vor Pilzkrankheiten und Schädlingen zu schützen. Das Element ist für Pilze besonders giftig, da es vermutlich deren biochemische Prozesse stört.

SPRÜHEN VON PESTIZIDEN

gasen Verbindungen. Wie Sauerstoff hat er zwei unvollständige 3p-Orbitale, nimmt aber, entsprechend seiner Position weiter unten in der Gruppe, viel mehr Oxidationsstufen an (siehe S. 23). Durch Aufnahme von zwei Elektronen kann er die dritte Schale füllen und die Oxidationsstufe −2 annehmen. Wenn er alle sechs Elektronen aus den 3s- und 3p-Orbitalen abgibt, hat er die maximale Oxidationsstufe +6 (siehe S. 59).

Schwefel hat eine vielseitige Chemie und bildet eine breite Vielfalt von organischen und anorganischen Verbindungen. Die verschiedenen Oxidationsstufen ergeben Substanzen mit vielen auffälligen Farben, von denen man einige historisch als Pigmente nutzte. Mit Kohlenstoff formt er eine Vielzahl schwefelorganischer Verbindungen, von denen viele für das Leben wichtig sind.

Lebenserhaltender Schwefel

Schwefel ist eines der am häufigsten vorkommenden Elemente im menschlichen Körper – im Mittel enthalten wir etwa 140 g. Er ist ein Schlüsselbestandteil der essenziellen Aminosäuren Cystein und Methionin, aus denen viele wichtige Proteine im Körper hergestellt werden. Dazu gehören Keratin, das in Haaren und Nägeln vorkommt, Kollagen, das der Haut die Festigkeit gibt, und Insulin, das den Körperzellen die Nutzung von Glukose ermöglicht.

Proteine müssen bestimmte räumliche Formen annehmen, um zu funktionieren, und Schwefel spielt eine Schlüsselrolle bei der Stabilisierung der

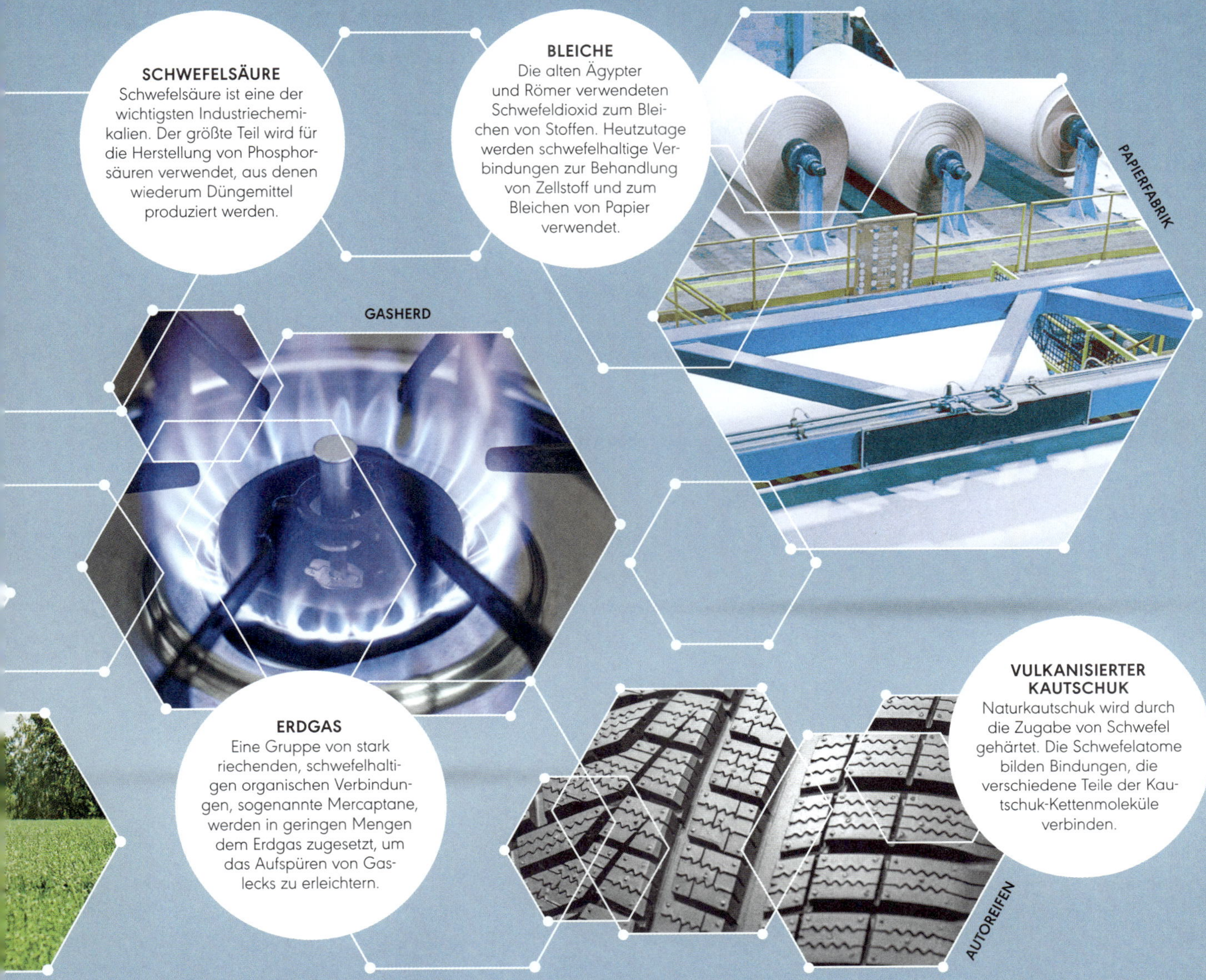

Strukturen dieser Biomoleküle. Schwefelatome in benachbarten Proteinketten formen spezielle kovalente Bindungen (siehe S. 22), die Disulfidbrücken. Sie halten die einzelnen Proteinmoleküle in einer festen Position, was dem gesamten Gewebe Festigkeit und Struktur verleiht – genau die Eigenschaften, die für Haare und Nägel benötigt werden.

Dank der verschiedenen Oxidationsstufen ist Schwefel ein wichtiges Element in Enzymen, die bei biologischen Reaktionen Elektronen übertragen. Ein Mensch benötigt etwa 1 g Schwefel pro Tag, der aus eiweißreichen Lebensmitteln wie Eiern, Milchprodukten, Fleisch, Fisch und Blattgemüse stammt.

Eine explosive Anwendung

Schießpulver kam in Europa in Gebrauch, nachdem der englische Philosoph Roger Bacon es um 1245 n. Chr. beschrieben hatte. Es ist eine Mischung aus Salpeter (Kaliumnitrat), Holzkohle und Schwefel. Salpeter wirkt als Oxidationsmittel. Der Schwefel senkt die Zündtemperatur und der Kohlenstoff in der Holzkohle dient als Brennstoff. Diese Mischung beherrschte die militärische Taktik in Europa zwischen dem 13. und 19. Jh., aber bereits um 800 n. Chr. gab es in China ähnliche Formulierungen. Dort nutzte man sie wohl als Sprengstoff und in Flammenwerfern und Raketen, und das Schießpulver gilt als eine der vier großen Erfindungen Chinas.

Metall

Sn

Zinn

Elektronenkonfiguration

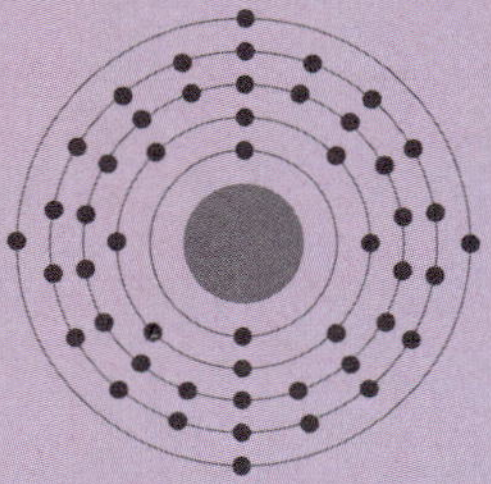

Ordnungszahl
50

Atommasse
118,71

Dichte
7,3 g/cm³

Radius
217 pm

Aggregatzustand
Fest

Schmelzpunkt
232 °C

Entstehung
Fusion im Kern von Sternen

Anteil an der Erdkruste
2,3 ppm

Leicht zu isolieren
Obwohl Zinn in der Erdkruste relativ selten vorkommt, lässt es sich leicht aus seinen wichtigsten Erzen wie Kassiterit gewinnen und aufreinigen. Bei der Verhüttung erhitzt man das Zinnerz mit Kohlenstoff, sodass Kohlendioxid und eine Zinnschmelze entsteht, die dann abgetrennt und raffiniert (gereinigt) werden kann.

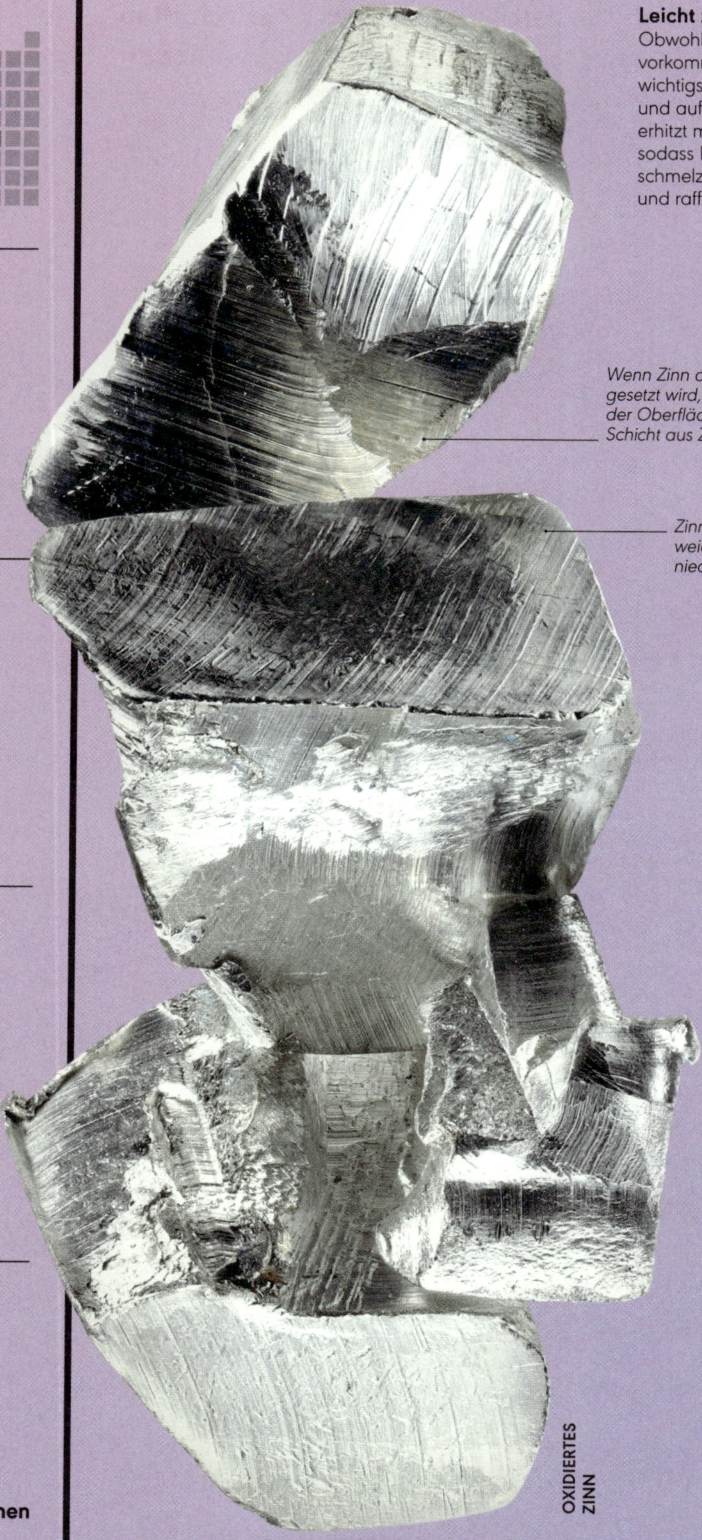

Wenn Zinn der Luft ausgesetzt wird, bildet sich auf der Oberfläche eine gelbe Schicht aus Zinnoxid.

Zinn ist ein relativ weiches Metall mit einem niedrigen Schmelzpunkt.

OXIDIERTES ZINN

Das wichtigste Zinnerz, das Zinnoxid Kassiterit, bildet gelegentlich transparente Kristalle.

KASSITERIT

Dieses Mineral enthält Zinn, Kupfer, Schwefel und Eisen.

STANNIT

Teallit ist ein seltenes Blei- und Zinnsulfid, das sich in mineralreichem Wasser bildet.

TEALLIT

Obwohl man es vor allem zur Verbesserung der Eigenschaften anderer Werkstoffe nutzt, dürfte dieses weiche, unscheinbare Metall die Bronzezeit eingeläutet und vielleicht sogar die römische Invasion Britanniens ausgelöst haben.

Zinn ist ein weiches, silbriges Metall, das man vor allem aus dem Oxidmineral Kassiterit gewinnt. Aus dem Erz extrahiert man seit über 5000 Jahren das Metall durch Verhüttung (siehe S. 29).

Reines Zinn wurde im Altertum kaum verwendet. Als man aber entdeckte, dass sich durch Zugabe von kleinen Mengen Zinn zu geschmolzenem Kupfer harte Bronze ergibt, wurde Zinn plötzlich populär. Die Kupfer-Zinn-Legierung schmilzt bei niedrigeren Temperaturen und lässt sich daher leichter bearbeiten. Zudem ist Bronze etwas leichter als Kupfer und härter als reines Kupfer oder Zinn. Daher war es ideal für Waffen, Werkzeuge und Kochgeschirr.

Damit begann die Bronzezeit, eine der großen Perioden der Menschheitsgeschichte, die mehr als 2000 Jahre zwischen 3300 und 1200 v. Chr. andauerte. Vermutlich war die strategische Bedeutung von Zinn einer der Gründe für die römische Invasion in Britannien, da das Gebiet reich an Zinn und anderen wertvollen Metallen ist. Einige Sprachwissenschaftler vermuten sogar, dass der Name Britannien aus dem phönizischen *baratanic* stammt, was »Insel des Zinns« bedeutet.

Während Britannien bis ins 19. Jh. eine wichtige Quelle blieb, stammt heute das meiste Zinn aus Asien und Südamerika. Da es in der Erdkruste relativ selten ist, sind die abbaubaren Reserven begrenzt und könnten in den nächsten 50 Jahren erschöpft sein.

Hohe Stabilität

Mit 50 Protonen ist Zinn ein Beispiel für ein Element mit einer »magischen« Anzahl von Nukleonen. In der Kernphysik gelten bestimmte Anzahlen von Protonen und Neutronen (z. B. 2, 8 oder 50) als besonders stabil, weil eine deut-

STABILITÄT UND KORROSIONSBESTÄNDIGKEIT

Obwohl Zinn sowohl in der Oxidationsstufe +2 als auch +4 Verbindungen bilden kann, ist es chemisch sehr beständig und wird häufig als Schutzbeschichtung für andere Metalle verwendet. Wie andere p-Block-Metalle (z. B. Aluminium) bildet Zinn bei Kontakt mit Sauerstoff eine korrosionsbeständige oder passivierende Oberflächenschicht. Aufgrund der teilweise gefüllten 5p-Orbitale kann Zinn starke kovalente Bindungen mit Sauerstoffatomen eingehen, die schwer zu lösen sind und eine weitere Oxidation des Metalls verhindern.

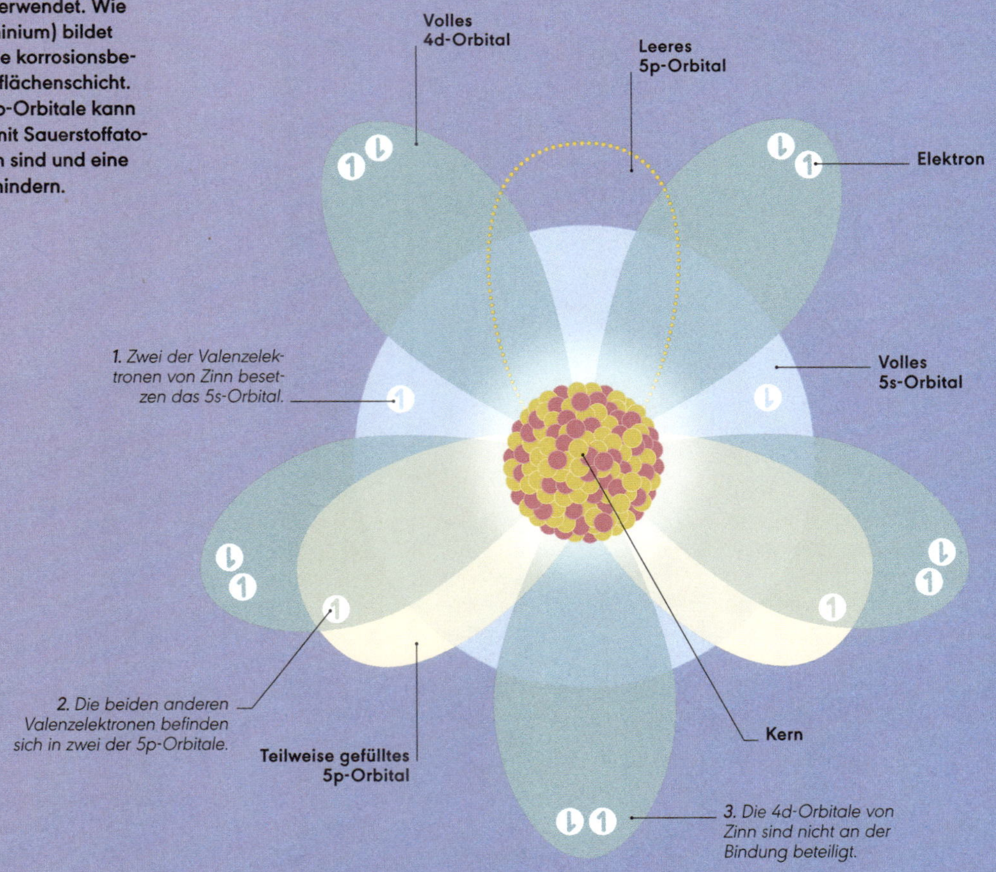

ZINNPEST

Zinnpest nennt man das Phänomen, dass reines Zinnmetall eine strukturelle Umordnung erfährt, die die Eigenschaften des Metalls drastisch verändert. Bei Raumtemperatur und darüber hat Zinn eine metallische Struktur, die man Beta-Zinn nennt. In ihr sind die Metallionen von delokalisierten Elektronen umgeben. Sinkt jedoch die Temperatur, ordnen sich die Atome zu einem kovalenten Netzwerk um, dem Alpha-Zinn, das spröde und nicht leitfähig ist.

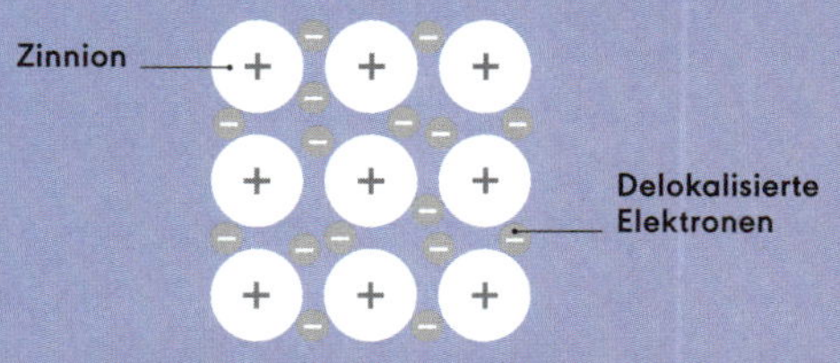

Beta-Zinn (β-Zinn)
Die delokalisierten Elektronen können sich frei im Metallgitter bewegen, sodass β-Zinn Wärme und Strom leiten kann. Diese Struktur macht das Material auch verformbar und dehnbar.

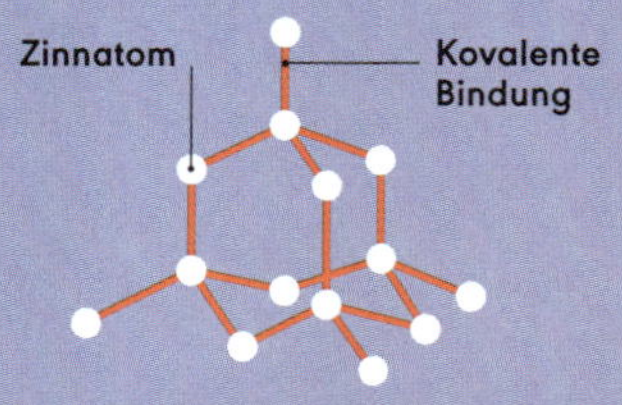

Alpha-Zinn (α-Zinn)
Kovalente Bindungen zwischen den Atomen halten die Elektronen in festen Positionen; das Zinn wird zum spröden Halbmetall, das Wärme oder Strom kaum leitet.

ZINN IM ALLTAG

Eine Vielzahl von Alltagsprodukten enthielt früher Zinn, etwa Weißblechdosen oder Stanniol. Weißblech ist Stahlblech, das mit einer dünnen Zinnschicht überzogen ist, um Korrosion zu verhindern und ihm eine glänzende Oberfläche zu geben. Stanniol ist eine dünne Metallfolie, die aus Zinnblech gewalzt wurde. Heute hat man sie fast vollständig durch Aluminiumdosen bzw. Aluminiumfolien ersetzt, seit Aluminium günstig und reichlich verfügbar ist.

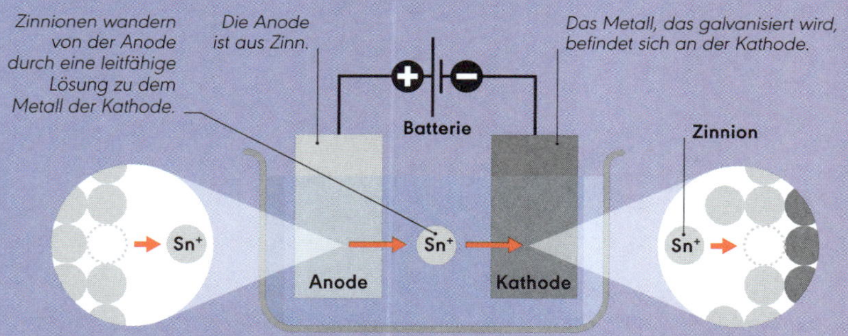

Galvanisieren
Eine Zinnschicht wird durch Galvanisieren auf Metall aufgebracht. Dabei wandern Zinnionen von der Anode durch eine leitfähige Lösung zu dem zu beschichtenden Metall, das die Kathode bildet, wo sie sich ablagern und eine Schutzschicht bilden.

VERWENDUNG VON ZINN

Reines Zinn hat wenige Anwendungen, da es aber sehr korrosionsbeständig und mit anderen Metallen kombinierbar ist, ist die Nachfrage weiterhin hoch. Der Großteil wird in Legierungen und Beschichtungen verwendet, aber es hat auch einige Nischenanwendungen.

BESCHICHTUNG
Wegen seiner Korrosionsbeständigkeit beschichtet man oft andere Metalle mit Zinn. Es verbindet sich leicht mit Blei, Zink und Stahl, weshalb Zinnbeschichtungen in der Lebensmittelindustrie, etwa für Verpackungen und Kochgeschirr, weit verbreitet sind.

lich höhere Bindungsenergie zwischen den Teilchen den Kern weniger leicht zerfallen lässt. Daher hat Zinn zehn verschiedene stabile Isotope mit Atommassen von 112 bis 124 und weitere 18 bekannte instabile Isotope. Am häufigsten ist das stabile Isotop Zinn-120, das etwa ein Drittel des gesamten natürlichen Zinns ausmacht.

Auch chemisch ist Zinn recht stabil. Als Metall der Gruppe 14 wird seine Chemie von den Oxidationsstufen +2 und +4 dominiert (siehe S. 23), die durch die Abgabe von zwei Elektronen aus den 5p-Orbitalen und ggf. zwei weiteren aus den 5s-Orbitalen erreicht werden. Zinn reagiert langsam mit Sauerstoff und bildet eine passivierende Oxidschicht, die das Metall vor weiteren Reaktionen schützt (siehe S. 63). Daher wird es häufig in Schutzschichten für andere Metalle verwendet.

Während die meisten Anwendungen darauf beruhen, dass Zinn wie ein Metall reagiert, kann es bei niedrigen Temperaturen eine dramatische Veränderung seiner Eigenschaften erfahren, sodass es sich eher wie ein Nichtmetall verhält. Elementares Zinn hat zwei Strukturformen (Allotropen). Bei Raumtemperatur und darüber hat es eine metallische Struktur, die man Beta-Zinn oder weißes Zinn nennt. Unter 13,2 °C ordnen sich die Atome jedoch zu einer anderen Gitterstruktur, dem Alpha-Zinn oder grauen Zinn, das spröde und wesentlich weniger leitfähig ist (siehe oben). Diese Neigung, sich bei Kälte zu verändern, nennt man Zinnpest; sie

FLOATGLAS
Geschmolzenes Glas wird auf flüssiges Zinn gegossen, um sicherzustellen, dass die resultierenden Scheiben, Floatglas genannt, glatt, flach und parallel sind. Der relativ niedrige Schmelzpunkt von Zinn ist ideal für diesen Prozess.

PIGMENTE
Mehrere Zinnverbindungen sind intensiv farbig und werden in Farben oder Keramikpigmenten verwendet. Beispiele hierfür sind Cassiuspurpur, Bleizinngelb, Ceruleanblau und Potterrosa.

SPEZIALLEGIERUNGEN
Zinn bildet in einer Legierung mit Niob ein supraleitendes Metall, das in den Spulen supraleitender Magnete verwendet wird. Zinn kann auch Zirkoniumlegierungen als Teil der Ummantelung für Kernreaktoren zugesetzt werden.

CHEMIEINDUSTRIE
Zinnverbindungen finden in der chemischen Industrie breite Anwendung. Man nutzt sie zur Stabilisierung von PVC-Kunststoffen gegen Zersetzung durch Hitze, Licht oder Luft. Diese Verbindungen werden auch bei der Herstellung anderer Industriechemikalien verwendet.

INSTRUMENTE
Zinn ist das resonanteste aller Metalle. Es wird oft mit Blei legiert, um Glocken und Orgelpfeifen herzustellen, wobei der Anteil an Zinn den Klang bestimmt.

hat die Nutzung des reinen Metalls im Laufe der Geschichte stark beeinträchtigt. Wenn man Zinn aber mit einer kleinen Menge eines anderen Metalls wie Blei, Antimon oder Bismut legiert, wird dieser Übergang unterdrückt und der metallische Charakter bleibt erhalten.

Moderne Legierungen

Im Laufe der Geschichte wurde Zinn geschätzt, weil es verschiedene Metalllegierungen verstärkt – eine Tatsache, die bis heute gilt. Ein kleiner Teil der weltweiten Zinnproduktion wird auch heute noch für Bronze verwendet, die vor allem in der Sanitärtechnik und für Maschinenteile wie Ventile und Zahnräder eingesetzt wird. Das meiste Zinn wird mit Blei zu Lot oder Lötzinn legiert, einem weichen, leicht schmelzbaren Metall, mit dem man Metallteile und elektronische Bauteile einfach verbinden (»verlöten«) kann. Wegen der Giftigkeit von Blei sind viele Lote heute bleifrei. Sie enthalten stattdessen Silber, Kupfer, Antimon oder Nickel. Sie sind jedoch in der Regel schwächer, fließen weniger gut und belasten die Bauteile.

Der Zinnschrei

Beim Biegen erzeugt Zinn ein knackendes Geräusch, den »Zinnschrei«. Beim Erstarren von Zinn wachsen einzelne Kristalle. Wenn man das Metall biegt, reiben die Kristalle aneinander und erzeugen den »Schrei«.

Übergangsmetall

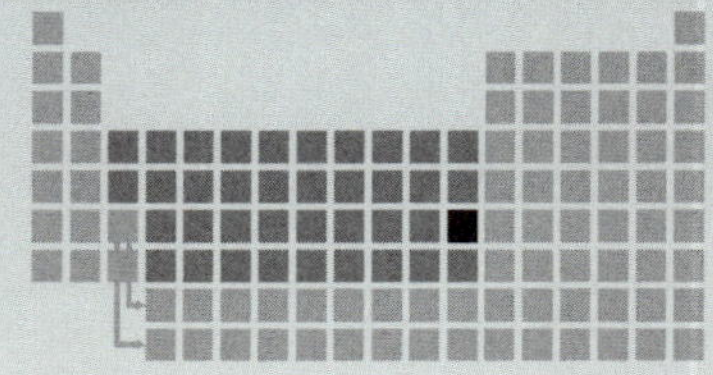

Quecksilber

Hg

Elektronenkonfiguration

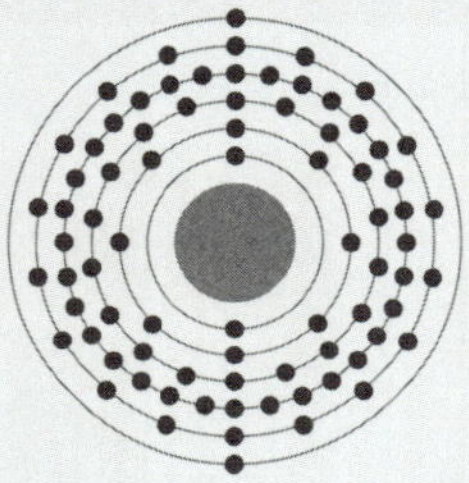

Ordnungszahl
80

Atommasse
200,59

Dichte
13,5 g/cm³

Radius
209 pm

Aggregatzustand
Flüssig

Siedepunkt
357 °C

Entstehung
Fusion im Kern von Sternen

Anteil in der Erdkruste
0,085 ppm

CINNABARIT (ZINNOBER)

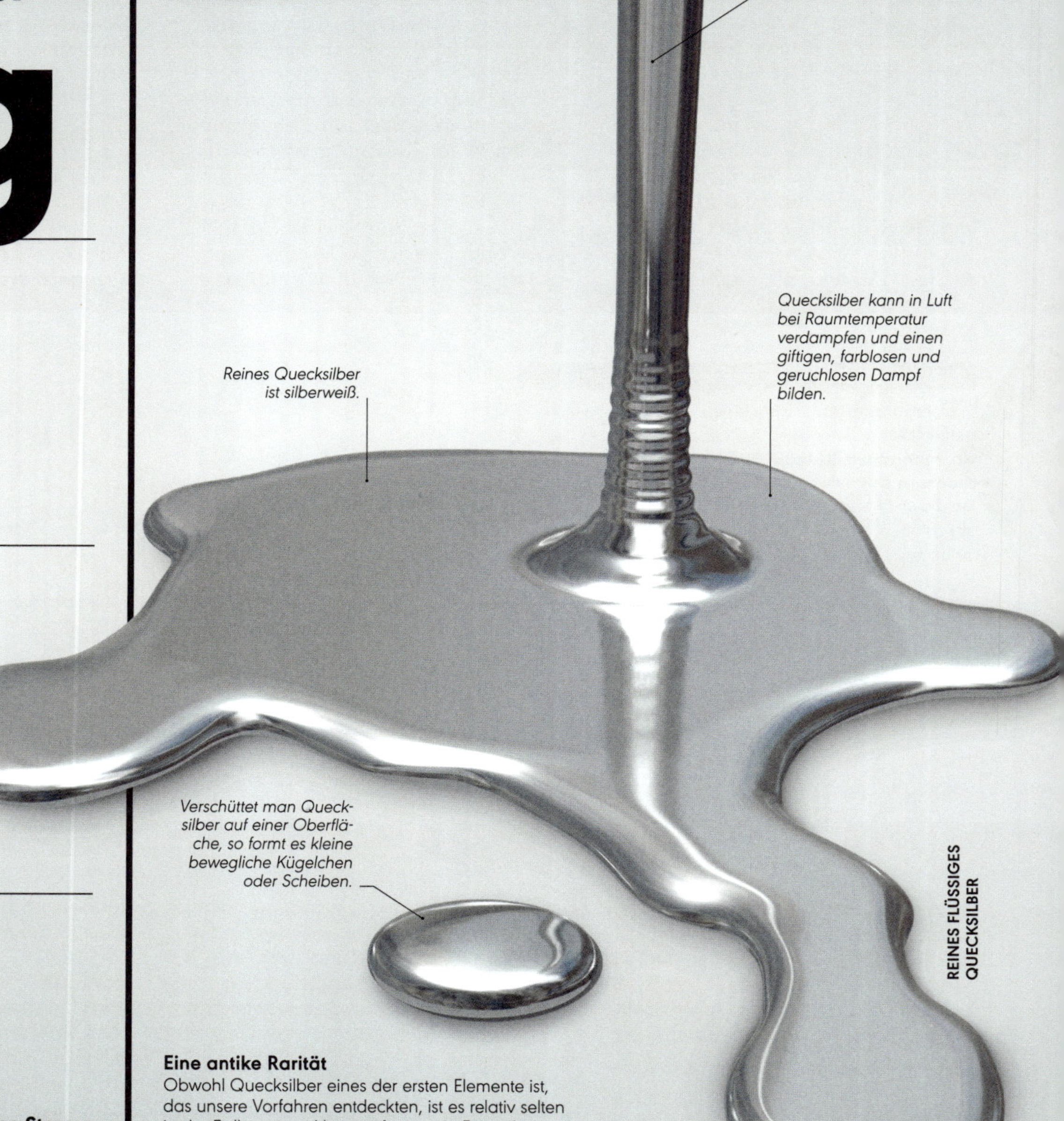

REINES FLÜSSIGES QUECKSILBER

Eine antike Rarität
Obwohl Quecksilber eines der ersten Elemente ist, das unsere Vorfahren entdeckten, ist es relativ selten in der Erdkruste und kommt fast nur in Form des Sulfidminerals Cinnabarit (Zinnober) vor. Das reine Metall lässt sich leicht durch Erhitzen von Zinnober in einem Luftstrom herstellen. Auf diese Weise gewinnt man das Element seit über 2300 Jahren.

Seit der Antike bekannt, galt Quecksilber mythologisch als Bestandteil von Gold, Symbol der Unsterblichkeit und Wundermittel. Unsere heutige Nutzung dieses giftigen Metalls ist jedoch weit von der alchemistischen Vergangenheit entfernt.

Quecksilber ist eines von nur zwei Elementen, die bei Raumtemperatur flüssig sind; im antiken Griechenland hieß es *argyros chytos* (»lebendiges Silber«) oder *hydrargyros* (»Wassersilber«), daher hat es das Elementsymbol Hg. Im Althochdeutschen wurde daraus »quickes (schnelles) Silber«. Mittelalterliche Alchemisten assoziierten es mit dem flinken römischen Götterboten Merkur, weshalb es auf Englisch *mercury* und auf Französisch *mercure* heißt.

Das silbrig-weiße Metall steht in der Gruppe 12 am Ende des d-Blocks im Periodensystem. Dies erklärt viele der einzigartigen Eigenschaften: seinen flüssigen Zustand, den kleinen Radius, die hohe Dichte und die unreaktive Chemie. Die vollen 4f-Orbitale sind weit ausgedehnt und schirmen die äußeren Elektronen schlecht von der Kernladung ab. Daher werden die 6s- und 5d-Orbitale stärker vom Kern nach innen gezogen; dieser Effekt heißt Lanthanoidenkontraktion. Die Elektronen in diesen Orbitalen bewegen sich zudem sehr schnell und werden aufgrund relativistischer Effekte stärker zum Kern gezogen. Daher ist das Quecksilberatom recht klein, was zu seiner hohen Dichte führt.

Die Position am Ende des d-Blocks bedeutet auch, dass die 5d-Orbitale vollständig besetzt sind – eine besonders stabile Konfiguration. Infolgedessen sind die d-Orbitale nicht an Reaktionen beteiligt und Quecksilber ist relativ reaktionsarm. In dieser Hinsicht verhält es sich nicht wie ein Übergangsmetall, sondern eher wie ein Element der Gruppe 2. Durch all diese Faktoren geht Quecksilber lieber kovalente Bindungen ein, statt wie andere Metalle ionische Bindungen zu bilden (siehe S. 22).

Ein alchemistisches Element

Als eines der ersten Elemente, die isoliert wurden, spielte Quecksilber eine Schlüsselrolle in den mystischen alchemistischen Praktiken auf der ganzen Welt. Die Alchemie galt als Kunst der Verwandlung, und das schnell fließende

IST QUECKSILBER EIN ÜBERGANGSMETALL?

In Übergangsmetallen sind einige Orbitale teilweise gefüllt. Quecksilber steht im Periodensystem bei den Übergangsmetalle, hat aber eine volle d-Unterschale, sodass es eher wie ein Metall der 2. Gruppe reagiert. Da die 4f-Orbitale die Kernladung nur schwach abschirmen, ziehen sich die 5d- und 6s-Orbitale nach innen zusammen.

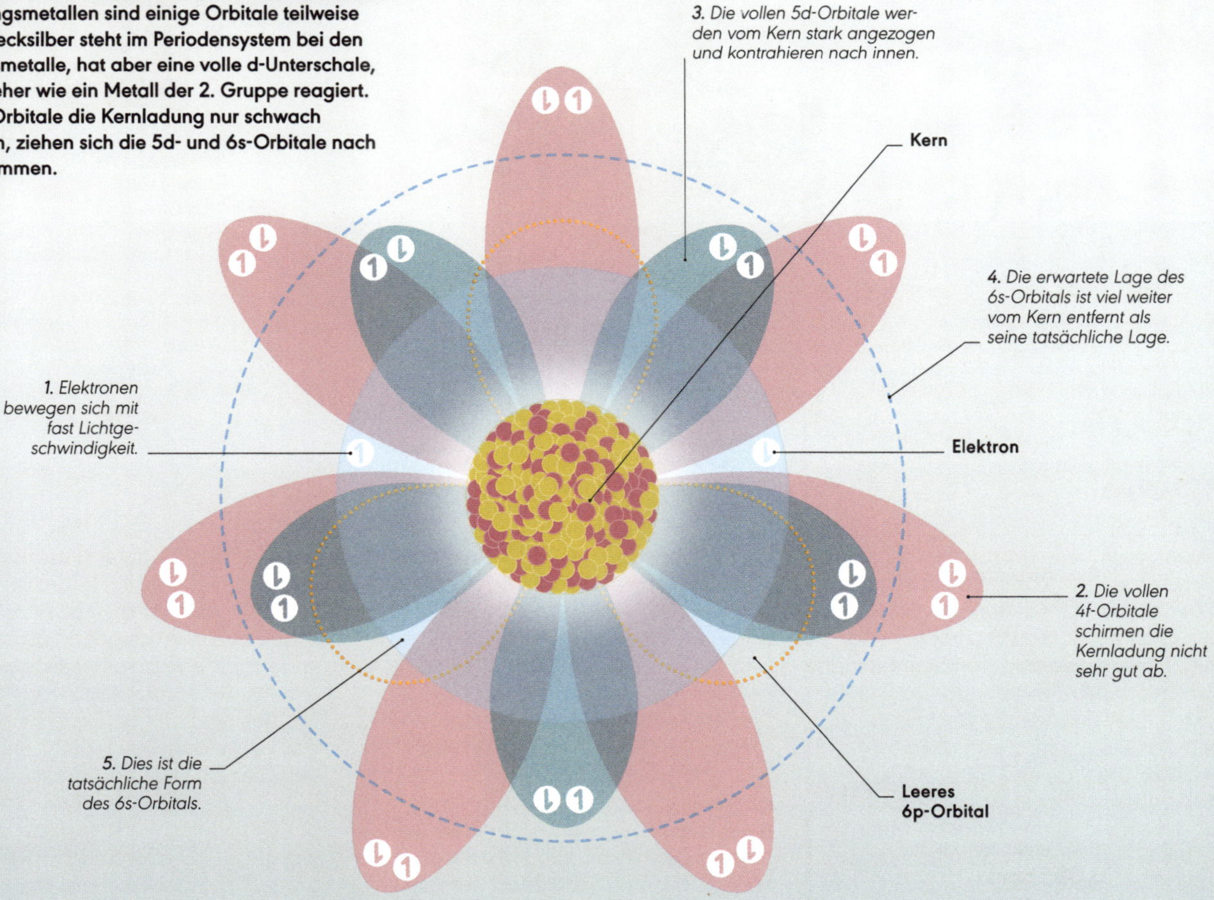

WARUM QUECKSILBER FLÜSSIG IST

Wie alle Metalle wird Quecksilber durch eine metallische Bindung zusammengehalten, bei der die Metallionen von einem »Meer« aus delokalisierten Elektronen umgeben sind. Aber die vollen d-Orbitale, die Lanthanoidenkontraktion und relativistische Effekte wirken so zusammen, dass nur die 6s-Elektronen dazu beitragen. Daher ist die Anziehung zwischen den Ionen und den Elektronen schwach und wenig Energie reicht, die Teilchen gegeneinander zu bewegen.

Quecksilberatome geben nur relativ wenige delokalisierte Elektronen ab.

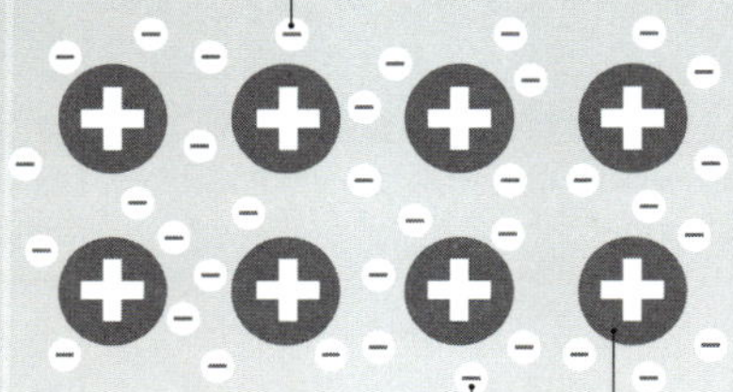

Das »Meer« aus delokalisierten Elektronen hält die Quecksilberionen zusammen.

Gitter aus positiv geladenen Ionen

QUECKSILBER UND DIE ALUMINIUMREAKTION

Quecksilber löst viele Metalle auf und bildet metallische Gemische, die man Amalgame nennt. Aluminium ist meist durch eine dünne Oxidschicht geschützt, aber wenn reines Metall offen liegt, kann schon eine winzige Menge Quecksilber eine Amalgamierungsreaktion auslösen. Bei Feuchtigkeit korrodiert das Aluminium dann zu Aluminiumhydroxid.

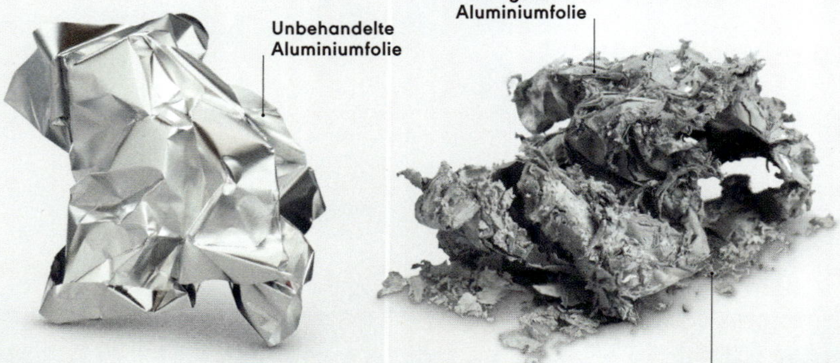

Amalgamierte Aluminiumfolie
Dieses Bild zeigt zwei Stücke Aluminiumfolie. Das linke Stück ist unbehandelt und reagiert mit der Luft nicht. Das rechte Stück wurde in Quecksilber getaucht und auf diese Weise amalgamiert, was es viel reaktiver macht. Das Aluminium wirkt als Reduktionsmittel und entzündet sich spontan, wenn es mit Luft in Kontakt kommt.

VERWENDUNG VON QUECKSILBER

Vom Wunderheilmittel zum giftigen Umweltschadstoff hat sich die Nutzung von Quecksilber drastisch gewandelt, seit wir die ernsthaften Gesundheitsrisiken des Metalls erkannt haben. Viele heutige Anwendungen basieren auf dem ungewöhnlichen flüssigen Zustand, aber die Verwendung ist streng reguliert.

BELEUCHTUNG
Quecksilberdampflampen sind langlebige und energieeffiziente Beleuchtungsmittel. In ihnen fließt ein elektrischer Strom durch verdampftes Quecksilber und regt es zum Leuchten an.

PIGMENTE
Beim Mahlen des Minerals Cinnabarit (Quecksilbersulfid) entsteht ein rot-orangefarbenes Pigment: Zinnoberrot. Der intensive und auffällige Farbton dieses Pulvers war in den alten Zivilisationen sehr beliebt und wurde zum Bemalen von Fresken, zur Verzierung von Statuen und Keramik und sogar als Kosmetikum verwendet.

Quecksilber verkörperte diese Idee perfekt. Alchemisten betrachteten Quecksilber als »erste Materie«, ein Stoff, aus dem sich durch die Wechselwirkung mit Schwefel alle anderen Stoffe bilden. Verschiedene Mengen und Qualitäten von Schwefel sollten zu verschiedenen Metallen führen, von denen das reinste Gold war, und Quecksilber war ein wesentlicher Ausgangspunkt für die Umwandlung niederer Metalle (wie Blei) in diesen begehrten Schatz. Heute wissen wir, dass es unmöglich ist, Quecksilber so in Gold umzuwandeln, aber Kernphysiker können in Teilchenbeschleunigern Goldatome aus anderen Metallen synthetisieren (siehe S. 49). Dennoch ist Quecksilber eng mit der Goldgewinnung verbunden: Die beiden Metalle bilden ein Amalgam (ein Gemisch), sodass man früher mithilfe von Quecksilber Gold aus Mineralgemischen ausgewaschen hat.

Im alten China konzentrierten sich Alchemisten mehr auf das ewige Leben als auf Reichtum, und man assoziierte Quecksilber mit guter Gesundheit und Unsterblichkeit. Hofalchemisten sollten Elixiere für die Kaiser zubereiten. Eventuell starb Kaiser Qin Shihuangdi im 3. Jh. v. Chr. an einer Quecksilbervergiftung durch solche Elixiere. Er wurde in einem prächtigen Grab beigesetzt, das Flüsse aus Quecksilber enthielt, die den Gelben Fluss und den Jangtse in China darstellten. Moderne Analysen der Grabanlage zeigen, dass dort die Quecksilberkonzentration mehr als hundertmal so hoch ist wie in der Natur.

GOLDWASCHEN

GOLDEXTRAKTION
Man kann Gold aus Mineralgemischen auswaschen, indem man ausnutzt, dass sich Gold in Quecksilber löst. Diese Technik wurde oft im Goldbergbau eingesetzt, führte aber zu enormer Quecksilberverschmutzung in der Umgebung von Goldminen.

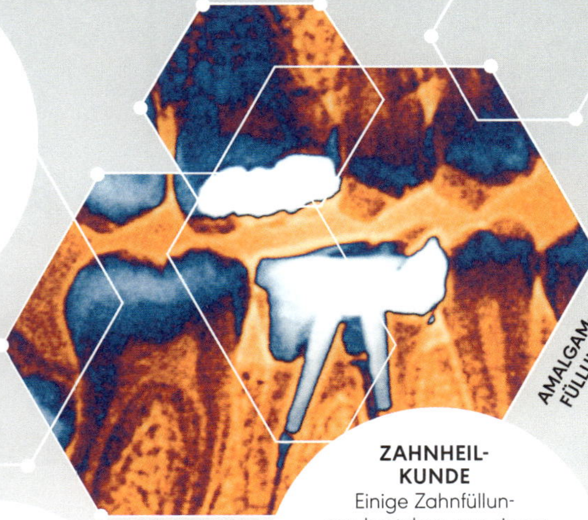

AMALGAM-FÜLLUNG

ZAHNHEILKUNDE
Einige Zahnfüllungen bestehen aus einem Amalgam von Quecksilber mit Silber, Zinn und Kupfer. Dieses Gemisch ist eine weiche, formbare Masse, mit der man Zahnlöcher präzise füllen kann und die dann aushärtet.

REAGENZIEN
Mehrere Quecksilberverbindungen werden in industriellen Prozessen als Katalysatoren verwendet. Viele werden aber nach und nach von anderen Verfahren abgelöst.

BATTERIEN
Knopfbatterien erzeugen durch eine Reaktion zwischen Quecksilberoxid und Zink oder einer anderen Substanz elektrischen Strom für kleine Geräte wie Uhren oder Kameras. Diese nicht aufladbaren Batterien werden wegen ihrer Giftigkeit aber langsam ersetzt.

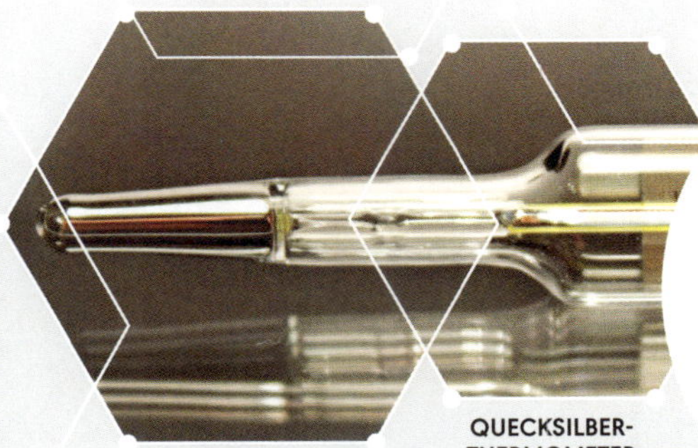

QUECKSILBER-THERMOMETER

THERMOMETER
Bei Temperaturänderungen dehnt sich Quecksilber auf vorhersagbare Weise aus bzw. zieht sich wieder zusammen. Daher wurde es seit dem 18. Jh. in Flüssigkeitsthermometern verwendet. Wegen seiner Giftigkeit zieht man heute aber Thermometer mit anderen Flüssigkeiten wie Alkohol vor.

Auch westliche Alchemisten glaubten an die medizinischen Eigenschaften von Quecksilber und stellten damit Allheilmitteln für alle möglichen Krankheiten her. Im 16. Jh. schuf der dänische Alchemist und Astronom Tycho Brahe das Elixier Tychonis, mit dem er so unterschiedliche Krankheiten wie Krätze und Epilepsie behandeln wollte.

Der verrückte Hutmacher

Während Alchemisten fest an die Heilkräfte des Quecksilbers glaubten, ist das Element tatsächlich extrem giftig und seine Verwendung ist heute streng geregelt. Eine Quecksilbervergiftung verursacht eine Vielzahl neurologischer Symptome, darunter Reizbarkeit, Delirium, Persönlichkeitsveränderungen und sogar Gedächtnisverlust. Die Quecksilbervergiftung wurde jedoch erst 1956 als ernstes Gesundheitsrisiko erkannt.

Bis dahin war Quecksilber weit verbreitet. Im 18. und 19. Jh. nutzten europäische und US-amerikanische Hutmacher Quecksilbernitrat, um Tierpelze zu behandeln und glatten Filz herzustellen. In den heißen, engen Werkstätten waren Hutmacher oft giftigen Quecksilberdämpfen ausgesetzt: Der englische Ausdruck *mad as a hatter* (»verrückt wie ein Hutmacher«) wurde durch das Buch »Alice im Wunderland« (1865) von Lewis Carroll weltberühmt und war wohl von durch Quecksilber geschädigten Arbeitern inspiriert.

Halbmetall

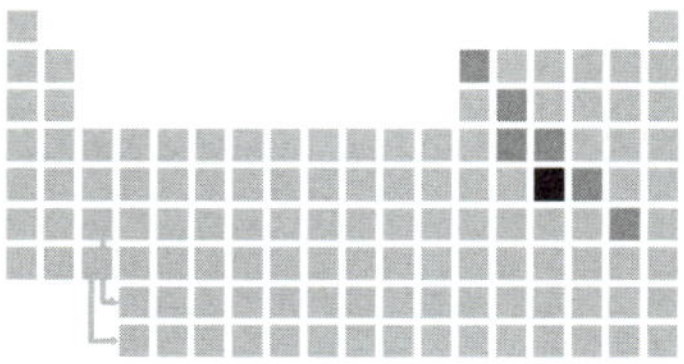

Sb

Antimon

Elektronenkonfiguration

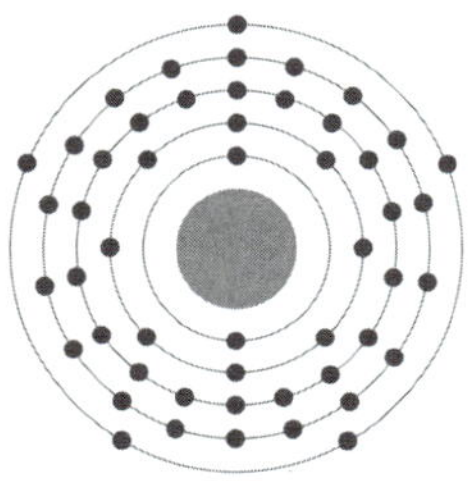

Ordnungszahl

51

Atommasse
121,76

Dichte
6,7 g/cm³

Radius
206 pm

Aggregatzustand
Fest

Schmelzpunkt
631 °C

Entstehung
Neutronensternkollisionen

Anteil in der Erdkruste
0,2 ppm

Die glänzenden Kristalle sind hart, aber spröde.

Glänzendes Aussehen
In der reinen Form ist Antimon ein silbriger Feststoff mit flockiger Textur. Es kommt selten gediegen vor, meist aber als Verbindung: Über einhundert antimonhaltige Minerale sind bekannt, wobei Stibnit die häufigste Quelle ist.

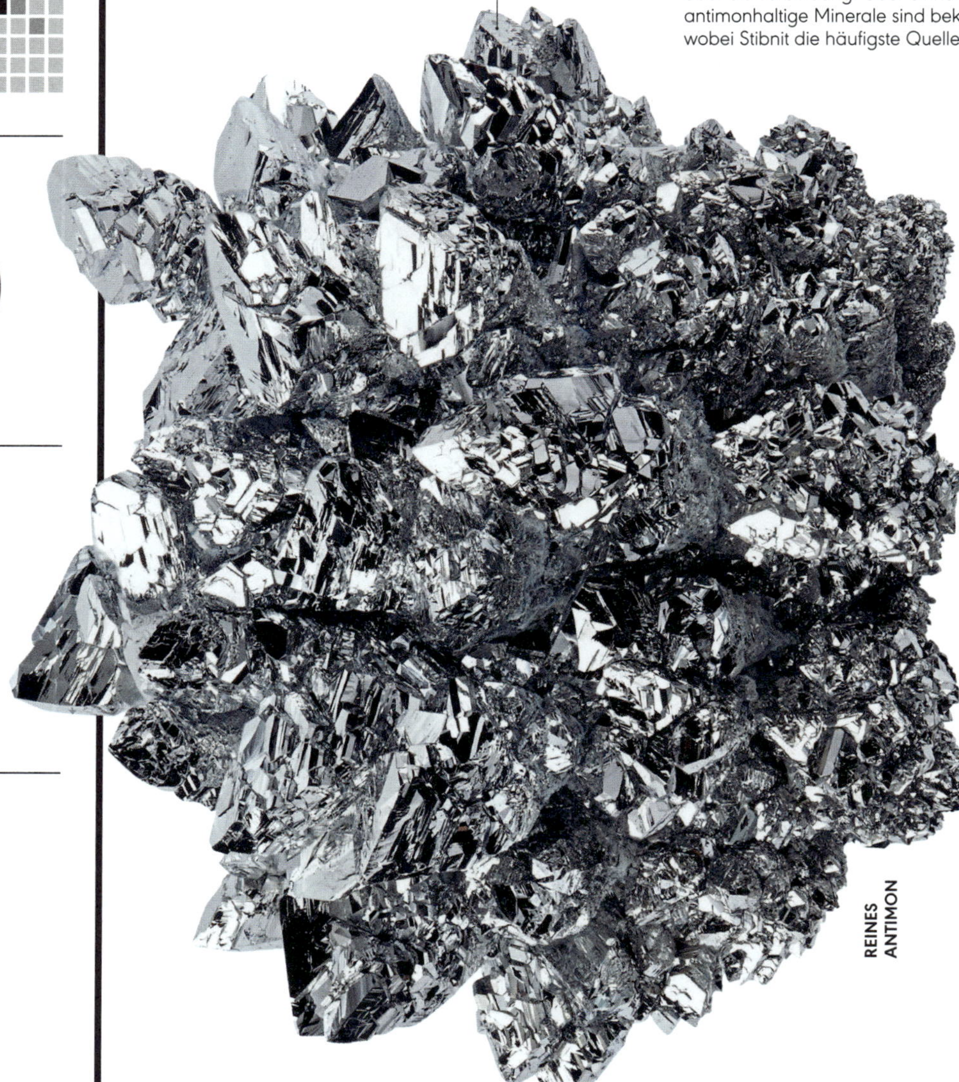

REINES ANTIMON

Dieses graue bis schwarze Mineral ist die wichtigste kommerzielle Quelle für Antimon.

STIBNIT

Dieses Mineral ist ein Antimonoxid und wurde nach dem deutschen Alchemisten Basilius Valentinus benannt.

VALENTINIT

Dieses spröde Element mit silbrigem, metallischem Aussehen kommt in über hundert natürlich vorkommenden Verbindungen vor. Antimon wird als Halbmetall klassifiziert und ist ein schlechter Wärme- und Stromleiter.

Der Name Antimon stammt aus dem Griechischen *anti* und *monos* (etwa: »nicht allein«). Es kommt in geringen Mengen in vielen Mineralen vor. Die Ägypter mahlten schwarzes Stibnit zu einem Pulver namens Kajal, das sie als Eyeliner und Wimperntusche verwendeten, während griechische Ärzte mit der gleichen Substanz Hautkrankheiten behandelten. Auch europäische Alchemisten waren von dem Element fasziniert und behandelten damit eine Vielzahl von Krankheiten. Eine Pille aus Antimon wurde als Abführmittel eingenommen; da sie unverändert ausgeschieden wurde, konnte man sie als »immerwährende Pille« wiederverwenden.

Heute weiß man, dass Antimon und viele Verbindungen giftig sind und in hohen Dosen Nieren und Leber schädigen. Doch unter sorgfältiger medizinischer Kontrolle behandelt man mit Antimonverbindungen auch heute noch Parasitenerkrankungen.

Antimon steht im Periodensystem an der Grenze zwischen Metallen und Nichtmetallen und hat viele Eigenschaften zwischen den beiden Gruppen. Das reine Element ist relativ stabil, es wird von den meisten Säuren nicht angegriffen und reagiert bei Raumtemperatur nicht mit der Luft. Wenn es jedoch erhitzt wird, bildet es Antimontrioxid. Kommerziell wird diese Verbindung als Flammschutzmittel in Stoffen, Kunststoffen und Haushaltsgegenständen verwendet. Antimon ist auch ein wichtiger Bestandteil vieler Legierungen. Es macht das weiche Blei härter und stärker; daher wird es oft in Blei-Säure-Batterien verwendet. Manchmal wird es auch als Ersatz für Blei in Legierungen wie Zinn verwendet.

OXIDATIONSSTUFEN

Antimon hat zwei s-Elektronen und drei p-Elektronen in der Valenzschale. Es kann diese Elektronen abgeben und hat dann die Oxidationsstufen +3 oder +5 (also formell eine positive Ladung von +3 bzw. +5). Antimon hat vier vollständige Schalen, die die Außenelektronen vor der Kernladung abschirmen, sodass es selten weitere Elektronen aufnimmt. Daher sind (anders als bei Stickstoff und Phosphor in derselben Gruppe) negative Oxidationsstufen selten.

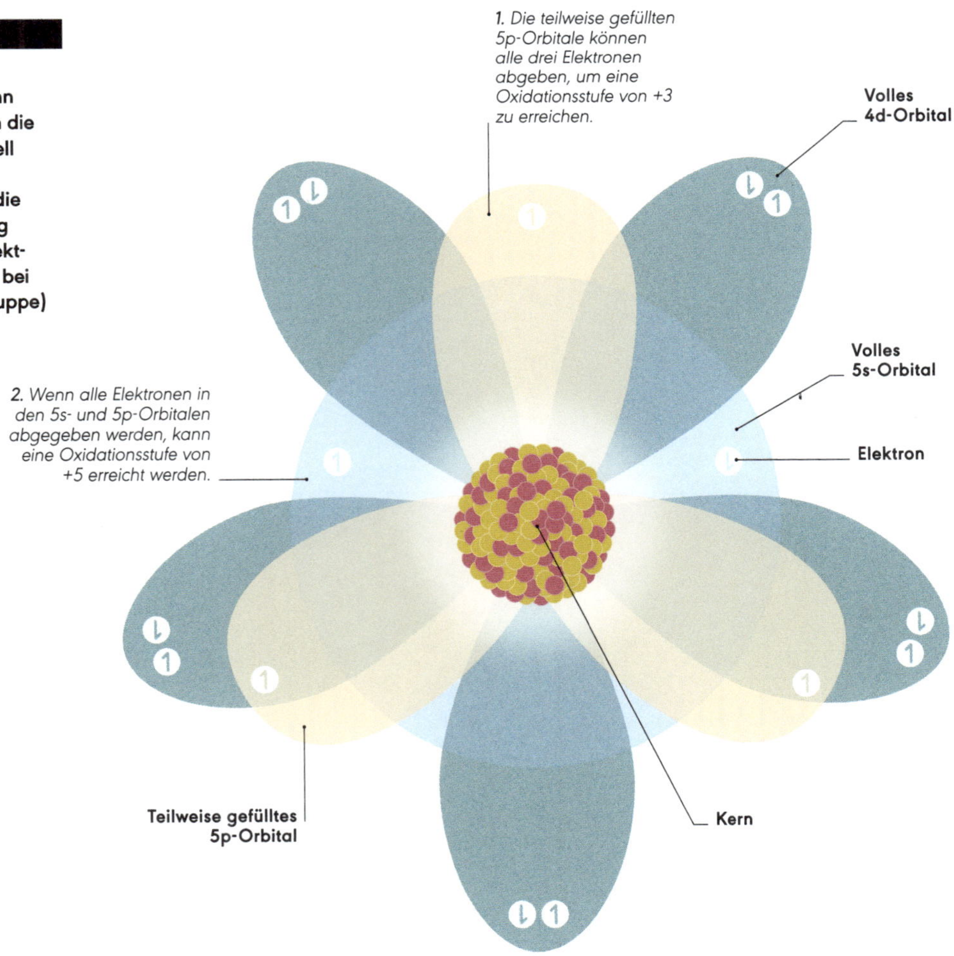

Übergangsmetall

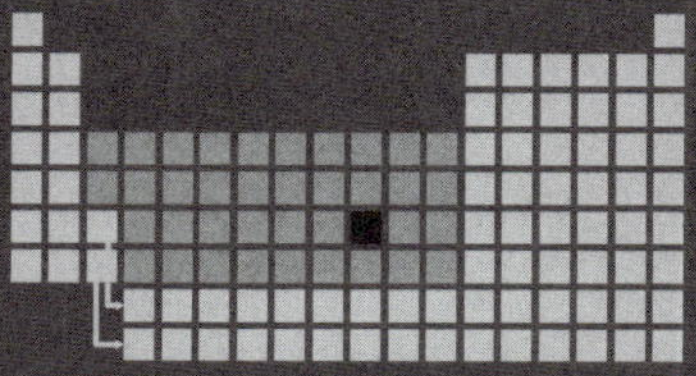

Pt

Platin

Elektronenkonfiguration

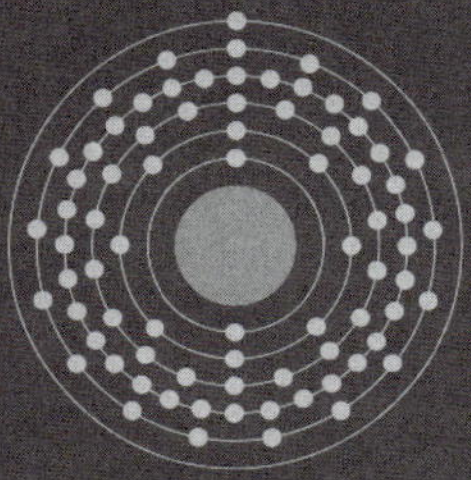

Ordnungszahl
78

Atommasse
195,08

Dichte
21,5 g/cm³

Radius
209 pm

Aggregatzustand
Fest

Schmelzpunkt
1768 °C

Entstehung
Neutronensternkollisionen

Anteil in der Erdkruste
0,005 ppm

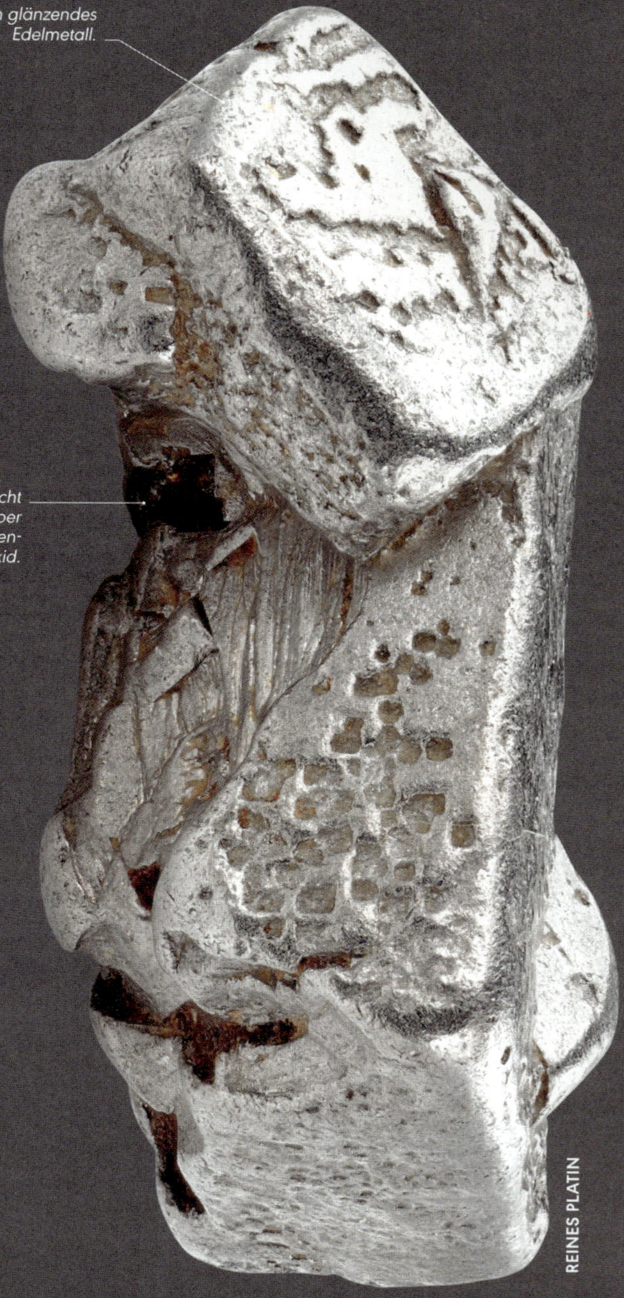

REINES PLATIN

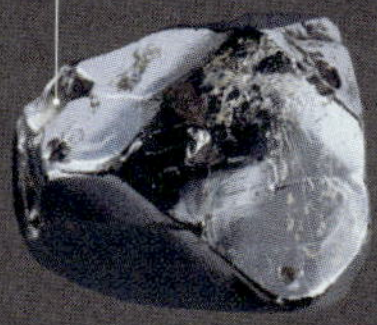

SPERRYLITH

BRAGGIT

Kleines Silber
Platin kommt in der Natur zwar gediegen (als elementares Metall) vor, häufiger aber in Verbindungen in Mineralen wie Sperrylith, das Platin und Arsen enthält, oder Braggit, einem Sulfidmineral, das Platin, Palladium und Nickel enthält. Reines Platin ist ein glänzendes, silberfarbenes Metall. Der Name Platin stammt vom spanischen Wort *platina* und bedeutet »kleines Silber« als abschätzige Verniedlichungsform.

Platin, das heute zu den wertvollsten Metallen zählt, galt den spanischen Eroberern, die nach Gold suchten, als wertlose Verunreinigung. Es ist ein wichtiger Bestandteil von Katalysatoren und rettet in der Krebsbehandlung Leben.

Platin ist ein glänzendes, silbrig-weißes Metall und eines der reaktionsträgsten Elemente. Es kommt rein oder in Kombination mit anderen Metallen in einfachen Legierungen vor. In Kolumbien verarbeiteten die indigenen Amerikaner das natürlich vorkommende Platin zu Schmuck und kleinen Objekten. Nach Europa gelangte Platin erstmals 1735 durch den spanischen Gelehrten Antonio de Ulloa. Weil es schwer schmilzt, kaum reagiert und leicht Verbindungen mit Rhodium und Palladium eingeht, wurde reines Platin jedoch erst Anfang des 19. Jh. isoliert.

Trotz seiner geringen Reaktivität ist Platin ein hervorragender Katalysator. Dank seiner gut abgeschirmten 5d-Orbitale nimmt es leicht Elektronen auf und gibt sie wieder ab. Durch das einzelne, lose gebundene s-Elektron, das sich frei im Metallgitter bewegen kann, ist Platin ein guter Leiter. Dieses Elektron vermittelt auch die starke metallische Bindung, die Platin einen hohen Schmelzpunkt gibt; so kann es den hohen Temperaturen in Fahrzeugmotoren standhalten, wo man es in Katalysatoren zur Abgasreinigung nutzt. Dank seiner Form- und Ziehbarkeit hat es wichtige Verwendungen als Schmuck und in der Elektronik.

Während das Metall insgesamt nicht mit Luft reagiert, kann sich eine dünne Oberflächenschicht aus Platindioxid bilden. Es kann mit Halogeniden (negativ geladenen Halogenionen) Verbindungen eingehen. Ein wichtiges Beispiel ist das Chemotherapeutikum Cisplatin, das die Funktion der DNA stört und so die Zellteilung und das Tumorwachstum verhindert. Heute werden damit 10-20 % aller Krebsfälle behandelt.

PLATIN ALS KATALYSATOR

Platin gilt als idealer Katalysator. Seine 5d-Orbitale sind durch seine vier inneren Elektronenschalen, die alle voll sind, vom Kern abgeschirmt. Dadurch kann es Bindungen mit einer Stärke eingehen, die ideal für die Katalyse ist: stark genug, um Moleküle während einer chemischen Reaktion an Ort und Stelle zu halten, aber schwach genug, um die Produkte nach Abschluss der Reaktion wieder freizusetzen.

Erwartete Elektronenkonfiguration

Platin hat 24 Außenelektronen. Zwei davon sollten eigentlich die 6s-Orbitale füllen, 14 die 4f-Orbitale und die restlichen acht die 5d-Unterschalen teilweise füllen.

Tatsächliche Elektronenkonfiguration

Wie bei Palladium besetzt bei Platin eines der zwei Elektronen, die im 6s-Orbital sitzen müssten, eines der 5d-Orbitale. Dies ergibt eine stabilere Konfiguration. Aufgrund von Elektronenabstoßung und relativistischen Effekten verbleibt jedoch das andere Elektron im 6s-Orbital, wodurch sich eine ungewöhnliche Konfiguration mit einem teilweise gefüllten s-Orbital und einem teilweise gefüllten d-Orbital ergibt.

Übergangsmetall

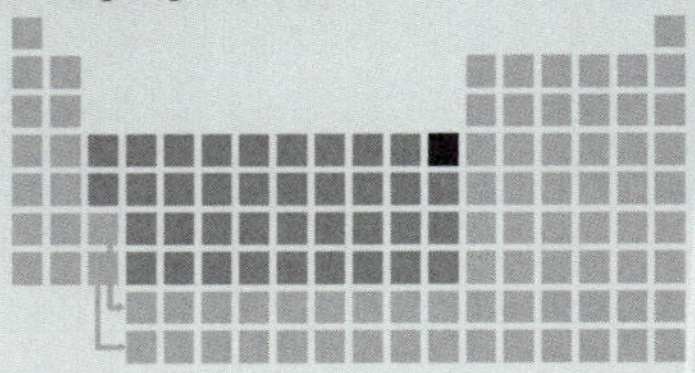

Zn

Zink

Elektronenkonfiguration

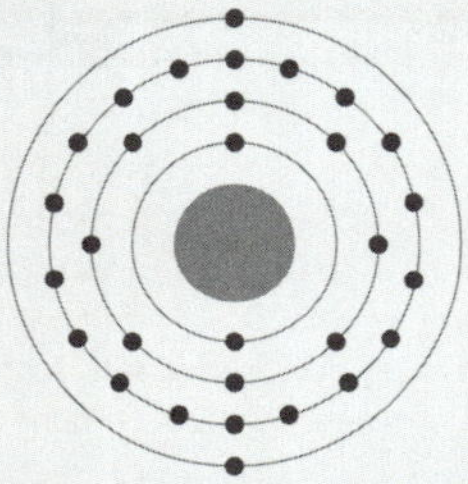

Ordnungszahl

30

Atommasse
65,38

Dichte
7,1g/cm³

Radius
139 pm

Aggregatzustand
Fest

Schmelzpunkt
420 °C

Entstehung
Supernovae

Anteil an der Erdkruste
70 ppm

Falsches Silber
Zink ist ein glänzendes, silbrig-graues Metall. Sein Aussehen inspirierte die Griechen wohl zu dem Namen *pseudargyras* (»falsches Silber«). Zink ist äußerst korrosionsbeständig und bildet eine klare schützende Oxidschicht, wenn es Wasser oder Luft ausgesetzt wird. Am häufigsten kommt es in dem Mineral Sphalerit vor, einer Verbindung aus Zink und Schwefel.

Zink ist ein silbriges Metall, das an der Luft oder im Wasser ein klares Oberflächenoxid bildet.

Das reine Metall ist hart und spröde.

REINES ZINK

Dieses auch Zinkblende genannte kristalline Mineral ist ein ZInksulfid und Hauptquelle für Zink.

SPHALERIT

Smithsonit (Zinkkarbonat) kommt in verschiedenen Farben vor, darunter rosa.

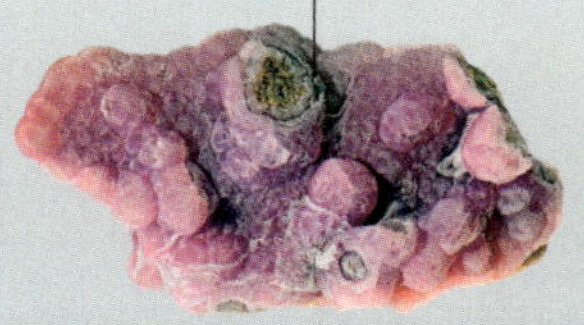

SMITHSONIT

Dieses Zinksilikatmineral tritt als kristalline, körnige oder nierenförmige Masse auf.

HEMIMORPHIT

Zink ist ein extrem vielseitiges Element. Seine physikalische und chemische Zähigkeit macht es zu einem wertvollen Bestandteil vieler Werkstoffe. Zink ist auch ein essenzielles Spurenelement für Lebewesen.

Zink und seine Verbindungen sind seit Jahrtausenden in Gebrauch, aber erst in den letzten Jahrhunderten erkannte man das Metall als ein eigenständiges Element. Es kommt in Schwefelerzen wie Sphalerit vor und tritt oft zusammen mit Kupfer und Blei auf.

Vermutlich wurde Zink zuerst für Messing verwendet, eine Legierung aus Kupfer und Zink mit vorteilhafteren Eigenschaften als die Einzelmetalle. Die ältesten bekannten Messingobjekte stammen aus Palästina um 1400 v. Chr. und enthalten etwa 23 % Zink. Die Herstellung von Messing verbreitete sich im antiken Griechenland und später im Römischen Reich, wo es für Schmuck, Waffen und Münzen verwendet wurde.

Das reine Metall wurde erstmals im 13. Jh. in Indien isoliert, indem Galmei, ein historischer Begriff für verschiedene Zinkminerale wie Smithsonit und Hemimorphit, mit Wolle erhitzt wurde. Der Kohlenstoff in der Wolle reduziert das Erz zum elementaren Zink. Chinesische Metallurgen raffinierten bereits im 16. Jh. Zink in großen Mengen, doch in Europa wurde erst im 18. Jh. ein ähnliches Raffinationsverfahren entdeckt. Das Verdienst für die Isolierung von Zink wird meist dem deutschen Chemiker Andreas Marggraf zugeschrieben, der Galmei mit Holzkohle (Kohlenstoff) erhitzte, um das Metall zu gewinnen.

Ein Übergangsmetall?

Zink ist ein hartes, sprödes, silbriggraues Metall. Im Periodensystem steht es ganz rechts bei den Übergangsmetallen. Viele seiner Eigenschaften unterscheiden sich aber von denen der anderen d-Block-Elemente (siehe S. 15) aufgrund seiner vollen d-Orbitale. Viele Chemiker sehen es daher überhaupt nicht als Übergangsmetall an. Weil die

UNTYPISCHES ÜBERGANGSMETALL

Übergangsmetalle haben normalerweise teilweise gefüllte d-Orbitale mit ungepaarten Elektronen, die an Bindungen und Reaktionen beteiligt sind. Zink hingegen hat 10 Elektronen auf fünf 3d-Orbitale verteilt. Damit sind die 3d-Orbitale vollständig gefüllt und sehr stabil; sie geben kaum Elektronen ab. Dies macht Zink zu einem untypischen Übergangsmetall mit einer maximalen Oxidationsstufe von +2.

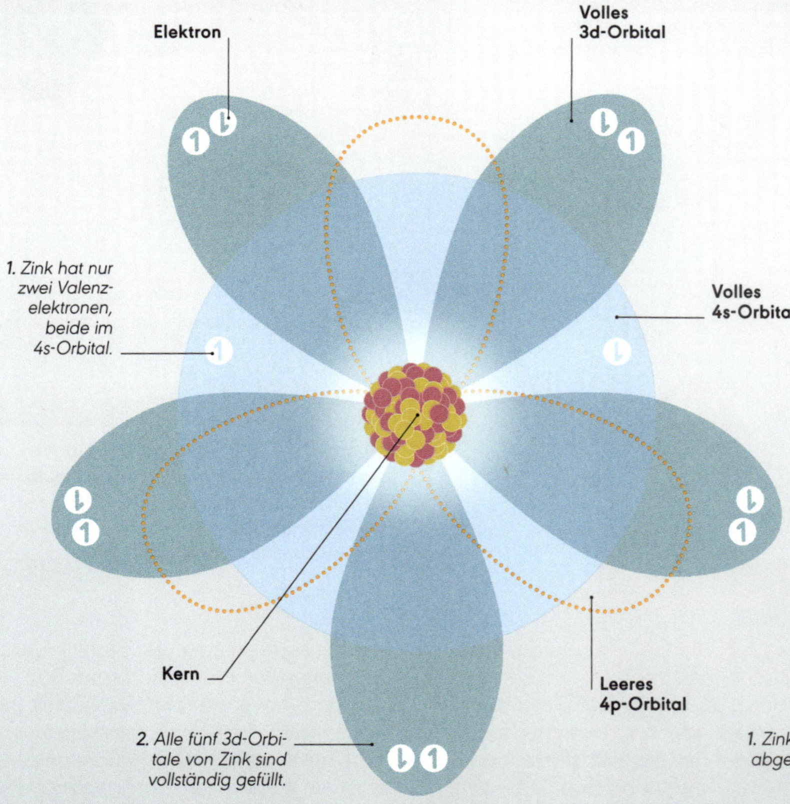

Zinkatom

Zink hat zwei Valenzelektronen, beide im 4s-Orbital. Die gefüllte d-Unterschale ist sehr stabil, sodass diese Elektronen nicht dazu neigen, sich an Bindungen oder Reaktionen zu beteiligen. Daher hat Zink eine schwächere metallische Bindung und bildet weniger Verbindungen.

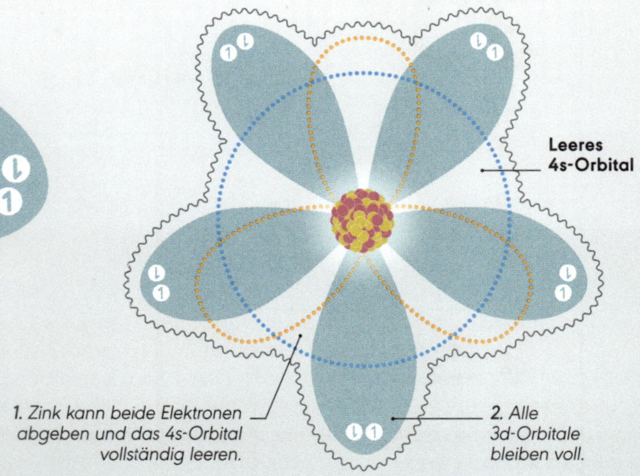

Zinkion (Zn^{2+})

Zinkatome können beide 4s-Elektronen abgeben; was zu einer Ladung von +2 führt. Da Zink nicht leicht Elektronen aus den 3d-Orbitalen abgibt, erreicht es nur eine Oxidationsstufe von +2.

MESSING

Messing ist eine Kupfer-Zink-Legierung. Bei Legierungen wird ein anderes Element, meist ein Metall, in das Kristallgitter des Ausgangsmetalls eingebracht. Größenunterschiede der Atome führen zu Unregelmäßigkeiten der Gitterstruktur, die die Bewegung behindern und die Legierung fester machen. Legierungen können Eigenschaften verschiedener Metalle kombinieren.

KANN ZINK SCHÄDLICH SEIN?

Sowohl Zink als auch Kupfer sind wichtige Spurenelemente, die aus der Nahrung durch Zellen an der Innenseite des Dünndarms aufgenommen werden. Das Protein Metallothionein (MT) sorgt für den Transport und die Speicherung dieser beiden Ionen. Laut einer Theorie führt ein Überschuss an Zink in der Ernährung zur erhöhten Produktion von MT; da Kupfer stärker als Zink an MT bindet, würde es nicht aufgenommen werden, sondern dem Körper verloren gehen. Kupfermangel führt zu Anämie, neurologischen Problemen und Knochenschwäche.

Normale Aktivität
Metallothionein (MT) bindet oder setzt Zink und Kupfer frei, um ein gesundes Gleichgewicht dieser Elemente im Körper zu gewährleisten.

Überschüssiges Zink in der Ernährung
Eine erhöhte MT-Produktion schafft mehr Bindungsstellen für Kupfer und Zink. Kupfer bleibt an das Protein gebunden und geht dem Körper verloren, was zu Mangelerscheinungen führt.

FARBE
Zinksulfid leuchtet, wenn es ultraviolettem Licht, Röntgenstrahlen oder Elektronen ausgesetzt wird, und es wird in leuchtenden Uhrenzifferblättern, Leuchtstoffröhren und Fernsehbildschirmen verwendet. Die meisten Zinkverbindungen, darunter Zinkoxid, sind jedoch weiß. Sie werden manchmal als Pigment gewöhnlichen Farben hinzugefügt.

GALMEI
Dies ist ein historischer Name für Zinkkarbonat und Zinksilikat. Sie wurden in Salben verwendet, um juckende oder gereizte Haut zu beruhigen. Heute verwendet man dazu in Salben Zinkoxid.

VERWENDUNG VON ZINK

Zink kommt in vielen Alltagsgegenständen vor, meist als Zinkverbindungen und Zinklegierungen. Das Element spielt auch in Lebewesen eine wichtige Rolle, da es an Tausenden von Prozessen beteiligt ist, die das Leben erhalten.

vollen 3d-Orbitale stabil sind (siehe S. 75), tragen nur die 4s-Elektronen zur Metallbindung bei, weshalb Zink einen niedrigeren Schmelzpunkt hat als die anderen d-Block-Metalle. Auch an Reaktionen sind nur die s-Elektronen beteiligt. Zink erreicht die maximale Oxidationsstufe +2 durch die Abgabe beider s-Elektronen und ist daher viel weniger reaktiv als die Metalle links von ihm. Dennoch ist Zink lebenswichtig. Es spielt eine zentrale Rolle in über 300 Enzymen und Biomolekülen und reguliert z. B. die Genexpression, die synaptische Plastizität, die am Lernen beteiligt ist, und sogar den Zelltod. Ein Übermaß ist jedoch schädlich, da Zink die Fähigkeit des Körpers stört, andere Metalle wie Kupfer und Eisen effektiv zu absorbieren (siehe oben).

Gemischte Stoffe

Zink ist heute das am vierthäufigsten verwendete Metall mit einer jährlichen Weltproduktion von etwa 12 Millionen Tonnen. Etwa die Hälfte davon wird für die Verzinkung von Eisen und Stahl in der verarbeitenden Industrie und im Baugewerbe verwendet. Bei der Verzinkung wird ein anderes Metall, meist Eisen oder Stahl, mit einer Zinkschicht überzogen. Sie ist ein Beispiel für ein sogenanntes Opfermetall: Zink ist reaktionsfreudiger als Eisen und reagiert daher vor dem Eisen mit Luftsauerstoff und Wasser, wodurch das Grundmaterial vor Zersetzung geschützt wird, während das Zink »geopfert« wird. Das entstehende Zinkoxid bedeckt die Oberfläche und

SHAMPOO
Das Antischuppenshampoo enthält den Wirkstoff Zinkpyrithion, der antibakterielle und antimykotische Eigenschaften besitzt und die trockene und schuppige Haut der Kopfhaut lindert.

IMMUNSYSTEM
Zink unterstützt den Körper bei der Produktion von Antikörpern und Zellen des Immunsystems. Es fördert die Wundheilung, indem es Entzündungen verringert und Bakterien und krankes Gewebe beseitigt. Man setzt es häufig Cremes, Salben und Verbänden für Hauterkrankungen zu.

HAUTZELLEN

LUMINESZIERENDES ZIFFERBLATT

MUSIK-INSTRUMENTE
Messing ist widerstandsfähig und korrosionsbeständig und ideal für Musikinstrumente. Die Legierungszusammensetzung wirkt sich auf die Klangfarbe des Instruments aus: Ein höherer Kupfergehalt sorgt für einen wärmeren, tieferen Klang, während ein höherer Zinkgehalt einen schärferen Ton erzeugt.

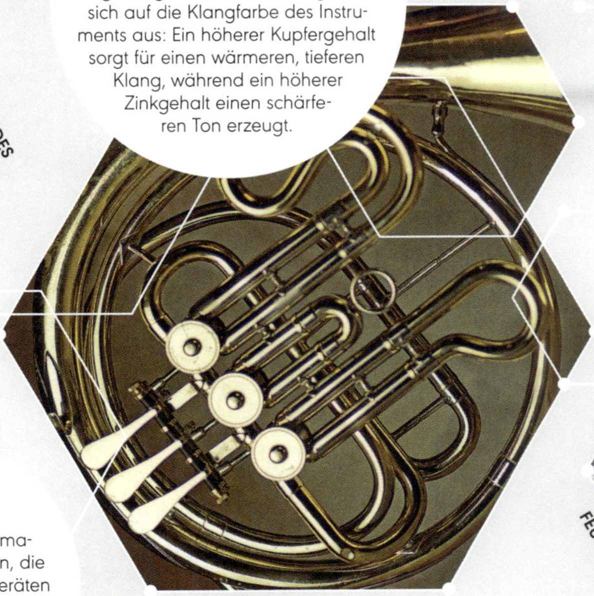

HORN AUS MESSING

VERZINKUNG
Verzinkte Gegenstände haben eine Schutzschicht aus Zink, die das darunter liegende empfindliche Metall vor Wasser und Sauerstoff schützt. Das Verfahren kann das Eintauchen von Gegenständen in geschmolzenes Zink (Feuerverzinkung) oder eine galvanische Beschichtung umfassen.

FEUERVERZINKEN

BATTERIEN
Zink ist ein Anodenmaterial in Alkalibatterien, die in kleinen Haushaltsgeräten wie Spielzeug, Taschenlampen und Kameras verwendet werden.

bietet einen zusätzlichen Schutz vor Reaktionen, der so lange anhält, bis die gesamte Zinkschicht abgetragen ist. Verzinkung nutzt man z. B. bei Nägeln, Rohrleitungen, Geländern und Leitern, die sonst in bestimmten Umgebungen schnell korrodieren würden.

Die gebräuchlichste Behandlung ist die Feuerverzinkung, bei der ein Metallteil in geschmolzenes Zink bei 450 °C getaucht wird, um die gesamte Oberfläche mit Zink zu überziehen. Diese Methode ist zwar relativ billig und einfach, führt aber oft zu einer dicken, unregelmäßigen Zinkschicht. Eine andere Methode, die galvanische Verzinkung, ist teurer, erzeugt aber eine dünnere Schicht. Dazu lässt man durch eine Lösung, die Zinkionen enthält, einen Strom fließen. Durch eine elektrochemische Reaktion werden die Ionen am Werkstück dann zu Zinkmetall reduziert, das eine dünne Zinkschicht bildet.

Etwa ein Viertel der weltweiten Zinkproduktion wird für Messing und andere Legierungen verwendet, die günstigere Eigenschaften als die Ausgangsmetalle haben. Messing (siehe oben links) ist fest, dehnbar und korrosionsbeständig und ist daher für Sanitärarmaturen nützlich. Seine goldene Farbe wird auch für dekorative Gegenstände und Musikinstrumente geschätzt. Weitere gängige Legierungen sind Lötzinn (Zink, Blei und Zinn), Prestal (Zink und Aluminium) und Neusilber (Zink und Nickel).

Halbmetall

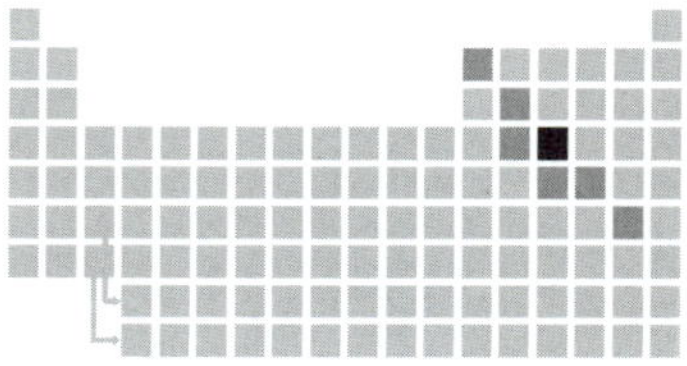

As

Arsen

Elektronenkonfiguration

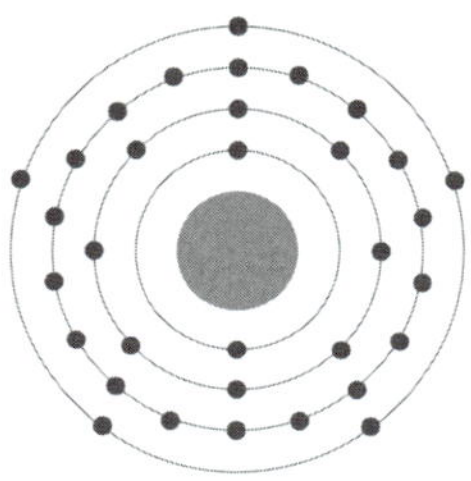

Ordnungszahl
33

Atommasse
74,92

Dichte
5,8 g/cm³

Radius
185 pm

Aggregatzustand
Fest

Schmelzpunkt
817 °C

Entstehung
Supernovae massiver Sterne

Anteil an der Erdkruste
1,8 ppm

Reines Arsen
Reines Arsen hat Eigenschaften zwischen denen eines Metalls und eines Nichtmetalls. Zwei Allotrope sind häufig: Die graue Form ist spröde und metallisch, während die gelbe Form weich und wachsartig ist, ähnlich dem weißen Phosphor.

Reines Arsen verfärbt sich schnell von zinnweiß zu dunkelgrau.

Dieses Exemplar besteht zu 99,9 % aus Arsen.

GRAUES ARSEN

Das Mineral Arsenopyrit (Arsenkies) ist das wichtigste Erz zur Arsengewinnung.

ARSENOPYRIT

Renaissancekünstler nutzten gemahlenes Auripigment (»Rauschgold«) oft als gelbes Pigment.

AURIPIGMENT

Dieses Mineral tritt in heißen Quellen auf und heißt auch Rubinschwefel.

REALGAR

Arsen ist ein berüchtigtes Gift, aber den auffälligen Farben vieler seiner Verbindungen konnten Künstler im Laufe der Geschichte kaum widerstehen. In seiner stabilsten Form ist Arsen ein stahlgrauer, spröder Feststoff.

Arsen ist seit dem Altertum bekannt. In der Bronzezeit wurden kleine Mengen geschmolzenem Kupfer beigemischt; diese Arsenbronze ist stärker und leichter zu gießen als Bronze aus Zinn und Kupfer. Wahrscheinlich wurde dieses Element erstmals von dem persisch-arabischen Alchemisten Dschabir ibn Hayyan im 9. Jh. isoliert, obwohl seine Entdeckung dem deutschen Forscher Albertus Magnus zugeschrieben wird, der das reine Element um 1250 durch Erhitzen von Arsentrisulfid mit Seife herstellte. Schon lange davor wurden Arsenverbindungen von den antiken chinesischen, ägyptischen und griechischen Kulturen als Gift, Medizin und gelbes Pigment verwendet.

Arsen ist eines der wenigen Elemente, die sublimieren, d. h. sich bei 616 °C direkt von einem Feststoff in ein Gas verwandeln. Erhöht man den Druck auf das 28-Fache des Atmosphärendrucks, schmilzt es und wird bei 817 °C zu einer Flüssigkeit. Arsen und seine Verbindungen sind besonders giftig, was den Umgang mit ihnen gefährlich macht. Einige Historiker vermuten, dass in der Bronzezeit der Arsenanteil in Bronze wegen der Gefahr, die von seinen Dämpfen ausgeht, durch Zinn ersetzt wurde. Im viktorianischen Zeitalter wurde Arsen in auffälligen grünen Farbstoffen und Pigmenten verwendet, insbesondere in Scheele-Grün. Es war eine beliebte Farbe für Tapeten, hatte aber den unglücklichen Nebeneffekt, dass es giftige Dämpfe abgab, wenn das Papier feucht wurde.

Heute wird die Giftigkeit des Elements in Produkten wie Rattengift und Insektiziden ausgenutzt. Die Verwendung von Arsen ist allerdings heute stark eingeschränkt, da diese Anwendungen die Umwelt und vor allem die Wasservorräte verschmutzen.

OXIDATIONSSTUFEN

Wie Phosphor nimmt auch Arsen als Halbmetall mehrere Oxidationsstufen von −3 bis +5 an. Indem es ein Elektron in jedes 4p-Orbital aufnimmt, kann es die vierte Schale vervollständigen und wird zum Ion mit der negativen Ladung −3 (Oxidationsstufe −3). Wenn es jedoch die drei Elektronen im 4p-Orbital und die zwei Elektronen im 4s-Orbital abgibt, ist die vierte Schale vollständig geleert und es hat die Oxidationsstufe +5 (also formell eine positive Ladung von +5).

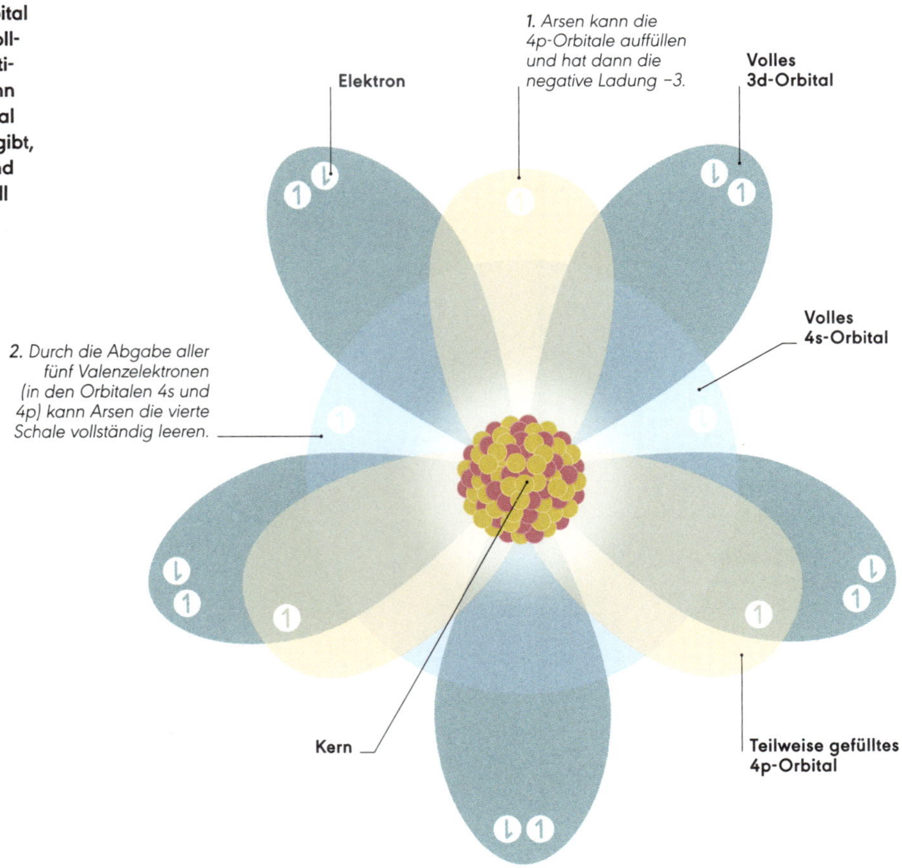

Metall

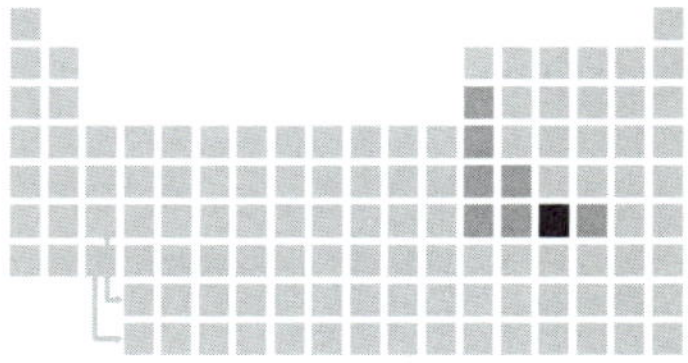

Bi

Bismut

Elektronenkonfiguration

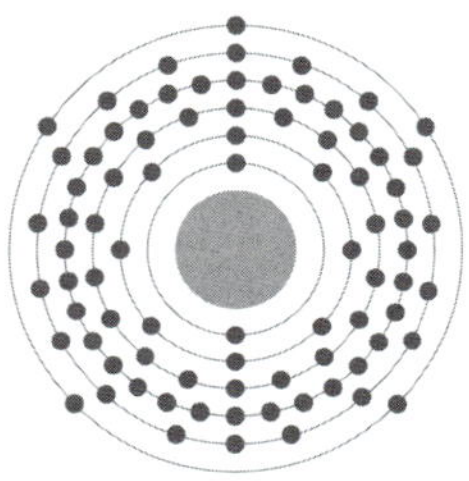

Ordnungszahl

83

Atomgewicht
208,98

Dichte
9,8 g/cm³

Radius
207 pm

Aggregatzustand
Fest

Schmelzpunkt
271 °C

Entstehung
Neutronensternkollisionen

Anteil an der Erdkruste
0,01 ppm

Stabiles Metall

Bismut ist ein relativ stabiles Metall, das gediegen in Form von attraktiv schillernden Kristallen oder in Verbindungen mit Sauerstoff oder Schwefel in Mineralen wie Bismutit und Bismuthinit vorkommt. Hopper- oder Trichterkristalle wie auf diesem Bild werden manchmal im Labor gezüchtet.

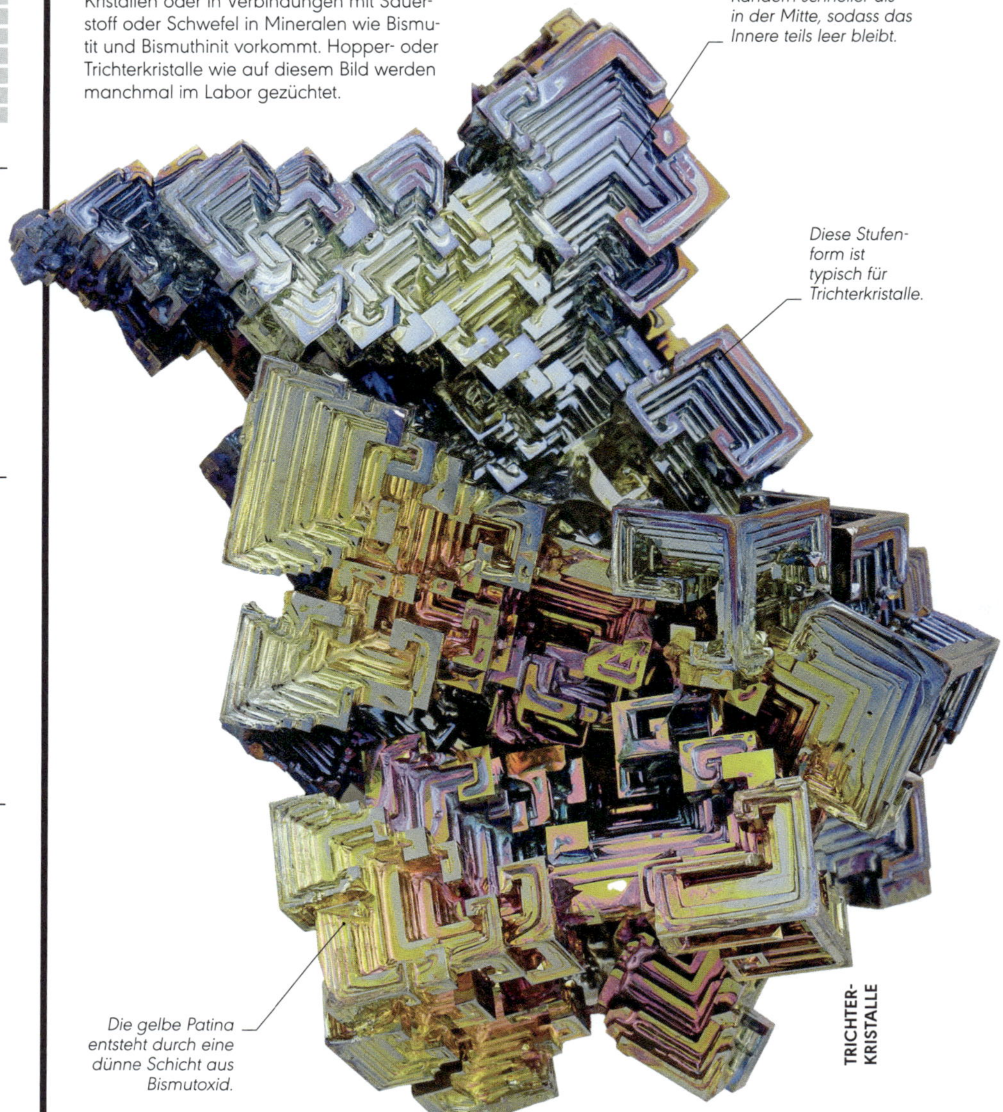

Trichter- oder Hopper-Kristalle wachsen an den Rändern schneller als in der Mitte, sodass das Innere teils leer bleibt.

Diese Stufenform ist typisch für Trichterkristalle.

Die gelbe Patina entsteht durch eine dünne Schicht aus Bismutoxid.

TRICHTER-KRISTALLE

Reines Bismut hat eine dunkle silberne Farbe.

GEDIEGENES BISMUT

Dieses Mineral, ein Bismutkarbonat, kommt in einer Vielzahl von Farben vor.

BISMUTIT

Das graus bis weiße Bismuthinit besteht aus Bismut und Schwefel.

BISMUTHINIT

Bismut hat viele überraschende Eigenschaften. Es ist ein wunderschönes, schillerndes Metall, das über einem Magneten schweben kann, bei niedrigen Temperaturen zum Supraleiter wird und fast so dicht wie Blei ist.

Bismut oder Wismut ist eines der ersten zehn Elemente, die erst nach der Antike entdeckt wurden, wohl von einem europäischen Alchemisten im 15. Jh. Damals wurde dieses Schwermetall häufig mit Blei verwechselt, seinem Nachbarn im Periodensystem, das ebenfalls ein dichtes Metall mit niedrigem Schmelzpunkt ist. Erst 1753 wurde Bismut von dem französischen Chemiker Claude-François Geoffroy als eigenständiges Element identifiziert.

Seine Stellung in der Gruppe 15 des Periodensystems gibt ihm außergewöhnliche Eigenschaften. Jedes Atom ist kleiner und dichter als erwartet, was auf einen Trend im Periodensystem, die Lanthanoidenkontraktion (siehe unten), zurückgeht. Die gefüllten 4f-Orbitale schirmen die Außenelektronen nur schlecht von der Kernanziehung ab, sodass die 6s- und 6p-Orbitale nahe am Kern liegen. Dies führt zu besonderen magnetischen Eigenschaften.

In anderen Metallen richtet ein äußeres Magnetfeld die Außenelektronen parallel aus. Wegen der Kontraktion sind die Elektronen beim Bismut jedoch in den tieferen Schalen »versteckt« und richten sich nicht aus. Daher stößt Bismut Magnetfelder ab – so stark, dass ein Stück Bismut auf einem Magneten schweben kann. Bei niedrigen Temperaturen wird Bismut zudem zum Supraleiter.

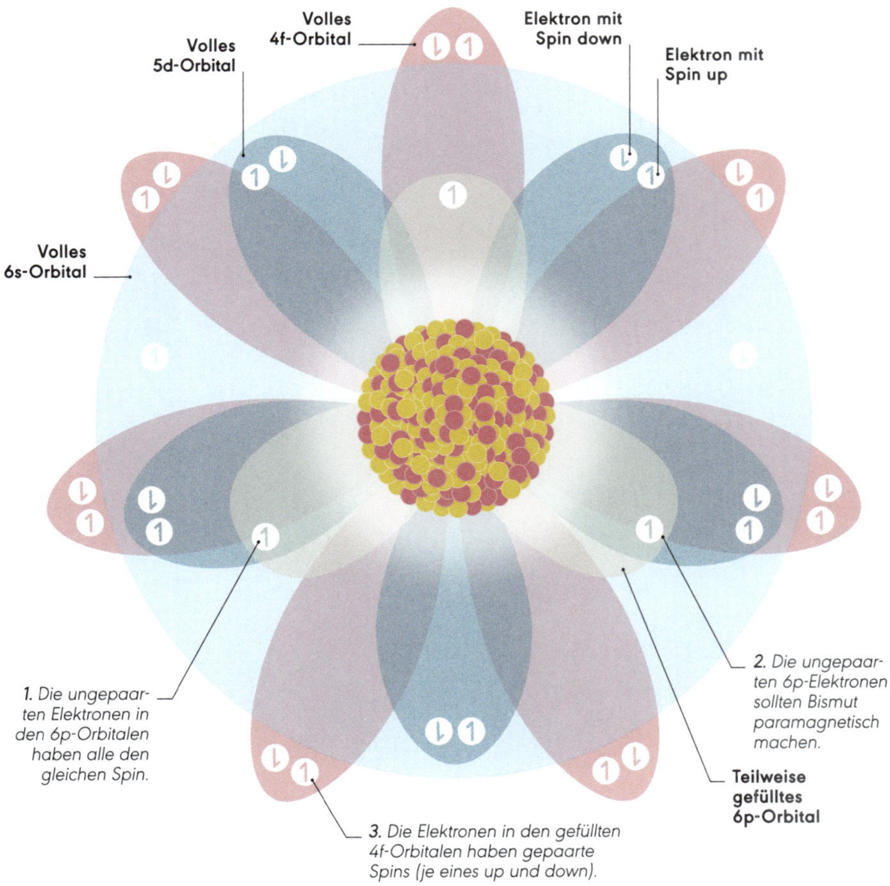

Erwartete magnetische Eigenschaften

Das magnetische Dipolmoment entsteht durch den Spin der Elektronen (siehe S. 14). Man würde erwarten, dass die drei ungepaarten 6p-Elektronen die magnetischen Eigenschaften dominieren, wodurch Bismut paramagnetisch wäre: Die Elektronen sollten sich an einem äußeren Magnetfeld ausrichten und von ihm angezogen werden. Wegen der Lanthanoidenkontraktion (siehe rechts) beeinflussen jedoch andere Faktoren das magnetische Verhalten.

MAGNETISMUS UND LEVITATION

Bismut ist extrem diamagnetisch: In einem äußeren Magnetfeld erzeugt es ein Gegenfeld und wird vom äußeren Feld abgestoßen – so stark, dass es schweben kann. Die Lanthanoidenkontraktion beeinflusst, wie die Elektronen mit äußeren Feldern wechselwirken können.

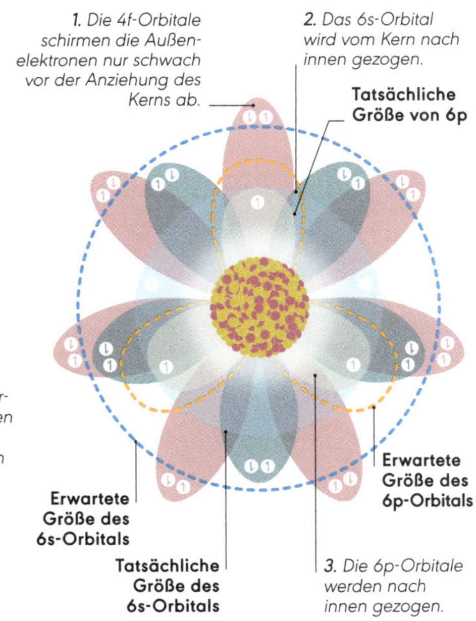

Lanthanoidenkontraktion

Die 4f-Orbitale schirmen die Außenelektronen so schlecht vom Kern ab, dass sich die 6s- und 6p-Orbitale zusammenziehen. Daher bestimmen die gepaarten 4f-Elektronen (nicht die ungepaarten 6p-Elektronen) die magnetischen Eigenschaften: Bismut ist diamagnetisch, d. h. es stößt Magnete ab.

Reactives Nichtmetall

P

Phosphor

Elektronenkonfiguration

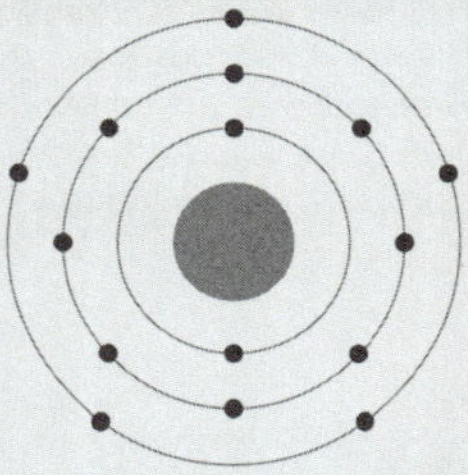

Ordnungszahl

15

Atommasse
30,97

Dichte
1,8 g/cm³

Radius
180 pm

Aggregatzustand
Fest

Schmelzpunkt
44 °C

Entstehung
Supernovae

Anteil an der Erdkruste
0,1 %

Viele Formen
Es gibt viele Allotrope (Strukturformen) von Phosphor. Die häufigsten sind roter, weißer und schwarzer Phosphor. Kommerziell wird Phosphor aus dem Mineral Apatit gewonnen, er kommt aber auch in Phosphorit, Amblygonit und Pyromorphit vor.

Violetter Phosphor hat einen metallischen Glanz.

Der seltene violette Phosphor entsteht durch Erhitzen einer ungeordneten Form von rotem Phosphor.

VIOLETTER PHOSPHOR

Phosphorit enthält hohe Konzentrationen an Phosphat.

PHOSPHORIT

Apatit ist die wichtigste Quelle für Phosphor.

APATIT

Amblygonit enthält Phosphate und andere Elemente.

AMBLYGONIT

Der seltene lindgrüne Pyromorphit enthält auch Blei.

PYROMORPHIT

Phosphor, der zufällig bei der Suche nach dem Stein der Weisen entdeckt wurde, spielt eine Schlüsselrolle in Lebewesen. Er ist ein Baustein der biologischen Materie: der Zellen, der DNA und der Knochen.

Phosphor war das erste Element, das in der Neuzeit entdeckt wurde. 1669 wollte der deutsche Alchemist Hennig Brandt den Stein der Weisen – die mythische Substanz, die unedle Metalle in Gold verwandeln sollte – herstellen. Er glaubte fälschlicherweise, dass gelblicher Urin Gold enthalten müsse, und kochte Tausende Liter Urin zu einem teerartigen Schlamm ein, den er mit Sand und Holzkohle vermischte. Beim Erhitzen des übel riechenden Rückstandes wurde ein glühendes weißes Gas frei, das Brandt mit kaltem Wasser zu einem wachsartigen Stoff kondensierte. Er nannte die neue Substanz Phosphor (»Lichtträger«). Da er zunächst glaubte, er habe den Stein der Weisen gefunden, hielt er die Entdeckung geheim. Als es ihm jedoch nicht gelang, aus dem wachsartigen weißen Stein Gold herzustellen, verkaufte er das Rezept, das ein Jahrhundert lang die industrielle Methode zur Herstellung von Phosphor war.

Ein reaktives Element

Das Leuchten, das Brandt bei der Isolierung von Phosphor sah, wurde schnell als Phosphoreszenz bekannt: ein »Leuchten, ohne zu brennen«. Das Phänomen, das dem Phosphor seinen Namen gab, gilt heute jedoch als Beispiel für Chemilumineszenz: eine chemische Reaktion, die ohne Wärme Licht erzeugt. Der weiße Phosphordampf reagiert schnell mit Luftsauerstoff und bildet die kurzlebigen Moleküle HPO und P_2O_2, die beide sichtbares Licht emittieren.

Dieser weiße Phosphor ist eine von mehreren Allotropen oder Strukturformen, die jeweils leicht unterschiedliche Eigenschaften haben. Das weiße Allotrop besteht aus kleinen Molekülen mit

WARUM IST PHOSPHOR SO REAKTIV?

Phosphor hat fünf Valenzelektronen. Die 3p-Elektronen können an drei kovalenten Bindungen teilnehmen (siehe S. 22). Er kann auch durch die Abgabe der 3s- und 3p-Elektronen die äußere Schale leeren. Phosphor ist äußerst reaktionsfreudig und bildet mit fast allen anderen Elementen Verbindungen. In den häufigsten Allotropen verbinden sich jeweils vier Phosphoratome zu Tetraedern, deren einfache P-P-Bindungen leicht zu brechen sind, was Phosphor sehr reaktiv macht.

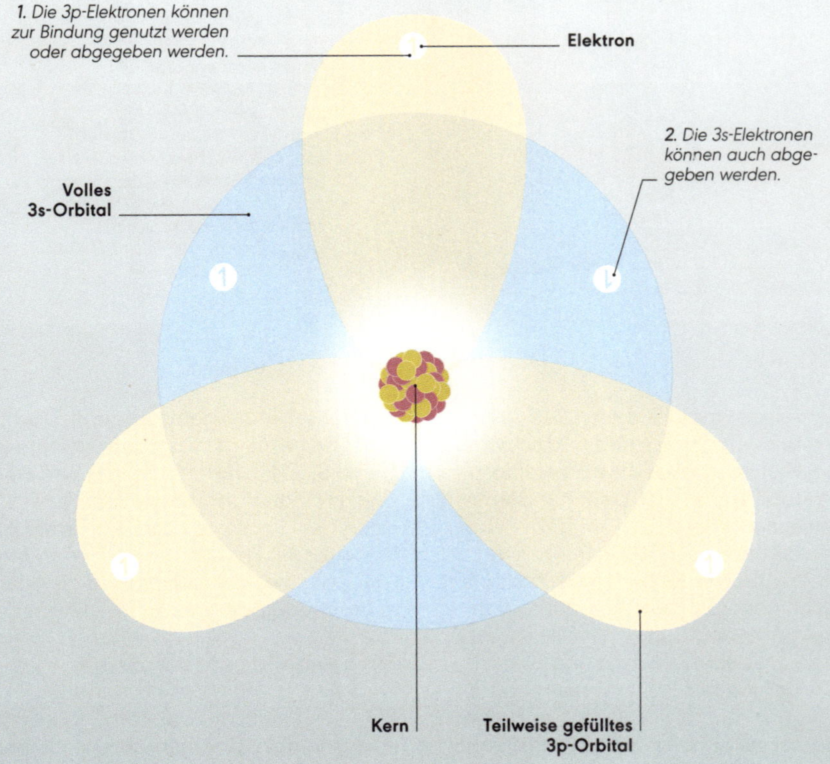

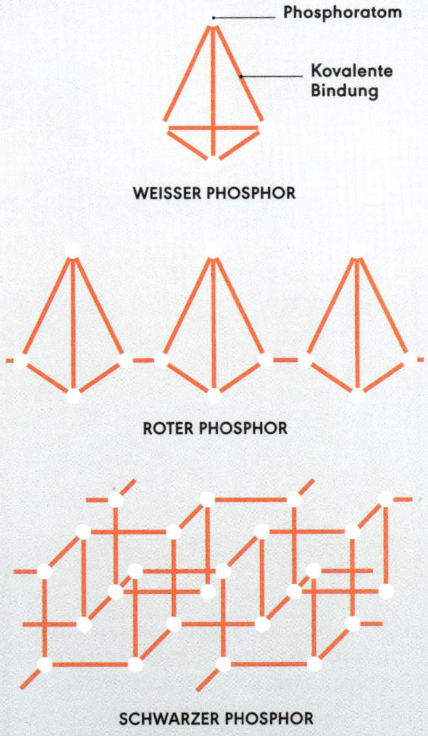

Allotrope von Phosphor
Phosphor kommt in vielen verschiedenen Allotropen (strukturellen Formen) vor. Weißer und roter Phosphor sind zwar am häufigsten, aber auch am wenigsten stabil, da der ungewöhnliche Winkel zwischen den P-P-Bindungen in den P_4-Tetraedern sie besonders reaktiv macht. Schwarzer Phosphor hat eine wellige Wabenstruktur und ist das stabilste Allotrop.

DIE STRUKTUR DER ZELLMEMBRANEN

Phospholipide sind Biomoleküle in Zellmembranen. Sie bestehen aus einer Phosphatgruppe (dem Kopf), die durch ein Glycerinmolekül mit zwei Fettsäureketten (den Schwänzen) verbunden ist. Der Kopf zieht Wasser an (hydrophil), während die Schwänze Wasser abstoßen (hydrophob). Die Membran steuert, was in die Zelle eindringt oder sie verlässt.

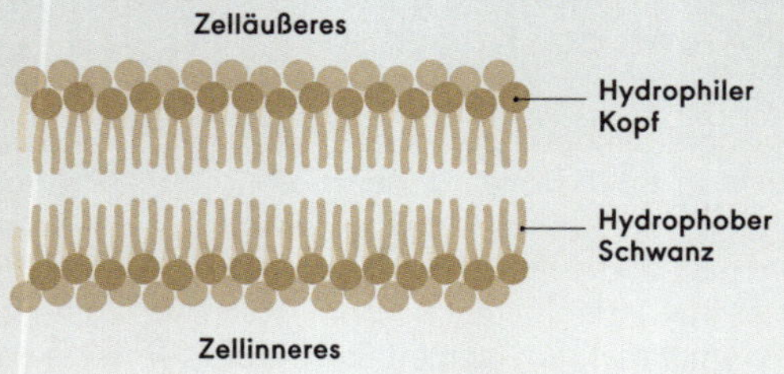

DER PHOSPHOR-KREISLAUF

Phosphor ist ein essenzielles Element in allen Zellen und zirkuliert ständig zwischen Lebewesen, Boden, Wasser und Gestein. Er wandert schnell durch Pflanzen und Tiere, aber äußerst langsam durch Gestein und Wasser, weshalb dieses Element bei Landwirten als Düngemittel ständig gefragt ist.

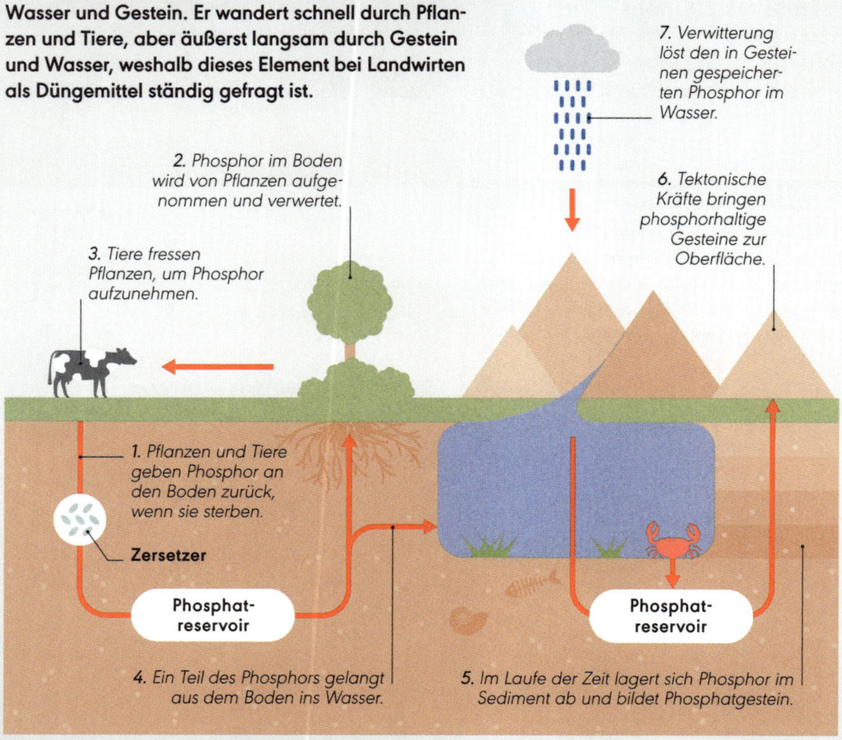

VERWENDUNG VON PHOSPHOR

Der Hauptverwendungszweck von Phosphor ist heute die Herstellung von Düngemitteln. Die starke Reaktivität und die vielseitige Chemie dieses Elements ermöglichen jedoch auch eine Vielzahl anderer Anwendungen, unter anderem beim Backen und in Streichhölzern.

BACKPULVER
Phosphate sind ein Bestandteil von Backpulvern, die zugesetzt werden, um die Geschwindigkeit der Treibmittelreaktion zu steuern und das Aufgehen der Backwaren zu fördern.

FEINES KNOCHEN-PORZELLAN
Feines Knochenporzellan ist eine starke, elegante Keramik, die man durch Brennen einer Mischung aus Kaolin, Porzellanstein (einer Granitart) und Knochenasche herstellt. Gemahlene Knochen werden unter Ausschluss von Sauerstoff erhitzt, um phosphorreiche Asche zu gewinnen, die der Keramik ihre Festigkeit verleiht.

vier Phosphoratomen (P_4) in Tetraederform (siehe S. 83) und ist die reaktivste, flüchtigste und instabilste Form des Elements. Durch Wärme- oder Lichteinwirkung wird es in die stabilere rote Form umgewandelt, die viel größere Moleküleinheiten mit 21 Phosphoratomen hat. Eine Einfachbindung jedes P_4-Tetraeders bricht und verbindet sich stattdessen mit dem benachbarten Tetraeder zu einer Kette. Roter Phosphor ist zwar auch reaktiv, aber viel sicherer als weißer Phosphor und daher die kommerziell am meisten genutzte Form. Es gibt auch ein violettes und schwarzen Allotrop, wobei schwarzer Phosphor die stabilste Form ist, aber nur begrenzt Anwendung findet. Unabhängig von der Allotropie ist Phosphor eines der reaktivsten Elemente. Er bildet mit allen Elementen Verbindungen außer den Edelgasen und den schwereren Gruppenmitgliedern Antimon und Bismut.

Aufgrund der Elektronenkonfiguration geht Phosphor mithilfe der Elektronen der teilweise gefüllten 3p-Orbitale kovalente Bindungen ein (siehe S. 83) und erreicht so die Oxidationsstufe +3 (siehe S. 23). Er kann auch bis zu fünf Valenzelektronen verlieren und erreicht dann die maximale Oxidationsstufe +5. Daher bildet Phosphor viele Verbindungen, die sowohl in Lebewesen als auch in der modernen Industrie wichtig sind.

Ein biologischer Grundstoff

Phosphor, in Form des Phosphations PO_4^{3-}, ist für alle bekannten Organismen unentbehrlich. Der menschliche Körper

STREICHHOLZ

STREICHHOLZ-SCHACHTELN
Streichhölzer nutzen die durch Reibung erzeugte Hitze, um eine chemische Reaktion auszulösen, die eine Flamme erzeugt. Die Reibfläche der Schachtel enthält roten Phosphor, der durch Hitze in weißen Phosphor umgewandelt wird. Dieser entzündet sich dann spontan an der Luft und entzündet das Streichholz.

DÜNGERAUSBRINGUNG

DÜNGER
Phosphor ist einer der wichtigsten Mineralstoffe, die Pflanzen benötigen. Ein großer Teil der Phosphorsäure wird daher für die Herstellung von Phosphordüngern verwendet.

CHEMISCHE REAKTIONEN
Die vielseitige Reaktivität von Phosphor macht seine Verbindungen zu wichtigen Reagenzien in vielen industriell wichtigen chemischen Reaktionen.

PHOSPHORSÄURE
Der größte Teil des produzierten Phosphors wird in Phosphorsäure umgewandelt, die für Düngemittel bestimmt ist. Diese Säure ist auch ein gängiger Lebensmittelzusatzstoff zum Säuern von Speisen und Getränken.

KNOCHEN UND ZÄHNE
Kalziumphosphat und Hydroxylapatit sind die Hauptbestandteile von Knochen und Zähnen, die ihnen Festigkeit und Struktur geben. Phosphatreiche Lebensmittel sind für eine gesunde Ernährung unerlässlich; ein Mangel kann zu Knochenschmerzen und Muskelschwäche führen.

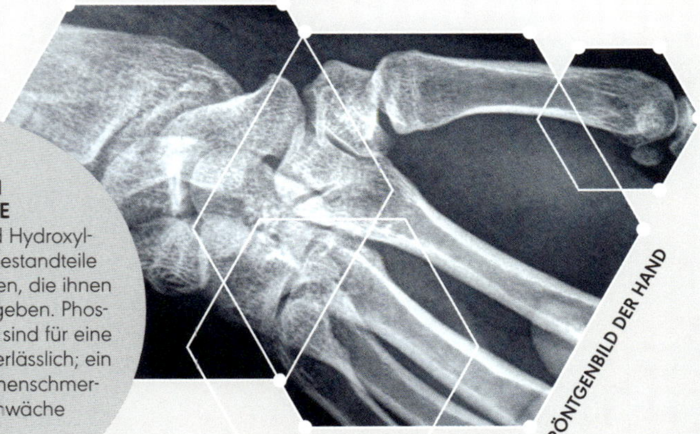

RÖNTGENBILD DER HAND

enthält etwa 700 g Phosphor, davon 85 % in Knochen und Zähnen. Hydroxylapatit (ein Kalziumphosphatmineral) ist die härteste Substanz im menschlichen Körper und der Hauptbestandteil des Zahnschmelzes sowie einer der Hauptbestandteile der Knochen.

Phosphat spielt auch eine strukturelle Rolle auf zellulärer Ebene. Die Membranen, die jede lebende Zelle und die Organellen innerhalb der Zellen umgeben, bestehen aus Phospholipidmolekülen, die in einer durchgehenden Schicht angeordnet sind. Diese Membranen geben den Zellen eine Form und eine klare Grenze, ermöglichen aber auch den Austausch von Molekülen und Ionen zwischen dem Inneren und dem Äußeren. Phosphatstrukturen bilden einen Teil des Rückgrats der DNA-Moleküle. Die genetische Information wird durch einzelne Einheiten, die sogenannten Nukleobasen, codiert, die in der Doppelhelixstruktur der DNA gepaart sind. Abwechselnde Verbindungen zwischen Phosphatstrukturen und einfachen Zuckerstrukturen bilden das Rückgrat dieser Helix und sorgen für die charakteristische Form eines DNA-Moleküls.

Jedes Lebewesen nutzt Phosphor in der zellulären Energieeinheit. Adenosintriphosphat (ATP) ist das Molekül, das jeden zellulären Prozess antreibt, wobei die Reaktionen eine der drei Phosphatbindungen aufbrechen, um Energie freizusetzen und Adenosindiphosphat (ADP) als Nebenprodukt zu bilden.

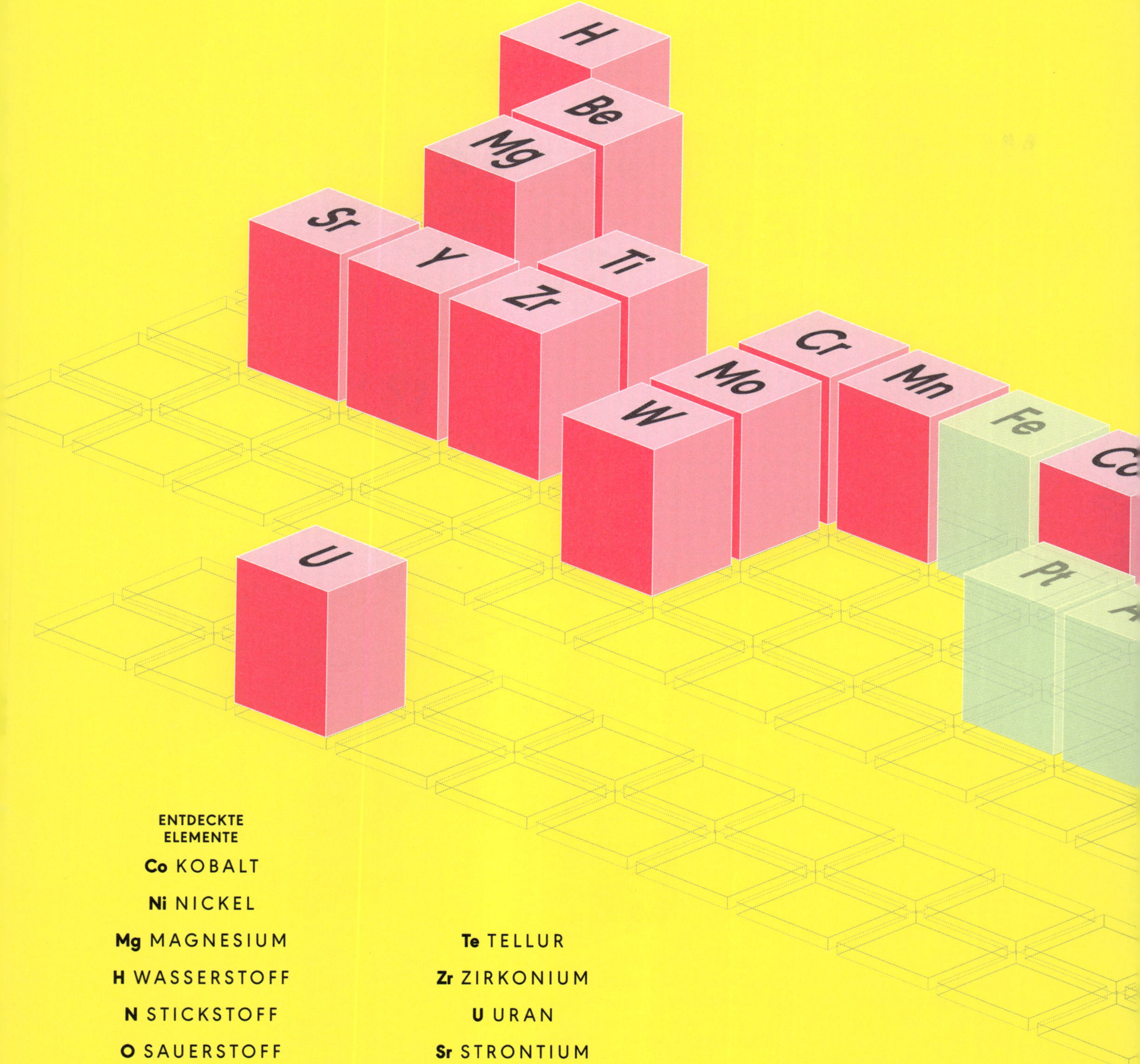

ENTDECKTE ELEMENTE

Co KOBALT

Ni NICKEL

Mg MAGNESIUM

H WASSERSTOFF

N STICKSTOFF

O SAUERSTOFF

Cl CHLOR

Mn MANGAN

Mo MOLYBDÄN

W WOLFRAM

Te TELLUR

Zr ZIRKONIUM

U URAN

Sr STRONTIUM

Y YTTRIUM

Ti TITAN

Cr CHROM

Be BERYLLIUM

WISSENSCHAFTLICHE REVOLUTION

1700–1799

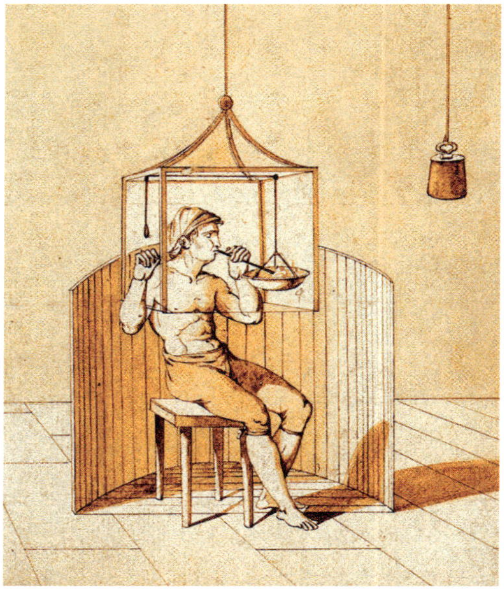

1

2

3

DAS ZEITALTER DER WISSENSCHAFT

Die wissenschaftliche Revolution des 16. und 17. Jh. veränderte das Verständnis der Menschen für Astronomie und Biologie. Im 18. Jh. war die Chemie an der Reihe.

In seinem Buch *The Sceptical Chymist* (1661) warb der englisch-irische Chemiker Robert Boyle für eine evidenzbasierte Chemie anstelle der mystischen Alchemie. Er stellte die alte Vorstellung von vier Elementen infrage. Vielmehr bestünde Materie aus unteilbaren Stoffen, die sich in verschiedenen Verhältnissen zusammenfügen können.

Das wissenschaftliche Denken entwickelte sich aber nur langsam. Noch immer führte 1724 der englische Logiker Isaac Watts in einem einflussreichen Buch Geist, Salz, Schwefel, Wasser und Erde als Elemente auf. 1739 entdeckte der schwedische Chemiker Georg Brandt das Element Kobalt – die erste Metallentdeckung seit der Antike. Ein anderer Schwede, Axel Fredrik Cronstedt, entdeckte 1751 Nickel. Diese neuen Elemente und die zu ihrer Bestimmung notwendigen Verfahren förderten einen strengeren, wissenschaftlich präzisen Zugang zur Chemie.

Revolutionäre Entdeckungen

Der britische Chemiker Joseph Black isolierte 1754 Kohlendioxid, indem er Magnesiumkarbonat unter Hitze zersetzte. Das Gas war dichter als Luft und Flammen erloschen darin, und er nannte es »fixe Luft«. Man fragte sich nun, ob es noch andere Arten von »Luft« in der Atmosphäre gab oder sie bei Reaktionen frei wurden. Der britische Chemiker Daniel Rutherford, ein Schüler Blacks, entdeckte 1772 Stickstoff, indem er andere Gase aus Luft entfernte und zeigte, dass der Rest kein Leben zu erhalten vermochte; daher nannte er ihn »schädliche Luft«. Wasserstoff taufte man »brennbare Luft«, als ihn 1766 der britische Chemiker Henry Cavendish durch eine Reaktion von Säuren und Metallen entdeckte.

Darauf folgten kreative Ideen für die Nutzung der neuen Luftarten. Black schlug vor, mit Wasserstoff zu fliegen, was in Europa und Amerika eine Ballonfahrtbegeisterung auslöste. Der britische Chemiker Joseph Priestley erfand kohlendioxidhaltiges Sprudelwasser, woraus später Softdrinks wurden. Priestley isolierte 1774 Sauerstoff durch thermische Zersetzung (siehe gegenüber). Da Stoffe in Sauerstoff brennen konnten, nannte er sie »dephlo-

1. Experiment zur Atmung
Die Lavoisiers stellten einen Zusammenhang zwischen Atmung und Verbrennung her, indem sie den Sauerstoffverbrauch und die Kohlendioxidproduktion bei beiden Prozessen maßen.

2. Eiskalorimeter
Im Winter 1782–1783 verwendeten Antoine Lavoisier und Pierre-Simon Laplace das erste Eiskalorimeter der Welt, um die Wärme zu bestimmen, die bei verschiedenen chemischen Prozessen frei wird.

3. Wasserstoffballon
Der französische Erfinder Jacques Charles und der Ingenieur Nicolas-Louis Robert unternahmen 1783 die erste Wasserstoffballonfahrt mit Besatzung. Sie starteten in Paris und legten 43 km zurück.

gisierte Luft« nach dem Mythos, dass eine Verbrennung Phlogiston freisetzt und die Verbrennung endet, wenn der Raum mit Phlogiston gefüllt ist. Dagegen zeigte der französische Chemiker Antoine Lavoisier 1778 zusammen mit seiner Frau Marie-Anne Paulze, dass die Verbrennung die Reaktion eines Brennstoffs mit Sauerstoff ist. Ihre Arbeiten setzten der Phlogistontheorie ein Ende. Lavoisier betonte die Bedeutung der quantitativen Chemie und systematisierte die Benennung der Elemente. Im *Traité Élémentaire de Chimie* (1789), dem ersten modernen Chemielehrbuch, listete er 33 Stoffe auf, die er als Elemente ansah, und gab die erste präzise Definition des Gesetzes der Massenerhaltung.

Die Revolution in der Chemie wurde durch Beweise, Beobachtungen und die Ausweitung der Wissensnetze eingeläutet. Robert Boyle konnte Arabisch und war mit den Arbeiten der Denker des goldenen islamischen Zeitalters vertraut. Wie heute wurde der Ideenaustausch durch eine wachsende Zahl von Gelehrtengesellschaften überall auf der Welt gefördert.

THERMISCHE ZERSETZUNG

Dieser Prozess ist eine chemische Reaktion, bei der ein Stoff unter Wärmezufuhr in zwei oder mehr einfachere Stoffe zerfällt. Die thermische Zersetzung ist eine endotherme Reaktion, das heißt, sie nimmt Wärme aus der Umgebung auf. Die Temperatur, bei der die Reaktion stattfindet, nennt man die Zersetzungstemperatur des Stoffes.

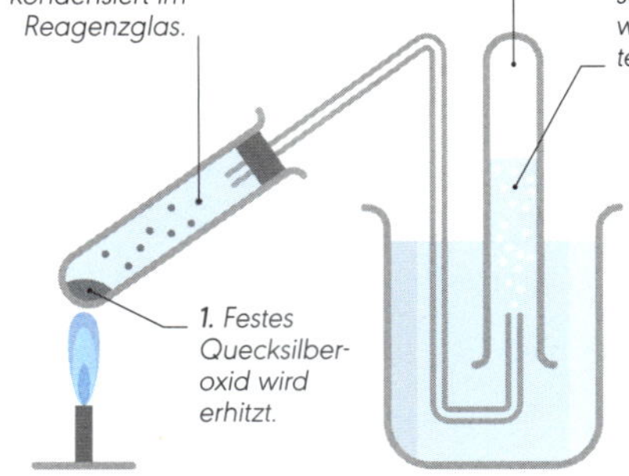

1700

1714
Der aus Danzig stammende Physiker Daniel Fahrenheit perfektioniert in den Niederlanden das Quecksilberthermometer.

1722
Der französische Universalgelehrte René Réaumur zeigt die Bedeutung des Kohlenstoffgehalts bei der Stahlherstellung.

1740
Der englische Uhrmacher Benjamin Huntsman führt die Herstellung von Gussstahl in Europa ein.

1742
Der schwedische Astronom Anders Celsius führt eine Gradskala für die Temperatur ein.

1752
Der englische Chemiker Thomas Melville legt den Grundstein für die Spektroskopie.

1754
Der schottische Chemiker Joseph Black isoliert Kohlendioxid, das er »fixe Luft« nennt.

1767
Der britische Chemiker Joseph Priestley versetzt Wasser mit Kohlendioxid, um es sprudelnd zu machen; etwa 16 Jahre später beginnt der deutsche Erfinder Johann Jacob Schweppe mit der Herstellung von Flaschen-Erfrischungsgetränken.

1774
Joseph Priestley erzeugt Sauerstoff durch thermische Zersetzung.

1784
Der englische Chemiker Henry Cavendish schlägt vor, dass Wasser aus Wasserstoff und Sauerstoff besteht.

1789
Der französische Chemiker Antoine Lavoisier listet in seinem Buch *Traité Élémentaire de Chimie*, dem ersten modernen Chemielehrbuch, 33 Substanzen auf, die er als Elemente ansah.

1792
Der italienische Physiker Alessandro Volta erzeugt chemische Elektrizität.

1799

Übergangsmetall

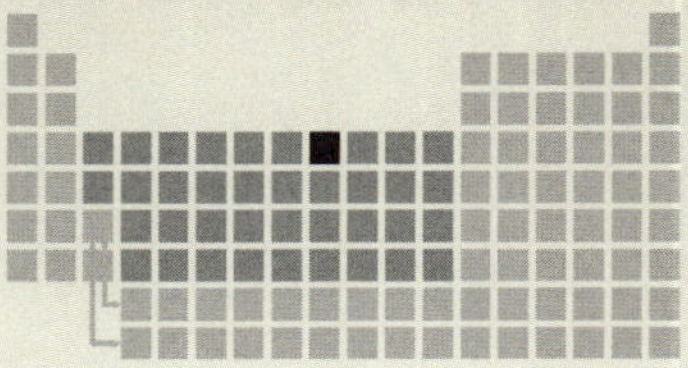

Co

Kobalt

Elektronenkonfiguration

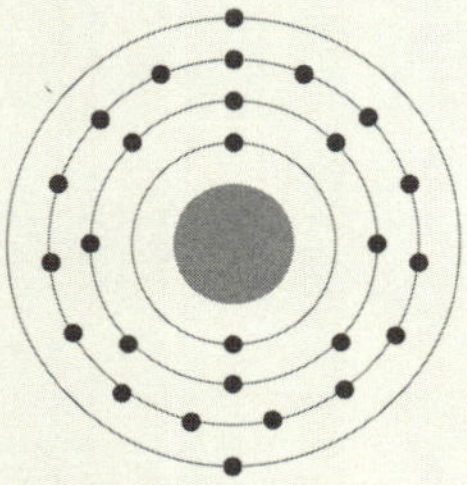

Ordnungszahl

27

Atommasse
58,93

Dichte
8,9 g/cm³

Radius
192 pm

Aggregatzustand
Fest

Schmelzpunkt
1495 °C

Entstehung
Supernovae Weißer Zwerge

Anteil an der Erdkruste
25 ppm

RAFFINIERTES KOBALT

Verbindung und Legierung
Kobalt kommt in der Natur immer in Verbindung mit anderen Elementen wie Kupfer und Nickel vor. Obwohl es natürlich in kobalthaltigen Mineralen wie Erythrin vorkommt, wird das Metall meist als Nebenprodukt beim Abbau anderer Metalle gewonnen.

Spuren von Kobalt finden sich in einigen Meteoriten.

METEORIESEN

Diese roten Kristalle, auch Kobaltblüte genannt, zeigen Kobalterze an.

ERYTHRINKRISTALLE AUF KOBALTIT

Von der auffallend blauen historischen Keramik bis zu den Hochleistungsprodukten der heutigen Schwerindustrie hatten Kobalt und seine Legierungen schon immer eine Fülle praktischer Anwendungen in der Alltagstechnik, im Verkehr und in der Medizin.

Vor über 3000 Jahren wurde in Dänemark eine Frau von hohem Rang in einem aufwendigen Grab beigesetzt, zusammen mit Schätzen wie Bernsteinschmuck, Bronzegegenständen und einer blauen Glasperle. Als das Grab 2014 archäologisch freigelegt und die Perle anschließend chemisch untersucht wurde, ergab sich überraschend eine Übereinstimmung ihres Kobalt- und Spurenelementgehalts mit Glasfunden aus altägyptischen Gräbern. Demnach war die dänische Perle in denselben Werkstätten hergestellt wie die glasierte Totenmaske des 1323 v. Chr. verstorbenen Pharao Tutanchamun. Wertvolle, kobalthaltige Gegenstände waren also schon in diesen frühen Kulturen eine internationale Angelegenheit.

Die Farbe der Welt

Von Pompeji (79 n. Chr.) bis zu den Porzellanfabriken der Ming-Dynastie in China (1368–1644 n. Chr.) wurde Kobalt wegen seines leuchtenden Blaus geschätzt. Seit der Antike bis ins 20. Jh. baute man Kobalt in dem Dorf Qamsar in der Provinz Isfahan (Iran) ab und exportierte es in die gesamte islamische Welt. In İznik (Westtürkei) entstand zur Zeit des Osmanischen Reiches eine blühende Keramikindustrie, die etwa 20 000 kobaltfarbene Fliesen für die Blaue Moschee in Istanbul lieferte.

Modernes Metall

Erst im 18. Jh. wurde Kobalt als eigenständiges Element identifiziert. 1730 erforschte der schwedische Chemiker Georg Brandt ein dunkelblaues Erz aus einer örtlichen Kupfermine und vermutete, dass es eine unbekannte metallische Substanz enthielt. Es gelang ihm 1739, diese Substanz zu isolieren; damit hatte er als Erster seit prähistorischen Zeiten ein neues Metall entdeckt. Er nannte es »Cobalt« nach dem deutschen Wort »Kobold«. Denn Bergleute

WARUM IST KOBALT EIN GUTER KATALYSATOR?

Aufgrund seiner Elektronenkonfiguration kann Kobalt viele verschiedene Oxidationsstufen annehmen (meist zwischen −1 und +5, aber auch −3), je nachdem, wie viele Elektronen es aufnimmt oder abgibt. Daher tauscht ein Kobaltatom bei chemischen Reaktionen leicht Elektronen aus. Die teilweise gefüllten d-Orbitale ermöglichen Bindungen, die in anderen Reaktionen das Aufbrechen und Neubilden von Bindungen erleichtern.

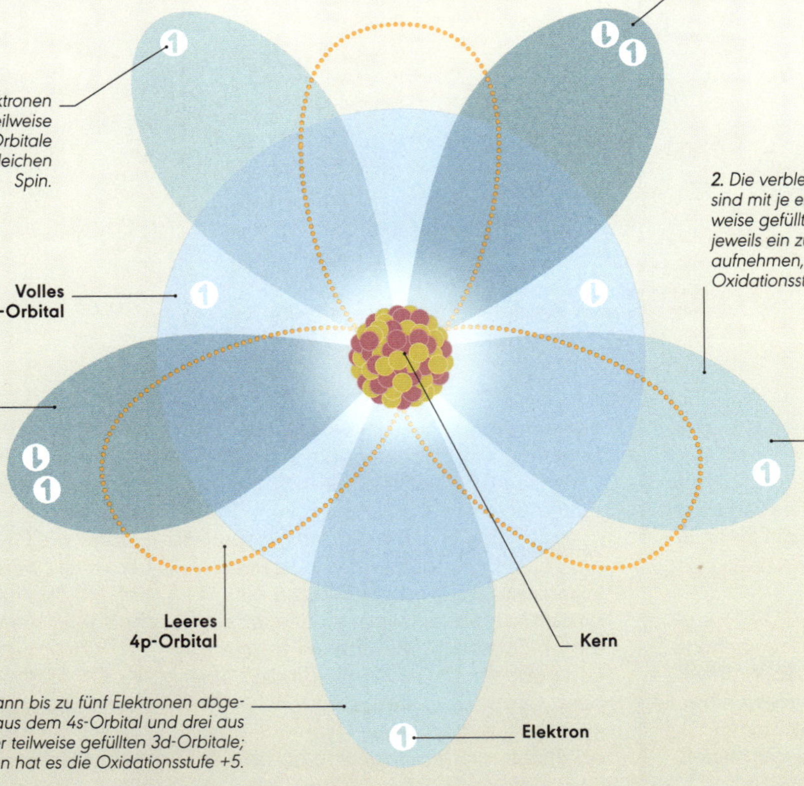

WESHALB IST KOBALT MAGNETISCH?

Kobalt ist neben Eisen und Nickel eines von nur drei ferromagnetischen Übergangsmetallen. Gruppen von Atomen bilden Bereiche, die Domänen. Im unmagnetisiertem Zustand sind die Magnetmomente in ihnen zufällig ausgerichtet und heben sich gegenseitig auf. Wenn das Material magnetisiert wird, richten sie sich aus, wodurch ein Netto-Magnetfeld entsteht.

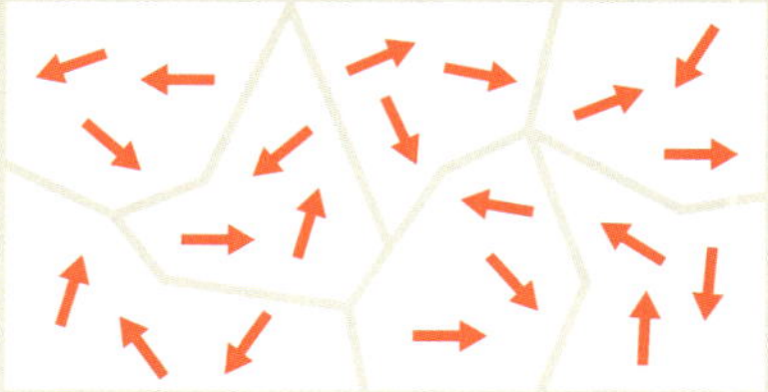

Nicht magnetisiert
Die Kobaltatome sind zufällig ausgerichtet, und Stärke sowie Ausrichtung der Magnetisierung in den Domänen heben einander auf.

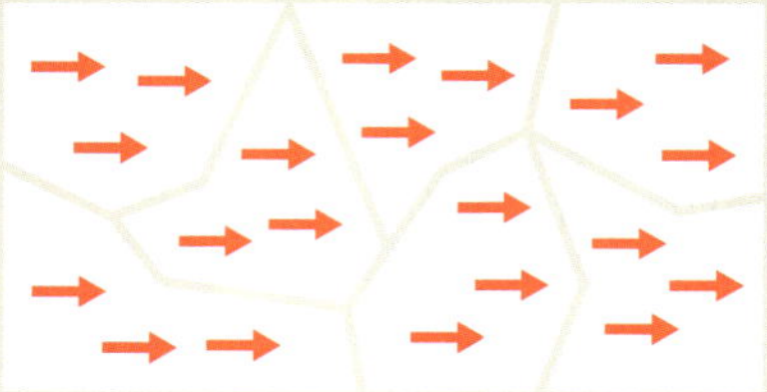

Magnetisiert
In einem äußeren Magnetfeld richten sich die Atome aus und bleiben ausgerichtet, auch wenn das äußere Feld wieder verschwindet.

THÉNARDS BLAU

Dieses leuchtend blaue Pigment besteht aus Kobalt und Aluminiumoxid, gemischt mit Sauerstoffionen. Zusammen bilden sie eine Struktur, in der zwei der 3d-Orbitale des Kobalts näher an den Sauerstoffionen liegen als die anderen drei. Die Orbitale näher an den Sauerstoffionen haben eine höhere Energie als die weiter entfernten. Licht kann Elektronen in den niedrigeren Orbitalen anregen, sodass sie in Orbitalen mit höherer Energie springen. Dabei absorbiert das Pigment die Farbe des anregenden Lichts und reflektiert die anderen Farben. Im Fall dieses Kobaltpigments erscheint das reflektierte Licht blau.

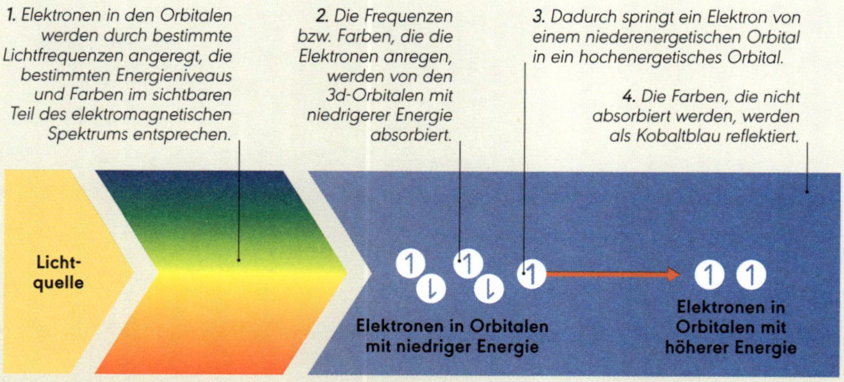

VERWENDUNG VON KOBALT

Die Hitze- und Korrosionsbeständigkeit sowie seine robusten Legierungen geben Kobalt eine Vielzahl von kreativen, industriellen und technologischen Anwendungen, von Gelenkersatz und Krebsbehandlung bis hin zu schweren Maschinen und empfindlichen Keramiken.

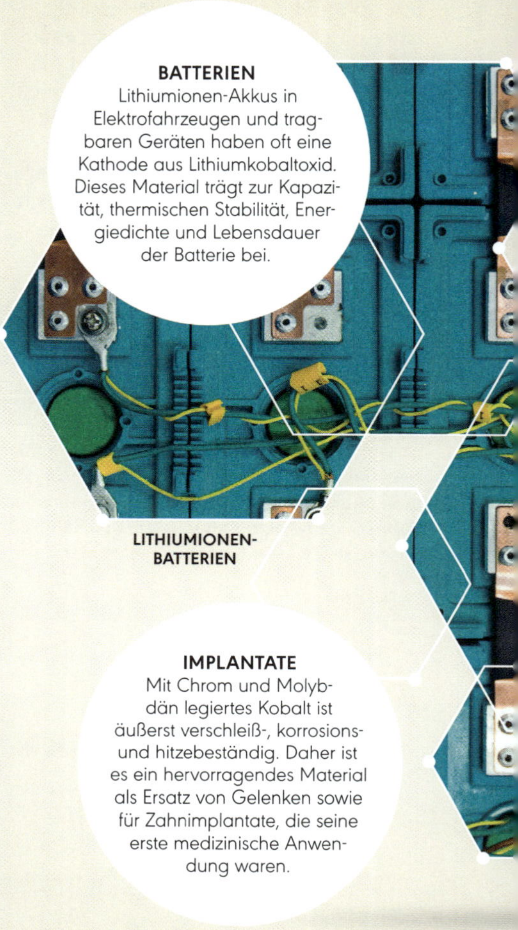

BATTERIEN
Lithiumionen-Akkus in Elektrofahrzeugen und tragbaren Geräten haben oft eine Kathode aus Lithiumkobaltoxid. Dieses Material trägt zur Kapazität, thermischen Stabilität, Energiedichte und Lebensdauer der Batterie bei.

LITHIUMIONEN-BATTERIEN

IMPLANTATE
Mit Chrom und Molybdän legiertes Kobalt ist äußerst verschleiß-, korrosions- und hitzebeständig. Daher ist es ein hervorragendes Material als Ersatz von Gelenken sowie für Zahnimplantate, die seine erste medizinische Anwendung waren.

hatten beim Schmelzen von Kobalterzen in der Hoffnung auf Nickel oder Silber mit giftigen Arsendämpfen zu kämpfen. Diese „üblen Dünste“ schrieben sie den launischen Kobolden zu, die ihnen in den Minen angeblich zusetzten.

Das blaue Geschäft

Im 19. Jh. spielte Kobalt eine wichtige kreative Rolle in der sich rasch entwickelnden Welt der industriellen Chemie. Da man damals blaue Farbe meist durch Schleifen von Halbedelsteinen gewann, was sehr teuer war, beauftragte die französische Regierung den Chemiker Louis-Jacques Thénard, einen synthetischen Ersatz zu entwickeln. Thénard ließ sich von den blauen Glasuren der Porzellanmanufaktur von Sèvres inspirieren, die aus Kobaltsalzen hergestellt wurden. Er experimentierte mit diesen Salzen und erhitzte ein Gemisch von Kobaltoxid und Aluminiumoxid auf hohe Temperatur. Dabei entstand ein chemisch stabiles blaues Pigment, das ab 1807 in großem Maßstab hergestellt wurde. Thénards Blau wurde bei Künstlern beliebt und beflügelte die impressionistische Bewegung jener Zeit.

Mit Kobalt können auch andere Farben wie Grün, Violett und Gelb hergestellt werden. Kobaltgelb, das aus Kaliumkobaltnitrit besteht, wurde erstmals 1848 hergestellt und wegen seiner Semitransparenz als Lasurfarbe verwendet. Da es aber bei Sonneneinstrahlung nachdunkelt und verblasst, wurde es bald durch Kadmiumgelb als gängiges gelbes Pigment ersetzt.

PIGMENT
Thénards Blau wird durch Erhitzen eines Kobaltoxids mit einem Aluminiumoxid auf bis zu 1200 °C und Pressen des Endprodukts hergestellt. Es ist eine äußerst stabile Verbindung und wurde daher in der Vergangenheit zum Färben von Keramik, Schmuck, Farben und Glas verwendet.

THÉNARDS BLAU

RAKETEN-TRIEBWERKSDÜSE

RAUMFAHRT
Das härteste jemals getestete Material ist eine Legierung aus Chrom, Kobalt und Nickel. Sie ist selbst bei extrem niedrigen Temperaturen bruchfest und verfügt über die nötige Widerstandsfähigkeit, um anspruchsvollen Umgebungen, wie etwa im Weltraum, standzuhalten.

KREBS-BEHANDLUNG
Radioaktives Kobalt-60 sendet Gammastrahlen aus, die in der Lage sind, Gewebe zu durchdringen und Krebszellen zu zerstören.

VITAMIN B12
Kobalt steht im Zentrum von Vitamin B12 und ist die aktive Stelle für verschiedene biochemische Reaktionen. Vitamin B12 ist wichtig für die Bildung roter Blutkörperchen, die DNA-Synthese und die Nervenfunktion.

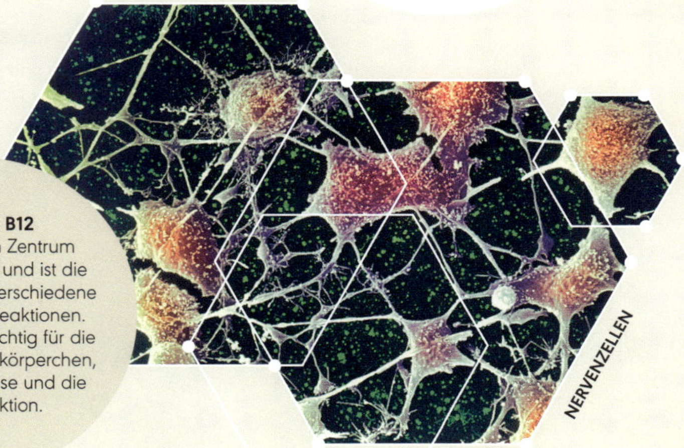
NERVENZELLEN

Robuster Magnet
Wie Eisen kann auch Kobalt magnetisiert und mit Aluminium und Nickel legiert werden, um starke Magnete herzustellen. Kobalt hat den höchsten bekannten Curiepunkt aller Metalle und Legierungen: Es behält seinen Magnetismus bis zu 1121 °C, bevor er durch thermische Effekte aufgehoben wird. Kobalt eignet sich daher für Prozesse, die Magnetismus bei extrem hohen Temperaturen erfordern. Außerdem hat es einen hohen Schmelzpunkt und eine gute mechanische Festigkeit bei extremen Temperaturen. Sogenannte Superlegierungen von Kobalt mit Chrom, Aluminium, Titan oder Molybdän widerstehen hohem Druck und korrosiven Umgebungen und sind vielseitige Werkstoffe.

Quelle am Meeresboden
Die Nachfrage nach Kobalt ist im 21. Jh. aufgrund seiner vielfältigen industriellen Anwendungen enorm gestiegen. Kobaltreiche Ferromangankrusten sind steinharte, metallische Schichten, die sich auf Unterwasservulkanen (Seamounts) bilden. Diese Krusten wachsen mit einer Geschwindigkeit von 1–6 mm pro eine Million Jahre, einer der langsamsten bekannten natürlichen Prozesse. Dennoch sind wohl 1,7 % des Meeresbodens von kobaltreicher Kruste bedeckt. Dies entspricht etwa einer Milliarde Tonnen Kobalt, die sich seit der Entstehung der Erde angesammelt haben.

Übergangsmetall

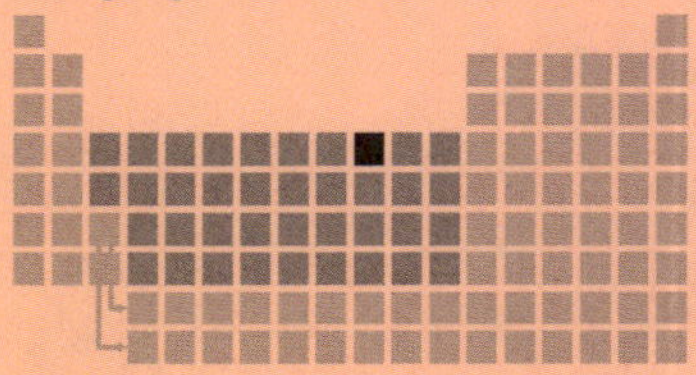

Ni

Nickel

Elektronenkonfiguration

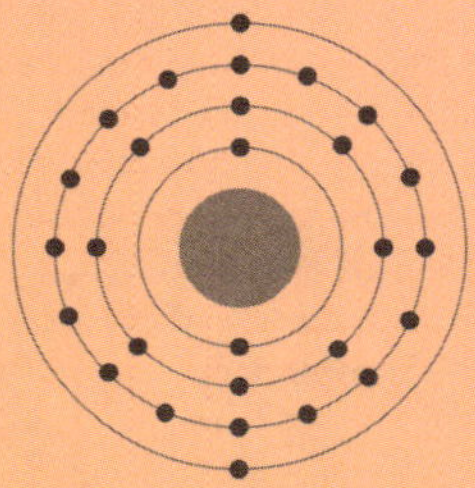

Ordnungszahl
28

Atommasse
58,69

Dichte
8,9 g/cm³

Radius
163 pm

Aggregatzustand
Fest

Schmelzpunkt
1455 °C

Entstehung
Supernovae

Anteil an der Erdkruste
84 ppm

Goldene Farbtöne
Reines Nickel ist silberweiß mit einem goldenen Schimmer. Es ist formbar und äußerst korrosions- und oxidationsbeständig. Das Metall wird aus Erzen wie Pentlandit und Garnierit gewonnen.

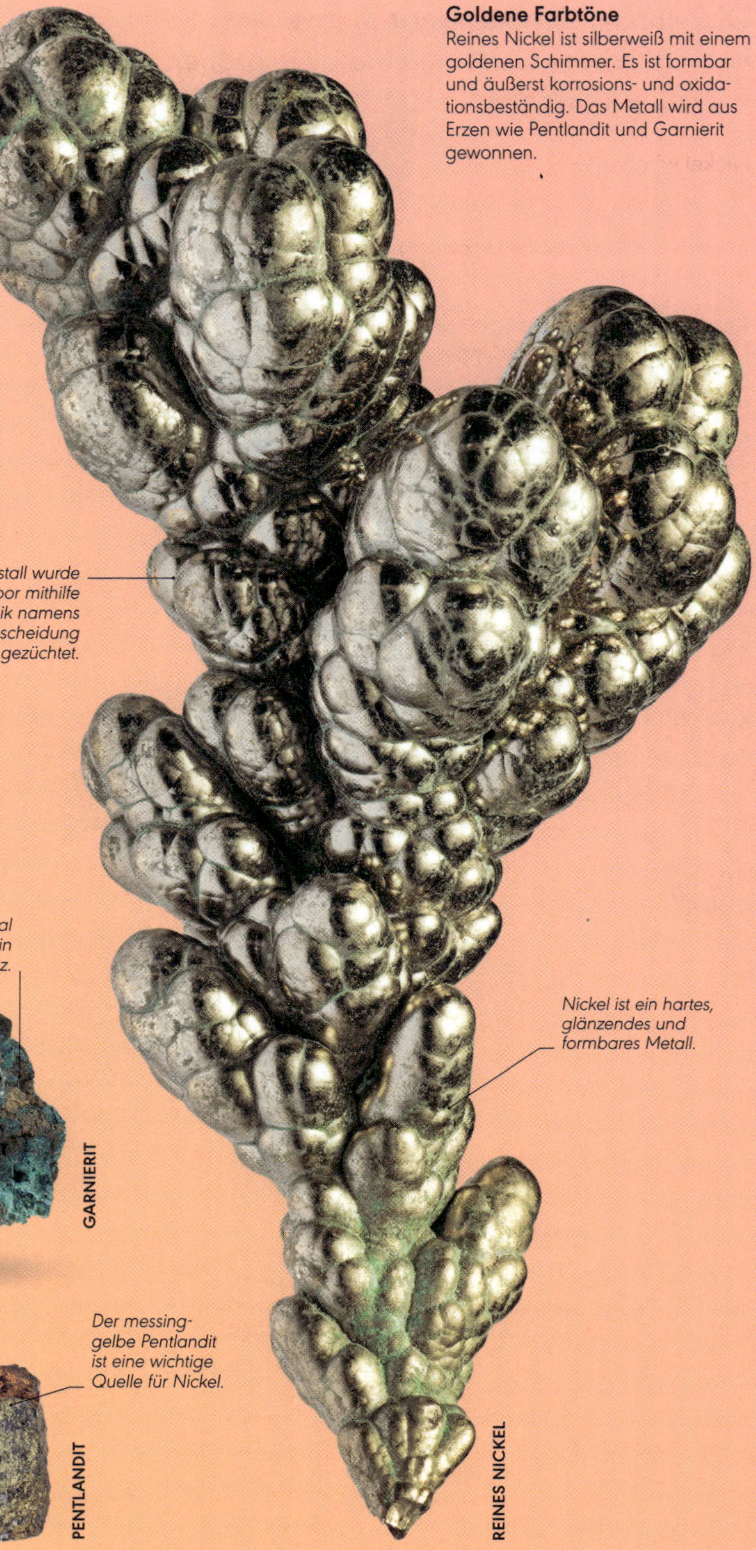

Dieser Kristall wurde im Labor mithilfe einer Technik namens Elektroabscheidung gezüchtet.

Nickel ist ein hartes, glänzendes und formbares Metall.

REINES NICKEL

Das Mineral Garnierit ist ein grünes Nickelerz.

GARNIERIT

Der messinggelbe Pentlandit ist eine wichtige Quelle für Nickel.

PENTLANDIT

Obwohl der Großteil des silberweißen Nickels im Erdkern eingeschlossen ist, wird dieses vielseitige Metall in großen Mengen aus Mineralen in der Erdkruste gewonnen.

Nickel wird weltweit für Münzen verwendet. Das helle, glänzende Metall hat eine lange und reiche Geschichte. Eine Kupfer-Nickel-Zink-Legierung namens Neusilber wurde in China seit mindestens dem 4. Jh. n. Chr. aus Kupfer-Nickel-Erzen gewonnen. Die Legierung heißt auch Paktong nach dem chinesischen Wort *báitóng* (»weißes Kupfer«). Gegenstände aus diesem glänzenden, nicht anlaufenden, silbernen Metall waren geschätzte Importe in Europa. Seine Zusammensetzung war jedoch nur chinesischen Handwerkern bekannt, bis man im 18. Jh. eine neue Substanz, Nickel, entdeckte, die sich als die geheime Zutat herausstellte.

Teufelsmetall

Die Ursprünge des Namens Nickel sind skurril: Er stammt vom deutschen Begriff Kupfernickel ab – Nickel waren Berggeister, die Bergleute »necken« (täuschen), denn manchmal fand man Erze, die man für wertvolles Kupfererz hielt, aus denen aber kein Kupfer zu gewinnen war. Eine solche Erfahrung machte 1751 auch der schwedische Chemiker Axel Fredrik Cronstedt. Als er ein neues Mineral aus einem örtlichen Bergwerk erhielt, erwartete er, Kupfer gewinnen zu können. Stattdessen fand er ein neues Element, das er Nickel nannte – doch andere Chemiker glaubten nicht, dass er mehr als eine Legierung gefunden hatte. Bestätigt wurde Cronstedts Befund erst 1775, als es dem schwedischen Chemiker Torbern Olof Bergman gelang, Nickel in reiner Form zu isolieren.

ZWEI ELEKTRONENKONFIGURATIONEN

Nach dem Aufbauprinzip – der Regel, die die Reihenfolge der Orbitalbesetzung beschreibt – sollte das 4s-Orbital vollständig besetzt sein, bevor Elektronen zu den 3d-Orbitalen hinzugefügt werden. Die Quantenanalyse der Energieniveaus von Nickel hat jedoch eine theoretische, energieärmere Konfiguration ergeben, die diese Regel bricht.

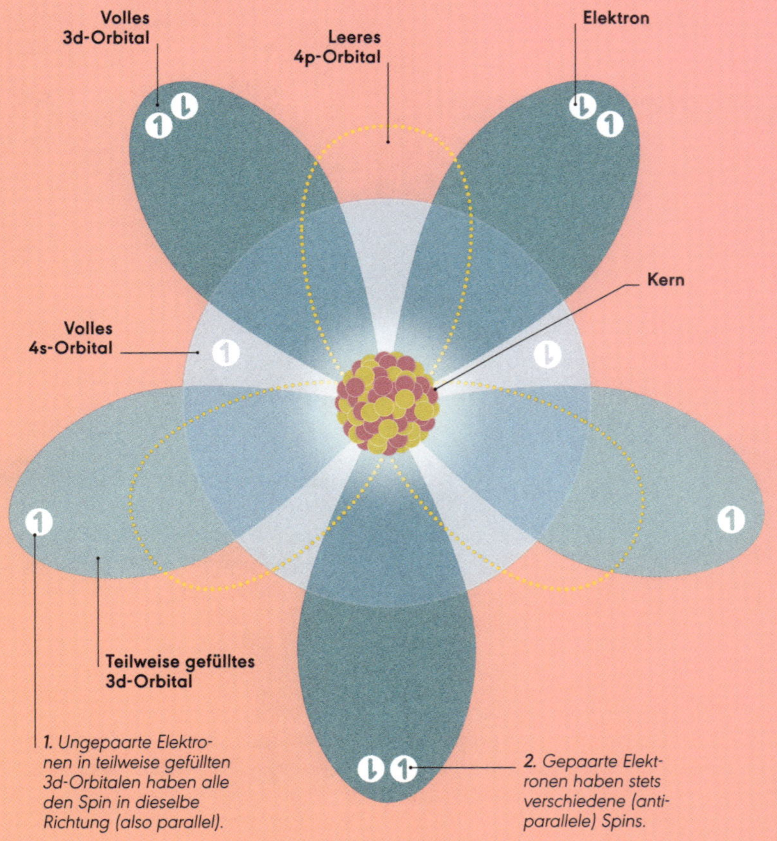

Standard-Elektronenkonfiguration

Nach dem Aufbauprinzip müsste Nickel zehn Valenzelektronen haben: zwei in den 4s-Orbitalen und acht verteilt auf die 3d-Orbitale, wobei die 4p-Orbitale leer bleiben. Drei der fünf 3d-Orbitale sind vollständig besetzt, und die Spins dieser Elektronen sind gepaart (up und down). Die ungepaarten Elektronen in den verbleibenden zwei 3d-Orbitalen haben parallele Spins (beide up oder down).

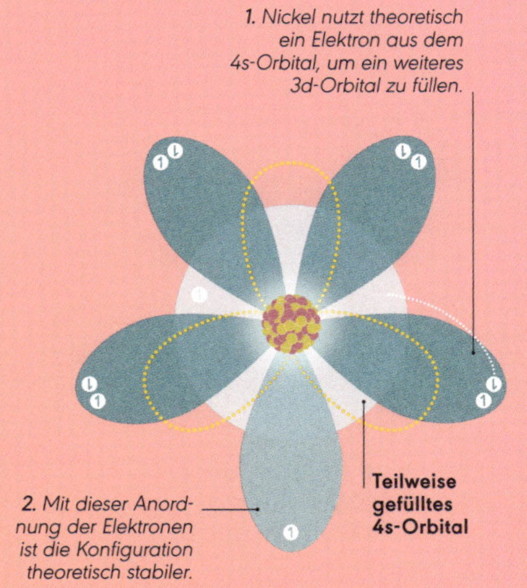

Quantentheoretische Konfiguration

Quantenberechnungen der Struktur eines Nickelatoms und seiner Energieniveaus legen nahe, dass Nickel eine alternative Elektronenkonfiguration hat. Denn die Energieniveaus der 3d- und 4s-Orbitale liegen so nahe beieinander, dass die Elektronen beide Orbitale besetzen könnten.

NICKEL IM ERDKERN

In der Anfangszeit der Erde wurden die schweren Elemente durch die Schwerkraft und den extremen Druck zu ihrem Zentrum gezogen. Nickel neigt dazu, sich mit Eisen zu verbinden, und die beiden Metalle sanken in den Kern und sammelten sich dort an.

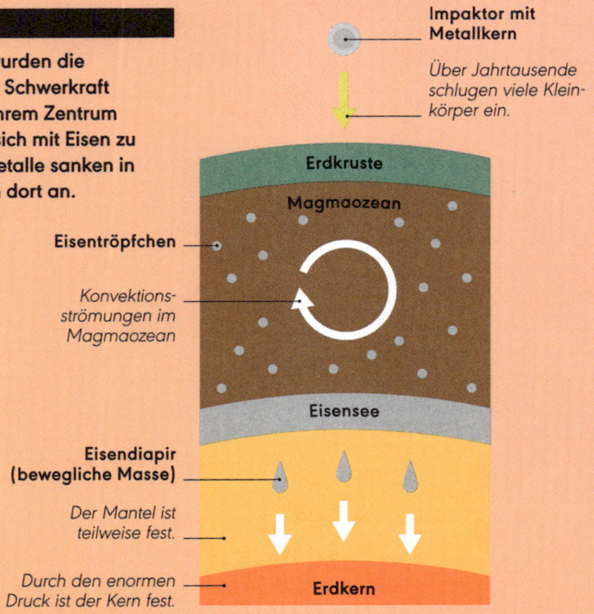

Absinken zum Kern

Die frühe Erde wurde von Meteoriten getroffen, die auch eine Quelle für Metalle wie Eisen und Nickel waren. Diese sanken schließlich ab und bildeten den metallischen Kern unseres Planeten.

LEGIERUNG MIT FORMGEDÄCHTNIS

Nitinol ist eine Legierung aus Nickel und Titan mit Formgedächtnis. Es hat zwei Kristallformen: eine Hochtemperaturphase (Austenit) und eine Niedrigtemperaturphase (Martensit). Martensit hat eine schwächere Kristallstruktur, sodass es verformt werden kann. Wenn man Nitinol bei niedriger Temperatur verformt und es dann erhitzt, kehrt es in die Form zurück, die es in der Austenitphase hatte.

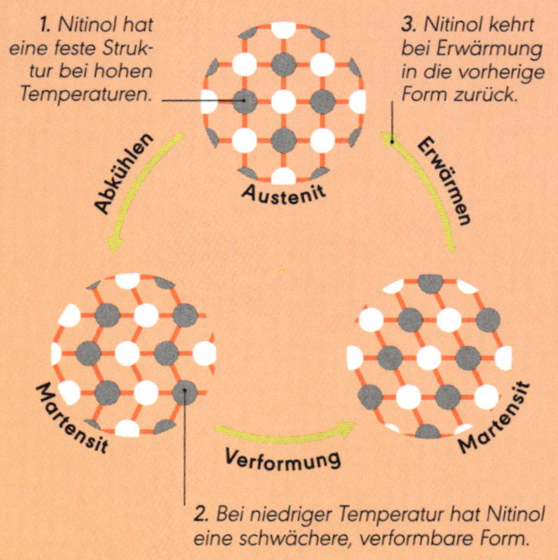

Erwärmen zum Zurückformen

Nitinol kann verformt werden, wenn es abgekühlt ist. Wird es dann erwärmt, gewinnen seine Atome Energie und kehren in die Struktur zurück, die sie in ihrer Hochtemperaturform hatten.

VERWENDUNG VON NICKEL

Nickel ist eines der vielseitigsten Metalle, vor allem in Form von Legierungen. Wegen seiner vielen praktischen Verwendungsmöglichkeiten im Haushalt und in der Industrie gilt es als »Arbeitspferd« der Metalle.

Magnetische Eigenschaften

Nickel ist hart, aber dennoch verformbar und leitet Elektrizität gut. Dies geht auf die Elektronen in den 3d-Orbitalen zurück, die sich in der metallischen Bindung frei bewegen können (siehe S. 22). Es ist eines der drei Elemente, die bei Raumtemperatur ferromagnetisch sind: Nickel wird (wie Kobalt und Eisen) von Magneten angezogen und lässt sich dauerhaft magnetisieren. Auch diese Eigenschaft geht auf die 3d-Orbitale zurück, die teilweise gefüllt sind, sodass zwei Elektronen ungepaart bleiben. Die magnetischen Momente dieser ungepaarten Elektronen richten sich in einem äußeren Magnetfeld aus und verstärken sich dann gegenseitig.

Da es sich auf Hochglanz polieren lässt, beschichtet man Ziergegenstände mit Nickel. Es ist korrosionsbeständig, denn es reagiert mit Sauerstoff und bildet eine dünne Oberflächenschicht aus Nickeloxid, die das Metall vor weiteren Reaktionen schützt und sich bei Beschädigungen selbst repariert.

Nickel bildet viele nützliche Legierungen. Zu rostfreiem Stahl, einer Eisen-Chrom-Legierung, wird Nickel hinzugefügt, was den Werkstoff korrosionsbeständiger, zäher, formbarer und leichter schweißbar macht. Heizelemente in Elektroöfen sind aus einer Nickel-Chrom-Legierung, die auch bei hohen Temperaturen sehr zäh ist. Kupfernickel, eine Legierung aus Nickel und Kupfer, wird für silberfarbene Münzen und für die Beschichtung von Schiffsteilen verwendet, da sie korrosionsbeständig im Meerwasser ist. Batterien

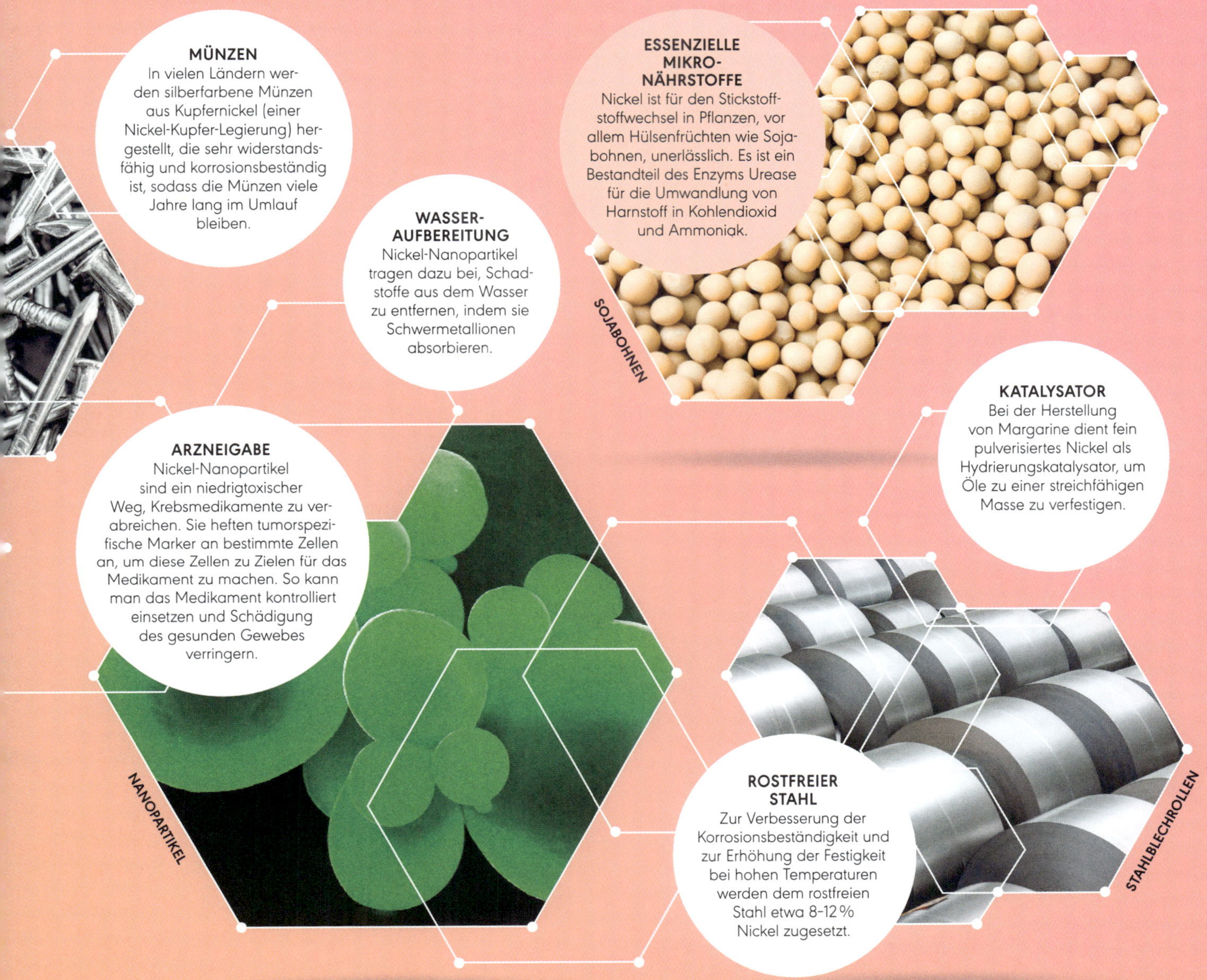

aus Nickel-Metallhydrid und Nickel-Zink können große Mengen an Energie speichern, was sie für Elektrofahrzeuge interessant macht.

Uraltes Element

Planetesimale – Materialbrocken im frühen Sonnensystem, aus denen die Planeten entstanden – enthielten reichlich Nickel und Eisen, die zu den häufigsten Metallen im Weltall gehören. Als die Erde durch die Kollision solcher Planetesimale entstand, schmolzen große Teile des Materials, sodass die schweren Metalle in die Tiefe sanken und den Erdkern bildeten, der zu 10 % aus Nickel besteht. Nickel ist auch in Asteroiden enthalten. Vor etwa 1,8 Milliarden Jahren schlug ein Asteroid auf der Erde ein und bildete das Sudbury-Becken in Kanada, heute eines der Hauptgebiete für den Nickelabbau in der Welt.

Nickel spielt eine Rolle in lebenswichtigen Enzymen. Vor etwa drei Milliarden Jahren lebten frühe Mikroorganismen in einer sauerstofffreien Umgebung. Mithilfe eines Enzyms auf Nickelbasis produzierten sie Methan aus Kohlendioxid und Wasserstoff. Dies hatte entscheidende Folgen für den Kohlenstoffkreislauf (siehe S. 36) und die Entwicklung der Atmosphäre. Heute sind nickelhaltige Enzyme u. a. an der Synthese von Chlorophyll und (bei Hülsenfrüchten) der Fixierung von Luftstickstoff beteiligt. Sie verbessern den Stickstoff- und Energiestoffwechsel der Pflanzen und stärken so ihre Fähigkeit, Trockenheit, Nährstoffmangel oder toxische Belastungen zu tolerieren.

Erdalkalimetall

Magnesium

Mg

Elektronenkonfiguration

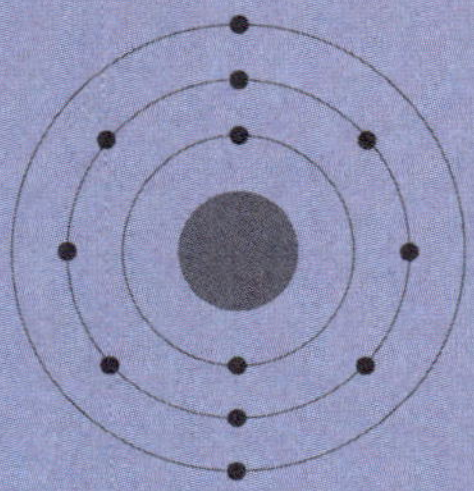

Ordnungszahl

12

Atommasse
24,31

Dichte
1,7 g/cm³

Radius
173 pm

Aggregatzustand
Fest

Schmelzpunkt
650 °C

Entstehung
Supernovae massiver Sterne

Anteil an der Erdkruste
2,3 %

Natürlich spröde
In seiner reinen, kristallinen Form bricht Magnesium unter Druck leicht und hat den niedrigsten Schmelzpunkt aller Erdalkalimetalle. Es ist das siebthäufigste Element in der Erdkruste und kommt in Mineralen wie Dolomit, Magnesit und Brucit vor.

Magnesium ist zu reaktiv, um in der Natur frei vorzukommen, lässt sich jedoch im Labor als Kristalle züchten.

Magnesium ist ein glänzendes, weiches, silberweißes, leichtes Metall.

REINES MAGNESIUM

Magnesium verbindet sich mit Kohlenstoff, Kalzium und Sauerstoff zu diesem farblosen oder weißen Mineral.

DOLOMIT

Eisenverunreinigungen färben dieses Magnesiumhydroxidmineral blaugrün.

BRUCIT

Carnallit ist ein Rohstoff für die Herstellung von Magnesiummetall.

CARNALLIT

Reines Magnesium ist hochreaktiv und entflammbar und brennt mit einem weißen Licht, das so hell ist, dass es die Netzhaut des menschlichen Auges schädigen kann.

Obwohl Magnesium in der Erdkruste relativ häufig ist, kommt es wegen seiner Reaktivität nicht in elementarer Form vor. Es ist ein wichtiger Bestandteil des geschmolzenen äußeren Erdkerns und des größtenteils festen Erdmantels, wo magnesiumreiche Minerale dem hohen Druck und der hohen Temperatur standhalten. Wenn magnesiumhaltiges Gestein verwittert, wird das Element freigesetzt und gelangt schließlich ins Meer. Daher gewann man das meiste Magnesium einst aus dem Meer.

Medizinisches Magnesium

Die Wirkung des Magnesiums beobachtete man schon lange, bevor man wusste, was es ist. Im Jahr 1618 sah ein Bauer im südenglischen Epsom Common eine Wasserlache, aus der seine durstigen Kühe nicht trinken wollten. Das Wasser schmeckte bitter, und bei der Verdunstung entstand ein Salz, das abführend wirkte. Diese Substanz, Magnesiumsulfat oder Epsomit, wird noch heute als Bittersalz vermarktet und ist ein gängiges Mittel gegen Verstopfung.

Erst 1755 stellte der schottische Chemiker Joseph Black die Hypothese auf, dass Magnesium ein eigenes Element sei, nachdem er Magnesiumoxid von Kalziumoxid getrennt hatte, die er beide aus erhitztem Karbonatgestein erhalten hatte. 1808 gelang es dem englischen Chemiker Humphry Davy, metallisches Magnesium durch Elektrolyse von feuchtem Magnesiumoxid zu isolieren. Bei einer Elektrolyse wird elektrischer Strom durch eine leitende Flüssigkeit geleitet, um sie in ihre Bestandteile zu zerlegen. Mit diesem Verfahren hatte Davy im Jahr zuvor schon Natrium und Kalium entdeckt und es ermöglichte ihm später auch die Entdeckung von Kalzium, Strontium und Barium.

WARUM IST MAGNESIUM SO REAKTIV?

Die beiden 3s-Elektronen werden durch die erste und zweite vollständige Schale vor der Anziehungskraft des Kerns abgeschirmt, wodurch beide Valenzelektronen leicht abgegeben werden; Magnesium wird dann zu einem Mg^{2+}-Ion mit einer vollständig leeren dritten Schale, was eine äußerst stabile Konfiguration ist. Diese leichte Abgabe der Elektronen macht Magnesium so reaktiv.

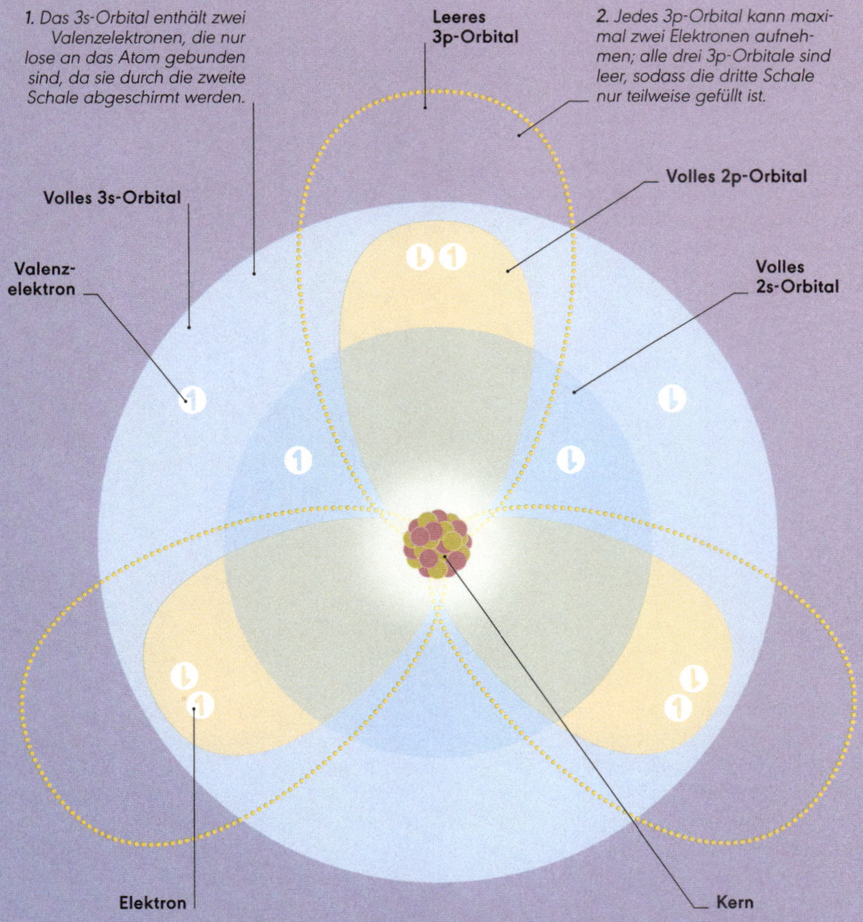

Magnesiumatom
Ein Magnesiumatom hat eine nur teilweise gefüllte dritte Schale mit nur zwei Valenzelektronen im 3s-Orbital und völlig leeren 3p-Orbitalen. Diese 3s-Elektronen werden nur locker vom Kern gehalten.

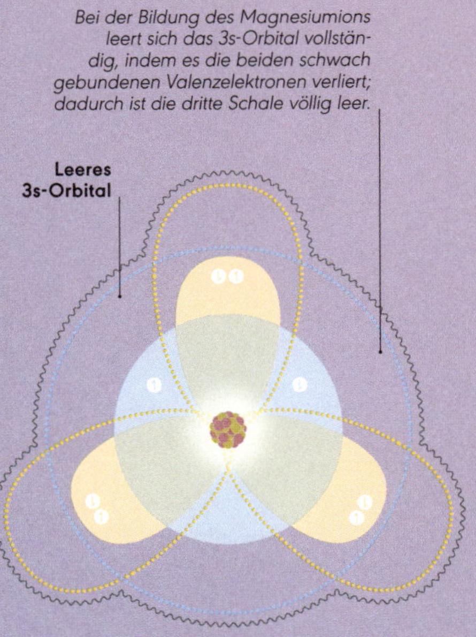

Magnesiumion (Mg^{2+})
Magnesium bildet leicht ein Mg^{2+}-Ion durch die Abgabe beider 3s-Elektronen. Dadurch erhält es eine stabile Konfiguration, bei der die dritte Elektronenschale vollständig leer und die zweite Schale vollständig gefüllt ist.

OPFERANODEN

Eine Opferanode ist ein reaktives Metall, das ein weniger reaktives Metall vor Korrosion schützt. Magnesium ist ideal als Opferanode, da es leicht Elektronen abgibt (oxidiert). Im Meerwasser gibt es Elektronen an das zu schützende Metall ab, wodurch dessen Oxidation gestoppt und die Korrosion verhindert wird. Daher nutzt man Magnesium häufig zum Schutz von Eisen- und Stahlkonstruktionen in Meeresumgebungen.

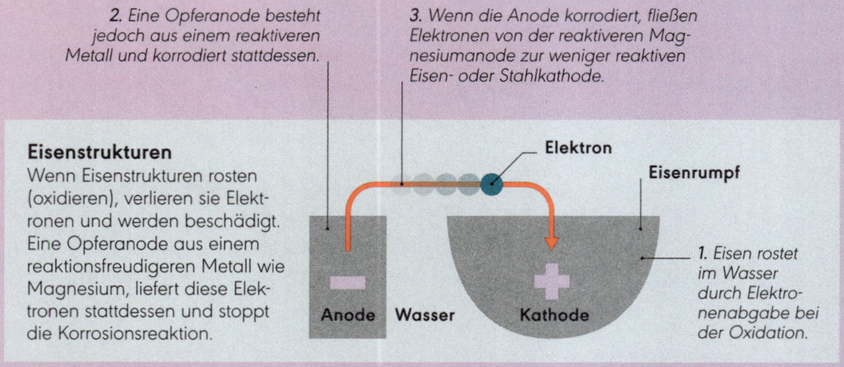

WARUM MAGNESIUM SO INTENSIV BRENNT

Die Verbrennung von Magnesium ist eine Reaktion zwischen Magnesium und Sauerstoff zu Magnesiumoxid. Bei diesem blendend hellen Vorgang liefert die Entzündung mit einer Flamme zunächst genug Energie, um die Doppelbindungen des Luftsauerstoffs zu schwächen. Magnesiumoxid beginnt sich zu bilden, wobei enorme Mengen weiterer Energie freigesetzt werden, die wiederum weitere Sauerstoffatome freisetzen und die Reaktion aufrechterhalten. Der stark exotherme Prozess erreicht Temperaturen von 2500 °C oder mehr.

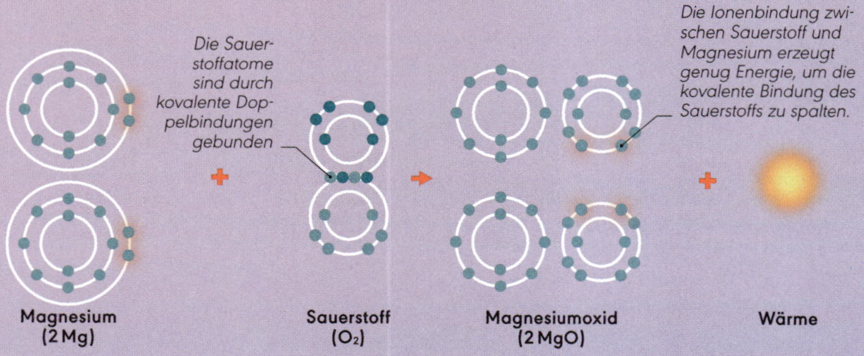

VERWENDUNG VON MAGNESIUM

Magnesium ist eines der leichtesten Konstruktionsmetalle mit einem hohen Verhältnis von Festigkeit zu Gewicht, ideal für die Luft- und Raumfahrt und die Fahrzeugtechnik. Es bildet gut formbare Legierungen.

Erst lange nach seiner Entdeckung konnte man 1828 genügend reines Magnesium erzeugen, um seine Eigenschaften gründlich zu untersuchen. Der französische Chemiker Antoine Bussy entwickelte eine Methode zur Herstellung von Magnesium, bei der er ein Gemisch von Magnesiumchlorid und Kalium in einem Glasrohr erhitzte. Das dabei entstehende Kaliumchlorid konnte er auswaschen, sodass Kügelchen aus reinem Magnesium zurückblieben, die man untersuchen konnte.

Blendende Flammen

Als reines Metall ist Magnesium glänzend, silbrig-weiß und weich, mit einer Wärmeleitfähigkeit und einem Schmelzpunkt ähnlich wie Aluminium. Magnesium brennt heftig: In Gegenwart von Wasser entzündet es sich und setzt flammbares Wasserstoffgas frei, sodass man einen Magnesiumbrand nicht mit Wasser löschen kann. Ebenso wenig kann er mit Kohlendioxid gelöscht werden, da Magnesium mit diesem Gas exotherm reagiert, was das Feuer nur weiter anheizt. Eine Magnesiumflamme lässt sich nur durch Erstickung löschen.

Magnesium ist das erste der Metalle im Periodensystem, das wichtige industrielle Anwendungen hat. Es ist ein Leichtmetall und wird in elektronischen Geräten und in der Luft- und Raumfahrt verwendet. Es lässt sich leicht legieren, vor allem mit Aluminium, Zink und Mangan. Diese Werkstoffe sind stark und robust, haben eine hohe Härte und Zugfestigkeit und können gegossen und

TOFU
Magnesiumchlorid aus Meerwasser verwandelt Sojamilch in Tofu. Die positiven Magnesiumionen neutralisieren die negativen Ladungen der Milcheiweißstränge, sodass die Sojamilch gerinnt.

GEKOCHTER TOFU

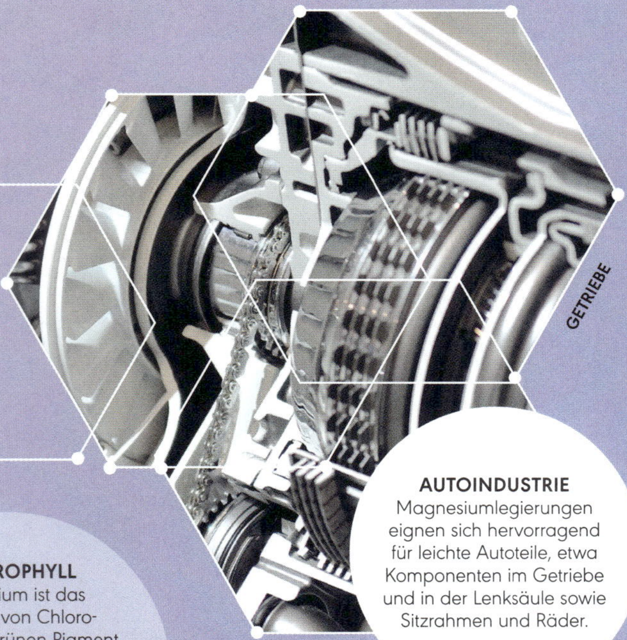

GETRIEBE

AUTOINDUSTRIE
Magnesiumlegierungen eignen sich hervorragend für leichte Autoteile, etwa Komponenten im Getriebe und in der Lenksäule sowie Sitzrahmen und Räder.

CHLOROPHYLL
Magnesium ist das Herzstück von Chlorophyll, dem grünen Pigment in Pflanzen und Algen. Ein Magnesiumion fängt Sonnenlicht ein und startet damit die Reaktion, durch die die Pflanze Kohlendioxid in Glukose umwandelt.

MAGNESIUMRAD

FAHRRÄDER
Hochleistungsfahrräder haben oft Rahmen und Laufräder aus starken, leichten Legierungen mit Magnesiumanteil.

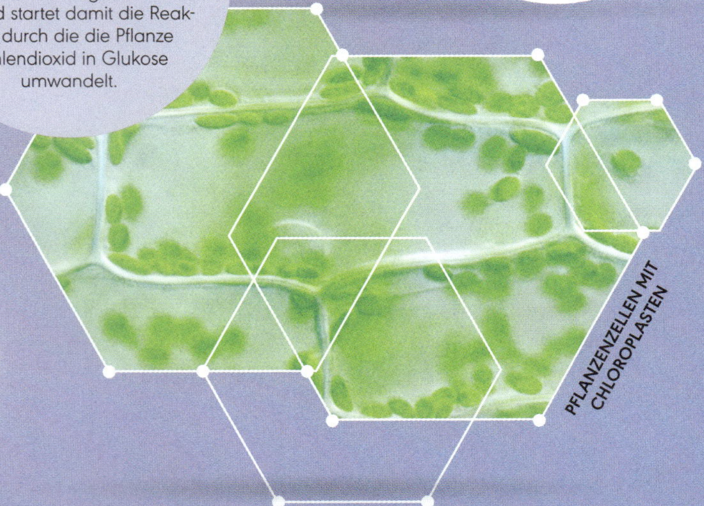

PFLANZENZELLEN MIT CHLOROPLASTEN

geschweißt werden. Magnesium ist das am leichtesten maschinell zu bearbeitende Konstruktionsmetall und kann am Ende seiner Nutzung mit geringem Aufwand recycelt werden.

Lebenswichtiges Metall

Magnesium spielt eine wichtige Rolle in der Biologie. Mandeln, Cashewnüsse, Paranüsse, Sojabohnen, Spinat und sogar Schokolade sind alle reich an Magnesium, das für mehr als 300 biochemische Reaktionen im menschlichen Körper nötig ist. Es ist ein Teil vieler Enzyme, etwa für die Synthese des Genmaterials (DNA und RNA) und die Proteinsynthese. Magnesiumionen sind für die Nerven- und Muskelfunktion wichtig und sorgen für einen gleichmäßigen Herzschlag. Magnesium unterstützt das Immunsystem und trägt zur Erhaltung der Knochenstärke und -dichte sowie zur Regulierung des Blutzuckerspiegels bei. Der Körper eines Erwachsenen enthält etwa 22–26 g Magnesium. In Pflanzen wird Magnesium zur Bildung von Chlorophyll benötigt, das für die Fotosynthese unerlässlich ist.

Uralte Gesteine

Eines der stabilen Isotope des Magnesiums ist Magnesium-26, ein Zerfallsprodukt des radioaktiven Aluminium-26. Es entsteht bei der stellaren Nukleosynthese und ist in einigen der ältesten bekannten Meteoriten enthalten.

Wasserstoff

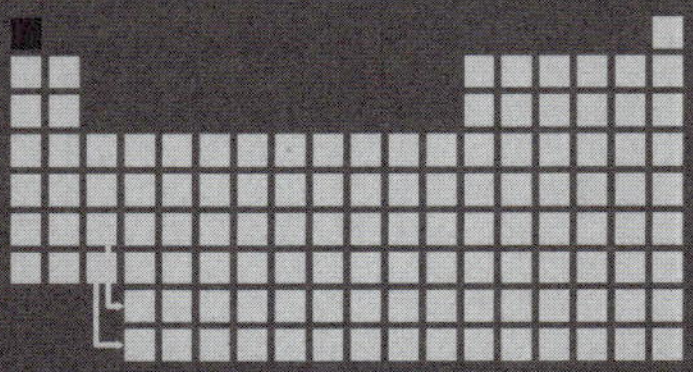

H

Wasserstoff

Elektronenkonfiguration

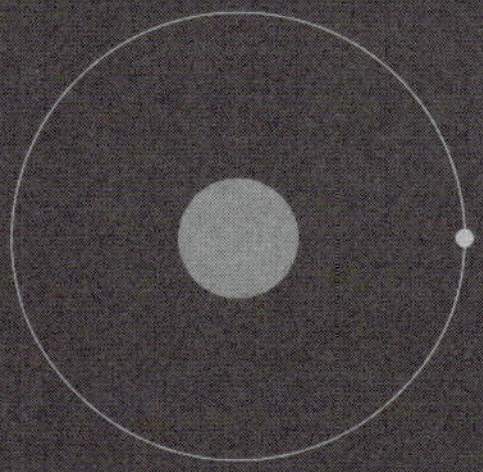

Ordnungszahl

1

Atommasse
1,01

Dichte
0,1 g/l

Radius
120 pm

Aggregatzustand
Gasförmig

Siedepunkt
–253 °C

Entstehung
Urknall-Nukleosynthese

Anteil an der Erdkruste
0,1%

Wasserstoff leuchtet violett, wenn elektrischer Strom durch ihn fließt.

REINER WASSERSTOFF

Etwa 90 % der Atome der Sonne sind Wasserstoffatome.

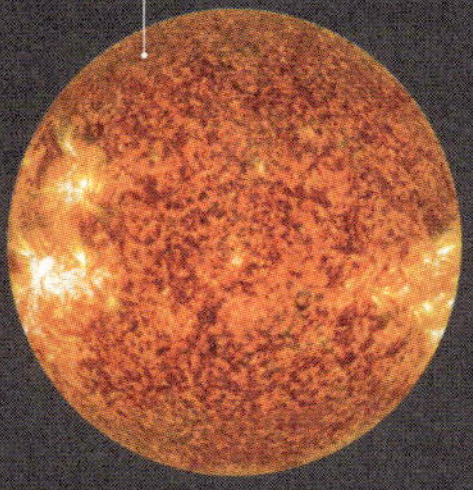

SONNE

Die Jupiteratmosphäre enthält viel Wasserstoffgas.

JUPITER

Leicht und brennbar
Wasserstoff ist farb- und geruchlos und hat die geringste Dichte aller Gase. Da er leicht entflammbar ist, muss man ihn sehr vorsichtig handhaben. Auf der Erde ist er als freies Element relativ selten, aber in der Sonne und den Riesenplaneten Jupiter und Saturn ist er reichlich vorhanden.

Wasserstoff, das einfachste und häufigste Element im Universum, ist der Brennstoff der Sterne. Er ist ein Hauptbestandteil von Wasser und für das Leben unerlässlich, auch wenn er in reiner Form auf der Erde selten ist.

1520 beschrieb der Schweizer Arzt und Alchemist Paracelsus ein brennbares Gas, das aufstieg, wenn man Eisenspäne in Schwefelsäure gab. Der irische Wissenschaftler Robert Boyle, ein Pionier der Experimentalwissenschaft, beobachte 1671 dasselbe Phänomen. Aber erst 1766 sammelte der englische Chemiker Henry Cavendish die Blasen und erkannte, dass es ein neues Gas war.

Cavendish zeigte auch, dass bei der Verbrennung des Gases Wasser entsteht. Daher nannte der französische Chemiker Antoine Lavoisier 1783 das neue Element Hydrogenium nach den griechischen Worten für »Wasserbildner«. Lavoisier experimentierte damit, Sauerstoff und Wasserstoff zu Wasser zu verbinden und es wieder aufzuspalten, wobei seine Frau Marie-Anne alles mit detaillierten Illustrationen dokumentierte. Ihre Forschungen bestätigten, dass Wasser kein Element ist. Sowohl Cavendish als auch Lavoisier berechneten die Anteile von Wasserstoff und Sauerstoff in den Verbindungen.

Stellarer Brennstoff

Wasserstoff ist der Hauptbrennstoff der Sterne, auch unserer Sonne. Durch Kernfusion verbinden sich Wasserstoffkerne (Protonen) und setzen dabei große Energiemengen frei. Dabei entstehen auch schwerere Elemente wie Helium, Kohlenstoff und Sauerstoff, die für die Entstehung der erdähnlichen Planeten (Merkur, Venus, Erde und Mars) und für das Leben selbst unerlässlich sind.

Wie die Sonne bestehen die Riesenplaneten Jupiter und Saturn vor allem aus Wasserstoff und Helium. Tief in der Jupiteratmosphäre sind Druck und Temperatur so hoch, dass das Gas zu einer Flüssigkeit komprimiert wird. Demnach hat der Jupiter den größten Ozean im

ATOMSTRUKTUR

Wasserstoff hat mit nur einem Proton und einem Elektron die einfachste Struktur aller Elemente. Die erste Schale nimmt maximal zwei Elektronen auf, sodass Wasserstoffatome in chemischen Reaktionen ein Elektron aufnehmen, abgeben oder mit anderen Atomen teilen können, um eine stabile Konfiguration zu erreichen. Wasserstoff bildet daher eine Vielzahl von kovalenten und ionischen Verbindungen (siehe S. 116 und S. 158).

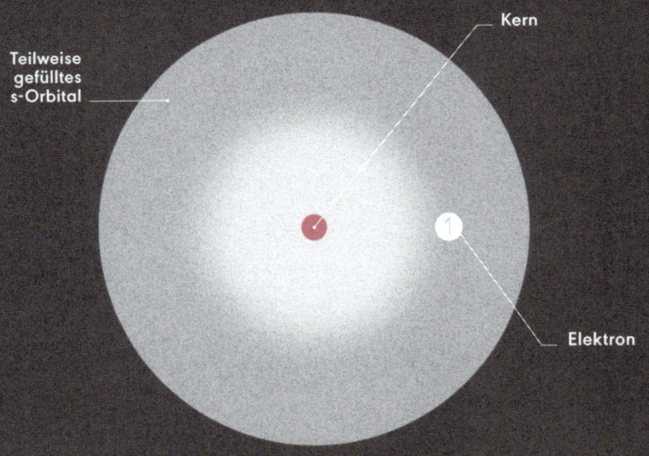

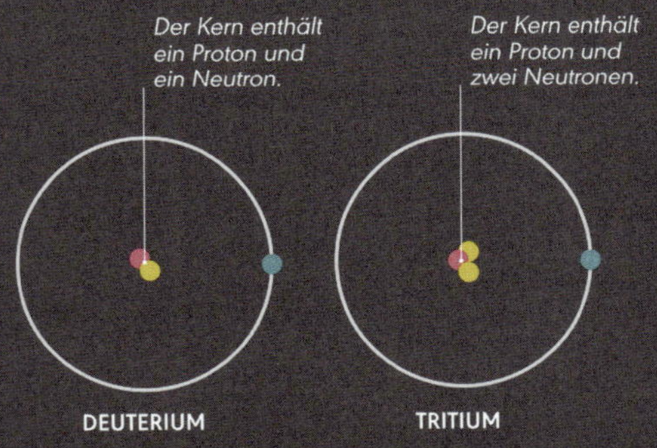

Isotope

Bei über 99,9 % des natürlichen Wasserstoffs auf der Erde besteht der Kern nur aus einem einzigen Proton, aber es gibt auch zwei schwerere Isotope. Deuterium hat ein Proton und ein Neutron und macht etwa 0,02 % aus. Tritium mit einem Proton und zwei Neutronen ist radioaktiv und kommt nur in geringen Mengen vor.

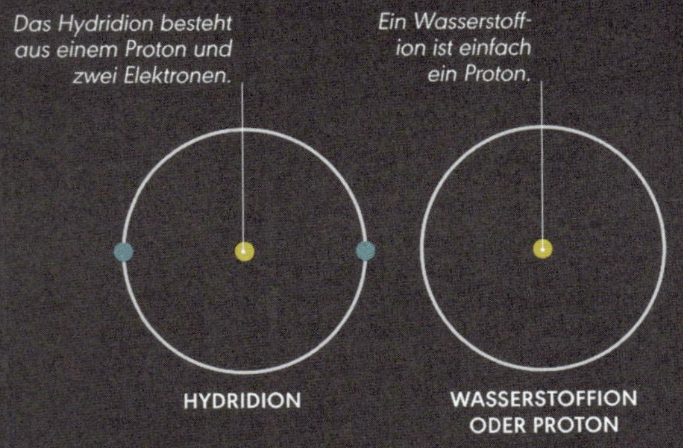

Ionen

Wasserstoff kann ein Elektron aufnehmen oder abgeben, sodass die 1s-Schale ganz voll bzw. leer ist. Das Hydridion ist ein hochreaktives, negatives Teilchen, das man oft für chemische Synthesen nutzt. Das positive Wasserstoffion ist das Teilchen, das Säuren sauer macht.

Molekularer Wasserstoff

Wasserstoffgas liegt als zweiatomiges Molekül H_2 vor. Die Atome teilen sich je ein Elektron für eine kovalente Bindung. Damit haben beide Atome eine volle 1s-Schale.

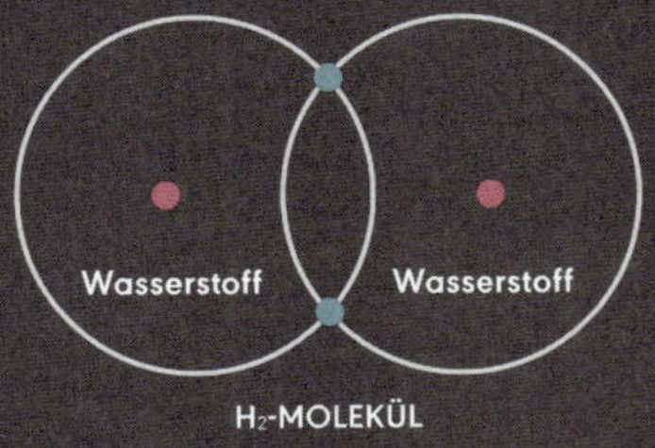

WASSERSTOFFBRÜCKENBINDUNGEN

Wasserstoffbrücken entstehen in Wasser zwischen dem Wasserstoffatom in einem Molekül und dem Sauerstoffatom in einem anderen. Grundlage dafür ist die Elektronegativität der Atome (ihre Neigung, Elektronen anzuziehen), die zu einem Ladungsunterschied zwischen den beiden Atomen führt. Diese entgegengesetzten Ladungen ziehen sich gegenseitig an.

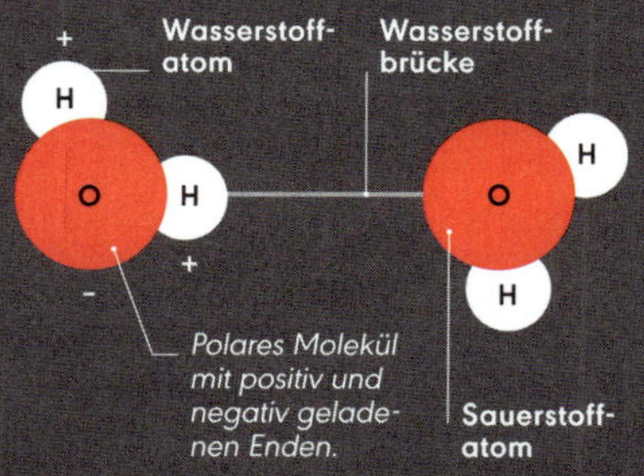

Wasserstoffbrücken in Eis und Wasser

Aufgrund von Wasserstoffbrücken gefriert Wasser in einer Kristallstruktur, wodurch Eis eine geringere Dichte als Wasser hat und darauf schwimmt.

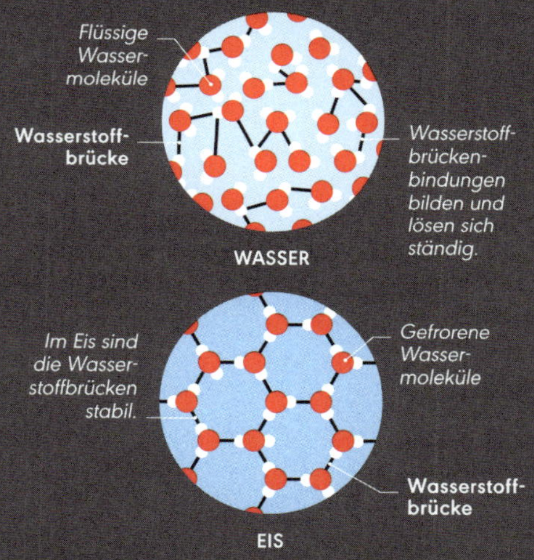

WARUM WASSER SO VIELE STOFFE LÖSEN KANN

Da Wasser ein polares Molekül ist, mit einem positiv geladenen und einem negativ geladenen Ende, zieht es Ionen und andere polare Moleküle an. Die Anziehungskraft kann stark genug sein, um Stoffe aufzuspalten, etwa wenn sich Salz in Wasser auflöst.

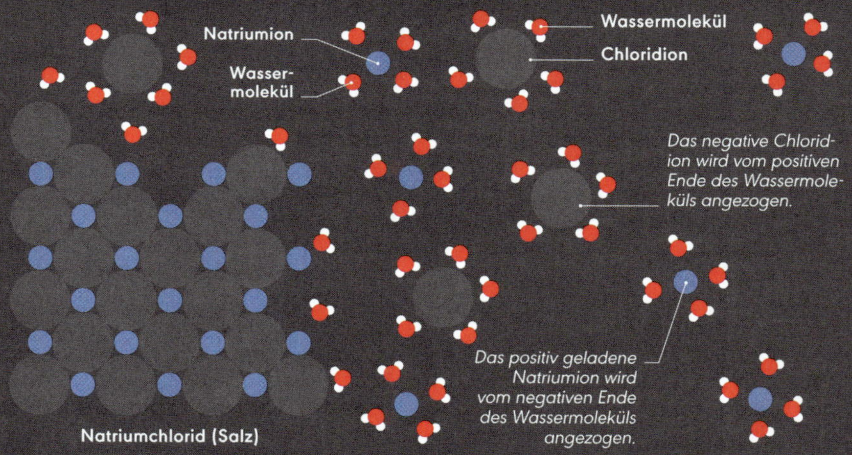

SÄUREN UND BASEN (LAUGEN)

Säuren sind Stoffe, die bei der Auflösung in Wasser Wasserstoffionen (H^+; Wasserstoffatome, denen das Elektron entzogen wurden) bilden. Dagegen bilden Basen in Wasser Hydroxidionen (OH^-; jeweils ein Sauerstoffatom, das an ein Wasserstoffatom gebunden ist).

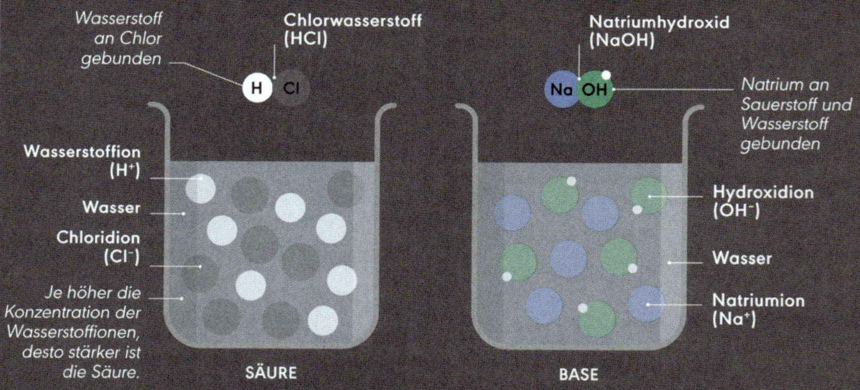

Sonnensystem – allerdings aus Wasserstoff statt aus Wasser. Auf der Erde hingegen kommt elementarer Wasserstoff weder in der Kruste noch in der Atmosphäre in nennenswerten Mengen vor, aber als Bestandteil von Wasser und organischen Substanzen.

Bindung für das Leben

Die Eigenschaften von Wasserstoff sind entscheidend für das Verhalten von Wasser. Wasserstoffbrückenbindung (siehe oben) ist eine zwischenmolekulare Anziehung zwischen Wasserstoff und elektronegativen Atomen, etwa dem Sauerstoff im Wassermolekül. Sie gibt dem Wasser »Klebrigkeit«, ohne die es bei Raumtemperatur ein Gas wäre.

Wasserstoffbrücken sind auch der Grund für die »Dichteanomalie«: Eis hat eine geringere Dichte als Wasser. Wenn Wasser gefriert, ordnen sich die Moleküle in einem Muster an, das mehr Raum einnimmt als die flüssige Phase. Da Eis dadurch schwimmt, isoliert es Gewässer und schützt das Leben im Wasser. Eis auf der Meeresoberfläche reflektiert Sonnenlicht, sodass das Wasser weniger Licht absorbiert, was zur Regulierung der Temperatur und damit des Klimas beiträgt.

Überall vorhanden

Wasserstoff ist ein Baustein in fast allen auf Kohlenstoff basierenden Stoffen des Lebens: Kohlenhydrate, Proteine, Fette und Nukleinsäuren. Viele funktionelle Gruppen (Atomgruppen, die charakteristische Reaktionen ermöglichen) ent-

VERWENDUNG VON WASSERSTOFF

Wasserstoff ist ein vielseitiges Element, das man in vielen industriellen Prozessen nutzt, auch in der globalen Lebensmittelindustrie. Es könnte eine wichtige Rolle in Technologien zur Emissionsreduzierung und zur Erzeugung sauberer Energie spielen.

LUFTSCHIFF DER US NAVY

TRANSPORT
Wasserstoff ist viel leichter als Luft und wurde einst zum Transport von Passagieren und für militärische Zwecke in riesigen Luftschiffen eingesetzt. Seine Entflammbarkeit führte jedoch zu mehreren schweren Unfällen, darunter die *Hindenburg*-Katastrophe von 1937.

SÄUREN
Wasserstoffionen charakterisieren alle Säuren, seien es natürliche Säuren wie die Salzsäure im Magen oder Säuren, die in industriellen Prozessen hergestellt werden, wie beispielsweise Schwefelsäure.

RAKETENSTART

RAKETENTREIBSTOFF
Flüssiger Wasserstoff ist ein leichter und effizienter Brennstoff, der seit den Anfängen der Weltraumforschung als Treibstoff verwendet wird.

SAUBERE ENERGIE
Wasserstoff hat Potenzial als saubere Energiequelle. Forscher entwickeln Brennstoffzellen und andere Technologien zur Energieversorgung von Fahrzeugen und Gebäuden.

CHEMIEFABRIK

DÜNGEMITTEL
Wasserstoff reagiert im Haber-Bosch-Verfahren mit Stickstoff zu Ammoniak, das für die Herstellung von Düngemitteln unerlässlich ist.

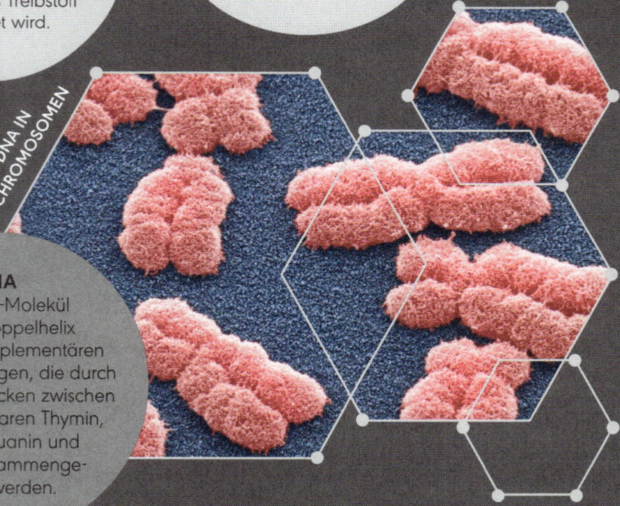

DNA IN CHROMOSOMEN

DNA
Das DNA-Molekül ist eine Doppelhelix aus zwei komplementären Nukleotidsträngen, die durch Wasserstoffbrücken zwischen den Basenpaaren Thymin, Adenin, Guanin und Cytosin zusammengehalten werden.

halten Wasserstoff, darunter Alkohole und Carbonsäuren. Wasserstoffbrücken stabilisieren die Doppelhelixstruktur der DNA-Stränge und viele Biomoleküle.

Wasser kann eine sehr große Vielfalt von Stoffen lösen und ermöglicht in biologischen Systemen Stoffwechselreaktionen und den Transport von Nähr- und Abfallstoffen. In Pflanzen fließt Wasser von den Wurzeln über das zentrale Xylem zu den Blättern, und dank der Wasserstoffbrücken bildet Wasser im Xylem eine zusammenhängende Säule, die entgegen der Schwerkraft nach oben gezogen werden kann.

Schweres Wasser
In seiner häufigsten Form hat Wasserstoff nur ein Proton im Kern und ein Elektron. 1931 fand der US-amerikanische Chemiker Harold Urey, dass ein kleiner Anteil von Wasserstoff doppelt so schwer ist wie erwartet. Dies blieb bis zur Entdeckung der Neutronen im folgenden Jahr ein Rätsel. Es stellte sich heraus, dass es Wasserstoff, wie andere Elemente auch, in mehreren Varianten mit verschieden vielen Neutronen im Kern gibt: den Isotopen (siehe S. 103). Urey hatte Deuterium entdeckt, das neben dem Proton ein Neutron hat. Ein weiteres Isotop, Tritium, hat ein Proton und zwei Neutronen. Schweres Wasser aus zwei Deuteriumatomen und einem Sauerstoffatom bremst in Kernreaktoren die Geschwindigkeit der Neutronen.

Reaktives Nichtmetall

N

Stickstoff

Elektronenkonfiguration

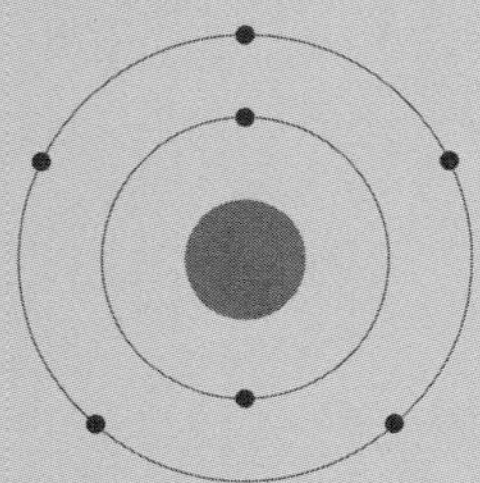

Ordnungszahl

7

Atommasse

14,01

Dichte

1,2 g/l

Radius

155 pm

Aggregatzustand

Gasförmig

Siedepunkt

−196 °C

Entstehung

Fusion im Kern von Sternen

Anteil an der Erdkruste

1,9 ppm

Atmosphärisch und vulkanisch

Stickstoff ist bei Raumtemperatur ein farb-, geschmack- und geruchloses Gas und sehr reaktionsträge. Industriell wird er vor allem durch die Destillation von Luft isoliert, kommt aber auch in vulkanischen Gasen und Mineralquellen vor. Im Mineral Salpeter sind Stickstoffatome als Nitrationen an Sauerstoffatome gebunden.

Stickstoff ist das häufigste Element in der Erdatmosphäre. Auch wenn wir Stickstoff nicht atmen können, ist er für unseren Körper und für die Ökosysteme, von denen alle Lebewesen abhängig sind, unverzichtbar.

Stickstoff ist zwar Bestandteil aller Lebewesen, unterstützt aber kein sauerstoffatmendes Leben. Daher gab ihm 1787 der französische Chemiker Antoine Lavoisier den Namen Azote, abgeleitet vom Griechischen *a* (»ohne«) und *zoe* (»Leben«). Der deutsche Name verweist darauf, dass Stickstoff Flammen (und Lebewesen) erstickt. Der lateinische Name Nitrogenium und das Symbol N vom griechischen *nitron* (»Laugensalz, Salpeter«) und *-gen* (»formen«) abgeleitet, verweisen auf die Bildung von Salpeter (Kaliumnitrat).

Stickstoff wurde entdeckt, als man die Beschaffenheit der Luft erforschte. 1772 trennte der deutsch-schwedische Chemiker Carl Wilhelm Scheele die Luft in zwei Teile: Ein Teil, die »Feuerluft« oder »Vitriolluft«, unterstützte Verbrennung (es war Sauerstoff), der andere Teil, »verdorbene Luft«, blieb nach der Verbrennung übrig. In demselben Jahr isolierte der schottische Chemiker Daniel Rutherford einen neuen Stoff. Nachdem er (durch Abbrennen einer Kerze) allen Sauerstoff aus einem Gefäß entfernt hatte, löste er das Kohlendioxid (das er »fixe Luft« nannte), sodass »schädliche Luft« übrig blieb – überwiegend Stickstoff.

Biogeochemischer Kreislauf

Elementarer Stickstoff ist farb- und geruchlos und aufgrund der starken Dreifachbindungen zwischen den beiden Stickstoffatomen (siehe unten) äußerst reaktionsarm. Die Atmosphäre besteht zu etwa 78 % aus Stickstoff. Während sich der Sauerstoffgehalt der Luft in der Erdgeschichte enorm verändert hat, ist der Stickstoffgehalt relativ konstant geblieben, weil Stickstoff durch verschiedene Prozesse durch die

WARUM STICKSTOFF EIN GAS IST

Einzelne Stickstoffatome werden durch eine starke Dreifachbindung, die aus ihren drei ungepaarten 2p-Elektronen hervorgeht, zu einem N_2-Molekül verbunden. Untereinander sind diese Moleküle jedoch nur durch schwache zwischenmolekulare Kräfte gebunden, die sich durch sehr wenig Energie aufbrechen lassen, sodass die thermische Energie bei Raumtemperatur ausreicht, um die einzelnen Moleküle zu trennen und Stickstoff zu einem Gas zu machen.

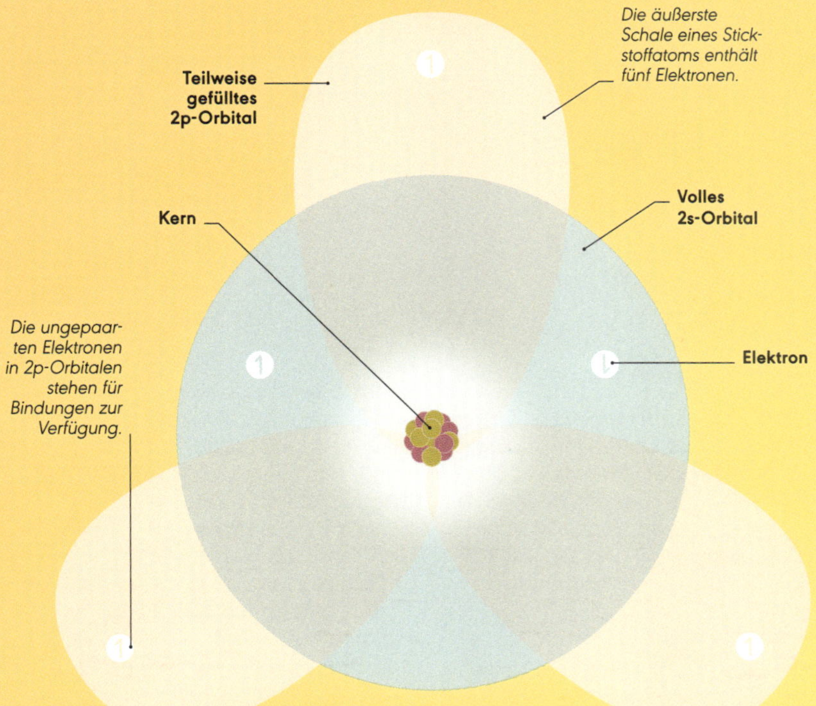

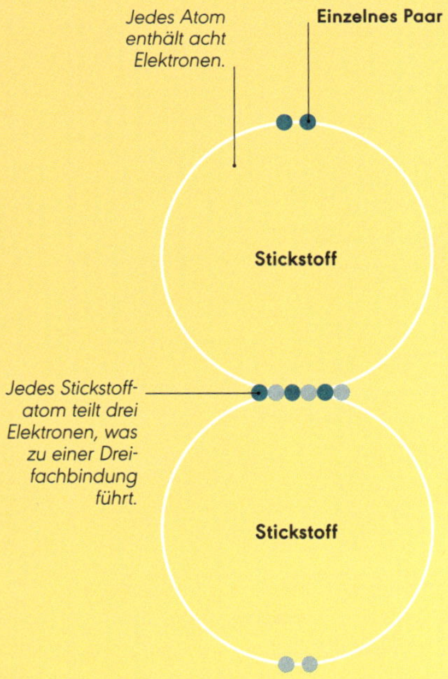

Die Dreifachbindung des Stickstoffs
Mit drei ungepaarten Elektronen in den 2p-Orbitalen kann Stickstoff drei kovalente Bindungen eingehen. Zwischen zwei Stickstoffatomen werden jeweils drei Elektronen der beiden Atome gemeinsam genutzt, wodurch eine sogenannte Dreifachbindung entsteht. Diese Bindung ist sehr stabil und hat eine niedrige Energie, sodass bei Reaktionen, bei denen Stickstoffgas entsteht, enorme Energiemengen durch die Bildung der Dreifachbindungen freigesetzt werden.

DER STICKSTOFFKREISLAUF

Über den Stickstoffkreislauf erhalten Lebewesen Zugang zu essenziellem Luftstickstoff. Pflanzenwurzeln nehmen Stickstoff auf, und Bakterien erzeugen aus totem Pflanzenmaterial Ammoniak (NH_3). Bodenbakterien wandeln diesen in Nitrate um. Zudem entstehen in der Atmosphäre bei Blitzeinschlägen Stickoxide, die weiter zu Nitraten oxidiert werden und nach Gewittern niederregnen. Pflanzen verarbeiten die Nitrate zu Proteinen und DNA, die von Tieren gefressen werden, was sie mit Stickstoff versorgt. Andere Bakterien zersetzen tote Pflanzen und Tiere und setzen dabei Stickstoff wieder frei.

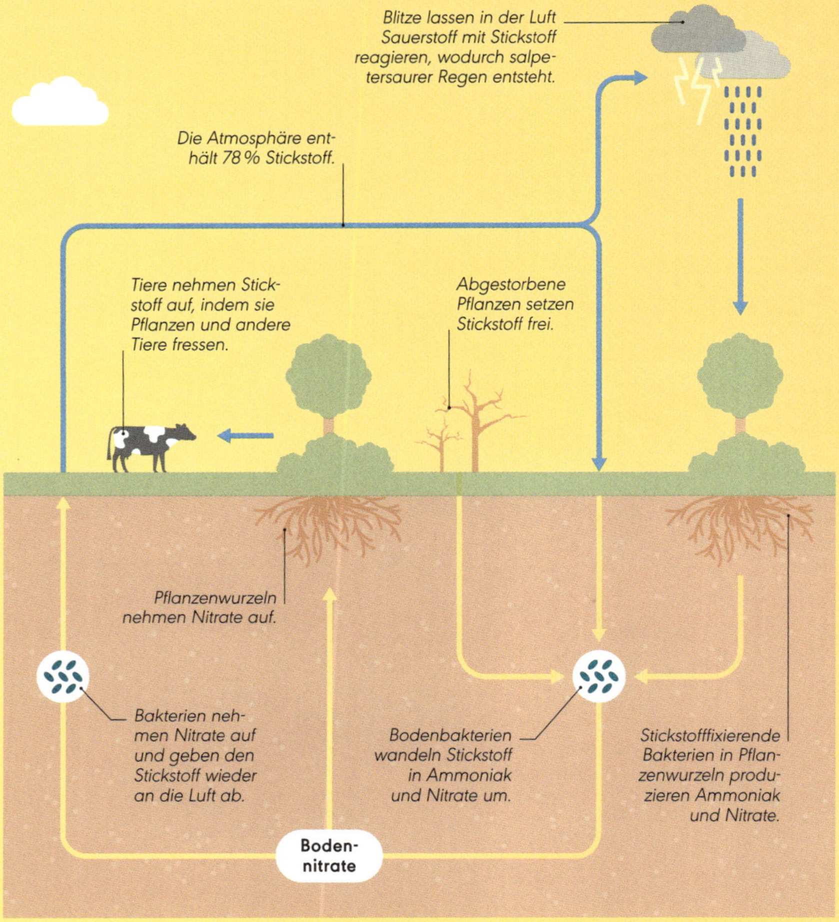

VERWENDUNG VON STICKSTOFF

Stickstoff ist leicht verfügbar und nicht reaktiv und findet so zahlreiche Anwendungen. Der meiste Teil des kommerziell produzierten Stickstoffs geht in Düngemittel, Farbstoffe, Medikamente und Sprengstoffe, aber man konserviert mit ihm auch Lebensmittel und friert Leichen ein.

RASCHES EINFRIEREN

Medizinische Einrichtungen konservieren in flüssigem Stickstoff Blut, Knochenmark und andere Gewebe, auch Spermien, Eizellen und Embryonen für Fruchtbarkeitsbehandlungen. In der Kryonik werden Leichen mit flüssigem Stickstoff eingefroren, in der vagen Hoffnung auf Wiederbelebung.

GEFRORENE ZELLEN

AIRBAGS

Airbags in Autos verwenden Natriumazid, eine Verbindung aus Natrium und Stickstoff. Wenn der Airbag ausgelöst wird, zersetzt sich die Verbindung schnell und setzt Stickstoffgas frei, das den Airbag aufbläst.

Gesteinsschichten und die Atmosphäre recycelt wird. In der Frühgeschichte der Erde wurde Stickstoff durch Vulkanismus aus dem Erdinneren freigesetzt. Anderseits wandeln Blitze den Luftstickstoff in Nitrate um, die mit dem Regen fallen und vom Boden aufgenommen werden.

Vor etwa 2,5 Milliarden Jahren entwickelten sich sauerstoffproduzierende Mikroben, die Ammoniak mit Sauerstoff zu Nitraten verbanden, die für Pflanzen und Tiere lebenswichtig sind. Dies war der Beginn des Stickstoffkreislaufs (siehe oben), der die heutigen Ökosysteme der Erde unterstützt, indem er den Stickstoff der Luft in für Lebewesen nutzbare Formen umwandelt. Der menschliche Körper besteht zu etwa 3 % aus Stickstoff, und Stickstoff ist nach Sauerstoff, Kohlenstoff und Wasserstoff das vierthäufigste Element im Körper.

Lebensmittel und Blumen

Stickstoff ist eines der wichtigsten Elemente in der organischen Chemie. Er kommt in allen Organismen vor, vor allem in Aminosäuren (den Bausteinen von Proteinen), in Nukleinsäuren (DNA und RNA) und in Adenosintriphosphat (ATP), das Energie speichert und überträgt. Stickstoff ist ein Hauptbestandteil zahlreicher Hormone, etwa Adrenalin, und von Vitaminen wie B3 und B6.

Pflanzen nehmen Stickstoff aus dem Boden in Form von Ammoniak und Nitraten auf, die von stickstofffixierenden Bakterien und anderen Prozessen im Stickstoffkreislauf produziert werden. Hülsenfrüchte wie Bohnen und Erbsen

SPRENGSTOFF
Stickstoff ist ein wesentlicher Bestandteil der Sprengstoffe TNT (Trinitrotoluol) und Nitroglyzerin.

DÜNGER
Stickstoff ist ein Ausgangspunkt der Ammoniakproduktion nach dem Haber-Bosch-Verfahren, mit dem Düngemittel wie Harnstoff, Ammoniumnitrat und Ammoniumsulfat hergestellt werden. Sie alle spielen eine wichtige Rolle in der Landwirtschaft.

KÄLTEMITTEL
Stickstoffhaltiges Ammoniak wird in industriellen Kältesystemen verwendet, weil es beim Verdampfen viel Wärme aufnehmen kann.

FARBSTOFFE
Azofarbstoffe enthalten zwei Stickstoffatome, die durch eine Doppelbindung verbunden sind. Sie färben Textilien, Lederartikel und einige Lebensmittel leuchtend rot, gelb und orange.

LEBENSMITTEL-VERPACKUNGEN
Stickstoff sorgt in Lebensmittelverpackungen für eine inerte Atmosphäre. Dies verhindert das Verderben durch Oxidation.

DNA UND RNA
Stickstoff ist ein Schlüsselelement der Basen, die genetische Informationen in DNA und RNA speichern. Durch Stickstoff können die Basen komplementäre Paare bilden, die die beiden DNA-Stränge zusammenhalten.

haben eine symbiotische Beziehung zu stickstofffixierenden Bakterien, den Rhizobien, die in ihren Wurzeln Knöllchen bilden und Luftstickstoff in Ammoniak umwandeln. Zudem ist Stickstoff ein wichtiger Bestandteil von Chlorophyll, mit dem Pflanzen Sonnenlicht durch Fotosynthese in Energie umwandeln.

Alkaloide sind natürlich vorkommende Stickstoffverbindungen mit vielfältigen wichtigen physiologischen Wirkungen. Sie kommen in Pilzen und Pflanzen vor, besonders häufig in einigen Blütenpflanzen wie Mohn, Butterblumen, Amaryllis und Nachtschattengewächsen.

Industrielle Bedeutung

Stickstoff ist zentral für eine der wichtigsten Entwicklungen der chemischen Industrie des 20. Jh.: das Haber-Bosch-Verfahren zur Ammoniakherstellung. Stickstoff und Wasserstoff reagieren zu Ammoniak in einer reversiblen Reaktion. Unter Normalbedingungen stellt sich ein Gleichgewicht (zwischen Vorwärts- und Rückwärtsreaktion) mit wenig Ammoniak ein. Hohe Temperaturen und Drücke sowie ein Eisenkatalysator verschieben das Gleichgewicht zugunsten des Ammoniaks. Das entsprechende Verfahren des deutschen Chemikers Fritz Haber machte die Herstellung von Ammoniak wirtschaftlich. Ein anderer Deutscher, der Ingenieur Carl Bosch, überführte es in den großtechnischen Maßstab. So konnte man künstliche Düngemittel herstellen, die die landwirtschaftlichen Erträge steigerten und einen Bevölkerungsboom ermöglichten.

Reaktives Nichtmetall

O

Sauerstoff

Elektronenkonfiguration

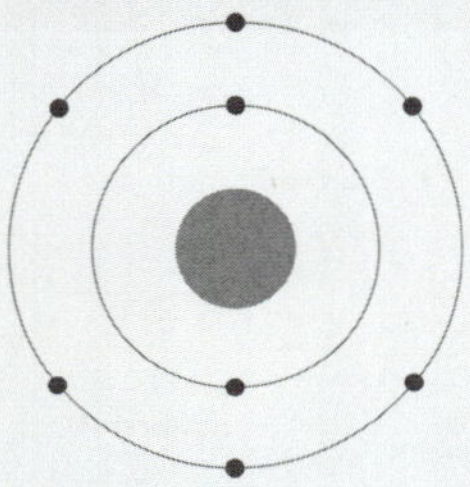

Ordnungszahl

8

Atommassen
15,99

Dichte
1,4 g/l

Radius
152 pm

Aggregatzustand
Gasförmig

Siedepunkt
−183 °C

Entstehung
Supernovae massiver Sterne

Anteil an der Erdkruste
46 %

In flüssiger Form erscheint Sauerstoff blassblau.

REINER SAUERSTOFF

Häufiges Element
Sauerstoff ist das häufigste Element in der Erdkruste; er ist Bestandteil der größten Mineralgruppe, der Silikate. In der Atmosphäre ist er ein farbloses Gas und das zweithäufigste Element.

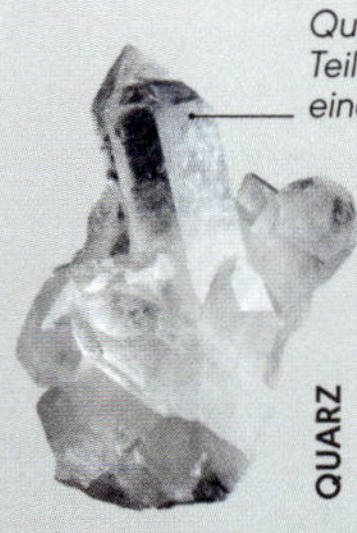

Quarz besteht aus zwei Teilen Sauerstoff und einem Teil Silizium.

QUARZ

Chrysoberyll ist ein goldgelbes Berylliumaluminiumoxid.

CHRYSOBERYLL

Saphir ist eine Edelsteinart des Aluminiumoxid-Minerals Korund.

SAPHIR

Das geruch- und geschmacklose Gas ist für fast alle Organismen lebenswichtig und macht 61 % der Masse des menschlichen Körpers aus.

Vor über 500 Jahren erkannte der Universalgelehrte Leonardo da Vinci, dass Luft einen Bestandteil enthält, der für Lebewesen essenziell ist und ohne den eine Flamme nicht brennt. 1604 beschrieb der polnische Alchemist Michał Sędziwój (latinisiert: Michael Sendivogius) diesen lebensspendenden Stoff als »philosophisches Salz« und »Wasser, das die Hände nicht benässt«. Sędziwój vermutete, dass der Stoff beim Erhitzen von Salpeter entsteht.

Sędziwójs Ideen waren den Entdeckern des Sauerstoffs, dem englischen Chemiker Joseph Priestley und dem französischen Chemiker Antoine Lavoisier, bekannt. Über ein Jahrhundert lang hatte man fälschlich gedacht, dass die Verbrennung auf einer Substanz, dem Phlogiston, beruht, die in allem Brennbaren enthalten ist. Das schwerelose, farblose und geruchlose Phlogiston würde beim Verbrennen frei und von der Luft aufgenommen werden. 1774 isolierte Priestley durch die Erhitzung von Quecksilberoxid Sauerstoffgas, das er aber »dephlogistierte Luft« nannte.

Lavoisier entdeckte, dass die Verbrennung tatsächlich die Reaktion eines Brennstoffs mit einem neuen Element ist. Er nannte dieses neue Element Oxygène von griechisch *oxy-gene* (»säurebildend«), weil er es für die Basis aller Säuren hielt. Der schwedische Chemiker Carl Wilhelm Scheele hatte einige Jahre zuvor ebenfalls Sauerstoff hergestellt, aber dies erst 1777 veröffentlicht.

Eine magische Zahl

Sauerstoff ist das dritthäufigste Element im Universum, nach Wasserstoff und Helium. Sauerstoff-16, das häufigste Isotop, ist aufgrund seiner Kernstruktur besonders stabil. Aus quantenmechanischen Gründen sind Kerne mit einer

DIE DOPPELBINDUNG DES SAUERSTOFFS

Molekularer Sauerstoff hat die chemische Formel O_2 mit zwei Sauerstoffatomen, die durch zwei kovalente Bindungen miteinander verbunden sind. Da jedes Atom zwei ungepaarte 2p-Elektronen besitzt, erreichen sie durch die gemeinsame Nutzung dieser Elektronen stabile, abgeschlossene Schalen. Diese Doppelbindung ist extrem stark und schwer zu brechen.

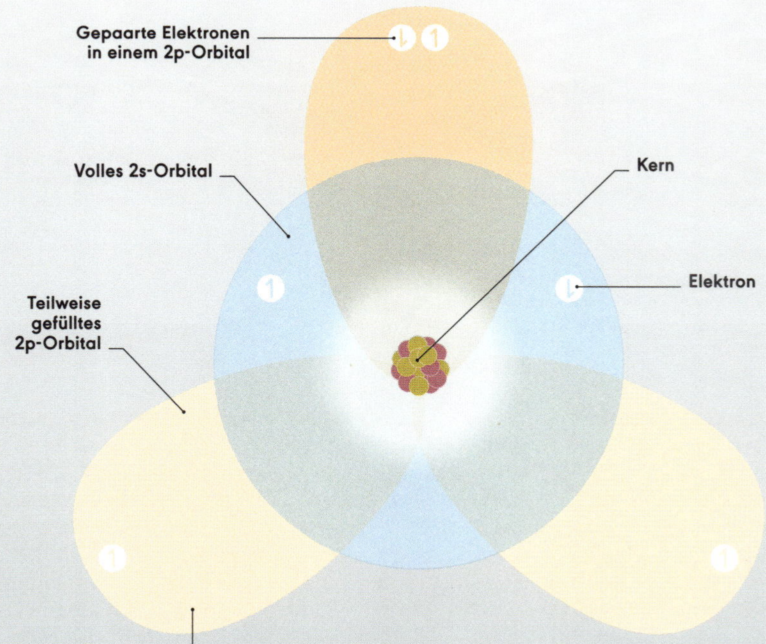

Die beiden teilweise gefüllten 2p-Orbitale ermöglichen es jedem Atom, zwei Bindungen einzugehen.

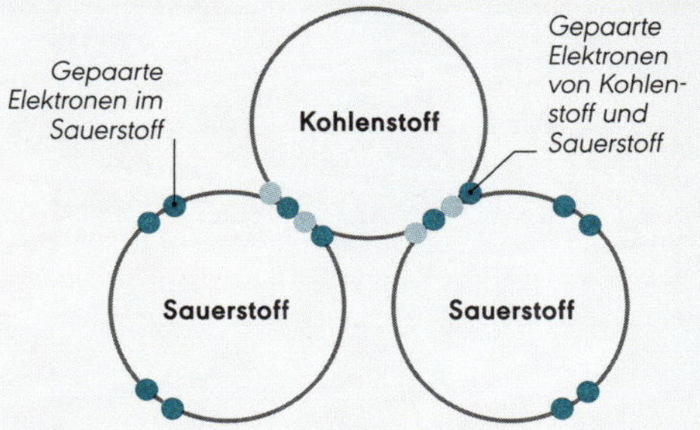

Kohlendioxid (CO_2)

Ein Sauerstoffatom kann zwei Elektronen mit einem Kohlenstoffatom für eine Doppelbindung teilen. Da Kohlenstoff vier Bindungen bildet, enthält das CO_2-Molekül zwei Sauerstoffatome mit Doppelbindungen zum zentralen Kohlenstoffatom.

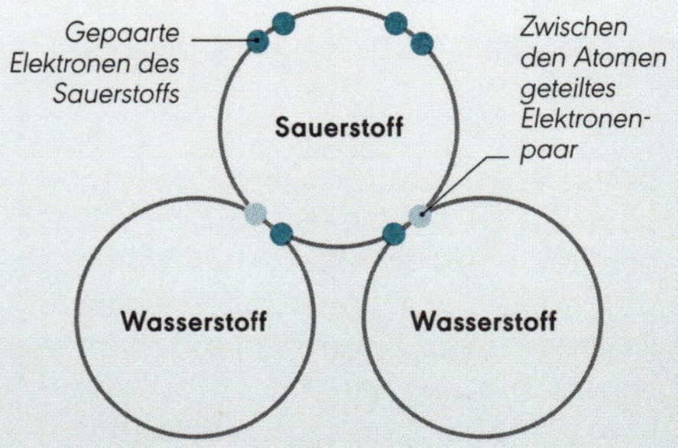

Wasser (H_2O)

Da ein Wasserstoffatom nur eine Bindung eingehen kann, muss jedes Sauerstoffatom zwei Wasserstoffatome binden, um die stabile Konfiguration von acht Elektronen (Oktett) zu erreichen. Daher lautet die chemische Formel für Wasser H_2O.

REDOXREAKTIONEN (REDUKTIONS-OXIDATIONS-REAKTIONEN)

Verbrennung, Rostbildung und Fotosynthese sind gängige Beispiele für Redoxreaktionen. Sie beinhalten die Übertragung von Elektronen zwischen zwei Substanzen. Dabei gibt eine Substanz Elektronen ab, was ihre Oxidationszahl (ein Hinweis auf die Ladung) erhöht: Die Substanz wird oxidiert. Eine andere Substanz nimmt Elektronen auf und ihre Oxidationszahl sinkt: Sie wird reduziert.

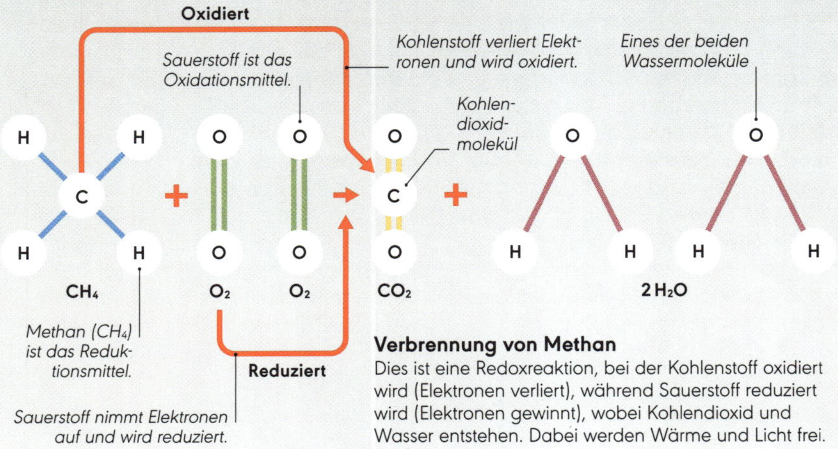

Verbrennung von Methan
Dies ist eine Redoxreaktion, bei der Kohlenstoff oxidiert wird (Elektronen verliert), während Sauerstoff reduziert wird (Elektronen gewinnt), wobei Kohlendioxid und Wasser entstehen. Dabei werden Wärme und Licht frei.

EINE ATEMBARE ATMOSPHÄRE

Die frühe Erdatmosphäre war reich an Kohlendioxid (CO_2) und enthielt geringere Mengen anderer Gase, freier Sauerstoff fehlte aber. Als sich die Cyanobakterien entwickelten, begannen sie, aus Sonnenlicht, Kohlendioxid und Wasser durch Fotosynthese ihre Nahrung herzustellen. Als Nebenprodukt entstand Sauerstoff, der das heutige Leben ermöglicht.

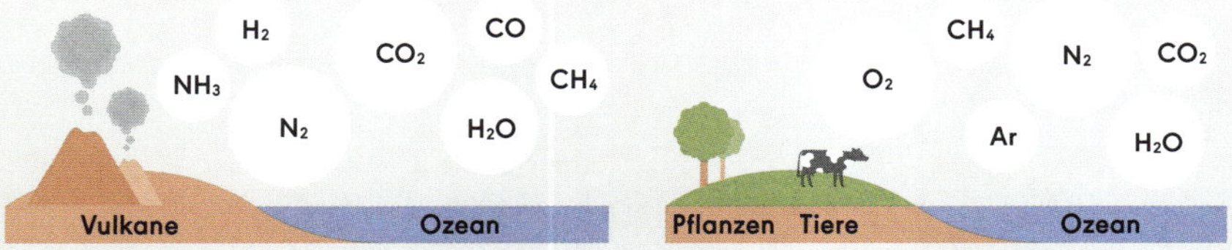

Frühe Erde
Vulkanismus setzte Wasserdampf, CO_2, Stickstoff, Methan und Ammoniak frei, die mit dem wenigen Sauerstoff reagierten und ihn verbrauchten.

Zunehmender Sauerstoffgehalt
Fotosynthese erhöht den Sauerstoffgehalt auf 21 %. Diese Atmosphäre ermöglicht aerobes Leben und oxidierende Reaktionen.

VERWENDUNG VON SAUERSTOFF

Neben seiner fundamentalen Rolle für das Leben hat Sauerstoff eine Vielzahl von Anwendungen in der Industrie, der Medizin, der Luft- und Raumfahrt sowie vielen Forschungsbereichen. Er ist unerlässlich für die Herstellung von Stahl, Kunststoffen, Textilien und Chemikalien.

STAHL-INDUSTRIE
Reiner Sauerstoff wird bei der Herstellung von kohlenstoffreichem Stahl verwendet, um Verunreinigungen zu entfernen. Dieses Verfahren gab den Anstoß für die industrielle Revolution. In Tansania hatte das Volk der Haya jedoch bereits seit Jahrhunderten Kohlenstoffstahl durch Anblasen des Eisenerzes mit heißer Luft hergestellt.

BEATMUNGS-GERÄTE
Über eine Maske oder einen Schlauch in der Luftröhre führen sie Luft in die Lunge und wieder hinaus, damit der Körper Sauerstoff aufnehmen und Kohlendioxid abgeben kann.

bestimmten Zahl von Kernteilchen (2, 8, 20, 28, 50, 82, 126 und 184), die man »magische Zahlen« nennt, besonders stabil. Sauerstoff-16 ist mit 8 Protonen und 8 Neutronen sogar ein »doppelt magischer« Kern. Dass das Isotop so häufig ist, liegt außerdem daran, dass es in Sternen am Ende der Heliumfusionsphase entsteht. In einer späteren Lebensphase der Sterne wird Sauerstoff-16 selbst fusioniert und liefert Energie für den Stern, wenn andere Energiequellen erschöpft sind.

Der Hauch des Lebens

Erstes Leben entstand vor etwa 3,7 Milliarden Jahren, aber diese frühen Einzeller waren anaerob: Sie benötigten keinen Sauerstoff. Die Cyanobakterien, die vor mindestens 2,4 Milliarden Jahren auftraten, waren die ersten Organismen, die durch Fotosynthese (siehe oben) freien Sauerstoff in die Atmosphäre einführten. Dies bereitete die Grundlage für die spätere Ausbreitung und Evolution vielzelliger Tiere in der sogenannten kambrischen Explosion vor etwa 500 Millionen Jahren, als genug Sauerstoff verfügbar war, um eine Vielzahl komplexer, sauerstoffatmender Organismen zu unterstützen.

Vor etwa 300 Millionen Jahren erreichte der Sauerstoffgehalt der Luft nach einer langen Zeit der Fotosynthese durch Pflanzen und Cyanobakterien einen Höchststand von 35 %. Ein Massenaussterben u. a. der meisten Pflanzen ließ ihn wieder stark sinken und er schwankte noch mehrfach, bis er sich bei den heutigen 21 % stabilisierte.

PLASTIKHERSTELLUNG
Ethylen reagiert in Gegenwart eines Silberkatalysators mit Sauerstoff, wobei Ethylenoxid entsteht. Dieses wird in Ethylenglykol umgewandelt, den Rohstoff für die Polyesterherstellung.

PALÄOKLIMATOLOGIE
Luft- und Wasserproben aus uralten Gletschern helfen, die Klimageschichte zu erforschen. Durch die Messung der stabilen Isotope Sauerstoff-16 und Sauerstoff-18, deren Verhältnis sich in Abhängigkeit von den Umweltbedingungen ändert, kann man vergangene Temperaturen und Niederschläge rekonstruieren.

RAKETENTREIBSTOFF
Flüssiger Sauerstoff ist das Oxidationsmittel für den Antrieb von Raketen im Weltraum, wo es keine Luft gibt, um durch Verbrennung eines Brennstoffs Schub zu erzeugen.

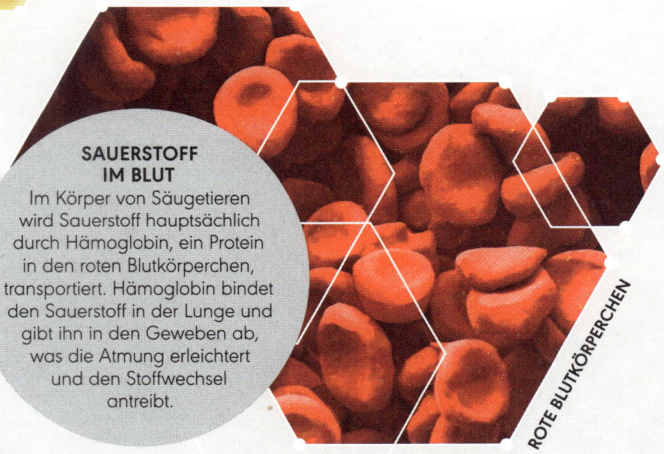

SAUERSTOFF IM BLUT
Im Körper von Säugetieren wird Sauerstoff hauptsächlich durch Hämoglobin, ein Protein in den roten Blutkörperchen, transportiert. Hämoglobin bindet den Sauerstoff in der Lunge und gibt ihn in den Geweben ab, was die Atmung erleichtert und den Stoffwechsel antreibt.

SAUERSTOFF-NOTFALLMASKEN
Wenn im Flugzeug der Kabinendruck abfällt, ziehen die Passagiere an den herunterfallenden Masken und aktivieren dabei chemische Sauerstoffgeneratoren: Eisenspäne fallen in Natriumchlorat, das durch eine exotherme Reaktion einen stetigen Strom von Sauerstoff freisetzt.

Unverzichtbarer Bestandteil

Als lebenswichtiger Bestandteil aller Kohlenhydrat-, Wasser- und DNA-Moleküle sowie vieler Fette ist Sauerstoff das häufigste Element im Körper. Bei der Atmung gelangt Sauerstoff in die Lunge und wird durch Hämoglobin ins Gewebe transportiert. Dieses Molekül besteht aus vier kleinen Proteinketten, die je ein Häm (einen eisenhaltigen chemischen Komplex) enthalten, das ein Sauerstoffmolekül binden kann. In den Zellen wird der Sauerstoff dann von Mitochondrien zur Produktion von ATP verwendet, das die Energie in den Zellen speichert und überträgt.

Schutz vor Strahlung

Eine Schicht in der Stratosphäre in etwa 15–30 km Höhe weist eine relativ hohe Konzentration von Ozon (O_3) auf, eine Form von Sauerstoff mit drei Atomen anstelle der üblichen zwei. Die Ozonschicht blockiert die meisten Sonnenstrahlen mit Wellenlängen unter 290 nm, darunter Bereiche des ultravioletten (UV) Lichts, und schützt so das Leben an der Oberfläche. Sie absorbiert die Strahlung durch die chemische Bildung und Zerstörung von Ozon. Unterhalb von 240 nm spaltet UV-Licht das O_2-Molekül in zwei Sauerstoffatome, die schnell mit weiterem Sauerstoff zu O_3 reagieren. UV-Licht im Bereich von 240-315 nm hingegen spaltet das O_3-Molekül, sodass wieder O_2 entsteht.

Reaktives Nichtmetall

Cl
Chlor

Elektronenkonfiguration

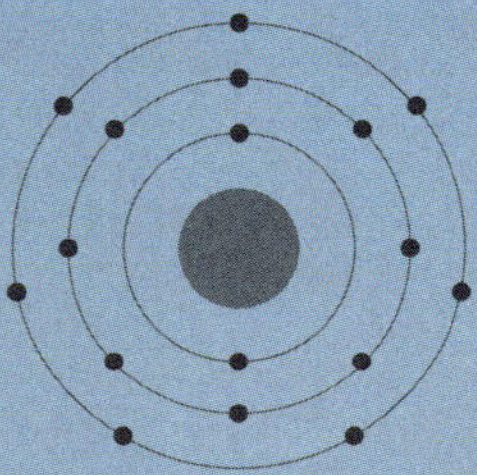

Ordnungszahl
17

Atommasse
35,45

Dichte
3,0 g/l

Radius
175 pm

Aggregatzustand
Gasförmig

Siedepunkt
–34 °C

Entstehung
Supernovae

Anteil an der Erdkruste
145 ppm

In der Natur selten elementar
Chlor ist ein äußerst reaktives Halogen und kommt in der Natur nicht in freier Form vor, außer in winzigen Mengen in vulkanischen Gasen.

Chlor ist bei Raumtemperatur ein gelb-grünes Gas.

REINES CHLOR

Eine Glasampulle verhindert, dass das Chlor mit der Luft reagiert.

Das durch Verunreinigungen rot gefärbte Mineral Carnallit ist eine Quelle für Chlor.

CARNALLIT

Das Mineral Halit (Steinsalz), eine Form von Natriumchlorid, ist die am häufigsten vorkommende Chlorverbindung.

HALIT (STEINSALZ)

SYLVIN

Sylvin ist ein natürliches Kaliumchloridmineral.

Das frische, zarte Grün des neuen Pflanzenwachstums war es, woran Humphry Davy dachte, als er 1810 Chlor nach dem griechischen Wort *khlōrós* benannte, das »gelblich-grün« bedeutet.

Chemiker waren Chlor schon Jahrhunderte ausgesetzt, bevor sie erkannten, dass es ein eigenständiges Element sein könnte. Die Quelle dessen war Königswasser, eine rot-orangefarbene Chemikalie, aus der Gas austritt. Königswasser wurde von Alchemisten gemischt, weil es Edelmetalle wie Gold auflösen konnte. Es enthält Salpeter- und Salzsäure (HCl) im Verhältnis 1:3 und ist mindestens seit dem 8. Jh. bekannt, wo es in Schriften genannt wird, die einem Gelehrten des islamischen Goldenen Zeitalters, Dschabir ibn Hayyan, zugeschrieben werden. Obwohl Königswasser kontinuierlich Chlorgas produziert, wurde man erst um 1630 auf das Gas aufmerksam. Der Chemiker Jan Baptist van Helmont aus Brüssel nahm das Gas wahr, das aus dem Königswasser sprudelte, und erkannte als Erster, dass Gase, die durch Reaktionen entstehen, wichtig sein könnten – zudem erfand er das Wort Gas.

Die Isolierung von Chlor gelang 1774 dem deutsch-schwedischen Chemiker Carl Wilhelm Scheele, der Salzsäure mit Braunstein (Manganoxid) reagieren ließ. Scheele war sich seines Erfolgs damals nicht sofort bewusst, da er glaubte, dass die Substanz auch etwas Sauerstoff enthielt. Erst der englische Chemiker Humphry Davy kam schließlich zu dem Schluss, dass Scheele elementares Chlor hergestellt hatte.

Chlor in der Natur

Als Nichtmetall ist Chlor wie die anderen Halogene sehr reaktiv und elektronegativ (es neigt dazu, Elektronen aufzunehmen und negative Ionen zu bilden). Chlor ist das 19.-häufigste Element in der Erdkruste und kommt im Meerwasser viel häufiger vor als im Boden, da seine Ionen gut löslich sind.

WARUM CHLOR SO REAKTIV IST

Geht man im Periodensystem von links nach rechts durch eine Periode (Reihe), haben die Elemente immer mehr positive Protonen im Kern, aber stets gleich viele Elektronenschalen. Daher zieht der Kern die negativ geladenen Elektronen immer stärker an, da keine zusätzlichen Schalen seine Ladung abschirmen. Chlor steht ganz rechts und zieht Elektronen stark an, um eine stabile Konfiguration zu erreichen. Seine Tendenz, durch die Aufnahme eines Elektrons Ionen zu bilden, macht es sehr reaktiv.

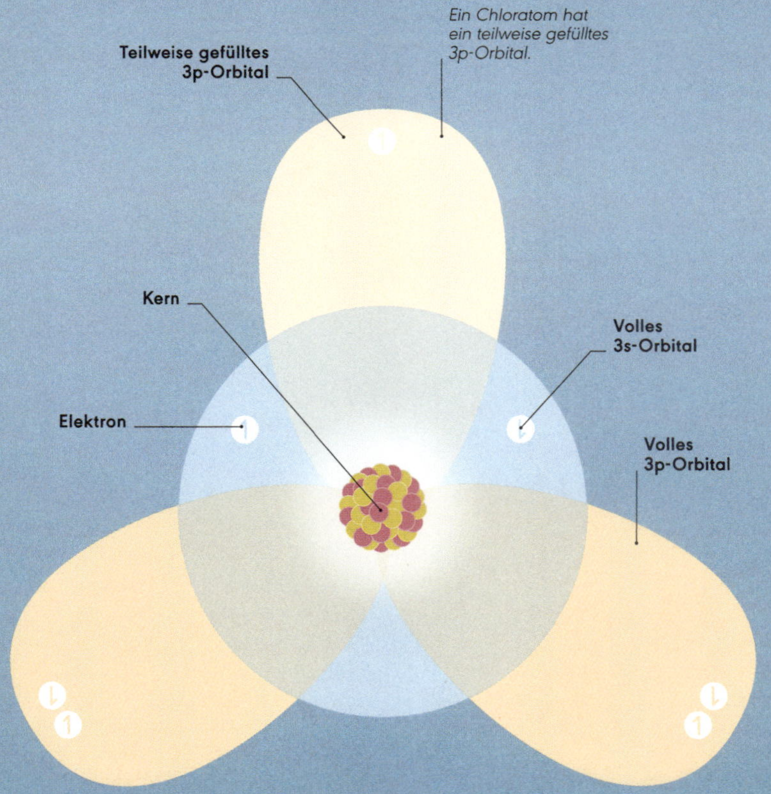

Chloratom
Chloratome enthalten sieben Valenzelektronen, zwei im 3s-Orbital und fünf in den 3p-Orbitalen. Daher muss ein Atom nur ein weiteres Elektron aufnehmen, um die äußere Elektronenschale zu vervollständigen. Dieser Stabilitätsgewinn bringt die Chloratome dazu, Chloridionen zu bilden (siehe rechts).

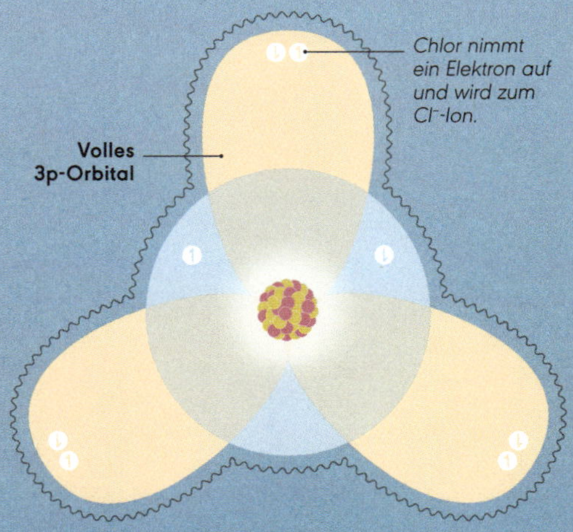

Chlorid-Ion (Cl^-)
Ein Chloridion hat eine vollständig gefüllte dritte Schale, also eine stabile Konfiguration. Das 3s- und die drei 3p-Orbitale sind alle vollständig gefüllt und enthalten jeweils ein Elektronenpaar mit gepaarten Spins (up und down).

KOVALENTE BINDUNG

Mit sieben Elektronen in der äußeren Schale benötigt ein Chloratom ein weiteres Elektron für eine stabile Konfiguration mit acht Elektronen. Bei einer kovalenten Bindung zwischen zwei Chloratomen teilen sich die beiden Atome ein Elektronenpaar und bilden ein zweiatomiges Molekül.

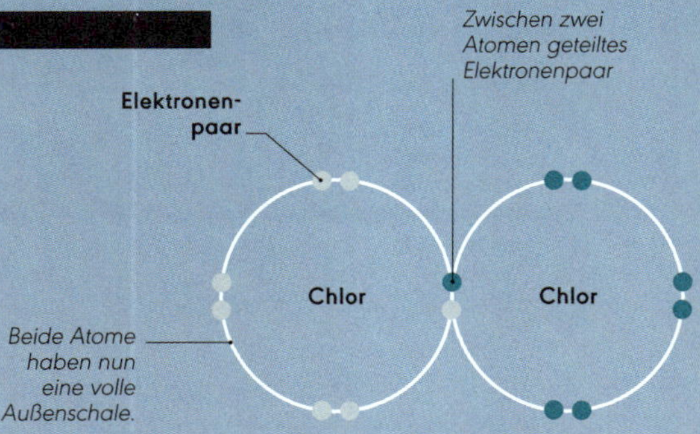

WIE CHLOR BAKTERIEN TÖTET

Chlor ist ein gutes Desinfektionsmittel wegen seiner hohen Elektronegativität: Es nimmt leicht Elektronen von anderen Atomen auf. Wenn Chlor dem Wasser zugesetzt wird, bildet es neutrale hypochlorige Säure (HOCl) und negativ geladene Hypochlorit-Ionen (OCl^-). Beide schädigen Mikroorganismen und Bakterien, indem sie die Fette in ihren Zellwänden angreifen und lebenswichtige Bestandteile der Zellen zerstören.

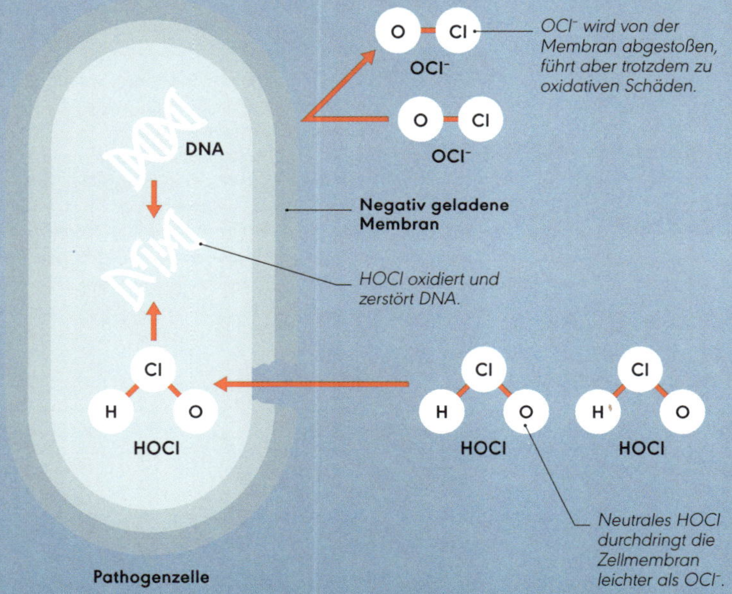

VERWENDUNG VON CHLOR

Chlor ist ein vielseitiges Element, das in der Desinfektion, in der Industriechemie, in Arzneimitteln und in Haushaltsprodukten eine wichtige Rolle spielt und somit eine wichtige Alltagschemikalie ist. Es ist auch für viele physiologische Prozesse im Körper unerlässlich.

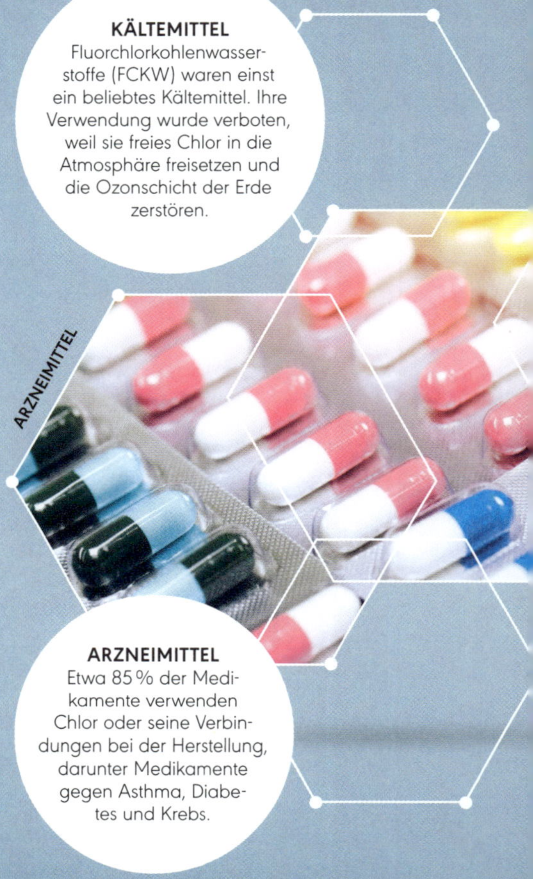

KÄLTEMITTEL
Fluorchlorkohlenwasserstoffe (FCKW) waren einst ein beliebtes Kältemittel. Ihre Verwendung wurde verboten, weil sie freies Chlor in die Atmosphäre freisetzen und die Ozonschicht der Erde zerstören.

ARZNEIMITTEL
Etwa 85 % der Medikamente verwenden Chlor oder seine Verbindungen bei der Herstellung, darunter Medikamente gegen Asthma, Diabetes und Krebs.

Es gibt zwei stabile Isotope: Chlor-35 und Chlor-37. Chlor-36 ist ein selteneres radioaktives Isotop mit einer Halbwertszeit von etwa 301 000 Jahren. Da Chlor-36 im Grundwasser gelöst ist, kann man mit ihm das Alter unterirdischer Reservoirs berechnen und die Bewegung des Wassers durch natürliche Grundwasserleiter verfolgen.

Im menschlichen Körper hat das Chloridion viele wichtige Funktionen, etwa die Regulierung des Flüssigkeitshaushalts des Körpers. Chlorid (Cl^-) ist nach Natrium das häufigste Ion im Körper. Der Körper eines Erwachsenen enthält im Mittel etwa 115 g Chlorid, ein wichtiges Mikromineral, das bis zu 0,15 % des Körpergewichts ausmacht.

Schmerzfrei und keimfrei

Chlor spielte bei der Entwicklung der modernen Medizin eine wichtige Rolle. Der schottische Arzt James Simpson setzte 1847 erstmals Chloroform (Trichlormethan) als Narkosemittel ein. Nicht brennbar, klar und farblos, mit einem angenehmen Geruch, nutzte Simpson es zur Schmerzlinderung bei Geburten und Operationen. Es wirkte schnell und war leichter zu inhalieren als Äther, das andere damals verfügbare Narkosemittel. Chlor verbesserte auch das Leben durch Hygiene. Mitte des 19. Jh. war der ungarische Arzt Ignaz Semmelweis der Erste, der bei Medizinstudenten, die Frauen nach der Geburt untersuchten, das Händewaschen mit einer chlorhaltigen Lösung durchsetzte. Die Sterblichkeitsrate durch postpartales

PLASTIKROHRE

PLASTIK

Chlor wird zur Herstellung von Polyvinylchlorid (PVC) verwendet, ein Kunststoff, der für Produkte wie Fensterrahmen, Rohrleitungen und Bodenbeläge bis hin zu Flaschen, Laufschuhen und Strandbällen verwendet wird.

GECHLORTES WASSER

WASSERAUFBEREITUNG

Chlor wird Wasser zugesetzt, weil das Element schädliche Mikroorganismen durch Zerstörung ihrer Zellen beseitigt; diese Methode nennt man Chlorierung. Chlor wird in Schwimmbädern und den meisten Kläranlagen verwendet.

BLEICHE

Haushaltsbleiche ist Natriumhypochlorit (NaClO), das in Wasser verdünnt wird und desinfizierende hypochlorige Säure (HOCl) freisetzt.

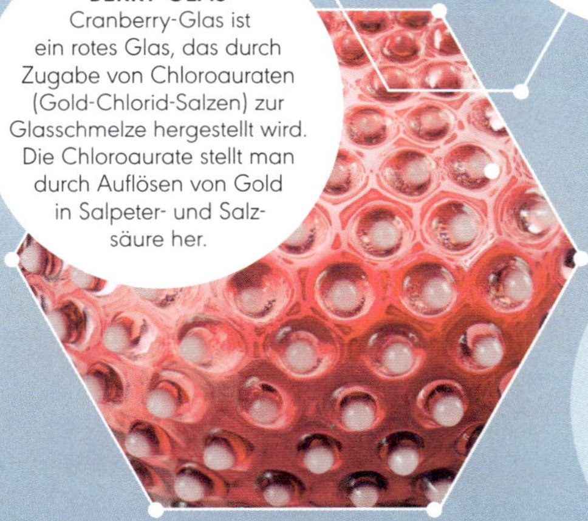

GLASARTIKEL

CRANBERRY-GLAS

Cranberry-Glas ist ein rotes Glas, das durch Zugabe von Chloroauraten (Gold-Chlorid-Salzen) zur Glasschmelze hergestellt wird. Die Chloroaurate stellt man durch Auflösen von Gold in Salpeter- und Salzsäure her.

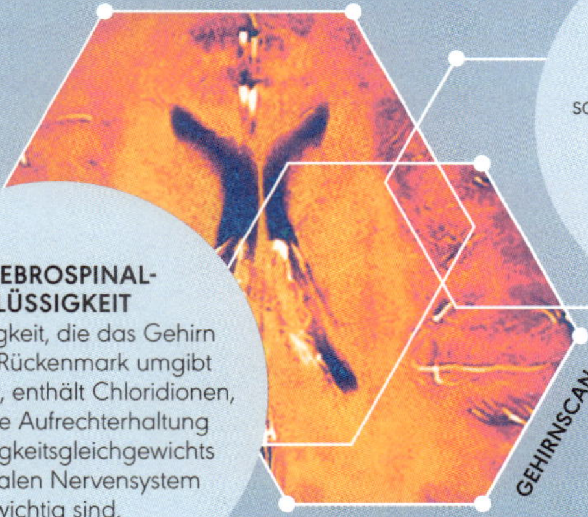

GEHIRNSCAN

MAGENSÄURE

Salzsäure ist der Hauptbestandteil der Magensäure. Diese stark saure Flüssigkeit hilft, Nahrung chemisch zu zersetzen und schafft den niedrigen pH-Wert, durch den Verdauungsenzyme wie Pepsin aktiviert werden.

ZEREBROSPINALFLÜSSIGKEIT

Die Flüssigkeit, die das Gehirn und das Rückenmark umgibt und schützt, enthält Chloridionen, die für die Aufrechterhaltung des Flüssigkeitsgleichgewichts im zentralen Nervensystem wichtig sind.

Fieber ging mit dieser antiseptischen Maßnahme drastisch zurück.

Der englische Chirurg Joseph Lister, ein Pionier der antiseptischen Techniken in der Chirurgie in den 1860ern, nutzte ebenfalls Chlorverbindungen zur Desinfektion. Lister wandte als Erster die Keimtheorie auf die Chirurgie an und sein Antisepsis-System wurde zur Basis der modernen Infektionskontrolle.

Andererseits wurde Chlor auch als Kriegswaffe genutzt. Das Gas reagiert mit Wasser in den Atemwegen und bildet Salzsäure, die tödliche Auswirkungen auf das menschliche Gewebe hat. Als chemische Waffe wurde Chlor erstmals bei der Schlacht von Ypern im Ersten Weltkrieg eingesetzt.

Goldraffination

Chlor findet in der pharmazeutischen und verarbeitenden Industrie zahlreiche Anwendungen. Chlorhaltiges Königswasser spielt auch heute noch eine Rolle bei der Goldgewinnung. Mit dem Wohlwill-Verfahren reinigt man Gold durch Elektrolyse auf 99,99 %. Dazu wird Altgold oder Golderz in Königswasser aufgelöst, wobei sich Tetachlorogoldsäure bildet. Durch die Lösung lässt man einen Strom fließen. Die Goldatome wandern durch die Lösung und setzen sich an der Kathode ab, während an der Anode Chlorgas freigesetzt wird. Das Verfahren wird eingesetzt, wenn höchstreines Gold nötig ist.

Übergangsmetall

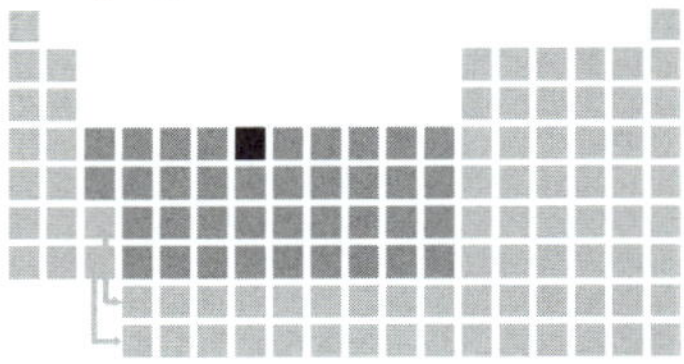

Mn

Mangan

Elektronenkonfiguration

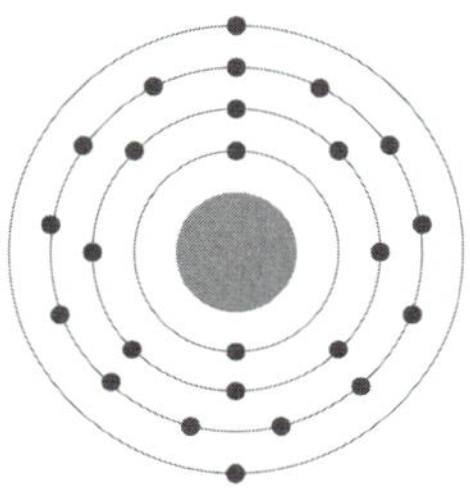

Ordnungszahl
25

Atommasse
54,94

Dichte
7,3 g/cm³

Radius
197 pm

Aggregatzustand
Fest

Schmelzpunkt
1246 °C

Entstehung
Supernovae Weißer Zwerge

Anteil an der Erdkruste
0,1 %

REINES MANGAN

Knollen sind unterschiedlich groß und haben eine knubbelige Oberfläche.

MANGANKNOLLE

Rhodochrosit wurde nach seiner rosenroten Farbe benannt.

RHODOCHROSIT

Pyrolusit kommt in der Regel als faseriges Aggregat vor, bildet jedoch manchmal größere Kristalle.

PYROLUSIT

Braunit ist ein körniges Mineral aus Mangansilikat in Verbindung mit anderen Elementen wie Eisen.

BRAUNIT

Formen von Mangan

Reines Mangan ist ein hartes, sprödes, silbergraues Metall. Dieses Element kommt in der Natur nicht gediegen (in elementarer Form) vor, sondern als Bestandteil von Manganknollen und in Mineralerzen wie Pyrolusit (Mangandioxid), Rhodochrosit (Mangankarbonat) und dem Silikatmineral Braunit.

Mangan ist das zwölfthäufigste Element in der Erdkruste und kommt auch gelöst im Meerwasser vor. Manganhaltige Knollen gibt es in großer Zahl auf dem Meeresboden, sie wachsen auf Muschelteilen oder Haifischzähnen.

Mangan ähnelt physikalisch und chemisch dem Eisen, doch es ist härter und spröder, weil sich die Atome in der Metallbindung nicht so leicht gegeneinander bewegen. Es gibt nur ein stabiles Isotop. Es hat sehr viele Oxidationsstufen und damit ungewöhnlich viele Möglichkeiten, Elektronen auszutauschen und Bindungen einzugehen. Es reagiert leicht mit anderen Elementen und bildet Verbindungen und Legierungen.

Zu viel Mangan ist für Pflanzen und Tiere giftig, aber kleine Mengen sind lebenswichtig. Mangan ist ein Bestandteil vieler Enzyme. Es katalysiert die Wasserspaltungsreaktion in der Fotosynthese, durch die Pflanzen Kohlendioxid und Wasser in Nährstoffe und Sauerstoff umwandeln: Ohne Mangan gäbe es keine Pflanzen und keinen Sauerstoff in der Atmosphäre. Bei Tieren fungiert Mangan als Cofaktor verschiedener Enzyme des Kohlenhydrat- und Nukleotidstoffwechsels, darunter Reaktionen, die zur Energiegewinnung aus Glukose beitragen und zur Bildung von Ribose in RNA führen.

Der Mensch hat Manganerze schon in der Vorgeschichte genutzt. Bei den Höhlenmalereien von Lascaux (Frankreich) dienten die Mineralien Pyrolusit und Manganit als schwarze bzw. braune Pigmente. Glasmacher nutzten Mangandioxid zur Reinigung von Glas.

Der schwedische Chemiker Carl Wilhelm Scheele entdeckte Mangan 1774 und sein Kollege Johan Gottlieb Gahn isolierte es als Erster. Heute werden mindestens 85 % des Mangans in der Stahlproduktion, etwa 10 % für Batterien und 1,5 % für Getränkedosen verwendet. Weitere Anwendungen sind Speichersysteme für erneuerbare Energien, Tierfutter und Fungizide.

VERWENDUNG VON MANGAN

In reiner Form ist Mangan zu spröde, aber es wird Stahl zugesetzt, um ihn stärker und verschleißfester zu machen. Weitere wichtige Anwendungen sind Glas und Batterien. Im menschlichen Körper ist Mangan für die Knochenbildung und die Enzymfunktion essenziell.

STAHLWERKE
Eine Vorlegierung aus Eisen und Mangan, Ferromangan genannt, wird nichtrostendem Stahl zugesetzt, um seine Festigkeit und mechanischen Eigenschaften zu verbessern. Das Mangan verringert die Neigung des Stahls, beim Schmieden oder Warmwalzen zu zerbrechen.

GESCHMOLZENE STAHLBARREN

PIGMENTE
Für Höhlenmalereien wie die in Lascaux (Frankreich) stellten frühe Menschen schwarze und braune Farbe aus Manganmineralien her, die in der Natur reichlich vorkommen. Manganhaltige Erze wurden vielleicht in Gesteinsflözen oder als Kieselsteine an Flussufern gefunden.

VIOLETTES GLAS

GLAS
Mangan wurde schon im antiken Ägypten dem Glas zugesetzt, um ihm eine violette Farbe zu geben.

MALEREIEN VON LASCAUX

BATTERIEN
Mangan dient in Batterien dazu, die Stabilität zu verbessern und die Leistung und Energiespeicherung zu erhöhen.

KNOCHEN

ENZYM-COFAKTOREN
Mangan ist für viele Tiere ein lebenswichtiger Mineralstoff, da er Enzyme unterstützt, die an der Knochenbildung beteiligt sind. Ohne Mangan werden die Knochen schwammiger und brechen leichter.

Übergangsmetall

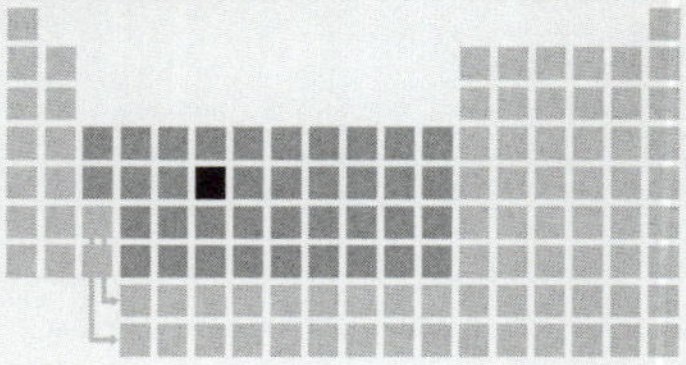

Mo
Molybdän

Elektronenkonfiguration

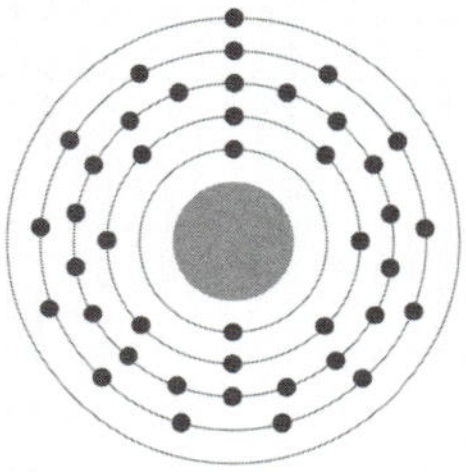

Ordnungszahl

42

Atommasse
95,95

Dichte
10,2 g/cm³

Atomradius
209 pm

Aggregatzustand
Fest

Schmelzpunkt
2622 °C

Entstehung
Neutronensternkollisionen

Anteil an der Erdkruste
1,2 ppm

RAFFINIERTES MOLYBDÄN

Schwer schmelzbar
Molybdän ist ein duktiles Übergangsmetall mit dem sechsthöchsten Schmelzpunkt aller Elemente. Da es leicht Verbindungen eingeht, kommt es in der Natur nicht in freier Form vor, sondern überwiegend in Sulfidform in Mineralen, insbesondere in Molybdänit (Molybdändisulfid), sowie in Wulfenit, einem Bleimolybdat.

MOLYBDÄNIT

WULFENIT

Dieses weiche Metall ist für die menschliche Gesundheit unerlässlich, wobei ein Drittel eines Gramms für ein ganzes Leben ausreicht. Dutzende von Enzymen bei Pflanzen und Tieren enthalten Molybdän.

Bis 1778 verwechselten Geologen das Mineral Molybdänit mit dem Bleimineral Galenit (Bleiglanz), das ebenfalls dunkelgrau, weich und metallisch glänzend ist. Erst als der schwedische Chemiker Carl Wilhelm Scheele das Mineral genauer analysierte, stellte sich heraus, dass es kein Blei, sondern ein neues, unbekanntes Metall enthielt. 1781 gelang es einem anderen schwedischen Chemiker, Peter Jacob Hjelm, das neue Element zu isolieren. In Anspielung auf die Verwechslung erhielt es nach dem griechischen *molybdos* (»Blei«) den Namen Molybdän.

Molybdän ist für Pflanzen essenziell, denn Molybdän- und Eisenatome bilden das aktive Zentrum von Nitrogenasen. Das sind Enzyme für die Stickstofffixierung, also die Reduktion von Luftstickstoff zu Ammoniak, einer für die Pflanzen leichter nutzbaren Stickstoff-Wasserstoff-Verbindung.

Molybdän und seine Legierungen behalten ihre Festigkeit bei Temperaturen, bei denen die meisten ähnlichen Werkstoffe bereits schmelzen. Molybdän ist eines der besten Elemente, um die Härte und Korrosionsbeständigkeit von Stahl zu erhöhen, der für Flugzeugtriebwerke und Öfen gebraucht wird. Etwa 25 % des Molybdäns wird aus dem Recycling von Metallschrott gewonnen, aber der größte Teil aus Molybdänit. Dieses Mineral besteht aus abwechselnd angeordneten Ebenen von Molybdänatomen und Sulfidionen, die übereinander gleiten können. Daher eignet es sich gut als Trockenschmiermittel, das die Reibung zwischen beweglichen Maschinenteilen selbst bei hohen Temperaturen oder im Vakuum minimiert. Daher findet es viele Anwendungen in der Raumfahrt.

DIE AUSSERORDENTLICHE BINDUNG DES MOLYBDÄNS

Entgegen dem Aufbauprinzip verlagert Molybdän eines seiner 5s-Elektronen in ein 4d-Orbital. Dadurch hat es sechs Valenzelektronen, die insgesamt sechs Bindungen eingehen können. Alle diese Elektronen nehmen an einer Bindung von zwei Molybdänatomen zu Dimolybdän teil: Diese beeindruckende Sechsfachbindung ist eine der stärksten bekannten kovalenten Bindungen.

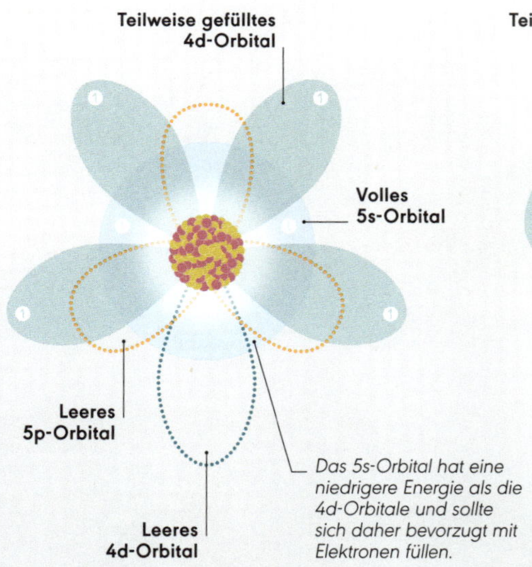

Erwartete Elektronenkonfiguration
Nach dem Aufbauprinzip, der Quantenregel, die die Reihenfolge der Besetzung von Elektronenorbitalen festlegt, sollte Molybdän zwei Elektronen im 5s-Orbital und vier Elektronen in vier der fünf 4d-Orbitale haben.

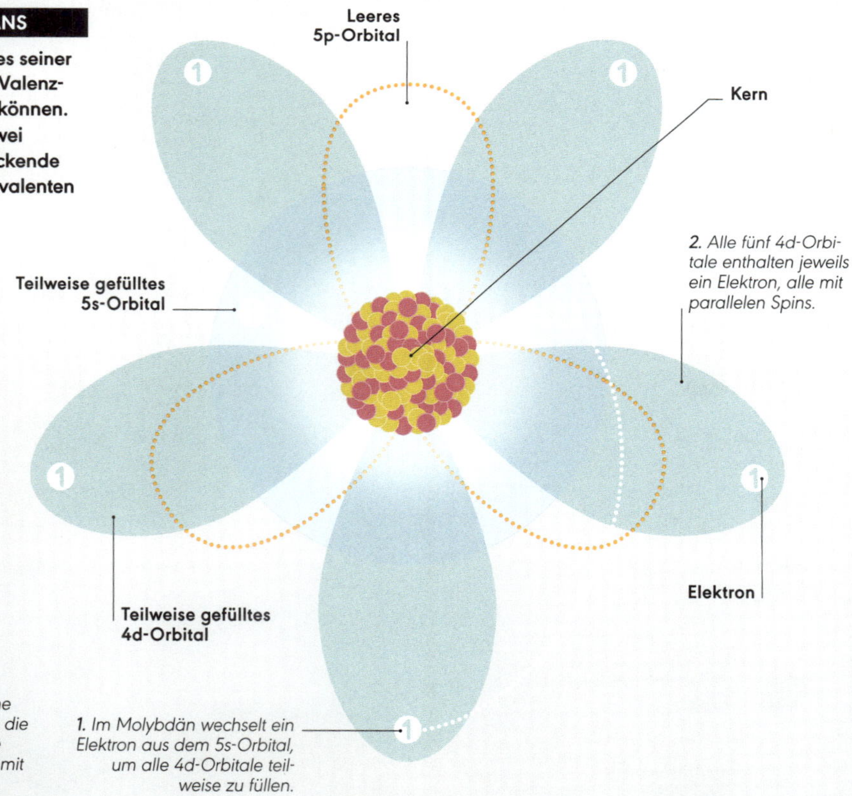

Tatsächliche Elektronenkonfiguration
Durch das Anheben eines Elektrons aus dem 5s-Orbital füllt Molybdän jedes der fünf 4d-Orbitale teilweise. Dadurch hat es eine stabile Halbschalenkonfiguration, in der alle 4d-Orbitale teilweise gefüllt sind und ihre Elektronenspins parallel ausgerichtet sind. Diese Konfiguration hat eine niedrigere Energie, wodurch das Atom stabiler wird. Auf diese Weise erhält Molybdän sechs Valenzelektronen, sodass das Atom bis zu sechs Bindungen eingehen kann.

Übergangsmetall

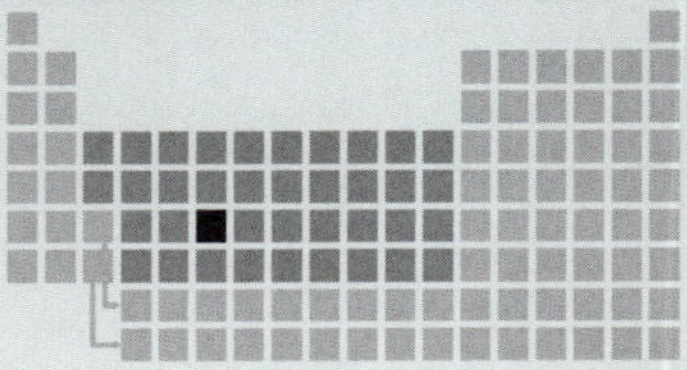

W

Wolfram

Elektronenkonfiguration

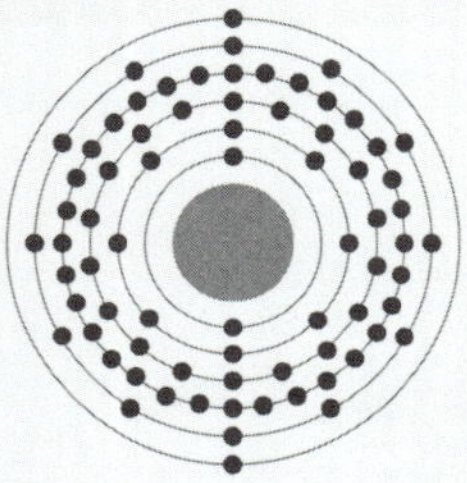

Ordnungszahl

74

Atommasse
183,84

Dichte
19,3 g/cm³

Radius
210 pm

Aggregatzustand
Fest

Schmelzpunkt
3414 °C

Entstehung
Fusion im Kern von Sternen

Anteil an der Erdkruste
1,3 ppm

Sehr dichtes Element
In elementarer Form ist Wolfram ein weißes bis graues, glänzendes Metall. Es ist hart, aber formbar und hat eine hohe Dichte, die der von Uran und Gold ähnelt. Seine Hauptvorkommen sind die Minerale Wolframit und Scheelit.

Wenn Wolfram der Luft ausgesetzt wird, läuft es an und verliert seinen Glanz.

Reines Wolfram ist hart und silbrig-weiß.

REINES WOLFRAM

Dieses glänzende Mineral ist das wichtigste Wolframerz.

WOLFRAMIT

Scheelitkristalle können verschiedene Farben haben, darunter goldgelb.

SCHEELIT

Wolfram hat den höchsten Schmelzpunkt aller bekannten Metalle, denn es ist aufgrund seiner dichten Struktur mit eng gepackten Atomen und starken metallischen Bindungen sehr stabil.

Obwohl Wolfram schon 1781 von dem schwedischen Chemiker Carl Wilhelm Scheele erforscht wurde, erlangte es erst im 20. Jh. große Bekanntheit, als es für die Glühfäden traditioneller Glühlampen verwendet wurde. Es war dafür ideal, weil das Metall elektrischen Strom gut leitet, einen extrem hohen Schmelzpunkt hat und wiederholt erhitzt und abgekühlt werden kann, ohne zu brechen. Der ungarische Erfinder Sándor Just erhielt 1904 zusammen mit dem kroatischen Erfinder Franjo Hanaman das erste Patent für ein Verfahren zur Herstellung von Glühkörpern aus Wolfram. Einige Jahre später entwickelte William D. Coolidge in den USA eine Methode, um Wolfram in einen Draht zu ziehen, wodurch Glühlampen in Massen produziert werden konnten.

Obwohl es Scheele als Erstem gelang, ein Oxid des Metalls aus dem schweren Mineral Scheelit abzutrennen, geht das Verdienst für die Isolierung von elementarem Wolfram an die spanischen Brüder Fausto und Juan José Elhuyar, die 1783 das gleiche saure Metalloxid herstellten wie Scheele. Anschließend reduzierten sie das Oxid durch Erhitzen mit Kohlenstoff zu einem reinen Metall.

Der mittelhochdeutsche Name Wolfram bedeutet »Wolfsdreck«, weil Beimengungen im Zinnerz die Gewinnung von Zinnmetall sehr erschwerten und sozusagen wie ein Wolf das Zinn »auffraßen«. In Schweden nannte man das Metall wegen seiner hohen Dichte *tung sten* (»schwerer Stein«), was zu dem englischen Namen *tungsten* und dem französischen *tungsténe* führte.

DER HOHE SCHMELZPUNKT VON WOLFRAM

Bei Wolfram trägt jedes seiner sechs Valenzelektronen zur Metallbindung bei. Durch die hohe Anzahl von Bindungen pro Atom sind die Wolframatome sehr dicht gepackt. Um diese Bindungen aufzubrechen und das Metall zu schmelzen, ist eine enorme Energiemenge erforderlich.

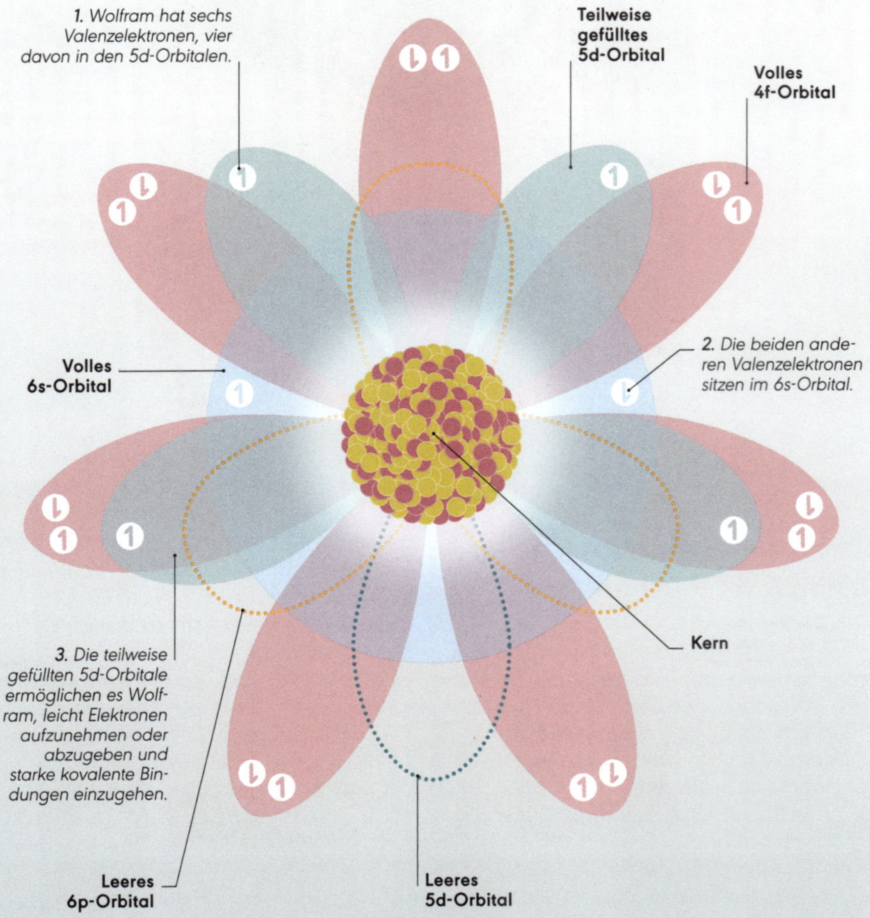

HOCHTEMPERATUR-SCHWEISSEN

SCHWEISSEN
Beim Hochpräzisionsschweißen wird eine spitze Wolframelektrode verwendet, die einen elektrischen Lichtbogen erzeugt, der Metalle schmilzt und verschmilzt.

Halbmetall

Te

Tellur

Konfiguration

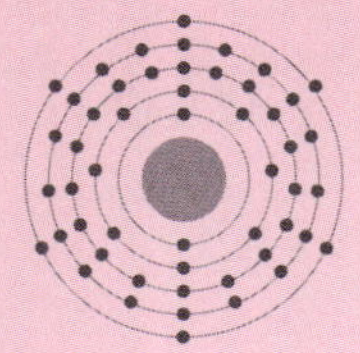

Ordnungszahl
52

Atommasse
127,60

Dichte
6,2 g/cm³

Radius
206 pm

Aggregatzustand
Fest

Schmelzpunkt
450 °C

Entstehung
Fusion im Kern von Sternen

Anteil an der Erdkruste
0,001 ppm

Kristall und Pulver
Tellur kommt in zwei Formen vor: als metallischer Kristall und als schwarzbraunes Pulver. Es ist in der Erdkruste äußerst selten, kommt aber in Kombination mit Gold in Mineralien wie Calaverit und Sylvanit vor.

Kristallines (festes) Tellur ist silbrig-weiß mit Metallglanz.

Als Halbmetall ist Tellur spröde und zerbricht leicht unter Belastung.

REINES TELLUR

Dieses metallische Mineral besteht aus Tellur, Silber und Gold.

CALAVERIT

Sylvanit enthält sowohl Gold als auch Tellur und Silber.

SYLVANIT

Dieses seltene Telluroxid bildet weißliche, orangefarbene oder gelbe Kristalle.

TELLURIT

Dieses seltene, glänzende metallische Element erzeugt beim Abbau im menschlichen Körper einen Knoblauchgeruch.

Tellur wurde zunächst »Problemmetall« genannt. Als 1783 der österreichische Mineraloge Franz-Joseph Müller von Reichenstein ein Golderz aus Rumänien untersuchte, bestätigten seine zahlreichen Tests nicht seine anfängliche Vermutung, dass es sich um ein Sulfid von Antimon oder Bismut handelte, und er überlegte, ob sein *metallum problematicum* ein völlig neues Element war. Es erwies sich als schwierig zu identifizieren. Erst viele Jahre später, 1798, konnte der deutsche Chemiker Martin Heinrich Klaproth die geheimnisvolle Substanz aus dem Mineral Calaverit isolieren; er nannte es nach dem lateinischen Wort *tellus* (»Erde«) Tellurium. Obwohl Klaproth nachgewiesen hatte, dass es sich um ein neues Element handelt, schrieb er die Entdeckung Müller zu.

Mit seinen sechs Valenzelektronen geht Tellur mit anderen Elementen zahlreiche Verbindungen ein, die in der Metallurgie und Elektronik nützlich sind. Es ist ein Halbmetall, d. h. manche seiner Eigenschaften sind wie die von Metallen und andere wie die von Nichtmetallen.

In einer Legierung mit Kadmium wird Tellur zu einem Halbleiter (CdTe), der bei Sonneneinstrahlung Strom fließen lässt. Daher wird Tellur heute in einigen Kadmiumtellurid-Solarzellen verwendet.

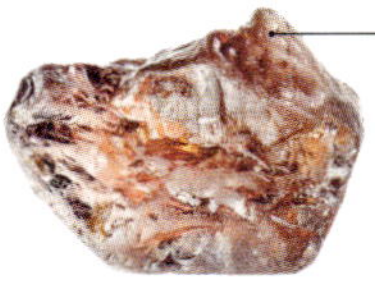

Zirkon sieht glasartig aus.

ZIRKON

Dieses Zirkoniumdioxid-Mineral kann farblos bis grün oder braun sein.

BADDELEYIT

Der rosa Eudialyt kann Spuren von Zirkonium enthalten.

EUDIALYT

Das silbrige Zirkonium ist ein verformbares Metall, das sich leicht in Form pressen lässt.

REINES ZIRKONIUM

Widerstandsfähig
Reines Zirkonium ist ein glänzendes Metall mit einer enormen Widerstandsfähigkeit gegenüber den meisten Säuren, Laugen und Salzwasser. Es ist relativ häufig und kommt in Mineralien wie Zirkon und Baddeleyit vor.

Übergangsmetall

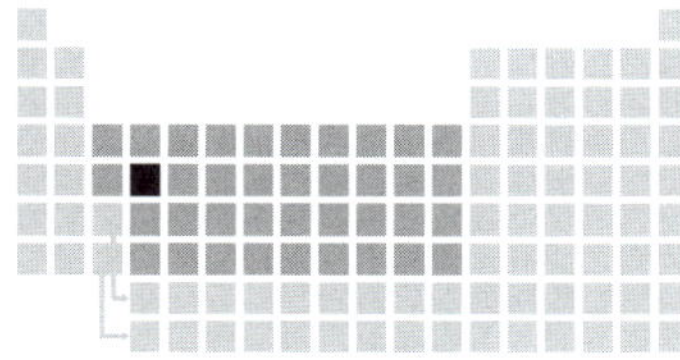

Zr

Zirkonium

Konfiguration

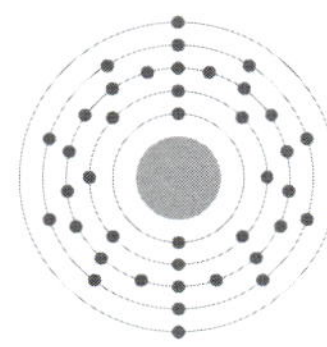

Ordnungszahl
40

Atommasse
91,22

Dichte
6,5 g/cm³

Radius
186 pm

Aggregatzustand
Fest

Schmelzpunkt
1854 °C

Entstehung
Fusion im Kern von Sternen

Anteil an der Erdkruste
165 ppm

Dieses glänzende Übergangsmetall bildet starke metallische Bindungen aus, sodass sein Schmelzpunkt hoch ist.

Das tief glänzende Mineral Zirkon, benannt nach dem persischen *zargun* (»goldfarben«), ist seit der Antike ein beliebter Schmuckstein. Heute ist er die wichtigste kommerzielle Quelle für das metallische Element Zirkonium.

Der deutsche Chemiker Martin Heinrich Klaproth (siehe gegenüber) entdeckte Zirkonium 1789 in Zirkon aus Sri Lanka. Eine unreine Probe des Metalls wurde 1824 von dem schwedischen Chemiker Jöns Jakob Berzelius extrahiert, aber reines Zirkonium wurde erst 1925 von den niederländischen Chemikern Anton Eduard van Arkel und Jan Hendrik de Boer isoliert.

Wie alle Metalle hat auch Zirkonium delokalisierte Elektronen, die aus den d-Orbitalen stammen. Diese Elektronen sind nicht auf ein Atom beschränkt, sondern über mehrere positive Ionen in der Metallstruktur verteilt. Sie geben dem Zirkonium metallische Eigenschaften wie elektrische Leitfähigkeit, da sie sich frei bewegen und elektrische Ladung übertragen können.

Aufgrund der Energieniveaus seiner Kernteilchen absorbiert Zirkonium in einem Kernreaktor nur wenige thermische Neutronen. Daher eignet es sich als Ummantelung von Brennstäben, denn es wird durch die Strahlung selbst kaum radioaktiv.

Actinoid

U

Uran

Elektronenkonfiguration

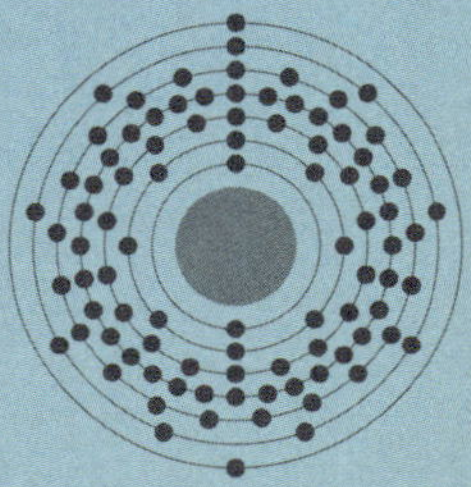

Ordnungszahl

92

Atommasse
238,03

Dichte
19,1 g/cm³

Radius
240 pm

Aggregatzustand
Fest

Schmelzpunkt
1135 °C

Entstehung
Neutronensternkollisionen

Anteil an der Erdkruste
2,7 ppm

Rekordbrecher
Uran, das schwerste natürlich vorkommende Element, ist ein dichtes, silbriges, radioaktives Metall. Diese physikalischen Eigenschaften teilt es mit den anderen 14 Actinoiden. In der Natur kommt Uran in Erzen wie Uraninit, Brannerit und Carnotit vor.

Silbrig-graues Uran verfärbt sich an der Luft zu einem stumpfen Grau.

Reines Uran ist ein dichtes, hartes Metall.

REINES URAN

Uraninit ist ein kristallines Mineral, das reich an Urandioxid ist.

URANINIT

Branneritkristalle können sich durch die Strahlung verformen.

BRANNERIT

Dieses grünlich-gelbe Erz kommt in Sandsteinen vor.

CARNOTIT

Tief in der Erdkruste zerfällt Uran radioaktiv und erzeugt Wärme, die geologische Prozesse wie Vulkanausbrüche und Plattentektonik antreibt. Es war das erste radioaktive Element, das entdeckt wurde.

Uran ist berühmt für seine Radioaktivität, aber das Element selbst wurde schon über ein Jahrhundert vor der Radioaktivität entdeckt. 1789 untersuchte der deutsche Chemiker Martin Heinrich Klaproth ein Mineral, das wir heute Uraninit nennen. Damals hieß es Pechblende, wegen seiner schwarzen Farbe, aber auch, weil Bergleute es für Erz hielten, es am Ende aber kein Metall lieferte: »blenden« bedeutet »täuschen«.

Klaproths Experimente zeigten, dass das Mineral das Oxid eines neuen Elements enthielt; er nannte es Uran nach dem kürzlich entdeckten Planeten Uranus. Dem französischen Chemiker Eugène-Melchior Péligot gelang 1841 die Isolierung von metallischem Uran.

Entdeckung der Radioaktivität

Die radioaktiven Eigenschaften des Urans wurden 55 Jahre später, im Jahr 1896, entdeckt. Der französische Physiker Henri Becquerel analysierte Uransalze, um deren Phosphoreszenz (das Nachleuchten mancher Stoffe, nachdem sie Licht ausgesetzt waren) zu verstehen. Er glaubte, dass das helle Sonnenlicht den Stoff zur Abgabe von Röntgenstrahlen anregte, deren Existenz einige Monate zuvor bekannt geworden war. Als er jedoch eine Uranprobe neben eine unbelichtete Fotoplatte legte, wurde die Platte trüb. Becquerel erkannte, dass das Uran unsichtbare Strahlen abgab, die die Luft elektrisch leitfähig machten und bestimmte Materialien durchdringen konnten. Die polnisch-französische

HOHE DICHTE

Uran ist das schwerste natürlich vorkommende Element: Es hat einen schweren Kern mit einer großen Anzahl von Nukleonen (Protonen und Neutronen). Die Protonen haben eine starke positive Ladung, die die negativ geladenen Elektronen nahe an den Kern heranzieht, sodass die Elektronenkonfiguration erheblich von der zu erwartenden abweicht.

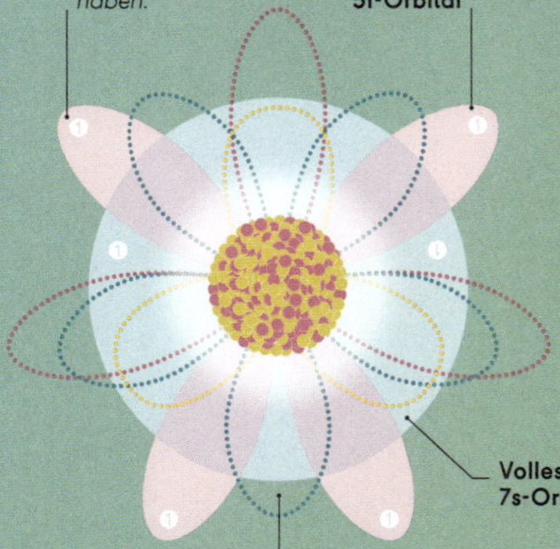

Erwartete Elektronenkonfiguration
Nach dem Aufbauprinzip sollten zwei der sieben Valenzelektronen das 7s-Orbital voll besetzen und sich die restlichen vier auf die 5f-Orbitale verteilen.

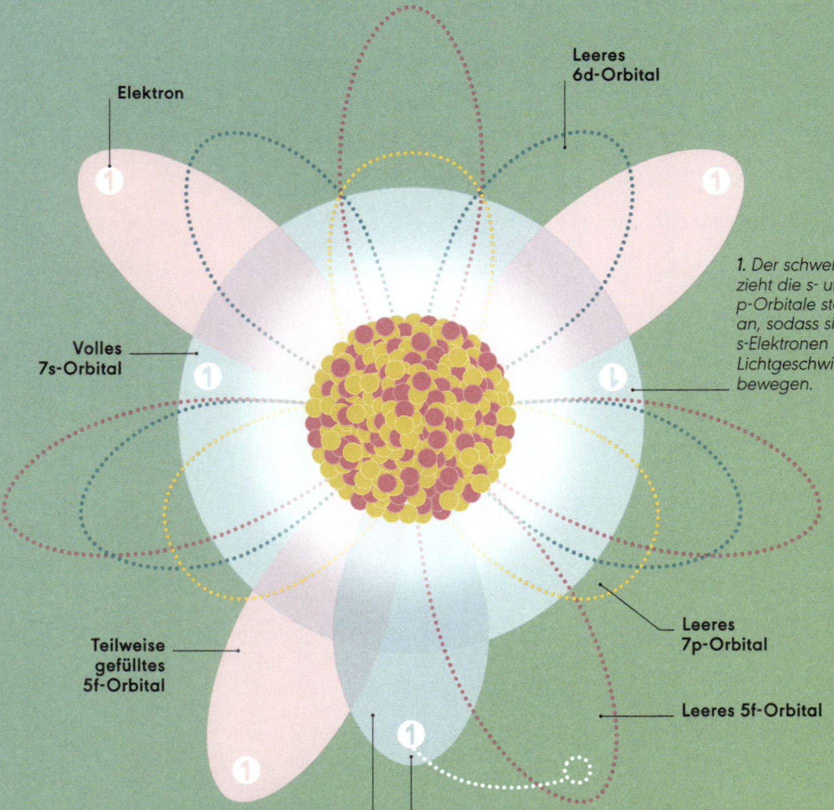

Tatsächliche Elektronenkonfiguration
Da Uran einen stark geladenen Kern hat, werden die s- und p-Elektronen näher zum Zentrum gezogen. Infolge der verstärkten Abschirmung haben die 6d- und 5f-Orbitale ähnliche Energien. Uran ist stabiler, wenn eines seiner 5f-Elektronen ein 6d-Orbital besetzt.

WARUM SIND EINIGE ELEMENTE RADIOAKTIV?

In stabilen Kernen überwindet die starke Kernkraft die Abstoßung zwischen den positiven Protonen. Sind jedoch die Anzahlen der Protonen und Neutronen zu unausgeglichen, wird der Kern instabil und radioaktiv. Um eine stabilere Form zu erreichen, zerfällt der Kern unter Aussendung von Alpha-, Beta- oder Gammastrahlung oder er spaltet sich und wandelt sich dadurch in ein anderes Element um.

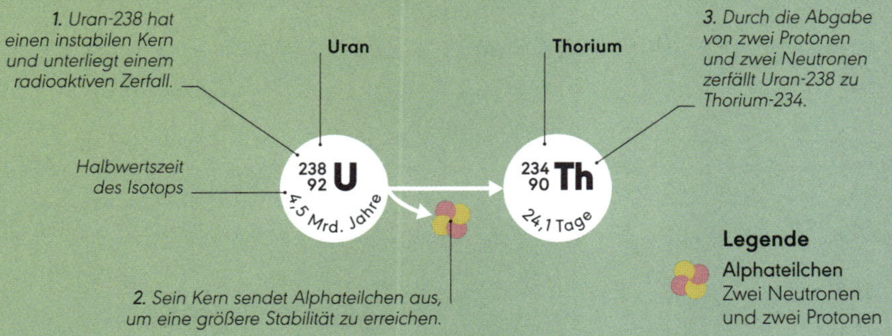

WARUM IST URAN GEFÄHRLICH?

Die von Uranatomen freigesetzten Alphateilchen sind extrem schädlich, wenn man sie einatmet oder mit der Nahrung aufnimmt. Sie können sich in der Lunge oder anderen Organen ansammeln. Die Strahlung zerstört chemische Bindungen in wichtigen Molekülen des Körpers. Die DNA ist besonders anfällig für Alphateilchen. Betroffene Zellen können absterben oder ihre Gene mutieren, sodass sie unkontrolliert wachsen und zu Krebszellen werden.

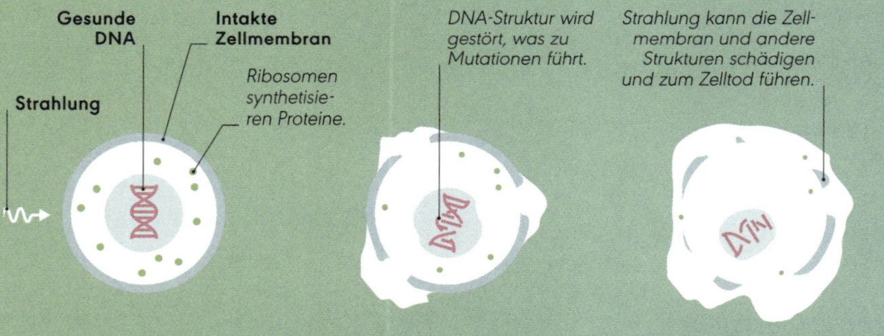

Gesunde Zelle
Eine Zelle enthält Strukturen für das Wachstum und die Reparatur, die Proteinsynthese und den Schutz vor Krankheiten.

Strahlenschäden
Ionisierende Strahlung bricht DNA-Stränge und schädigt Proteine und Enzyme.

Zelltod
Mutationen stören die Zellfunktionen und führen zu unkontrolliertem Wachstum (Krebs) oder zum Zelltod.

VERWENDUNG VON URAN

Uran wird im zivilen Bereich hauptsächlich als Brennstoff in Kernkraftwerken und als Ausgangsmaterial für die Herstellung medizinischer Radioisotope verwendet. Im militärischen Bereich ist abgereichertes Uran ein schweres Waffenmetall, und hochangereichertes Uran-235 wird in Atombomben verwendet.

KERNBRENNSTOFF
Als Brennstoff in Kernreaktoren wird Uran-238 mit 3–5 % Uran-235 angereichert. Das Uran-235 wird einer kontrollierten Kernspaltung unterzogen, bei der die freigesetzte Wärme zur Stromerzeugung genutzt wird. Die Brennstoffpellets bleiben etwa fünf Jahre im Reaktor, bevor sie ausgetauscht werden.

KERNKRAFTWERK

ABSCHIRMUNG UND UMMANTELUNG
Abgebrannter Uranbrennstoff ist sehr dicht und eine gute Abschirmung für medizinische Strahlentherapiegeräte. Manchmal nutzt man ihn als Ballast für Boote.

Chemikerin Marie Curie erforschte diese Strahlen in ihrer Doktorarbeit. Sie maß akribisch die ionisierende Wirkung zahlreicher Uranverbindungen mithilfe eines von ihrem französischen Ehemann Pierre gebauten Elektrometers. Nachdem sie auch die Strahlen von Thorium untersucht hatte, nannte sie das Phänomen 1898 Radioaktivität. Sie argumentierte, dass dieses Verhalten dem Atom selbst innewohnt und nicht von seinem chemischen oder physikalischen Zustand abhängt. Für die Entdeckung der Radioaktivität erhielten Becquerel sowie Marie und Pierre Curie 1903 den Nobelpreis für Physik.

Radioaktive Isotope

Alle Uranisotope sind radioaktiv. Über 99 % des natürlich auftretenden Urans ist Uran-238 mit einer Halbwertszeit von 4,5 Milliarden Jahren, daneben gibt es Spuren von Uran-235 mit einer Halbwertszeit von 700 Millionen Jahren und Uran-234 mit einer Halbwertszeit von 246 000 Jahren. Das Endprodukt des Uranzerfalls ist Blei. Dank dieser langen Halbwertszeiten kann man das Alter von uranhaltigem Gestein anhand der darin enthaltenen Bleimenge bestimmen.

Der Alphazerfall tritt überwiegend bei schweren, massiven Kernen auf – dort, wo durch viele Protonen die elektrostatische Abstoßung so stark ist, dass der Kern durch Abgabe eines Alphateilchens aus zwei Protonen und zwei Neutronen eine stabilere Konfiguration erreichen kann. Der große Kern von Uran-238 hat 92 Protonen und 146

FIXIERUNG VON FARBEN
Kleine Mengen Uranverbindungen wurden verwendet, um die Farben von Farbstoffen in Seide und Wolle zu fixieren und Holz und Leder zu beizen.

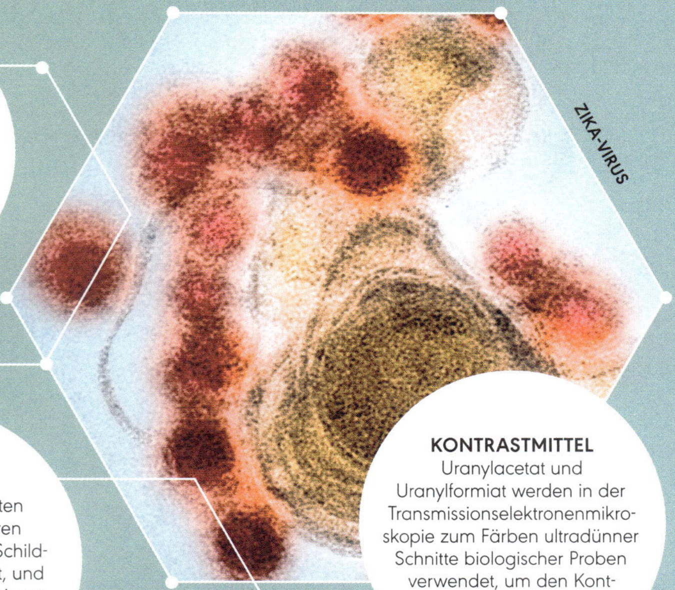

KONTRASTMITTEL
Uranylacetat und Uranylformiat werden in der Transmissionselektronenmikroskopie zum Färben ultradünner Schnitte biologischer Proben verwendet, um den Kontrast zu erhöhen.

MEDIZINISCHE BEHANDLUNG
Zu den Spaltprodukten von Uran-235 gehören Jod-131, mit dem man Schilddrüsenkrebs behandelt, und Molybdän-99, das zu einem medizinischen Tracer für die Bildgebung zerfällt.

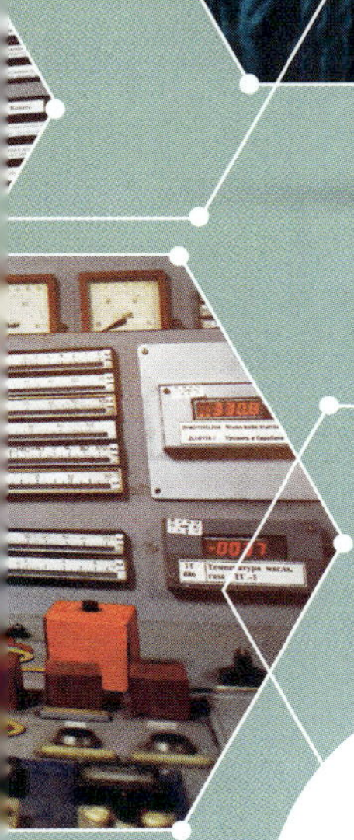

GLAS
Gelbgrünes Uranglas, das Uranylsalze enthält, war zwischen den 1880er- und den 1920er-Jahren für Vasen, Weingläser und andere Gefäße beliebt. Unter ultraviolettem Licht fluoresziert es hellgrün.

PANZERBRECHENDE WAFFEN
Abgereichertes Uran wird in der hochdichten Spitze von Panzerabwehrwaffen verwendet. Es schärft sich beim Aufprall selbst und es zerstäubt und entzündet sich dabei spontan.

Neutronen. Durch den Alphazerfall des instabilen Kerns sinkt die Ordnungszahl um zwei und die Massenzahl um vier, wodurch der Kern ein stabileres Verhältnis von Neutronen zu Protonen erzielt.

Kernspaltung

1938 berechneten die österreichisch-schwedische Physikerin Lise Meitner und ihr Neffe Otto Frisch, dass es keine stabilen Elemente schwerer als Uran geben könne, da die Abstoßung zwischen so vielen Protonen die anziehende Kernkraft übersteigt. Ein Jahr später beobachteten sie, dass Uranatome, die mit Neutronen beschossen wurden, in leichtere Produkte zerfielen. Sie nannte diese Reaktion Kernspaltung.

Uran-235 ist unter Teilchenbeschuss leichter spaltbar als Uran-238. Die entsprechende Spaltungsreaktion lässt sich in einem Kernreaktor aufrechterhalten. Wenn ein Neutron mit einem Uran-235-Kern kollidiert, spaltet sich der Kern in kleinere Kerne und gibt dabei Energie (Wärme und Strahlung) ab. Außerdem werden Neutronen aus dem gespaltenen Kern frei, die ihrerseits wiederum andere Uran-235-Atome spalten können: Es kommt zur Kettenreaktion. Kernkraftwerke steuern die Geschwindigkeit der Spaltung und erhitzen damit Wasser für Turbinen, die Strom erzeugen. Der abgebrannte Brennstoff, abgereichertes Uran, enthält nur etwa 0,2 % Uran-235 und ist damit 40 % weniger radioaktiv als natürliches Uran.

Erdalkalimetall

Sr

Strontium

Konfiguration

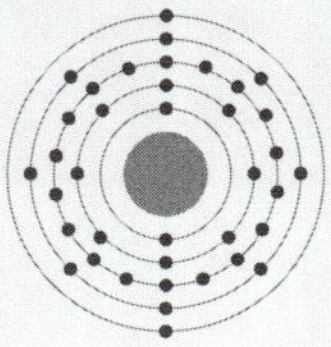

Ordnungszahl

38

Atommasse
87,62

Dichte
2,6 g/cm³

Radius
249 pm

Aggregatzustand
Fest

Schmelzpunkt
777 °C

Entstehung
Fusion im Kern von Sternen

Anteil an der Erdkruste
370 ppm

Schnelle Reaktion
Strontium ist ein hochreaktives Erdalkalimetall, das beim ersten Schneiden einen silbrigen Glanz zeigt, aber durch Oxidation an der Luft schnell eine gelbliche Farbe annimmt. In der Natur kommt es in Mineralen wie Coelestin und Strontianit vor.

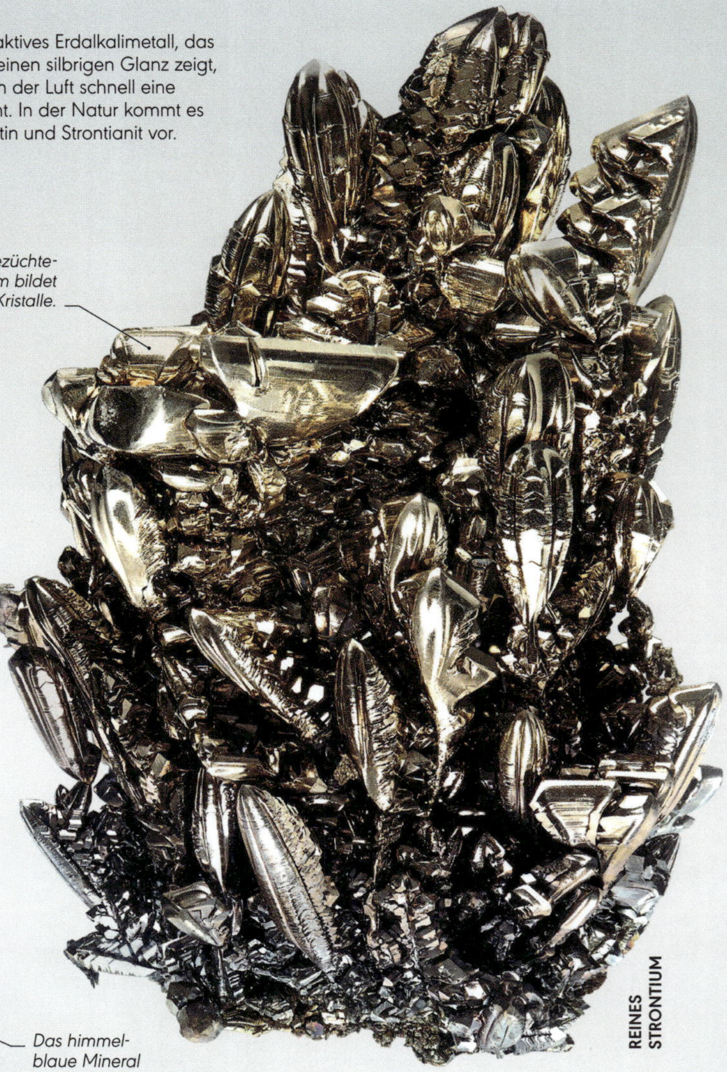

Im Labor gezüchtetes Strontium bildet glänzende Kristalle.

REINES STRONTIUM

Strontianit ist eine wichtige Quelle für Strontium.

STRONTIANIT

COELESTIN

Das himmelblaue Mineral Coelestin ist ein Strontiumsulfat.

Strontium ist so reaktiv, dass es als feines Pulver bei Zimmertemperatur spontan entflammen kann.

Strontium und Strontianit sind nach dem schottischen Ort Strontian benannt, in dessen Bleimine ein unbekanntes Mineral gefunden wurde. 1790 konnte der Chemiker Adair Crawford das Element nicht identifizieren. Der Arzt Thomas Hope wies seine Existenz nach und zeigte, dass es eine Gasflamme rot färbte. Humphry Davy isolierte das Metall 1808 durch Elektrolyse.

Strontium hat ähnliche physikalische und chemische Eigenschaften wie Kalzium, ebenfalls ein Erdalkalimetall. Daher nimmt der menschliche Körper etwas Strontium mit der Nahrung auf, obwohl es kein essenzieller Nährstoff ist. Strontium kann bei der Behandlung von Osteoporose helfen, möglicherweise durch Bindung an Kalziumrezeptoren und Anregung der Knochenneubildung.

Es gibt vier natürliche Strontiumisotope. Das Verhältnis von Strontium-87 und Strontium-86 variiert je nach der regionalen Geologie um den Faktor fünf. Archäologen können durch die Strontiumsignatur der Skelettreste die Herkunft von Menschen bestimmen.

Im Meer ist Strontium ein essenzieller Makronährstoff für eine Gruppe des Zooplanktons, die Acantharia. Sie extrahieren Strontiumsulfat aus dem Wasser, um ihr Skelett aufzubauen.

Stabil an der Luft
Festes Yttrium ist weich, formbar und korrodiert nicht, da sich an der Oberfläche ein schützender Oxidfilm bildet. Es ist in Mineralien wie Monazit und Xenotim enthalten.

Übergangsmetall

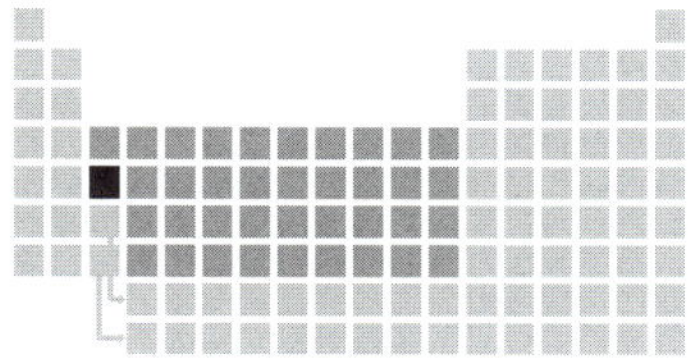

Y

Yttrium

Konfiguration

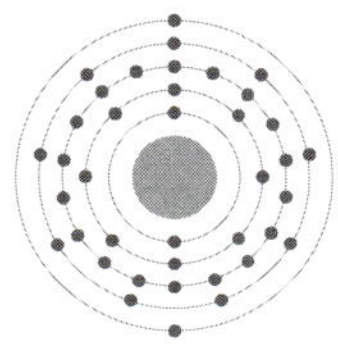

Ordnungszahl
39

Atommasse
88,91

Dichte
4,5 g/cm³

Radius
219 pm

Aggregatzustand
Fest

Schmelzpunkt
1522 °C

Entstehung
Fusion im Kern von Sternen

Anteil an der Erdkruste
33 ppm

Wie drei andere Elemente hat dieses weiche, silbrige Metall seinen Namen von dem schwedischen Bergwerk Ytterby.

Yttrium hat große Ähnlichkeit mit Scandium und den Lanthanoiden, die im Periodensystem unter ihm stehen. Die Lanthanoide zusammen mit Yttrium und Scandium nennt man Seltene Erden. Alle 17 haben die gleiche Anzahl von Außenelektronen und ähnliche Ionenradien, sodass sie vergleichbare physikalische und chemische Eigenschaften haben. Sie kommen in denselben Mineralien vor, weil sie auf ähnliche Weise kristallisieren und verwittern.

Aufgrund dieser Ähnlichkeiten war es anfangs schwierig, die einzelnen Elemente zu isolieren. Der schwedische Chemiker Carl Axel Arrhenius entdeckte 1787 im Steinbruch des Dorfes Ytterby ein schweres schwarzes Mineral. Später isolierte der finnische Chemiker Johan Gadolin daraus ein Metalloxidgemisch. Schließlich identifizierte man neun Elemente in dem Erz: Das erste, Yttrium, wurde 1828 von dem deutschen Chemiker Friedrich Wöhler isoliert.

Yttrium-Aluminium-Granate (YAG-Kristalle) dienen oft als Leuchtstoff in Bildschirmen. In LEDs absorbieren YAG-Leuchtstoffe eine Lichtfarbe und emittieren eine andere. YAG-Kristalle können durch Spuren anderer Lanthanoide modifiziert werden. Man nutzt sie auch für leistungsstarke Schneidlaser.

Übergangsmetall

Ti

Titan

Elektronenkonfiguration

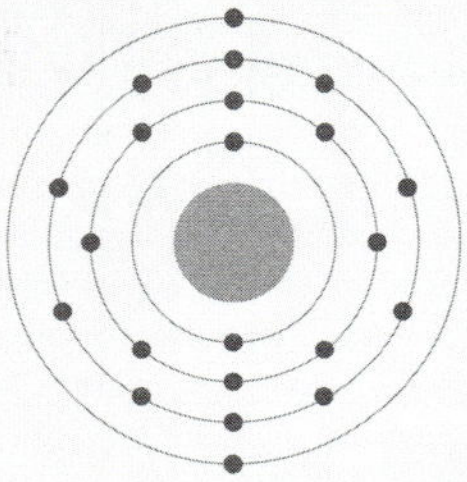

Ordnungszahl

22

Atommasse
47,87

Dichte
4,5 g/cm³

Radius
187 pm

Aggregatzustand
Fest

Schmelzpunkt
1670 °C

Entstehung
Supernovae

Anteil an der Erdkruste
0,6 %

Häufiges Metall
Titan ist hart wie andere Übergangsmetalle, hat aber eine wesentlich geringere Dichte. Titan ist das neunthäufigste Element in der Erdkruste und kommt in fast allen Eruptivgesteinen vor, besonders häufig in den Mineralien Ilmenit und Rutil.

Titan ist ein silbrig-graues Metall, das leicht, aber unglaublich stabil ist.

Titan ist ein glänzendes Metall, verliert aber schnell seinen Glanz, wenn es der Luft ausgesetzt wird.

Ilmenit ist schwarz und enthält Titanoxid.

Der rötlich-braune bis schwarze Rutil ist eine kommerzielle Quelle für Titan.

Titanit, auch Sphen genannt, hat transparente Kristalle, die gelb, grün oder braun sind.

Dieses leichte, starke Metall wurde von dem deutschen Chemiker Martin Heinrich Klaproth nach den Titanen benannt, 12 Göttern und Göttinnen der griechischen Mythologie, die für ihre Macht und göttliche Kraft berühmt sind.

Im Jahr 1791 ging der englische Amateurmineraloge William Gregor nahe des Dorfes Manaccan in Cornwall (Vereinigtes Königreich) an einem Bach entlang. Er sammelte eine Probe schwarzen Sandes am Ufer und stellte später fest, dass sie von einem Magneten angezogen wurde. Eine weitere Analyse ergab, dass der Sand Eisenoxid enthielt, was das magnetische Verhalten erklärte. Es gab jedoch auch ein anderes Oxid, in dem Gregor ein neues, unbekanntes Element vermutete. Er nannte das Oxid Manaccanit; heute kennen wir dieses Mineral als Ilmenit.

Titan selbst wurde 1795 formell identifiziert. Martin Heinrich Klaproth analysierte Rutil, ein rotes Erz aus Ungarn. Darin entdeckte er ein neues Element, das er Titan nannte. Als er von Gregors Erkenntnissen erfuhr, untersuchte er Manaccanit und bestätigte, dass auch dieser Titan enthielt.

Schwierige Isolierung

Die Gewinnung von reinem Titan war über hundert Jahre lang ein Problem, das durch die Reaktivität des Titans noch erschwert wurde. Das Schmelzen, ein Verfahren, bei dem man Kohlenstoff verwendet, um ein Metalloxid in seine reine Form zu bringen, scheitert, da Titan eine stabile Verbindung mit Kohlenstoff bildet und daher nicht in seine reine Form gebracht werden kann. Schließlich gelang es dem neuseeländischen Chemiker Matthew Hunter 1910, durch Erhitzen von Titantetrachlorid und Natriummetall in einem versiegelten Hochdruckbehälter reines Titan herzustellen. Das Hunter-Extraktionsverfahren wurde bis zum Ende des 20. Jh. zur Isolierung von Reintitan verwendet. Heute wird Reintitan meist nach dem Kroll-Verfahren hergestellt, das 1932

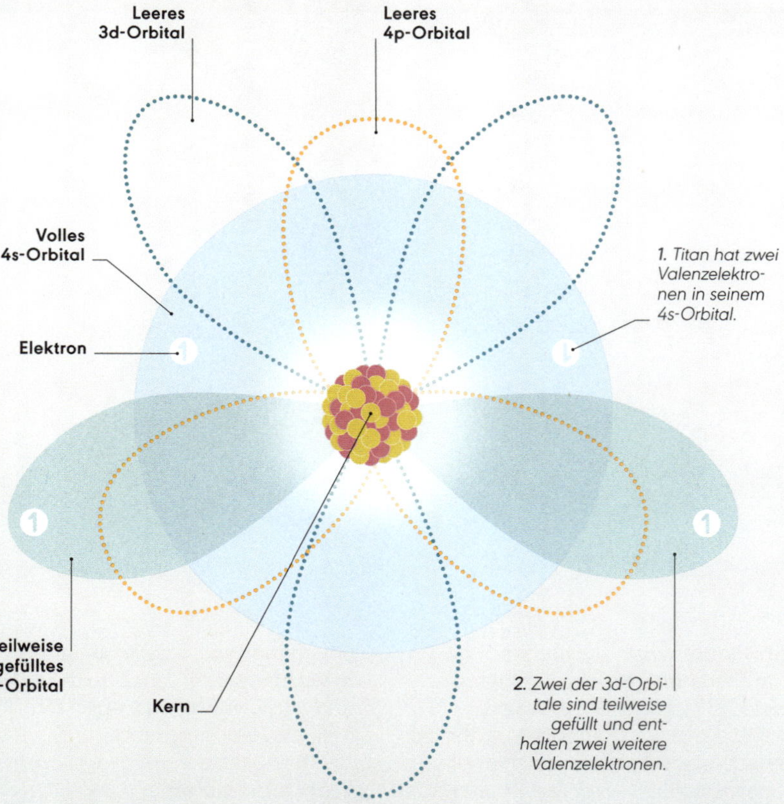

Titanatom

Titan hat vier Valenzelektronen: zwei im 4s-Orbital und zwei in zwei der 3d-Orbitalen. Diese Elektronen werden relativ leicht abgegeben, wodurch Titan die Oxidationsstufen +2, +3 und +4 erreichen kann.

TITANKATALYSATOREN

Ein Titanatom kann leicht Elektronen aufnehmen und abgeben und erleichtert daher den Austausch von Elektronen zwischen anderen Atomen in vielen verschiedenen Reaktionen. Die Oxidationsstufe +4 hat ein hohes Maß an kovalentem (elektronenübertragendem) Charakter und ist damit ideal für das Aufbrechen und die Bildung chemischer Bindungen.

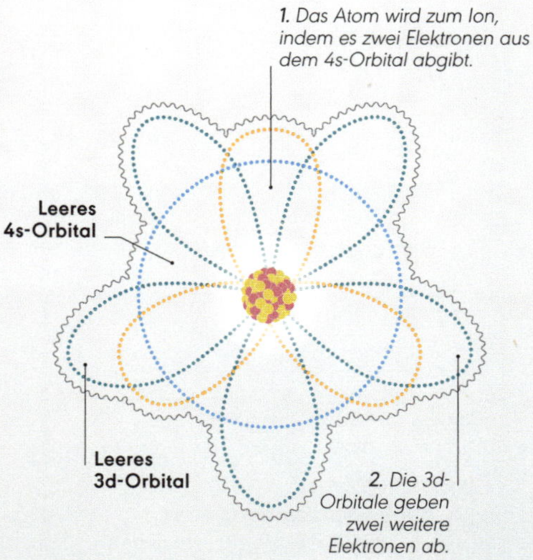

Titanion (Ti^{4+})

Durch den Verlust aller vier Valenzelektronen entleert Titan seine vierte Elektronenschale vollständig. Dies ist eine besonders stabile Elektronenkonfiguration. Infolgedessen ist das +4 die häufigste Oxidationsstufe des Titans.

WARUM IST TITAN SO KORROSIONSBESTÄNDIG?

An der Luft oxidiert die Oberfläche von Titanmetall sofort und bildet eine dünne, inerte Schicht. Diese lückenlose Barriere schützt das Metall vor weiterer Oxidation oder Korrosion. Anfangs ist die Schutzschicht nur 1–5 Nanometer (Milliardstel Meter) dick, aber sie wächst langsam weiter und erreicht nach einigen Jahren eine Dicke von 25 Nanometern.

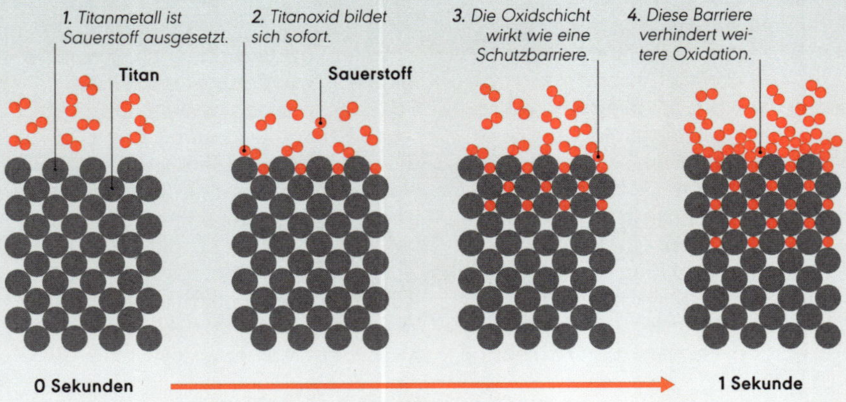

STARKE LEGIERUNGEN

Eine gängige Titanlegierung ist Ti-6Al-4V aus 90 % Titan, 6 % Aluminium und 4 % Vanadium. Sie wird durch Mischkristallverfestigung außerordentlich widerstandsfähig. Bei diesem Verfahren werden Aluminium- und Vanadiumatome in ein metallisches Kristallgitter aus geschmolzenem Reintitan eingebracht. Beim Abkühlen bildet es eine feste Lösung. Die hinzugefügten Atome erschweren die Verformung des Metalls, da sie jede Verschiebung der Atome des reinen Metalls im Gitter verhindern: Die Festigkeit der Legierung ist höher.

Mischkristallverfestigung

Metallatome können normalerweise gegeneinander gleiten oder sich versetzen, was das Metall verformbar macht. In einem verzerrten Metallgitter ist dies nicht möglich. Die Verzerrung erreicht man durch das Einbringen kleiner Atome in Zwischenräume zwischen den Atomen sowie größerer Atome in Gitterplätzen anstelle der Grundmetallatome.

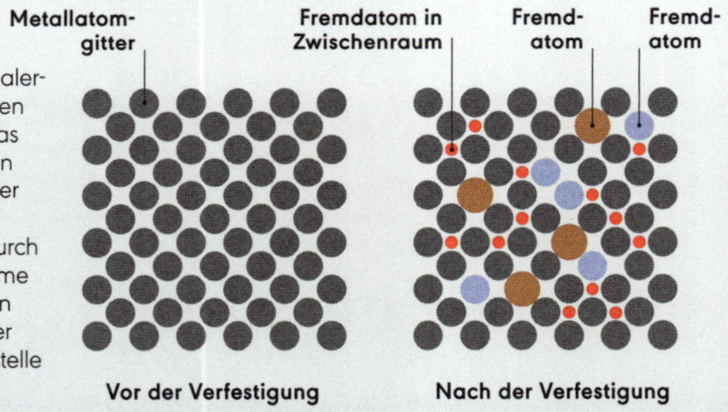

VERWENDUNG VON TITAN

Das widerstandsfähige Titan ist ein vielseitiges Metall mit nützlichen Eigenschaften für einige technische Hochleistungsanwendungen. Da es biokompatibel ist, d. h. dem lebenden Gewebe des Körpers keinen Schaden zufügt, hat es wichtige Anwendungen in der Medizin.

MEDIZINISCHE IMPLANTATE
Titan ist ungiftig und wird vom Körper in der Regel nicht abgestoßen. Mit Aluminium oder Vanadium legiert, wird es für Zahnimplantate und Hüftgelenkersatz verwendet.

HIGH-TECH-TECHNIK
Titan ist ein starkes, steifes, aber teures Metall für Spezialanwendungen in der Weltraum- und Militärtechnik, für Sportwagen und Brillengestelle.

von dem luxemburgischen Chemiker William Kroll entwickelt wurde.

Titanschwamm

Beim Kroll-Verfahren reagieren Titanerze zunächst mit Chlorgas und Kohlenstoff zu Titantetrachlorid. Das Titantetrachlorid wird auf 827 °C erhitzt und dann durch eine Reaktion mit Magnesium in einer inerten Atmosphäre zu Reintitan reduziert. Die Titanpartikel haften an den Reaktorwänden als leichte, poröse Masse, dem Titanschwamm. Frisches Titantetrachlorid und Magnesium werden regelmäßig eingespritzt, um die Reaktion aufrechtzuerhalten, während überschüssige Magnesiumchloridflüssigkeit abgeleitet wird. Der Prozess kann mehrere Tage dauern, bis genug Titanschwamm vorhanden ist, um ihn zu entfernen. Schließlich schmilzt man den Schwamm und gießt die Flüssigkeit in Gussformen zu Titanbrammen. Um eine Reaktion mit Sauerstoff zu verhindern, geschieht dies im Vakuum oder unter einem Inertgas. Das Kroll-Verfahren ist weit verbreitet, aber auch schwierig und teuer, vor allem wegen der dafür nötigen Temperaturen.

Stark und sicher

Titan verbindet sich leicht mit vielen Nichtmetallen wie Stickstoff, Kohlenstoff und Bor. Die dabei entstehenden Titannitride, -karbide und -boride sind interstitielle Verbindungen, d. h. die kleinen Stickstoff-, Kohlenstoff- und Boratome sind im Metallgitter des Titans einge-

SONNENCREME

UV-SCHUTZ
Titandioxid reflektiert und streut die schädliche ultraviolette Strahlung des Sonnenlichts und ist ein Hauptbestandteil von Sonnenschutzmitteln.

BOHRGESTÄNGE

OFFSHORE-EINRICHTUNGEN
Titanlegierungen sind außergewöhnlich widerstandsfähig gegen Korrosion in Meeres- und anderen Salzwasserumgebungen. Diese Werkstoffe werden für den Bau von Öl- und Gasbohrinseln, Entsalzungsanlagen und meerwassergekühlten Kondensatoren in Kraftwerken ausgewählt.

TITAN-ARMBANDUHR

ACCESSOIRES
Als hypoallergenes, leichtes und robustes Material ist Titan für Schmuck und Luxusaccessoires sehr beliebt, da es resistent gegen Dellen und Korrosion ist. Auch Sportuhren und solche, die beim Tauchen hohem Wasserdruck standhalten sollen, können aus Titan gefertigt sein.

TITAN-GOLFSCHLÄGER

GOLFSCHLÄGER
Titan ist leichter als Edelstahl und sehr stabil und wird für die Schlagfläche oder den gesamten Schlägerkopf eines Golfschlägers verwendet.

schlossen (siehe oben links). Sie sind sehr stabil, hart und daher nützlich.

Titan wird wegen seiner Korrosionsbeständigkeit geschätzt, die ideal für Anwendungen in anspruchsvollen industriellen Umgebungen ist. Außerdem ist es für die Verwendung im Körper unbedenklich, da es ungiftig ist und eine dünne, stabile Oxidschicht bildet, die es reaktionsunfähig macht.

2016 entdeckte ein Team um die rumänisch-amerikanische Physikerin Emilia Morosan eine Titan-Gold-Legierung, die bis zu viermal härter ist als reines Titan und die meisten Stähle. Morosan führt die extreme Härte auf die kurzen Bindungen zwischen Gold- und Titanatomen sowie auf eine große Anzahl von Valenzelektronen zurück, die zur Bindung beitragen. Aufgrund ihrer Eigenschaften eignet sich die Legierung für Zahnimplantate und Gelenkersatz.

Farbe der Oberfläche

Die Oberfläche von Titan lässt sich leicht anodisieren, also chemisch mit einer Oxidschicht überziehen, um leuchtende Farben zu erhalten. Dazu bringt man Elektroden an einem Stück Titan an und taucht es in Säure. Wenn Strom fließt, bildet sich auf der Oberfläche des Metalls eine klare Oxidschicht. Die Dicke der Oxidschicht wird über die Spannung gesteuert, wodurch sich die Wellenlängen des Lichts und die entsprechenden Farben festlegen lassen.

Übergangsmetall

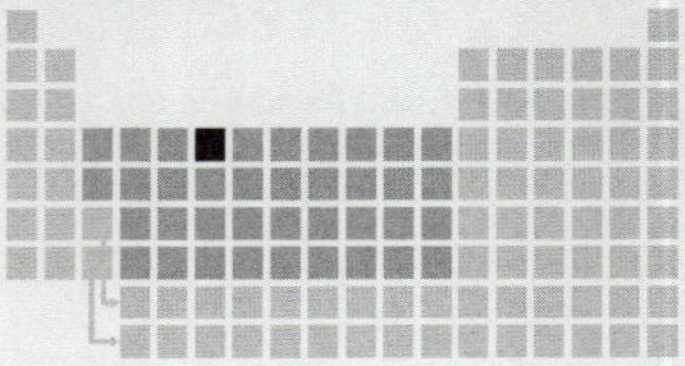

Cr

Chrom

Elektronenkonfiguration

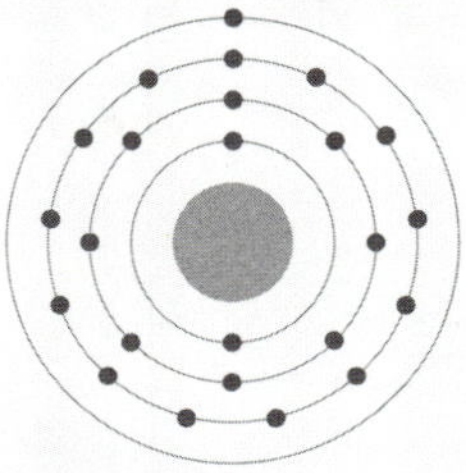

Ordnungszahl

24

Atommasse
52,00

Dichte
7,2 g/cm³

Radius
189 pm

Aggregatzustand
Fest

Schmelzpunkt
1907 °C

Entstehung
Supernovae

Anteil an der Erdkruste
102 ppm

REINES CHROM

Quellen für Chrom
Chrom und seine Verbindungen sind in der Erdkruste relativ reichlich vorhanden. Das Element wird hauptsächlich aus dem Mineral Chromit gewonnen, kommt aber auch in anderen Mineralien vor, darunter Krokoit.

Das Haupterz für Chrom ist das schwere, schwarze Chromit.

CHROMIT

Krokoit enthält Chrom und Blei und bildet orange-rote Kristalle.

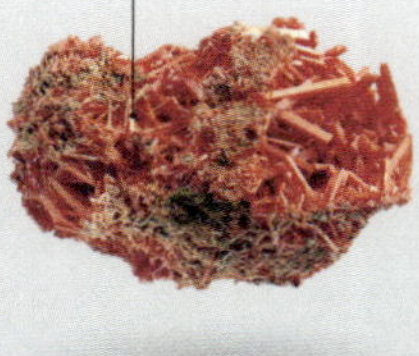

KROKOIT

Eine Spur von silbrigem Chrom gibt einem von Natur aus farblosen Kristall ein tiefes Rubinrot oder ein sattes Smaragdgrün. Seine bekannteste Anwendung ist jedoch die Herstellung von starkem und glänzendem Edelstahl.

Die Entdeckung des Chroms begann mit einem leuchtend roten Mineral, das man 1766 in einer russischen Goldmine fand. Das heute Krokoit bezeichnete Mineral nannte man zunächst sibirisches Rotbleierz; Künstler nutzten es bald als Pigment. Als der französische Chemiker Louis-Nicolas Vauquelin 1798 auf die hübschen roten Kristalle aufmerksam wurde, bestätigte er, dass es ein Bleimineral war, stellte aber auch fest, dass es ein neues Element enthielt. Nach vielen Versuchen konnte er das Blei entfernen und den übrigen Teil zu einem Metall reduzieren.

Vauquelin faszinierte die Vielfalt der Farben, die die gelösten Metallionen aufwiesen, und er benannte das Element nach dem griechischen Wort *chroma* (»Farbe«). Er fand, dass die grüne Farbe von Smaragden von Chrom kommt – und später, dass Chrom und Vanadium Rubinen die rote Farbe verleihen.

Der farbenfrohe Charakter des Chroms beruht auf seiner Elektronenkonfiguration. Sowohl die 3d- als auch die 4s-Elektronen stehen für Bindungen zur Verfügung: Es gibt insgesamt sechs Elektronen, die das Atom in verschiedenen Kombinationen abgeben kann, was zu einer breiten Palette von Oxidationsstufen (siehe S. 23) mit verschiedensten Farbtönen führt. Dazu gehören dunkelrotes Chromoxid, orangerotes Bleichromat, leuchtend gelbes Natriumchromat, leuchtend grünes Chromoxid, hellblaues Chromchlorid und violettes, wasserfreies Chromchlorid. Sogar das Mineral Krokoit ist nach der Farbe benannt, und zwar nach dem griechischen Wort *krokos* für Safran, dem Gewürz, das man aus den leuchtend karminroten Blütennarben von Krokussen herstellt.

VERWENDUNG VON CHROM

Edelstahl enthält 10–30 % Chrom, das für seine Korrosionsbeständigkeit und Langlebigkeit entscheidend ist. Chrom spielt daher in vielen Sparten eine wichtige Rolle, vom Bauwesen bis zur verarbeitenden Industrie. Weitere wichtige Verwendungszwecke sind die Galvanotechnik sowie die Glas- und Lederherstellung.

STOFF-WECHSEL
Chrom spielt vielleicht eine Rolle bei der Wirkung von Insulin, das den Stoffwechsel von Kohlenhydraten, Fetten und Proteinen im Körper steuert, doch ist dies noch nicht erwiesen. Ein Überschuss an Chrom ist giftig.

GERBEN VON LEDER
Um Leder fester und geschmeidiger zu machen, werden Tierhäute mit Chromsulfat behandelt, das sich an das Kollagen bindet und die Proteinstruktur stabilisiert.

ROSTFREIER STAHL
Chrom ist ein wichtiger Bestandteil von Edelstahl und macht ihn widerstandsfähig gegen Korrosion und Verfärbung.

VERCHROMUNG
Autoteile, Werkzeuge und Schmuck werden mit Chrom galvanisiert, um eine glänzende Beschichtung zu erhalten. Die Härte und der Glanz des Metalls sowie seine Korrosionsbeständigkeit sorgen für eine Oberfläche, die sowohl dekorativ als auch schützend ist.

GLAS
Chrom gibt Glas eine dunkelgrüne Farbe. Eine Mischung aus Chrom und anderen Elementen ergibt einen smaragdgrünen Farbton.

Erdalkalimetall

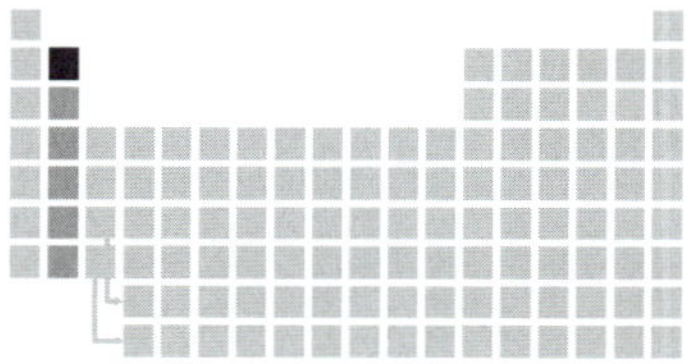

Be

Beryllium

Elektronenkonfiguration

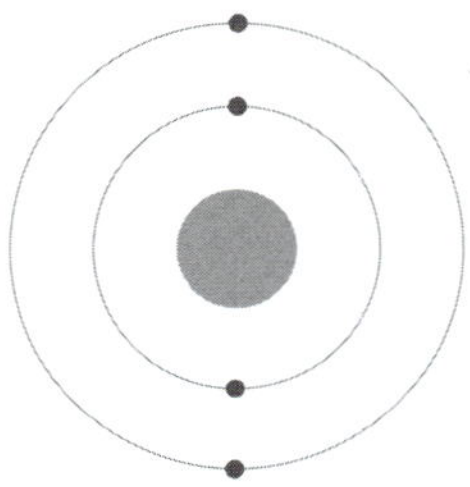

Ordnungszahl

4

Atommasse

9,01

Dichte

1,9 g/cm^3

Radius

153 pm

Aggregatzustand

Fest

Schmelzpunkt

1287 °C

Entstehung

Zerschlagung von Atomen durch kosmische Strahlung

Anteil an der Erdkruste

2,8 ppm

Leichtmetall

Das leichteste der Erdalkalimetalle ist als reines Metall viel härter und weniger reaktiv als die übrigen Metalle der Gruppe und hat einen höheren Schmelzpunkt ähnlich dem von Aluminium. Es kommt in Mineralen wie Bertrandit, Beryll und Chrysoberyll vor.

Raffiniertes Beryllium glänzt stahlgrau.

Beryllium ist ein sprödes Metall.

Die Oberfläche ist wegen der geringen Reaktivität korrosionsbeständig.

Bertrandit ist ein Berylliumerz.

Beryll ist ein häufiges Berylliummineral.

Chrysoberyll wird manchmal als Schmuckstein verwendet.

Das stahlgraue Beryllium ist hart und spröde, aber es hat eine versteckte Süße: Als der französische Chemiker Louis-Nicolas Vauquelin das Element entdeckte, stellte er fest, dass einige seiner Verbindungen süßlich schmeckten.

Beryllium wurde nach dem Mineral Beryll benannt, aus dem das Element meist gewonnen wird. Hübsche Beryll-Edelsteine waren bei den antiken Ägyptern, Römern und Kelten beliebt. Sie wurden über Kontinente hinweg gehandelt; das Wort Beryll kommt wohl von der historischen Stadt Belur in Südindien, die für Edelsteine berühmt war.

Die Ähnlichkeit zwischen Beryll und Smaragd führte zur Entdeckung des Berylliums. Der französische Mineraloge René-Just Haüy stellte fest, dass die Kristallstruktur der beiden Minerale identisch ist. Er beauftragte Louis-Nicolas Vauquelin, sie chemisch zu untersuchen. 1798 verkündete Vauquelin, er habe »eine neue Erde« gefunden, die sowohl im Smaragd als auch im Beryll enthalten sei. Im Jahr 1828 isolierten der deutsche Chemiker Friedrich Wöhler und der französische Chemiker Antoine Bussy Beryllium unabhängig voneinander.

Als leichtes, thermisch stabiles Metall mit hoher Steifigkeit und Festigkeit ist Beryllium in der Luft- und Raumfahrt nützlich. Das James-Webb-Weltraumteleskop der NASA hat einen 6,5 m großen goldbeschichteten Beryllium-Hauptspiegel, der aus 18 sechseckigen Einzelspiegeln besteht. Beryllium wurde dafür gewählt, weil es sich bei Temperaturänderungen nicht verzieht.

Aufgrund der niedrigen Atommasse und Dichte ist Beryllium für ionisierende Strahlung, auch Röntgenstrahlung, relativ durchlässig. Die Fenster von Röntgengeräten sowie viele Teile von Teilchendetektoren bestehen daher aus Beryllium. Es ist jedoch gesundheitsgefährdend und kann zu Lungenkrebs oder chronischen Berylliumkrankheiten führen.

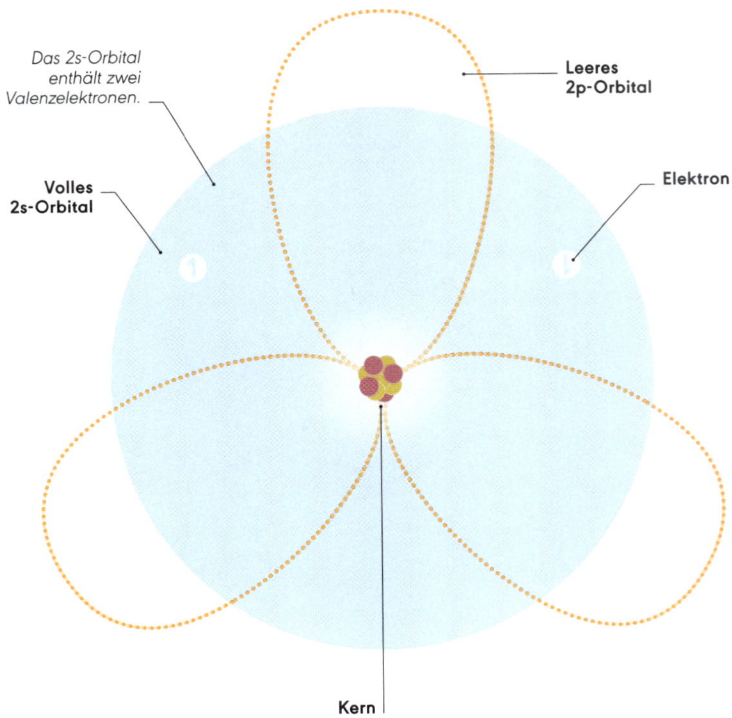

Berylliumatom
Beryllium hat zwei Valenzelektronen in der zweiten Schale, beide im 2s-Orbital. Da nur eine einzige gefüllte Schale diese Valenzelektronen vor der Kernladung abschirmt, zieht das Berylliumatom seine 2s-Elektronen stark an. Das bedeutet, dass es nicht ohne Weiteres das Be^{2+}-Ion bildet und für ein Erdalkalimetall relativ reaktionsarm ist.

WARUM BERYLLIUM UNREAKTIV IST

Beryllium sitzt in der Gruppe 2 des Periodensystems. Im Vergleich zu anderen Elementen dieser Gruppe ist es jedoch relativ unreaktiv, denn es ist eine große Menge an Energie erforderlich, um seine beiden Valenzelektronen zu entfernen und das Be^{2+}-Ion zu bilden.

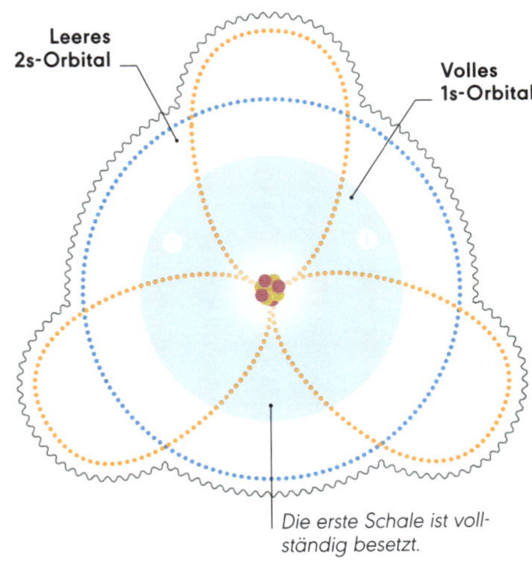

Berylliumion (Be^{2+})
Beryllium kann beide Elektronen aus dem 2s-Orbital abgeben und ein Be^{2+}-Ion bilden. Dann ist die zweite Schale ganz leer, was eine besonders stabile Elektronenkonfiguration ist.

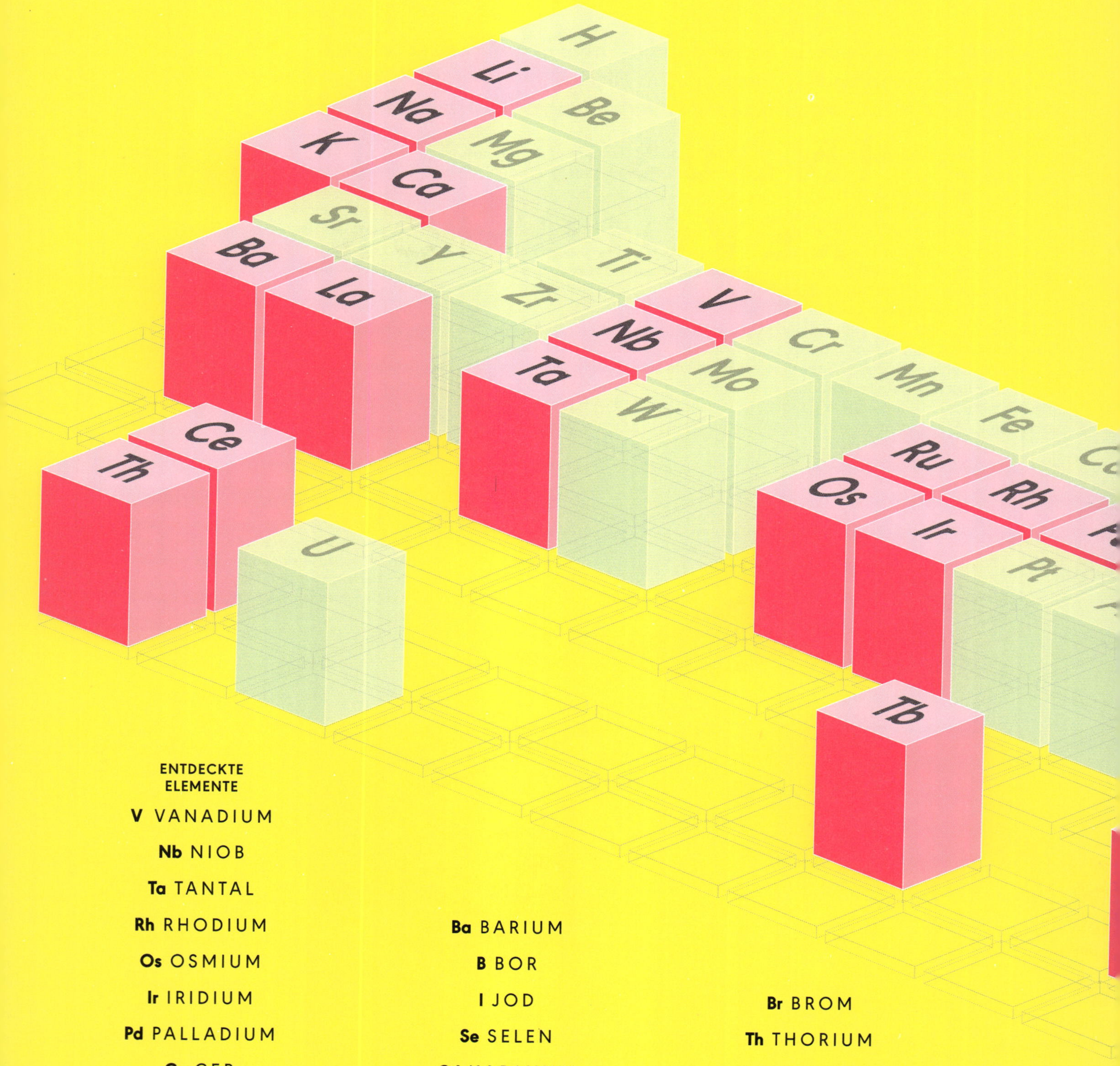

ENTDECKTE ELEMENTE

V VANADIUM

Nb NIOB

Ta TANTAL

Rh RHODIUM

Os OSMIUM

Ir IRIDIUM

Pd PALLADIUM

Ce CER

Na NATRIUM

K KALIUM

Ca KALZIUM

Ba BARIUM

B BOR

I JOD

Se SELEN

Cd KADMIUM

Li LITHIUM

Si SILIZIUM

Al ALUMINIUM

Br BROM

Th THORIUM

La LANTHAN

Er ERBIUM

Tb TERBIUM

Ru RUTHENIUM

INDUSTRIELLE REVOLUTION

1800–1859

1

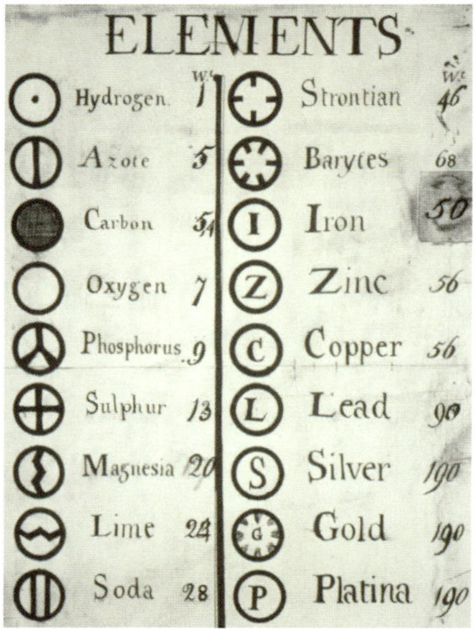

2

3

DIE GEBURT DER MODERNEN CHEMIE

Das 19. Jh. war der Startschuss für die Chemie, wie wir sie heute kennen. Technische Fortschritte trugen dazu bei, 46 neue Elemente zu entdecken, und man entwickelte die moderne chemische Notation und die Atomtheorie.

Pionierarbeiten aus dem frühen 19. Jh. formten die Chemie zur modernen Wissenschaft. Im Jahr 1803 stellte der englische Chemiker John Dalton die moderne Atomtheorie auf, wonach jedes Element aus einzelnen, unteilbaren Teilchen, den Atomen, besteht, die sich von den Atomen anderer Elemente grundlegend unterscheiden. Demnach vereinigen sich Atome in unterschiedlichen Verhältnissen zu chemischen Verbindungen, und chemische Reaktionen beruhen auf der Bindung, Trennung oder Umordnung von Atomen. Obwohl man einige von Daltons ursprünglichen Ideen widerlegt hat, wurde der Großteil der Atomtheorie von der Forschergemeinde akzeptiert und gilt im Grundsatz heute noch als richtig.

Dalton ordnete jedem Element ein bildliches Symbol zu, sodass man sie zu Verbindungen kombinieren konnte. Er berechnete die Atommassen der 20 damals bekannten Elemente, wobei er dem Wasserstoff den Referenzwert 1 zuwies und die Massen anderer Elemente aus ihren Verbindungen extrapolierte. Trotz einiger Fehler legte Dalton damit den Grundstein für viele revolutionäre Entdeckungen im Laufe des Jahrhunderts, darunter das Periodensystem und die moderne Atomtheorie.

Massen und Verhältnisse

Der schwedische Chemiker Jöns Jakob Berzelius, ein Zeitgenosse Daltons, war anfangs sowohl begeistert von der Atomtheorie als auch skeptisch. Aus Experimenten folgerte er, dass Elemente in festen Massenverhältnissen Verbindungen bilden. Er stellte eine eigene Tabelle der Atommassen auf, in der er Sauerstoff willkürlich die Atommasse 100 gab. Diese Tabelle half ihm zu bestimmen, wie Elemente miteinander reagieren.

Nach der Erfindung der Voltaschen Säule (siehe gegenüber) führte Berzelius elektrochemische Zersetzungen durch: die Aufspaltung von Verbindungen durch Elektrizität, was für ihn Teile der Atomtheorie infrage stellte. Seine Versuche und die Entdeckung von Natrium und Kalium durch den englischen Chemiker Humphry Davy überzeugten Berzelius davon, dass Verbindungen aus gegensätzlich gelade-

1. John Dalton
Der 1766 in England geborene Dalton war ein begeisterter Meteorologe und Chemiker. Mit Holzkugeln, die mit kleinen Stöcken verbunden waren, veranschaulichte er die Atomtheorie, die den Grundstein für die moderne Chemie legte.

2. Daltons chemische Symbole
Im Jahr 1808 erstellte Dalton diese Tabelle, in der jedes Element durch ein Bildsymbol und seine Atommasse gekennzeichnet ist.

3. Berzelius' Labor
Berzelius machte viele Entdeckungen und erstellte eine zuverlässige Tabelle der Atommassen. Diese Nachbildung seines Labors zeigt persönliche Gegenstände und die Geräte für seine umfangreichen Experimente.

nen Komponenten bestehen, die sich elektrostatisch anziehen – was wir heute Ionenbindungen nennen. Allerdings war ihm ein Rätsel, wie diese Verbindungen insbesondere bei ungewöhnlichen Mengenverhältnissen entstehen konnten, weil komplexere Strukturen durch die Abstoßung gleich geladener Atome instabil werden müssten. Erst die Entdeckung der kovalenten Bindung im 20. Jh. Jahrhundert löste dieses Rätsel.

Neue Notation

Nachdem Berzelius die Atomtheorie akzeptiert und erkannt hatte, dass sich Elemente stets in festen Verhältnissen binden, entwickelte er eine einfache Schreibweise, um Ergebnisse leichter kommunizieren zu können. Jedes Element bekam als Symbol den ersten Großbuchstaben des lateinischen Namens und (falls es mehrere gab) einen zweiten Buchstaben. Eine hochgestellte Zahl gab die Anzahl der Atome an. Diese Notation verwenden wir immer noch, aber mit tiefgestellten Zahlen.

VOLTASCHE SÄULE

Die Erfindung des italienischen Chemikers Alessandro Volta, die Voltasche Säule, war die erste Batterie, die einen konstanten Strom abgab. Sie revolutionierte die Forschung im frühen 19. Jh. Mit ihr konnte Humphry Davy viele neue Elemente isolieren.

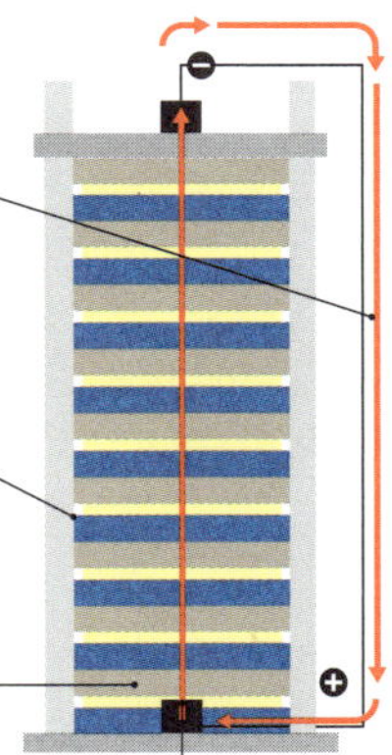

1800

1800
Der italienische Chemiker Alessandro Volta beschreibt die Voltasche Säule.

1803
Der schwedische Chemiker Jöns Jakob Berzelius führt sein erstes elektrochemisches Zersetzungsexperiment durch; der englische Chemiker John Dalton entwirft die moderne Atomtheorie.

1806
Der britische Chemiker Humphry Davy beschreibt Elektrolyseversuche; in den Folgejahren nutzt er die Elektrolyse zur Isolierung verschiedener Metalle.

1808
John Dalton veröffentlicht eine Tabelle der Atommassen.

1811
Jöns Jakob Berzelius führt das moderne System der chemischen Symbole ein; der italienische Physiker Amedeo Avogadro stellt die Hypothese auf, dass ein gleiches Volumen von Gasen bei gleicher Temperatur und gleichem Druck die gleiche Zahl von Molekülen enthält.

1814
Der deutsche Physiker Joseph von Fraunhofer untersucht das Sonnenspektrum und bemerkt dunkle Absorptionslinien, die man später Fraunhoferlinien nennt.

1828
Dem deutschen Chemiker Friedrich Wöhler gelingt die Synthese von Harnsäure aus anorganischen Stoffen.

1856
Der britische Chemiker William Perkin patentiert den ersten synthetischen Farbstoff: Mauvein, auch Anilinpurpur oder Perkinviolett genannt.

1859
Die deutschen Chemiker Robert Wilhelm Bunsen und Gustav Robert Kirchhoff entwickeln die Spektroskopie und tragen zur Entdeckung neuer Elemente bei.

1859

Übergangsmetall

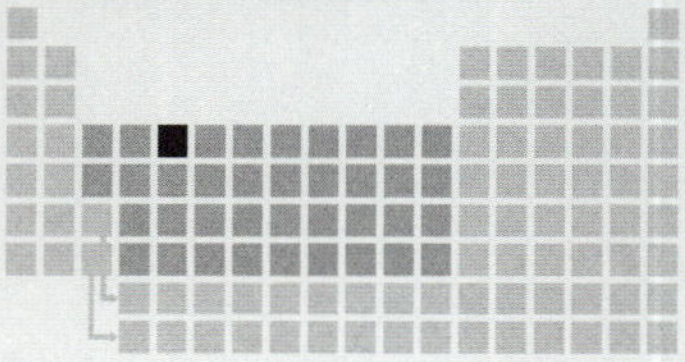

V

Vanadium

Elektronenkonfiguration

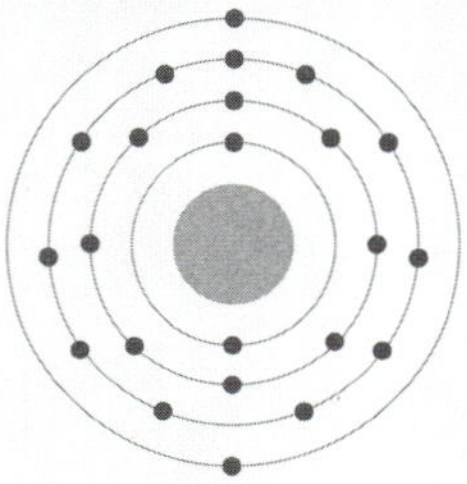

Ordnungszahl

23

Atommasse
50,94

Dichte
6,0 g/cm³

Radius
179 pm

Aggregatzustand
Fest

Schmelzpunkt
1910 °C

Entstehung
Supernovae

Anteil an der Erdkruste
120 ppm

Diese spröden Kristalle sind die Hauptquelle für Vanadium.

VANADINIT

Carnotit ist ein radioaktives Uranmineral, das früher zur Gewinnung von Vanadium und Radium abgebaut wurde.

CARNOTIT

Viele Minerale
Vanadium ist in etwa 65 verschiedenen Mineralen enthalten, darunter Vanadinit und Carnotit. Das Element kommt auch im Gestein Phosphorit, bestimmten Eisenerzen und einigen schweren Rohölen vor. Die Asche dieser Öle kann bis zu 75 % Vanadiumpentoxid enthalten.

Das reine Element hat eine silberne Oberfläche.

REINES VANADIUM

Vanadium ist ein silberfarbenes Metall, das bei der Explosion von Weißen Zwergsternen entsteht. Der klassische Ford Modell T wurde aus Vanadiumstahl hergestellt.

Vanadium ist lithophil (es kommt vor allem im Gestein vor) und bildet mit Sauerstoff leicht Verbindungen, die in den meisten Böden reichlich vorkommen. Vanadium wird kaum direkt abgebaut, sondern fällt bei der Gewinnung anderer Metalle an. Es gibt zwei natürliche Isotope: das stabile Vanadium-51 und das schwach radioaktive Vanadium-50 mit einer Halbwertszeit von über 10^{17} (100 Billiarden) Jahren – über 20 Millionen Mal das Alter der Erde.

Vanadium wurde 1801 von dem mexikanischen Mineralogen Andrés Manuel del Rio entdeckt. Ihn überraschten die Farben der Salze, die er aus Vanadinit extrahierte, und er nannte das Element Panchromium (»alle Farben«). Dreißig Jahre später extrahierte es Nils Gabriel Sefström am Karolinska-Institut für Chemie in Schweden aus Gusseisen aus einem lokalen Erz. 1869 stellte Henry Roscoe im Vereinigten Königreich eine fast reine Probe (mit etwa 4 % Verunreinigungen) her. Einen Reinheitsgrad von 99,99 % erreichten schließlich in den 1920ern J. W. Marden und M. N. Rich in den USA.

Vanadium ist korrosionsbeständig, da sich ein schützender Oxidfilm auf der Oberfläche bildet. Als mäßig reaktives Element mit fünf Valenzelektronen, die es abgeben kann, nimmt es (wie andere Übergangsmetalle) mehrere Oxidationsstufen an, darunter +2, +3, +4 und +5, jeweils mit einer bestimmten Farbe: violett, grün, blau bzw. gelb.

Vanadiumpentoxid ist die kommerziell wichtigste Verbindung. Vanadium ist ein essenzielles Element für viele Lebewesen, darunter auch für den Menschen, aber es gibt keine bekannten Fälle von Mangelerscheinungen.

ANWENDUNGEN VON VANADIUM

Die Stahlindustrie verbraucht etwa 85 % des weltweit produzierten Vanadiums, darunter Ferrovanadium für Hochgeschwindigkeitszerspanungswerkzeuge. Es wird auch in Katalysatoren, Pigmenten und Kernreaktoren verwendet. Vanadium-Gallium ist für supraleitende Magnete wichtig, etwa für Kernspintomografen.

PIGMENTE
Vanadium wird als Pigment zum Färben von Keramik verwendet. Das Element ist nach der nordischen Göttin der Schönheit, Vanadís, benannt.

STAHLKLINGE

DAMASZENER STAHL
Stahl aus Damaskus (heutiges Syrien) hatte einen legendären Ruf für seine Härte und zeichnet sich durch ein fließendes Muster aus. Vanadium im lokalen Eisenerz verlieh den Klingen Festigkeit, Haltbarkeit und eine lang anhaltende Schärfe.

VANADIUMPENTOXID-KRISTALLE

KATALYSATOR
Vanadiumpentoxid ist ein wichtiger Katalysator für die Reaktion von Schwefeldioxid zu Schwefeltrioxid zur Schwefelsäureproduktion, einem wichtigen Rohstoff der chemischen Industrie.

ATOMREAKTORKERNE
Vanadiumlegierungen werden in Kernreaktoren verwendet, da sie Neutronen nur wenig absorbieren und somit zur Moderation der Kernreaktionen beitragen.

SEEGURKE

SEEGURKENBLUT
Seegurken sind eine Gruppe von Meerestieren. Vanadium-bindende Proteine, sogenannte Vanabine, färben ihre Blutzellen gelb. Japan hatte einst ein Programm, um sie zu ernten und das Element daraus zu extrahieren.

Übergangsmetall

Nb

Niob

Konfiguration

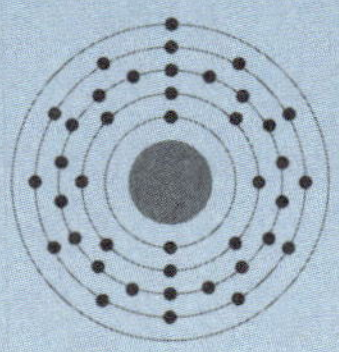

Ordnungszahl
41

Atommasse
92,91

Dichte
8,6 g/cm³

Radius
207 pm

Aggregatzustand
Fest

Schmelzpunkt
2477 °C

Entstehung
Fusion in Sternen

Anteil an der Erdkruste
20 ppm

ANGELAUFENES NIOB

Starker Glanz
Niob ist ein glänzendes, graues Metall, das an der Luft langsam oxidiert. Daher wird es in Schmuckstücken als Alternative zu Nickel verwendet. Formen des niobhaltigen Minerals Columbit wird je nach Magnesium- oder Eisengehalt die Vorsilbe »Magno« oder »Ferro« vorangestellt.

MAGNOCOLUMBIT

FERROCOLUMBIT

TANTALIT

Mehr als 40 Jahre lang wurden Niob und Tantal fälschlicherweise für ein und dasselbe Element gehalten.

Niob wurde 1801 von dem englischen Mineralogen Charles Hatchett anhand einer kleinen, dunklen und schweren Probe des Minerals Columbit aus dem Britischen Museum (London) entdeckt.

Zunächst nannte man das Element Columbium nach Columbia, dem poetischen Namen für Amerika, woher das Mineral stammte. Später hielt man es jedoch nur für eine andere Form von Tantal, das wenig später (1802) entdeckt wurde. 1844 wies der deutsche Chemiker Heinrich Rose jedoch nach, dass Columbit sowohl Tantal als auch Columbium enthält, und benannte das Element in Niob um, nach Niobe, der Tochter von Tantalus (nach dem Tantal benannt ist). Reines Niob wurde erstmals 1864 von dem schwedischen Chemiker C. W. Blomstrand in nennenswerten Mengen hergestellt; er erhitzte dazu Niobchlorid mit Wasserstoffgas und reduzierte es so zu dem reinen Element.

Obwohl elementares Niob weich ist, macht es Stahllegierungen härter und zäher. So erzeugt man daraus etwa hitzebeständige Superlegierungen für die Luft- und Raumfahrt. Es bildet auf der Oberfläche eine Oxidschicht, die es korrosionsbeständig macht. Nioblegierungen werden auch in chirurgischen Implantaten wie Herzschrittmachern verwendet.

Tantal behält sein glänzendes, manchmal blaugraues Aussehen, auch wenn es Reaktanten ausgesetzt ist.

Reines Tantal ist sehr weich und dehnbar.

RAFFINIERTES TANTAL

An der Luft kann Ferrocolumbit schillernd anlaufen.

FERROCOLUMBIT

TANTALIT

Tantalhaltige Kristalle variieren in ihrer Farbe von dunkelbraun bis hellrot.

Hohe Widerstandsfähigkeit
Die chemische Inertheit von Tantal beruht auf einer Oxidschicht, die sich an der Oberfläche des Materials bildet, wenn es der Luft ausgesetzt wird. Daher ist es für besonders korrosive Umgebungen ideal, etwa in der pharmazeutischen Industrie, da es die Materialien, mit denen es in Berührung kommt, nicht kontaminiert.

Übergangsmetall

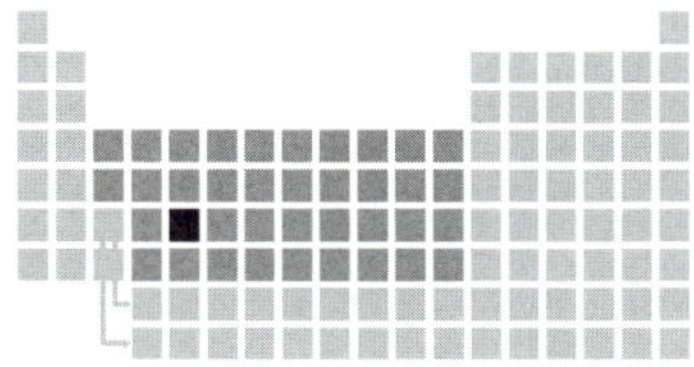

Ta

Tantal

Konfiguration

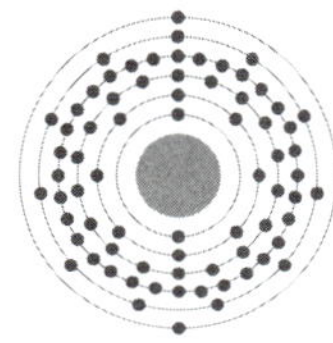

Ordnungszahl
73

Atommasse
180,95

Dichte
16,4 g/cm³

Radius
217 pm

Aggregatzustand
Fest

Schmelzpunkt
3017 °C

Entstehung
Fusion in Sternen

Anteil an der Erdkruste
2 ppm

Das chemisch inerte Tantal ist ein glänzendes, silbriges Metall, aus dem man oft Laborgeräte herstellt.

Obwohl Tantal bereits 1802 vom schwedischen Chemiker Anders Gustav Ekeberg entdeckt wurde, dauerte es mehr als 40 Jahre, bis man eine Probe unreinen Tantals von Niob (siehe gegenüber) abtrennen konnte. Ekeberg benannte das Element nach dem griechischen König Tantal, dessen ewiger Hunger und Durst den Kampf um die Gewinnung von reinem Tantal aus Mineralproben symbolisierten. Trotz seiner frühen Entdeckung gelang es erst 1903 dem deutschen Chemiker Werner von Bolton, reines Tantal herzustellen.

Um Tantal von Niob zu trennen, nutzt man ihre unterschiedliche Löslichkeit in Flusssäure. Man mischt ein Erz, das beide Metalle enthält, mit Kaliumfluorid. Die Niobverbindung wird ausgewaschen, und aus dem weniger gut löslichen Kaliumfluorotantalat gewinnt man das Metall durch Elektrolyse. In der Elektronik ist Tantal für Kondensatoren wichtig. Nur wenige Metalle haben höhere Schmelzpunkte; daher werden Superlegierungen von Tantal mit anderen Metallen in Turbinenschaufeln, Raketendüsen und Kernreaktoren verwendet. Schneidwerkzeuge aus Tantalkarbiden bleiben bei hohen Temperaturen hart, und wie Niob wird Tantal in chirurgischen Implantaten verwendet.

Übergangsmetall

Rh

Rhodium

Konfiguration

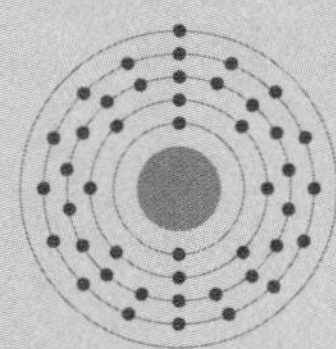

Ordnungszahl
45

Atommasse
102,91

Dichte
12,4 g/cm³

Radius
195 pm

Aggregatzustand
Fest

Schmelzpunkt
1963 °C

Entstehung
Neutronensternkollisionen

Anteil an der Erdkruste
0,001 ppm

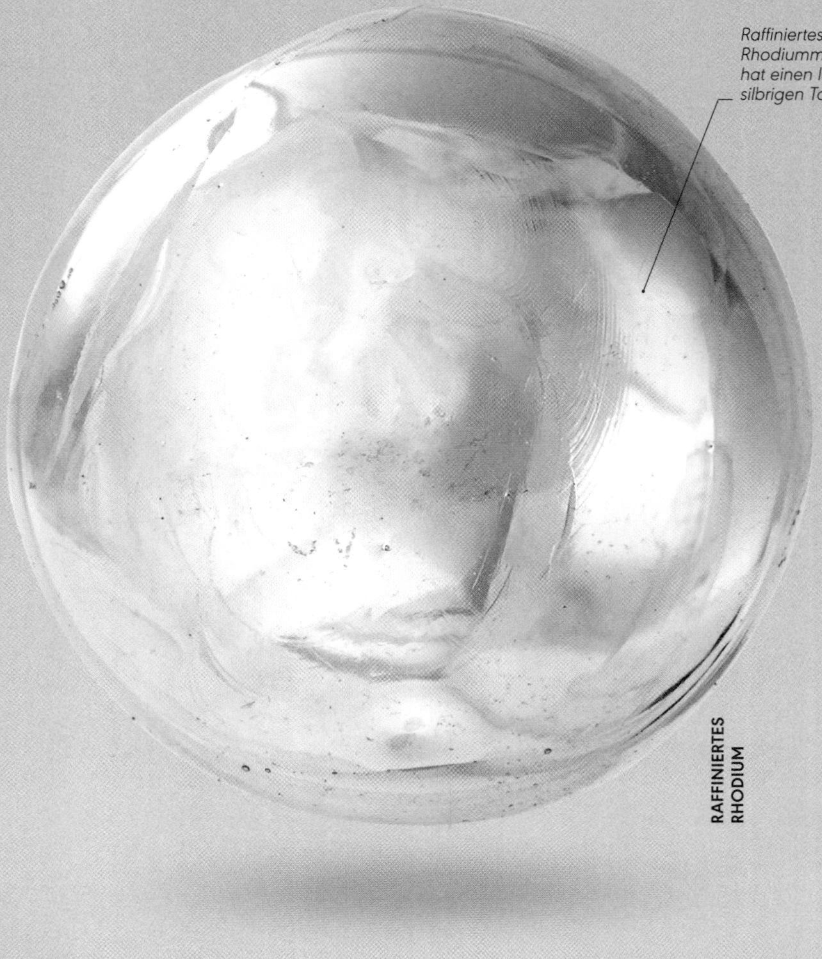

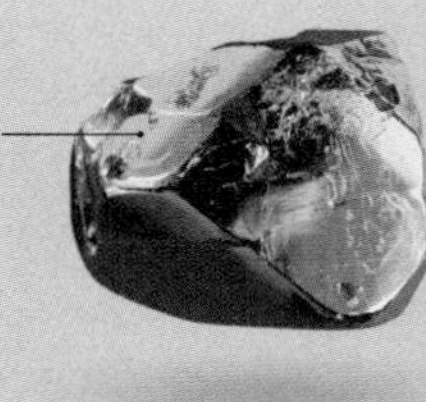

Roh und raffiniert
Reines Rhodium ist ein äußerst seltenes, glänzendes und hartes Metall. Es ist relativ reaktionslos und hat daher eine hohe Korrosionsbeständigkeit.

Rhodium ist das seltenste aller nichtradioaktiven Metalle und viel teurer als Gold oder Silber.

Im Jahr 1803 lösten die englischen Chemiker William Hyde Wollaston und Smithson Tennant einige kürzlich entdeckte Platinerze in Königswasser, einem extrem sauren Gemisch aus konzentrierter Salz- und Salpetersäure. Die Lösung enthielt Platin und, so vermutete Wollaston, mindestens ein neues Element. Mehrere chemische Behandlungen der Lösung ergaben schließlich rosarote Kristalle aus Natriumrhodiumchlorid und nach weiteren Reaktionen schließlich das reine Metall selbst.

Im Universum entsteht Rhodium bei der Kollision von Neutronensternen; es findet sich in kalzium- und aluminiumhaltigen Einschlüssen in Meteoriten.

Wie viele Übergangsmetalle ist Rhodium ein vielseitiger chemischer Katalysator. Seine Bereitschaft, Elektronen aus seinen 4s- und 3d-Orbitalen aufzunehmen oder abzugeben, ermöglicht schwache Bindungen mit anderen Molekülen, was für viele industriellen Anwendungen nützlich ist. Dank des hohen Schmelzpunkts, der Temperaturstabilität und der Korrosionsbeständigkeit eignet sich Rhodium ideal für Drei-Wege-Katalysatoren, die im Autoabgas giftige Stickoxide in Stickstoff und Sauerstoff aufspalten, die man gefahrlos in die Luft ausstoßen kann.

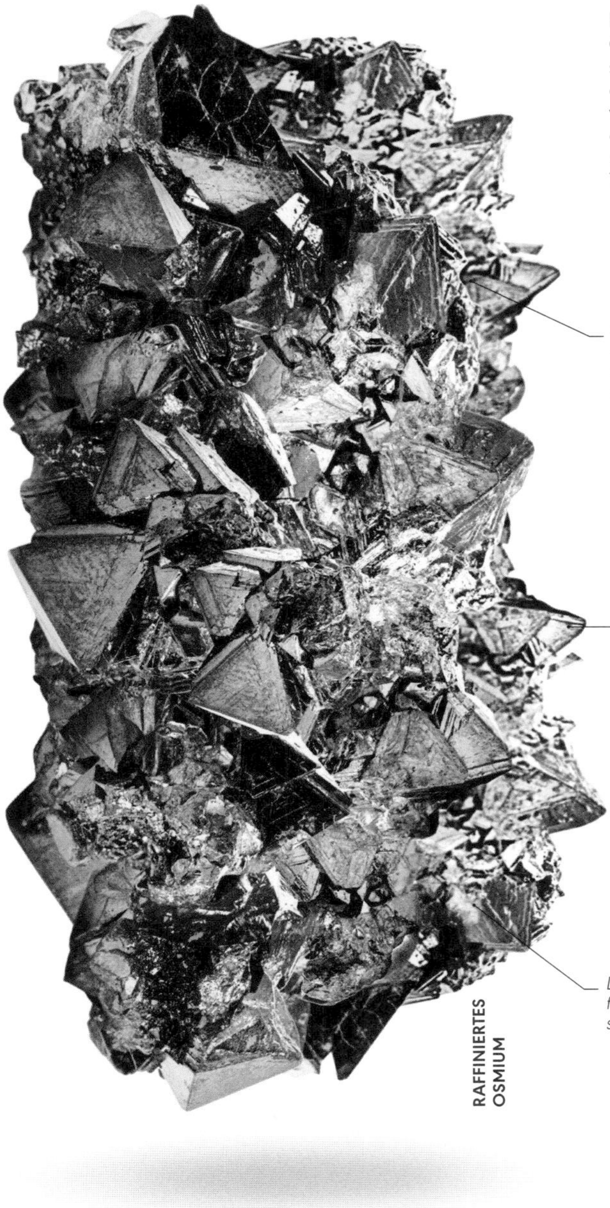

RAFFINIERTES OSMIUM

Hart, aber spröde
Osmium ist zu hart und spröde, um maschinell geformt zu werden. Es hat den vierthöchsten Schmelzpunkt aller Elemente und behält seinen Glanz auch bei hohen Temperaturen.

Osmium widersteht aufgrund seiner Härte Verformungen unter Druck.

Durch Schläge kann das spröde Osmium entlang flacher Ebenen zerbrechen.

Die glänzende Oberfläche von Osmium spiegelt stark.

Übergangsmetall

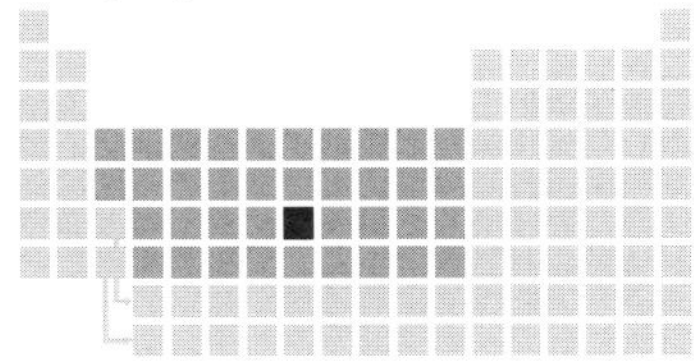

Os

Osmium

Konfiguration

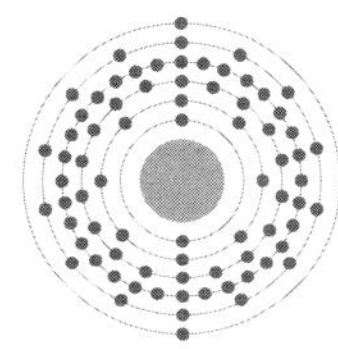

Ordnungszahl
76

Atommasse
190,23

Dichte
22,6 g/cm³

Radius
216 pm

Aggregatzustand
Fest

Schmelzpunkt
3033 °C

Entstehung
Neutronensternkollisionen

Anteil an der Erdkruste
0,0015 ppm

Osmium ist das dichteste bekannte Element, ein blaugraues Metall mit erstaunlich stark riechenden Verbindungen.

Osmium ist eines der seltensten Elemente der Erdkruste mit nur 1,5 Teilen pro Billion. Da es meist in Verbindung mit anderen Metallen wie Platin auftritt, wurde es erst 1803 als eigenes Element erkannt, als Tennant und Wollaston (siehe gegenüber) mit Platinerzen experimentierten. Nachdem sie Platinerz aufgelöst hatten, fanden sie dunkle Rückstände, von denen Tennant annahm, dass sie ein neues Element enthalten müssten. Nach weiterer Behandlung mit Laugen, Hitze und noch mehr Säure gelang es ihm, eine scharfe, knoblauchartige Verbindung abzudestillieren: Osmiumtetroxid. Er nannte das neue Element Osmium nach dem griechischen Wort *osme* (»Geruch, Gestank«).

Osmium ist als reines Metall nicht besonders nützlich, da es für die meisten Anwendungen zu schwer und spröde ist, aber mit anderen Metallen bildet es haltbare Legierungen für Kugelschreiberspitzen oder hochbelastete Maschinengelenke. Osmiumtetroxid ist ein wirksames Reagenz und katalysiert zahlreiche Reaktionen. Man nutzt es auch als biologisches Färbemittel, vor allem zum Nachweis von Fingerabdrücken. Osmiumtetroxid ist ein Feststoff, gibt aber äußerst giftiges Gas ab. Aus diesem Grund ist seine Verwendung stark reglementiert.

Übergangsmetall

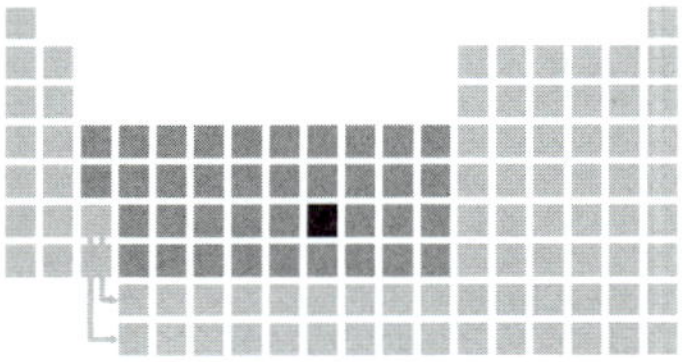

Ir
Iridium

Elektronenkonfiguration

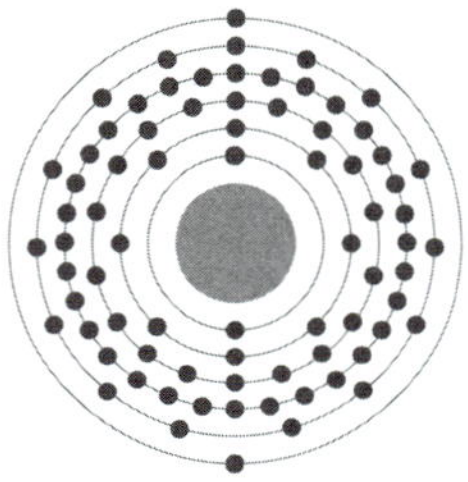

Ordnungszahl
77

Atommasse
192,22

Dichte
22,4 g/cm³

Radius
202 pm

Aggregatzustand
Fest

Schmelzpunkt
2446 °C

Entstehung
Neutronensternkollisionen

Anteil an der Erdkruste
0,001 ppm

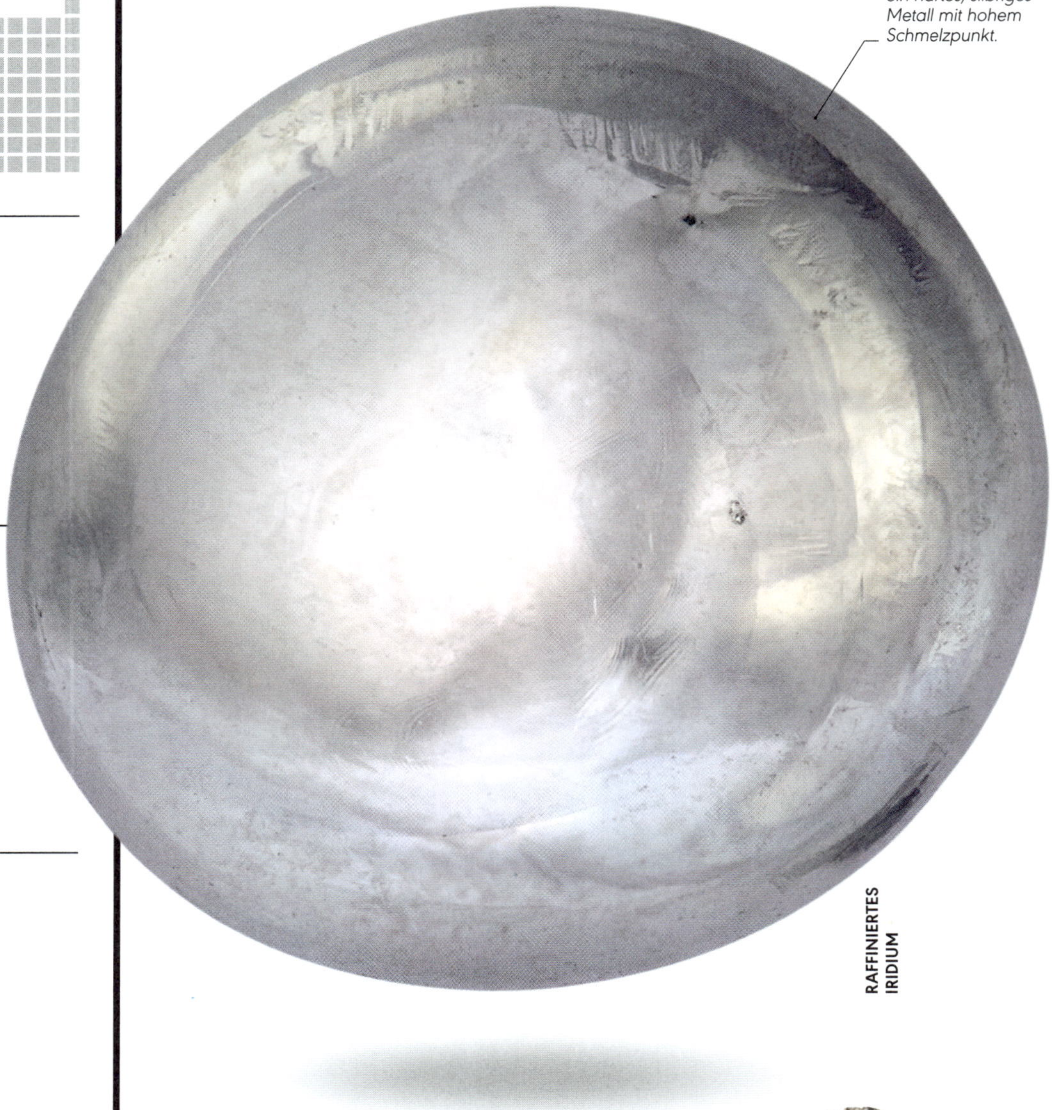

RAFFINIERTES IRIDIUM

PLATINERZ

FRAGMENT DES CANYON-DIABLO-METEORITEN

Seltener Fund
Iridium ist eines der seltensten Elemente in der Erdkruste und äußerst schwer zu gewinnen. Es kommt in Platinerzen und in einigen Meteoriten vor, die Iridium enthalten, das bei der Verschmelzung von Neutronensternen entstanden ist.

Iridium ist ein hartes, sprödes Metall, das in Meteoriten vorkommt und eine Vielzahl von Verbindungen in verschiedenen Farben bildet. Daher wurde das Element nach Iris, der griechischen Göttin des Regenbogens, benannt.

Iridium ist ein silberweißes Metall, das zu den härtesten und dichtesten bekannten Elementen gehört. Es wurde 1803 vom englischen Chemiker Smithson Tennant in demselben Experiment entdeckt, mit dem er auch Osmium entdeckte (siehe S. 149). Nachdem er Platin in starken Säuren aufgelöst hatte, blieb ein unbekannter schwarzer Rückstand zurück. Tennant führte unzählige Versuche damit durch und erhielt eine Reihe leuchtend farbiger Verbindungen, sodass er die Substanz Iridium nannte.

Wie Osmium ist Iridium in der Erdkruste extrem selten und kommt meist als Spurenverunreinigung von anderen Metallen wie Eisen, Kupfer und Nickel vor. Dieses schwer fassbare Element ist aber wohl häufiger, als es scheint. Da Iridium sehr dicht ist und sich mit Eisen mischt, dürfte der größte Teil bei der Entstehung des Planeten in den Erdkern gesunken sein. Meteoriten enthalten viel höhere Konzentrationen des Schwermetalls, sodass man mit ihm Meteoriteneinschläge auf der Erde identifizieren kann. So kam die Idee, dass die Dinosaurier nach einem Meteoriteneinschlag ausstarben, erstmals auf, weil man in 65 Millionen Jahre alten Sedimenten deutlich mehr Iridium gefunden hatte als erwartet.

Iridium ist extrem hitze- und korrosionsbeständig. Seine Verbindungen sind nützliche Katalysatoren, da es 13 verschiedene Oxidationsstufen annehmen kann – mehr als jedes andere Element.

OXIDATIONSSTUFEN

Iridium hat neun Valenzelektronen verteilt auf die 6s- und 5d-Orbitale, die nur schwach vom Kern gehalten werden und daher bei Reaktionen leicht abgegeben werden. Es kann auch bis zu drei Elektronen gewinnen, um die 5d-Orbitale ganz zu füllen, was eine besonders stabile Konfiguration ist. Iridium hat also 13 mögliche Oxidationsstufen, die meisten aller Elemente.

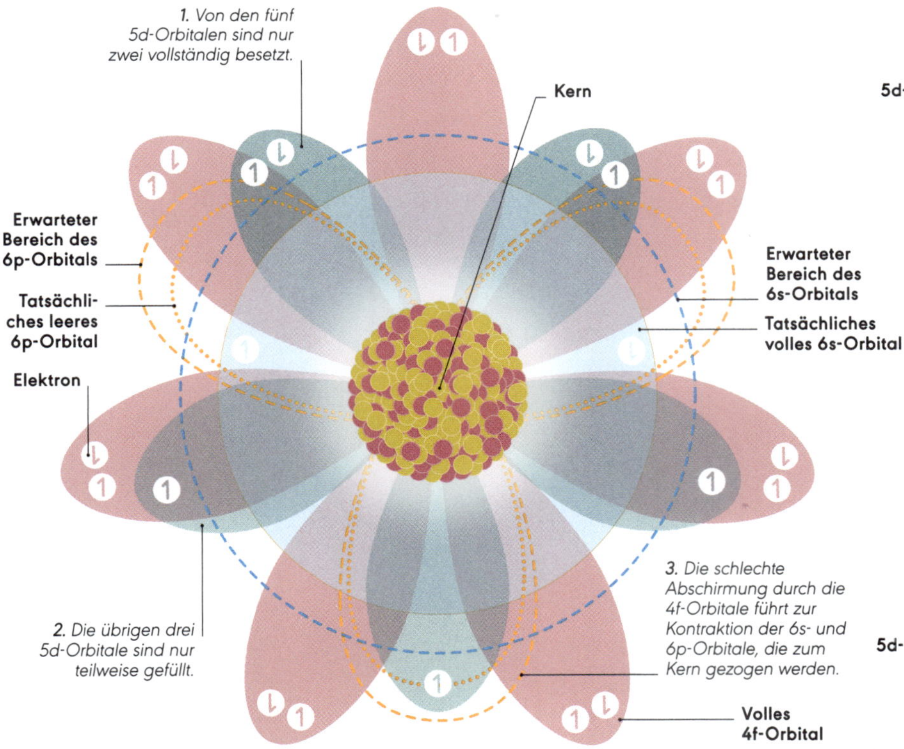

Iridium

Die 4f- und 5d-Orbitale des Iridiums sind weit vom Kern entfernt, sodass sie die Außenelektronen besonders schlecht von der Kernladung abschirmen. Daher werden die 6s- und 6p-Orbitale zum Kern gezogen, was die Dichte des Iridiums erhöht.

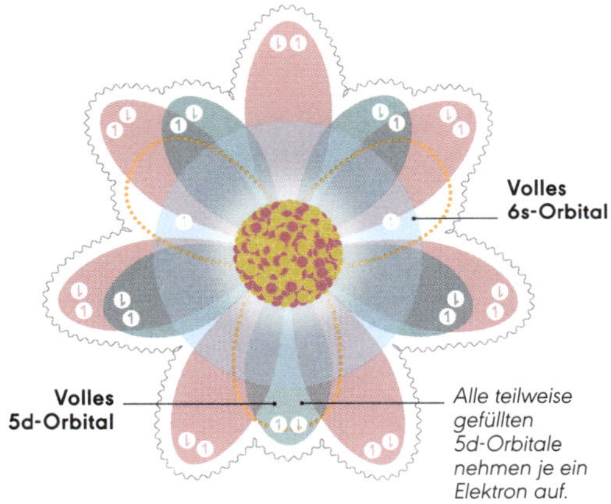

Oxidationsstufe −3

Jedes der drei teilweise gefüllten 5d-Orbitale kann ein Elektron aufnehmen, sodass Iridium die tiefste Oxidationsstufe −3 aufweist.

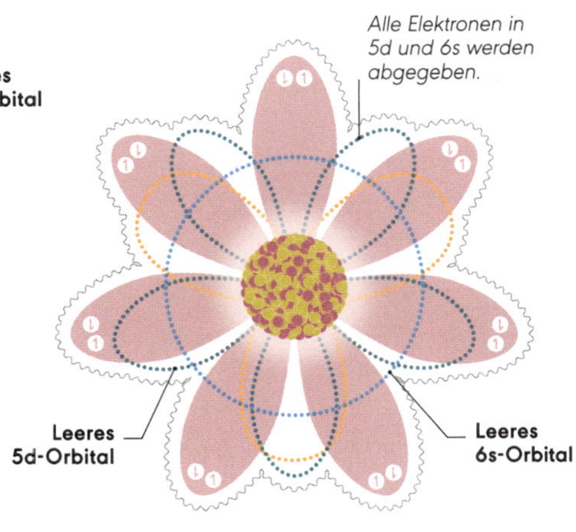

Oxidationsstufe +9

In stark oxidierenden Verbindungen wie $[IrO_4]^+$ können alle neun Valenzelektronen aus den 6s- und 5d-Orbitalen formal abgegeben werden. Sie werden von den hoch elektronegativen Sauerstoffatomen stark angezogen und gebunden, sodass Iridium die außergewöhnlich hohe Oxidationsstufe +9 erreicht.

Übergangsmetall

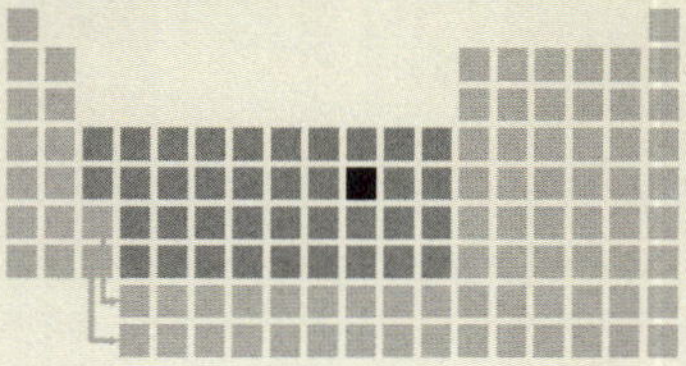

Pd

Palladium

Elektronenkonfiguration

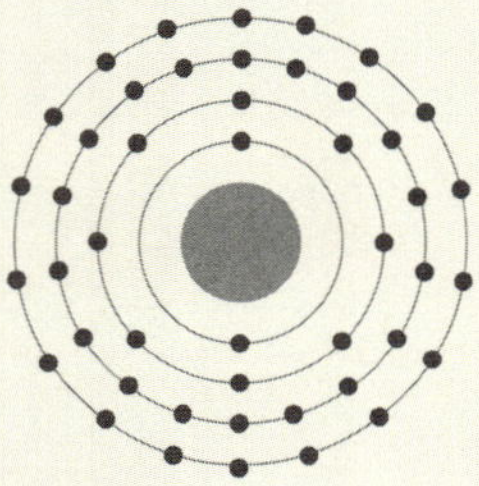

Ordnungszahl

46

Atommasse
106,42

Dichte
12,0 g/cm^3

Radius
202 pm

Aggregatzustand
Fest

Schmelzpunkt
1554 °C

Entstehung
Neutronensternkollisionen

Anteil an der Erdkruste
0,015 ppm

Palladium ist ein silberweißes Metall.

Palladium läuft an der Luft nicht an.

REINES PALLADIUM

Das Platinsulfidmineral Braggit kann eine Mischung aus Nickel, Palladium und Platin enthalten.

BRAGGIT

Ein wertvolles Nebenprodukt

Palladium kommt nur selten in reiner, gediegener Form vor; meist ist es in komplexen, polymetallischen Erzen enthalten – oft zusammen mit Nickel, Kupfer oder anderen Platinmetallen. Die kommerzielle Förderung konzentriert sich daher meist auf Nickel-Kupfer- oder Platingruppen-Vorkommen, wobei Palladium als Nebenprodukt mitgewonnen wird.

Dieses seltene, silbrige Metall wurde auf unkonventionelle Weise in die Wissenschaft eingeführt und sorgte anfangs für Verwirrung. Heute ist dieses wertvolle Metall ein wichtiger Stoff der chemischen Industrie.

Das Metall Palladium wurde erstmals 1802 von dem englischen Chemiker William Hyde Wollaston isoliert. Statt dies in einer Fachzeitschrift zu dokumentieren, hielt Wollaston seine Extraktionsmethode jedoch geheim und veröffentlichte eine Liste der Eigenschaften des neuen Metalls. Er verkaufte kleine Proben, die alle von dem irischen Chemiker Richard Chenevix gekauft wurden, der sie testete und behauptete, es handle sich lediglich um eine Platin-Quecksilber-Legierung. Viele Chemiker versuchten erfolglos, diese »Legierung« herzustellen, und schließlich veröffentlichte Wollaston 1805 seine Forschungen, die Palladium eindeutig als neues Element bestätigten.

Die Chemie des Palladiums wird von den Oxidationsstufen +2 und 0 beherrscht, also der formalen Ladung, die ein Atom in einer Verbindung durch die Abgabe oder Aufnahme von Elektronen hat. Es bildet viele nützliche Verbindungen, wie Palladiumchlorid und Palladiumacetat, die als Katalysatoren in chemischen Reaktionen zur Herstellung anderer, komplizierterer Chemikalien dienen. Das meiste heute gewonnene Palladium wird in Katalysatoren genutzt, die giftige Autoabgase wie Kohlenmonoxid und Stickoxide in harmlose Stoffe umwandeln.

Mit Palladium lässt sich zudem Wasserstoff in kleinerem Maßstab reinigen und speichern. Palladium absorbiert mehr als das 900-Fache seines Volumens an Wasserstoffgas. Die Gasmoleküle werden an der Oberfläche absorbiert, diffundieren dann aber durch das Metall. Da nur Wasserstoff, aber kein anderes Gas, so mit dem Metall wechselwirkt, kann man damit auch kontaminierte Gasströme reinigen.

WARUM PALLADIUM SO STABIL IST

Palladium hat eine ungewöhnliche Elektronenkonfiguration. Die 4d-Orbitale sind am stabilsten, wenn sie gefüllt sind, und beim Palladium übernehmen sie zwei Elektronen aus dem 5s-Orbital. Dies erklärt viele der physikalischen und chemischen Eigenschaften von Palladium und seinen Verbindungen, etwa dass es einen niedrigeren Schmelzpunkt hat als seine Nachbarn.

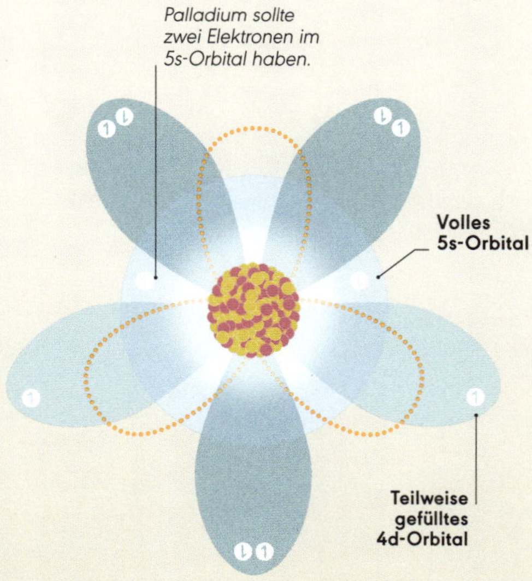

Erwartete Elektronenkonfiguration
Palladium hat 10 Valenzelektronen in der fünften Schale. Nach dem Aufbauprinzip – der Quantenregel für die Reihenfolge, in der Orbitale gefüllt werden – sollten zwei dieser Elektronen das 5s-Orbital füllen, während die restlichen acht die 4d-Orbitale besetzen.

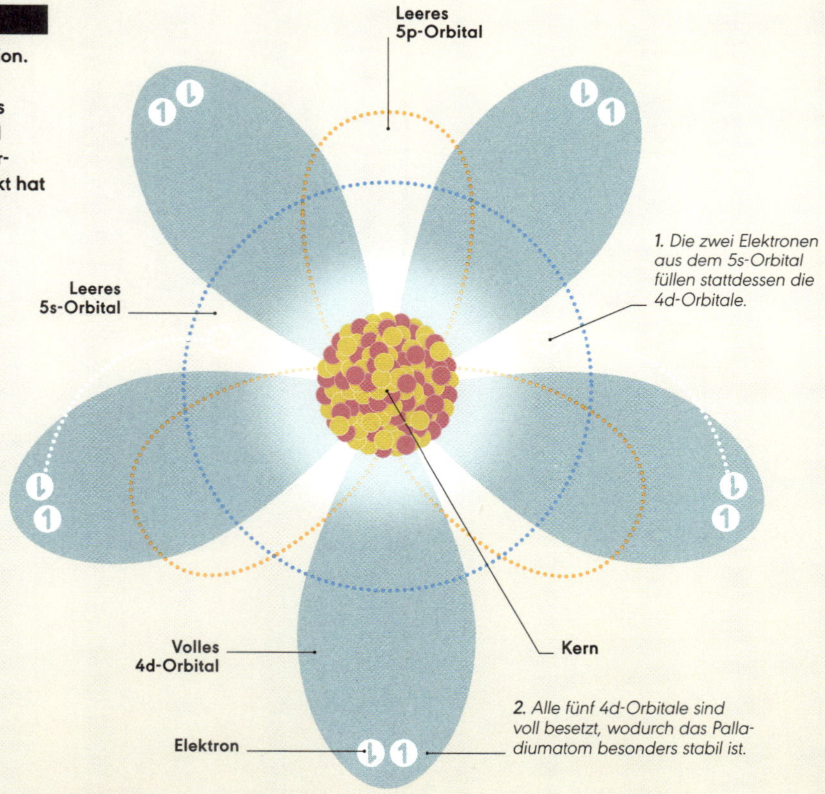

Tatsächliche Elektronenkonfiguration
Durch die Verschiebung von zwei Elektronen aus dem 5s-Orbital kann Palladium die 4d-Unterschale füllen. Entgegen dem Aufbauprinzip machen die vollständigen 4d-Orbitale das Atom wesentlich stabiler. Ihre Stabilität ist der Grund dafür, dass die Oxidationsstufe 0 bei Palladiumverbindungen so häufig ist: Das Atom muss keine Elektronen gewinnen oder verlieren, um eine stabile Konfiguration zu erreichen.

Lanthanoid

Ce

Cer

Elektronenkonfiguration

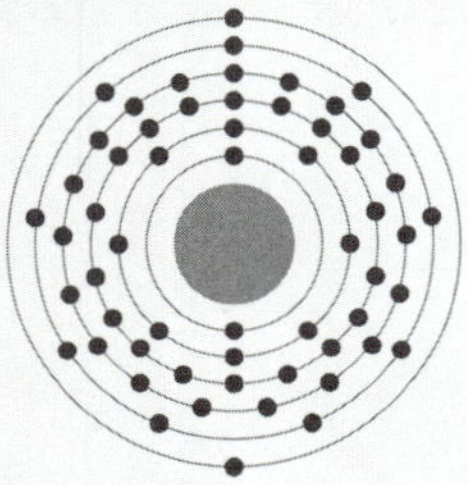

Ordnungszahl
58

Atommasse
140,12

Dichte
6,8 g/cm³

Radius
235 pm

Aggregatzustand
Fest

Schmelzpunkt
799 °C

Entstehung
Fusion im Kern von Sternen

Anteil an der Erdkruste
66,5 ppm

Eine häufige Seltene Erde
Obwohl Cer zur Gruppe der Seltenen Erden gehört, ist es in der Erdkruste relativ häufig. Es kommt meist in Mineralen zusammen mit anderen Lanthanoiden vor, lässt sich aber – ungewöhnlich für ein F-Block-Element – relativ leicht aus diesen Gemischen herauslösen.

Reines Cer ist silbrig-grau, läuft aber an der Luft an.

REINES CER

Bastnäsit enthält mehrere Seltene Erden, darunter Cer.

BASTNÄSIT

Cerianit enthält Cerium, ist aber ein relativ seltenes Mineral.

CERIANIT

Monazit ist eine häufige Quelle für Cer.

MONAZIT

Cer ist ein reaktives, silbrig-graues Metall, das bei Berührung Funken schlägt. Dieses Element ist sowohl ein wichtiger Bestandteil von Zündvorrichtungen als auch ein Stoff, der bei der Abgasreinigung hilft.

Cer wurde 1803 von den schwedischen Chemikern Jöns Berzelius und Wilhelm Hisinger als neues Element entdeckt. Das Metall wurde jedoch erst 1875 in reiner Form isoliert, als die US-amerikanischen Chemiker William Hillebrand und Thomas Norton elektrischen Strom durch geschmolzenes Cerchlorid leiteten, um die Elemente zu trennen. Das neue Metall wurde von Berzelius nach dem Zwergplaneten Ceres benannt, der zwei Jahre zuvor entdeckt und als neuer Planet angesehen worden war.

Cer gibt seine Außenelektronen leicht ab, um Verbindungen zu bilden, und reagiert so schnell mit Luft und Wasser. Unter den Lanthanoiden nimmt es eine besondere Stellung ein, weil es sich nicht nur in der üblichen Oxidationsstufe +3, sondern auch stabil in der Stufe +4 bilden kann. Diese Eigenschaft erleichtert seine chemische Trennung von anderen Lanthanoiden.

Besonders wichtig ist diese Flexibilität für die Verwendung von Cer in Abgaskatalysatoren. In Ceroxid (CeO_2) kommen auf jedes Ceratom zwei Sauerstoffatome. Die in Katalysatoren verwendete Form enthält jedoch etwas weniger als zwei Sauerstoffatome pro Ceratom, damit es weiteren Sauerstoff aufnehmen kann. Für eine möglichst große Oberfläche ist der Katalysator schwammartig aufgebaut. In der sauerstoffarmen Phase des Motorzyklus nimmt der unverbrannte Kraftstoff in den Hohlräumen des Schwamms Sauerstoff aus der Ceroxidstruktur auf. Die entstandenen Sauerstofflücken in der Struktur werden dann in der sauerstoffreichen Phase des Zyklus wieder aufgefüllt. So hat das Kraftstoffgemisch stets die optimale Menge Sauerstoff für eine effiziente, abgasarme Verbrennung.

DIE UNGEWÖHNLICHE KONFIGURATION VON CER

Die stabilste Elektronenkonfiguration von Cer entspricht nicht dem Aufbauprinzips, nach dem Elektronen die Orbitale von der niedrigsten zur höchsten Energie auffüllen. Die elektrostatische Abstoßung zwischen negativen Ladungen der beiden Elektronen in den kompakten 4f-Orbitalen ist so stark, dass es stabiler ist, wenn ein Elektron in ein 5d-Orbital wechselt.

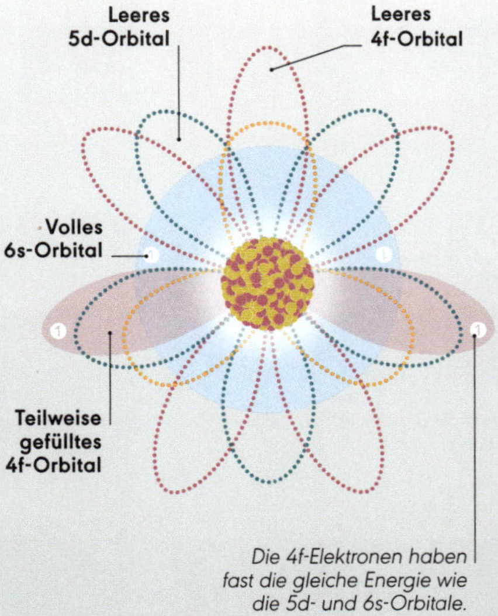

Erwartete Elektronenkonfiguration
Als zweites der Lanthanoide und nach dem Aufbauprinzip würde man erwarten, dass Cer zwei Elektronen im 6s-Orbital und zwei Elektronen in verschiedenen 4f-Orbitalen hat.

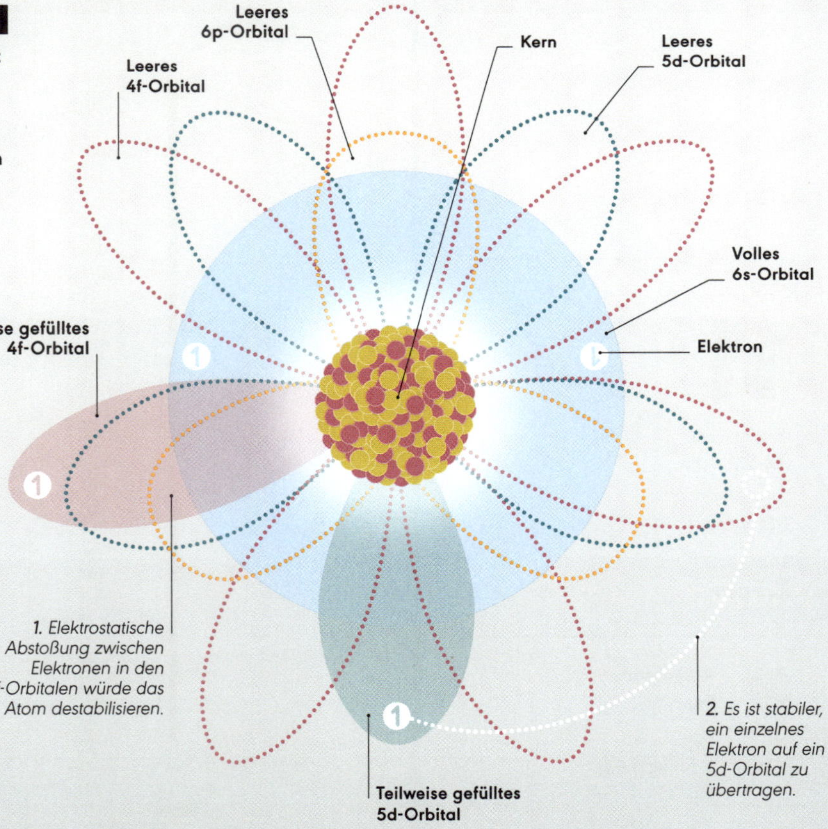

Tatsächliche Elektronenkonfiguration
Cer hat zwei Elektronen in einem 6s-Orbital, ein Elektron in einem 4f-Orbital und ein Elektron in einem 5d-Orbital. Diese vier Elektronen sind die Valenzelektronen des Cer.

Alkalimetall

Na

Natrium

Elektronenkonfiguration

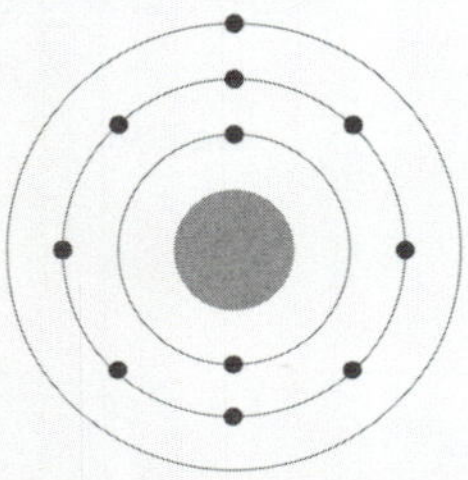

Ordnungszahl

11

Atommasse
22,99

Dichte
1,0 g/cm³

Radius
227 pm

Aggregatzustand
Fest

Schmelzpunkt
98 °C

Entstehung
Supernovae

Anteil an der Erdkruste
2,4 %

Ein luftdichtes Fläschchen verhindert, dass die Probe mit dem Sauerstoff in der Luft reagiert.

Reines Natrium ist ein weiches, glänzendes Metall.

REINES NATRIUM

Dieses kristalline Mineral ist die häufigste Natriumverbindung: Natriumchlorid.

HALIT (STEINSALZ)

Sodalith ist ein Natrium-Aluminiumsilikat mit Natriumchlorid und wird für seine blaue Farbe als Edelstein geschätzt.

SODALITH

Labradorit ist eine Form von Feldspat, die Natrium enthält.

LABRADORIT

Dieses helle Mineral ist ein wasserhaltiges Natriumkarbonat.

SODA

Reaktives Metall
Natrium ist so reaktiv, dass das Element in der Natur nie in reiner Form vorkommt. Natriumhaltige Minerale, darunter Steinsalz und mehrere Vertreter der Feldspatgruppe, sind jedoch überall in der Erdkruste zu finden.

Natrium ist so weich, dass man es mit einem Buttermesser schneiden kann. Das leichte, silbrige Metall wirkt attraktiv, hat aber auch eine explosive Reaktivität. Es ist für Lebewesen lebenswichtig und ein Bestandteil von Kochsalz.

Natrium entsteht durch Kernfusion in Sternen und ist mit einem Anteil von 0,002 % das fünfzehnthäufigste Element im Universum. In der Erdkruste ist es das sechsthäufigste Element.

Natrium kommt nie in reiner Form vor, ist aber in Hunderten von Mineralen enthalten, darunter Halit (Steinsalz), Soda (ein Natriumkarbonat) und Sodalith. Die häufigste Verbindung von Natrium, Natriumchlorid oder Kochsalz, ist für den salzigen Geschmack von Lebensmitteln und Meerwasser verantwortlich. Riesige Mineralvorkommen (Salzlagerstätten) sind dort entstanden, wo in der geologischen Vergangenheit Meere verdunstet sind; heute noch entstehen Salzpfannen durch das wiederholte Austrocknen von Seen.

Natriumchlorid ist auch die Quelle für die kommerzielle Gewinnung von metallischem Natrium durch Elektrolyse: Geschmolzenes Natriumchlorid wird durch elektrischen Strom in reines Natriummetall und Chlorgas aufgespalten. Der englische Chemiker Humphry Davy entdeckte Natrium 1807 auf diese Weise. Obwohl das elementare Metall erst in der industriellen Revolution isoliert werden konnte, wurden Natriumminerale weltweit seit Jahrtausenden verwendet. Salz (Natriumchlorid) war für die Zubereitung und Konservierung von Lebensmitteln wichtig und die antiken Ägypter nutzten Soda (Natriumkarbonat) in Seifen und sogar bei der Mumifizierung. Die alten Griechen bezeichneten Soda als *nitron,* wovon über den arabischen Namen *natrun* der heutige Elementname Natrium abgeleitet ist; im Englischen und Französischen heißt das Element dagegen Sodium. Die Herkunft des Wortes Soda ist unklar: Eventuell geht es auf das arabische Wort *suda* (»Kopfschmerzen«), weil Natriumkar-

DAS EINZELNE ELEKTRON DES NATRIUMS

Im Natriumatom wird das einzelne 3s-Elektron in der äußersten Schale nur schwach gehalten und leicht abgegeben. Folglich bildet Natrium leicht ein Na^+-Ion mit einer stabilen Konfiguration. Diese Neigung, leicht ein Elektron abzugeben, bestimmt viele seiner Eigenschaften, darunter seine Größe, Dichte und Reaktivität.

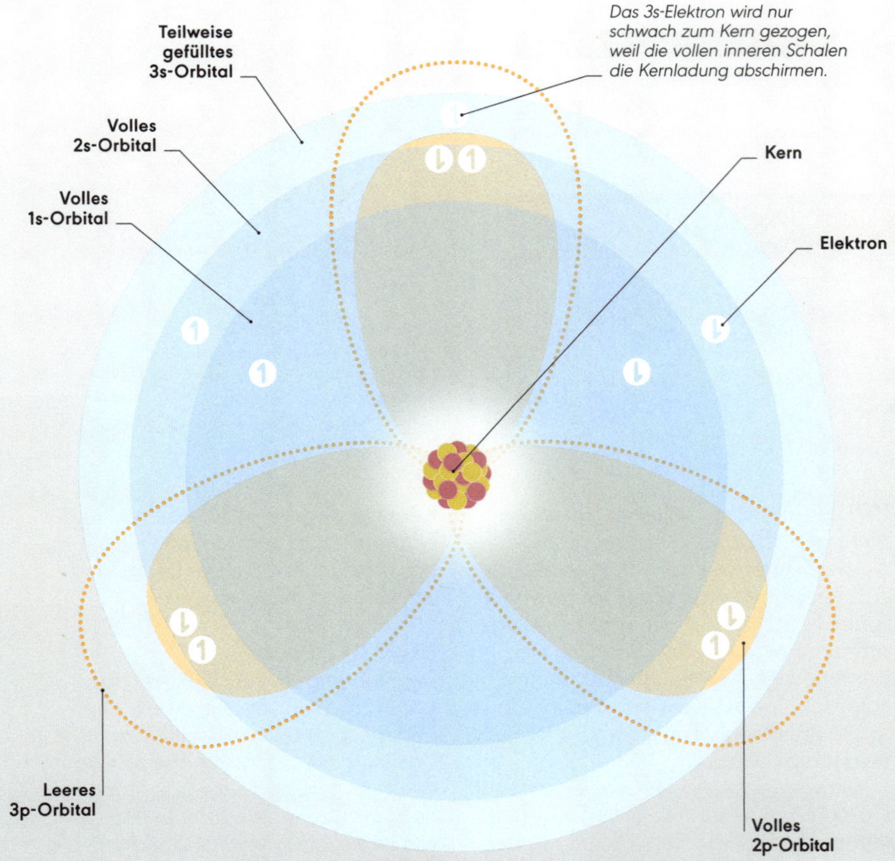

LEBENSWICHTIG
Bei Tieren dient Natrium der Erzeugung von Nervenimpulsen und der Regulierung des Flüssigkeits- und Salzgleichgewichts in den Zellen. Tamarisken, eine Wüstenpflanzenfamilie, scheiden Salzkristalle aus, mit denen sie effektiv Wassertropfen aus der Luft ziehen können.

TAMARISKENZWEIGE

IONENBINDUNGEN UND IONENVERBINDUNGEN

Da das Natriumatom leicht das einzige Valenzelektron abgibt, geht das Element häufig eine Ionenbindung mit einem anderen Element ein, das in seiner eigenen äußeren Schale Platz hat. So entstehen zwei entgegengesetzt geladene Ionen, die sich stark anziehen.

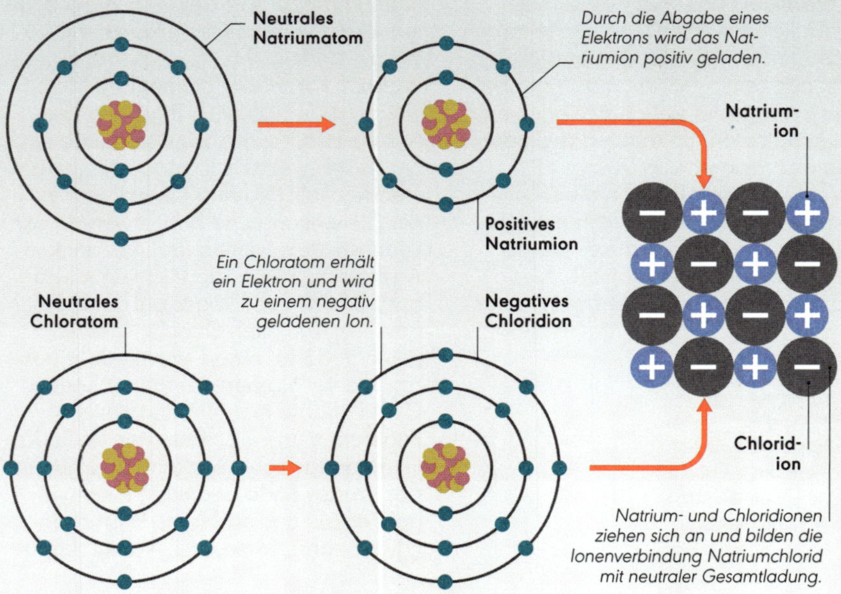

NACHTHIMMELSLEUCHTEN

Natriumatome in der Atmosphäre absorbieren ultraviolette Strahlung der Sonne, indem das 3s-Elektron in das energiereichere 3p-Orbital springt. Es ist instabil und fällt zurück ins 3s-Orbital, wobei es oranges Licht abgibt, das man hier von der Internationalen Raumstation aus sieht.

IONENPACKUNG

Die Stärke einer Ionenbindung hängt von der elektrostatischen Anziehung zwischen den Teilchen ab. Ionen ähnlicher Größe können sich eng zusammenlagern, wodurch die Anziehung stärker wird und die Bindung schwerer zu brechen ist. Verbindungen mit stärkerer Ionenbindung haben einen höheren Schmelzpunkt.

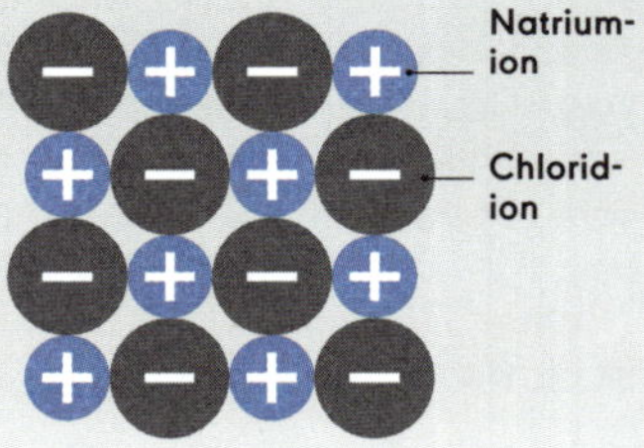

Natriumchlorid
Natrium- und Chloridionen sind ähnlich groß. Die Anziehungskraft zwischen ihnen ist extrem stark. Sie lassen sich nur schwer trennen, weshalb Natriumchlorid einen hohen Schmelzpunkt (801 °C) hat.

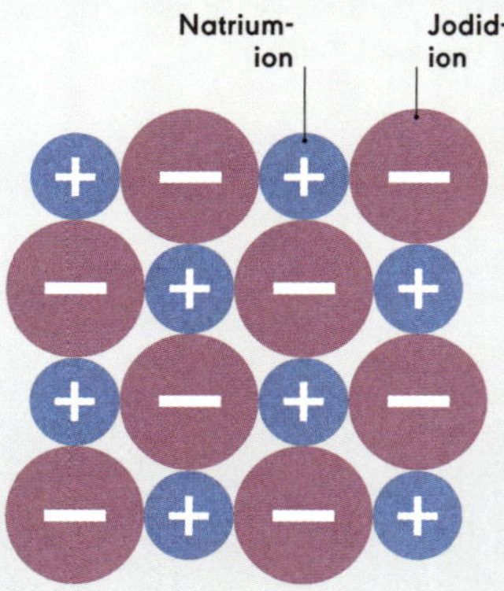

Natriumjodid
Natriumionen sind kleiner als Jodidionen, sodass sie weniger dicht gepackt sind: Die elektrostatische Anziehung ist schwächer. Natriumiodid hat daher einen relativ niedrigen Schmelzpunkt von 660 °C.

bonat als Heilmittel für Kopfschmerzen genutzt wurde.

Das reine Element

Elementares Natrium ist ein weiches, silberweißes und äußerst reaktives Metall. Als erstes Element der dritten Periode hat es zwei volle Elektronenschalen nahe am Kern und ein einzelnes Elektron in einer dritten Schale weiter außen. Dieses 3s-Elektron wird nur schwach gehalten und wird leicht abgegeben, sodass ein Na^+-Ion entsteht (siehe S. 157). Im Metall sind die Natriumionen dicht gepackt und von einem Meer delokalisierter Elektronen umgeben, die sich im ganzen Festkörper frei bewegen (siehe S. 40). Da jedoch jedes Natriumatom nur ein delokalisiertes Elektron beisteuert, ist die Metallbindung schwach, sodass sich das Metall leicht formen und sogar mit einem Buttermesser schneiden lässt.

Die schwache Anziehungskraft des Natriumatoms auf das 3s-Elektron gibt ihm auch einen großen Radius. Da der Kern mit insgesamt 23 Protonen und Neutronen außerdem relativ leicht ist, hat Natrium keine hohe Dichte und schwimmt auf Wasser.

Explosiv reaktiv

Die Neigung, das 3s-Elektron abzugeben und ein Na^+-Ion zu bilden, beherrscht die Chemie des Natriums. Das Element bildet eine Vielzahl von Ionenbindungen (siehe oben) mit negativen Ionen anderer Elemente wie Chlor, Sauerstoff und Silizium, die

VERWENDUNG VON NATRIUM

Historisch nutzte man Natrium (als Natriumchlorid) vor allem zum Würzen oder Konservieren von Lebensmitteln. Heute hat es wegen seiner Reaktivität viele wertvolle Anwendungen in der Industrie, Technik und im Alltag.

BATTERIEN

Da Natrium viel häufiger vorkommt als Lithium, aber dennoch die Reaktivität von Lithium aufweist, werden Natrium-Batterien derzeit als Alternative zu teuren Lithiumionen-Batterien entwickelt.

NATRIUMDAMPF-LAMPE

BELEUCHTUNG

Natriumdampflampen werden noch häufig in Straßenlaternen verwendet. Atome im heißen Dampf emittieren gelb-oranges Licht.

BATTERIEN

ENTEISEN

Mit Streusalz (Natriumchlorid) schmilzt man Eis auf Straßen und Wegen. Wenn sich das Salz auflöst, senkt es den Gefrierpunkt von Eis, sodass es sogar unter 0 °C schmilzt.

REINIGUNGSMITTEL

Natrium wird häufig in Produkten wie Bleichmitteln und Abflussreinigern verwendet. Verbindungen wie Natriumthiosulfat finden auch in der Wasseraufbereitung Anwendung, wo sie zur Entchlorung und Reinigung eingesetzt werden.

MEERSALZ-KRISTALLE

KOCHEN

Speisesalz (Natriumchlorid) ist das weltweit am häufigsten verwendete Gewürz zum Würzen von Speisen und zur Geschmacksverstärkung. Andere Natriumverbindungen wie Natriumbikarbonat (Backpulver) sind Zusatzstoffe beim Backen: Es lässt den Kuchen- oder Brotteig aufgehen.

SCHNELLER KERNREAKTOR

KERNKRAFT

Geschmolzenes Natrium leitet Wärme effizienter als Wasser und zirkuliert in einigen Kernkraftwerkstypen als Kühlmittel im Reaktor. Natrium schmilzt bereits bei 98 °C und siedet erst bei etwa 880 °C. Dadurch bleibt es auch bei Reaktortemperaturen von 500–550 °C flüssig und kann die Wärme effizient abführen.

stabile Minerale bilden. Die Reaktionen des reinen Metalls, die zu diesen stabilen Ionenverbindungen führen, können jedoch unglaublich heftig sein; die Ausgangsstoffe können Feuer fangen oder sogar explodieren. Das bekannteste Beispiel ist die Reaktion zwischen Natrium und Wasser. Dabei spalten zwei Natriumatome zwei Wassermoleküle, wobei brennbares Wasserstoffgas und die ionische Verbindung Natriumhydroxid entstehen. Die Reaktion erzeugt so viel Wärme, dass das Wasserstoffgas Feuer fängt und das Metall mit einer charakteristischen orangefarbenen Flamme brennt; wegen der niedrigen Dichte von Natrium schwirrt das Metallstück dabei auf der Wasseroberfläche umher. Das entstandene Natriumhydroxid löst sich sofort im Wasser und bildet eine alkalische Lösung, die auf der Haut brennt und stark mit Säuren reagiert.

Alle anderen Alkalimetalle sind ähnlich reaktionsfreudig, wenngleich die Stärke der Reaktion nach der Position in der Gruppe variiert. Natrium ist reaktiver als sein oberer Nachbar Lithium, da das einzelne 3s-Elektron leichter zu verlieren ist als das 2s-Außenelektron von Lithium. Je weiter unten in der Gruppe die Elemente jedoch stehen, desto mehr gefüllte Schalen schirmen das Außenelektron von der Kernladung ab, sodass es immer leichter ein Ion bilden kann. Folglich sind Kalium, Cäsium und Rubidium viel reaktiver als Natrium.

Alkalimetall

K

Kalium

Elektronenkonfiguration

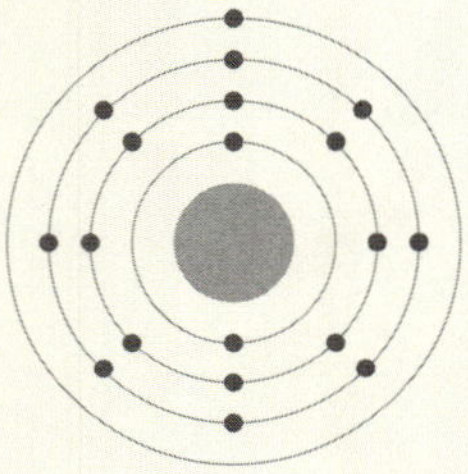

Ordnungszahl

19

Atommasse
39,10

Dichte
0,9 g/cm³

Radius
275 pm

Aggregatzustand
Fest

Schmelzpunkt
64 °C

Herkunft
Supernovae massiver Sterne

Anteil an der Erdkruste
2,1%

Reines Kalium
Reines Kalium reagiert sofort mit dem Sauerstoff und dem Wasser in der Luft und bildet gelbes Kaliumoxid und gelbes bis weißes Kaliumhydroxid. Es lässt sich wie Butter schneiden, aber die frische Oberfläche oxidiert sofort. Kalium wird meist unter Paraffinöl gelagert, um solche unerwünschten Reaktionen zu verhindern.

An der Oberfläche oxidiert Kalium und bildet gelbe Flocken aus Kaliumoxid.

Frische Schnittflächen von Kalium sind glänzend silberweiß mit einem blassen blauen oder violetten Schimmer.

REINES KALIUM

Orthoklas ist ein kaliumreiches Feldspatmineral.

ORTHOKLAS

Die purpurfarbenen Kristalle sind eine Quelle für Lithium und Kalium.

LEPIDOLITH

Orange Sylvinkristalle treten mit Halit (Steinsalz) auf.

SYLVIN

Kalium ist ein weiches, reaktives Metall, das nach der Pflanzenasche benannt ist, aus der es früher gewonnen wurde. Dieses feurige Element wird industriell vielfältig verwendet und spielt auch in Lebewesen eine wichtige Rolle.

Kalium ist das achthäufigste Element in der Erdkruste. Da es so reaktiv ist, kommt es in der Natur nicht elementar vor, sondern als Kaliumionen in Mineralen wie Orthoklas (einem Feldspat) oder als Kalisalze wie Sylvin oder Kaliumkarbonat. Das meiste Kalium gewinnt man aus mächtigen Evaporitschichten: Ablagerungen aus der Verdunstung früherer Ozeane.

Kommerziell wird reines Kalium durch Elektrolyse in einem Verfahren hergestellt, das sich seit der ersten Isolierung des Elements durch den englischen Chemiker Humphry Davy im Jahr 1807 kaum verändert hat. Mithilfe einer Voltaschen Säule, der ersten elektrischen Batterie (siehe S. 143), leitete Davy Elektrizität durch eine geschmolzene Probe von Kaliumhydroxid. Dabei bildeten sich winzige Kügelchen aus silbrigem Metall aus, die sofort mit einer lilafarbenen Flamme Feuer fingen, als sie mit der Luft in Berührung kamen.

Davy nannte dieses neue Element Potassium nach der Pottasche (Kaliumkarbonat), die der Ausgangspunkt des Verfahrens war; dies ist heute noch der englische Name des Elements. Man kochte Holzasche in Wasser zu einer salzigen Flüssigkeit ein, und der resultierende rote Feststoff – Pottasche genannt – wurde zum Bleichen von Textilien, zur Keramikherstellung und zur Seifenproduktion verwendet. Der deutsche Gelehrte Martin Heinrich Klaproth

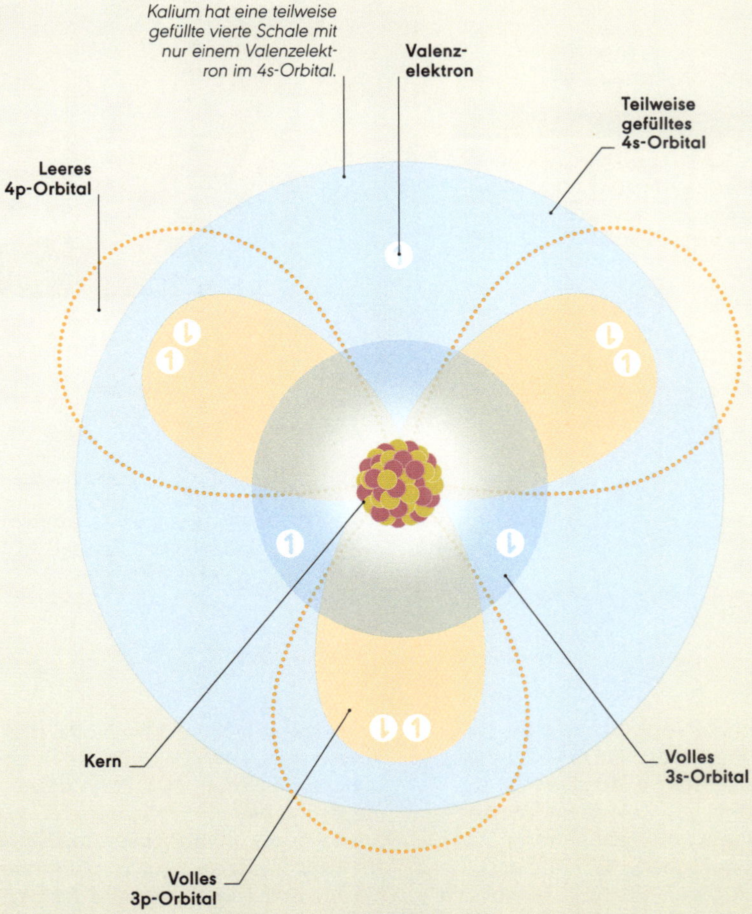

Kaliumatom

Ein Kaliumatom ist relativ instabil, da es eine nur teilweise gefüllte vierte Schale hat mit nur einem Valenzelektron im 4s-Orbital. Solche Konfigurationen mit teilweise gefüllter äußerer Schale nennt man auch offene Schalen. Sie sind reaktiver als Konfigurationen mit abgeschlossener (voll besetzter) Schale.

WARUM KALIUM SO REAKTIV IST

Ein Kaliumatom hat nur ein Valenzelektron in der äußersten vierten Schale. Es ist nur schwach an das Atom gebunden, weil die drei inneren, vollständig gefüllten Elektronenschalen es von der Kernladung abschirmen. Daher reagiert Kalium leicht mit anderen Elementen und gibt dieses Elektron ab, weil eine vollständig leere vierte Schale eine stabilere Konfiguration darstellt.

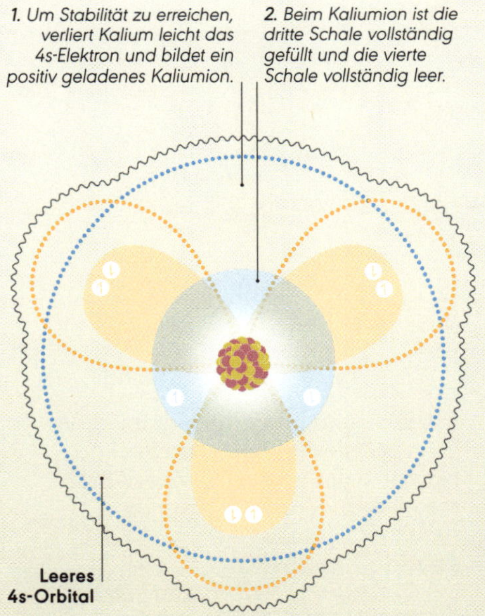

Kaliumion (K^+)

Kalium gibt das 4s-Elektron ab und bildet ein positiv geladenes Kaliumion (K^+). Es hat eine abgeschlossene Schalenkonfiguration, da die vierte Elektronenschale nun vollständig leer ist. Daher ist das K^+-Ion stabiler als ein Kaliumatom.

WARUM REAGIERT KALIUM MIT WASSER?

Zwei hochreaktive Kaliumatome können zwei Wassermoleküle spalten, um ein Paar Kaliumhydroxidionen und ein Wasserstoffmolekül zu bilden. Jedes Kaliumatom verliert ein Elektron und wird zu einem positiv geladenen Ion. In jedem Wassermolekül bricht eine Sauerstoff-Wasserstoff-Bindung. Die Wasserstoffatome verbinden sich zu Wasserstoffgas, während sich die beiden Hydroxidionen mit den beiden Kaliumionen verbinden und Kaliumhydroxid bilden.

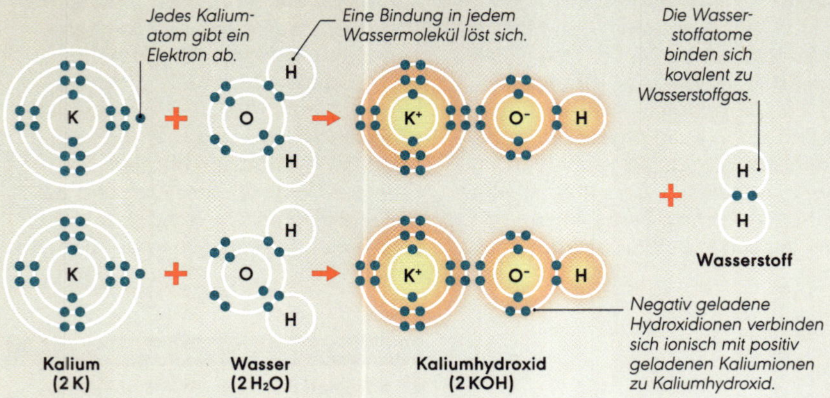

DIE NATRIUM-KALIUM-PUMPE

Das Enzym Natrium-Kalium-ATPase, auch als Natrium-Kalium-Pumpe bezeichnet, ist in allen tierischen Zellmembranen enthalten. Jeder Zyklus verbraucht ein Molekül ATP, das die Energie liefert, um drei Natriumionen heraus- und nur zwei Kaliumionen hineinzupumpen. Dadurch wird das Innere der Zelle etwas weniger positiv als die Umgebung: Die Pumpe erhält eine Potenzialdifferenz an der Zellmembran aufrecht.

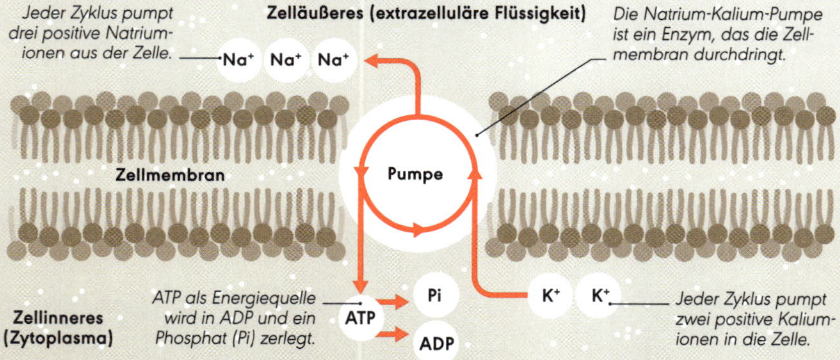

VERWENDUNG VON KALIUM

Das Metall Kalium ist zu reaktiv für praktische Anwendungen. Kaliumverbindungen haben jedoch eine breite Palette industrieller Anwendungen und spielen auch eine wichtige Rolle bei der Erhaltung des Lebens.

SPRENG-STOFFE
Kaliumnitrat wird in Schwarzpulver verwendet, dem oxidierenden Bestandteil von Schießpulver. Kalium kann auch mit anderen Metallen gemischt werden, um bunte Feuerwerkskörper herzustellen.

SCHIESSPULVER

BERGBAU
Kaliumzyanidlösung wird zur Gewinnung von Kupfer, Gold und Silber aus Erzen im Bergbau verwendet. Die Metalle lösen sich in der Lösung und werden später in einem Verfahren namens Elektrogewinnung extrahiert.

leitete hingegen von dem arabischen Wort *al-qalya* (»Pflanzenasche«) den Namen Kalium ab; das Wort »Alkalimetall« hat denselben Ursprung.

Feurige Reaktivität

Die Chemie von Kalium wird von der Oxidationsstufe +1 beherrscht, die es durch Abgabe des einzigen Elektrons der vierten Schale annimmt. Entlang der Gruppe 1 ist das äußerste Elektron immer weiter vom Kern entfernt und die Kernladung wird durch immer mehr innere Schalen abgeschirmt. Da dieses Elektron immer leichter zu verlieren ist, werden die Metalle reaktiver. So ist die Reaktion von Kalium mit Wasser noch heftiger und exothermer als die von Lithium (siehe S. 180–183) und Natrium (siehe S. 156–159), wobei sich das Metall sofort entzündet und dabei auf dem Wasser schwimmt, da seine Dichte geringer ist als die von Wasser. Das Produkt dieser explosiven Reaktion, Kaliumhydroxid, ist eine wichtige Industriechemikalie, die zu den starken Basen gehört. Basen sind Stoffe, die Wasserstoffionen aus anderen Verbindungen entfernen; man kann sie zur Steuerung des pH-Werts, zum Starten oder Stoppen chemischer Prozesse oder zur Herstellung anderer Verbindungen nutzen. Kaliumhydroxid wird zur Herstellung vieler Produkte wie Seifen, Parfüms und Medikamente verwendet. Bei der Verseifungsreaktion (Seifenherstellung) bricht Kaliumhydroxid chemische Bindungen in tierischen und pflanzlichen Fettsäuren auf, um Glycerin und

DENIM

TEXTILIEN

Kaliumverbindungen verwendet man zum Gerben von Leder und zum Bleichen und Färben von Textilien. Kaliumpermanganat wird auf Jeans gesprüht, um einen verblassten Effekt zu erzielen.

AUFGEHENDER KUCHEN

LEBENSMITTELZUSATZSTOFFE

Kaliumnatriumtartrat ist ein Bestandteil von Backpulver, das Backwaren zum Aufgehen verhilft. Kaliummetabitsulfit wird als Konservierungsmittel bei der Herstellung von Bier und Wein verwendet.

DÜNGEMITTEL

Kalium ist ein Schlüsselelement zahlreicher biologischer Prozesse. Es unterstützt das Pflanzenwachstum, insbesondere die Fotosynthese, durch die Pflanzen aus Sonnenlicht Nahrung gewinnen, und den Nährstofftransport.

SPALTÖFFNUNGEN

SCHLIESSZELLEN

Die Kaliumionen, die in die Schließzellen ein- und ausströmen, regulieren das Öffnen und Schließen der Spaltöffnungen an der Unterseite der Blätter. Durch sie tauscht die Pflanze Gase mit der Luft aus.

Kaliumsalze von Fettsäuren (Kalium- oder Schmierseifen) zu erzeugen.

Unverzichtbar für das Leben

Kalium ist für Organismen lebenswichtig. Es ist in Pflanzen konzentriert, weshalb Pflanzen traditionell als Kaliumquelle dienen. In tierischen Zellen ermöglicht Kalium einige lebenswichtige Prozesse, insbesondere die Übertragung von Nervensignalen. Normalerweise ist das Innere einer Zelle etwas stärker negativ geladen als das Äußere. Dafür ist ein Enzym, Natrium-Kalium-Pumpe genannt, verantwortlich (siehe oben links). Die Pumpe transportiert, angetrieben von einem Molekül namens ATP, drei Natriumionen aus der Zelle heraus und zwei Kaliumionen in die Zelle hinein. Dies geschieht entgegen den Konzentrationsgradienten, durch den Ionen eher von der hohen zur niedrigeren Konzentration wandern. Ein Nervenimpuls entsteht, wenn sich Ionenkanäle in der Zellmembran öffnen und Natriumionen in die Zelle strömen, sodass das Innere positiver wird als das Äußere. Darauf lassen andere Kanäle Kaliumionen aus der Zelle heraus, wodurch die negative Ladung wiederhergestellt wird. Diese Entladung breitet sich wellenförmig entlang der Faser von Nervenzellen aus und bildet das Nervensignal. Danach stellt die Natrium-Kalium-Pumpe den Normalzustand wieder her.

Erdalkalimetall

Ca

Kalzium

Elektronenkonfiguration

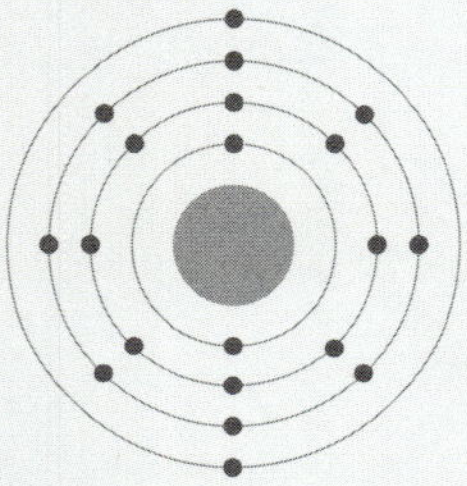

Ordnungszahl

20

Atommasse
40,08

Dichte
1,5 g/cm³

Radius
231 pm

Aggregatzustand
Fest

Schmelzpunkt
842 °C

Entstehung
Supernovae

Anteil an der Erdkruste
4,2 %

Veränderliches Aussehen
Reines Kalzium ist ein silbrig-weißes Metall. An der Luft läuft es jedoch schnell an und bildet eine dunklere Oxidschicht.

Reines Kalzium glänzt und ist so weich, dass es sich mit dem Messer schneiden lässt.

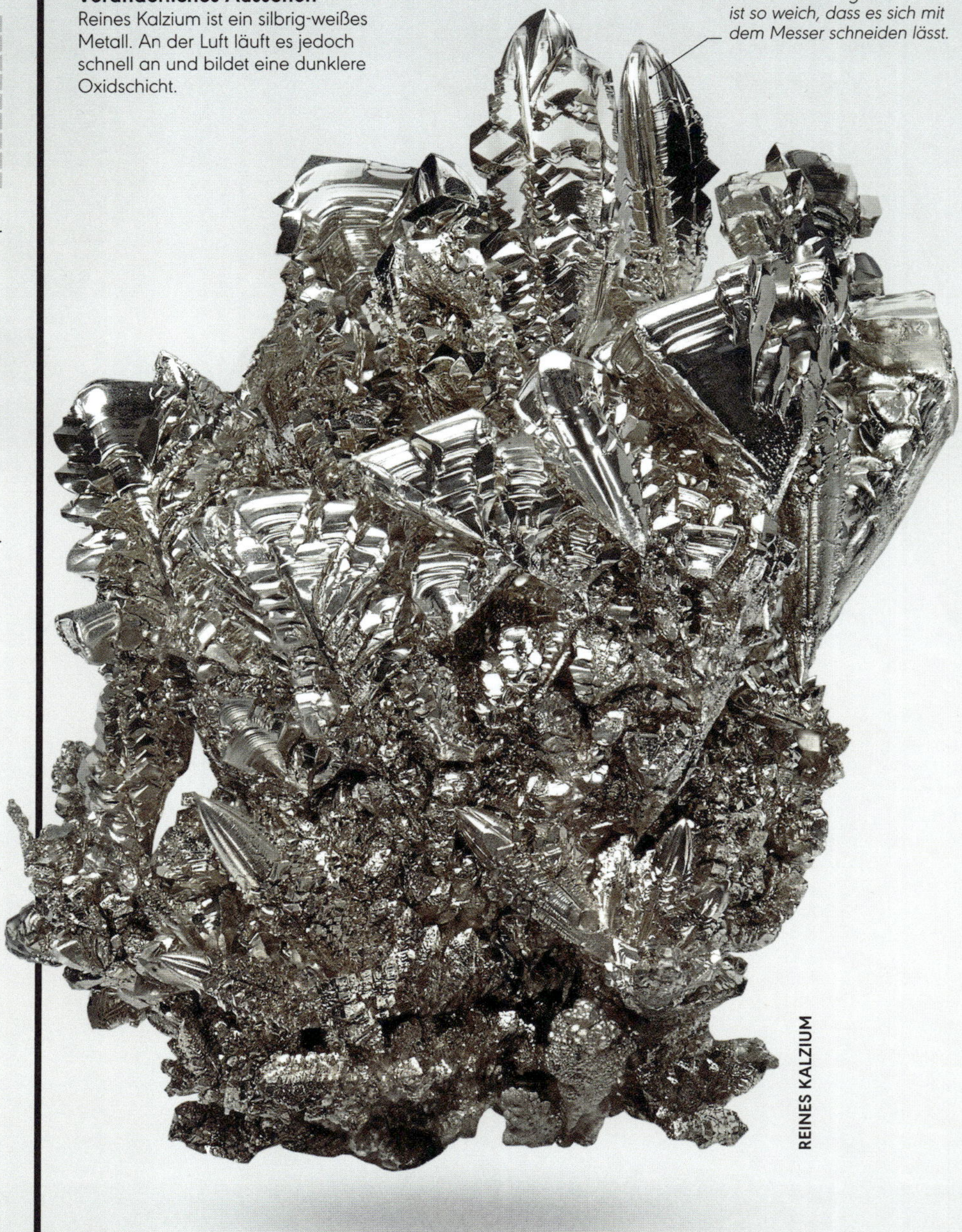

REINES KALZIUM

Das Mineral Gips ist ein hydratisiertes Kalziumsulfat.

GIPS

Kalzit ist eine stabile kristalline Form von Kalziumkarbonat.

KALZIT

Die weiche Kreide besteht vor allem aus den winzigen Kalzitschalen von Meeresorganismen.

KREIDE

Kalzium ist ein weiches, reaktives Metall, das an sich nicht besonders nützlich ist. Doch seine Verbindungen sind überall zu finden, von den Pyramiden von Giseh bis hin zu diesem Stück Papier.

Kalzium (auch Calcium geschrieben) ist das fünfthäufigste Element in der Erdkruste und findet sich in einfachen Mineralvorkommen, etwa in Fluorit und Gips. Vor allem Ablagerungen von Kalziumkarbonatmineralen wie Kalzit und Aragonit machen einen großen Teil des weltweit verfügbaren Kalziums aus. Kalziumkarbonat ist ein Hauptbestandteil von Meereslebewesen wie Muscheln und Korallen, und die Überreste früher Meerestiere haben sich im Laufe der Jahrmillionen am Meeresboden zu enorm mächtigen kalziumreichen Sedimentgesteinen aufgeschichtet. Verschiedene geologische Prozesse haben dazu geführt, dass Kalziumkarbonat auch als andere Gesteinsarten wie Marmor und Kreide vorliegt.

Obwohl das Element selbst erst 1808 isoliert wurde, werden Kalziumverbindungen seit dem Altertum verwendet, vor allem als Baumaterial. Bereits um 2550 v. Chr. bauten die antiken Ägypter aus Kalksteinblöcken die großen Pyramiden und verbanden die Steine mit Gipsmörtel. Später nutzte man den gleichen Gips für Statuen und beim Bau des Grabes des Pharaos Tutanchamun.

Bis 150 v. Chr. hatten die Römer ein Verfahren zur Herstellung eines viel besseren Mörtels entwickelt, der sich leichter verarbeiten ließ und haltbarer war als Gips. In speziellen Brennöfen erhitzten sie Kalkstein auf 900 °C. Kalziumkarbonat zersetzt sich dann zu

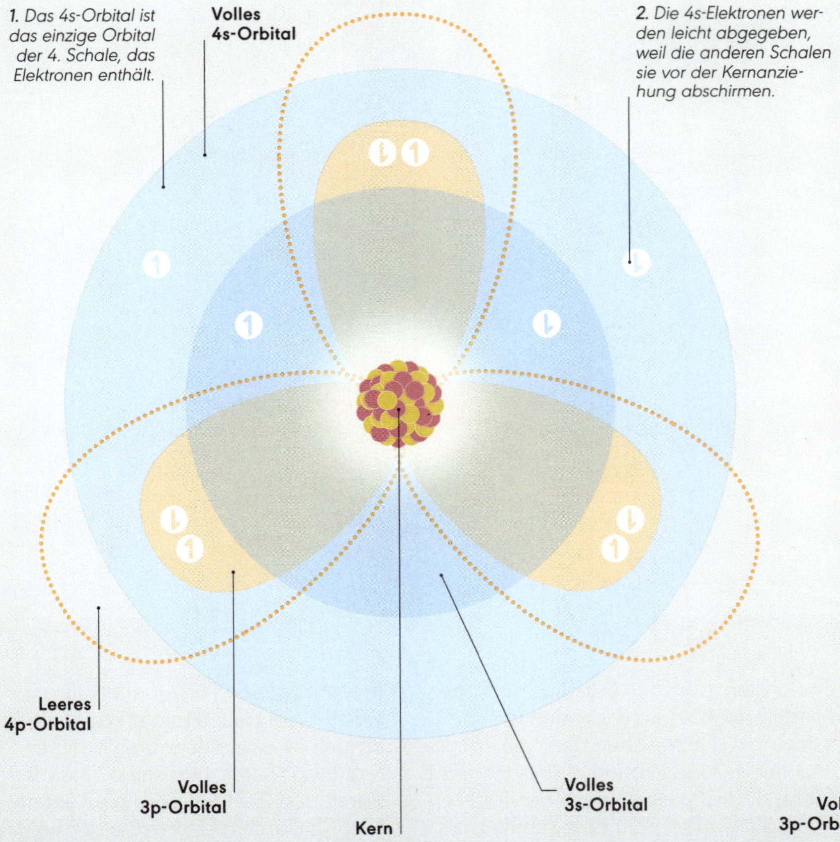

Kalziumatom
Kalzium hat zwei Valenzelektronen, beide im 4s-Orbital. Die drei gefüllten Elektronenschalen schirmen die Ladung des Kerns ab, sodass diese Valenzelektronen nur schwach vom Atom gehalten werden. Daher sind Kalziumatome relativ reaktiv und bilden leicht das doppelt geladene Ca^{2+}-Ion.

WARUM KALZIUM SO REAKTIV IST

Kalzium hat zwei Elektronen im 4s-Orbital, kann aber beide Elektronen abgeben, um eine viel stabilere Konfiguration wie die eines Edelgases zu erreichen. Die drei gefüllten Elektronenschalen schirmen die Außenelektronen vor der positiven Anziehungskraft des Kerns ab, sodass die 4s-Valenzelektronen leicht abgegeben werden.

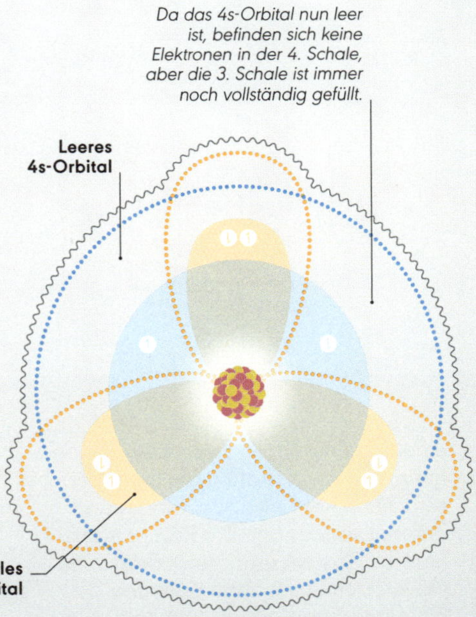

Kalziumion (Ca^{2+})
Durch die Abgabe beider Elektronen im 4s-Orbital leert das Ca^{2+}-Ion die vierte Elektronenschale. Die äußerste Schale ist dann die vollständig gefüllte dritte Schale, sodass das Ion eine stabile Konfiguration wie ein Edelgas hat.

DER KALZIUMKREISLAUF

Die Bewegung von Kalzium zwischen Gestein, Wasser und Organismen bildet einen wichtigen Kreislauf, der zum Gleichgewicht des Lebens und des Klimas auf der Erde beiträgt. Im Meer sind vor allem Lebewesen wie Plankton und Korallen für die Umwandlung von Kalziumionen (Ca^{2+}) und Bikarbonationen (HCO^{3-}) in Kalziumkarbonat ($CaCO_3$) verantwortlich.

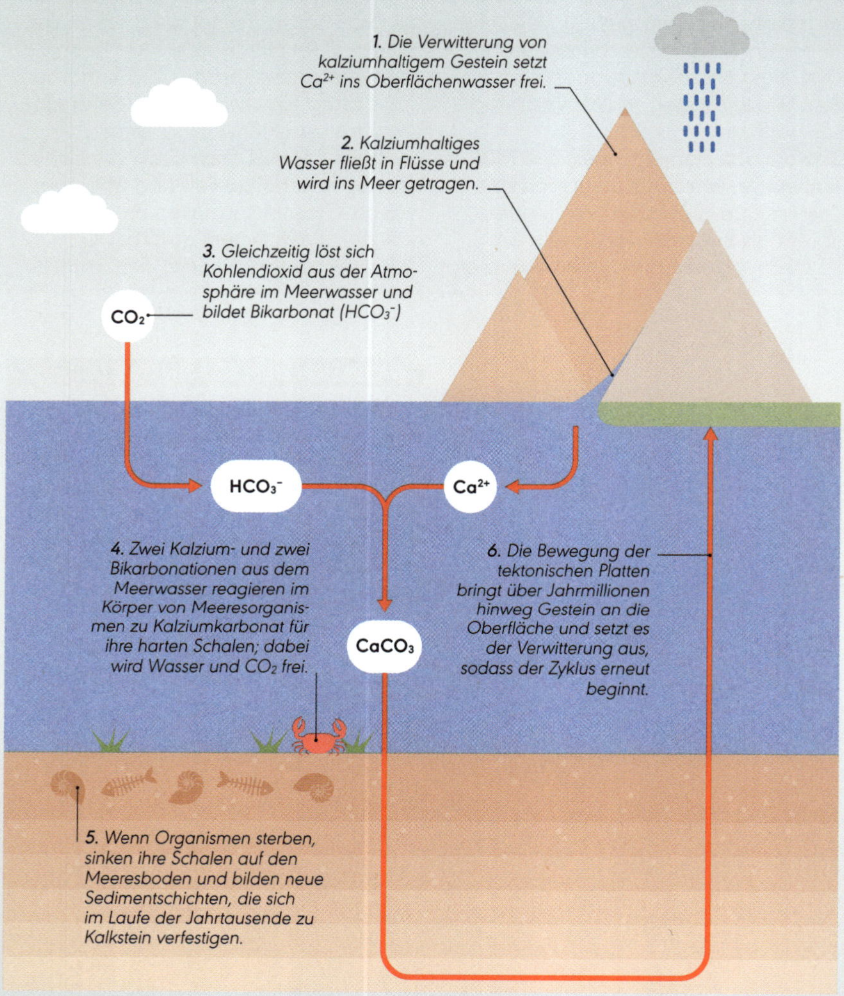

VERWENDUNG VON KALZIUM

Trotz der späten Entdeckung des Elements hat man seit der Antike Kalziumverbindungen verwendet, und viele Industriezweige nutzen noch heute die gleichen Materialien. Kalzium spielt auch eine wichtige biologische Rolle für den Menschen und viele andere Organismen.

einem klebrigen, kalziumoxidhaltigen Stein, den man Branntkalk nennt; er wird auch heute noch in Mörtel und Zement verwendet. Die Römer nannten das Gestein und den Mörtel *calx*, wovon sich unser Wort Kalk und der Elementname Kalzium ableiten.

Die Isolierung von Kalzium

1808 gelang es dem englischen Chemiker Humphry Davy schließlich, aus Kalk durch Elektrolyse reines Kalziummetall zu gewinnen. Allerdings sind die Bindungen zwischen den Ca^{2+}- und den Oxid-Ionen (O^{2-}) im Kalziumoxid viel stärker als die zwischen den Kalium- und den Hydroxidionen in der Pottasche (siehe S. 161), sodass er bei der Trennung der beiden Elemente schrittweise vorgehen musste. Zunächst mischte er das Kalziumoxid mit Quecksilberoxid und ließ Strom durch das Gemisch fließen, sodass sich Kalzium-Quecksilber-Amalgam (Gemisch) bildete. Danach ließ er das Quecksilber abdampfen, um das reine Kalziummetall zu isolieren.

In dieser reinen Form sieht Kalzium silbrig-weiß aus, bildet an der Luft aber schnell eine dunklere Oxidschicht. Als reaktives Metall wird seine Chemie durch das Ca^{2+}-Ion dominiert (siehe S. 165). Durch die Abgabe der beiden Elektronen im 4s-Orbital leert Kalzium die vierte Elektronenschale vollständig und erhält so eine deutlich stabilere Konfiguration ähnlich der eines Edelgases. Das Bestreben, diese Stabilität zu erreichen, macht Kalzium zu einem so reaktiven Element. Ca^{2+} ist in der Lage,

TEMPEL VON KARNAK (ÄGYPTEN)

WANDRELIEFS
Einige alte Zivilisationen verwendeten Gips zum Verputzen von Wänden und schnitzten Bilder in die weiche Oberfläche, um komplexe Kunstwerke zu schaffen.

FEUCHTER ZEMENT

ZEMENT UND MÖRTEL
Klebriges Kalziumoxid wird in Zement und Mörtel für den Bau verwendet. Da die chemische Reaktion zur Herstellung von Kalziumoxid für Zement und Beton sehr viel Kohlendioxid freisetzt, suchen Wissenschaftler nun nach nachhaltigen Alternativen.

GIPSVERBÄNDE
Gips ist der Hauptbestandteil des Gipses, mit dem man stützende Verbände bei Knochenbrüchen macht. Der feuchte Gips härtet schnell aus und ist leicht zu brechen, wenn er nicht mehr benötigt wird.

WEICHKORALLE

KORALLEN UND SCHALEN
Die im Meerwasser enthaltenen Kalzium- und Karbonationen brauchen einige Meeresorganismen zur Bildung von Schalen. Perlen, die einige Mollusken produzieren, bestehen ebenfalls aus Kalziumkarbonat.

KNOCHEN UND ZÄHNE
Zähne und Knochen enthalten eine harte Form von Kalziumphosphat namens Kalziumhydroxylapatit. Lebensmittel wie Milch, Käse und Fisch enthalten viel Kalzium.

starke Ionenbindungen mit negativen Ionen wie Oxid, Sulfat, Fluorid, Karbonat und Hydroxid einzugehen.

Vielseitige Verbindungen

Diese robusten ionischen Verbindungen werden industriell auf vielfältige Weise verwendet. Kalziumkarbonat und Kalk gehören weiterhin zu den häufigsten Baumaterialien und bilden die Grundlage für Zement und Beton (dessen Bestandteil Zement ist). Kalziumfluorid, ein transparentes, unlösliches Mineral, wird zur Herstellung von Spezialgläsern für spektroskopische Geräte verwendet. Kalziumsulfit ist ein Bleichmittel, das bei der Papierherstellung eingesetzt wird.

Kalzium spielt auch eine wichtige biologische Rolle. Der menschliche Körper enthält im Mittel etwa 1 kg Kalzium: zu 99 % in den Knochen in Form des Minerals Hydroxylapatit. Diese Verbindung bildet auch den Zahnschmelz und ist die härteste Substanz im menschlichen Körper. In den Knochen ist es mit Proteinen wie Kollagen verbunden, die für Festigkeit und Struktur sorgen. Ein Mangel an Kalzium und Vitamin D kann zu einer Erweichung der Knochen führen, weshalb eine kalziumreiche Ernährung besonders für Schwangere, Kleinkinder und ältere Menschen empfohlen wird. Kalziumionen regulieren auch eine Reihe anderer Vorgänge im Körper, insbesondere die Signalübertragung in Nerven und die Muskelkontraktion.

Erdalkalimetall

Ba

Barium

Elektronenkonfiguration

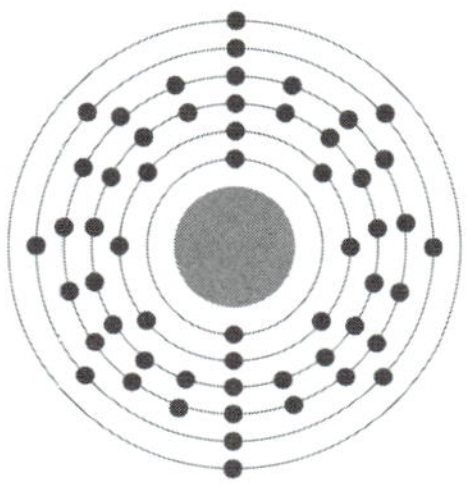

Ordnungszahl

56

Atommasse
137,33

Dichte
3,6 g/cm³

Radius
268 pm

Aggregatzustand
Fest

Schmelzpunkt
727 °C

Entstehung
Fusion im Kern von Sternen

Anteil an der Erdkruste
425 ppm

In seiner reinsten Form hat dieses sonst silbrige Metall einen goldenen Farbton.

REINES BARIUM

An der Luft bildet Barium schnell eine dunkelgraue Oxidschicht.

Dieses durchscheinende Bariumerz ist oft farblos oder milchig-weiß.

WITHERIT

BARYT

Baryt ist die häufigste Bariumquelle und kommt oft als dünne, tafelförmige Kristalle vor.

Verschwindender Glanz
Reines Barium hat einen leicht goldenen Farbton, der an der Luft schnell zu silbrig-weiß aufhellt. Nach und nach färbt sich das empfindliche Metall dunkelgrau, da sich auf der Oberfläche Bariumoxid bildet. Reines Barium ist unglaublich reaktiv und kommt in der Natur nur in Verbindungen vor.

Das giftige und explosiv reaktive Metall Barium ist ein schwer handhabbares Element. Doch trotz seines gefährlichen Rufs sind Bariumverbindungen ein wichtiger Bestandteil lebensrettender medizinischer Tests.

Wie die übrigen Erdalkalimetalle kommt auch Barium in der Natur nicht in reiner Form vor. Das weiche, silbrige Metall ist äußerst reaktionsfreudig und kommt in Mineralen wie Baryt und Witherit als stark gebundene Ionenverbindungen mit den negativ geladenen Ionen Sulfat bzw. Karbonat vor. Obwohl man schon in den 1760er-Jahren erkannte, dass diese Minerale ein unbekanntes Metall enthalten, wurde das reine Element erst 1808 von dem englischen Chemiker Humphry Davy durch Elektrolyse isoliert: Er leitete einen elektrischen Strom durch geschmolzenes Bariumoxid und spaltete es so in die Elemente auf. Der Name Barium leitet sich vom griechischen *barys* (»schwer«) ab, da Bariumminerale eine erstaunlich hohe Dichte aufweisen.

Die Reaktivität von Barium macht die Handhabung schwierig. Bei Zimmertemperatur reagiert es mit dem Sauerstoff der Luft und bei leichter Erwärmung mit anderen Nichtmetallen. Barium reagiert heftig mit Wasser, weshalb man es in einer inerten Atmosphäre lagert. Obwohl das Metall hochtoxisch ist, hat es eine überraschende medizinische Anwendung. Barium blockiert Röntgenstrahlen; daher nutzt man eine Suspension von Bariumsulfat als Kontrastmittel für Röntgenbilder des Verdauungssystems. Bariumsulfat ist kaum wasserlöslich, sodass es nicht vom Körper absorbiert, sondern unverändert ausgeschieden wird.

Bariumatom
Barium hat nur zwei Valenzelektronen in der sechsten Elektronenschale. Sie sind nur schwach an das Atom gebunden, da die anderen fünf vollständigen inneren Schalen die Anziehung des Atomkerns abschirmen.

REAKTIVITÄT

Die Leichtigkeit, mit der Barium seine beiden 6s-Elektronen verliert und zum zweifach geladenen Ion wird, macht es unglaublich reaktiv. Als Element in der sechsten Periode des Periodensystems hat es fünf volle Elektronenschalen, die die Valenzelektronen von der Kernladung abschirmen, wodurch die 6s-Elektronen sehr leicht abgegeben werden können.

Bariumion (Ba^{2+})
Die 6s-Elektronen werden leicht abgegeben, sodass ein Ion mit der Ladung 2+ entsteht. Dann ist die sechste Schale ganz leer, wodurch das Ion eine äußerst stabile Elektronenkonfiguration ähnlich wie ein Edelgas hat.

Halbmetall

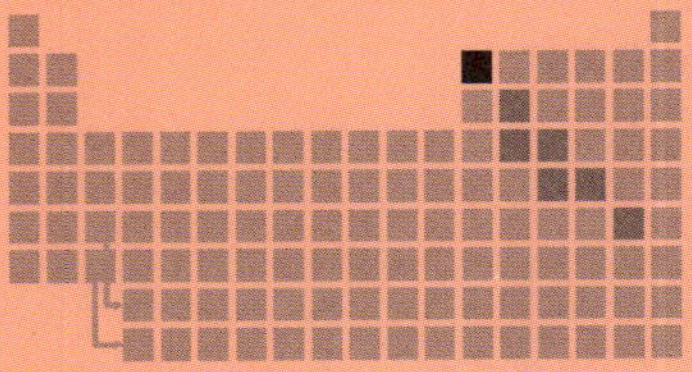

B

Bor

Elektronenkonfiguration

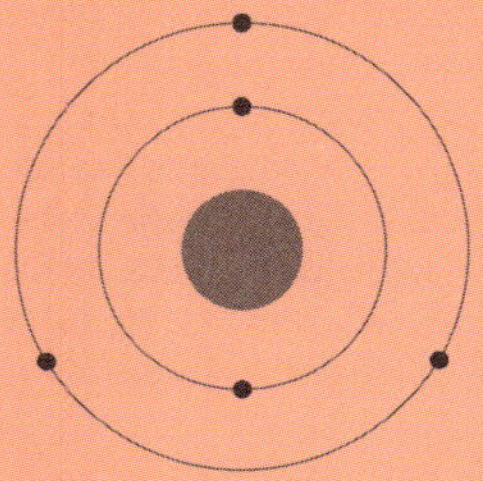

Ordnungszahl

5

Atommasse
10,81

Dichte
2,3 g/cm³

Radius
192 pm

Aggregatzustand
Fest

Schmelzpunkt
2077 °C

Entstehung
Zerschlagung von Atomen durch kosmische Strahlen

Anteil an der Erdkruste
10 ppm

Colemanit ist ein Boratmineral, das beim Austrocknen von alkalischen Seen entsteht.

COLEMANIT

Kernit, auch Rasorit genannt, ist eine wichtige kommerzielle Quelle für Bor.

KERNIT

Ulexit ist ein Boratmineral mit ungewöhnlichen optischen Eigenschaften.

ULEXIT

Borax ist eine alkalische Verbindung.

BORAX

Reines Bor ist spröde und sieht metallisch aus.

REINES BOR

Eine goldene Geschichte

In Verbindung mit anderen Elementen, insbesondere als Borax, ist Bor seit Jahrtausenden bekannt und wurde in der Antike zur Verarbeitung von Gold und anderen Edelmetallen verwendet. Borate wie Kernit und Colemanit sind wichtige Quellen für Bor.

In reiner Form ist dieses harte, spröde Element unscheinbar, aber man stellt mit ihm außergewöhnliche Werkstoffe her, auch solche, die hart genug sind, um Panzer zu schützen.

Obwohl man Borminerale bereits seit 300 n. Chr. nutzte, wurde es erst 1808 als eigenständiges Element anerkannt. Der Engländer Humphry Davy und unabhängig von ihm die Franzosen Joseph-Louis Gay-Lussac und Louis Jacques Thénard isolierten gleichzeitig unreines Bor aus Borsäure. Davy nannte das Element Boracium. Sie alle hatten aber nicht das reine Element isoliert, was sehr schwierig ist. Das erste reine Bor isolierte erst 1909 der US-amerikanische Chemiker Ezekiel Weintraub durch die Reaktion von Bortrichloriddampf mit Wasserstoffgas. Bor kommt in der Natur nicht in reiner Form vor, sondern als Boratminerale oder als Orthoborsäure im Wasser vulkanischer Quellen.

Als Nichtmetall bildet Bor kovalente Bindungen, an denen seine drei Valenzelektronen teilnehmen. Da es jedoch nur drei kovalente Bindungen eingeht, erhält es nur sechs Elektronen in seiner äußeren Schale anstatt der acht, die für eine stabile Konfiguration mit abgeschlossener Schale nötig wären. Wie das Kohlenstoffatom in Graphit (siehe S. 34) werden das 2s-Orbital und zwei seiner 2p-Orbitale zu einem flachen, dreieckigen Hybridorbital mit einem leeren p-Orbital senkrecht dazu. Dies ist eine stabile Elektronenkonfiguration. Sie findet sich auch in vielen Borverbindungen mit der Formel BR_3 (wobei der »Rest« R ein anderes Element ist).

Mit dieser Konfiguration ist Bor ungewöhnlich reaktiv, was in der chemischen Synthese von großem Nutzen ist. Das leere p-Orbital kann zwei Elektronen von einem anderen Atom aufnehmen, wodurch eine besondere Art von kovalenter Bindung entsteht: eine koordinative Bindung. Dabei erhält das Bor-Atom formal eine negative Partialladung, und seine zweite Schale wird vollständig besetzt. So entstehen stabile Borverbindungen, die als nützliche Zwischenprodukte in komplizierten Reaktionen fungieren.

WIE BOR VERWENDET WIRD

Der größte Teil des weltweit geförderten Bors wird nie völlig gereinigt, sondern zu Borsäure und Borax weiterverarbeitet. Über 70 % des Bors gehen in die Glas- und Keramikherstellung, weitere 11 % in die Landwirtschaft, u. a. die Herstellung von Insektiziden und Antimykotika, und 6 % in Bleichmittel und Reinigungsmittel für den Haushalt.

BOROSILIKATGLAS
Die Beimischung von 12–15 % Bor verleiht Glas hohe Festigkeit und Temperaturbeständigkeit. Es weist eine ausgezeichnete Beständigkeit gegen starke Temperaturschwankungen auf.

VISIER EINES FEUERWEHRHELMS

ESSENZIELLER NÄHRSTOFF
Bor ist ein wesentlicher Pflanzennährstoff, der für die Stabilität der Zellwände wichtig ist und das Wachstum fördert.

KERNENERGIE
Das Isotop Bor-10 wird manchmal in den Steuerstäben verwendet, die die Reaktionsgeschwindigkeit in Kernreaktoren regulieren.

GLASFASERN
Borosilikatglas ist ein leichtes und hochfestes Material, aus dem Glasfasern für die Signalübertragung, den Leichtbau und die Gebäudeisolierung hergestellt werden.

PANZER

PANZERUNG
Borkarbid (oder Borcarbid) ist das dritthärteste bekannte Material; nur Diamant und Bornitrid sind härter. Seine extreme Zähigkeit hat wichtige militärische Anwendungen, etwa als Panzerung für Fahrzeuge und als Innenauskleidung von kugelsicheren Westen.

GLASFASERN

Reaktives Nichtmetall

I

Jod

Elektronenkonfiguration

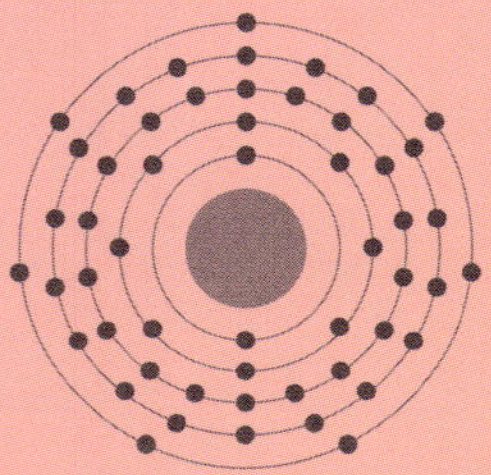

Ordnungszahl

53

Atommasse
126,90

Dichte
4,9 g/cm³

Radius
198 pm

Aggregatzustand
Fest

Schmelzpunkt
114 °C

Entstehung
Neutronensternkollisionen

Anteil an der Erdkruste
0,45 ppm

REINES JOD

DIETZEIT

Violetter Dampf
Der Name Jod leitet sich vom griechischen Wort *iodes* (»violett«) ab, was sich auf die charakteristischen violetten Joddämpfe bezieht. Eine der wichtigsten Jodquellen ist eine Gruppe von Mineralien, die Jodatminerale, zu denen Dietzeit gehört.

Das zufällig entdeckte Jod ist ein widersprüchliches Element: Es scheint sich von einem festen in einen gasförmigen Zustand zu verwandeln und ist für den Menschen giftig und lebenswichtig zugleich.

Das Element Jod wurde 1811 zufällig entdeckt, als der französische Chemiker Bernard Courtois versuchte, für die Napoleonischen Kriege Salpeter (ein wichtiger Bestandteil von Schießpulver) aus Seetang zu gewinnen. Nach einem Standardverfahren verbrannte Courtois Seetang, wusch die Asche mit Wasser und behandelte den Rückstand mit Schwefelsäure. Einmal fügte er jedoch zu viel Säure hinzu und aus der Asche stieg eine violettfarbene Dampfwolke auf. Dieser Dampf kristallisierte auf seinen Geräten aus und bildete metallisch glänzende, schwarze Kristalle. Diese Substanz wurde von mehreren Chemikern als neues Element identifiziert und von dem französischen Chemiker Joseph-Louis Gay-Lussac benannt.

Obwohl Jod zuerst in Meeresalgen entdeckt wurde, gewinnt man heute den größten Teil des kommerziellen Jods aus jodhaltigen Mineralien, die ursprünglich an den Stellen alter Meere und anderer Salzwasserkörper entstanden sein könnten. Meerwasser enthält etwa 0,05 Teile pro Million Jod, das von Algen leicht absorbiert wird. Einige Länder haben industrielle Verfahren entwickelt, um das Element direkt aus Sole (Salzwasser) zu gewinnen.

Vorhersagbare Chemie

In seiner reinen Form liegt Jod als Molekül I_2 vor, wobei jedes Atom ein Elektron in eine kovalente Bindung einbringt (siehe S. 22). Die einzelnen Moleküle werden durch schwache intermolekulare Wechselwirkungen locker zueinander hingezogen, die sogenannten van-der-Waals-Kräfte: Da die Elektronen eine diffuse Wolke um

OXIDATIONSSTUFEN

Anders als die anderen Halogene nimmt Jod sowohl positive als auch negative Oxidationsstufen ein. Die Außenelektronen in der fünften Schale werden von vier vollständigen Elektronenschalen von der Kernladung abgeschirmt und nur schwach gehalten. Daher kann Jod alle s- und p-Elektronen verlieren und die maximale Oxidationsstufe +7 erreichen.

Jodatom

Jodatome haben 17 Elektronen in ihrer äußeren Schale: zwei im 5s-Orbital, zehn in den 4d-Orbitalen und fünf in den 5p-Orbitalen. Jedes Atom muss also nur ein Elektron aufnehmen, um die fünfte Elektronenschale zu einer stabilen Konfiguration zu vervollständigen. Daher bildet es leicht ein I^--Ion.

Jodid-Ion (I^-)

Indem es ein Elektron in ein 5p-Orbital aufnimmt, füllt Jod die fünfte Schale und bildet ein Jodidion. Da vier volle Schalen die Kernladung abschirmen, ist die Neigung zur Bildung von I^- schwächer als bei anderen Halogenen: Jod ist weniger reaktiv.

SUBLIMIERT JOD?

Durch vorsichtiges Erhitzen von Jodkristallen entsteht ein violetter Dampf: Der Feststoff geht scheinbar direkt in ein Gas über, ohne den flüssigen Zustand zu durchlaufen. Diese ungewöhnliche Zustandsänderung nennt man Sublimation. Unter Atmosphärendruck sublimiert Jod jedoch nicht wirklich, sondern durchläuft die flüssige Phase so schnell, dass dies nie beobachtet wird.

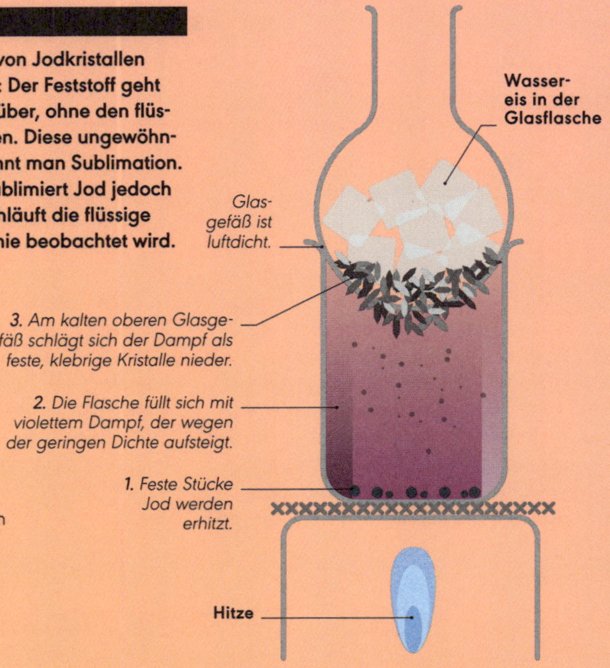

Schwache Anziehung

Aufgrund der schwachen van-der-Waals-Kräfte zwischen den Jodmolekülen liegt der Schmelzpunkt so nahe am Siedepunkt, dass die Flüssigkeit verdampft, bevor man sie überhaupt beobachtet, und Jod nur scheinbar sublimiert.

JODPROBE (JOD-STÄRKENACHWEIS)

Jodlösung dient als aussagekräftiger Test für das Kohlenhydrat Stärke, vor allem für den Bestandteil Amylose. Da Jod in Wasser nicht besonders gut löslich ist, fügt man eine kleine Menge Kaliumjodid hinzu, damit es sich auflöst und eine hellbraune Lösung von Trijodid-Ionen (I_3^-) entsteht. In Gegenwart von Stärke färbt sich diese braune Lösung indigoblau.

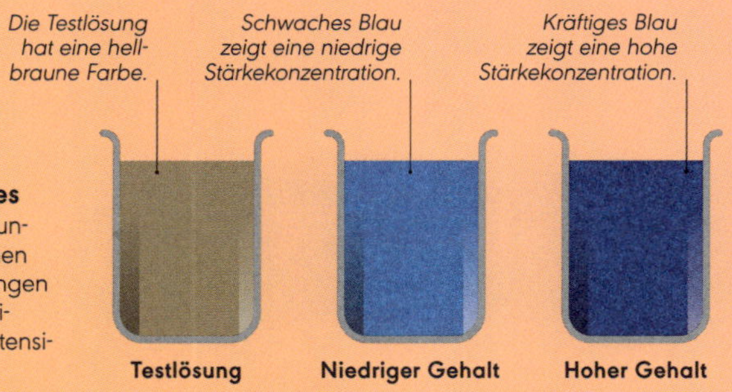

Bildung eines Komplexes

Amylosen sind riesige gewundene Moleküle. Trijodid-Ionen lagern sich in diese Windungen ein und bilden einen chemischen Komplex mit einer intensiven blauschwarzen Farbe.

VERWENDUNG VON JOD

Aufgrund seiner vielseitigen Eigenschaften findet Jod in Hunderten von Bereichen Verwendung. Von medizinischen Anwendungen bis hin zu Hobbys wie der Fotografie: Jod und seine Verbindungen sind heute weit verbreitet.

die Kerne bilden, sind einige Bereiche des Moleküls durch zufällige Variationen vorübergehend etwas positiver oder negativer geladen als andere. Damit wird das Molekül kurzzeitig zum Dipol (es hat zwei getrennte Ladungspole). Durch diese Dipole ziehen sich die einzelnen Moleküle an, aber die Anziehungskraft ist nur schwach und wird leicht überwunden, wenn sie mehr Bewegungsenergie haben, also die Temperatur steigt. Wegen der sehr schwachen Kräfte hat festes Jod einen niedrigen Schmelzpunkt von nur 114 °C. Die Halogene zeigen einen Trend zu steigenden Schmelzpunkten: Da Jodmoleküle größer sind als Fluor-, Chlor- und Brommoleküle, sind die intermolekularen Kräfte größer und Jod ist als erstes Element dieser Gruppe bei Raumtemperatur fest.

Auch das chemische Verhalten von Jod ähnelt dem der anderen Halogene. Jedem Atom fehlt ein Elektron zu einer vollen Schale, und die Chemie des Elements wird von der Oxidationsstufe −1 dominiert, in der das Atom durch Aufnahme eines Elektrons die fünfte Schale vervollständigt. Da jedoch die vier vollständigen inneren Schalen die äußersten Elektronen von der Kernladung abschirmen, neigt es weniger zur Bildung des I^--Ions als frühere Elemente der Gruppe und ist folglich weniger reaktiv.

Andererseits kann wegen des schwächeren Einflusses des Kerns auf die Außenelektronen Jod auch in vielen positiven Oxidationsstufen auftreten. Am häufigsten sind +1, +5 und +7, die durch

NAHRUNGS-ERGÄNZUNGS-MITTEL
Jodpräparate werden dem Viehfutter zugesetzt, um einen hohen Jodgehalt in tierischen Produkten wie Milch sicherzustellen.

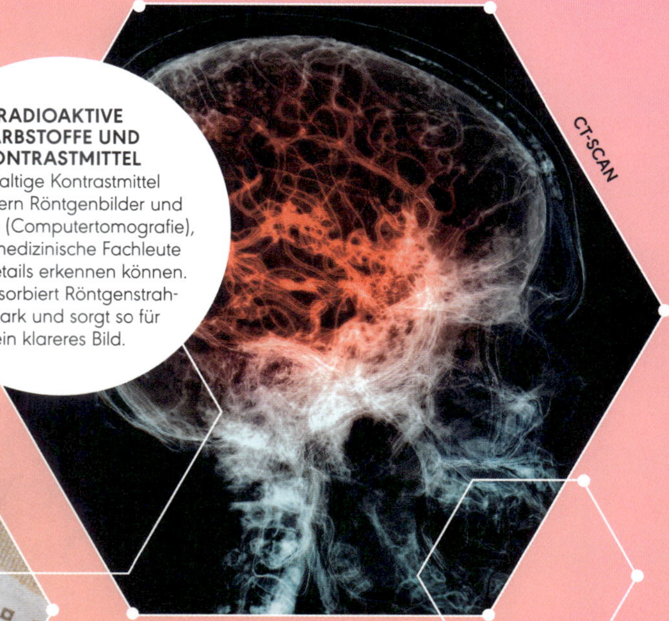

RADIOAKTIVE FARBSTOFFE UND KONTRASTMITTEL
Jodhaltige Kontrastmittel verbessern Röntgenbilder und CT-Scans (Computertomografie), damit medizinische Fachleute mehr Details erkennen können. Jod absorbiert Röntgenstrahlen stark und sorgt so für ein klareres Bild.

FALSCHGELD-ERKENNUNG
Die Tinte in Stiften, die zur Erkennung von Falschgeld verwendet wird, enthält eine Jodlösung, die sich blau färbt, wenn das Papier Stärke enthält. Früher wurde echtes Geld auf Papier aus Leinen und Baumwolle gedruckt, sodass echte Banknoten keine Reaktion der Jodlösung hervorriefen.

FOTOGRAFIE
Durch das Aufbringen von Silberjodid auf eine Oberfläche wird diese lichtempfindlich. Dies wurde schon in den frühesten fotografischen Abbildungen, der Daguerreotypien, ausgenutzt.

WACHSTUMS-REGULIERUNG
Jod ist ein essenzielles Spurenelement für den menschlichen Körper, der täglich etwa 0,1 mg Jodid benötigt. Der Körper enthält bis zu 20 mg, hauptsächlich in der Schilddrüse. Sie ist an der Regulierung des Wachstums, der Entwicklung und der Körpertemperatur beteiligt.

den Verlust von 5s- und 5p-Elektronen erreicht werden. Jod bildet daher viele ungewöhnliche, oxidierende Verbindungen wie Perjodsäure (HIO_4). Sie werden oft in der chemischen Synthese und bei industriellen Prozessen verwendet.

Ein unverzichtbares Element

Reines Jod kann die Haut stark reizen oder verbrennen und ist giftig, wenn es eingenommen oder eingeatmet wird. Dennoch ist Jod ein für die Gesundheit unverzichtbares Element und das schwerste Element, das von Lebewesen verwendet wird. Beim Menschen produziert die Schilddrüse mithilfe von Jod die lebenswichtigen Hormone T3 und T4, die das Wachstum und die Entwicklung steuern. Ein Jodmangel in der Ernährung, vor allem bei Kindern, beeinträchtigt die geistige Entwicklung. Jodmangel kann zu einem Kropf führen, bei dem sich die Schilddrüse vergrößert, was man als Schwellung am Halsansatz sieht.

Zu den natürlichen Jodquellen gehören Meeresfrüchte, Milchprodukte und Eier. Weltweite Gesundheitsinitiativen, angestoßen durch den Weltkindergipfel der Vereinten Nationen 1990, zielen auf die Beseitigung des Jodmangels ab, und heute werden Grundnahrungsmittel wie Salz (in den USA, Kanada, Indien und Australien) und Milch (im Vereinigten Königreich) mit Jod angereichert. Diese Initiativen haben Jodmangel vielerorts wirksam bekämpft.

Reaktives Nichtmetall

Se

Selen

Ordnungszahl

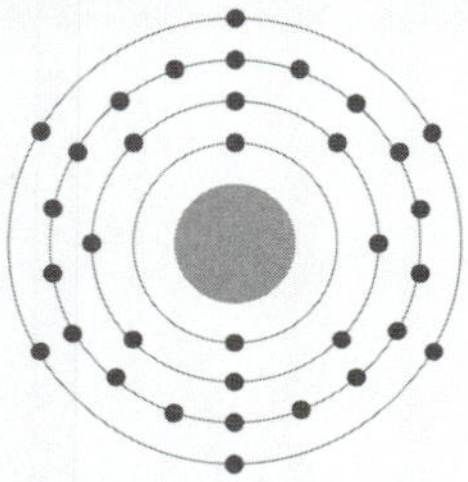

Ordnungszahl

34

Atommasse
78,97

Dichte
4,8 g/cm³

Radius
190 pm

Aggregatzustand
Fest

Schmelzpunkt
221 °C

Entstehung
Supernovae massiver Sterne

Anteil an der Erdkruste
0,05 ppm

Die graue Form von Selen hat einen metallischen Glanz.

REINES SELEN

Viele Formen

Elementares Selen kommt in verschiedenen Strukturformen (Allotropen) vor. Kristallines rotes Selen besteht aus gestapelten achtatomigen Ringen. Die schwarze Form hat eine äußerst komplexe Struktur mit Ringen aus bis zu 1000 Atomen, und das stabilste, graue Allotrop besteht aus langen Ketten von Selenatomen.

Dieses seltene Selenmineral enthält auch Kupfer.

BERZELIANIT

Dieses stark riechende Nichtmetall hat viel mit Schwefel gemeinsam, das im Periodensystem in der gleichen Gruppe über ihm steht. Da aber Selen den Metallen näher steht, hat es metallähnliche Eigenschaften, die es in der Elektronik unverzichtbar machen.

Selen wurde 1817 von dem schwedischen Chemiker Jöns Jacob Berzelius entdeckt, wobei er zunächst dachte, dass es sich um sein Nachbar-Element Tellur handelte. Berzelius besaß Anteile an einer Schwefelsäurefabrik und bemerkte, dass sich in einer der Reaktionskammern ein stark riechender roter Niederschlag gebildet hatte. Der Meerrettichgeruch ähnelte dem typischen Geruch von Tellur, das etwa 30 Jahre zuvor entdeckt worden war. Die in der Fabrik verwendeten Minerale enthielten jedoch keine Tellurverbindungen, und bei näherer Untersuchung stellte man fest, dass die roten Ablagerungen ein neues Element enthielten. Heute wird Selen hauptsächlich als Nebenprodukt bei der Kupferverarbeitung gewonnen, wo es als Schlamm bei der elektrolytischen Raffination anfällt.

Selen kommt in der Natur nur selten gediegen oder als Mineralerz vor, findet sich aber häufig als Spurenverunreinigung anstelle von Schwefel, mit dem es viele Eigenschaften teilt. Es hat eine ähnliche Außenelektronenkonfiguration wie Schwefel und kann in denselben Oxidationsstufen auftreten, also ebenso viele Elektronen aufnehmen bzw. abgeben, sodass es sich chemisch ähnlich wie Schwefel verhält.

Das stabilste Selenallotrop, das graue Selen, ist in der Elektronik besonders nützlich. Es hat einen fotoelektrischen Effekt: Es wandelt Licht direkt in Elektrizität um. Es zeigt außerdem Fotoleitung, d. h. sein elektrischer Widerstand nimmt mit der Stärke der Lichteinstrahlung ab. Dieses Allotrop wird daher in Fotoelementen (lichtempfindlichen Elektronikbauteilen) und Röntgendetektoren verwendet. Selen wird auch als Gleichrichter verwendet, der Wechselstrom in Gleichstrom umwandelt, und wirkt unter bestimmten Umständen als Halbleiter.

OXIDATIONSSTUFEN

Wie Schwefel kann Selen in beeindruckenden neun Oxidationsstufen vorkommen. Durch die Aufnahme eines Elektrons in jedes der teilweise gefüllten 4p-Orbitale kann Selen die vierte Schale vollständig füllen und die Oxidationsstufe −2 erreichen. Andererseits kann es durch Abgabe der vier 4p-Elektronen und der zwei 4s-Elektronen die vierte Schale vollständig leeren und hat dann die Oxidationsstufe +6.

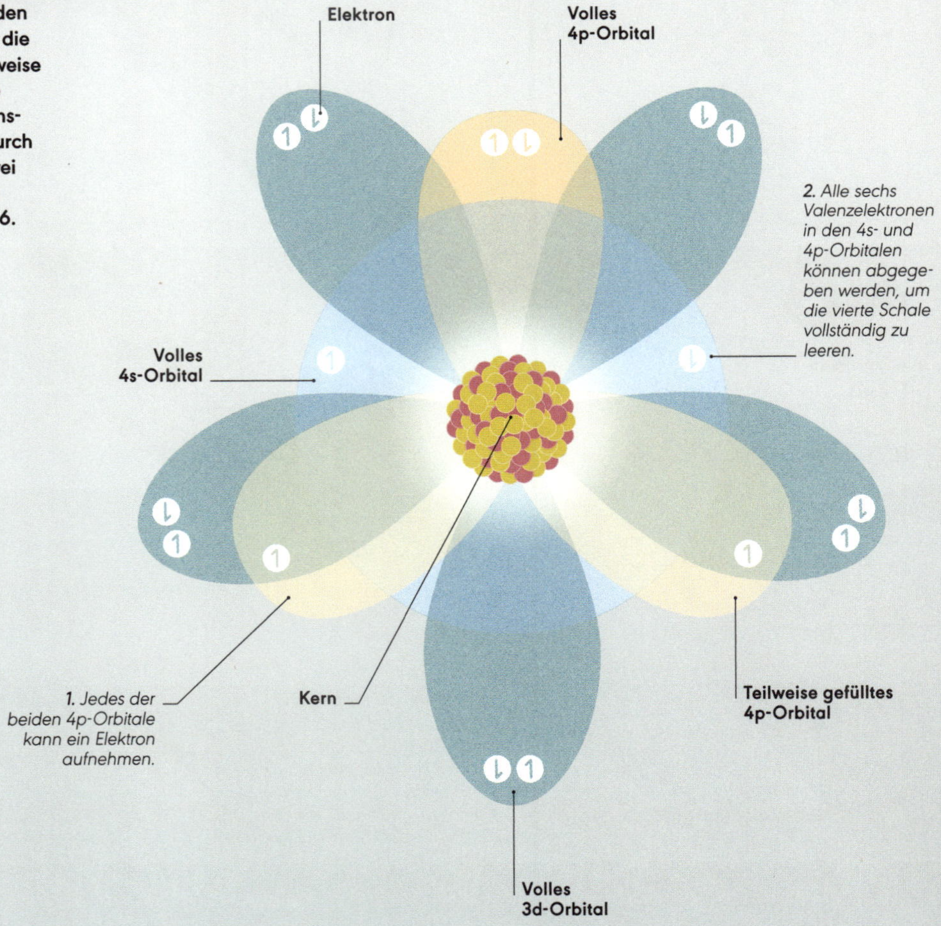

Übergangsmetall

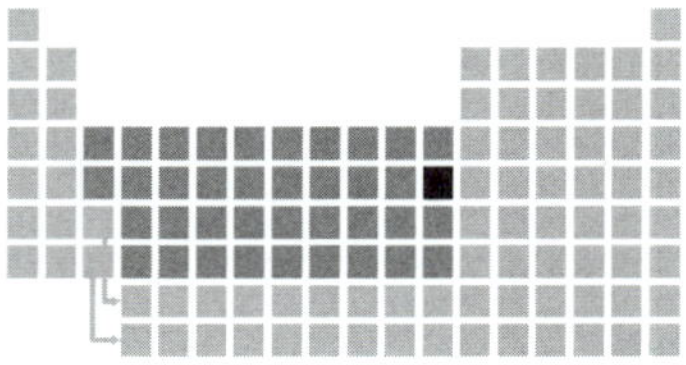

Cd

Kadmium

Elektronenkonfiguration

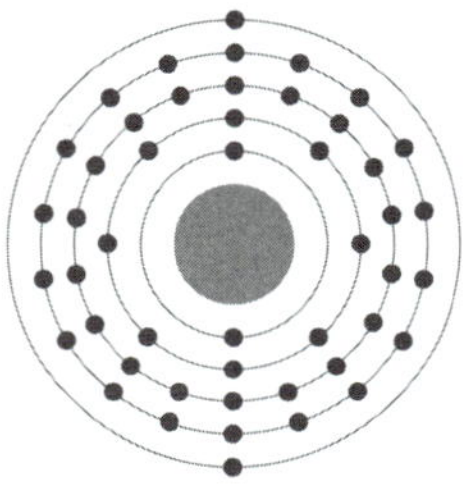

Ordnungszahl

48

Atommasse
112,41

Dichte
8,7 g/cm³

Radius
158 pm

Aggregatzustand
Fest

Schmelzpunkt
321 °C

Entstehung
Neutronensternkollisionen

Anteil an der Erdkruste
0,15 ppm

Kadmium ist weich und silbrig-weiß, aber einige Stücke können auch bläulich schimmern.

Kadmium ist sehr korrosionsbeständig; es oxidiert an der Luft, aber nicht im Wasser.

REINES KADMIUM

Farbige Verbindungen

Kadmium bildet eine Vielzahl einfacher, intensiv gefärbter Verbindungen mit anderen Elementen der Gruppe 16. Viele wurden früher als Pigmente verwendet, darunter das Kadmiumsulfid-Mineral Greenockit (Kadmiumgelb), Kadmiumselenid (Kadmiumrot) und Zinkkadmiumsulfid (Kadmiumgrün).

Dieses Zinkmineral enthält manchmal Spuren von Kadmium.

HEMIMORPHIT

Dieses Kadmiumsulfid-Mineral bildet selten hexagonale Kristalle.

GREENOCKIT

Dieses Schwermetall bildet viele wunderschön gefärbte Verbindungen. Allerdings ist seine Verwendung wegen der Gefahr einer Kadmiumvergiftung und der daraus resultierenden »Aua-Aua-Krankheit« streng reguliert.

Kadmium (oder Cadmium) ist ein weiches, silbrig-weißes Metall, das im Periodensystem unterhalb von Zink steht. Der Name leitet sich von *kadmeia* ab, dem griechischen Namen für Galmei, dem Zinkkarbonatmineral, aus dem es zuerst isoliert wurde. Kadmium selbst ist auf der Erde ein relativ seltenes Element und kommt nur im Sulfidmineral Greenockit in nennenswerten Mengen vor. Das meiste Kadmium wird als Nebenprodukt der Zinkraffination gewonnen, da das Metall eine häufige Verunreinigung in den weiter verbreiteten zinkhaltigen Mineralen ist.

Es war die Erforschung von Zinkverbindungen, die 1817 zur Entdeckung von Kadmium führte. Der deutsche Chemiker Friedrich Stromeyer fand, dass sich Galmei beim Erhitzen gelb färbte. Er trennte die gelben Verunreinigungen ab und erhitzte sie mit Kohlenstoff, was sie zu einem silbrigen Metall reduzierte, das er Kadmium nannte.

Als Schwermetall ist Kadmium äußerst giftig, denn Schwermetalle binden sich an lebenswichtige Stoffe wie Enzyme oder Proteine und stören deren Aktivität. Kadmium reichert sich in Pflanzen an, die auf kontaminierten Böden angebaut wurden. Ihr Verzehr führt zur chronischen Kadmiumvergiftung, der Itai-itai-Krankheit nach dem japanischen Schmerzruf *itai itai* (»Aua, aua!«). Sie führt zur Schwächung der Knochen und zum Nierenversagen.

Heute unterliegt Kadmium strengen Vorschriften. Für seine früheren Anwendungen, etwa in Pigmenten, wurden sicherere Alternativen entwickelt. Etwa zwei Drittel des heute produzierten Kadmiums werden in wiederaufladbaren Nickel-Kadmium-Batterien verwendet.

IST KADMIUM EIN ÜBERGANGSMETALL?

Wie Zink und Quecksilber ist Kadmium im strikten Sinn kein Übergangsmetall: Seine d-Orbitale sind ganz gefüllt, während sie bei Übergangsmetallen nur teilweise gefüllt sind. Die d-Elektronen sind so fest gebunden, dass Kadmium nur die s-Elektronen abgeben kann. Daher hat es die maximale Oxidationsstufe +2 und bildet schwächere metallische Bindungen als die anderen d-Block-Elemente: Sein Schmelzpunkt ist niedriger und es ist weicher.

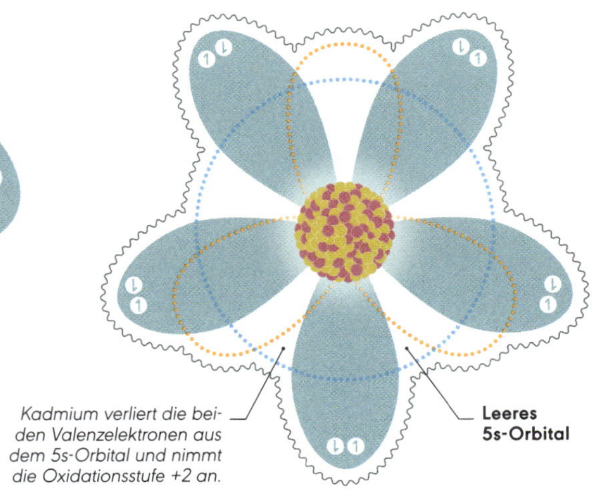

Kadmiumatom
Kadmium hat zwei Valenzelektronen im 5s-Orbital. Alle fünf 4d-Orbitale sind vollständig besetzt. Diese Konfiguration ist besonders stabil, sodass die d-Elektronen in der Regel nicht an Bindungen oder chemischen Reaktionen beteiligt sind. Nur die beiden äußeren s-Elektronen tragen zur metallischen Bindung bei, was Kadmium einen niedrigen Schmelzpunkt gibt.

Kadmiumion (Cd^{2+})
Da die vollständig gefüllten 4d-Orbitale stabil sind, kann Kadmium bei Reaktionen keine Elektronen aus diesen Orbitalen abgeben. Es gibt nur die beiden 5s-Elektronen ab, um ein Cd^{2+}-Ion zu bilden.

Alkalimetall

Li

Lithium

Elektronenkonfiguration

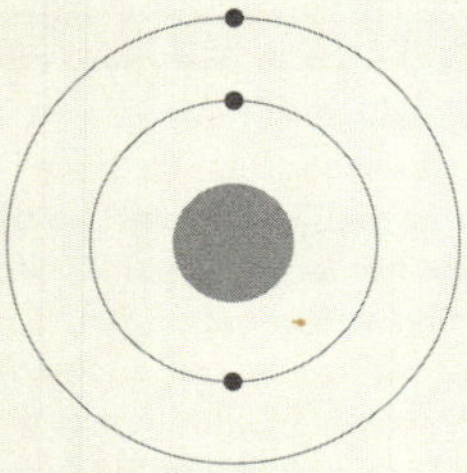

Ordnungszahl

3

Atommasse
6,94

Dichte
0,5 g/cm³

Radius
182 pm

Aggregatzustand
Fest

Schmelzpunkt
181 °C

Entstehung
Zerschlagung von Atomen durch kosmische Strahlen

Anteil an der Erdkruste
20 ppm

Lithium ist silbrig-weiß, oxidiert aber an der Luft und wird matt grau-schwarz.

Lithium ist das Element mit der geringsten Dichte aller festen Elemente und hat eine ähnliche Dichte wie Kiefernholz.

REINES LITHIUM

Petalit kommt als Kristalle oder Säulen in grobkörnigem vulkanischem Gestein vor.

PETALIT

LEPIDOLITH

Lepidolith, das häufigste Lithiummineral, ist ein Glimmer, in Form von Blättern oder Flocken.

KUNZIT

Kunzit ist eine Varietät des Lithiumerzes Spodumen und kann große Kristalle bilden.

Schwimmendes Metall

Lithium kommt in der Natur nicht in elementarer Form vor, da es so reaktionsfreudig ist; man gewinnt es aus Erzen oder Sole (Salzwasser). Reines Lithium lagert man in Öl, damit es nicht mit der Luft reagiert. Es ist der Feststoff mit der geringsten Dichte und eines von nur drei Metallen, die auf Wasser schwimmen.

Im Universum selten, aber auf der Erde immer gefragter, ist Lithium ein knappes Gut. Trotz seiner weichen Beschaffenheit und seiner heftigen Reaktivität ist dieses Metall eines der wichtigsten Elemente des 21. Jahrhunderts.

Lithium ist eines der drei Elemente (neben Wasserstoff und Helium), die beim Urknall entstanden. Während die ersten beiden Elemente den überwältigenden Großteil des bekannten Universums ausmachen, enthält der Weltraum weniger als die Hälfte des nach Berechnungen der Physik zu erwartenden Lithiums. Diese überraschende Knappheit nennt man kosmologische Lithiumdiskrepanz, und es gibt noch keine Einigkeit über den Grund dafür.

Eine Vermutung ist, dass große Sterne Lithium zerstören: Sie ziehen das Lithium in ihre Kernzone, wo es bei der starken Hitze durch eine Kernreaktion in Helium umgewandelt wird. Nach anderen Theorien ist das Lithium in fernen Sternen und Planeten eingeschlossen, sodass wir es nicht direkt beobachten können. Auch bisher unentdeckte Kernreaktionen könnten die Diskrepanz erklären.

Dementsprechend ist Lithium auch relativ selten auf der Erde mit nur einem Tausendstel der Häufigkeit der anderen Metalle der Gruppe 1, Natrium und Kalium. Aufgrund seiner hohen Reaktivität kommt Lithium nie als reines Metall vor und wird stattdessen aus Erzen wie Spodumen, Petalit und Lepidolith gewonnen, die weltweit vorkommen. Lithiumsalze finden sich auch im Meerwasser und in Mineralwasserquellen.

Das silbrig-weiße Metall wurde 1817 von dem schwedischen Chemiker Johan August Arfwedson, einem Schüler von Jöns Jakob Berzelius, in dem Mineral Petalit entdeckt. Er stellte fest, dass das unbekannte Metall zur Gruppe 1 des Periodensystems gehörte und ähnliche Eigenschaften aufwies wie Natrium und Kalium, die beide zehn Jahre zuvor entdeckt worden waren. Er zeigte auch, dass dasselbe Element in Spodumen und Lepidolith vorhanden

DICHTE UND REAKTIVITÄT

Lithium hat einen relativ großen Atomradius (182 pm, im Vergleich zu 153 pm bei seinem Nachbarn Beryllium), aber eine geringe Atommasse. Daher verteilt sich seine Masse auf ein großes Volumen, sodass es eines der am wenigsten dichten Elementen ist. Wie andere Alkalimetalle hat Lithium nur ein Elektron in der äußeren Schale und ist sehr reaktionsfreudig. Allerdings sitzt dieses Elektron näher am Kern als bei den anderen Gruppen, sodass Lithium das am wenigsten reaktive Alkalimetall ist.

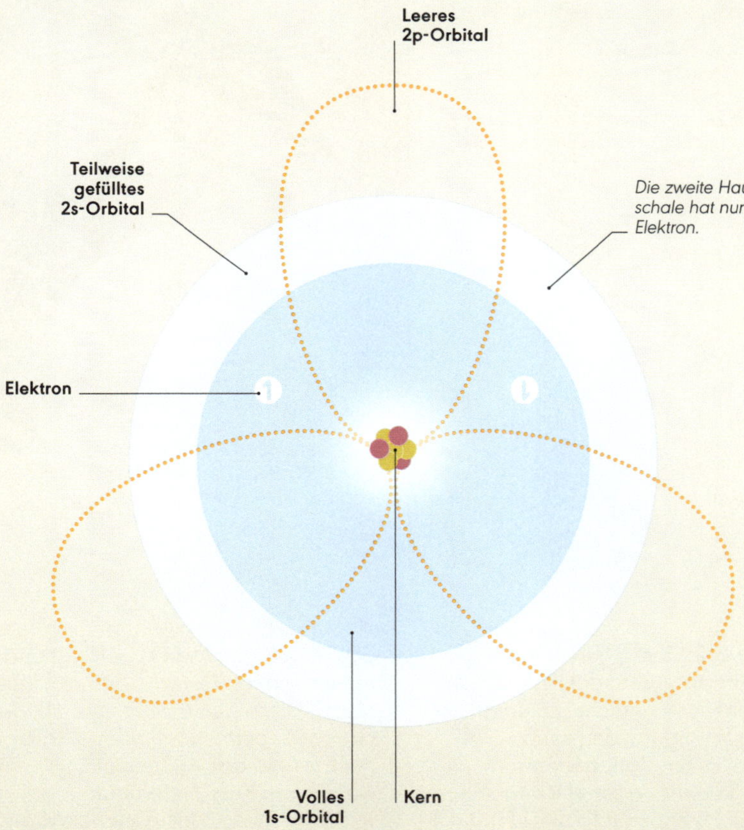

Lithiumatom
Lithium hat nur ein Elektron in der zweiten Hauptschale. Durch Abgabe dieses Elektrons erreicht es eine stabile Konfiguration wie die eines Edelgases. Wegen dieses Stabilitätsgewinns neigt Lithium dazu, ein Li^+-Ion zu bilden, was das Metall reaktiv macht.

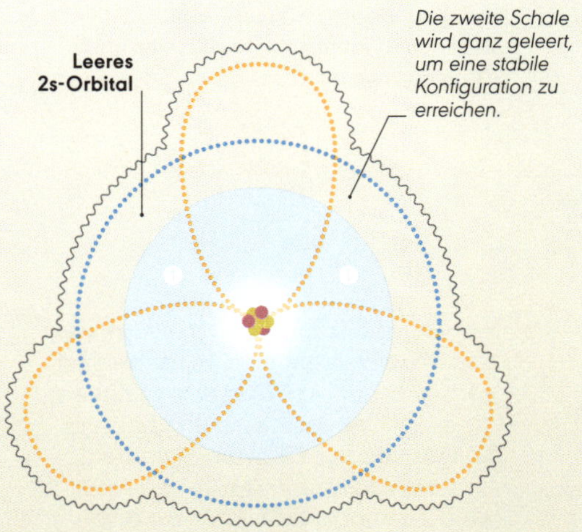

Lithiumion (Li^+)
Ein Lithiumion hat keine Elektronen in der zweiten Hauptschale und eine vollständig gefüllte erste Schale. Dies ist eine besonders stabile Konfiguration, sodass es leicht ein Elektron abgibt.

LITHIUMIONEN-AKKUS

Batterien bewegen Ionen zwischen zwei Platten aus leitenden Festkörpern, den Elektroden. Die Ionen wandern von der negativen Elektrode (Anode) durch eine leitende Lösung, den Elektrolyten, zur positiven Elektrode (Kathode). Zum Ausgleich strömen Elektronen durch die mit der Batterie verbundenen Drähte von der Anode zur Kathode und versorgen so ein elektrisches Gerät. Anders als Einwegbatterien kann man Akkus mehrfach wieder aufladen.

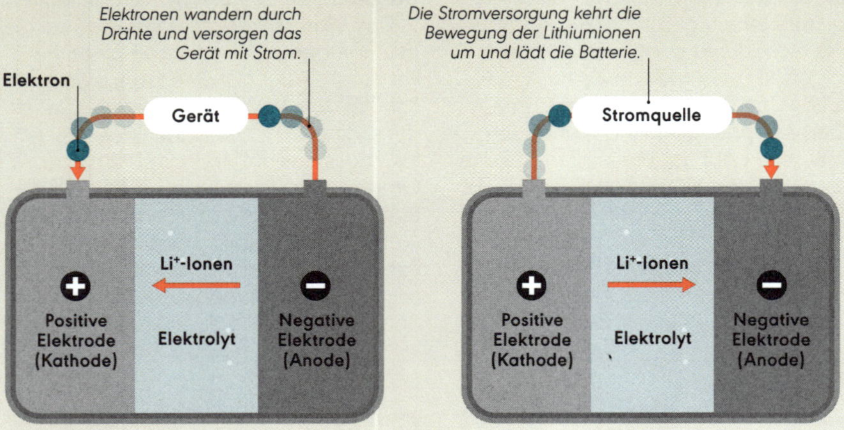

Entladung
Beim Gebrauch wandern Lithiumionen vom negativen zum positiven Pol. Sobald die maximale Anzahl von Ionen gewandert ist, hat die Batterie die gespeicherte Energie verbraucht und muss aufgeladen werden.

Aufladen
Wenn ein Ladegerät Energie in die Batterie einspeist, wandern die Lithiumionen von der Kathode zur Anode zurück, wodurch der ursprüngliche Zustand wiederhergestellt wird: Der Akku ist wieder geladen.

REAKTION MIT WASSER

Lithium reagiert stark mit Wasser und brennt mit einer roten Flamme. Zwei Lithiumatome spalten zwei Wassermoleküle in ein Molekül Wasserstoffgas und zwei Moleküle Lithiumhydroxid, die sich in Wasser auflösen. Die Reaktion ist exotherm und setzt eine große Wärmemenge frei.

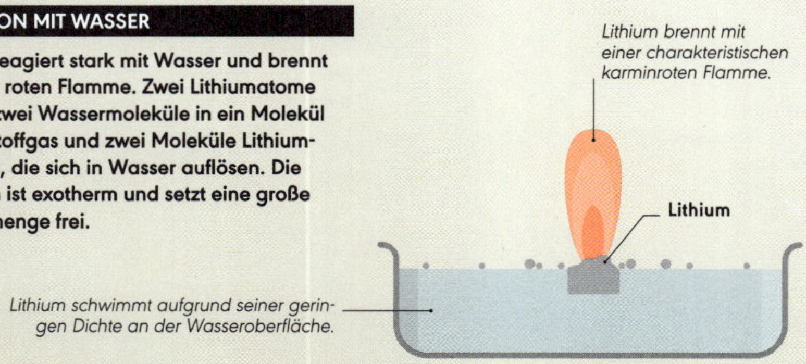

VERWENDUNG VON LITHIUM

Die industrielle Nachfrage nach Lithium ist seit Mitte des 20. Jh. mit der Entwicklung der Batterietechnik stark gestiegen. Lithium wird jedoch auch in vielen anderen Produkten verwendet, von Arzneimitteln über Glaswaren bis hin zu Hochtemperaturschmiermitteln.

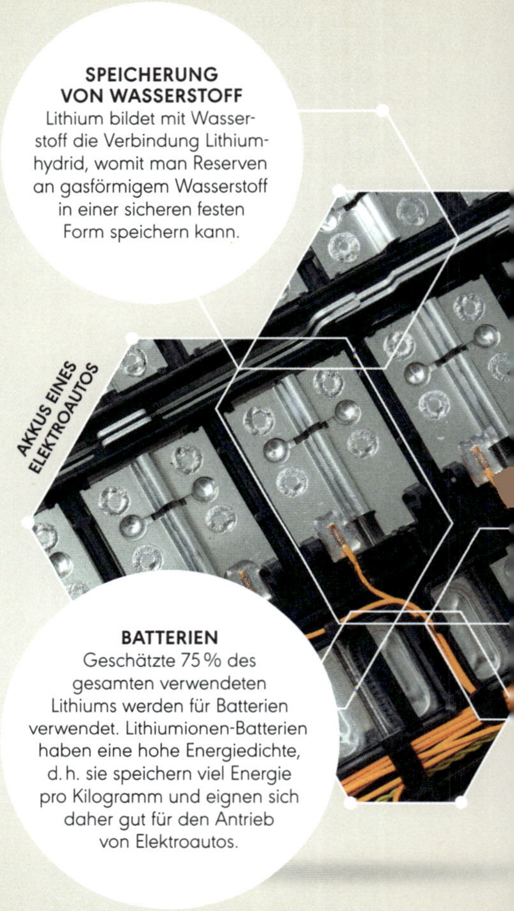

war. Berzelius und Arfwedson nannten das neue Element Lithium, abgeleitet vom griechischen Wort *lithos* (»Stein«), da es im Gegensatz zu Natrium und Kalium, die aus Pflanzen stammen, in Gestein vorkommt. Das reine Metall wurde erstmals 1821 von dem englischen Chemiker William Brande isoliert.

Feurige Reaktivität

Die Reaktivität von Lithium liegt daran, dass das Atom nur ein einziges Elektron in der zweiten Schale hat. Atome sind mit einer vollständig gefüllten Außenschale am stabilsten; durch Abgabe des 2s-Elektrons erreicht Lithium diese günstige Konfiguration (siehe S. 181).

Lithium bildet stark gebundene ionische Verbindungen mit negativen Ionen wie Hydroxid (OH^-), Chlorid (Cl^-) und Oxid (O^{2-}). Bemerkenswert ist seine Reaktion mit Wasser. Das Metall gibt das 2s-Elektron ab, wodurch Wasser in Hydroxidionen (OH^-) und Wasserstoffgas (H_2) gespalten wird. Bei dieser Reaktion entsteht so viel Hitze, dass das Metall spontan Feuer fängt und mit einer roten Flamme brennt (siehe oben). Diese Reaktivität nimmt in der Gruppe 1, beim Natrium und Kalium, noch zu, da das Außenelektron immer weiter vom Kern entfernt ist.

Die Neigung, das Außenelektron abzugeben, macht Lithium in der Industrie äußerst nützlich. Reagenzien wie Lithiumaluminiumhydrid und Butyllithium werden zur Herstellung organischer Verbindungen für Industrie und Forschung verwendet. Allerdings sind

GLASKERAMIKKOCHFELD

GLAS UND KERAMIKEN
Lithiumzuschläge senken bei der Herstellung den Schmelzpunkt der Rohstoffmischung und verbessern die Eigenschaften des Glases oder der Keramik.

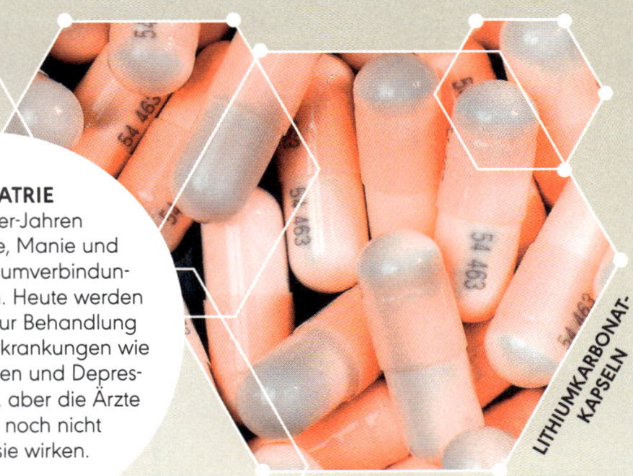

LITHIUMKARBONAT-KAPSELN

PSYCHIATRIE
In den 1870er-Jahren begannen Ärzte, Manie und Krämpfe mit Lithiumverbindungen zu behandeln. Heute werden diese Präparate zur Behandlung von psychischen Erkrankungen wie bipolaren Störungen und Depressionen eingesetzt, aber die Ärzte wissen immer noch nicht genau, wie sie wirken.

LEGIERUNGEN
Durch Zugabe von Lithium zu Magnesium oder Aluminium entstehen Metalllegierungen, die leichter und fester sind als die ursprünglichen Metalle.

LITHIUMSCHMIERSTOFF

SCHMIERSTOFFE
Einige Lithiumverbindungen haben schmierende Eigenschaften und sind extrem temperaturbeständig, sodass sie zum Schmieren heißer Motoren und für Geräte in der Antarktis verwendet werden.

KOHLENDIOXID-WÄSCHER

LUFTREINIGUNG
Lithiumhydroxid kann Kohlendioxid aus der Luft entfernen. Dieses Verfahren wird häufig in Raumfahrzeugen, U-Booten und industriellen Luftreinigungsanlagen eingesetzt.

sie sehr reaktionsfreudig: Einige sind sogar pyrophor (sie entflammen in der Luft sofort), sodass man strenge Sicherheitsmaßnahmen einhalten muss.

Weich wie Butter

Die Neigung, das Außenelektron abzugeben, erklärt auch die ungewöhnliche Weichheit von Lithium: Es ist so weich, dass es sich bei Raumtemperatur mit einem Buttermesser schneiden lässt. Bei der metallischen Bindung liegen die positiven Metallionen eng aneinander gepackt und werden von einem Meer delokalisierter Elektronen zusammengehalten (siehe S. 40). Da jedes Lithiumatom nur ein einziges Elektron beiträgt, ist diese Bindung relativ schwach, was dem Metall eine weiche Struktur und einen niedrigen Schmelzpunkt gibt: nur 180 °C, verglichen mit 1287 °C bei seinem Nachbarn Beryllium.

Die schwach gehaltenen delokalisierten Elektronen machen Lithium zu einem ausgezeichneten Wärme- und Stromleiter, und man nutzt es oft in elektronischen Bauteilen. Heute wird der größte Teil des Lithiums für Lithiumionen-Akkus abgebaut, die Geräte wie Elektroautos, Laptops und Mobiltelefone mit Strom versorgen. Die elektronischen Eigenschaften von Lithium zusammen mit seiner extrem geringen Dichte machen es für Batterien ideal, da es bei geringem Gewicht und Volumen eine enorme Menge an Energie speichern kann.

Halbmetall

Si

Silizium

Elektronenkonfiguration

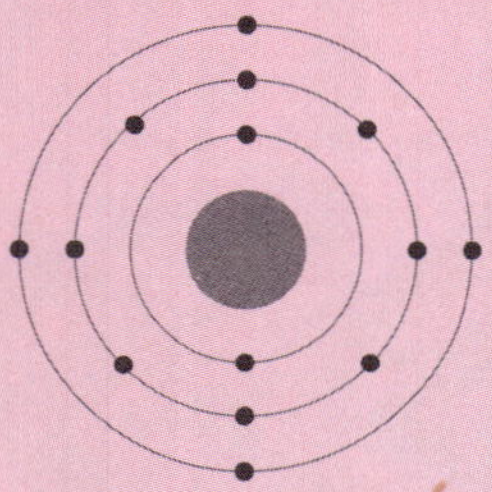

Ordnungszahl

14

Atommasse
28,08

Dichte
2,3 g/cm³

Radius
210 pm

Aggregatzustand
Fest

Schmelzpunkt
1414 °C

Entstehung
Supernovae massiver Sterne

Anteil an der Erdkruste
28,2 %

Häufiges Element
Silizium ist nach Sauerstoff das zweithäufigste Element in der Erdkruste. Es kommt überwiegend als Siliziumdioxid (Kieselsäure) in Quarz und anderen Silikatmineralen vor. Da es leicht mit Sauerstoff reagiert, kommt es in der Natur nie in reiner Form vor.

Kristallines Silizium erscheint silbrig und metallisch.

Reines Silizium ist hart und spröde, sodass es leicht bricht.

REINES SILIZIUM

Quarz ist das zweithäufigste Mineral und kommt in verschiedenen Formen vor, unter anderem als farblose Kristalle.

QUARZ-KRISTALL

Dieses häufige Silikat ist einer von mehreren Typen von Feldspatmineralen.

ORTHOKLAS

Olivin ist ein Silikatmineral, das Eisen und Magnesium enthält.

OLIVIN

Quarz ist der Hauptbestandteil von Sandkörnern, die oft zu Sandstein verdichtet und zementiert werden.

SANDSTEIN

Silizium und seine Verbindungen haben die Technik im letzten Jahrhundert revolutioniert. Von elektronischen Bauteilen bis hin zu Silikonimplantaten und Glasfaserkabeln ist das vielseitige Element in der heutigen Welt unverzichtbar.

Silizium (auch: Silicium) kommt auf der Erde nicht gediegen (elementar) vor, doch seine Verbindungen werden seit Jahrtausenden genutzt. Silikatminerale dienten als Bausteine und Mörtel und als Grundstoff für Keramik. Quarzkristalle und einige andere Silikatkristalle wurden häufig als Schmuck verwendet.

Erst im späten 18. Jh. begann man zu vermuten, dass Silikate Verbindungen eines unbekannten Elements sein könnten. 1824 stellte der schwedische Chemiker Jöns Jakob Berzelius die erste reine Probe her, indem er metallisches Kalium mit Kaliumfluorsilikat reagieren ließ. Das dabei produzierte braune Pulver nannte er amorphes Silizium. Es ist eines der beiden Allotrope (physischen Formen), in denen Silizium bei Raumtemperatur vorkommt. Die häufigere kristalline Form mit metallisch blaugrauem Glanz und harter, spröder Struktur wurde erst 1854 hergestellt.

Metall oder Nichtmetall?

Silizium steht im Periodensystem in Gruppe 14 unter dem Kohlenstoff an der Grenze zwischen Metallen und Nichtmetallen. Obwohl es als Halbmetall gilt, hat es wie Kohlenstoff vier Valenzelektronen und neigt dazu, durch die Aufnahme von vier weiteren eine stabile äußere Schale anzunehmen, meist durch kovalente Bindungen (siehe S. 116) mit anderen Nichtmetallen. Hier enden jedoch die Ähnlichkeiten. Die 3p-Orbitale des Siliziums sind diffuser als die 2p-Orbitale des Kohlenstoffs und können weniger leicht mit den 3s-Orbitalen hybridisieren und mit Nachbaratomen überlappen. Daher sind Bindungen zwischen Siliziumatomen viel schwächer als zwischen Kohlenstoffatomen und es gibt nur wenige Moleküle mit Ketten von Siliziumatomen.

DIAMANTÄHNLICHE STRUKTUR

Silizium hat vier Elektronen in seiner dritten und äußersten Schale. Kristallines Silizium hat die gleiche Molekularstruktur wie Diamant: Jedes Atom ist in einer tetraedrischen Struktur mit vier anderen verbunden. Durch diese extrem starke und starre Struktur ist dieses Allotrop sehr hart und spröde. Auch mehrere Siliziumverbindungen, darunter auch Siliziumdioxid (Quarz), weisen diese Kristallstruktur auf.

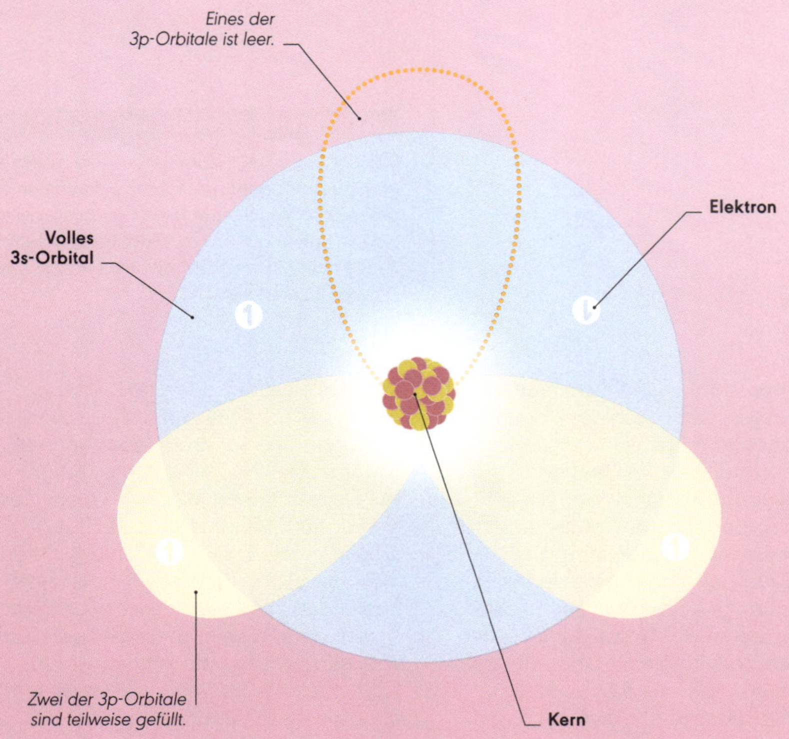

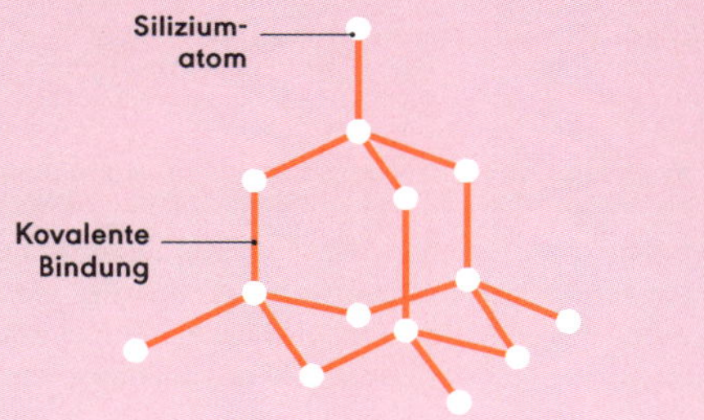

Kristallines Silizium
Im kristallinen Silizium, der häufigsten der beiden Formen des reinen Elements, ist jedes Siliziumatom mit vier anderen Siliziumatomen durch kovalente Bindungen verbunden. Ein Siliziumkristall ist ein Beispiel für eine riesige kovalente Struktur, die sich in alle Richtungen beliebig weit fortsetzen kann.

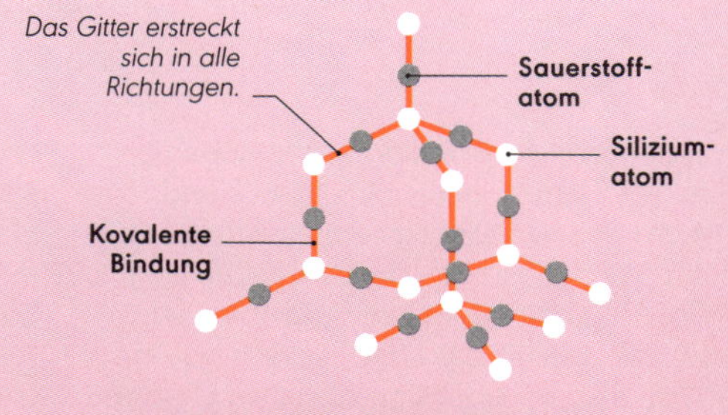

Tetraedrische Verbindung
Siliziumdioxid hat eine ausgedehnte, diamantartige Struktur. Für jedes Siliziumatom gibt es zwei Sauerstoffatome, die in einem sich wiederholenden Netz von Tetraedern angeordnet sind. Diese starke und regelmäßige kovalente Struktur verleiht Siliziumdioxid (Quarz) ein kristallines Aussehen.

DIODEN

Eine Diode ist ein Elektronikbauteil, das Strom nur in eine Richtung leitet. Es besteht aus zwei Bereichen Silizium, die unterschiedlich verändert (»dotiert«) wurden. In einem Bereich liefern Fremdatome überschüssige Elektronen, und diese negativen Ladungen können Strom leiten (»n-Typ«). Der andere Bereich wurde mit Atomen dotiert, denen Elektronen fehlen: Diese »Elektronenlöcher« wirken wie positive Ladungen (»p-Typ«). An der Grenzfläche füllen Elektronen die Löcher, wodurch ein ungeladener Bereich entsteht, der isoliert.

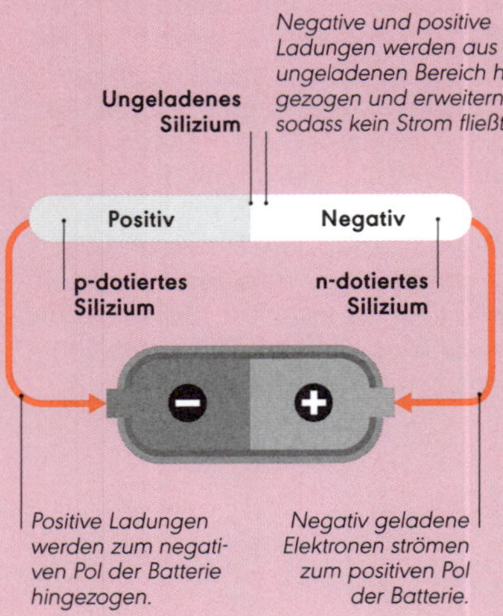

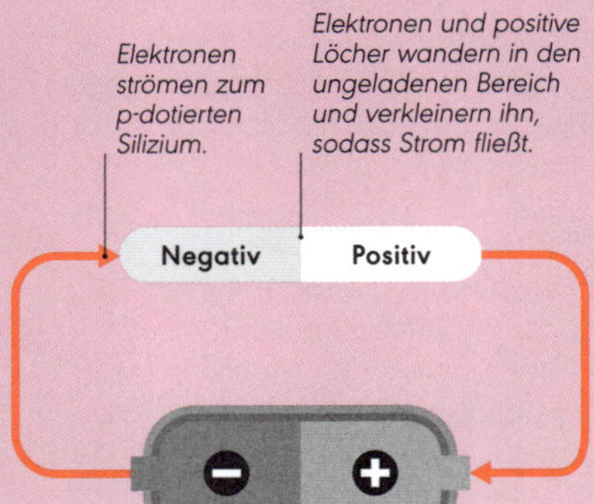

Richtig angeschlossen
Wenn eine Diode in Sperrrichtung geschaltet ist (links), dehnt sich der isolierende Bereich aus und blockiert den Stromfluss.

SILIKON

Indem man zwischen Siliziumatome Sauerstoff einfügt, entsteht ein langes, starkes Molekül mit einem Silizium-Sauerstoff-Grundgerüst: ein Silikonpolymer. Man kann die Eigenschaften durch die Wahl der von den Siliziumatomen abzweigenden chemischen Gruppen sehr weitreichend verändern, was eine breite Palette von Anwendungen ermöglicht.

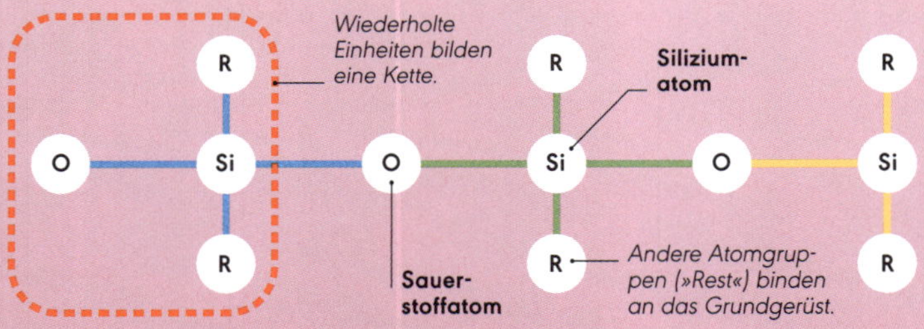

VERWENDUNG VON SILIZIUM

Silizium und seine Verbindungen lassen sich so manipulieren, dass sie ein breites Spektrum an physikalischen, elektronischen und optischen Eigenschaften aufweisen. Diese Materialien finden daher in vielen Bereichen des täglichen Lebens Anwendung.

Unter Standardbedingungen scheint reines Silizium unreaktiv. Wie Aluminium (im Periodensystem links neben ihm) bildet Silizium an der Luft eine Oxidschicht, die es bei Raumtemperatur vor chemischen Reaktionen schützt. Was Silizium aber von anderen Elementen unterscheidet, sind seine interessanten elektronischen Eigenschaften.

Anpassungsfähige Elektronik

Silizium ist ein Halbleiter: Es hat Eigenschaften zwischen denen eines Leiters und eines Isolators. Bei Raumtemperatur leitet es Strom schlecht, denn alle Elektronen sind kovalent gebunden und es stehen keine freien Elektronen als Ladungsträger zur Verfügung.

Das Einbringen von Spuren anderer Elemente in Silizium nennt man Dotierung. Man dotiert mit verschiedenen Elementen, je nach den gewünschten Eigenschaften des Halbleiters. Bei der n-Dotierung wird ein Element mit mehr Elektronen als Silizium hinzugefügt, etwa Phosphor oder Arsen mit fünf Valenzelektronen. Sie liefern einige wenige zusätzliche Elektronen, die sich bewegen und so Strom leiten können. Der umgekehrte Fall ist die p-Dotierung mit Elementen, die weniger Valenzelektronen als Silizium haben wie Bor oder Gallium (drei Valenzelektronen). Dann »fehlen« einige Elektronen, und diese Fehlstellen (oder »Löcher«) »wandern«, indem andere Elektronen sie besetzen, sodass woanders ein Loch entsteht: Die Löcher wirken als freie positive Ladungen, die ebenfalls Strom leiten.

GEHÄRTETE WINDSCHUTZSCHEIBE

GLAS
Siliziumdioxid (Sand) ist der Grundstoff für fast alle Glassorten. Durch die Zugabe anderer Elemente zum geschmolzenen Gemisch kann man Glas mit besonderen Eigenschaften herstellen, z. B. Aluminium für Gorillaglas und Bor für PYREX.

GLASSCHWAMM

TIERSKELETTE
Silizium ist ein essenzielles Spurenelement für Tiere. Einfache Meeresorganismen wie Kieselalgen und die meisten Schwämme haben ein Kieselsäureskelett. Beim Menschen ist Silizium ein Bestandteil des Bindegewebes.

MEDIZINISCHE IMPLANTATE
Silikonimplantate sind für den Körper gut verträglich. Silikongel wird in Brustimplantaten und anderen Implantaten, Verbänden und Zahnformen verwendet.

GLASFASERN
Ein Lichtwellenleiter ist eine dünne Faser aus Glas, die Lichtsignale überträgt. Siliziumverbindungen eignen sich gut als Lichtwellenleiter, da sie zu zähen Fasern gezogen werden können und gute optische Eigenschaften haben.

GLASFASERKABEL

QUANTENPUNKTE
Silizium wird zur Herstellung von Halbleiterkristallen im Nanomaßstab, sogenannten Quantenpunkten, verwendet. Ihre Winzigkeit macht sie nützlich für LEDs, Computerbildschirme und fotovoltaische Geräte.

QUANTENPUNKTE IM UV-LICHT

Durch die Kombination verschiedener Dotierungen erzielt man interessante und nützliche Effekte, die in elektronischen Schaltkreisen wie Dioden und Transistoren entscheidend sind (siehe oben links). Das erste Silizium-Halbleiterbauteil wurde 1906 hergestellt, aber erst 1958 wurde der erste integrierte Schaltkreis auf einem Chip entwickelt.

Verwendung als Werkstoff

Siliziumverbindungen werden seit Urzeiten im Bauwesen genutzt. Siliziumdioxid (Sand) und andere Silikatminerale wurden als Bausteine verwendet. Portlandzement, die weltweit gebräuchlichste Mischung, enthält vor allem Kalziumsilikate und ist eine wichtige Komponente sowohl für Mörtel als auch Beton.

Silizium ist auch einer der Hauptbestandteile von Kalk-Natron-Silikat-Glas, dem Standardglas für Fenster und Flaschen, das durch das Zusammenschmelzen von Sand, Kalkstein und Soda bei etwa 1500 °C hergestellt wird. Heute sind auch spezielle Varianten wie hitzebeständiges PYREX und vorgespanntes Gorilla-Glas erhältlich, wobei auch diese Mischungen auf Silizium basieren.

In jüngerer Zeit wurden Silizium-Sauerstoff-Polymere, sogenannte Silikone (siehe oben, links), entwickelt. Silikone sind meist gummiartig und werden als Klebstoffe, Schmiermittel, Kochgeschirr und Isoliermaterial verwendet.

Metall

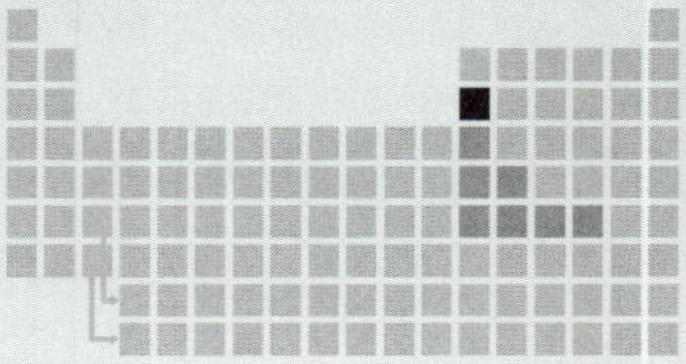

Al

Aluminium

Elektronenkonfiguration

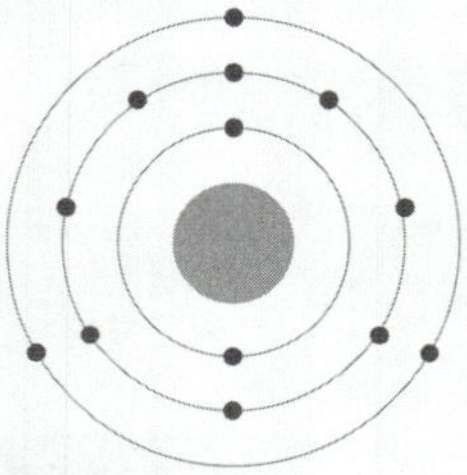

Ordnungszahl
13

Atommasse
26,98

Dichte
2,7 g/cm³

Radius
184 pm

Aggregatzustand
Fest

Schmelzpunkt
660 °C

Ursprung
Supernovae massiver Sterne

Anteil an der Erdkruste
8,2 %

Das Metall ist aufgrund einer Oxidschicht auf seiner Oberfläche resistent gegen Korrosion in Luft oder Wasser.

Häufiges Element, seltenes Metall
Wegen seiner Neigung, mit Silizium und Sauerstoff zu reagieren, findet man es in der Natur praktisch nie gediegen (elementar), sondern in Verbindung mit anderen Elementen in verschiedenen Mineralen. Ein komplizierter industrieller Prozess ist nötig, um das Metall aus Erzen wie Bauxit und Kryolith zu gewinnen.

Aluminium sieht glänzend und silbrig-grau aus.

Bauxit entsteht durch die Verwitterung von Gestein und enthält mehrere Aluminiumoxide.

Dieses Mineral ist meist farblos bis weiß und formt würfelförmige Kristalle.

Albit ist ein Feldspat, der oft in Granit vorkommt.

Aluminium ist ein robustes, leichtes Metall, das in der modernen Technik kaum wegzudenken ist. Obwohl es zu einem der häufigsten Elemente auf der Erde zählt, ist die Gewinnung dieses Metalls kein leichtes Unterfangen.

Aluminium ist nach Sauerstoff und Silizium das dritthäufigste Element in der Erdkruste, aber es tritt praktisch nie gediegen (in elementarer Form) auf. Da es leicht mit den beiden anderen Elementen reagiert, kommt Aluminium vor allem als das Erz Bauxit, in Mineralen der Feldspatgruppe und als das Mineral Korund (Aluminiumoxid) vor. In der reinen Form ist dieses Oxid farblos, aber durch Spuren anderer Metalle in der Kristallstruktur entstehen farbige Edelsteine. Die wertvollsten sind Rubin, der Chrom enthält, und Saphir, der andere Elemente wie Eisen und Titan enthält. Diese Edelsteine waren in der Antike Schutz- und Wohlstandssymbole und wurden wohl schon 200 v. Chr. entlang der Seidenstraße gehandelt.

Auch andere Aluminiumverbindungen wurden bereits im Altertum verwendet. Der griechische Historiker Herodot beschrieb Alaun, ein Aluminiumsulfat, im 5. Jh. v. Chr. in seinem Werk *Historien* als »wertvolle Ware«. In ostasiatischen Kulturen wurden diese weißen Kristalle häufig als Beizmittel verwendet, um Farbstoffe auf Stoffen zu fixieren. Die Römer verwendeten Alaun aufgrund seiner adstringierenden (zusammenziehenden und blutstillenden) Wirkung in der Medizin, und der Name des Elements leitet sich davon ab: Das lateinische Wort *alumen* bedeutet »bitteres Salz«.

Trotz seiner jahrhundertelangen Verwendung wurde Aluminium erst 1827 als Element isoliert, auch wenn mehrere Chemiker schon lange im Aluminiumoxid ein unbekanntes metallisches Element vermutet hatten. 1825 erhitzte der dänische Chemiker Hans Christian Ørsted Aluminiumchlorid mit Kalium und erhielt ein unreines Metall, das Zinn ähnelte. Zwei Jahre später modifizierte der deutsche Chemiker Friedrich Wöh-

TREND IN DER REAKTIVITÄT

Um zu einem stabilen dreifach geladenen Ion Al^{3+} zu werden, muss ein Aluminiumatom drei Elektronen abgeben, wodurch die dritte Elektronenschale leer wird. Die Abgabe des zweiten und dritten Elektrons ist jedoch schwieriger als des ersten, da sie zunehmend stärker vom Kern angezogen werden. Daher bildet Aluminium nicht so leicht ein Ion wie Natrium oder Magnesium, die beide links von ihm in derselben Periode stehen. Dies macht es weniger reaktiv.

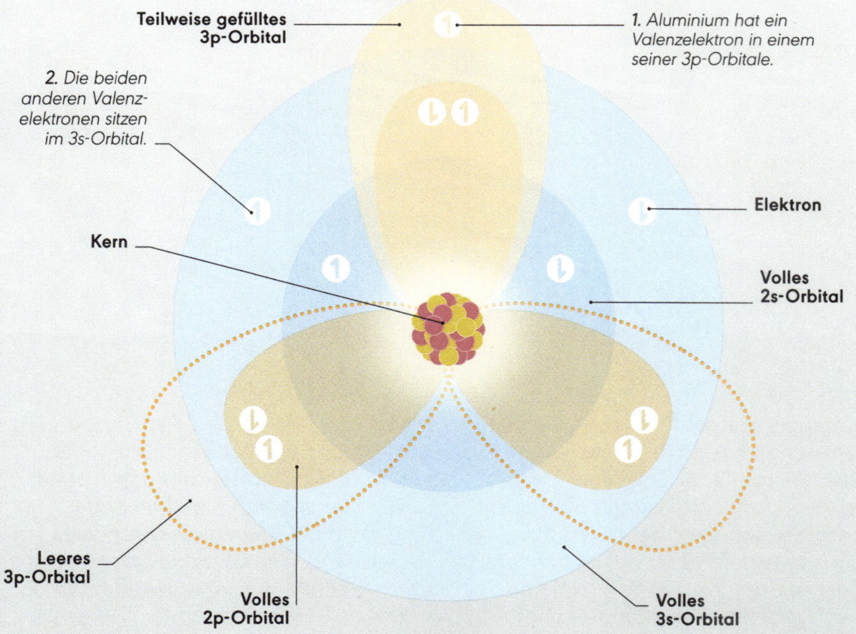

Aluminiumatom
Die drei Valenzelektronen, die sich die 3p- und 3s-Orbitale teilen, werden stark vom Kern angezogen, da nur zwei gefüllte innere Elektronenschalen die Kernladung schwach abschirmen. Daher ist Aluminium weniger reaktiv als Metalle der Gruppe 1 oder 2.

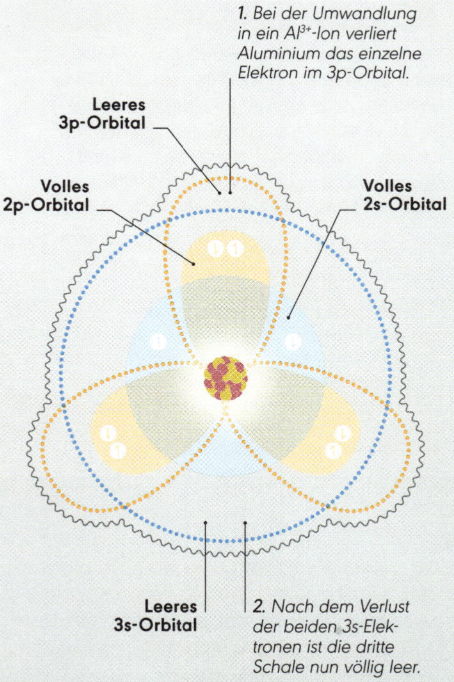

Aluminiumion (Al^{3+})
Um eine stabile Elektronenkonfiguration zu erreichen, muss Aluminium drei Valenzelektronen abgeben und die dritte Elektronenschale vollständig leeren. Dadurch wird das Ion auch viel kleiner als das ursprüngliche Atom: Es misst nur noch 39 pm im Vergleich zu 184 pm.

BAYER-VERFAHREN

Das Bayer-Verfahren wandelt das Mineral Bauxit in Aluminiumoxid (Tonerde) um, das man zu Aluminium weiterverarbeitet. Zerkleinertes Bauxit erhitzt man in einem Druckbehälter mit Natriumhydroxid (NaOH). Nach der Filtration scheidet man aus dem Gemisch Aluminiumhydroxidkristalle ab und erhitzt (kalziniert) sie in einem Ofen, um sie in Aluminiumoxid umzuwandeln. In einem separaten Prozess gewinnt man Aluminium durch Elektrolyse aus geschmolzenem Aluminiumoxid. Beide Verfahren stoßen global etwa 3 % des Kohlendioxids aus.

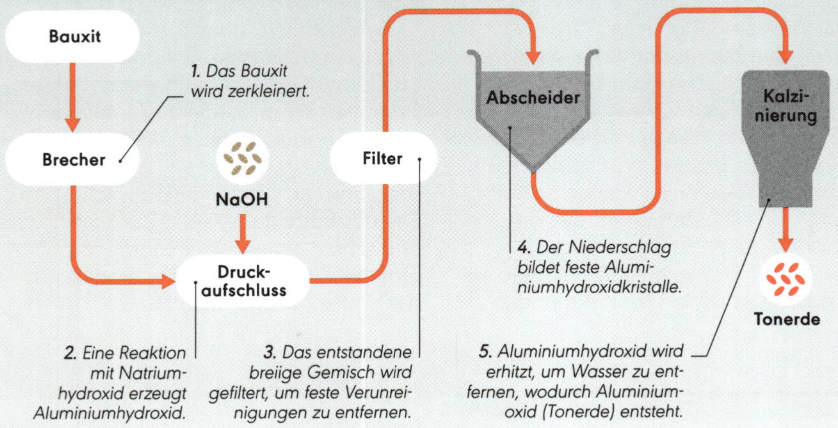

ALUMINOTHERMIE

Wegen seiner extremen Affinität zu Sauerstoff und seiner stark reduzierenden Eigenschaften nutzt man Aluminium, um Oxide anderer Metalle zu reduzieren. Diese Reaktionen erzeugen viel Wärme auf kleinem Raum, was sie zum Schneiden oder Schweißen von Metallstücken nützlich macht.

Thermitreaktion für Bahngleise

Die am häufigsten genutzte aluminothermische Reaktion ist die Thermitreaktion zwischen Aluminium und Eisenoxid zu Eisen und Aluminiumoxid. Sie kann 2500 °C erreichen und wird beim Thermit-Schweißverfahren zum Verschweißen von Bahnschienen genutzt.

VERWENDUNG VON ALUMINIUM

Heute ist Aluminium ein äußerst wichtiger Rohstoff. Seine geringe Dichte, hohe Festigkeit und niedrigen Kosten machen es zu einem begehrten Material für viele verschiedene Branchen.

ler dieses Verfahren und isolierte eine reine Probe. Doch erst 18 Jahre später verfügten Forscher über ausreichende Mengen, um dieses neue Metall detailliert erforschen zu können.

Intermediäre Eigenschaften

Aluminium steht im Periodensystem an der Grenze zwischen metallischen und nichtmetallischen Elementen. Zwar ist Aluminium ein Metall, zeigt aber auch einige Eigenschaften von Nichtmetallen. Sein silbrig-graues Aussehen erinnert an ein Metall, aber es hat eine überraschend geringe Dichte, etwa ein Drittel der von Stahl. Das reine Element wird zwar durch metallische Bindung zusammengehalten, bei der positive Ionen von einem Meer delokalisierter Elektronen umgeben sind; doch trotz dieser typischen Metallbindung hat Aluminium einen vergleichsweise niedrigen Schmelzpunkt von nur 660 °C. Da pro Atom relativ viele - drei - Elektronen delokalisiert sind, ist es ein ausgezeichneter Wärme- und Stromleiter. Das Metall ist in Massen produzierbar und ist gut formbar, was insbesondere im Bauwesen und in der Luftfahrt genutzt wird.

Wie bei anderen Metallen dominiert auch bei Aluminium das positiv geladene Ion die Chemie: Das neutrale Atom gibt alle drei Valenzelektronen ab und wird zum Aluminiumion (Al^{3+}) mit einer stabilen, abgeschlossenen Schalen-Konfiguration. Dadurch schrumpft sein Radius drastisch auf nur 39 pm und es entsteht ein kleines, stark geladenes Ion, das dazu neigt, Elektronen eines

benachbarten Ions an sich zu ziehen. Infolgedessen haben einige Bindungen mit Aluminium auch kovalente Eigenschaften, insbesondere mit größeren, stärker polarisierbaren Elementen wie Chlor. Vor allem mit Sauerstoff geht Aluminium eine starke Bindung ein: Auf der Oberfläche des Metalls bildet sich an der Luft schnell eine schützende Oxidschicht. Diese Schicht ist passivierend, d. h. sie bedeckt das Metall so, dass sie weitere Reaktionen verhindert und Aluminium korrosionsbeständig macht. Die Schicht ist regenerativ und bildet sich nach Beschädigung selbst neu.

Vielseitiges Metall

Weil es so leicht und korrosionsbeständig ist, hat Aluminium viele Anwendungen in der Fahrzeug- und Bautechnik. Da das reine Metall relativ weich ist, wird Aluminium häufig mit anderen Elementen wie Kupfer und Magnesium legiert, um die Festigkeit zu erhöhen und gleichzeitig die wertvollen Eigenschaften des Aluminiums zu erhalten. Diese leichten Legierungen lassen sich gut formen und werden im Fahrzeugbau verwendet. Diese Eigenschaften sind auch für Baustoffe wertvoll: Ähnliche Legierungen werden für Verkleidungen und Dächer verwendet. Da Aluminium günstig und in Massen hergestellt werden kann, werden daraus viele Gegenstände hergestellt, darunter Sportgeräte, Küchengeräte und Verpackungen.

Reaktives Nichtmetall

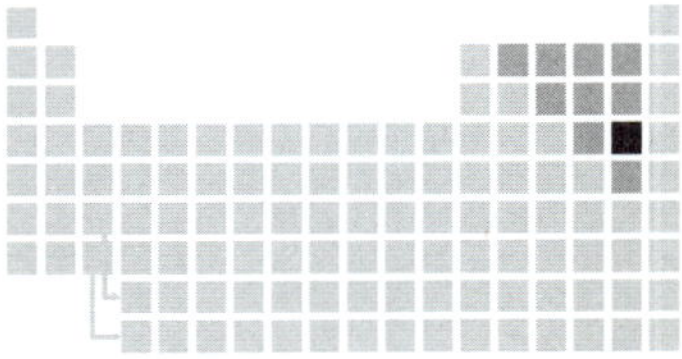

Br

Brom

Elektronenkonfiguration

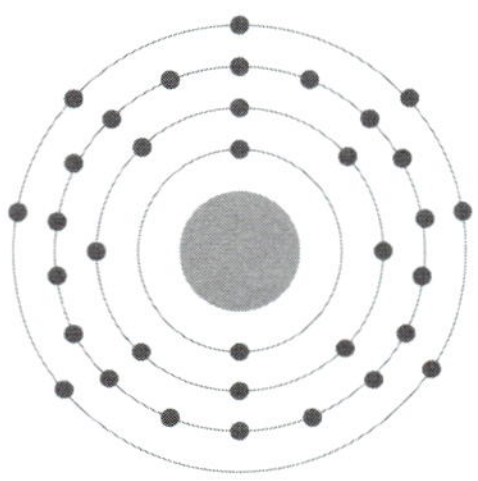

Ordnungszahl
35

Atommasse
79,90

Dichte
3,1 g/cm³

Radius
183 pm

Aggregatzustand
Flüssig

Siedepunkt
59 °C

Entstehung
Supernovae massiver Sterne

Anteil an der Erdkruste
2,4 ppm

REINES BROM

Brom in der Natur

Brom ist im Meerwasser etwa 28-mal konzentrierter als in der Erdkruste. Auch heute noch sind Meerwasser und Salzwasser die wichtigsten kommerziellen Quellen dieses Elements. Es kommt auch in Verbindung mit Silber in den Mineralien Bromargyrit und Embolit vor.

EMBOLIT

BROMARGYRIT

Dieser unangenehm riechende Stoff ist eines von nur zwei Elementen, die bei Raumtemperatur flüssig sind. Trotz vieler nützlicher Anwendungen sind Bromverbindungen aus Sicherheitsgründen heute stark reglementiert.

Bei Raumtemperatur ist Brom eine flüchtige, rotbraune Flüssigkeit. Sein Name leitet sich vom griechischen *bromos* (»Gestank«) ab, da die reine Substanz sehr stechend riecht.

Brom wurde 1825 von dem deutschen Studenten Carl Löwig entdeckt, der bei Versuchen mit Quellwasser aus Kreuznach, seiner Heimat, eine unbekannte übel riechende Substanz erhalten hatte. Während Löwig mit seinem Professor noch weitere Mengen für die Analyse vorbereitete, isolierte der französische Chemiker Antoine-Jérôme Balard kurz darauf ebenso einen stinkenden Rückstand aus einer Probe salzigen Wassers. Balard wurde 1826 offiziell die Entdeckung des Elements zugeschrieben.

Wie bei allen Halogenen dominiert die Oxidationsstufe −1 die Chemie von Brom. Durch Aufnahme eines einzigen Elektrons kann es eine stabile Konfiguration mit voller äußerer Schale erreichen. Das Bromidion (Br^-) kommt in vielen Stoffen vor. Das reine Element ist ein einfaches zweiatomiges Molekül (Br_2): Zwei Bromatome teilen je ein Elektron in einer kovalenten Bindung (siehe S. 22).

Früher wurden Bromverbindungen in vielen Bereichen genutzt. Heute jedoch begrenzen Sicherheitsbedenken und Umweltfolgen ihren Einsatz. Lange war ein großer Teil des Broms in Antiklopfmitteln enthalten, die die Verbrennung von verbleitem Kraftstoff effizienter machten – diese Kraftstoffe wurden jedoch ab den 1970ern durch unverbleite Kraftstoffe ersetzt. Viele komplexe Bromverbindungen haben nützliche flammhemmende Eigenschaften, aber da sich diese Chemikalien in der Umwelt nur sehr langsam abbauen, sind viele inzwischen verboten.

Bromatom
Brom hat insgesamt sieben Valenzelektronen, zwei im 4s-Orbital und fünf in den 4p-Orbitalen. Ein einziges ungepaartes Elektron steht für Bindungen zur Verfügung.

WARUM BROM FLÜSSIG IST

Reines Brom bildet das Molekül Br_2 mit einer kovalenten Bindung zwischen zwei Atomen, die sie fest zusammenhält. Die Brommoleküle werden durch schwache zwischenmolekulare Kräfte locker zusammengehalten. Da die Moleküle eine große Oberfläche haben, auf die diese Kräfte wirken, ziehen sich die Moleküle so stark an, dass Brom bei Raumtemperatur flüssig und nicht gasförmig ist. Alternativ kann ein Bromatom ein Elektron aufnehmen und ein negatives Ion bilden.

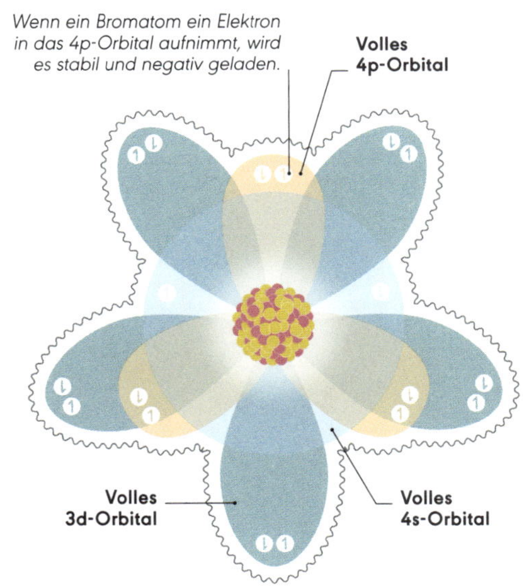

Bromidion (Br^-)
Wenn zwei Atome kein Br_2 mit gepaarten Elektronen bilden, kann ein Bromatom alternativ ein Elektron aufnehmen und wird zum Bromidion (Br^-). Es hat eine stabile Konfiguration wie ein Edelgas.

Actinoid

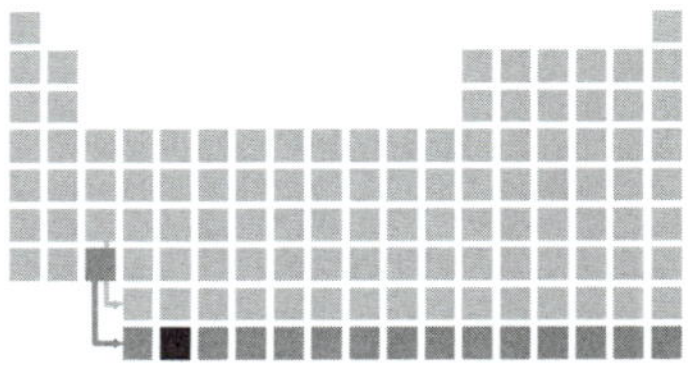

Th

Thorium

Elektronenkonfiguration

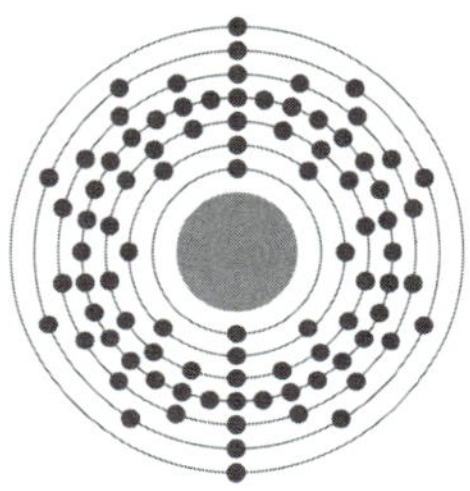

Ordnungszahl

90

Atommasse
232,04

Dichte
11,7 g/cm³

Radius
237 pm

Aggregatzustand
Fest

Schmelzpunkt
1750 °C

Entstehung
Neutronensternkollisionen

Anteil an der Erdkruste
9,6 ppm

PATINIERTES THORIUM

Langsamer Zerfall
Wie Uran entsteht Thorium bei der Verschmelzung von Neutronensternen. Das Hauptisotop hat eine Halbwertszeit von 14 Milliarden Jahren – etwa das Alter des Universums. Daher ist Thorium auf der Erde relativ reichlich vorhanden. Man findet es in uranhaltigen Mineralen und in Sedimenten von magmatischen Gesteinen.

Frisch geschnittene Oberflächen färben sich an der Luft langsam schwarz.

Das reine Metall ist weich und lässt sich leicht biegen und formen.

Thorit kommt in Form großer Kristalle in Farben von orange bis schwarz vor

THORIT

Thorianit ist ein Thoriumoxidmineral, das oft mit Uraninit (Uranoxid) gemischt ist.

THORIANIT

Für das nach einem nordischen Gott benannte Thorium fand man lange keine Verwendung. Das radioaktive Metall wurde jedoch in Gaslampen verwendet, und manche halten es für den Kernbrennstoff der Zukunft.

Thorium ist ein schwach radioaktives, silbernes Leichtmetall, das 1828 der schwedische Chemiker Jöns Jacob Berzelius entdeckt hat. Er hatte von dem norwegischen Priester und Amateurmineralogen Hans Morten Thrane Esmark eine mysteriöse Mineralprobe erhalten und beschrieb viele Merkmale des Minerals, das heute Thorit heißt.

Die Radioaktivität von Thorium wurde erst 1898 erkannt und erst fast 60 Jahre nach der Entdeckung des Elements fand man nützliche Anwendungen. 1884 entwickelte der österreichische Erfinder Carl Auer von Welsbach den Glühstrumpf, der das Licht von Gaslampen verbesserte und eine praktikable Straßen- und Hausbeleuchtung ermöglichte; die Technik verbreitete sich schnell in Europa und Nordamerika. Der Glühstrumpf ist ein Stoffgewebe, das man in einer Thoriumnitratlösung tränkt. Bei Hitze bildet sich daraus ein Gerüst aus Thoriumdioxid, das einen extrem hohen Schmelzpunkt hat. Von der Gasflamme wird der Strumpf bis zur Weißglut erhitzt und produziert intensives weißes Licht. Während Gaslaternen später durch elektrische Lampen ersetzt wurden, werden Glühstrümpfe heute noch z. B. in Camping-Gaslaternen genutzt, wobei man wegen der Radioaktivität von Thorium eher Yttrium nutzt.

Wegen hoher Temperaturbeständigkeit werden Thoriumdioxid in Schmelztiegeln und Thoriumlegierungen in Flugzeugtriebwerken verwendet. Thoriumdioxid verbessert die optischen Eigenschaften von Glas in hochwertigen Kameralinsen. In jüngerer Zeit erforscht man Thorium als alternativen Brutstoff für Kernkraftwerke, die weniger langlebigen radioaktiven Abfall produzieren würden.

UNGEWÖHNLICHE ELEKTRONENKONFIGURATION

Durch die starke Kernladung werden die inneren Elektronen des Thoriums relativistisch beschleunigt, sodass zusätzlich zum quantenmechanischen Verhalten relativistische Effekte eine Rolle spielen. Daher liegen die Energieniveaus der 5f-, 6d- und 7s-Orbitale ungewöhnlich nahe beieinander, sodass ihre Besetzung nicht streng dem Aufbauprinzip (übliche Regel zur Besetzung der Orbitale) folgt.

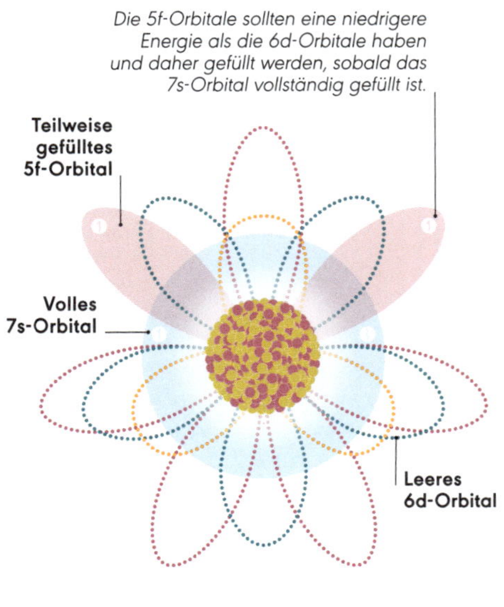

Erwartete Elektronenkonfiguration
Nach dem Aufbauprinzip sollten beim Thorium entsprechend seiner Position im Periodensystem die 5f-Orbitale vor den 6d-Orbitale mit Elektronen gefüllt werden müssen, da ihre Energie niedriger ist.

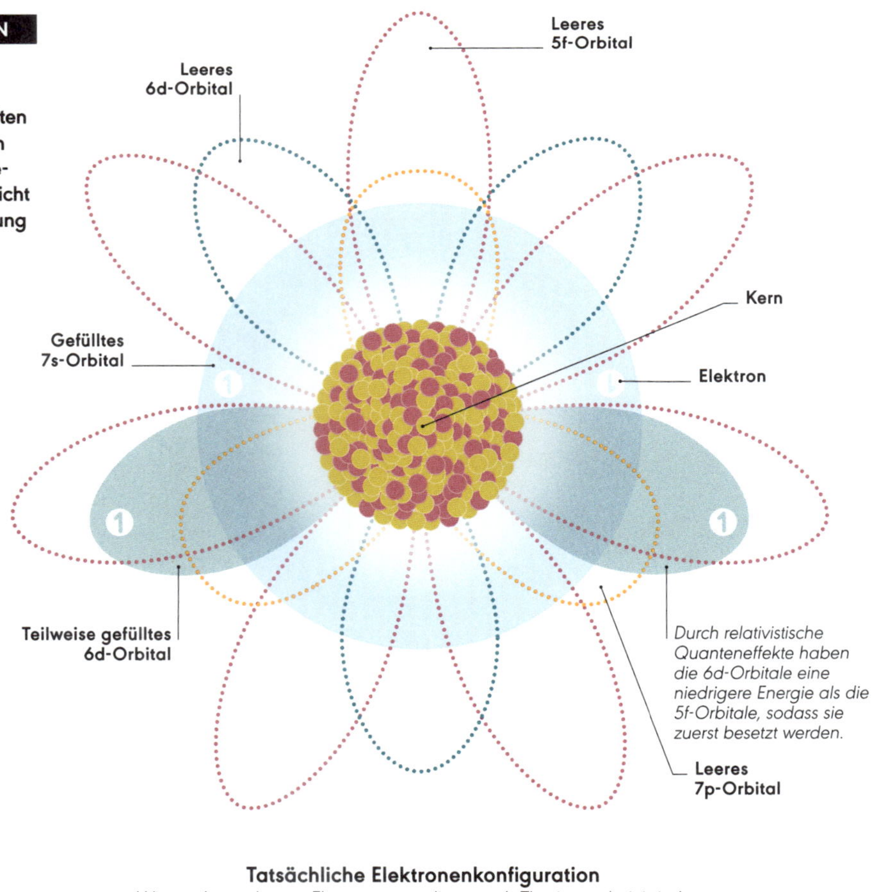

Tatsächliche Elektronenkonfiguration
Wie andere schwere Elemente unterliegt auch Thorium relativistischen Effekten, durch die die 5f-, 6d- und 7s-Orbitale alle ähnliche Energien aufweisen. Infolgedessen füllen sich die 6d-Orbitale vor den 5f-Orbitalen. Bei chemischen Reaktionen verliert das Atom oft alle vier Valenzelektronen. Dies macht das reine Metall sehr reaktiv.

Lanthanoid

La

Lanthan

Konfiguration

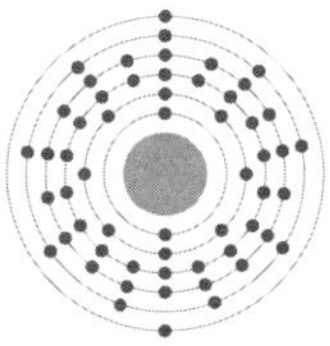

Ordnungszahl
57

Atommasse
138,91

Dichte
6,2 g/cm³

Radius
240 pm

Aggregatzustand
Fest

Schmelzpunkt
920 °C

Entstehung
Fusion im Kern von Sternen

Anteil an der Erdkruste
39 ppm

Reines Lanthan ist silbrig-weiß und lässt sich mit dem Messer schneiden.

Das reaktive Lanthan bildet an der Luft ein dunkles Oxid.

Dieses seltene gewürznelken-braune Mineral enthält Lanthan.

Mosandrit, benannt nach dem Entdecker von Lanthan, ist ein seltenes, tief rötlich-braunes Mineral.

Bastnäsit ist ein wachsgelbes Mineral, das eine häufige Quelle für Lanthanoide ist.

Eine dunkle Seite
Lanthan ist eines der reaktivsten Lanthanoide. Auf dem reinen Metall bildet sich an der Luft schnell ein schwarzer Oxidüberzug, der leicht brennt, wenn man ihn anzündet. Es reagiert sogar mit Wasser und setzt dabei Wasserstoffgas frei.

Lanthan, vom griechischen *lanthanein* (»verborgen sein«), ist das erste Element der Lanthanoidenreihe.

Obwohl man die Lanthanoide auch Seltene Erden nennt, sind nicht alle tatsächlich selten. Lanthan ist sogar häufiger als Blei und Zinn zusammen. Das Element wurde 1839 von Carl Gustaf Mosander, einem schwedischen Chemieprofessor am Karolinska-Institut in Stockholm, im Mineral Cerit entdeckt. Es war jedoch Mosanders Freund Jöns Jacob Berzelius, ebenfalls ein schwedischer Chemiker, der Lanthan seinen Namen gab. Im selben Jahr entdeckte ein Student des Karolinska-Instituts, Axel Erdmann, Lanthan auch in einem bis dahin unbekannten Mineral aus Norwegen, das er nach Mosander Mosandrit nannte. Trotz seiner frühen Entdeckung im 19. Jh. vergingen fast 100 Jahre, bis man Lanthan von anderen Lanthanoiden abtrennen und als reines Metall gewinnen konnte.

Lanthan hat eine Reihe von Anwendungen. Lanthankarbonat (eine Verbindung aus Lanthan, Kohlenstoff und Sauerstoff) wird zur Behandlung von Menschen und Tieren mit chronischen Nierenerkrankungen eingesetzt, weil es Phosphat bindet und dessen Aufnahme ins Blut verringert – ein Überschuss an Phosphat kann zu Nierensteinen führen. Lanthan erhöht auch den Brechungsindex von Glas, aber nicht die Dispersion, und man nutzt es für optische Linsen.

Dieses dunkle Mineral mit Fettglanz ist eine Quelle für Erbium.

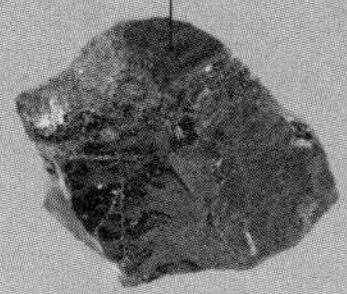

GADOLINIT

Dieses silberfarbene Metall läuft an der Luft langsam an und reagiert mit Wasser.

RENES ERBIUM

Pinkes Element
Reines Erbium ist silberweiß und dunkelt langsam an, wenn es mit Luft in Kontakt kommt. Seine Verbindungen sind jedoch fast immer rosa, da Erbium Licht im sichtbaren Spektrum bei bestimmten Wellenlängen selektiv absorbiert und so einen rosa Farbton zurückwirft.

Lanthanoid

Er

Erbium

Konfiguration

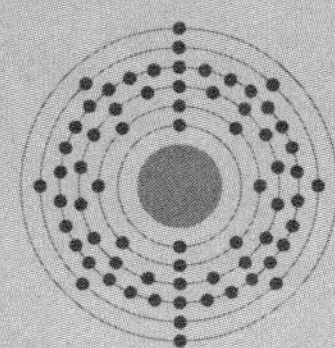

Ordnungszahl
68

Atommasse
167,26

Dichte
9,1 g/cm³

Radius
235 pm

Aggregatzustand
Solid

Schmelzpunkt
1529 °C

Entstehung
Neutronensternkollisionen

Anteil an der Erdkruste
3,5 ppm

Das Metall Erbium ist eines der häufigsten Lanthanoide und kommt eineinhalbmal so häufig vor wie Zinn.

Wie Terbium, Yttrium und Ytterbium ist Erbium nach dem schwedischen Dorf Ytterby benannt, aus dem das Mineral Gadolinit, in dem alle vier Elemente entdeckt wurden, stammt. Erbium wurde 1843 von Carl Gustaf Mosander (siehe gegenüber) bei der Arbeit mit einem aus Gadolinit gewonnenen Metalloxid entdeckt. Zunächst hielt man es für eine Verbindung nur aus Yttrium und Sauerstoff, doch es stellte sich heraus, dass es mindestens zwei weitere Metalloxide enthielt, die Mosander Erbia und Terbia nannte. Weitere Analysen zeigten, dass die Gadolinitprobe auch Spuren von Ytterbium, Scandium, Thulium, Holmium und Gadolinium enthielt.

Erbiumoxid ist hellrosa. Man färbt damit Glas, Schmuck und Keramik. Da Erbium sichtbares und infrarotes Licht absorbiert, wird es in Schutzbrillen für Schweißer verwendet. In der Medizin nutzt man Erbium-Laser, da ihr Licht leicht von Wasser, einem Hauptbestandteil des Narbengewebes, absorbiert wird; dies verringert hitzebedingte Hautschäden bei längerer Laserbehandlung. Erbium-dotierte Glasfaserverstärker ermöglichen es, optische Signale über Hunderte Kilometer zu verstärken, ohne sie dazwischen in elektrische Signale umwandeln zu müssen, was globales Hochgeschwindigkeits-Internet überhaupt erst praktikabel macht.

Lanthanoid

Tb

Terbium

Konfiguration

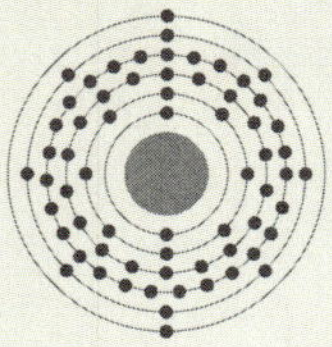

Ordnungszahl
65

Atommasse
158,93

Dichte
8,2 g/cm³

Radius
221 pm

Aggregatzustand
Fest

Schmelzpunkt
1356 °C

Entstehung
Neutronensternkollisionen

Anteil an der Erdkruste
1,2 ppm

An der Luft stabil
Terbium ist an der Luft stabiler als einige andere Lanthanoide, aber es oxidiert dennoch langsam. Es reagiert mit den meisten Säuren und mit Wasser; mit kaltem Wasser langsamer als mit heißem.

REINES TERBIUM

GADOLINIT

CERIT

EUXENIT

Terbium ist ein silbrig-graues Seltenerdmetall, das so formbar und weich ist, dass man es mit einem Messer schneiden kann.

Terbium ist eines der vier Elemente, die nach der schwedischen Fundstätte Ytterby benannt sind. In dem dortigen Mineral Gadolinit entdeckte der schwedische Chemiker Carl Gustaf Mosander Terbium 1843 als gelbes Oxid, aber das reine Metall wurde erst im frühen 20. Jh. isoliert.

Einige Terbiumverbindungen haben lumineszierende Eigenschaften. Grüne Terbiumleuchtstoffe sorgen für das grüne Licht in vielen Bildschirmen; kombiniert mit roten und blauen Phosphoren produzieren sie trichromatisches weißes Licht. Solche trichromaten Leuchten haben eine hohe Lichtleistung und werden z. B. in Fernsehstudios genutzt. Leuchtmittel sind heute die wichtigste Anwendung für Terbium. Einige Terbiumverbindungen sind tribolumineszent, d. h. sie leuchten bei mechanischer Belastung, was für Schadenssensoren nützlich ist.

Terfenol-D ist eine Legierung aus Terbium, Eisen und Dysprosium, die magnetostriktiv ist, also im Magnetfeld die Form verändert. Wenn man sie auf einer Glas- oder Metallfläche befestigt, kann sie diese in Schwingungen versetzen und wie bei einem Lautsprecher Schall erzeugen. Diese Technik nutzte man früher in »flüsternden Fenstern«, die direkt aus Kaufhausschaufenstern Schall abstrahlten.

Die silbrige Oberfläche von Ruthenium oxidiert nicht, außer bei hohen Temperaturen.

Widerstandsfähig
Ruthenium ist ein hartes, sprödes, glänzendes, silbrig-graues Metall. Es reagiert nicht mit Luft, Wasser und Säuren und widersteht Hitze, Korrosion und Oxidation.

REINES RUTHENIUM

Geringe Mengen von Ruthenium kommen gelegentlich in Pyroxenit-Lagerstätten vor.

PYROXENIT

Dieses körnige Mineral kommt in einigen magmatischen Gesteinen vor.

PENTLANDIT

Übergangsmetall

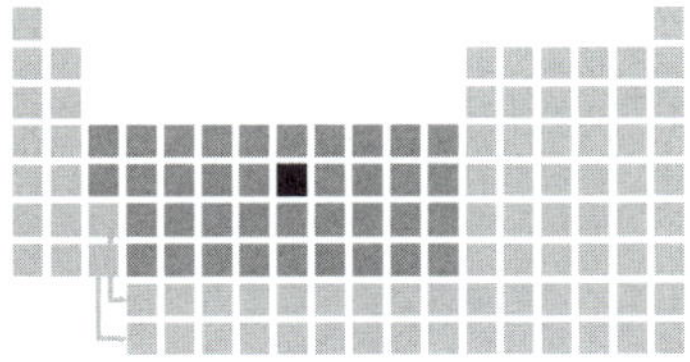

Ru
Ruthenium

Konfiguration

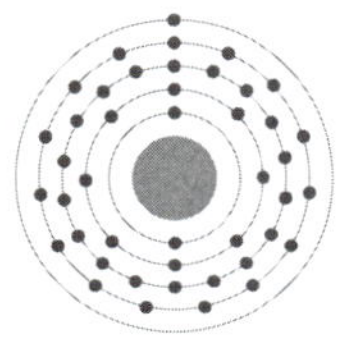

Ordnungszahl
44

Atommasse
101,07

Dichte
12,1 g/cm³

Radius
207 pm

Aggregatzustand
Fest

Schmelzpunkt
2334 °C

Entstehung
Neutronensternkollisionen

Anteil an der Erdkruste
0,001 ppm

Ruthenium ist ein seltenes Element, findet jedoch in der Elektronik und anderen Industriezweigen vielfältige Verwendung.

Das zuerst im Ural entdeckte silbrige Ruthenium ist nach Ruthenia benannt, dem lateinischen Namen für ein historisches Gebiet in Osteuropa. Zwar könnte der deutsche Chemiker Gottfried Osann es in den 1820ern entdeckt haben, aber es wurde erst 1844 von dem deutsch-baltischen Chemiker Karl Ernst Claus (auch: Karl Karlowitsch Klaus) gereinigt und als neues Element benannt.

Ruthenium kommt oft zusammen mit anderen, ähnlichen Metallen in Erzen vor, die man im Ural sowie in Nord- und Südamerika abbaut. Minerale wie Ruthenarsenit und Rutheniridosmin sind selten, und Ruthenium wird meist als Nebenprodukt bei der Raffination von Nickel, Kupfer oder Platin gewonnen.

Ruthenium wird in der Elektronik verwendet. Es wird mit Platin und Palladium legiert, was diese härter macht; dies ist für verschleißfeste elektrische Bauteile wichtig. Da es hohe Temperaturen aushält und korrosionsbeständig ist, ist Ruthenium ein wichtiger Bestandteil von Triebwerksschaufeln. Für korrosionsbeständige Tiefseerohre wird es Titan zugesetzt. Rutheniumhaltige Farbstoffe wandeln in Solarzellen Sonnenlicht in Energie um; diese Farbstoffzellen könnten eine kostengünstige Alternative zu bestehenden Solarzellen werden.

ENTDECKTE ELEMENTE

Cs CAESIUM
Rb RUBIDIUM
Tl THALLIUM
In INDIUM
Ga GALLIUM
Sc SCANDIUM
Ho HOLMIUM
Yb YTTERBIUM
Tm THULIUM
Sm SAMARIUM
Gd GADOLINIUM

Dy DYSPROSIUM
Nd NEODYM
Pr PRASEODYM
Ge GERMANIUM
Po POLONIUM
F FLUOR
He HELIUM
Ar ARGON

Kr KRYPTON
Ne NEON
Xe XENON
Rn RADON
Ac ACTINIUM
Ra RADIUM

KLASSIFIKATION DER ELEMENTE

1860–1899

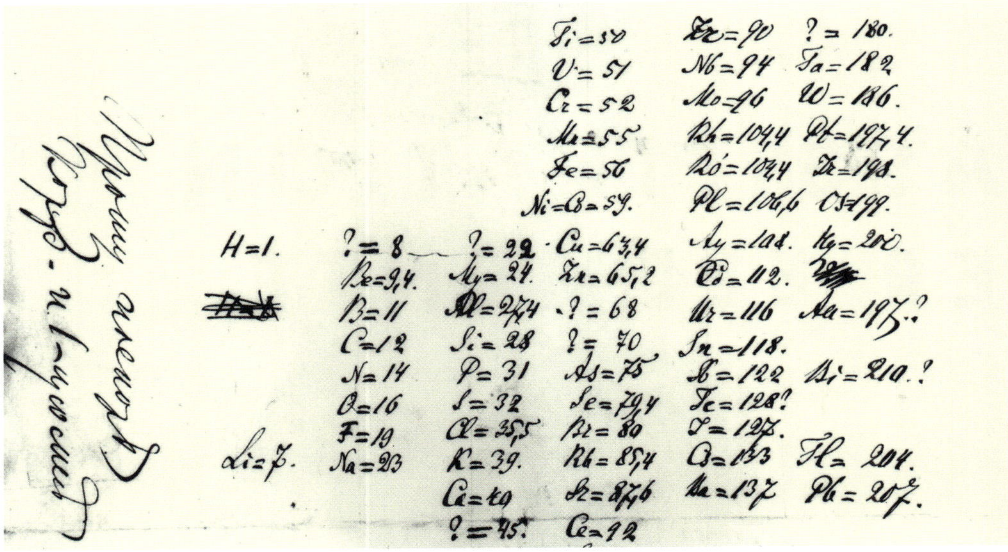

1

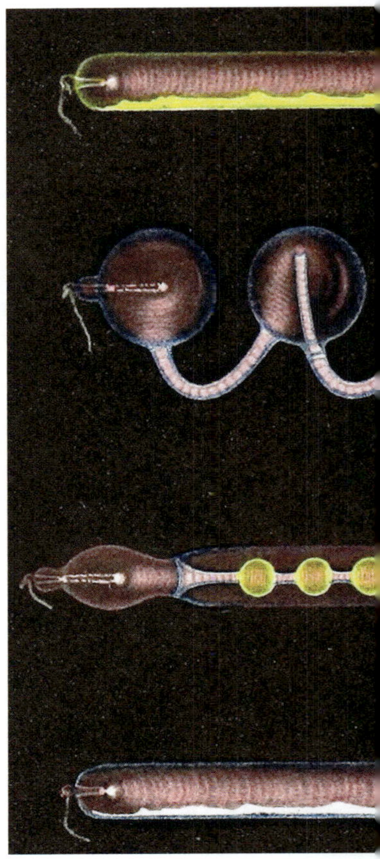

2

AUFBAU DES SYSTEMS

Zwischen 1860 und 1899 rangen Chemiker auf der ganzen Welt damit, die chemischen Elemente zu ordnen, um neue Stoffe, neue Versuchsergebnisse und neue Ideen zu verstehen.

Das Jahr 1860 war für die praktische Chemie ein Jahr bedeutender Neuerungen. Die deutschen Chemiker Gustav Kirchhoff und Robert Bunsen, nach dem der Bunsenbrenner benannt ist, hatten gerade ein erstes funktionsfähiges Spektroskop entwickelt (siehe gegenüber). Damit konnten sie einzigartige und farbenfrohe Muster heller Linien beobachten, die chemische Elemente beim Erhitzen in einer Flamme aussenden. Im Jahr 1860 untersuchten sie Mineralwasser und beobachteten hellblaue Spektrallinien. Diese deuteten auf ein neues Element, das sie Cäsium nannten. 1861 entdeckten sie Rubidium mit seinen hellen roten Spektrallinien.

Auch die theoretische Chemie machte Fortschritte. Im September 1860 trafen sich etwa 140 Chemiker zum Karlsruher Kongress, der ersten internationalen Konferenz der Chemie. Sie einigten sich auf eine Liste der Elemente und ihrer Massen, aber es blieb offen, wie man sie ordnen sollte. 1817 hatte der deutsche Chemiker Johann Wolfgang Döbereiner die Elemente aufgrund ähnlicher Eigenschaften in Dreiergruppen (Triaden) sortiert. Solche Ähnlichkeiten sollten sich als entscheidend für die Klassifizierung der wachsenden Zahl der Elemente erweisen. 1862 ordnete der französische Gelehrte Alexandre-Émile Béguyer de Chancourtois die Elemente nach zunehmender Atommasse spiralförmig an. Ihm fielen sich wiederholende Merkmale auf, doch seine Veröffentlichung blieb weitgehend unbeachtet, da sie kein Diagramm enthielt und daher schwer verständlich war. 1864 ordnete der britische Chemiker John Newlands die Elemente in der Reihenfolge ihres Atomgewichts und fand Achtergruppen, die er Oktaven nannte. Im selben Jahr erstellte der deutsche Chemiker Lothar Meyer eine Tabelle, in der er die Elemente nach ihrer Wertigkeit – der Anzahl der Bindungen, die ein Atom eines Elements eingehen kann – in sechs Familien einteilte.

Vorhersage neuer Elemente

Im Jahr 1869 ordnete der russische Chemiker Dmitri Mendelejew 63 Elemente nach zunehmendem Atomgewicht in Spalten an und erkannte, dass ihre chemischen und physikalischen Eigenschaften ein wiederkehrendes

1. Die Tabelle von Mendelejew
Diese handschriftliche Notiz zeigt Mendelejews erstes System zur Anordnung der Elemente.

2. Geißlersche Röhren
Diese bunten Gasentladungsröhren wurden vom deutschen Glasbläser und Instrumentenmacher Heinrich Geißler erfunden und führten zur Entdeckung der Edelgase.

3. Spektrallinien
In ihrer Spektralanalyse zeichneten Bunsen und Kirchhoff die Muster der hellen Linien auf, die beim Erhitzen von Alkalimetallen wie Kalium und Erdalkalimetallen wie Kalzium entstanden.

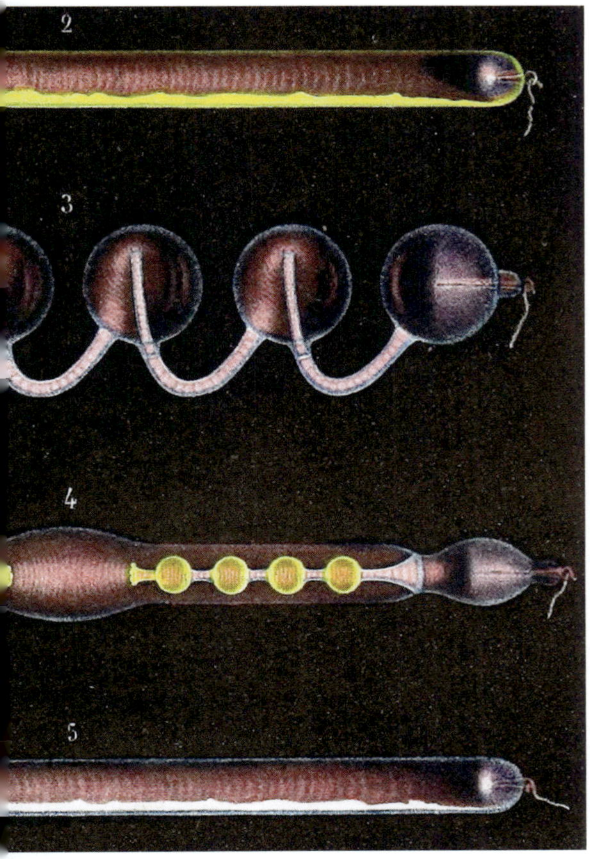

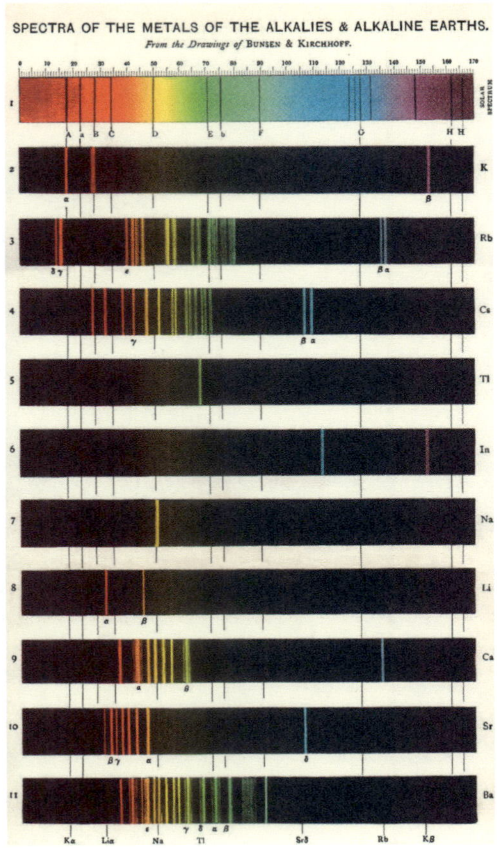

3

Muster aufwiesen. 1871 entwickelte er das Periodizitätsgesetz, das die Atommasse der Elemente mit ihren Eigenschaften in Verbindung brachte. Mit seinem Periodensystem konnte Mendelejew die Existenz und die Eigenschaften von unentdeckten Elementen vorhersagen. Eines war Gallium, das der französische Chemiker Paul-Émile Lecoq de Boisbaudran 1875 identifizierte. Spektroskopisch entdeckte er zwei neue violette Linien und zeigte, dass die Dichte, der Schmelzpunkt und andere Eigenschaften von Gallium mit den Vorhersagen von Mendelejew übereinstimmten.

Die Edelgase hatte Mendelejew jedoch nicht vorausgesehen. 1894 isolierten die Briten William Ramsay und Lord Rayleigh Argon aus der Luft und erkannten, dass dieses äußerst reaktionsträge Gas ein neues Element war. In den folgenden Jahren isolierten sie die ähnlich unreaktiven Gase Helium, Krypton, Neon und Xenon, die in Entladungsröhren in einzigartigen Farben leuchteten. Mendelejew erkannte, dass diese neuen Elemente einzigartige Eigenschaften hatten und eine eigene, neue Gruppe im Periodensystem formten.

SPEKTROSKOPIE

Erhitzte Atome senden farbiges Licht in bestimmten Wellenlängen aus. In einem Spektroskop bricht ein Prisma das Licht und fächert die einzelnen Wellenlängen auf. In dem dabei entstehenden Muster, dem Spektrum, zeigen helle Linien die für jedes Element charakteristischen Emissionswellenlängen.

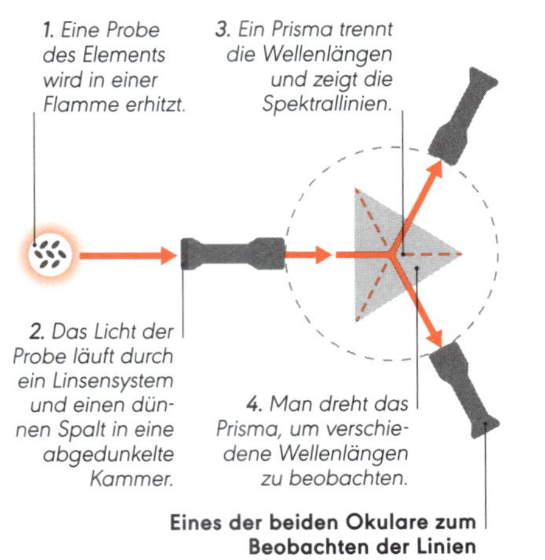

1860

1861
Der schwedische Physiker Anders Jonas Ångström untersucht das Licht der Sonne und findet, dass sie Wasserstoffgas enthält; 1868 veröffentlicht er das Sonnenspektrum.

1864
Der britische Chemiker John Newlands ordnet die Elemente in Achtergruppen; der deutsche Chemiker Lothar Meyer publiziert ein System, das auf der Wertigkeit basiert.

1869
Der russische Chemiker Dmitri Mendelejew ordnet 63 Elemente nach der Atommasse in mehreren Spalten an.

1873
Der niederländische Physiker Johannes Diderik van der Waals beschreibt elektrische Kräfte, die Flüssigkeits- und Gasmoleküle zusammenhalten.

um 1878
Der britische Forscher Sir William Crookes erfindet die Crookes-Röhre und weist nach, dass sich geladene Teilchen (später als Elektronen identifiziert) geradlinig bewegen.

1885
Der Schweizer Mathematiker Johann Balmer entwickelt eine Formel für die Wellenlängen der Spektrallinien des Wasserstoffs.

1889
Mendelejew verkündet, dass er sein Gesetz der Periodizität allgemein als bewiesen ansieht.

1892
Der niederländische Physiker Hendrik Lorentz beschreibt eine Theorie des Elektrons, die impliziert, dass Atome teilbar sind.

1895
Der deutsche Physiker Wilhelm Röntgen entdeckt neuartige Strahlen.

1896
Der französische Wissenschaftler Henri Becquerel entdeckt bei der Erforschung phosphoreszierender Stoffe die Radioaktivität; der deutsche Physiker Wilhelm Wien identifiziert positive Teilchen, die man später Protonen nennt.

1899

Alkalimetall

Cs

Cäsium

Konfiguration

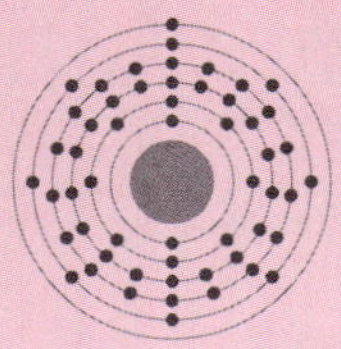

Ordnungszahl
55

Atommasse
132,91

Dichte
1,9 g/cm³

Radius
343 pm

Aggregatzustand
Fest

Schmelzpunkt
29 °C

Entstehung
Neutronensternkollisionen

Anteil an der Erdkruste
3 ppm

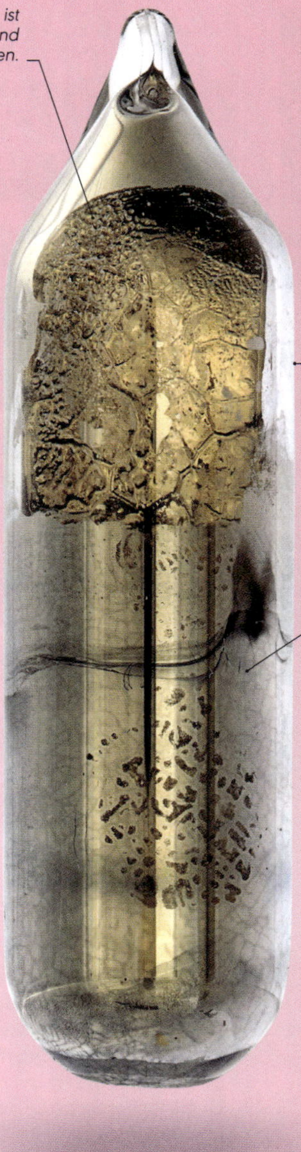

REINES CÄSIUM IN ARGONGAS

Eingeschlossene Explosion
Reines Cäsium ist ein weiches, silbrig-goldenes Alkalimetall, das sehr reaktiv und pyrophor ist: Es entzündet sich spontan und heftig an der Luft. Cäsium reagiert auch explosiv mit Wasser und muss daher sorgfältig von potenziellen Reaktionspartnern entfernt gelagert werden.

POLLUCIT

Cäsium ist das reaktivste Metall der Welt und entzündet sich sofort, wenn es mit Wasser oder Luft in Berührung kommt.

Mit seiner goldenen Farbe ist Cäsium eines der drei elementaren Metalle (neben Kupfer und Gold), das nicht silberfarben ist. Denn wenn das einzelne Valenzelektron auf höhere Energieniveaus angeregt wird, absorbiert es Licht im blauen und violetten Bereich des Spektrums. Längere Wellenlängen im gelben und roten Bereich werden reflektiert; daher hat Cäsium einen goldenen Farbton. Die blauen Spektrallinien einzelner Cäsiumatome wurden erstmals 1860 von den deutschen Chemikern Robert Bunsen und Gustav Kirchhoff identifiziert – Cäsium war das erste Element, das spektroskopisch entdeckt wurde. Sie benannten es nach dem lateinischen Wort für »himmelblau«.

Das Valenzelektron gibt Cäsium eine hohe Reaktivität. Es ist weit vom Kern entfernt, der durch die inneren Elektronenschalen abgeschirmt wird, und wird leicht abgegeben. Daher ionisiert Cäsium leicht und reagiert explosiv.

Cäsium ist in Atomuhren, z. B. in Navigationssatelliten, unerlässlich. Eine Sekunde ist durch die Energieniveaus von Cäsiumatomen definiert: Ein angeregtes Atom gibt Strahlung mit einer bestimmten Frequenz ab, und eine Sekunde ist genau das 9 192 631 771-Fache dieser Schwingungszeit.

Dieses Glimmermineral enthält Lithium und kann Rubidium enthalten.

ZINNWALDIT

Rubidium ist hoch reaktiv und muss isoliert in einem Glasrohr aufbewahrt werden.

Reines Rubidium ist ein silbrig-weißes, glänzendes Metall mit einer sehr weichen Textur.

REINES RUBIDIUM

Unter deinen Füßen
Rubidium ist in der Erdkruste relativ häufig und kann im Mineral Zinnwaldit vorkommen. Als zweitreaktivstes Metall nach Cäsium entzündet sich reines Rubidium bereits, wenn es nur mit Luft oder Wasser in Kontakt kommt.

Alkalimetall

Rb
Rubidium

Konfiguration

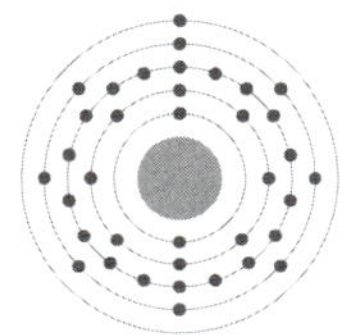

Ordnungszahl
37

Atommasse
85,47

Dichte
1,5 g/cm³

Radius
303 pm

Aggregatzustand
Fest

Schmelzpunkt
39 °C

Entstehung
Supernovae

Anteil an der Erdkruste
90 ppm

Der Name Rubidium bedeutet »tiefstes Rot« und bezieht sich auf seine intensiven roten Spektrallinien.

Rubidium hat einen größeren Atomradius als die leichteren Alkalimetalle. Sein einziges Valenzelektron ist daher nur lose an den Kern gebunden, weshalb es sehr reaktiv ist. Der Übergang dieses Außenelektrons zwischen höheren und niedrigeren Energieniveaus unter Lichteinwirkung erzeugt rote Spektrallinien, die Bunsen und Kirchhoff (siehe gegenüber) 1861 entdeckten. Damit wurde Rubidium als zweites Element durch Spektroskopie identifiziert.

Rubidium ist in der Erdkruste weit verbreitet und kommt in zwei natürlichen Isotopen vor. Das meiste ist Rubidium-85, das etwa 72 % des natürlichen Rubidiums ausmacht. Der Rest ist Rubidium-87, ein Radioisotop mit einer Halbwertszeit von etwa 50 Milliarden Jahren. Es ist für die Rubidium-Strontium-Datierung nützlich: Indem man misst, wie viel natürliches Rubidium-87 in Strontium-87 zerfallen ist, können Forschende das Alter von Gesteinen und Meteoriten bestimmen.

Rubidium-82 ist radioaktiv mit einer Halbwertszeit von nur 1 Minute 15 Sekunden. Es wird künstlich hergestellt und in der Medizin vor einem PET-Scan verabreicht. Im Körper wird es vom Herzmuskel aufgenommen. Regionen mit guter Durchblutung nehmen mehr Rubidium-82 auf. So können Ärztinnen die Herzfunktion analysieren.

Metall

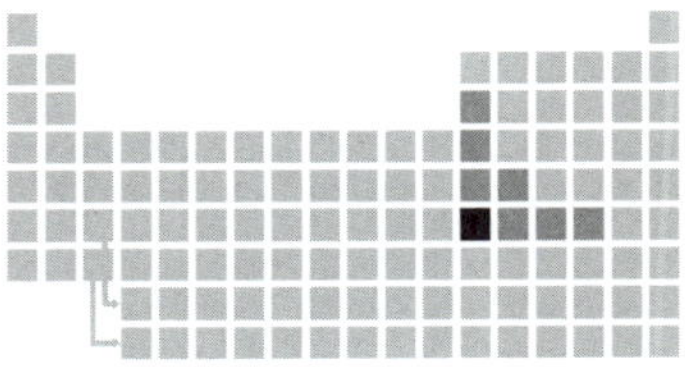

Tl

Thallium

Konfiguration

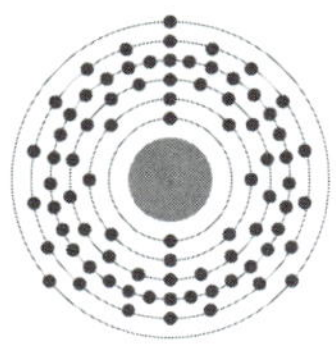

Ordnungszahl
81

Atommasse
204,38

Dichte
11,8 g/cm³

Radius
196 pm

Aggregatzustand
Fest

Schmelzpunkt
304 °C

Entstehung
Fusion im Kern von Sternen

Anteil an der Erdkruste
0,85 ppm

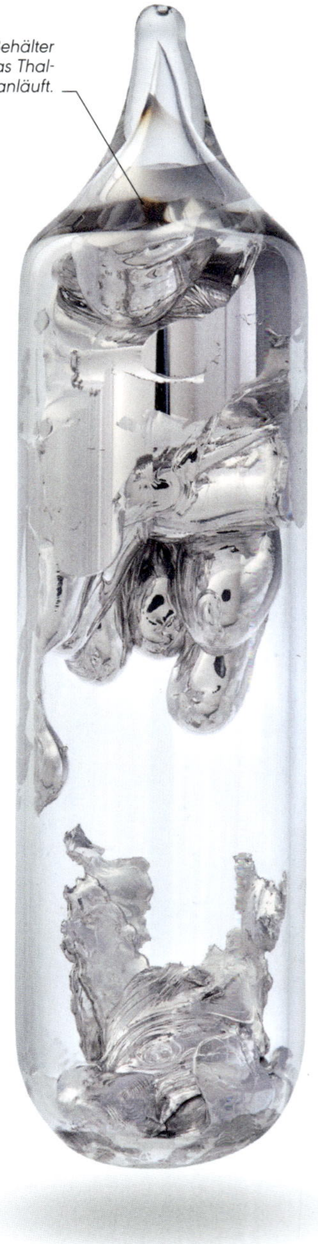

Giftiges Metall
Reines Thallium bewahrt man in einem versiegelten, luftleeren Behälter auf, um Oxidation zu vermeiden – und weil es hochgiftig ist. Ein Teil des Thalliums wird aus Erzen wie Pyrit gewonnen und als Nebenprodukt bei der Raffination von Metallen wie Zink, Kupfer und Blei abgetrennt.

Obwohl es giftig ist, rettet Thallium in medizinischen Scannern Leben und verbessert die Qualität von Linsen.

1861 sah der englische Chemiker William Crookes in Abfallprodukten der Schwefelsäureherstellung eine intensiv grüne Spektrallinie, die auf ein neues Element hinwies. Er benannte es nach griechisch *thallos* (»grüner Zweig«), doch die Entdeckung wurde zunächst nicht offiziell anerkannt. Diese Ehre wurde dem französischen Chemiker Claude-August Lamy zuteil, der genug des Metalls isolieren konnte, um es auf der Weltausstellung in London vorzustellen, wofür er eine Medaille bekam.

Thallium ist (wie Arsen) als Gift verrufen, aber es hat auch wertvolle industrielle Anwendungen. Thalliumsulfid und Thalliumbromid sind Halbleiter, die man in Lichtsensoren verwendet, da sich ihre elektrische Leitfähigkeit unter Infrarotlicht ändert. Thalliumoxid setzt man optischen Gläsern zu, um deren Lichtbrechung zu erhöhen, was die Herstellung hochwertiger Linsen ermöglicht.

Das Radioisotop Thallium-201 wird in der Medizin bei Herzbelastungstests verwendet. Man stellt es in Teilchenbeschleunigern aus stabilem Th-203 durch Beschuss mit Helium her. Im Körper verhält es sich wie Kalium, sodass man anhand der Strahlung den Blutfluss verfolgen kann. Es ist aber so kurzlebig, dass es kaum Schäden verursacht.

Indiummetall ist glänzend, weicher als Blei und sehr verformbar.

REINES INDIUM

Selten in der Natur
Indium, eines der am wenigsten häufigen Elemente der Erde, ist mit zink-, blei- und kupferhaltigen Mineralen verbunden. Es wurde in einer Probe eines Zinksulfiderzes, Sphalerit, entdeckt.

Indium ist ein Nebenprodukt der Kupfergewinnung aus Chalkopyrit.

CHALKOPYRIT

Sphalerit, ein Zinkerz, enthält Spuren von Indium.

SPHALERIT

Metall

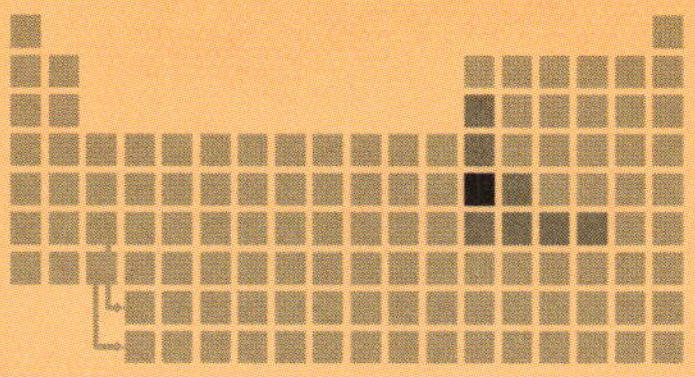

In
Indium

Konfiguration

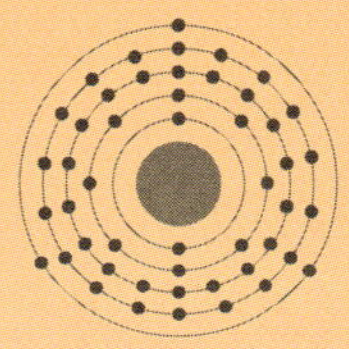

Ordnungszahl
49

Atommasse
114,82

Dichte
7,3 g/cm³

Radius
193 pm

Aggregatzustand
Fest

Schmelzpunkt
157 °C

Entstehung
Neutronensternkollisionen

Anteil an der Erdkruste
0,25 ppm

Indium hat einen silbrigen Glanz und eine Vielzahl von Anwendungen in der Elektronik und Quantentechnologie.

Als der deutsche Chemiker Ferdinand Reich 1863 in einer Mineralprobe eine unbekannte Spektrallinie entdeckte, benötigte er wegen seiner Farbenblindheit Hilfe bei der Identifizierung. Sein Kollege Hieronymus Richter nahm ein sattes Indigo wahr – so erhielt Indium seinen Namen.

Trotz seiner Seltenheit besitzt Indium viele Anwendungsbereiche. In winzigen Mengen zu Silber und Gold hinzugefügt bildet es korrosionsbeständige Legierungen für Flugzeugteile. Indiumzinnoxid ist ein transparentes Material, das Strom leitet und sich mit Glas verbindet. Es ist für Solarzellen unverzichtbar und wird auch in Touchscreens verwendet.

Indiumphosphid und Indiumgalliumarsenid sind Halbleiter, die man für Laser in Glasfaserkommunikationsnetzen nutzt sowie für Quantenpunkte: Partikel, die so klein sind, dass ihre Energieniveaus über Quanteneffekte gezielt einstellbar sind. Durch Veränderung ihrer Größe kann man die Wellenlänge des von ihnen emittierten Lichts variieren. Quantenpunkte erzeugen lebendige Farben für QLED-Fernseher.

Indium sorgt immer noch für farbige Überraschungen. 2009 erhitzten Forschende Indiumoxid und Manganoxid auf über 1000 °C, woraufhin ein neues, leuchtend blaues Pigment entstand.

Metall

Ga

Gallium

Konfiguration

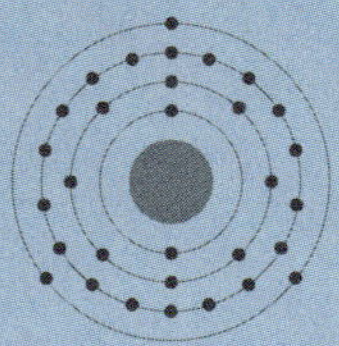

Ordnungszahl
31

Atommasse
69,72

Dichte
5,9 g/cm³

Radius
187 pm

Aggregatzustand
Fest

Schmelzpunkt
30 °C

Entstehung
Supernovae massiver Sterne

Anteil an der Erdkruste
19 ppm

Festes Gallium ist in Luft stabil und gehört zu den wenigen Elementen, die auf ihrer eigenen Flüssigkeit schwimmen.

Das Metall hat einen Schmelzpunkt von nur 30 °C.

FESTES UND FLÜSSIGES GALLIUM

Flüssiges Metall
Der Schmelzpunkt von Gallium ist so niedrig, dass es in der Hand schmilzt. In der Natur kommt Gallium nie elementar vor, aber Spuren sind in Verbindungen enthalten, etwa in dem Zinkerz Sphalerit, dem Aluminiumerz Bauxit und Kohle.

Dunkelrote Sphaleritkristalle enthalten Gallium.

SPHALERIT

Gallium ist weich und silbrig und in einem größeren Temperaturbereich flüssig als jedes andere Element.

Eine Zinkerzprobe aus den Pyrenäen lieferte den ersten Nachweis für Gallium. 1875 sah der französische Chemiker Paul-Émile Lecoq de Boisbaudran eine violette Linie im Spektrum des daraus extrahierten Zinks und wusste sofort, dass es ein unbekanntes Element war. Vier Jahre zuvor hatte Dmitri Mendelejew die Existenz eines Elements mit einer Atommasse von etwa 68 vorhergesagt, das im Periodensystem eine Lücke unter Aluminium füllen sollte. Boisbaudran isolierte in mühevoller Kleinarbeit 650 mg des neuen Metalls aus 430 kg Erz und wies nach, dass es ähnliche Eigenschaften wie Aluminium besitzt. Er nannte das neue Element Gallium.

Gallium hat zwei Valenzelektronen im 4s-Orbital und eines im 4p-Orbital. Sie tragen zum Elektronenmeer der metallischen Bindung bei (siehe S. 40), das Galliumatomen ermöglicht, im flüssigen Zustand aneinander vorbeizugleiten. Beim Gefrieren nehmen die Atome eine Kristallstruktur mit einem größeren Volumen und geringerer Dichte an. Somit ist Gallium einer der wenigen Stoffe, die sich beim Gefrieren ausdehnt: Festes Gallium schwimmt auf seiner Flüssigkeit.

Gallium ist ein Bestandteil von Halbleitern in Transistoren, Dioden, Solarzellen sowie blauen und grünen LEDs.

Oberflächenreaktion
Scandium läuft bei Kontakt mit Luft leicht an. Obwohl es in der Erdkruste relativ häufig vorkommt, findet man es selten in Konzentrationen, die für den Abbau wirtschaftlich rentabel sind. Es ist jedoch der Hauptbestandteil des Minerals Thortveitit, aus dem es gewonnen werden kann.

Bei Kontakt mit Luft verliert Scandium seinen Glanz und kann leicht gelb, rosa oder grauschwarz werden.

REINES SCANDIUM

Grau-schwarze Thortveititkristalle

THORTVEITIT

Übergangsmetall

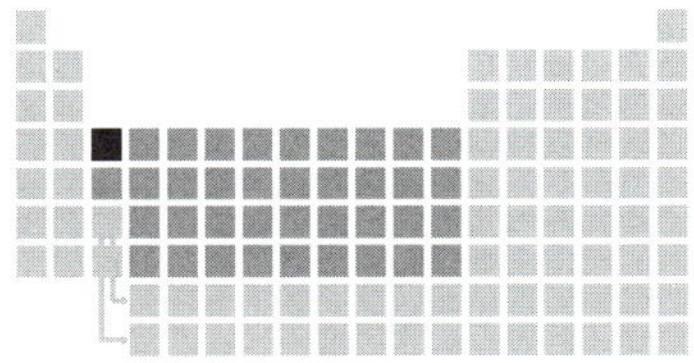

Sc

Scandium

Konfiguration

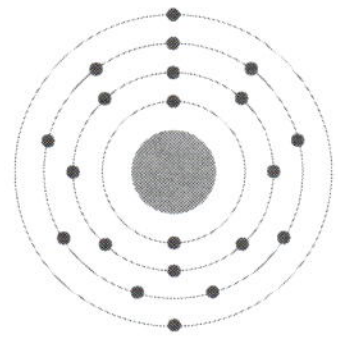

Ordnungszahl
21

Atommasse
44,96

Dichte
3,0 g/cm^3

Radius
211 pm

Aggregatzustand
Fest

Schmelzpunkt
1541 °C

Entstehung
Supernovae massiver Sterne

Anteil an der Erdkruste
22 ppm

Das erste Übergangsmetall, das silberne Scandium, läuft an der Luft an, brennt leicht und reagiert mit Wasser.

Scandium ist das erste Element im d-Block des Periodensystems und gehört zu den 17 Seltenen Erden. Das einzelne Elektron im 3d-Orbital gibt ihm typische metallische Eigenschaften wie Metallbindung, Leitfähigkeit und Formbarkeit.

Dmitri Mendelejew hatte die Existenz eines Elements mit einer Atommasse zwischen Kalzium (40) und Titan (48) vorhergesagt. Dieses Element, das er Ekaboron nannte, sollte ein Oxid mit der Formel Eb_2O_3 bilden. 1879 isolierte der schwedische Chemiker Lars Nilson das Oxid eines neuen Elements aus den Mineralien Euxenit und Gadolinit. Ein schwedischer Kollege, Per Teodor Cleve, der ebenfalls an Seltenen Erden arbeitete, bemerkte die Ähnlichkeit zwischen Nilsons neuem Element und dem von Mendelejew vorhergesagten Ekaboron. Nilson nannte dieses Oxid *Scandia* (nach Skandinavien). Reines Scandium wurde jedoch erst in den 1930ern durch ein Elektrolyseverfahren bei hohen Temperaturen hergestellt.

Heute ist Scandium vor allem für seine potenzielle Verwendung in der Luft- und Raumfahrt interessant. In Legierungen zur Konstruktion leichterer und damit treibstoffeffizienterer Flugzeuge und Autos benötigt man nur geringe Mengen Scandium.

Lanthanoid

Ho

Holmium

Konfiguration

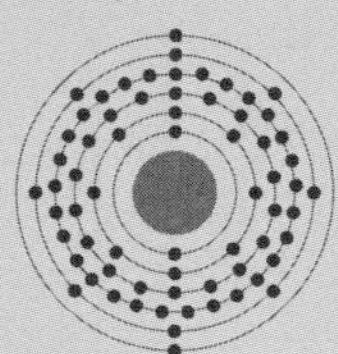

Ordnungszahl
67

Atommasse
164,93

Dichte
8,8 g/cm³

Radius
216 pm

Aggregatzustand
Fest

Schmelzpunkt
1472 °C

Entstehung
Neutronensternkollisionen

Anteil an der Erdkruste
1,3 ppm

Häufiges Nebenprodukt
Holmium hat ähnliche Eigenschaften wie seine Nachbarn in der Lanthanoidenreihe und ist weich und formbar. Es kommt in Mineralen wie Monazit und Bastnäsit vor und wird häufig als Nebenprodukt bei der Aufbereitung der häufigeren Lanthanoide gewonnen.

Dieses rotbraune Mineral ist eine Quelle für Holmium.

MONAZIT

Holmium ist ein silbrigweißes Metall, das an feuchter Luft oxidiert.

Reine Proben von im Labor gezüchtetem Holmium weisen eine raue Oberfläche auf, die aus vielen kleinen Kristallen besteht (polykristallin).

REINES HOLMIUM

Holmium hat das höchste magnetische Moment aller natürlich vorkommenden Elemente.

Im Jahr 1878 untersuchten die Schweizer Chemiker Marc Delafontaine und Jacques-Louis Soret Verunreinigungen in einer Yttriumprobe. Dabei fanden sie einzigartige spektroskopische Linien, die auf eine neue Substanz hinwiesen, die sie Element X nannten. Im folgenden Jahr fand Tobias Robert Thalén in Stockholm ebenfalls ungewöhnliche Spektrallinien in einem Erbiumoxid, und sein Kollege Per Teodor Cleve in Uppsala (Schweden) isolierte diese Beimengungen in dem Oxid mithilfe einer von Carl Gustav Mosander entwickelten Methode; so konnte Cleve zwei neue Substanzen extrahieren, eine braune und eine grüne. Das braune Oxid erhielt den Namen Holmia, nach dem lateinischen Namen von Stockholm, das grüne Thulia (siehe S. 212).

Mit drei ungepaarten Elektronen in der 4f-Unterschale hat Holmium ein enormes Magnetmoment, das man oft für Starkmagneten und magneto-optische Anwendungen nutzt. 2017 schufen Forschende den ersten einatomigen magnetischen Speicher, der mithilfe des stabilen Magnetismus einzelner Holmiumatome Daten kodiert. Elementares Holmium wird bei Tiefsttemperaturen unter −254 °C ferromagnetisch, wobei sich die magnetischen Momente der Atome vollständig ausrichten.

Frisch geschnittenes Ytterbium hat einen silbrig-weißen Farbton.

REINES, NICHT ANGELAUFENES YTTERBIUM

Die braunen Kristalle enthalten winzige Mengen an Ytterbium.

XENOTIM

Ytterbium ist weich und verformbar und glänzt.

Ytterbium läuft an der Luft leicht an und nimmt eine goldene Farbe an.

REINES YTTERBIUM

Goldenes Lanthanoid
Ytterbium hat eine silbrig-weiße Farbe, nimmt aber an der Luft einen messingfarbenen Goldton an. Es lässt sich zusammen mit anderen Lanthanoiden chemisch aus Xenotim gewinnen.

Lanthanoid

Yb

Ytterbium

Konfiguration

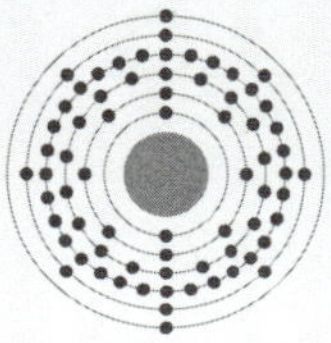

Ordnungszahl
70

Atommasse
173,05

Dichte
6,9 g/cm³

Radius
242 pm

Aggregatzustand
Fest

Schmelzpunkt
824 °C

Entstehung
Neutronensternkollisionen

Anteil an der Erdkruste
3,2 ppm

Ytterbium ist das flüchtigste Lanthanoid und muss in einer inerten Atmosphäre gelagert werden.

Ytterbium ist das letzte des Quartetts von Elementen, das nach der Stadt Ytterby in Schweden benannt wurde. Das erste Oxid von Ytterbium erzeugte der Schweizer Chemiker Jean-Charles Galissard de Marignac, der es 1878 zunächst für ein neues Element hielt. Später fanden der französische Chemiker Georges Urbain und der österreichische Chemiker Carl Auer von Welsbach unabhängig voneinander das Element Lutetium in diesem Oxid, nannten den Rest aber weiterhin Ytterbium. Reines Ytterbium wurde erst 1953 isoliert.

Die schwereren Lanthanoide wie Ytterbium sind wegen der sogenannten Lanthanoidenkontraktion, bei der die Atomradien der Lanthanoide im Periodensystem stärker als erwartet abnehmen, immer schwerer zu unterscheiden. Da die 4f-Orbitale die Kernladung nur schlecht abschirmen, werden die Valenzelektronen in der fünften und sechsten Unterschale in Richtung Kern gezogen, wodurch der Atomradius kleiner wird. Infolgedessen sind sich alle Lanthanoide in physikalischer und chemischer Hinsicht sehr ähnlich.

Ytterbium zeichnet sich jedoch durch seine schwachen magnetischen Eigenschaften aus, die es dem Fehlen ungepaarter Elektronen in seinen 4f-Orbitalen verdankt.

Lanthanoid

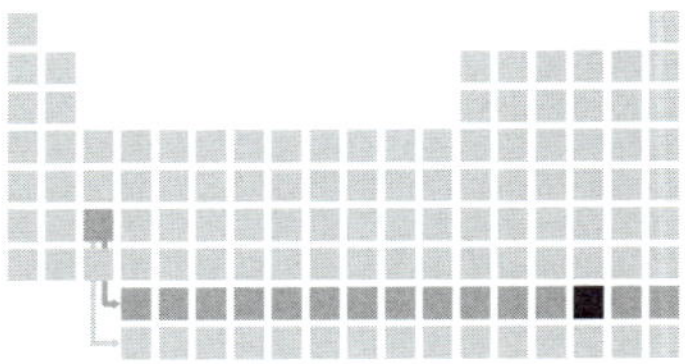

Tm

Thulium

Konfiguration

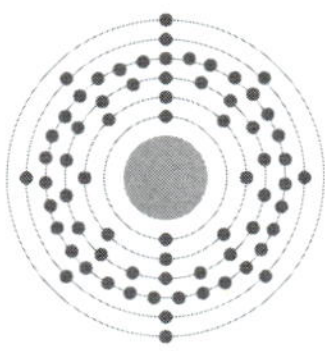

Ordnungszahl
69

Atommasse
168,93

Dichte
9,3 g/cm³

Radius
227 pm

Aggregatzustand
Fest

Schmelzpunkt
1545 °C

Entstehung
Neutronensternkollisionen

Anteil an der Erdkruste
0,5 ppm

Thulium ist weich und silbrig und oxidiert an der Luft bei Raumtemperatur langsam.

REINES THULIUM

Thulium kommt zusammen mit dem Element Gadolinium in Gadolinit vor.

GADOLINIT

Schwer zu extrahieren
Thulium ist formbar, ziehbar und weich genug, um es mit einem Messer zu schneiden. In der Natur enthalten thuliumhaltige Minerale wie Gadolinit oft Mischungen von Lanthanoiden. Alle Elemente der Lanthanoidenreihe sind sich chemisch ähnlich, sodass es schwierig ist, die einzelnen Lanthanoide wie Thulium aus den Mineralen zu extrahieren und von anderen Elementen zu trennen.

Thulium ist das seltenste natürlich vorkommende Lanthanoid, aber immer noch mehr als 130-mal häufiger als Gold.

Das 1879 vom schwedischen Wissenschaftler Per Teodor Cleve entdeckte Thulium ist nach Thule benannt, einem alten Namen für Skandinavien. Das weiche, silbrige Metall oxidiert an der Luft langsam. Erhitzt man es auf über 150 °C, reagiert es schnell mit Sauerstoff und kann sich entzünden. Dagegen liegt die Selbstentzündungstemperatur von Papier bei 233 °C.

Als vorletztes Lanthanoid hat Thulium 13 von 14 möglichen Valenzelektronen, die auf sieben 4f-Orbitale verteilt sind, sowie eine vollständige 6s-Unterschale. Das ungepaarte 4f-Elektron verleiht Thulium magnetische Eigenschaften. Daher ist Thulium ein wichtiges Material für Ferrite: keramische magnetische Werkstoffe, die u. a. in Mikrowellengeräten verwendet werden. Ferrite haben weniger Energieverluste als herkömmliche Eisenmagnete, wenn sie (etwa durch Mikrowellen) schnell wechselnden Magnetfeldern ausgesetzt sind.

Bei Lichteinwirkung absorbieren die Elektronen in den 4f-Orbitalen bestimmte Wellenlängen und emittieren charakteristisches grünes oder blaues Licht. Das nutzt man beispielsweise in Bogenlampen. Da das Element unter ultraviolettem Licht blau fluoresziert, wird es in europäischen Banknoten als Pigment eingesetzt, damit man Fälschungen leicht erkennen kann.

Samarium ist ein silbrig-weißes Metall, das langsam oxidiert und grau wird.

Wenn geschmolzenes Samarium schnell abkühlt, bilden sich diese baumartigen Kristalle.

REINES SAMARIUM

Dunkle Flecken dieses komplexen Oxids von Lanthanoiden enthalten Samarium.

SAMARSKIT

Vergänglicher Glanz
Reines Samarium hat einen silbrigen Glanz, der zu einer dunkleren, stumpfen Farbe oxidiert, selbst wenn man die Probe unter Mineralöl lagert. Wie andere Lanthanoide gewinnt man Samarium aus mehreren Mineralen, etwa Samarskit.

Lanthanoid

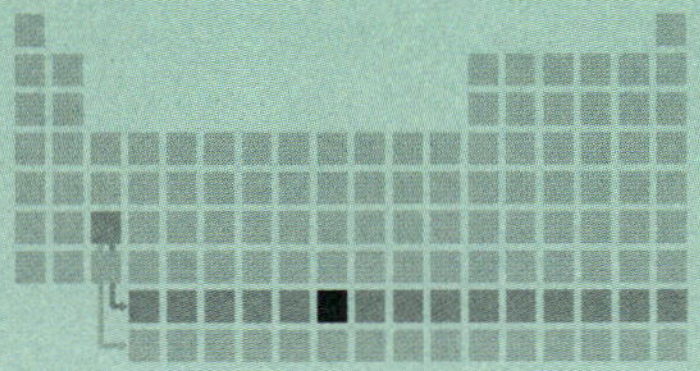

Sm
Samarium

Konfiguration

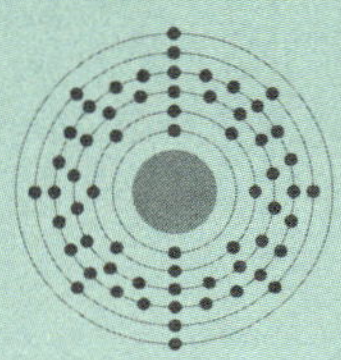

Ordnungszahl
62

Atommasse
150,36

Dichte
7,5 g/cm³

Radius
229 pm

Aggregatzustand
Fest

Schmelzpunkt
1072 °C

Entstehung
Neutronensternkollisionen

Anteil an der Erdkruste
7,1 ppm

Bislang ist Samarium das schwerste Element, das außerhalb des Sonnensystems 557 Lichtjahre entfernt gefunden wurde.

Die scharfen spektroskopischen Absorptionslinien, die man später Samarium zuordnete, erschienen erstmals 1853 in einem Lanthanoidengemisch namens Didym. Doch erst 1879 gelang es dem französischen Chemiker Paul-Émile Lecoq de Boisbaudran, das Element chemisch zu trennen, und er benannte es nach dem Mineral Samarskit, aus dem es zuerst isoliert worden war.

Samarskit wurde in den 1830er-Jahren im südlichen Ural entdeckt und 1847 vom deutschen Mineralogen Heinrich Rose nach dem russischen Bergbauingenieur Wassili Jewgrafowitsch Samarski-Bychowez benannt, der ihm eine kleine Probe des Minerals schenkte. Samarium ist somit das erste natürlich vorkommende Element, das – wenn auch indirekt – nach einer Person benannt wurde.

Eines der Isotope, Samarium-147, ist für die Geochronologie, die Wissenschaft von der absoluten Datierung von Mineralen, nützlich. Die Zerfallskette von Samarium-147 zu Neodym-143 ist unempfindlich gegenüber der geologischen Metamorphose, bei der sich ein Gestein unter Hitze, Druck oder beidem in eine neue Gesteinsart umwandelt. Damit war es der NASA möglich, Mondgestein zu datieren, das von Apollo-Astronauten mitgebracht wurde.

Lanthanoid

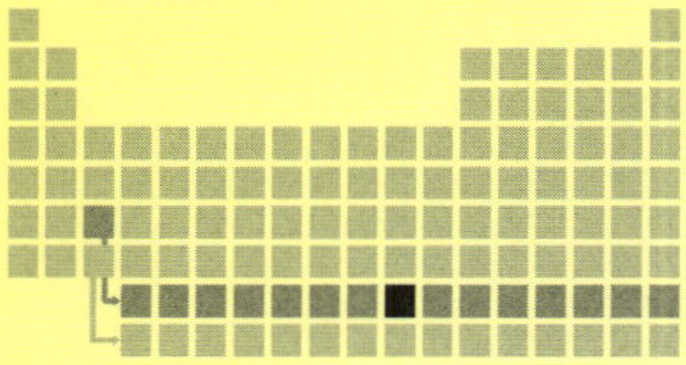

Gd

Gadolinium

Konfiguration

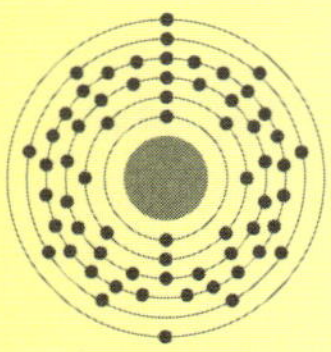

Ordnungszahl
64

Atommasse
157,25

Dichte
7,9 g/cm³

Radius
237 pm

Aggregatzustand
Fest

Schmelzpunkt
1313 °C

Entstehung
Neutronensternkollisionen

Anteil an der Erdkruste
6,20 ppm

REINES GADOLINIUM

Niemals gediegen
Gadolinium ist ein weiches, silbriges Metall in der Mitte der Lanthanoide. Es ist zu reaktiv, um in der Natur in reiner Form zu existieren, daher wird sein Oxid aus verschiedenen Mineralen extrahiert.

Eine schwarze Oxidschicht bildet sich auf Gadolinium, wenn es mit Luftsauerstoff reagiert.

Gadolinium gewinnt man kommerziell aus Bastnäsit.

BASTNÄSIT

Wie andere Lanthanoide kommt Gadolinium in Monazit vor.

MONAZIT

Die Menge an ungepaarten Elektronen dieses formbaren Metalls macht es zu einem nützlichen Legierungsbestandteil.

1880 entdeckte der Schweizer Chemiker Jean Charles Galissard de Marignac spektroskopisch eine neue Substanz, die später als Gadolinium identifiziert wurde. Er hatte vermutet, dass Didym, das Carl Mosander als »neues Element« entdeckt hatte, tatsächlich ein Gemisch mehrerer Elemente war. Der Name Gadolinium ehrt den finnischen Chemiker Johan Gadolin.

Wie bei allen Lanthanoiden beruhen die Eigenschaften von Gadolinium auf der Auffüllung der 4f- und 5d-Unterschalen nach der 6s-Unterschale. Es hat sieben ungepaarte 4f-Elektronen, mehr als jedes andere natürliche Element, was ihm ungewöhnliche Eigenschaften gibt. Da es leicht Elektronen abgibt, ist es ein wertvoller Zusatz für Eisen- und Chromlegierungen: Ein Anteil von nur 1 % Gadolinium verbessert die Temperaturbeständigkeit und die Verarbeitbarkeit der Legierungen, indem es die metallische Bindung stärkt. Außerdem hat es eine Curie-Temperatur von etwa 20 °C, über der die ferromagnetischen Eigenschaften verschwinden. Darunter bleibt Gadolinium an Magneten haften, weil sich die Magnetmomente der Elektronen alle parallel ausrichten. Wärme verstärkt die Bewegung der Elektronen, sodass über diesem Punkt die Magnetisierung verschwindet: Das Gadolinium fällt vom Magneten ab.

REINES DYSPROSIUM

Dysprosium bleibt an trockener Luft glänzend, läuft aber bei Feuchtigkeit allmählich an.

FERGUSONIT

Spuren von Dysprosium kommen in Fergusonit vor.

GADOLINIT

Gadolinit enthält häufig Dysprosium.

XENOTIM

Xenotim ist eine Quelle für viele Lanthanoide, darunter Dysprosium.

Winzige Spuren
Dysprosium ist ein silbriges Metall, das so weich ist, dass man es mit dem Messer schneiden kann, und das in einigen Mineralen in geringen Mengen vorkommt. Es ist ein Nebenprodukt der Yttrium-Gewinnung.

Lanthanoid

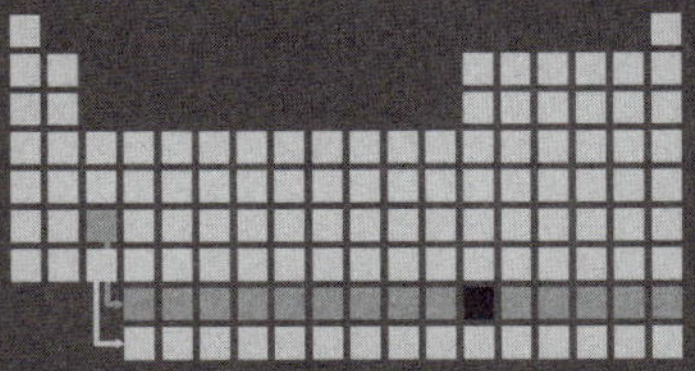

Dysprosium

Dy

Konfiguration

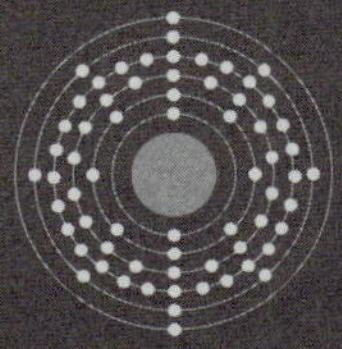

Ordnungszahl
66

Atommasse
162,50

Dichte
8,6 g/cm³

Radius
229 pm

Aggregatzustand
Fest

Schmelzpunkt
1412 °C

Entstehung
Neutronensternkollisionen

Anteil an der Erdkruste
5,20 ppm

Der Name dieses schwer fassbaren Elements leitet sich vom griechischen Wort *dysprositos* (»schwer zugänglich«) ab.

Mit ähnlichen Eigenschaften wie die benachbarten Lanthanoide erwies sich Dysprosium als schwierig zu isolieren. Der französische Chemiker Paul-Émile Lecoq de Boisbaudran entdeckte Dysprosium 1886 spektroskopisch als Verunreinigung in einer Probe von Holmiumoxid und führte über 30 Experimente in seinem Kamin zu Hause durch, um es zu isolieren. Völlig reine Dysprosiumproben wurden erst viele Jahre später verfügbar, als man in den 1950er-Jahren ein Ionenaustausch-Extraktionsverfahren entwickelte.

Dysprosium hat zehn Elektronen in der 4f-Unterschale, von denen vier ungepaart sind. Daraus resultiert seine magnetische Stärke, insbesondere bei niedrigen Temperaturen. Dysprosium wird Neodym-Magneten zugesetzt, um ihren Curie-Punkt zu erhöhen: die Temperatur, an der sie unmagnetisch werden, sodass die Magnete auch bei höheren Temperaturen einsetzbar sind.

Eine weitere wichtige Anwendung ist die Legierung Terfenol-D, ein magnetostriktives Material, das in einem Magnetfeld seine Form und Größe reversibel ändert. Terfenol-D wird in vielen Bereichen eingesetzt, in denen die Energie eines Magnetfeldes in mechanische Bewegung umgewandelt wird, z. B. in Sensoren und Aktuatoren.

Lanthanoid

Nd

Neodym

Konfiguration

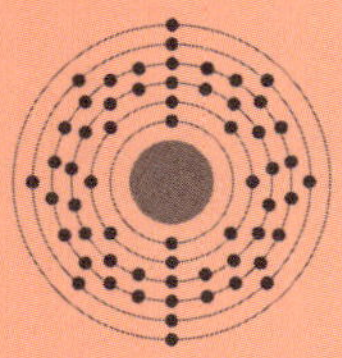

Ordnungszahl

60

Atommasse
144,24

Dichte
7,0 g/cm³

Radius
229 pm

Aggregatzustand
Fest

Schmelzpunkt
1016 °C

Entstehung
Neutronensternkollisionen

Anteil an der Erdkruste
41,5 ppm

Reines Neodym ist hell silbrig.

REINES NEODYM

Läuft schnell an
Neodym ist ein duktiles, formbares Metall aus der Lanthanoidenreihe mit einer glänzenden Oberfläche, die bei Oxidation an der Luft flockig wird. Wie die benachbarten Lanthanoide, die alle chemisch ähnlich sind, kommt es in den Mineralien Monazit und Bastnäsit vor.

Braune Kristalle aus Monazit enthalten Neodym.

MONAZIT

Bastnäsit liefert bedeutende Mengen an Neodym.

BASTNÄSIT

Dieses duktile, glänzende Metall ist stark magnetisch. Mit seinen farbigen Verbindungen färbt man andere Materialien.

1841 extrahierte der schwedische Chemiker Carl Gustaf Mosander eine Substanz aus dem grau gefleckten Mineral Cerit, die er Didym nannte und für ein Element hielt. Sie erwies sich aber als ein Gemisch aus Lanthanoiden. 1885 trennte der österreichische Chemiker Carl Auer von Welsbach Didym in Neodym und Praseodym (siehe gegenüber) und wies ihre Existenz spektroskopisch nach. Neodym hat vier ungepaarte Elektronen in den 4f-Orbitalen, was es stark magnetisch macht. Magnete aus einer Legierung von Eisen, Bor und Neodym sind die stärksten bekannten Dauermagnete. Dies ist auf die starken Wechselwirkungen zwischen den 4f-Elektronen des Neodyms und den 3d-Elektronen des Eisens zurückzuführen, durch die sich ihre magnetischen Momente parallel ausrichten, was ein starkes und zugleich stabiles Feld ergibt.

Die Elektronenstruktur von Neodym führt zudem zu einer scharfen infraroten Spektrallinie, die sich optimal für Laser eignet. Einige Neodymverbindungen zeigen verschiedene Farben, die man zum Färben von Glas und Keramik verwendet.

RAFFINIERTES PRASEODYM

Reines Praseodym ist weich und silbrig.

Eine grüne Oxidschicht entwickelt sich an der Luft.

Einige Monazitproben enthalten Praseodym.

MONAZIT

Bastnäsit ist eine Quelle für Lanthanoide, darunter auch Praseodym.

BASTNÄSIT

Grünliche Färbung

Praseodym ist in reiner Form silberweiß, bildet an der Luft jedoch langsam eine bröckelige, grüne, rostähnliche Schicht. Praseodym ist ein formbares und dehnbares Metall und wird wie andere Elemente der Lanthanoidenreihe aus den Mineralien Monazit und Bastnäsit gewonnen.

Lanthanoid

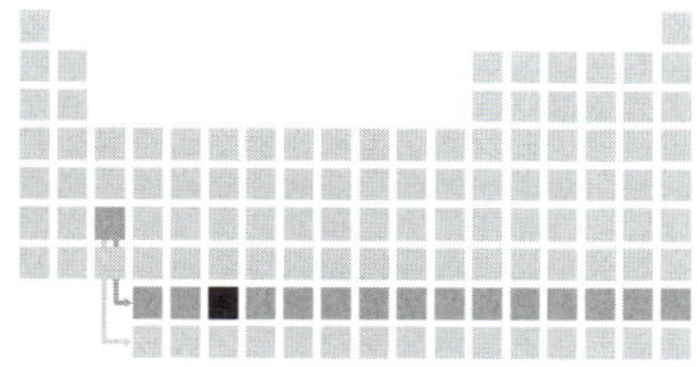

Pr

Praseodym

Konfiguration

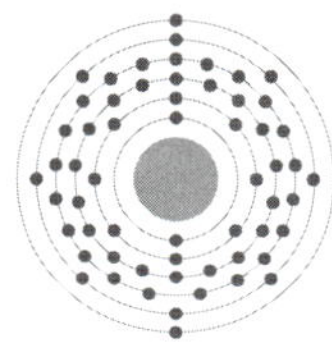

Ordnungszahl
59

Atommasse
140,91

Dichte
6,8 g/cm³

Radius
239 pm

Aggregatzustand
Fest

Schmelzpunkt
931 °C

Entstehung
Neutronensternkollisionen

Anteil an der Erdkruste
9,2 ppm

Ein Namensteil von Praseodym, abgeleitet von griechisch *prasios* (»lauchgrün«), beschreibt die blassgrünen Salze.

Zusammen mit seinem Nachbarn Neodym (siehe gegenüber) wurde Praseodym von Carl Auer von Welsbach, einem Schüler des deutschen Chemikers Robert Bunsen, entdeckt. 1885 trennte von Welsbach die beiden Elemente aus einem Stoff namens Didym, den man bis dahin für ein eigenständiges Element gehalten hatte. Er erfand eine Methode der fraktionierten Kristallisation, die darauf beruht, dass verschiedene Salze eine unterschiedliche Löslichkeit in Wasser haben und daher verschieden leicht kristallisieren. Praseodym ergab ein grünes Salz und Neodym ein rosa Salz.

Praseodym ist das vierthäufigste Lanthanoid in der Erdkruste. Es hat einen etwas größeren Atomradius als einige andere Lanthanoide. Daher sind die Außenelektronen weiter vom Kern entfernt und stärker durch die inneren Elektronenschalen abgeschirmt, sodass es etwas reaktionsfreudiger als die meisten anderen Lanthanoide ist.

Neodym und Praseodym werden häufig zusammen in Schutzbrillen für Glasbläser und Schmiede verwendet. Im Glas des Visors eingeschmolzen blockieren die beiden Elemente das Licht im gelben Bereich, ohne die Sicht insgesamt zu beeinträchtigen.

Halbmetall

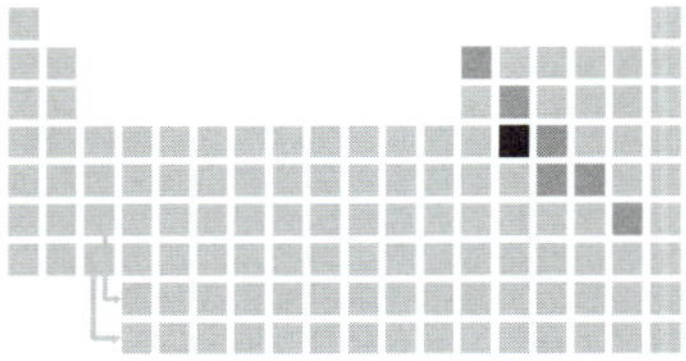

Ge
Germanium

Konfiguration

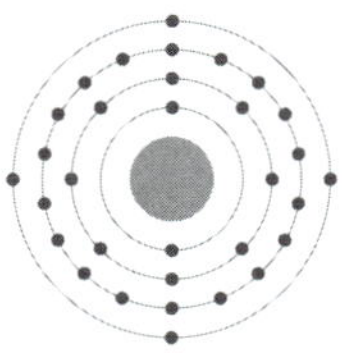

Ordnungszahl
32

Atommasse
72,63

Dichte
5,3 g/cm³

Radius
211 pm

Aggregatzustand
Fest

Schmelzpunkt
938 °C

Entstehung
Supernovae massiver Sterne

Anteil an der Erdkruste
1,5 ppm

Im Labor gereinigtes Germanium ist glänzend und spröde.

REINES GERMANIUM

Verborgen in Mineralen
Germanium ist fest, silbrig und erscheint metallisch, ist aber anders als ein Metall eher spröde als formbar. Es ist zu reaktiv, um elementar vorzukommen, und tritt in den Mineralien Germanit und Argyrodit auf.

Argyrodit ist schwarz mit einem violetten Schimmer.

ARGYRODIT

Germanit ist als Quelle für Germanium kommerziell unbedeutend.

GERMANIT

Germanium gilt als Halbmetall und hat nützliche Eigenschaften zwischen denen von Metallen und Nichtmetallen.

Dmitri Mendelejew sagte die Existenz dieses Elements 1869 voraus, als er das Periodensystem vorstellte. Er prognostizierte ein graues Element mit der Atommasse 72, einer Dichte von etwa 5,5 g/cm³ und einem hohen Schmelzpunkt. 1886 fand der Chemiker Clemens Winkler in dem Mineral Argyrodit ein neues Element, das dazu passte. Er benannte es nach seinem Geburtsland.

Germanium ist ein Halbmetall, dessen Eigenschaften zwischen denen von Metallen und Nichtmetallen liegen. Halbmetalle markieren im Periodensystem eine Grenze zwischen Metallen und Nichtmetallen. Ihre Eigenschaften ergeben sich aus ihrer Elektronenkonfiguration. So haben sie eine moderate Ionisierungsenergie (die Energie, die ein Elektron aus dem Atom löst), sodass sie wie Metalle Elektronen abgeben, aber weniger leicht als die meisten Metalle.

Germanium ist ein Halbleiter und spielte in der frühen Transistorelektronik eine große Rolle. Die vier Außenelektronen bilden kovalente Bindungen mit vier Nachbarn zu einer stabilen Gitterstruktur. Dabei entstehen Energiebänder. Legt man ein elektrisches Feld an, werden die Elektronen in ein Band gehoben, in dem sie beweglich sind, und das Element wird leitfähig wie ein Metall.

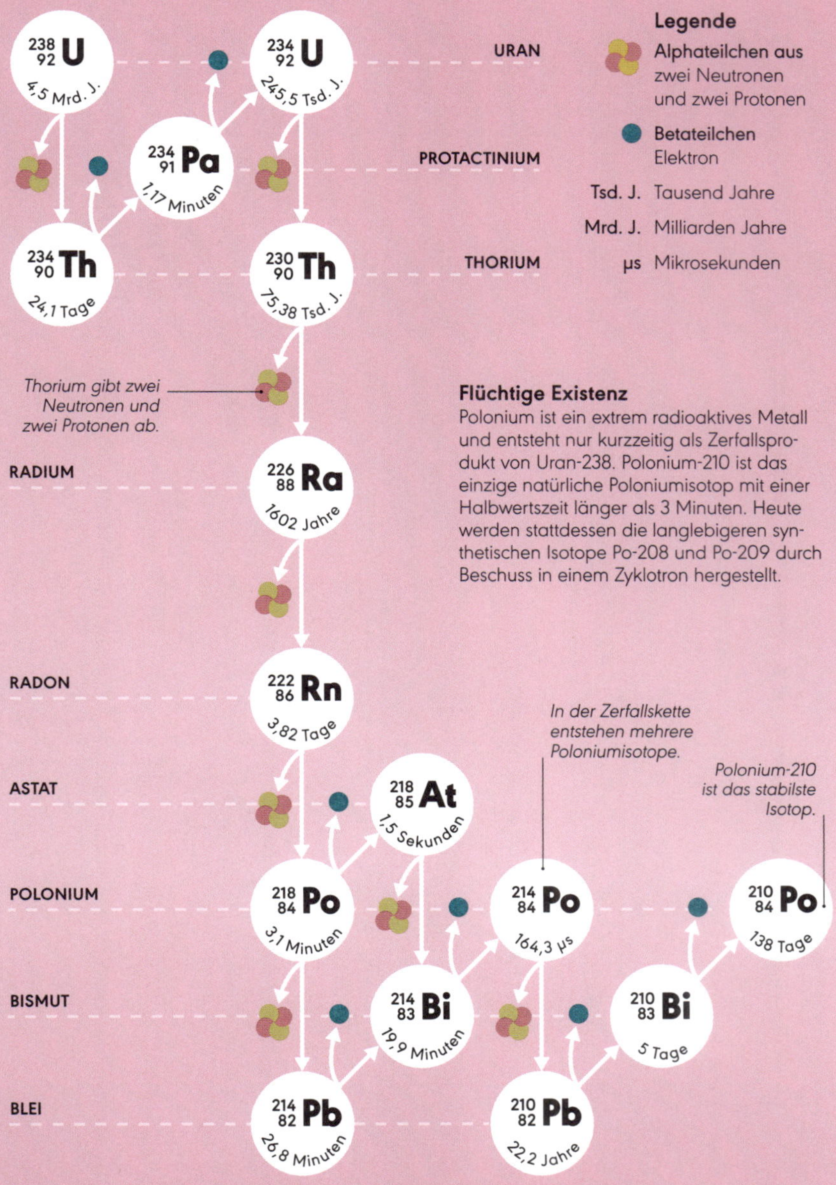

Flüchtige Existenz
Polonium ist ein extrem radioaktives Metall und entsteht nur kurzzeitig als Zerfallsprodukt von Uran-238. Polonium-210 ist das einzige natürliche Poloniumisotop mit einer Halbwertszeit länger als 3 Minuten. Heute werden stattdessen die langlebigeren synthetischen Isotope Po-208 und Po-209 durch Beschuss in einem Zyklotron hergestellt.

Metall

Po
Polonium

Konfiguration

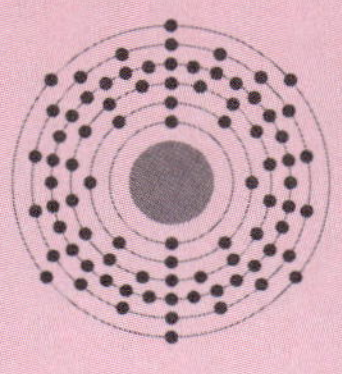

Ordnungszahl
84

Atommasse
Etwa 209

Dichte
9,2 g/cm³

Radius
197 pm

Aggregatzustand
Fest

Schmelzpunkt
254 °C

Entstehung
Kernzerfall

Anteil an der Erdkruste
Spuren

Polonium-210 ist hoch radioaktiv und geht mit einem blauen Leuchten einher, weil es die umgebende Luft ionisiert.

Polonium wurde als erstes Element ausschließlich aufgrund seiner starken Radioaktivität identifiziert. Marie und Pierre Curie isolierten Polonium 1898 aus Uranerz und benannten es nach Maries Heimatland Polen. Für ihre bahnbrechenden Arbeiten erhielten sie 1903 den Nobelpreis für Physik.

Polonium kommt in der Natur nur in Form kurzlebiger radioaktiver Isotope als Zwischenprodukt in den Zerfallsreihen von Uran und Thorium vor. Das langlebigste Polonium-210 aus der Zerfallsreihe von Uran-238 hat eine Halbwertszeit von etwa 138 Tagen. Andere natürliche Isotope haben Halbwertszeiten von Minuten bis Mikrosekunden.

Reines Polonium ist silbrig-grau und wird als Metall eingestuft, da seine elektrische Leitfähigkeit mit steigender Temperatur abnimmt. Die Hauptgefahr besteht in seiner Radioaktivität. Schon die Einnahme eines Milligramms kann tödlich sein; daher wurde es bei einigen staatlichen Attentaten eingesetzt.

Durch seine Alphastrahlung liefert Polonium-210 pro Gramm 140 Watt Wärmeleistung. Daher wurde es anfangs als Energiequelle für Raumsonden erprobt. In modernen Thermogeneratoren – etwa bei den Voyager-Sonden und dem Mars-Rover Curiosity – kommt jedoch das langlebigere Isotop Plutonium-238 zum Einsatz (siehe S. 255).

Reactive Nichtmetall

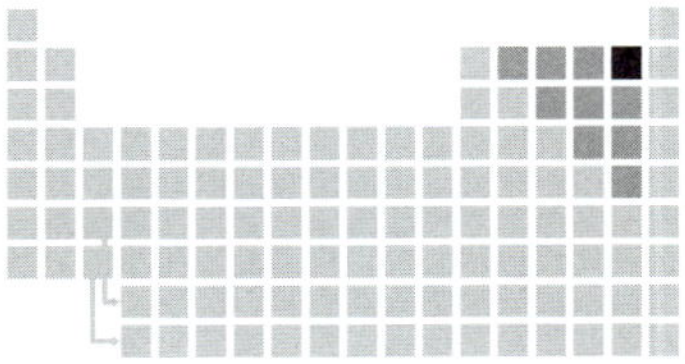

F

Fluor

Elektronenkonfiguration

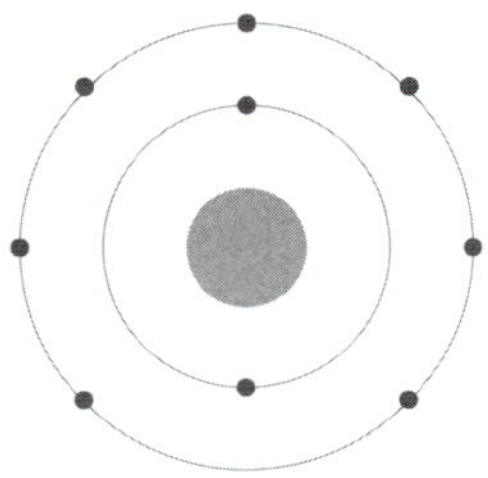

Ordnungszahl
9

Atommasse
19,00

Dichte
1,6 g/L

Radius
135 pm

Aggregatzustand
Gasförmig

Siedepunkt
−188 °C

Entstehung
Supernovae massiver Sterne

Anteil an der Erdkruste
585 ppm

Extrem reaktiv
Aufgrund seiner Toxizität und Reaktivität ist Fluor in seiner reinen Form nur sehr schwer zu lagern. Seine Reaktivität erklärt auch, warum reines Fluor in der Natur nicht vorkommt, sondern sich mit anderen Elementen zu Mineralen wie Fluorit, Kryolith und Topas verbindet.

Verunreinigungen gibt Fluorit verschiedene Farben, darunter Blau.

FLUORIT (FLUSSSPAT)

Das seltene Mineral ist weiß oder durchscheinend und in Wasser fast unsichtbar.

KRYOLITH

Dieser Edelstein bildet typischerweise farblose, graue, goldgelbe oder blassbraune Kristalle.

TOPAS

FLUORGAS MIT STICKSTOFF

Reines Fluor löst Glas auf, aber in Verbindung mit Stickstoff kann man es in Glasgefäßen aufbewahren; in reinem Zustand ist es hellgelb.

In seiner reinen Form frisst sich dieses giftige, hochreaktive Element durch Stahl und Glas und zersetzt rasch Gummi und Holz. Nur die Edelgase Helium, Neon und Argon können einer Bindung mit Fluor widerstehen.

Die Isolierung von Fluor war historisch eines der gefährlichsten Probleme in der anorganischen Chemie. Bei Raumtemperatur ist Fluor ein blassgelbes, hochgiftiges Gas. Fluor ist das elektronegativste Element im Periodensystem: Es übt eine extrem starke Anziehungskraft auf Elektronen aus. Zudem haben Fluoratome relativ kleine Atomradien. Aus diesen beiden Gründen ist reines Fluor sehr reaktionsfreudig. Bringt man es mit anderen Stoffen zusammen, vor allem mit Wasserstoff, neigt es zu gefährlichen Explosionen. Fluor ist sehr flüchtig und entwickelt gefährliche Dämpfe. Daher wurden viele Wissenschaftler im 19. Jh. zu »Fluormärtyrern« , als sie versuchten, das Element aufzuspüren.

Fluormärtyrer

Der belgische Chemiker Paulin Louyet starb 1850 durch das Einatmen von Fluordämpfen. Humphry Davy, Joseph Louis Gay-Lussac und Louis Thénard erlitten Schäden durch die Einwirkung von Fluor. Der englische Chemiker George Gore isolierte 1869 eine kleine Menge Fluorgas, das dann aber explodierte und Teile seines Labors zerstörte.

Erst 1886 gelang dem französischen Chemiker Henri Moissan, eine Probe reinen Fluors herzustellen, indem er Strom durch eine flüssige Mischung aus Kaliumfluorid und Flusssäure (Fluorwasserstoff) leitete. Für diese Leistung erhielt er 1906 den Nobelpreis für Chemie. Moissans wichtigste Innovation war ein Apparat aus Platin, einem der wenigen Metalle, die dem Angriff des hochreaktiven Fluors widerstehen. Zudem kühlte er die Lösung auf −50 °C ab, um die Korrosion zu begrenzen. Dieses chemische Verfahren wird auch heute noch zur Herstellung von Fluor verwendet.

Metallbearbeitung

Schon lange bevor das Element im Labor isoliert wurde, kannten Metall-

WIE FLUORIDIONEN (F^-) ENTSTEHEN

Ein Fluoratom hat nur eine volle Elektronenhülle, die die Anziehungskraft des Kerns abschirmt, sodass Fluoratome stark Elektronen anziehen und leicht F^--Ionen bilden. Nur ein weiteres Elektron ist nötig, um die zweite Elektronenschale zu füllen und eine stabile Konfiguration mit voller Schale zu erreichen.

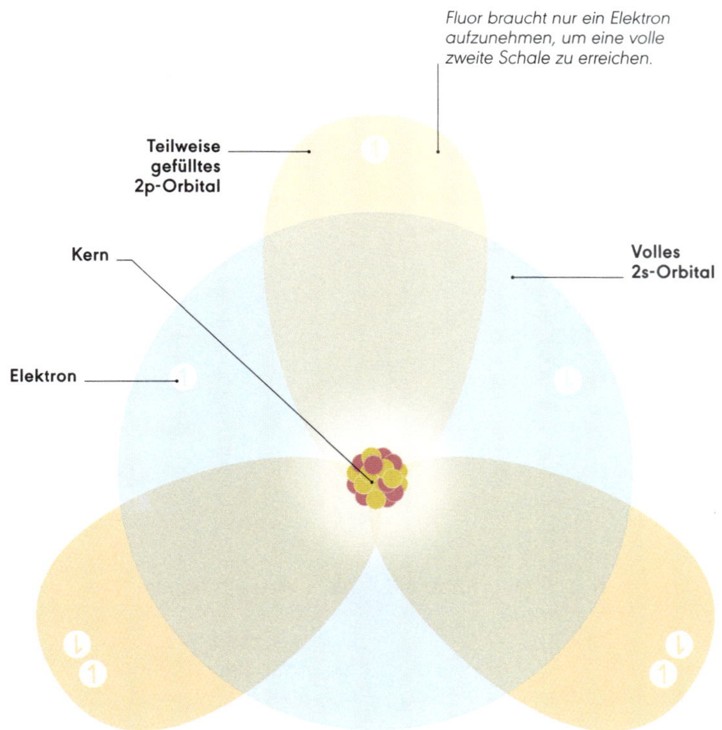

Fluoratom

Fluoratome haben sieben Valenzelektronen: zwei im 2s-Orbital und fünf verteilt auf die 2p-Orbitale. Jedes Atom muss also nur ein weiteres Elektron in einem der 2p-Orbitale gewinnen, um eine stabile Konfiguration zu erreichen.

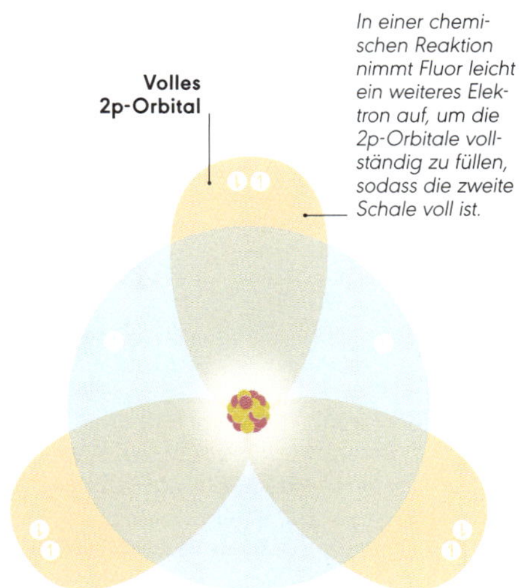

Fluorid-Ion (F^-)

Das Fluoridion hat eine vollständig gefüllte zweite Elektronenschale, was ihm eine stabile Konfiguration wie bei einem Edelgas verleiht. Das 2s-Orbital und die drei 2p-Orbitale sind alle vollständig gefüllt und enthalten jeweils ein Elektronenpaar.

DIE HOHE REAKTIVITÄT VON FLUOR

Das sehr elektronegative Fluor bildet leicht Verbindungen mit anderen Elementen. Ein Beispiel ist Natriumfluorid, das oft in Zahnpasta enthalten ist. Es ist eine ionische Verbindung. Ein Fluoratom hat sieben Elektronen in seiner äußersten Schale. Für eine ionische Bindung gibt Natrium ein Elektron aus seiner Valenzschale an ein Fluoratom ab, wodurch ein Fluoridion mit einer stabilen Oktettkonfiguration mit acht Elektronen in der Valenzschale entsteht. Diese starke Neigung, ein Elektron aufzunehmen, macht Fluor sehr reaktiv.

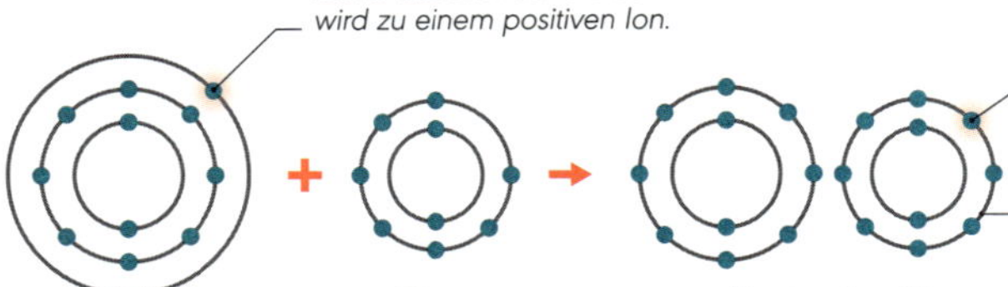

FLUOR ALS ARZNEIMITTEL

Die Kohlenstoff-Fluor-Bindung ist eine der stärksten kovalenten Einfachbindungen in der Chemie. Das nutzt man in Arzneimitteln, etwa einigen Antidepressiva, Antibiotika, Krebsmedikamenten und HIV-Inhibitoren. Sie enthalten organische Verbindungen mit Kohlenstoff-Fluor-Bindungen. Unser Körper baut sie nur langsam ab, sodass die Medikamente länger wirksam bleiben. Außerdem lösen sich diese Substanzen relativ leicht in Körperfetten auf.

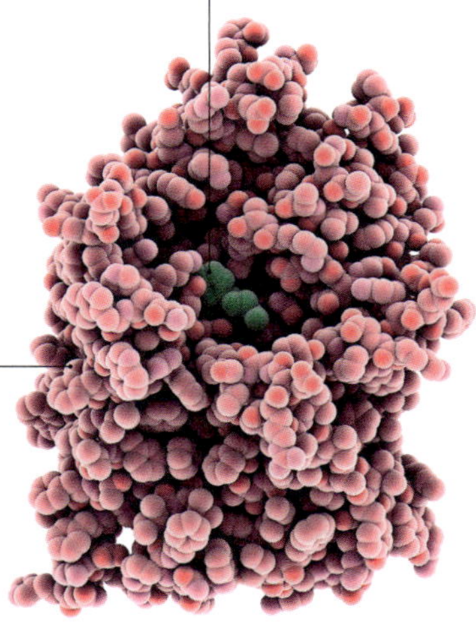

Fluoxetin
Fluoxetin (Handelsname: Prozac) ist ein Antidepressivum. Es hemmt den Serotonintransporter, ein Protein im Gehirn, das für die Entfernung (»Wiederaufnahme«) des stimmungsregulierenden Neurotransmitters Serotonin sorgt. Dadurch steht mehr Serotonin für die Übertragung von Nervensignalen zur Verfügung.

VERWENDUNG VON FLUOR

Fluor begegnet uns immer, wenn wir die Zähne putzen oder Essen zubereiten. Fluoride sind in Dentalprodukten und in Alltagsgegenständen enthalten, von antihaftbeschichteten Pfannen und wasserdichter Kleidung bis hin zu Medikamenten und Anästhetika.

ARZNEIMITTEL
Medikamente, etwa zur Behandlung von Depressionen, zur Senkung des Cholesterinspiegels und zur Abtötung von Bakterien, enthalten Fluor, dessen stabile kovalente Bindungen der Körper nur langsam abbaut.

TEFLON
Als Forschende 1938 ein Fluorchlorkohlenwasserstoff-Kältemittel entwickeln wollten, schufen sie versehentlich ein Antihaft-Polymer, das heute in Kochgeschirr, in der Luft- und Raumfahrt und als Klebeband verwendet wird. Polytetrafluorethylen, Handelsname Teflon, ist wegen der starken Kohlenstoff-Fluor-Bindungen nicht reaktiv.

schmiede den Wert von Fluor. Sie nutzten das fluorreiche Mineral Fluorit oder Flussspat als Flussmittel bei der Gewinnung von Metallen aus Erzen durch Erhitzen auf hohe Temperaturen. Ein Flussmittel ist ein Stoff, der die Fließfähigkeit erhöht und Verunreinigungen entfernt. Flussspat macht die Schlacke dünnflüssiger, sodass sie leichter vom Nutzmetall getrennt werden kann. Der Mineralname Fluorit leitet sich vom lateinischen *fluere* (»fließen«) ab, und als man aus Flussspat oder Fluorit später ein neues Element isolierte, wurde es entsprechend Fluor genannt.

Leuchtende Stoffe

Auch das Wort »Fluoreszenz« leitet sich von Fluorit ab, da das Mineral unter unsichtbarer ultravioletter Strahlung (UV) sichtbares Licht verschiedener Farbe abgibt. Dieses Phänomen geht auf Verunreinigungen im Fluorit zurück, etwa Metalle wie Mangan oder Lanthanoide wie Cer. Wenn ein Ion dieser Stoffe ein Photon im UV-Bereich absorbiert, wird ein Teil der Energie an umliegende Atome als Wärme abgegeben. Daher ist die Energie des emittierten Lichts niedriger, seine Wellenlänge ist länger und liegt nun im sichtbaren Bereich. Die Veränderung der Wellenlänge nennt man Stokes-Verschiebung nach dem irischen Physiker George Stokes, der diese Regel 1852 fand. Neben Fluorit kommt Fluoreszenz auch in anderen Mineralen wie Kalzit und Apatit vor, ebenfalls aufgrund von Verunreinigungen im Kristallgitter. Fluoreszenz ist in der Biologie und der Che-

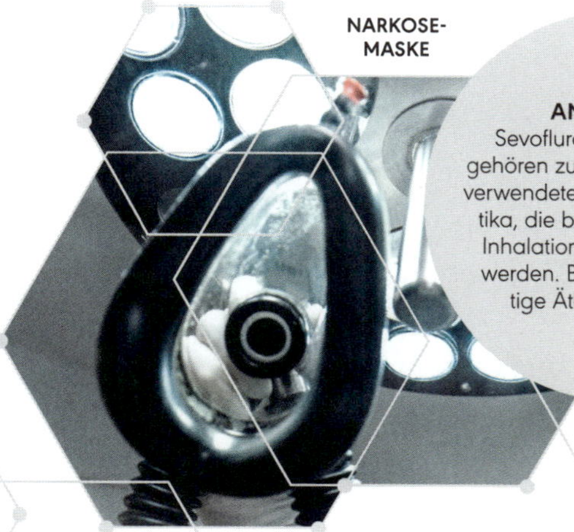

ANÄSTHESIE
Sevofluran und Desfluran gehören zu den am häufigsten verwendeten volatilen Anästhetika, die bei Operationen als Inhalationsgase verabreicht werden. Beide sind fluorhaltige Ätherchemikalien.

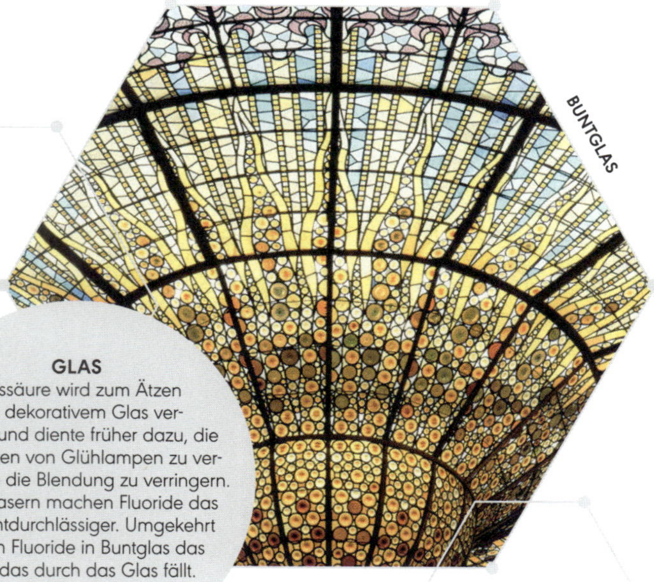

GLAS
Flusssäure wird zum Ätzen von dekorativem Glas verwendet und diente früher dazu, die Innenseiten von Glühlampen zu vereisen, um die Blendung zu verringern. In Glasfasern machen Fluoride das Glas lichtdurchlässiger. Umgekehrt streuen Fluoride in Buntglas das Licht, das durch das Glas fällt.

KÄLTEMITTEL
Die ozonschädigenden Fluorchlorkohlenwasserstoffe (FCKW), die früher in Kühlschränken verwendet wurden, sind durch das sicherere Tetrafluorethan ersetzt worden.

WASSERDICHTE STOFFE
Fluorpolymere werden in wasserdichten, winddichten und atmungsaktiven Hochleistungskunststoffen für Kleidung und Schuhe verwendet. Diese Materialien können jedoch in der Umwelt sehr langlebig sein.

ZAHNSCHMELZ
Fluorid ist ein für Tiere und Menschen lebenswichtiges Ion, das Zähne und Knochen stärkt. Daher wird es in einigen Gebieten der Wasserversorgung zugesetzt. Ein Fluoridgehalt von 0,7 bis 1,2 ppm (Teilchen pro Million) im Trinkwasser hilft, Karies vorzubeugen.

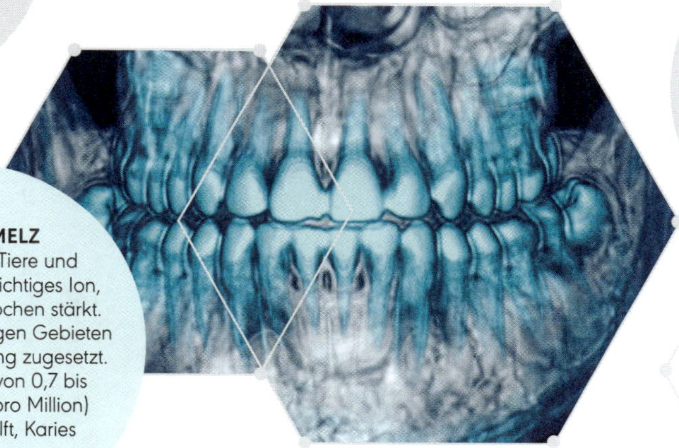

mie nützlich, um Moleküle zu markieren und so die Aktivität in lebenden Zellen sichtbar zu machen. Man erreicht dies mithilfe des grün fluoreszierenden Proteins (GFP), das in einigen Quallen vorkommt.

Radioaktives Fluor

Fluor hat nur ein natürlich vorkommendes Isotop, Fluor-19. Fluor-18 ist ein künstlich hergestelltes radioaktives Isotop. Es sendet Positronen aus und wird in der Medizin als Radiotracer in der Positronen-Emissions-Tomographie (PET) verwendet, einem bildgebenden Verfahren. Fluor wird von den verschiedenen Körpergeweben verschieden stark aufgenommen, sodass man durch die Messung der Positronenstrahlen den Blutfluss und die Funktion von Organen dreidimensional abbilden kann.

Leben und Tod

Fluor ist äußerst giftig. Bei Tieren und Menschen verursacht es Reizungen der Augen und der Atemwege sowie Schäden an Leber und Nieren und führt bereits in deutlich geringerer Konzentration zum Tod als Blausäure.

Andererseits geht Fluor starke Bindungen mit Kohlenstoff ein und bildet fluororganische Stoffe, die für lebensrettende Medikamente (siehe oben links) wichtig sind, etwa zur Behandlung von Lungen- und Brustkrebs, zur Hemmung des HIV-Virus und zur Bekämpfung von Bakterien, die gegen Antibiotika resistent sind.

Edelgas

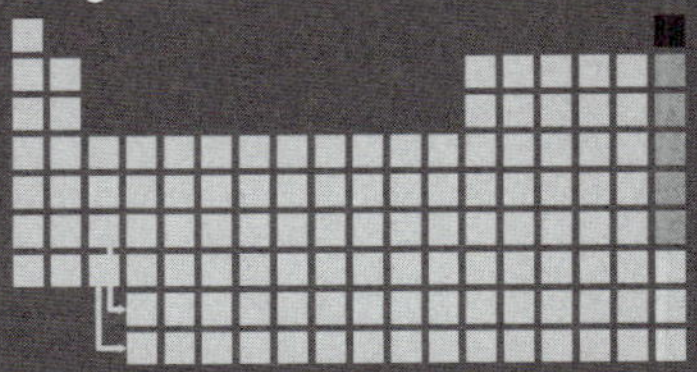

He

Helium

Elektronenkonfiguration

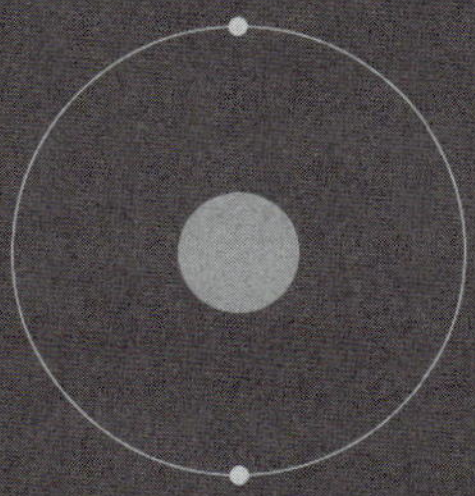

Ordnungszahl
2

Atommasse
4,00

Dichte
0,2 g/l

Radius
140 pm

Aggregatzustand
Gasförmig

Siedepunkt
−269 °C

Entstehung
Urknall-Nukleosynthese

Anteil an der Erdkruste
0,008 ppm

Uranerze setzen durch radioaktiven Zerfall Helium frei.

URANINIT

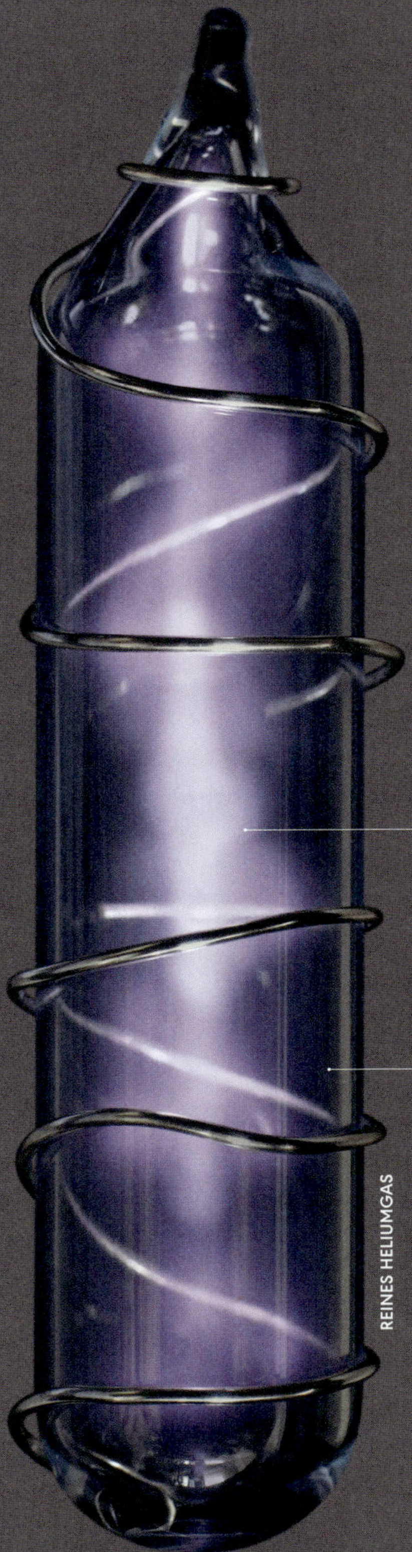

Bei hohen Temperaturen wird Heliumgas zu einem Plasma (aus geladenen Ionen oder Elektronen), das violett leuchtet.

Reines Helium ist sehr reaktionsarm.

REINES HELIUMGAS

Überall vorhanden

Helium ist ein farb-, geruch- und geschmackloses Gas, das im Universum nach Wasserstoff am häufigsten vorkommt. Auf der Erde ist es selten und entsteht durch radioaktiven Zerfall in uran- und thoriumhaltigen Mineralen wie Uraninit. Da es so leicht und unreaktiv ist, entweicht Helium leicht aus der Atmosphäre in den Weltraum.

Der größte Teil des Heliums im Universum entstand in den ersten Minuten nach dem Urknall, als Protonen und Neutronen unter extrem heißen und dichten Bedingungen miteinander verschmolzen.

Helium wurde erstmals von dem englischen Astronomen Joseph Norman Lockyer vermutet, nachdem er 1868 eine Anomalie im Sonnenspektrum beobachtet hatte: eine helle gelbe Linie, die keinem bekannten Element entsprach. Er folgerte, dass es ein neues, auf der Erde unbekanntes Element sei, und benannte es nach dem griechischen Wort *helios* (»Sonne«). Auch der französische Astronom Pierre Janssen hatte die starke gelbe Linie gesehen, aber für Natrium gehalten. Heute, 13,8 Milliarden Jahre nach dem Urknall, macht Helium etwa 23 % der Masse des Universums aus. Helium entsteht weiter durch Kernfusion in Sternen.

Oben und unten

Dass Helium auch auf der Erde existiert, entdeckte der schottische Chemiker William Ramsay im Jahr 1895. Im Jahr zuvor hatte er das erste Edelgas, Argon, identifiziert. Nun untersuchte er das Gas, das entstand, wenn er eine Probe von Cleveit, einer Varietät des radioaktiven Uranerzes Uraninit, mit Schwefelsäure kochte. Neben Argon wies er ein neues Gas durch eine hellgelbe Spektrallinie nach, die derjenigen entsprach, die Lockyer und andere in der Sonne beobachtet hatten. Die Existenz von Helium war damit bestätigt.

Bis 1925 ahnte jedoch niemand, wie viel Helium es wirklich gibt. Die Erkenntnis, dass Helium in Sternen reichlich vorhanden ist, stammt von Cecilia Payne, einer in Großbritannien geborenen US-amerikanischen Astrophysikerin. In ihrer Doktorarbeit zeigte sie, dass die Sonne und andere Sterne hauptsächlich aus Wasserstoff und Helium bestehen, was der damaligen Mehrheitsmeinung widersprach. Die spektralen Absorptionslinien zeigten Silizium, Kohlenstoff und andere Elemente ungefähr in Mengenverhältnissen wie auf der Erde, was den gängigen Vorstellungen entsprach. Payne erkannte aber, dass die Stärke dieser Linien nicht die Häufigkeit der Elemente widerspiegelt, sondern vor allem ihren stark temperaturabhängigen Ionisationsgrad. Durch Anwendung der Saha-Ionisationsgleichung konnte

WARUM IST HELIUM UNREAKTIV?

Helium hat nur eine Schale mit einem vollständig gefüllten 1s-Orbital mit zwei Valenzelektronen. Da das Atom keine Elektronen aufnehmen oder abgeben muss, um eine volle Schale zu erreichen, geht es nicht leicht Bindungen mit anderen Heliumatomen oder anderen Atomen ein, sodass es nicht reaktiv ist. Der Heliumkern ist identisch mit einem radioaktiven Zerfallsprodukt, dem Alphateilchen. Ein Alphateilchen kann zum Heliumatom werden, wenn es Elektronen einfängt.

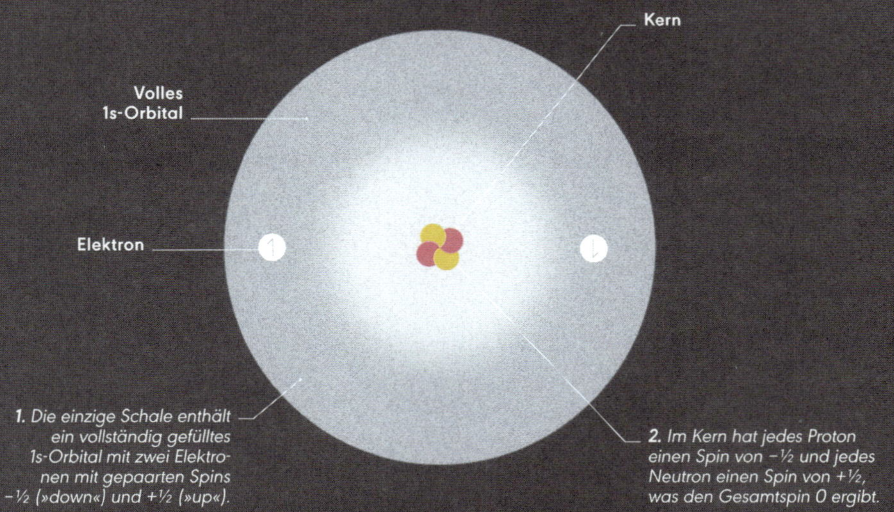

Heliumatom
Aufgrund seiner stabilen, abgeschlossenen Schalenkonfiguration tauscht ein Heliumatom nicht ohne Weiteres Elektronen aus, was für kovalente und ionische Bindungen erforderlich wäre. Daher bleiben Heliumatome ungebunden und haben untereinander nur eine schwache interatomare Anziehungskraft, sodass Helium bis zu sehr tiefen Temperaturen ein Gas ist.

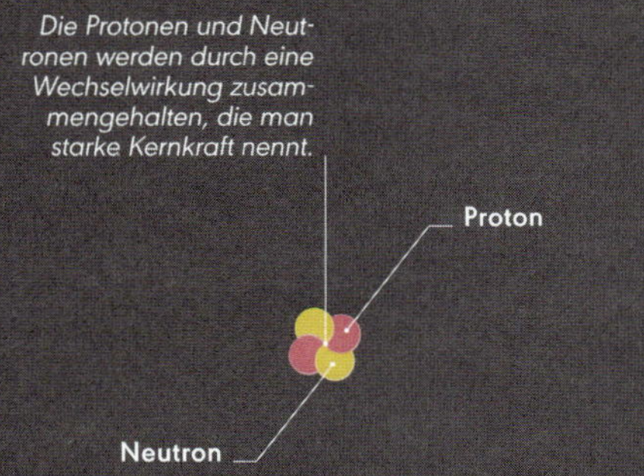

Alphateilchen
Ein Alphateilchen ist ein Typ extrem gefährlicher Strahlung, die von einigen schweren Elementen beim Zerfall abgegeben wird. Es besteht aus zwei Protonen und zwei Neutronen, genau wie ein Heliumkern. Nach seiner Emission kann ein Alphateilchen zwei Elektronen aus der Umgebung einfangen und zum Heliumatom werden.

HELIUM IN RADIOAKTIVEN GESTEINEN

Helium entsteht in der Erdkruste durch den natürlichen radioaktiven Zerfall von Elementen wie Uran und Thorium. Diese schweren Elemente entstanden vor der Entstehung der Erde, sind jedoch nicht stabil und unterliegen daher einem radioaktiven Zerfall. Uran-238 zerfällt in erster Linie durch die Freisetzung eines Alphateilchens (siehe S. 225).

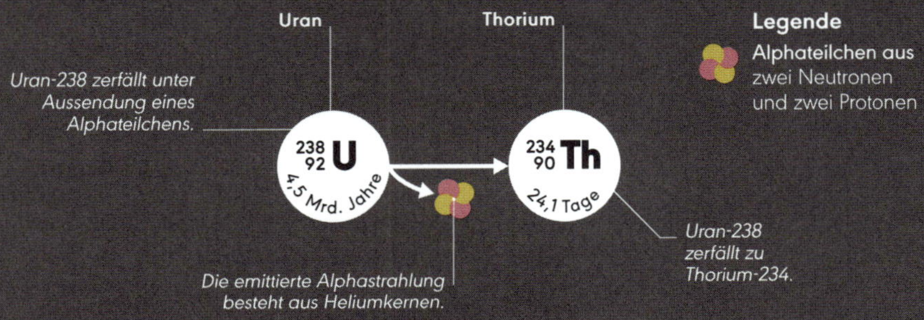

HELIUM IN STERNEN

Im Kern der Sonne und anderer Sterne fusionieren (verschmelzen) Wasserstoffisotope zu einem Heliumatom und einem Neutron. Die Masse des Heliumatoms ist geringer als die Gesamtmasse der Ausgangsstoffe; die Restmasse wird in Energie (Strahlung und Wärme) umgewandelt. Wenn der Wasserstoff aufgebraucht ist, zieht sich der Kern des Sterns zusammen und erhitzt sich dabei. Bei genügend hoher Temperatur verschmelzen dann auch Heliumkerne beim sogenannten Heliumbrennen zu schwereren Elementen wie Kohlenstoff und Sauerstoff.

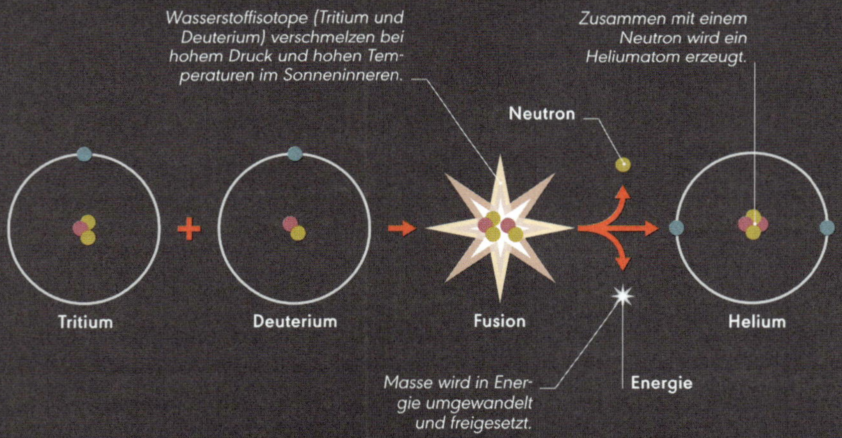

VERWENDUNG VON HELIUM

Helium-Partyballons sind beliebt und lustig, aber das Gas hat viele weitere Anwendungen. Der extrem niedrige Siedepunkt ermöglicht das Kühlen von supraleitenden Magneten, und die geringe Dichte und Reaktionsträgheit sind beim Tauchen und in der Fertigung nützlich.

sie nachweisen, dass Wasserstoff und Helium trotz ihrer schwachen Linien in weitaus größerer Menge vorhanden sind als alle anderen Elemente. Heute wissen wir, dass Wasserstoff in Sternen zu Helium fusioniert und dabei Energie freisetzt. In späteren Stadien der Sternentwicklung fusioniert Helium weiter zu schwereren Elementen (siehe oben).

Niedriger Gefrierpunkt

Wie andere Edelgase ist Helium farb-, geruch- und geschmacklos und nicht reaktiv. Es hat neun Isotope, aber nur Helium-3 und Helium-4 sind stabil. Die anderen sind radioaktiv und zerfallen schnell. Helium hat den niedrigsten Siedepunkt aller Elemente, denn es liegt als stabile Einzelatome mit nur schwachen zwischenmolekularen Kräften vor, die leicht zu brechen sind. Auch der Gefrierpunkt ist der niedrigste aller bekannten Stoffe. Es ist das einzige Element, das man bei Atmosphärendruck nicht durch Abkühlung verfestigen kann. Flüssiges Helium muss man unter −272 °C einem hohem Druck aussetzen, bevor es fest wird. Auch dies geht teils auf die schwachen zwischenmolekularen Kräfte zurück, die es schwierig machen, Heliumatome miteinander zu verbinden.

Einsteins Vorhersage

1924 sagte Einstein, aufbauend auf den Arbeiten des indischen Physikers Satyendranath Bose, voraus, dass Bosonen (Teilchen mit ganzzahligem Quantenspin) bei extrem tiefer Temperatur einen neuen Zustand mit seltsamen

HELIUMGEFÜLLTE BALLONS

PARTYBALLONS
Helium ist ideal zum Füllen von Ballons, da es leichter als Luft, ungiftig und nicht brennbar ist. Einige moderne Luftschiffe verwenden Helium auch als Traggas.

LARGE HADRON COLLIDER (LHC)

KERNPHYSIK
Der Large Hadron Collider (LHC) am Kernforschungszentrum CERN beschleunigt Teilchen mit riesigen supraleitenden Magneten. Um die für die Supraleitung nötigen Tiefsttemperaturen aufrechtzuerhalten, hat die Anlage ein mit flüssigem Helium gefülltes Kühlsystem.

GLASFASER
Helium bietet eine inerte Atmosphäre, in der hoch präzise faseroptische Komponenten hergestellt werden.

MEDIZINISCHE BILDGEBUNG
Wasserstoffkerne sind magnetisch und machen zwei Drittel des Körpers aus. Flüssiges Helium kühlt die supraleitenden Magnete in einem MRT-Scanner. Ihr enormes Magnetfeld regt die Wasserstoffkerne an, um so das Körperinnere abzubilden.

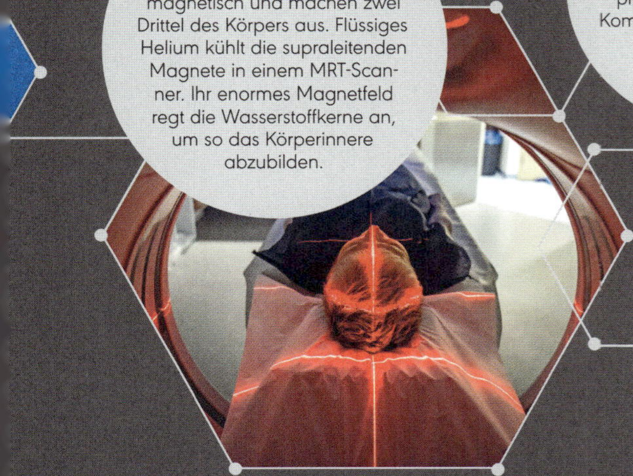

MRT-SCANNER

MIKROSKOPE
Ein Heliumionen-Mikroskop ist ein fortschrittliches Bildgebungsinstrument, das mit einem Strahl von Heliumionen eine Oberfläche abtastet. Mit einer größeren Empfindlichkeit als herkömmliche Elektronenmikroskope kann man im Nanomaßstab hochauflösende Bilder von empfindlichen Proben machen.

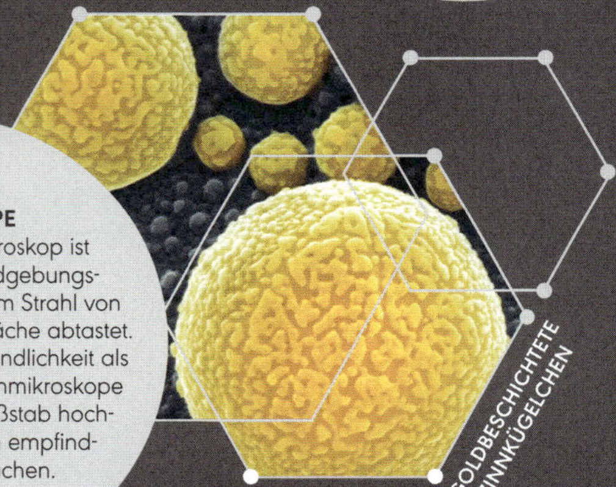

GOLDBESCHICHTETE ZINNKÜGELCHEN

Eigenschaften bilden: das Bose-Einstein-Kondensat. Helium-4 hat zwei Protonen mit einem Quantenspin von −½ und zwei Neutronen mit einem Spin von ½, also Gesamtspin 0, was es zu einem Boson macht. Helium-4 war eines der ersten Beispiele, bei dem die Bose-Einstein-Kondensation beobachtet wurde, anhand der Superfluidität.

Superfluidität

Bei niedrigen Temperaturen zeigt Helium-4 Superfluidität, eine Eigenschaft, die bei einigen Bose-Einstein-Kondensaten auftritt. Dieses Quantenphänomen verhindert, dass Helium zu einer gefrorenen Form erstarrt, vielmehr fließt es ohne Reibung und ohne Viskosität. Daher kann es an den Wänden eines Behälters hochkriechen. Der sowjetische Physiker Pjotr Kapiza dokumentierte dieses Phänomen erstmals im Jahr 1937. Superfluide leiten Wärme gut, fließen gegen die Schwerkraft und bewegen sich ohne Energieverlust.

Zur Neige gehen

Helium ist eine nicht erneuerbare Ressource. Es kann nicht aus der Luft gewonnen werden, sondern aus Ablagerungen in der Erdkruste, die sich über Jahrmillionen durch radioaktiven Zerfall gebildet haben. Der Heliumbedarf steigt in der Medizin und der Industrie, vor allem zur Kühlung supraleitender Magnete. Man braucht es auch für die Herstellung elektronischer High-Tech-Komponenten und die Entwicklung der Quantencomputerforschung.

Edelgas

Ar

Argon

Elektronenkonfiguration

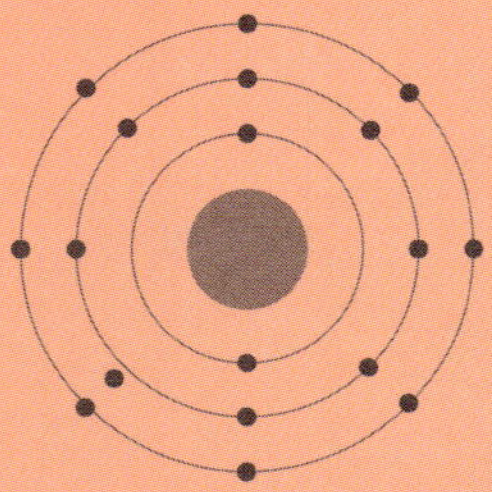

Ordnungszahl
18

Atommasse
39,95

Dichte
1,6 g/l

Radius
188 pm

Aggregatzustand
Gasförmig

Siedepunkt
−186 °C

Entstehung
Supernovae

Anteil an der Erdkruste
3,5 ppm

Verräterische Spuren
Argon ist farb-, geruch- und geschmacklos, strahlt aber bei Stromfluss ein blassviolettes Licht aus. Es ist in der Erdatmosphäre reichlich vorhanden und kommt auch auf dem Mars vor. Einige Meteoriten enthalten ungewöhnlich viel Argon, und zwar ähnliche Werte wie Gesteine auf dem Mars: Diese Meteoriten stammen vom Mars!

Dieser Marsmeteorit enthält Argon.

METEORIT ELEPHANT MORAINE EETA 79001

Argon in einer Glaskugel eingeschlossen

REINES ARGON

Argon strahlt ein blassviolettes Licht aus, wenn Strom hindurchfließt.

Dieses farblose Gas ist so reaktionsarm, dass sein Name vom griechischen Wort *argos* (»träge«) abgeleitet ist. Aufgrund seiner geringen Reaktivität ist es für inerte Atmosphären in industriellen Prozessen nützlich.

1785 vermutete der englische Forscher Henry Cavendish erstmals, dass Luft eine inerte Komponente enthält: Etwa 1% der Luft reagierte unter keinerlei Bedingung, so sehr er sich auch bemühte.

Über ein Jahrhundert später, im Jahr 1894, gingen die britischen Wissenschaftler Lord Rayleigh und William Ramsay einem ähnlichen Rätsel nach: Warum war der aus Luft extrahierte Stickstoff stets etwas dichter als der aus der Zersetzung von Ammoniak gewonnene? Als Ramsay aus der dichteren Probe chemisch allen Stickstoff entfernte, erhielt er ein Gas. Es war inert und sein Spektrum zeigte rote und grüne Linien, die zu keinem bekannten Element passten. Es handelte sich also um ein neues Element, das sie Argon nannten.

Nach Stickstoff und Sauerstoff ist Argon das dritthäufigste Gas in der Luft. Es entsteht auf der Erde durch den Zerfall von Kalium-40. Da es so wenig reaktiv ist, sammelt es sich mit der Zeit in der Atmosphäre an. Aus dem Verhältnis zwischen Kalium-40 und Argon-40 in Gesteinen lässt sich deren Alter bestimmen. So konnten Archäologen frühmenschliche Fossilien und Steinwerkzeuge aus der Olduvai-Schlucht in Tansania auf ein Alter von etwa 1,8 Millionen Jahre datieren.

Mit Argon gefüllte Leuchtstoffröhren leuchten lila, mit einer zusätzlichen kleinen Menge Quecksilberdampf heller blau. Argon ist das in der Industrie am häufigsten verwendete Edelgas – vor allem bei der Stahlherstellung, beim Schweißen und bei der Herstellung von Titan und anderen Stoffen, die mit Luft reagieren würden. Doppelglasfenster sind oft mit Argon gefüllt, da es Wärme langsamer leitet als Luft.

ANWENDUNGEN VON ARGON

Als inertes Gas ist Argon für das industrielle Schweißen wertvoll. Seine geringe Wärmeleitfähigkeit ist ebenfalls nützlich, und der radioaktive Zerfall, durch den Argon entsteht, macht es zu einer guten geologischen Uhr.

GESTEINSDATIERUNG
Durch Bestimmung des Verhältnisses von Kalium-40 zu Argon-40 in Gestein kann man mithilfe der bekannten Halbwertszeit von Kalium-40 das Alter des Gesteins schätzen. Im Jahr 2013 datierte das Roboterfahrzeug Curiosity auf diese Weise Bohrkerne aus Marsgestein.

TAUCHEN
Da Argon ein schlechter Wärmeleiter ist, wird es häufig zum Aufblasen von Trockentauchanzügen verwendet, um Tauchern in kaltem Wasser eine Wärmeisolierung zu bieten.

STABILE ATMOSPHÄRE
Argon bietet eine schützende, inerte Umgebung, die Oxidation verhindert und Verunreinigungen beim Schweißen von Metallen wie Aluminium reduziert.

Edelgas

Kr

Krypton

Elektronenkonfiguration

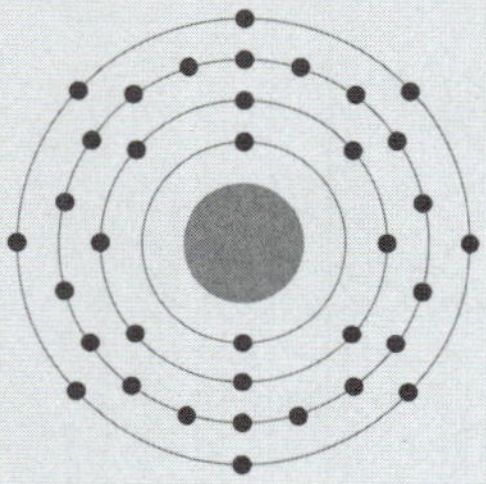

Ordnungszahl
36

Atommasse
83,80

Dichte
3,4 g/l

Radius
202 pm

Aggregatzustand
Gasförmig

Siedepunkt
−153 °C

Entstehung
Supernovae massiver Sterne

Anteil an der Erdkruste
0,0001 ppm

Die verschlossene Glaskugel enthält Kryptongas.

Reines Krypton kann blauweiß leuchten, wenn ein elektrischer Strom hindurchfließt.

REINES KRYPTON

Verborgen im Offenen

Krypton ist ein farbloses, transparentes Gas ohne Geruch und Geschmack. Es kommt in der Erdatmosphäre vor, und da es relativ dicht ist, entweicht es nicht in den Weltraum. Daher spiegelt sein Vorkommen in der Atmosphäre die Menge wider, die ursprünglich bei der Entstehung der Erde vorhanden war.

Spuren von Krypton sind in der Luft enthalten.

ERDATMOSPHÄRE

Der Name Krypton leitet sich vom griechischen Wort *kryptos* (»verborgen«) ab. Seine Entdecker fanden dieses farblose Gas in einer Probe verflüssigter Luft. Durch einen Verdampfungsprozess konnten sie das Element Krypton isolieren.

1904 erhielt der britische Chemiker William Ramsay den Nobelpreis für Chemie für die Entdeckung einer völlig neuen Gruppe von Elementen: der Edelgase. Nach Helium und Argon entdeckte Ramsay auch Krypton in Luft.

Im Jahr 1898 verflüssigten Ramsay und sein Kollege, der britische Chemiker Morris Travers, Luftproben. Wegen seines relativ hohen Siedepunkts verdampfte Krypton erst lange nach den anderen bekannten Gasen wieder. Die spektroskopische Analyse passte zu keinem bekannten Element. Das Emissionsspektrum weist starke grüne und gelbe Linien auf, aber auch Linien in anderen Farben. Je höher die zugeführte Energie ist, desto mehr atomare Energieübergänge sind möglich und desto mehr Farben werden emittiert. Krypton-Leuchtmittel, die das Gas durch elektrische Entladungen anregen, produzieren daher fast weißes Licht, was für fotografische Zwecke nützlich ist.

Kryptonatome werden nur durch Van-der-Waals-Kräfte zusammengehalten: schwache, kurzreichweitige Anziehung von Atomen oder Molekülen durch kurzzeitige Schwankungen ihrer Elektronendichte. Daher übertragen Kryptonatome nur wenig Wärmeenergie durch Kollisionen: Ihre Wärmeleitfähigkeit ist gering. Krypton ist das leichteste Edelgas, das überhaupt nennenswert Verbindungen bildet, dies aber nur unter bestimmten Umständen. Bei starker elektromagnetischer Anregung und unter Druck reagiert Krypton mit Fluor zu Kryptondifluorid, einem stabilen Kristall. Er kann Pulse kohärenten Ultraviolettlichts aussenden, und Kryptonfluoridlaser sind in der Medizin und der Elektronikfertigung von großem Nutzen.

VERWENDUNG VON KRYPTON

Von heller Beleuchtung bis hin zu Ultraviolettlasern werden die optischen und physikalischen Eigenschaften von Krypton auf vielerlei Weise genutzt. Krypton wird in Hochleistungs-Doppelverglasungen eingesetzt, ist aber schwieriger zu beschaffen und teurer als Argon.

LASER
Mit Argon-Krypton-Lasern werden viele Multicolor-Lasershows produziert. Hochpräzisionslaser, die Kryptonfluoridgas enthalten, emittieren Lichtstrahlen im ultravioletten Bereich, was für die Behandlung von Augenkrankheiten und für minimalinvasive chirurgische Eingriffe nützlich ist.

DOPPEL-VERGLASUNG
Mit seiner geringen Wärmeleitfähigkeit, die sich auf seine schwach gebundenen Atome zurückführen lässt, ist Krypton ein nützliches Isoliergas für doppelt verglaste Fenster.

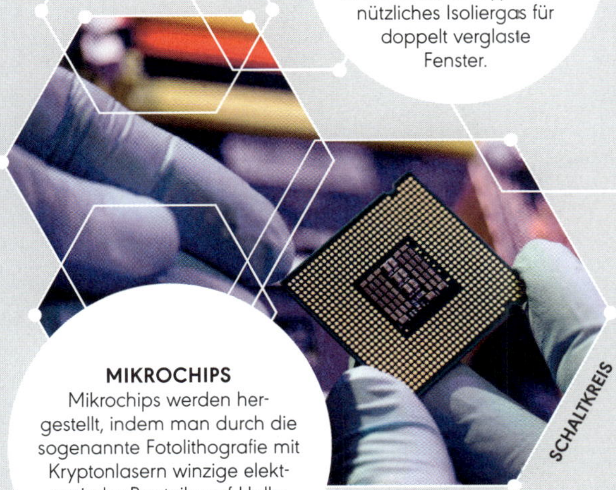

MIKROCHIPS
Mikrochips werden hergestellt, indem man durch die sogenannte Fotolithografie mit Kryptonlasern winzige elektronische Bauteile auf Halbleiterscheiben aufbringt.

PLASMAENTLADUNG
Plasmakugeln knistern mit elektrischen Entladungen, wenn eine Hochspannungselektrode das Kryptongas im Inneren ionisiert.

Edelgas

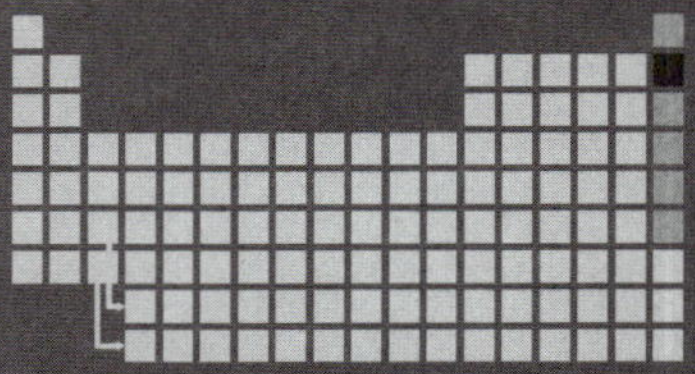

Ne

Neon

Elektronenkonfiguration

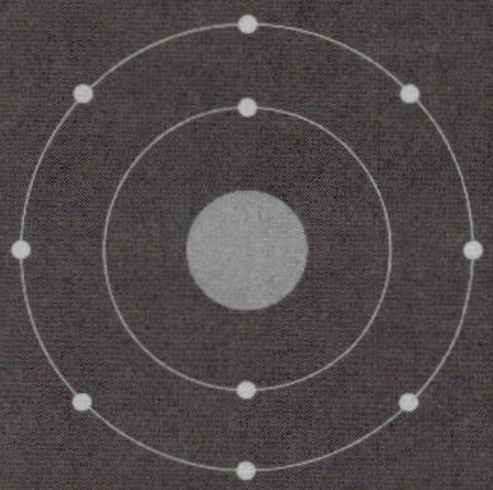

Ordnungszahl

10

Atommasse
20,18

Dichte
0,8 g/l

Radius
154 pm

Aggregatzustand
Gasförmig

Siedepunkt
−246 °C

Entstehung
Supernovae massiver Sterne

Anteil an der Erdkruste
0,005 ppm

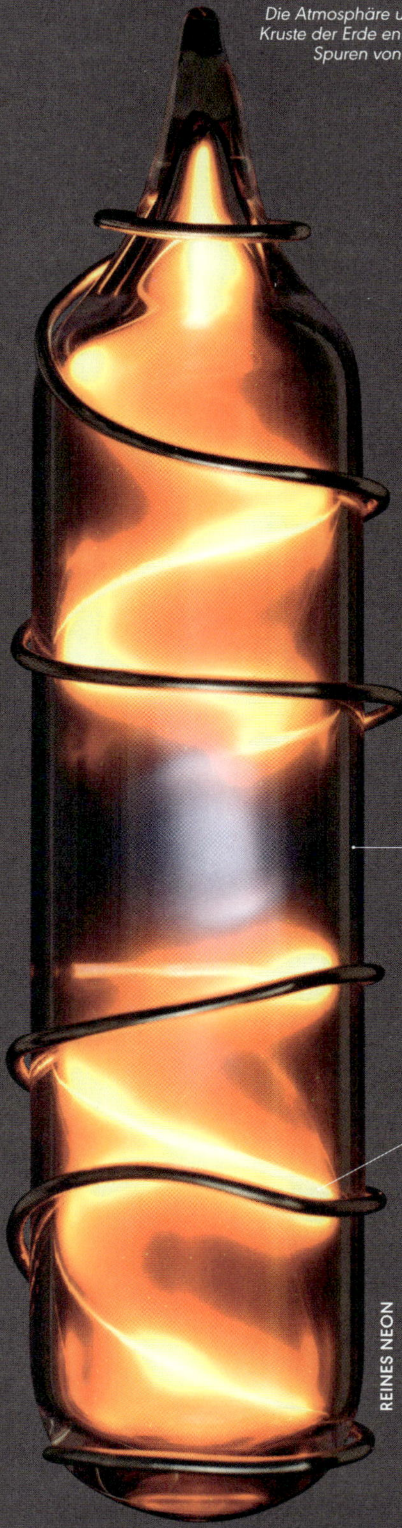

Vulkanisches Gas
Obwohl es das fünfthäufigste Element im Universum ist, kommt Neon auf der Erde nur selten vor. Es gelangt bei Vulkanausbrüchen in die Luft. Neon ist farb-, geschmack- und geruchlos und ist vor allem für sein rotes Leuchten bekannt, wenn Strom hindurchfließt.

Edelgase haben vollständige äußere Elektronenhüllen, sodass sie unter den meisten Bedingungen inert sind. Neon gilt als das reaktionsärmste dieser Gase und damit das reaktionsärmste Element im ganzen Periodensystem.

Eine leuchtend rote Spektrallinie wies erstmals auf die Existenz von Neon hin. 1898 arbeiteten die britischen Chemiker William Ramsay und Morris Travers mit einer aus Luft extrahierten Argonprobe. Sie hofften, neue Elemente zu finden, um Lücken in der entstehenden Gruppe der Edelgase zu schließen. Als sie Argon verdampften, fanden sie zunächst Krypton, das schwerer ist als Argon. Dann fanden sie das leichtere Neon. Ramsay benannte das Gas nach dem griechischen Wort *neos* (»neu«).

Ramsay und Travers stellten fest, dass Neon, wenn es von einem elektrischen Strom durchflossen wurde, karminrot leuchtete. Diese charakteristische rote Emission beruht auf Energieübergängen der Elektronen in den elektrisch angeregten Neonatomen. Das Leuchten nutzt man in der wohl berühmtesten Anwendung des Elements: den leuchtenden Neonschildern.

1987 entdeckte die französisch-schwedische Physikerin Anne L'Huillier, dass das Licht eines Infrarotlasers in einigen Edelgasen besondere Lichtimpulse erzeugt: Oberschwingungen höherer Ordnung mit Frequenzen, die ein Vielfaches der ursprünglichen Laserfrequenz sind, mit einem Bruchteil der ursprünglichen Dauer. Im Jahr 2001 ionisierte der ungarisch-österreichische Physiker Ferenc Krausz Neongas mit einem Laser, der Lichtpulse mit einer Dauer von einer Femtosekunde (einer Billiardstelsekunde) erzeugte. Die Neonionen gaben daraufhin Lichtimpulse ab, die nur Attosekunden (Trillionstelsekunden) dauerten. Solche Attosekundenpulse ermöglichen es heute, Elektronenbewegungen in Atomen und Molekülen während chemischer Reaktionen zeitlich aufzulösen.

VERWENDUNG VON NEON

In seiner bekanntesten Anwendung ist Neon allgegenwärtig: als leuchtend rote Beschilderung in Theatern, Restaurants und anderen Orten des Nachtlebens. Man nutzt es auch als Kältemittel und gemischt mit Helium in Lasern.

NEON-SCHILDER
Neonlichter wurden erstmals 1910 auf dem Pariser Autosalon vorgestellt, nachdem der französische Erfinder Georges Claude ein Patent für mit Niederdruck-Neon gefüllte Glasentladungsröhren angemeldet hatte. Bald waren sie in der ganzen Welt für Leuchtreklamen beliebt.

SCHILDER IN SHANGHAI

HELIUM-NEON-LASER

LASER
Helium-Neon-Laser erzeugen einen roten Lichtstrahl und sind ein zuverlässiges, kostengünstiges Werkzeug, das früher in Barcode-Scannern verwendet wurde und heute noch in Flugzeugnavigationssystemen und Laborvorführungen zum Einsatz kommt.

FLÜSSIGES KÄLTEMITTEL
Im Gemisch mit Helium ist Neon ein wirksames Kältemittel für Experimente in der Teilchenphysik, z. B. im Future Circular Collider am CERN, wo supraleitende Komponenten kryogenisch (auf sehr tiefe Temperaturen) gekühlt werden müssen.

Edelgas

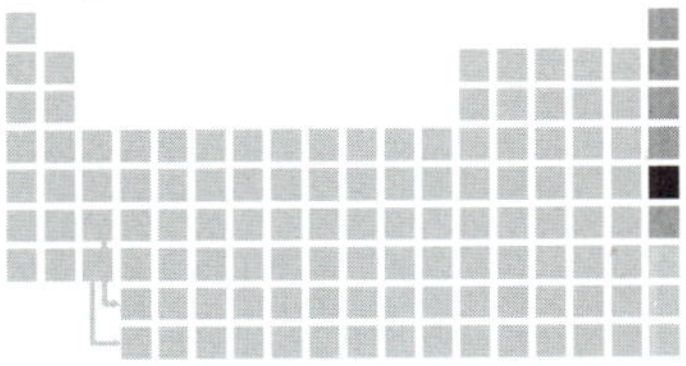

Xe

Xenon

Elektronenkonfiguration

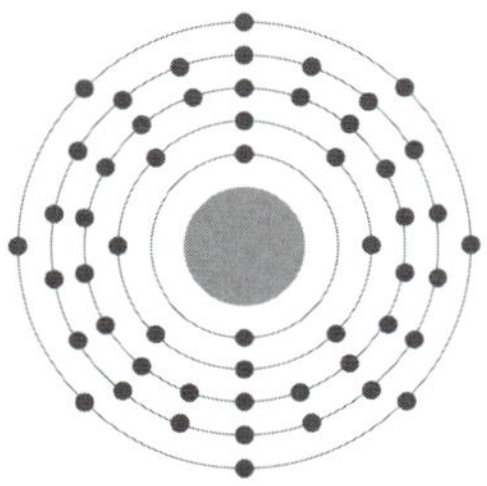

Ordnungszahl
54

Atommasse
131,29

Dichte
5,4 g/l

Radius
216 pm

Aggregatzustand
Gasförmig

Siedepunkt
−108 °C

Entstehung
Neutronensternkollisionen

Anteil an der Erdkruste
0,0003 ppm

REINES XENON

Selten auf der Erde

Xenon ist sichtbar, wenn es von Elektrizität angeregt wird, aber sonst ist es farb- und geruchlos wie die anderen Edelgase. Auf der Erde ist es extrem selten, auf dem Jupiter dagegen viel häufiger.

Die Jupiteratmosphäre hat einen hohen Gehalt an Xenon.

JUPITERATMOSPHÄRE

Die volle äußere Elektronenhülle bedeutet, dass Xenon wie andere Edelgase meist völlig unreaktiv ist, weil sehr viel Energie zum Entfernen eines Elektrons nötig ist. Nur Fluor bildet leicht stabile Verbindungen mit Xenon.

Vulkane und Erdgasvorkommen enthalten winzige Spuren des farblosen Gases Xenon. Das Element wurde jedoch zuerst in der Erdatmosphäre entdeckt, zusammen mit den anderen Edelgasen. Zwischen 1894 und 1898 wiesen die britischen Chemiker William Ramsay und Morris Travers Argon, Krypton und Neon durch fraktionierte Destillation von Luft nach: Sie kühlten Luft zu einer Flüssigkeit ab und trennten dann die Bestandteile nach ihren Siedepunkten. An einem Abend im Juli 1898 destillierten sie mehr Krypton. Als sie schon nach Hause gehen wollten, bemerkten sie eine Gasblase, die im Destilliergerät zurückgeblieben war. Sie fingen die Blase auf und führten sie in eine Vakuumröhre ein, um ihr Spektrum zu untersuchen. Das Gas erzeugte ein wunderschönes blaues Leuchten - es war ein völlig neuer Stoff. Ramsay nannte das Element Xenon, abgeleitet vom griechischen Wort *xenos* (»Fremder, Ausländer, Gast«).

Natürlich vorkommendes Xenon hat sieben stabile Isotope und mehr als 40 radioaktive Isotope. Das in einigen Meteoriten vorkommende Xenon enthält einen großen Anteil an Xenon-129, das ein Produkt des radioaktiven Zerfalls von Jod-129 ist. Anhand des Verhältnisses von Jod zu Xenon in einem Meteoriten kann man daher die Zeit berechnen, die seit der Erstarrung des Gesteinskörpers vergangen ist.

Obwohl Xenon chemisch inert ist, ist es biologisch aktiv und eignet sich hervorragend als Narkosemittel. Xenon bindet an einen der wichtigsten Rezeptoren im Gehirn für die Verarbeitung von Schmerzsignalen und verhindert so dessen Aktivierung.

ANWENDUNGEN VON XENON

Xenon ist ein inertes Edelgas. Aufgrund seiner geringen Konzentration in der Luft braucht seine Gewinnung viele Ressourcen und Energie, sodass es im Vergleich zu häufigeren Gasen sehr teuer ist. Dennoch findet es Anwendung in der Medizin sowie in der Spitzenforschung von Physik und Raumfahrt.

LUX-ZEPLIN-DETEKTOR

DUNKLE MATERIE AUFSPÜREN
Der Lux-Zeplin-Detektor ist mit 7 Tonnen flüssigem Xenon gefüllt und soll Lichtemissionen aufspüren, die von Kollisionen schwach wechselwirkender massereicher Teilchen (WIMPs) stammen, die möglicherweise Dunkle Materie darstellen.

IONENTRIEBWERK
Für den Antrieb der NASA-Raumsonde Psyche wurde ein Xenontreibstoff verwendet. Ionentriebwerke beschleunigen Xenonatome mit magnetischen und elektrischen Feldern, um so Schub zu erzeugen.

HALLEFFEKT-TRIEBWERK

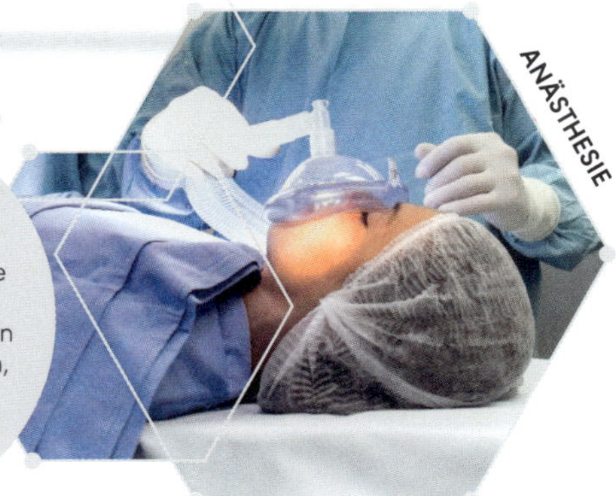

ANÄSTHESIE

RÜCKGEWINNUNG
Xenon ist ein teures Narkosemittel. Eine effiziente Recyclingmethode sind Polymerfilter mit sogenannten metallorganischen Gerüsten, die Xenon aus den ausgeatmeten Gasen zurückgewinnen.

Edelgas

Rn

Radon

Elektronenkonfiguration

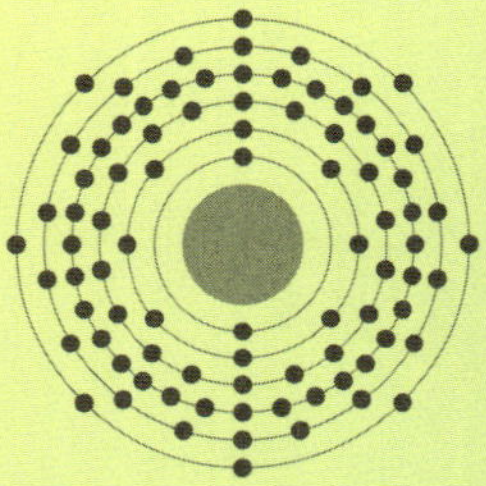

Ordnungszahl
86

Atommasse
Etwa 222

Dichte
9,1 g/l

Radius
220 pm

Aggregatzustand
Gasförmig

Siedepunkt
–62 °C

Entstehung
Kernzerfall

Anteil an der Erdkruste
Spuren

Entstehung durch Zerfall
Die hier gezeigte Radonprobe wurde in einem Labor hergestellt. Das Element kommt auch in einigen Gesteinen natürlich vor, insbesondere in Granit, aber auch in Gneis und kristallinem Schiefer, wo es beim Zerfall von Uran- und Thoriumisotopen freigesetzt wird.

Radon ist ein farbloses, geruchloses, unreaktives Gas und das einzige natürlich vorkommende Edelgas, das radioaktiv ist. Bei seinem Zerfall in andere instabile Elemente gibt es Alphateilchen ab.

Radon war das fünfte radioaktive Element, das entdeckt wurde. 1899 fanden der in Neuseeland geborene Physiker Ernest Rutherford und der US-Amerikaner Robert Owens an der McGill-Universität (Kanada), dass Thorium ein kurzlebiges radioaktives Gas freisetzte. Im selben Jahr stellten die polnisch-französische Physikerin Marie Curie und ihr französischer Ehemann Pierre Curie fest, dass ein von Radium ausgestoßenes Gas mehrere Wochen lang radioaktiv war. Der deutsche Physiker Friedrich Ernst Dorn bestätigte 1900 das von Thorium und Uran abgegebene Gas. Rutherford übertrug die Untersuchung des Gases einer kanadischen Forschungsstudentin, Harriet Brooks, die feststellte, dass das Gas eine geringere Atommasse als Thorium hatte. Dies war ein früher Beweis, dass sich einige Elemente in andere umwandeln. Rutherford und Brooks veröffentlichten die Entdeckung 1901 in einer Arbeit mit dem Titel »The New Gas from Radium«.

Heute wissen wir, dass sie alle Radon beobachteten. Das Isotop, das Rutherford und Brooks entdeckten, war Radon-220 mit einer Halbwertszeit von etwa 56 Sekunden. Das langlebigere Isotop, das die Curies beobachteten, war Radon-222 mit einer Halbwertszeit von 3,8 Tagen. 1908 sammelten die britischen Chemiker William Ramsay und Robert Whytlaw-Gray genug Radon, um seine Eigenschaften zu bestimmen. Sie stellten fest, dass es sich um das schwerste bekannte Gas handelt.

Thorium und Uran in Gestein und Boden erzeugen beim Zerfall Radon. Da die Mengen dieser Elemente von der örtlichen Geologie abhängen, variiert auch der Radongehalt in der Natur.

WO RADIUM HERKOMMT

Radon entsteht kontinuierlich als Zerfallsprodukt von Uran-238 und Thorium-232. Diese beiden radioaktiven Isotope sind in der Erdkruste reichlich vorhanden: in magmatischen und metamorphen Gesteinen. Aufgrund seiner kurzen Halbwertszeit zerfällt Radon oft harmlos unter der Erde. Wenn das Gas jedoch in die Luft entweicht, kann es gefährlichere Konzentrationen erreichen.

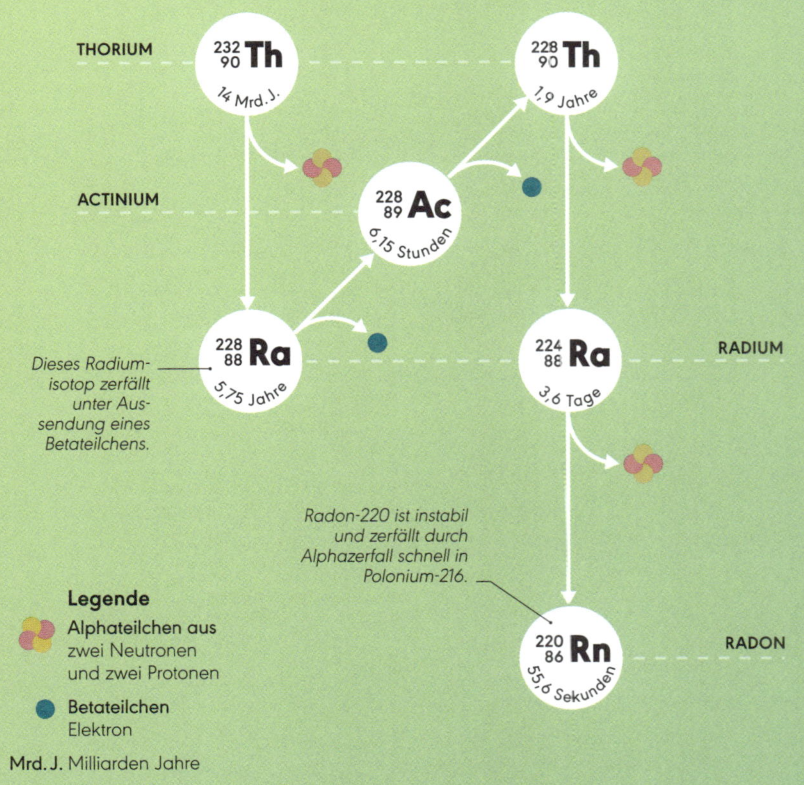

STRAHLENTHERAPIE
Bei der Brachytherapie implantiert man Seeds – reiskorngroße Metallkörner, die radioaktive Stoffe enthalten – gezielt um einen Krebstumor herum. Frühere Strahlentherapien nutzten Radongas, aber es wurde durch sicherere Methoden ersetzt.

STRAHLENTHERAPIE

Actinoid

Ac

Actinium

Konfiguration

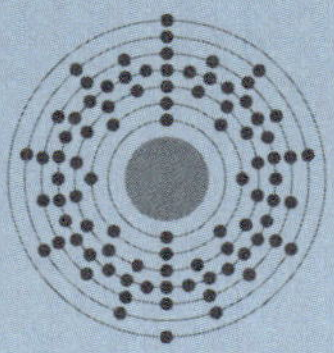

Ordnungszahl
89

Atommasse
Etwa 227

Dichte
10 g/cm³

Radius
260 pm

Aggregatzustand
Fest

Schmelzpunkt
1050 °C

Entstehung
Kernzerfall

Anteil an der Erdkruste
Spuren

Uranzerfall
Actinium hat zwei Hauptisotope: Actinium-227, das beim Zerfall von Uran-235 entsteht und eine Halbwertszeit von fast 21,8 Jahren hat, und Actinium-228, das beim Zerfall von Thorium-232 gebildet wird und eine Halbwertszeit von etwa 6,2 Stunden hat. Das uranhaltige Mineral Uraninit enthält Spuren von Actinium.

Legende
Alphateilchen aus zwei Neutronen und zwei Protonen
Betateilchen Elektron
Tsd. J. Tausend Jahre
Mio. J. Millionen Jahre

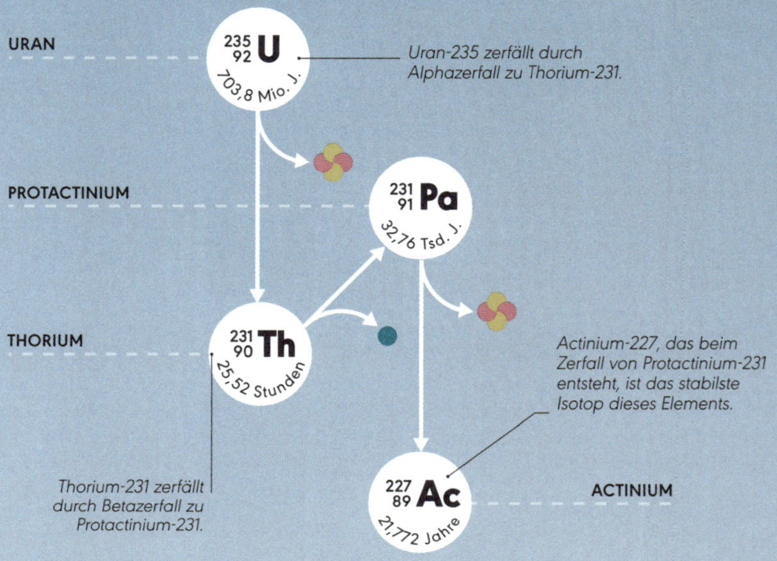

Das Uran in dem Mineral Uraninit oder Pechblende zerfällt zu Actinium.

URANINIT

Wie alle Actinoide ist Actinium radioaktiv. Sein Name leitet sich von dem griechischen Wort *aktis* (»Strahl«) ab.

Actinium entsteht beim Zerfall anderer radioaktiver Elemente und ist in der Natur selten. Entdeckt und benannt wurde es 1899 von dem französischen Chemiker André-Louis Debierne, einem Kollegen von Marie und Pierre Curie. Er arbeitete mit Pechblende, einem Uranerz, das Actinium in Spuren enthält. Der deutsche Chemiker Friedrich Oskar Giesel entdeckte es 1902 unabhängig davon im gleichen Mineral, isolierte es 1904 und bestimmte seine chemischen Eigenschaften korrekt.

Actinium ist weich und silbrig und scheint im Dunkeln aufgrund seiner starken Radioaktivität schwach blau zu leuchten. Zusammen mit Thorium, Protactinium und Uran hielt man Actinium zunächst für ein Übergangsmetall – bis 1940 Neptunium und Plutonium entdeckt wurden. Der US-Chemiker Glenn Seaborg erkannte, dass es sich bei diesen Elementen chemisch gesehen um schwerere Kopien der Lanthanoide handelt. Im Jahr 1944 schlug Seaborg eine neue Reihe von Elementen vor, die Actinoide. Damit schuf er einen ganz neuen Bereich des Periodensystems.

Actinium hat nur wenige Anwendungen, aber einige Isotope werden für den Einsatz in der Strahlentherapie zur Behandlung von Krebs erforscht.

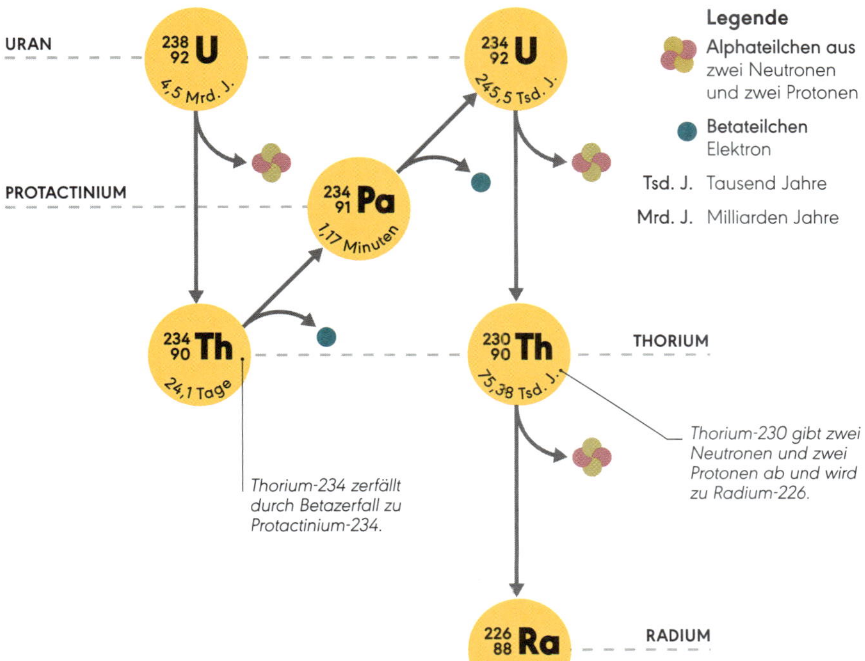

Entstehung in Mineralen
Radium hat 34 Isotope, die alle radioaktiv sind. Die meisten haben kurze Halbwertszeiten, aber Radium-226 mit 1602 Jahren Halbwertszeit kommt in mehreren Mineralien vor, da es kontinuierlich aus dem Zerfall von Uran-238 entsteht.

Das gelbgrüne Autunit ist ein radioaktives Uranerz.

AUTUNIT

Das uranhaltige Torbernit erhält die leuchtend grüne Farbe durch Kupfer.

TORBERNIT

Dieses Uranerz heißt auch Pechblende.

URANINIT

Erdalkalimetall

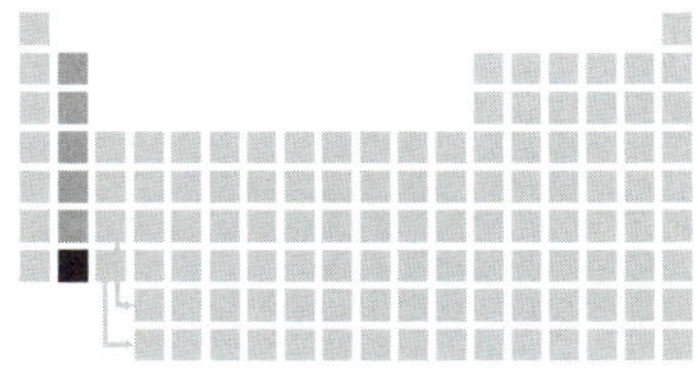

Ra

Radium

Konfiguration

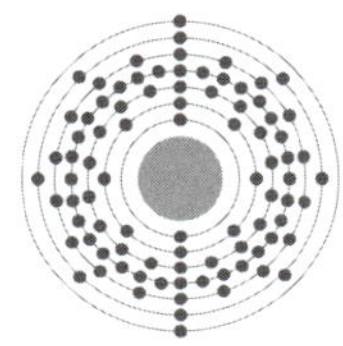

Ordnungszahl
88

Atommasse
Etwa 226

Dichte
5 g/cm³

Radius
283 pm

Aggregatzustand
Fest

Schmelzpunkt
696 °C

Entstehung
Kernzerfall

Anteil an der Erdkruste
Spuren

Das seltenste Erdalkalimetall, Radium, ist der radioaktivste Naturstoff, der je entdeckt wurde.

Die polnisch-französische Wissenschaftlerin Marie Curie und ihr Ehemann Pierre Curie entdeckten zusammen mit ihrem Assistenten, dem französischen Chemiker Gustave Bémont, 1898 Radium, als sie eine Probe Uranerz untersuchten, die auch nach der Entfernung allen Urans und Poloniums radioaktiv blieb. Sie verarbeiteten mehrere Tonnen des Erzes und gewannen eine winzige Menge eines neuen radioaktiven Stoffes, dessen Spektrallinien zu keinem bekannten Element passten.

Radiumverbindungen sind so stark radioaktiv, dass sie im Dunkeln leuchten, weil die intensive Strahlung benachbarte Atome und Moleküle zum Fluoreszieren anregt. Marie Curie beschrieb den hübschen Lichteffekt der Radiumproben nachts im Labor. Jahrzehntelang verwendete man Radium auf Zifferblättern von Uhren und Messgeräten, ohne die Gesundheitsgefahren für die Arbeiterinnen, die die Leuchtfarbe auftrugen, zu erkennen.

1911 erhielt Marie Curie für ihre Entdeckung von Radium und Polonium den Nobelpreis für Chemie. Sie gründete das Radiuminstitut in Paris und leistete Pionierarbeit beim Einsatz des Elements zur Krebsbehandlung – bis zu ihrem Tod, zu dem die anhaltende Belastung durch die von ihr entdeckte radioaktive Strahlung wesentlich beitrug.

H
Li
Be
Na
Mg
K
Ca
Rb
Sr
Sc
Cs
Ba
Y
Ti
Fr
Ra
La
Zr
V
Ac
Hf
Nb
Cr
Ta
Mo
Mn
W
Tc
Fe
Ce
Re
Ru
Th
Pr
Os
Rh
Pa
Nd
Ir
U
Pt
Np
Sm
Pu
Eu
Gd
Tb
Dy
ENTDECKTE ELEMENTE
Eu EUROPIUM
Lu LUTETIUM
Pa PROTACTINIUM
Hf HAFNIUM
Tc TECHNETIUM
Re RHENIUM
Fr FRANCIUM
At ASTATIN
Np NEPTUNIUM
Pu PLUTONIUM

DAS SYSTEM FÜLLT SICH

1900–1944

1

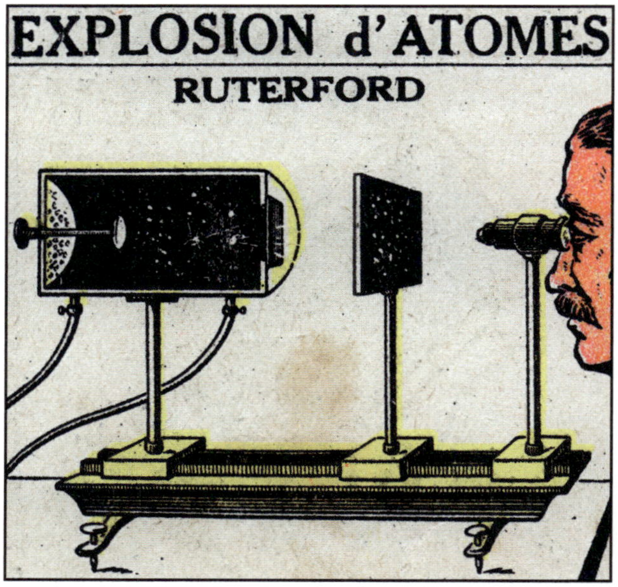

2

ERFORSCHUNG DES ATOMS

Zu Beginn des 20. Jh. wurde die Kernphysik geboren. Radioaktivität und neue spektroskopische Techniken ermöglichten es, die Struktur des Atoms zu erforschen, was zu dem heute verwendeten Quantenmodell führte.

3

Die Entdeckung der Edelgase in den 1890er-Jahren bestätigte die grundlegende Organisation des Periodensystems. Den endgültigen Beweis dafür lieferte später der englische Physiker Henry Moseley. Im Jahr 1913 beschoss Moseley Proben verschiedener Elemente mit hochenergetischen Elektronen und bestimmte die Wellenlängen der dabei entstehenden Röntgenstrahlen mit einem Kristallspektrometer. Er fand einen linearen Zusammenhang zwischen der Quadratwurzel der Frequenz der charakteristischen Röntgenstrahlung und der Ordnungszahl (Position des Elements im Periodensystem). Mendelejew hatte die Elemente nach der Atommasse geordnet, aber einige mussten umgeordnet werden, ohne dass man den Grund verstand. Moseley zeigte, dass die Ordnungszahl eine physikalische Grundlage besitzt, die man später als Kernladung – die Anzahl der Protonen im Kern – identifizierte.

Verschiedene Atommodelle

Das Konzept des Atomkerns war zu Moseleys Zeiten noch relativ neu. Der englische Chemiker John Dalton hatte 1803 eine Atomtheorie eingeführt (siehe S. 142), aber angenommen, dass Atome feste, unteilbare Materiekugeln seien. Die Entdeckung des Elektrons (1897) stellte dies infrage, und 1904 schlug der englische Physiker J. J. Thomson ein »Rosinenkuchenmodell« vor: Das Atom sei eine positiv geladene Kugel, in der Elektronen wie Rosinen in einem Kuchen eingebettet waren.

Experimente zum neu entdeckten radioaktiven Zerfall (siehe S. 24–25) offenbarten jedoch bald die Mängel dieses Modells. 1911 beschoss der in Neuseeland geborene Physiker Ernest Rutherford eine dünne Goldfolie mit Alphateilchen. Nach dem thomsonschen Modell sollten Atome raumfüllende Kugeln sein, durch die alle Alphateilchen nur schwach abgelenkt hindurchgehen müssten. Tatsächlich gingen die meisten Teilchen gerade hindurch, doch einige wenige wurden sehr stark sogar in die Gegenrichtung abgelenkt (Rückstreuung). Das Atom musste also größtenteils leerer Raum sein, mit einem winzigen, massereichen Kern. Mithilfe der aufkommenden Quantenmechanik

1. Moseley im Labor
Henry Moseley ist hier mit einer Glaskugel zu sehen. Er verwendete sie in Experimenten zur Analyse der Frequenzen von Röntgenstrahlen.

2. Rutherfords Experiment
Diese Illustration aus dem Jahr 1925 zeigt Ernest Rutherford bei der Durchführung des Goldfolienversuchs, mit dem er die Existenz des Atomkerns nachwies.

3. Thomson bei der Arbeit
J. J. Thomson begann 1880, im Cavendish Laboratory in Cambridge (Großbritannien) zu arbeiten. Er entdeckte 1897 das Elektron und schlug später das Rosinenkuchenmodell des Atoms vor.

entwickelte der dänische Physiker Niels Bohr 1913 ein Atommodell mit Elektronenbahnen um den Kern, wobei es nur ganz bestimmte Bahnen mit separaten Energieniveaus gab. Atome seien stabil, weil Elektronen auf diesen Bahnen keine Energie abstrahlen und nur durch feste Energiesprünge dazwischen wechseln könnten. Das Modell scheiterte jedoch bei Atomen mit mehr als einem Elektron und deren komplexeren Eigenschaften.

1924 schlug der französische Physiker Louis de Broglie den Welle-Teilchen-Dualismus vor. Demnach existieren Elektronen nicht als punktförmige Teilchen, sondern als Wellen, die Aufenthaltswahrscheinlichkeiten für Elektronen beschreiben und diffuse Raumbereiche (Orbitale) um den Kern einnehmen. Nach einer Quantenregel, der Heisenbergschen Unbestimmtheitsrelation, können Ort und Impuls eines Elektrons nicht gleichzeitig beliebig genau bestimmt werden, sodass sein genauer Aufenthaltsort grundsätzlich unbestimmbar bleibt. Dieses Quantenmodell gilt auch heute noch als beste Beschreibung des Atoms.

RADIOCHEMIE

Der französische Physiker Henri Becquerel entdeckte zufällig die Radioaktivität. Diese Strahlung wurde in einem Magnetfeld abgelenkt, musste also aus geladenen Teilchen bestehen. Später wurden sie Alpha- (positiv geladen), Beta- (negativ geladen) und Gammastrahlen (neutral, nicht abgelenkt) genannt.

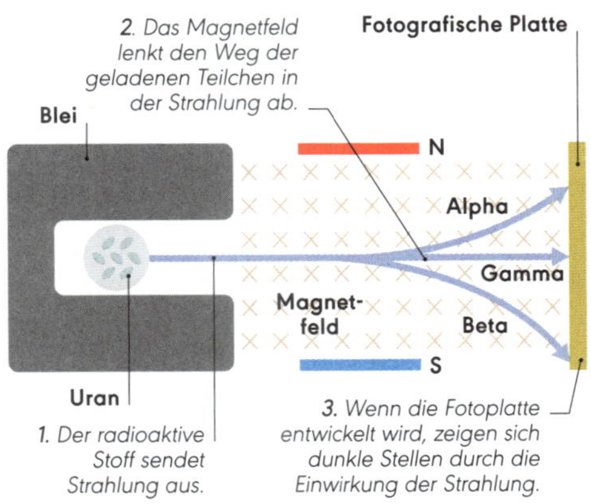

1900

1902
Der in Neuseeland geborene Physiker Ernest Rutherford und der englische Chemiker Frederick Soddy stellen die Theorie des radioaktiven Zerfalls vor.

1903
Ernest Rutherford bestätigt die Existenz einer dritten Art von Strahlung beim radioaktiven Zerfall und nennt sie Gammastrahlung.

1904
Der englische Physiker J. J. Thomson entwickelt das Rosinenkuchenmodell des Atoms.

1907
Die US-amerikanischen Physiker Robert Millikan und Harvey Fletcher beginnen Experimente zur Messung der Ladung eines Elektrons.

1908
Ernest Rutherford und der deutsche Physiker Hans Geiger entwickeln eine Technik zum Nachweis von Alphateilchen: die Grundlage für den Geigerzähler zur Messung der Radioaktivität.

1911
Ernest Rutherford schlägt das Kernmodell des Atoms vor; der deutsche Chemiker Carl Bosch adaptiert das Haber-Verfahren für die großtechnische Herstellung von Ammoniak.

1913
Der dänische Physiker Niels Bohr führt das Konzept der Elektronenbahnen (Schalen) ein; Frederick Soddy prägt den Begriff Isotop.

1924
Der französische Physiker Louis de Broglie stellt die Theorie des Welle-Teilchen-Dualismus auf.

1926
Der österreichische Physiker Erwin Schrödinger stellt eine Gleichung auf, die das Verhalten von Elektronen in Atomen beschreibt.

1931
Der amerikanische Physiker Ernest Lawrence und seine Kollegen bauen und testen eine neue Art von Teilchenbeschleuniger, ein Zyklotron.

1944

Lanthanoid

Eu

Europium

Konfiguration

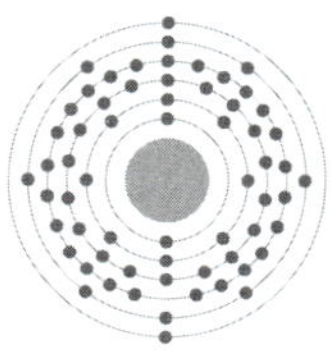

Ordnungszahl
63

Atommasse
151,96

Dichte
5,2 g/cm³

Radius
233 pm

Aggregatzustand
Fest

Schmelzpunkt
822 °C

Entstehung
Neutronensternkollisionen

Anteil an der Erdkruste
2 ppm

Reines Europium ist ein weiches, silberweißes Metall, das an der Luft ein dunkles Oxid bildet.

Leicht und reaktiv
Europium ist das leichteste und reaktivste Lanthanoid. Es läuft an der Luft und im Waser schnell an und entzündet sich spontan bei Temperaturen über 180 °C.

REINES EUROPIUM

Dieses rötlich-braune Phosphatmineral enthält Europium.

MONAZIT

Dieses Karbonat-Fluorid-Mineral ist eine natürliche Quelle von Europium.

BASTNÄSIT

Die kurzen Kristalle mit pyramidalen Enden können Europiumspuren enthalten.

XENOTIM

Dieses weiche Lanthanoid ist phosphoreszierend und wird als Zusatzstoff für die Tinte einiger Banknoten genutzt.

Anfang der 1890er-Jahre sah der französische Chemiker Paul-Émile Lecoq de Boisbaudran in Proben von Samarium und Gadolinium ungewöhnliche Spektrallinien, die nicht mit den Linien dieser beiden Elemente übereinstimmten, und schlug vor, dass noch ein bislang unbekanntes Element vorhanden war. Die Entdeckung des Elements, das man später Europium nannte, wird jedoch nicht ihm, sondern einem anderen französischen Chemiker, Eugène-Anatole Demarçay, zugeschrieben. Ihm gelang es 1901 in einer mühsamen Abfolge von wiederholten Reaktionen festes Europium durch fraktionierte Kristallisation der Samarium/Europium-Magnesium-Nitrat-Doppelsalze zu isolieren.

Wie bei vielen anderen Lanthanoiden sind die wichtigsten Erze für Europium Monazit, Bastnäsit und Xenotim. Europium hat zwei stabile natürliche Isotope, Europium-151 und Europium-153; die anderen Isotope sind künstlich und radioaktiv.

Die fluoreszierenden Eigenschaften machen Europium zu einem nützlichen Hilfsmittel für fälschungssichere Banknoten. Geldscheine, die mit europiumoxidhaltiger Tinte gedruckt wurden, lassen unter UV-Licht verborgene Farben sichtbar werden. Daher enthalten die Euro-Banknoten seit 2013 Spuren von Europium.

Dieses seltene, dunkle Mineral ist eine Quelle von Lutetium.

GADOLINIT

Monazit ist eine häufige Quelle für Lutetium und andere Lanthanoide.

MONAZIT

Das silbrig-weiße Lutetium läuft in Wasser zu einem stumpfen Grau an.

REINES LUTETIUM

Hart und dicht
Lutetium ist das härteste und dichteste Lanthanoid und hat den höchsten Schmelzpunkt der Reihe. Das silbrig-weiße Metall ist in trockener Luft korrosionsbeständig, nicht aber in feuchter Luft. Es reagiert auf Luft und Wasser ähnlich wie Kalzium und Magnesium.

Lanthanoid

Lu

Lutetium

Konfiguration

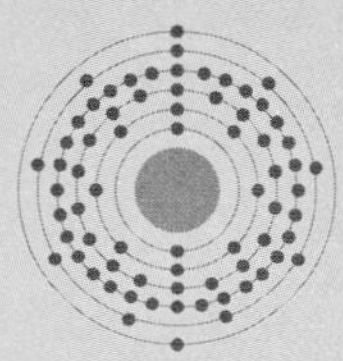

Ordnungszahl
71

Atommasse
174,97

Dichte
9,8 g/cm³

Radius
221 pm

Aggregatzustand
Fest

Schmelzpunkt
1663 °C

Entstehung
Neutronensternkollisionen

Anteil an der Erdkruste
0,8 ppm

Lutetium ist das am seltensten vorkommende Lanthanoid und wurde als letztes Lanthanoid entdeckt.

Die Isolierung von Yttrium aus einer Probe des Minerals Gadolinit im Jahr 1794 löste eine Welle von Entdeckungen aus. Mehrere neue Lanthanoide wurden in Proben aus derselben Ytter-Erde entdeckt: Erbium und Terbium (1843), Holmium (1878), Thulium (1879) und schließlich Lutetium im Jahr 1907. Lutetium wurde gleichzeitig von drei Chemikern entdeckt, die in verschiedenen Teilen der Welt arbeiteten: Carl Auer von Welsbach in Österreich, Charles James in den USA und Georges Urbain in Frankreich. Urbain meldete die Entdeckung zuerst und erhielt daher die Ehre, das Element Lutecium (1949 in Lutetium umbenannt) nach Lutetia, dem römischen Namen für Paris, benennen zu können. Reines elementares Lutetium wurde jedoch erst 1953 isoliert, nachdem frühere Präparate noch Beimengungen anderer Lanthanoide enthalten hatten.

In der chemischen Industrie wird Lutetiumoxid als Katalysator verwendet, um größere Kohlenwasserstoffe wie Oktanin in kleinere Moleküle zu spalten – darunter Propan, das viele industrielle und häusliche Anwendungen hat. In der Medizin wird das radioaktive Isotop Lutetium-177 zur Behandlung von neuroendokrinen und Prostatatumoren eingesetzt. Es bindet an spezifische Zielmoleküle auf Krebszellen und zerstört diese dann durch seine Betastrahlung.

Actinoid

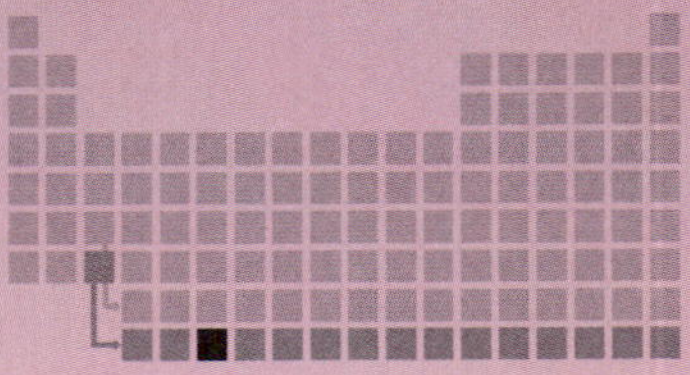

Pa

Protactinium

Konfiguration

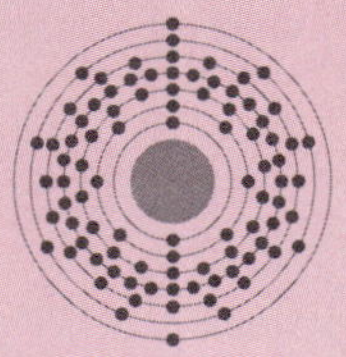

Ordnungszahl
91

Atommasse
231,04

Dichte
15,4 g/cm³

Radius
243 pm

Aggregatzustand
Fest

Schmelzpunkt
1572 °C

Entstehung
Kernzerfall

Anteil an der Erdkruste
Spuren

Hauptquelle
Protactinium entsteht durch natürlichen radioaktiven Zerfall, allerdings nur in winzigen Mengen. 1961 extrahierte die britische Atomenergiebehörde 125 g Protactinium mit 99 % Reinheit aus alten Kernbrennstäben. Viele Jahre lang war dies praktisch das einzige Protactinium, das weltweit für die Forschung zur Verfügung stand.

Dieses hoch radioaktive, giftige Element wurde 1871 von Dmitri Mendelejew vorhergesagt.

Obwohl die Existenz von Protactinium bereits im 19. Jh. vorhergesagt worden war, wurde es erst im Jahr 1900 von dem englischen Wissenschaftler William Crookes entdeckt, nachdem er eine stark radioaktive Substanz aus einer Uranerzprobe abgetrennt hatte, die er Uran-X nannte. Später wurde Uran-X chemisch in zwei weitere Substanzen, UX-1 und UX-2, getrennt.

1913 zeigten der polnisch-amerikanische Chemiker Kasimir Fajans und der deutsche Chemiker Otto Göhring, dass die Radioaktivität von UX-2 eine Betastrahlung ist, und nannten es wegen der kurzen Halbwertszeit von 1,17 Minuten Brevium. 1918 wurde es in Protoactinium umbenannt, nachdem die österreichisch-schwedische Wissenschaftlerin Lise Meitner zusammen mit dem deutschen Chemiker Otto Hahn entdeckt hatte, dass das Element in Actinium zerfällt; Griechisch *protos* bedeutet »erster«. Der Name wurde später zu Protactinium verkürzt. Tatsächlich handelte es sich dabei um das Isotop Protactinium-234.

1934 stellte der deutsche Radiochemiker Aristid von Grosse die erste reine Probe des langlebigsten Isotops Protactinium-231 her. Reines Protactinium reagiert mit Luft, Wasser und Säuren. Alle 29 Isotope sind radioaktiv und daher giftig. Daher wird Protactinium nicht kommerziell verwendet.

REINES HAFNIUM

Hoher Schmelzpunkt
Reines Hafnium ist ein glänzendes Metall, das leicht formbar ist, ohne seine Festigkeit zu verlieren. Es ähnelt chemisch Zirkonium, und man gewinnt es aus Erzen, die beide Elemente enthalten, etwa Zirkon. Hafniumverbindungen sind extrem hitzebeständig: Hafniumkarbid hat einen Schmelzpunkt von 3890 °C.

ZIRKON

Übergangsmetall

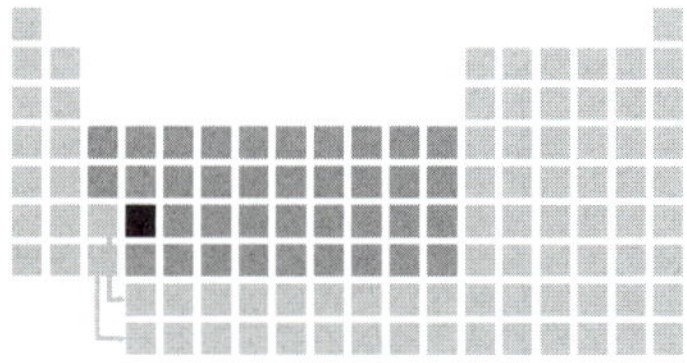

Hf

Hafnium

Konfiguration

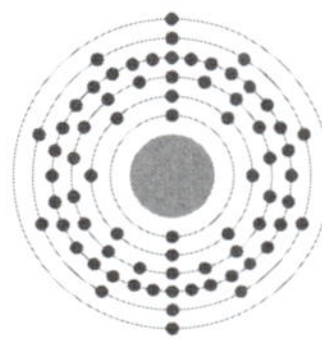

Ordnungszahl
72

Atommasse
178,49

Dichte
13,3 g/cm³

Radius
212 pm

Aggregatzustand
Fest

Schmelzpunkt
2233 °C

Entstehung
Fusion im Kern von Sternen

Anteil an der Erdkruste
3 ppm

Dieses duktile Metall hat einen hellen, silbrigen Glanz und ist sehr hitzebeständig.

Hafnium wurde 1923 durch Röntgenspektralanalyse entdeckt, als der ungarische Chemiker George de Hevesy und der niederländische Physiker Dirk Coster am Niels-Bohr-Institut in Dänemark norwegisches Zirkon untersuchten. Zirkonium und Hafnium ähneln sich chemisch sehr und lassen sich daher nur schwer trennen. Das reine Metall wurde schließlich 1925 durch Zersetzung von Hafniumtetraiodid über einem heißen Wolframdraht isoliert. Es wurde nach dem lateinischen Namen von Kopenhagen, Hafnia, benannt.

Hafnium und seine Legierungen nutzt man in der Elektronik und in Laserschneidwerkzeugen. Bereits früh begann der niederländische Philips-Konzern, Hafnium in elektronischen Geräten zu verwenden. Hafnium ist ein wirksamer Neutronenabsorber und Bestandteil vieler Kernreaktoren, auch derer, die U-Boote und Flugzeugträger antreiben. Aufgrund seiner Hitzebeständigkeit werden Hafnium-Superlegierungen in der Luft- und Raumfahrtindustrie verwendet. Hafniumcarbid und Hafniumkarbonitrid sind ultrahochtemperaturfeste Keramiken und dienen als Beschichtungen und Auskleidungen in Hochtemperaturöfen und Reaktoren, um Strukturmaterialien vor extremer Hitze und chemischer Korrosion zu schützen.

Übergangsmetall

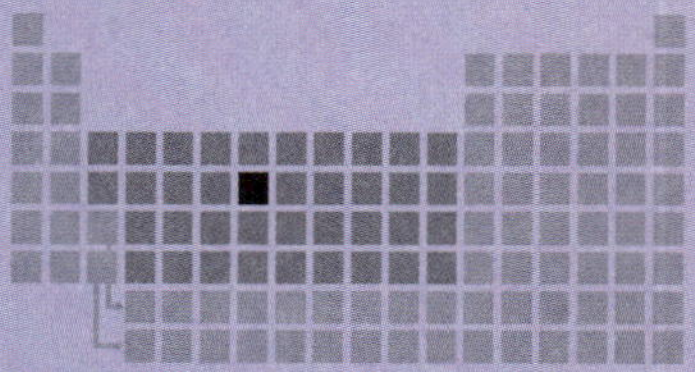

Tc
Technetium

Elektronenkonfiguration

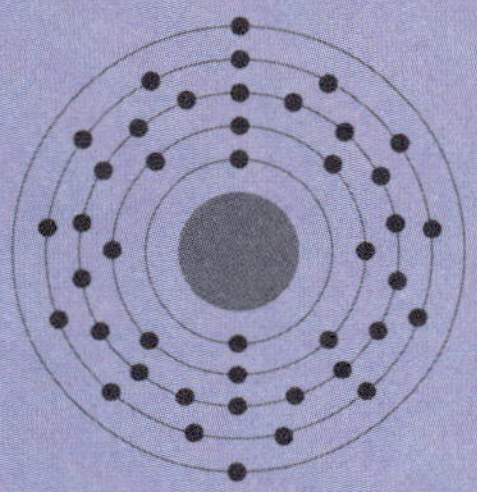

Ordnungszahl
43

Atommasse
Etwa 98

Dichte
11,0 g/cm^3

Radius
209 pm

Aggregatzustand
Fest

Schmelzpunkt
2157 °C

Entstehung
Kernzerfall

Anteil an der Erdkruste
Spuren

Festes Technetium ist ein silbrig-graues Metall, wird aber auch als Pulver produziert.

Technetium läuft an feuchter Luft langsam an und bildet eine dunkle Oxidschicht.

REINES TECHNETIUM

Instabiles Material
Technetium kommt auf der Erde natürlich vor, aber nur in winzigen Mengen, weil die Halbwertszeiten der Isotope so kurz sind. Technetium kann auch im Labor synthetisiert werden.

Technetium kann natürlich in Uranerzen durch langsame, spontane Spaltung entstehen.

URANERZ

Technetium ist das erste Element, das künstlich hergestellt wurde – und sein Name leitet sich vom griechischen Wort *technetós* (»künstlich«) ab. Es ist das leichteste Element, das über Isotope verfügt, die alle radioaktiv sind.

Das silbrig-graue Technetium wurde von Dmitri Mendelejew Mitte des 19. Jh. vorhergesagt, nachdem in seinem Periodensystem eine Lücke unter Mangan, zwischen Molybdän und Ruthenium auftrat. Es gab viele vermeintliche Entdeckungen mit Namensvorschlägen wie Davyum und Lucium. Doch erst 1937 wurde Technetium sicher entdeckt, und zwar von dem italienisch-amerikanischen Physiker Emilio Segrè und dem italienischen Chemiker Carlo Perrier. Segrè flog nach Kalifornien, um den amerikanischen Physiker Ernest Lawrence und seine neue Erfindung, das Zyklotron, zu besuchen. Molybdänfolien dienten im Zyklotron als Zielmaterial und waren monatelang mit Deuteronen beschossen worden. Segrè vermutete, dass sie wissenschaftliche Geheimnisse bargen. In ihnen konnten bislang unbekannte Produkte von Kernreaktionen gebildet worden sein. So erhielten Segrè und Perrier einige dieser Folien und isolierten an der Universität von Palermo (Sizilien) aus ihnen Technetium.

Zwar wurde Technetium zuerst künstlich hergestellt, aber es ließ sich auch im Weltraum nachweisen. 1952 fand der amerikanische Astronom Paul W. Merrill die Spektrallinien des Elements in Roten Riesensternen. Diese Sterne erzeugen also selbst Technetium durch stellare Nukleosynthese (siehe S. 20–21).

Obwohl Technetium keine wichtige biologische Funktion hat, ist eines seiner Isotope, Technetium-99m, der am häufigsten verwendete Radiotracer in der diagnostischen Medizin.

SYNTHESE VON TECHNETIUM-99M

Technetium-99m ist ein metastabiles Kernisomer: ein hochenergetisches Isotop, das langlebiger ist als theoretisch erwartet. Die Synthese von Technetium-99m beginnt in einem Teilchenbeschleuniger, der Molybdän-98 mit Neutronen beschießt. Dabei entsteht Molybdän-99, das durch Betazerfall zu Technetium-99m zerfällt. Da Technetium-99m eine Halbwertszeit von nur 6 Stunden hat, muss man es direkt im Krankenhaus herstellen: Molybdän-99 wird angeliefert und »gemolken«, also das daraus kontinuierlich entstehende Technetium in einem Generator extrahiert, den man Moly-Kuh nennt.

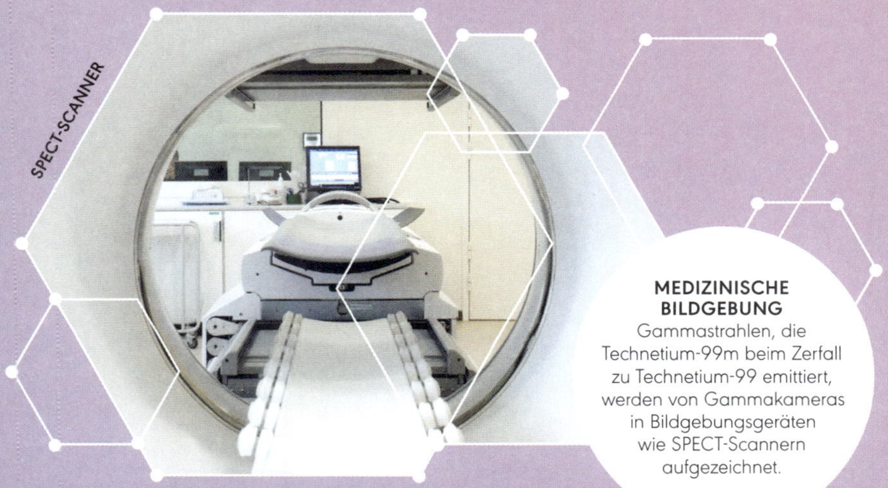

MEDIZINISCHE BILDGEBUNG
Gammastrahlen, die Technetium-99m beim Zerfall zu Technetium-99 emittiert, werden von Gammakameras in Bildgebungsgeräten wie SPECT-Scannern aufgezeichnet.

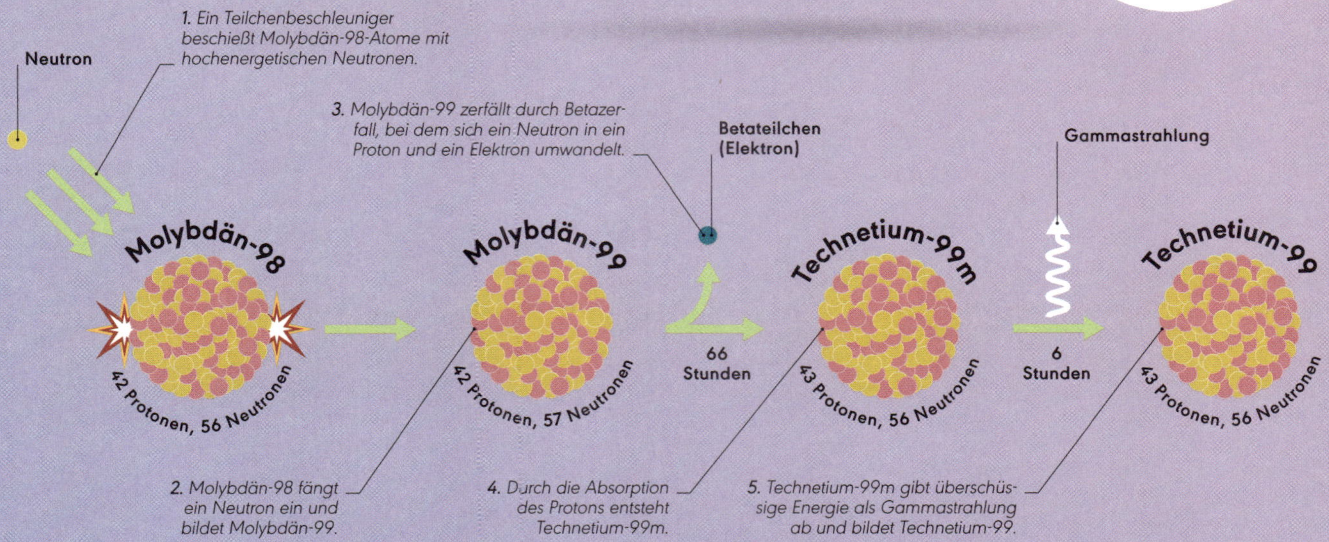

Übergangsmetall

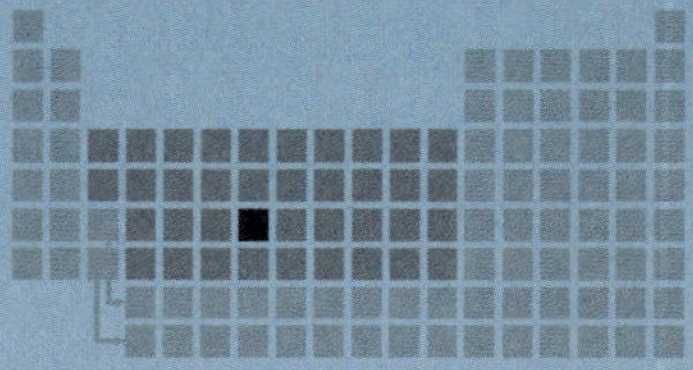

Re
Rhenium

Konfiguration

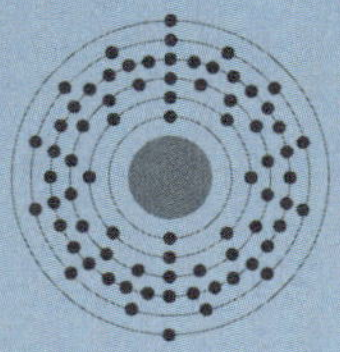

Ordnungszahl
75

Atommasse
186,21

Dichte
20,8 g/cm³

Radius
217 pm

Aggregatzustand
Fest

Schmelzpunkt
3185 °C

Entstehung
Neutronensternkollisionen

Anteil an der Erdkruste
0,0007 ppm

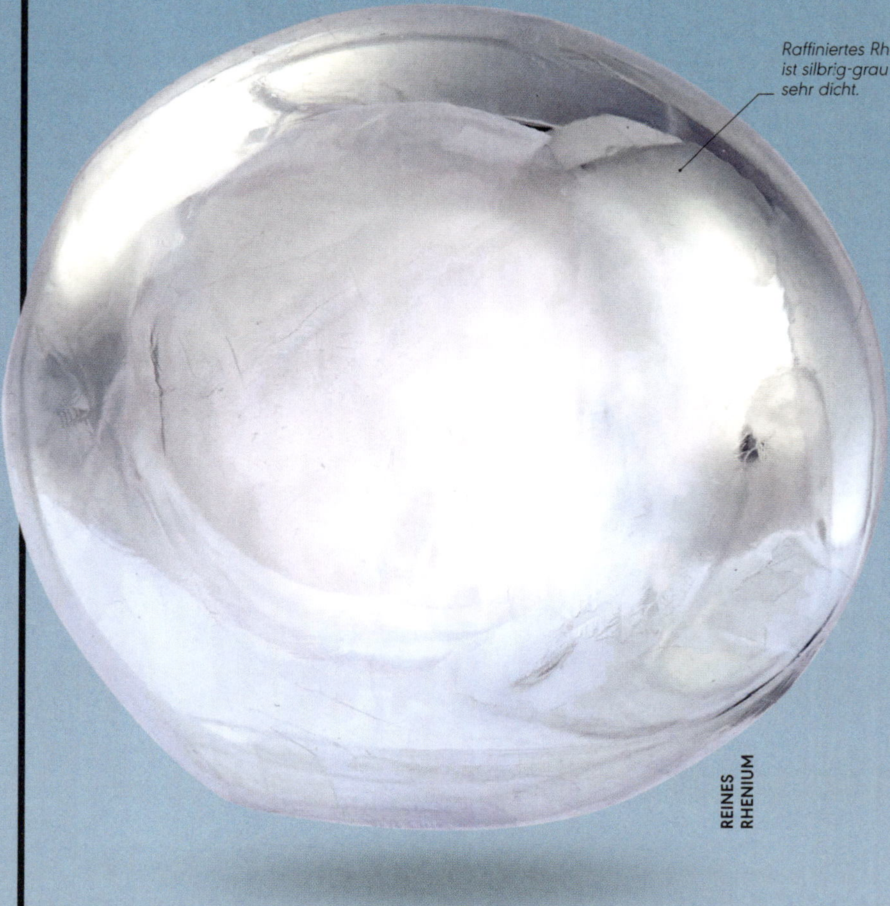

Raffiniertes Rhenium ist silbrig-grau und sehr dicht.

REINES RHENIUM

Rhenium wurde erstmals als Verunreinigung in Gadolinit gefunden.

GADOLINIT

Molybdänit ist eine wichtige kommerzielle Quelle für Rhenium.

MOLYBDÄNIT

Niemals ungebunden
Rhenium kommt in der Natur nicht elementar vor, aber es ist in einigen Mineralen wie Molybdänit und Gadolinit enthalten. Das erste Rheniummineral, Rheniit (Rheniumdisulfid), wurde erst 1994 gefunden und beschrieben.

Das von Mendelejew vorhergesagte Rhenium war das letzte stabile (nicht radioaktive) Element, das entdeckt wurde.

Rhenium ist ein seltenes Element, das in der Natur nicht elementar vorkommt. Dmitri Mendelejew ließ 1871 im Periodensystem an dieser Stelle eine Lücke, und 1913 fand der englische Physiker Henry Moseley Regeln für die von angeregten Atomen emittierten Röntgenstrahlen, nach denen ein Element der Ordnungszahl 75 existieren müsse. Nach einigen Fehlschlägen anderer Forschender fanden die deutschen Chemiker Ida Tacke, Walter Noddack und Otto Berg 1925 Rhenium spektroskopisch in Platinerz und dem Mineral Kolumbit. Einige Jahre später gelang es Tacke und Noddack, ein Gramm des Metalls aus Molybdänit zu gewinnen.

Rhenium hat eine Vielzahl von Oxidationsstufen, d. h. die Atome können formal verschiedene Anzahlen von Elektronen abgeben oder aufnehmen. Es hat einen hohen Schmelzpunkt und zusammen mit Wolfram einen der höchsten Siedepunkte aller Elemente. Daher wird Rhenium trotz seiner Seltenheit in Superlegierungen für Turbinen und Düsentriebwerke, in Heizdrähten und Thermoelementen (Sensoren zur Temperaturmessung) verwendet. Rheniumdiborid (aus Rhenium und Bor) ist eine der härtesten bekannten Substanzen und bildet sich (anders als Diamant) nicht erst unter hohem Druck.

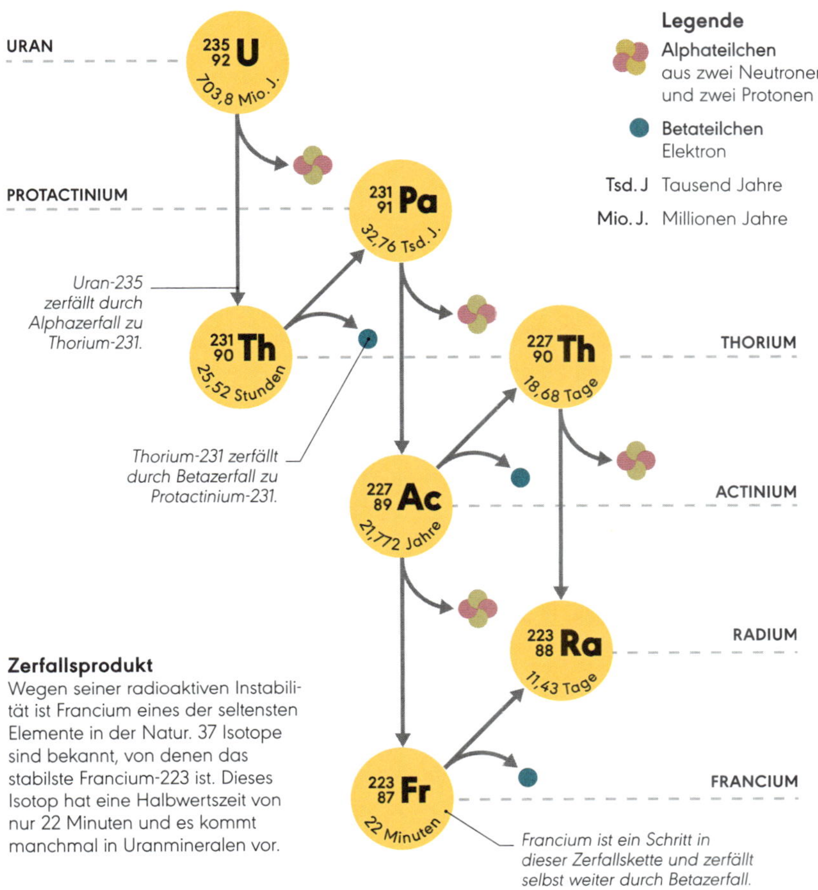

Zerfallsprodukt
Wegen seiner radioaktiven Instabilität ist Francium eines der seltensten Elemente in der Natur. 37 Isotope sind bekannt, von denen das stabilste Francium-223 ist. Dieses Isotop hat eine Halbwertszeit von nur 22 Minuten und es kommt manchmal in Uranmineralen vor.

Alkalimetall

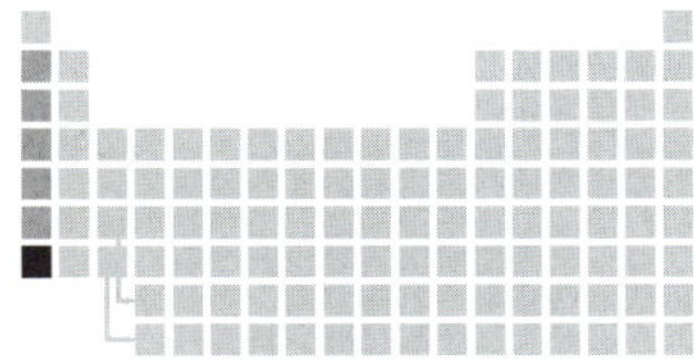

Fr
Francium

Konfiguration

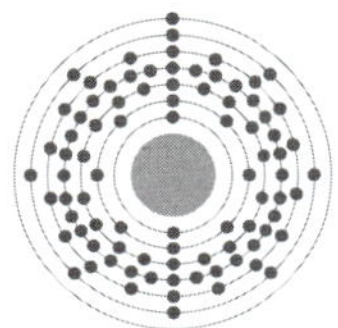

Ordnungszahl
87

Atommasse
Etwa 223

Dichte
Unbekannt

Radius
348 pm

Aggregatzustand
Fest

Schmelzpunkt
21 °C

Entstehung
Kernzerfall

Anteil an der Erdkruste
Unbekannt

Francium ist eines der seltensten Elemente auf der Erde und hoch radioaktiv.

Francium wurde 1939 von Marguerite Perey entdeckt. Als ehemalige Assistentin von Marie Curie am Radium-Institut in Paris entdeckte Perey Francium in einer Actiniumprobe, da die Betaemissionen stärker waren als aus dem Actiniumzerfall zu erwarten war. Das Material wurde zunächst als Actinium-K bezeichnet. Perey schlug dann vor, es Catium zu nennen aufgrund der Neigung, ein Elektron aus der äußeren Schale abzugeben und zum positiv geladenen Ion (Kation) zu werden. Sie entschied sich dann aber nach ihrem Heimatland für den Namen Francium. Perey promovierte mit ihrer Entdeckung und wurde 1962 als erste Frau Mitglied der französischen Wissenschaftsakademie. Wie Curie litt Perey unter der Strahlenbelastung. Sie starb 1975 an Krebs.

Da alle Franciumisotope radioaktiv sind und eine relativ kurze Halbwertszeit haben, gibt es keine bekannten kommerziellen Anwendungen für dieses Element. Seine Kernstruktur wurde jedoch 2012 an der Europäischen Organisation für Kernforschung (CERN) mit dem CRIS-Experiment (Collinear Resonance Ionisation Spectroscopy) untersucht, das Laserspektroskopie zur Untersuchung des Teilchenspins und der Struktur von Atomkernen nutzt.

Halbmetall

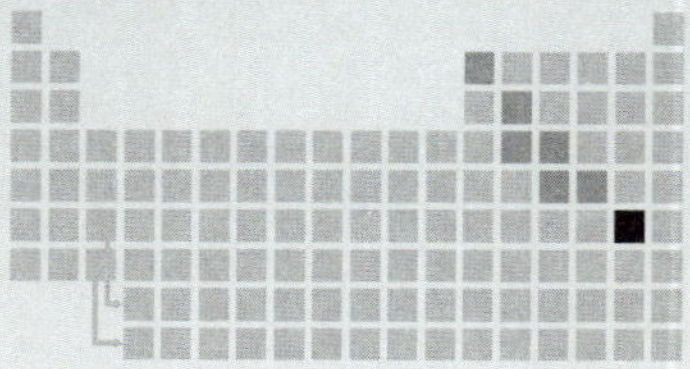

At

Astat

Konfiguration

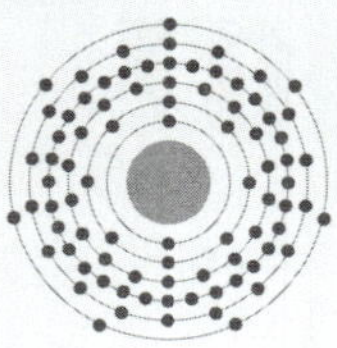

Ordnungszahl
85

Atommasse
Etwa 210

Dichte
Unbekannt

Radius
202 pm

Aggregatzustand
Fest

Schmelzpunkt
300 °C

Entstehung
Kernzerfall

Anteil an der Erdkruste
Spuren

Synthese von Astat
Astat kommt nur als Zerfallsprodukt anderer Elemente vor. Sein langlebigstes natürliches Isotop, Astat-219, hat eine Halbwertszeit von nur 56 Sekunden. Man schätzt, dass zu jedem Zeitpunkt nur etwa 30 g natürliches Astat in der Erdkruste vorhanden sind.

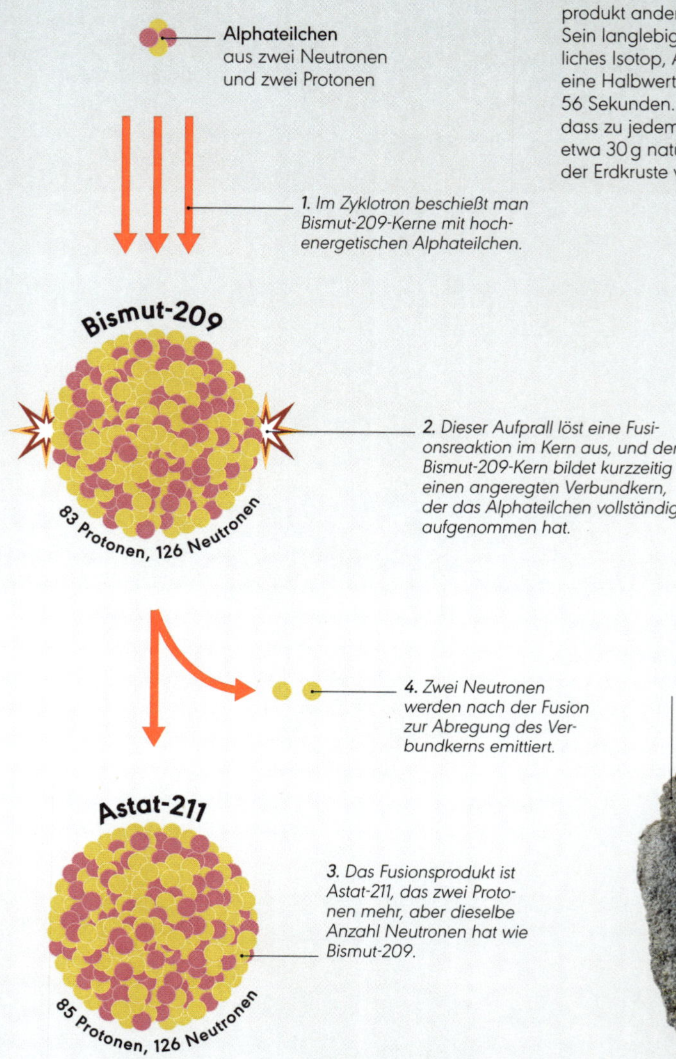

Das Uran in Uraninit zerfällt letztlich zu Astat.

URANINIT

Aufgrund der kurzen Halbwertszeit seiner Isotope ist Astat eines der seltensten natürlich vorkommenden Elemente.

Obwohl Astat natürlich vorkommt, wurde es 1940 erstmals von dem italienisch-amerikanischen Physiker Emilio Segrè und Kollegen in einem Zyklotron in Berkeley (USA) hergestellt, aber erst 1947 offiziell benannt. Das griechische Wort *astatos* bedeutet »unbeständig«, denn keines der über 40 bekannten Isotope ist stabil: Die Halbwertszeiten reichen von nur 125 Nanosekunden bis 8,1 Stunden. Dies erklärt seine Seltenheit: Wenn Astatatome entstehen, zerfallen sie schnell in leichtere. Es ist das reaktionsärmste aller Halogene, was seiner Position unter dem Jod in Gruppe 17 des Periodensystems entspricht: Halogene werden mit zunehmender Periode weniger reaktionsfreudig.

Zur Behandlung von Schilddrüsenkrebs verwendet man radioaktives Jod-131, da sich Jod in der Schilddrüse anreichert. Jod-131 ist jedoch ein Betastrahler. Für bestimmte Therapieansätze ist es sicherer, einen Alphastrahler wie Astat-211 zu verwenden, da Alphateilchen nur eine sehr geringe Reichweite im Gewebe haben. Wegen der kurzen Halbwertszeit muss die Behandlung aber weniger als einen Tag nach der Synthese des Isotops beginnen: Es wird in einem kompakten medizinischen Zyklotron hergestellt, in dem Bismut-209-Folie mit Alphateilchen beschossen wird.

Erwartete Elektronenkonfiguration
Nach dem Aufbauprinzip (der Quantenregel für die Besetzung von Orbitalen) sollte Neptunium zwei Elektronen im 7s-Orbital und fünf Elektronen in den 5f-Orbitalen haben.

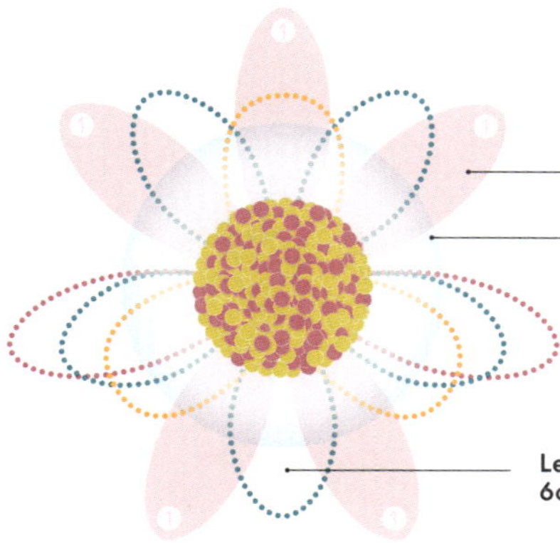

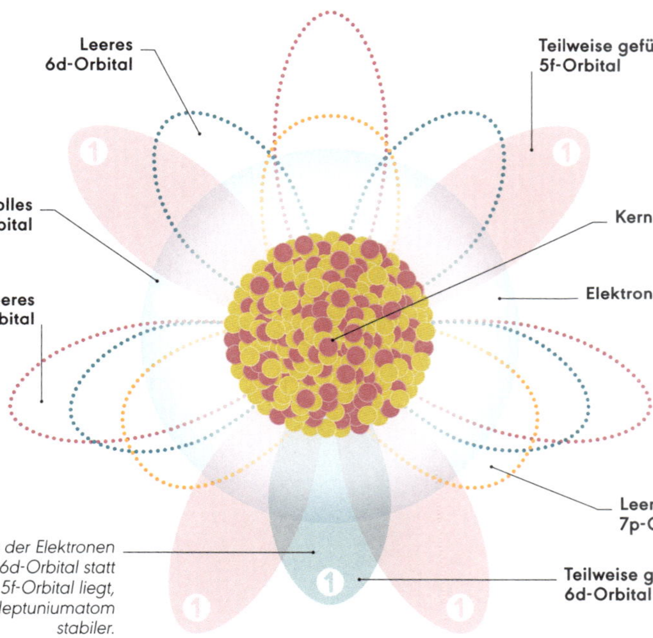

Tatsächliche Elektronenkonfiguration
Wie bei anderen schweren Elementen haben auch beim Neptunium die 5f-, 6d- und 7s-Orbitale aufgrund ungewöhnlicher Quanteneffekte alle ähnliche Energien. Im neutralen Atom sind daher ein Elektron im 6d-Orbital und vier Elektronen in den 5f-Orbitalen am stabilsten.

Actinoid

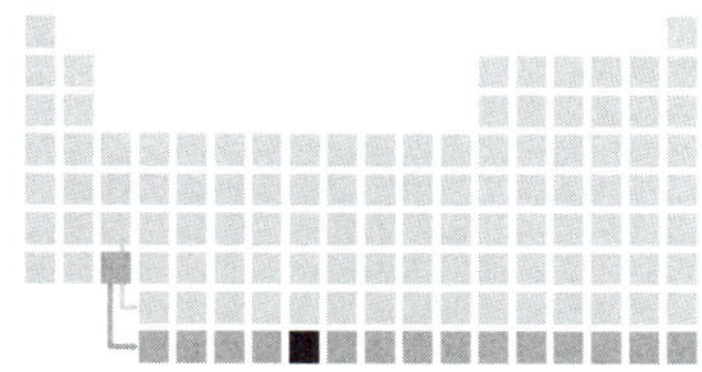

Neptunium

Np

Konfiguration

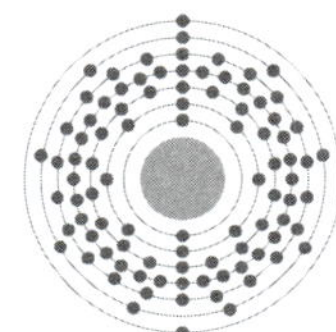

Ordnungszahl
93

Atommasse
Etwa 237

Dichte
20,2 g/cm³

Radius
221 pm

Aggregatzustand
Fest

Schmelzpunkt
644 °C

Entstehung
Synthese durch Menschen

Anteil an der Erdkruste
Nicht vorhanden

Neptunium ist das erste transuranische Element und war das erste Element dieser Art, das entdeckt wurde.

Neptunium wurde 1940 von den US-amerikanischen Physikern Edwin McMillan und Philip Abelson entdeckt, als sie Uran in einem Zyklotron mit Neutronen beschossen (siehe S. 259). Wenn ein Atomkern Neutronen aufnimmt, entsteht kein neues Element, sondern nur ein Isotop des Elements. Hier jedoch durchlief der Kern einen Betazerfall, bei dem sich ein Neutron in ein Proton, ein Elektron und ein Antineutrino (ein leichtes ladungsloses Teilchen) umwandelt. Dadurch stieg die Ordnungszahl um eins: Ein neues Element war entstanden. Man benannte es nach dem Planeten Neptun, der nach Uranus der nächstentfernte Planet ist, so wie Neptunium das nächste Element nach Uran ist.

Neptunium wird nicht kommerziell genutzt, aber winzige Mengen von Neptunium können natürlich in Uranerzen vorkommen. Winzige Mengen von Neptunium-237 können auch im Haushalt als Zerfallsprodukt von Americium-241 in (veralteten) Rauchmeldern vorkommen, nachdem das Americium zerfallen ist (siehe S. 261). In einem neuen Rauchmelder dieses Typs besteht die radioaktive Quelle zu fast 100 Prozent aus Americium. Nach etwa 50 Jahren sind 10 % des Elements zu Neptunium zerfallen.

Actinoid

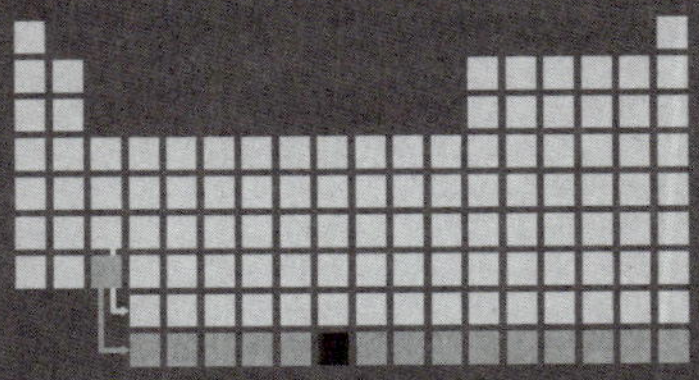

Pu

Plutonium

Elektronenkonfiguration

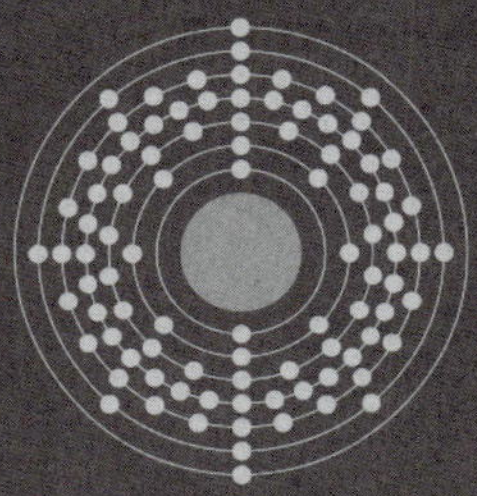

Ordnungszahl

94

Atommasse
Etwa 244

Dichte
19,7 g/cm³

Radius
243 pm

Aggregatzustand
Fest

Schmelzpunkt
640 °C

Entstehung
Synthese durch Menschen

Anteil an der Erdkruste
Spuren

In feuchter Luft oxidiert Plutonium und kann sich dabei entzünden und rot glühen.

Kühles Plutonium ist ein silbergraues Metall.

REINES PLUTONIUM

Winzige Spuren von Plutonium können in Uraninit vorkommen.

URANINIT

Synthetisch oder natürlich?

Plutonium wurde 1940 an der Universität von Berkeley (USA) entdeckt. Damals ging man davon aus, dass es in der Natur keine Elemente gibt, die schwerer sind als Uran, doch inzwischen wurden in konzentrierten Uranerzen wie Uraninit Spuren von Plutonium nachgewiesen.

Plutonium ist ein stark radioaktives, überwiegend synthetisches Metall und eines der am häufigsten in Waffen eingesetzten Elemente. Doch hinter dem düsteren Ruf verbergen sich faszinierende chemische Eigenschaften und Spezialanwendungen.

Plutonium ist ein silbergraues radioaktives Metall, das erstmals 1940 in einem Teilchenbeschleuniger durch die Bestrahlung von Uran mit Deuteronen (Deuteriumkernen) erzeugt wurde. Es zeigte sich, dass das Isotop Plutonium-239 ein außergewöhnliches nukleares Potenzial besitzt. In den USA wurde die Forschung zu Plutonium im Manhattan-Projekt zur Entwicklung einer Atomwaffe im Zweiten Weltkrieg als geheim eingestuft.

Wird der Plutonium-239-Kern von Neutronen getroffen, spaltet er sich und setzt dabei Energie und weitere Neutronen frei, die dann weitere Plutoniumkerne spalten können. Diese schnelle Kettenreaktion setzt eine enorme Menge an Energie frei: Die Bombe, die 1945 in Nagasaki (Japan) mindestens 60 000 Menschen tötete, enthielt nur 6,2 kg Plutonium. Aber nicht nur die freigesetzte Energie macht Plutonium gefährlich, es ist auch radioaktiv (siehe S. 24–25). Das instabile schwere Atom zerfällt spontan unter Aussendung eines ionisierenden Alphateilchens, das biologisches Gewebe irreversibel schädigen kann. Das Element reichert sich vor allem in Knochen und Leber an, was den Umgang damit besonders schwierig macht.

Das komplexe schwere Atom des Plutoniums gibt dem Element mehrere ungewöhnliche physikalische Eigenschaften, darunter eine hohe Dichte und einen für ein Metall ungewöhnlich niedrigen Schmelzpunkt. Da es sehr reaktiv ist, bildet Plutonium zahlreiche farbige Komplexe mit anderen Elementen. Doch wegen der Risiken beim Umgang mit diesem Element findet es außer in der Kernenergie, in radioisotopischen Energiequellen und in Atomwaffen fast keine Anwendung.

ENERGIEQUELLE
Die Radioaktivität von Plutonium ist eine hervorragende Quelle für Energie und Wärme. Thermoelektrische Generatoren aus Plutonium-238 wurden in Raumsonden wie dem Mars-Rover Curiosity und den Voyager-Sonden eingesetzt und bleiben die bevorzugte Energiequelle für Missionen jenseits der inneren Planeten.

MARS-ROVER CURIOSITY

SYNTHESE VON PLUTONIUM-238

Plutonium wurde erstmals synthetisiert, indem man Uran-238 mit Deuteronen, den Kernen von Deuteriumatomen (die jeweils aus einem Proton und einem Neutron bestehen), beschoss. Jeder Urankern absorbierte ein Proton und wurde zu Neptunium-238, das durch Betazerfall schnell (mit einer Halbwertszeit von 2,12 Tagen) zu Plutonium-238 zerfiel.

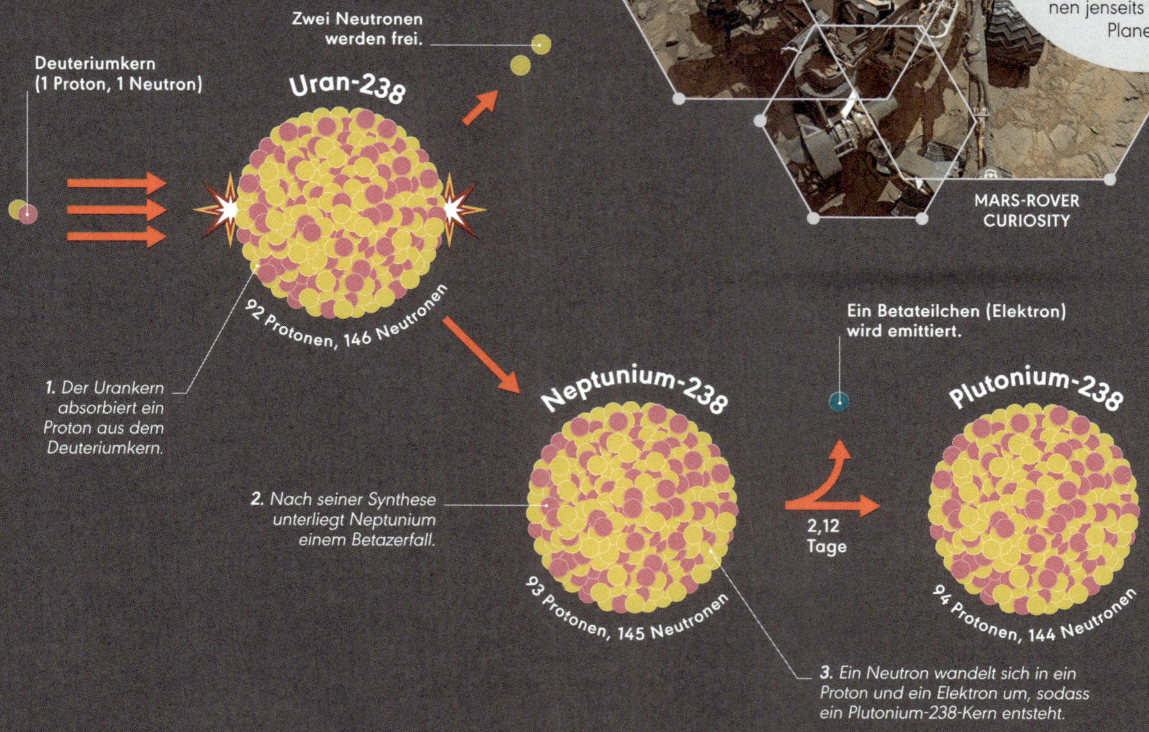

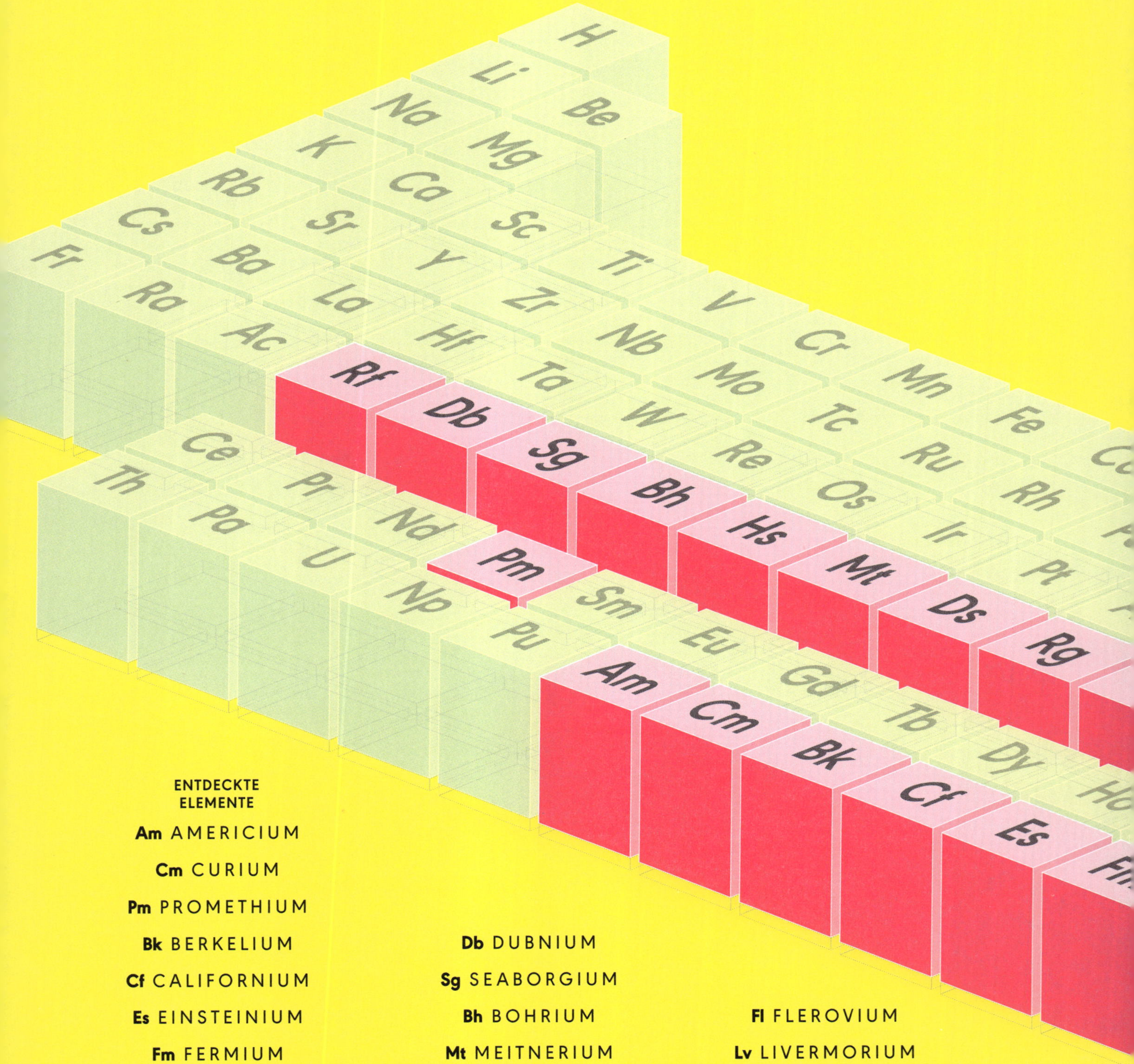

ENTDECKTE ELEMENTE

Am AMERICIUM
Cm CURIUM
Pm PROMETHIUM
Bk BERKELIUM
Cf CALIFORNIUM
Es EINSTEINIUM
Fm FERMIUM
Md MENDELEVIUM
No NOBELIUM
Lr LAWRENCIUM
Rf RUTHERFORDIUM

Db DUBNIUM
Sg SEABORGIUM
Bh BOHRIUM
Mt MEITNERIUM
Hs HASSIUM
Ds DARMSTADTIUM
Rg RÖNTGENIUM
Cn COPERNICUM

Fl FLEROVIUM
Lv LIVERMORIUM
Mc MOSCOVIUM
Nh NIHONIUM
Og OGANESSON
Ts TENNESS

KÜNSTLICHE ELEMENTE

AB 1944

1

2

3

ELEMENTE AUS DEM LABOR

Die Kernphysik eröffnete neue Möglichkeiten für die Synthese neuer Elemente. In der zweiten Hälfte des 20. Jh. begann der Wettlauf um die Vervollständigung des Periodensystems.

Die bahnbrechenden Forschungen der 1930er-Jahre bereiteten den Boden für einen neuen Wissenschaftszweig: die Kernchemie. Weltweit begann man zu erforschen, wie sich das neue grundlegende Verständnis des Atoms für die Synthese von Elementen nutzen ließe.

1938 war Uran mit der Ordnungszahl 92 das schwerste bekannte Element. In den ersten Experimenten zur Suche nach neuen Elementen beschoss man Uranatome mit hochenergetischen Neutronen. Obwohl dabei zunächst nicht das Element 93 entstand, erkannten die deutschen Chemiker Otto Hahn und Fritz Strassmann bald, dass sie tatsächlich schwere Atome in kleinere Atome gespalten hatten. Die dazugehörige Theorie der Kernspaltung entwickelten 1939 die österreichisch-schwedische Physikerin Lise Meitner und der österreichische Physiker Otto Frisch.

Man erkannte nun, dass eine Atombombe zumindest theoretisch möglich war, und die US-Regierung investierte umfangreich in das Manhattan-Projekt zur Erforschung dieser Kernreaktionen und zur Entwicklung der ersten Atomwaffe. Als Wissenschaftler am Berkeley Radiation Laboratory in Kalifornien 1940 die Spaltung von Uranisotopen erforschten, entdeckten sie ein zusätzliches, unerwartetes radioaktives Produkt. Später wurde bestätigt, dass es sich dabei um das Element 93 handelte, das heute Neptunium heißt: das erste künstlich erzeugte transurane Element.

Damit begann ein weltweiter Wettlauf um die Entdeckung des nächsten Elements. In den folgenden Jahrzehnten synthetisierten Wissenschaftler mehr als zwei Dutzend weitere Elemente. Die jüngste Entdeckung, die im Jahr 2010 bekannt gegeben wurde, war Tennessin mit der Ordnungszahl 117.

Die Synthese der künstlichen Elemente

Bis etwa zum Element 100 funktioniert der Syntheseprozess häufig so, dass man in einem Teilchenbeschleuniger Neutronen auf Kerne schwerer Elemente schießt, sodass diese ein Neutron absorbieren. Der Kern unterliegt dann einem Betazerfall: Das zusätzliche Neutron wandelt sich unter Freisetzung eines Elektrons und eines Antineutrinos in ein Proton um, wodurch die Ordnungszahl um eins steigt.

1. Zyklotron Das Harvard-Zyklotron im Los Alamos National Laboratory in den USA war von 1949 bis 2002 in Betrieb.

2. Synchrotron Das Schnellzyklus-Synchrotron an der Chinesischen Spallations-Neutronenquelle in Guangdong liefert einen Protonenstrahl für Experimente.

3. Bombentest »Ivy Mike«
Ivy Mike war der Codename für den Test einer thermonuklearen Wasserstoffbombe im Jahr 1952 auf den Marshallinseln. Die Explosion zerstörte die Insel Elugelab. Proben aus der Explosion enthielten Spuren von Plutoniumisotopen sowie die zuvor theoretisch vorhergesagten Elemente Einsteinium und Fermium.

Um superschwere Atome zu erzeugen, beschießt man schwere Elemente mit viel größeren Teilchen: geladenen Ionen, etwa von Kalzium, Argon oder Krypton. Dann verschmelzen die beiden Kerne zu den schwersten Elementen des Periodensystems. Bei diesen Experimenten muss man die Teilchen auf sehr hohe Geschwindigkeiten – bis zu 10 % der Lichtgeschwindigkeit – beschleunigen, damit sie die starke elektrostatische Abstoßung zwischen den positiv geladenen Kernen überwinden. Haben die beschleunigten Teilchen jedoch zu viel Energie, kann der Zielkern leicht in mehrere kleinere zerschlagen werden. Daher muss man die Experimente sorgfältig konzipieren, um die optimalen Bedingungen zu finden.

FUNKTION EINES ZYKLOTRONS
Ein Zyklotron beschleunigt Teilchen auf erstaunliche Geschwindigkeiten. In eine trommelförmige Vakuumkammer werden in der Mitte Ionen eingebracht. Magnetpole über und unter der Kammer halten die Ionen auf kreisförmigen Bahnen. Zwei d-förmige Elektroden erzeugen ein elektrisches Wechselfeld, das die Teilchen bei jedem Durchgang durch den Spalt zwischen den Elektroden beschleunigt und sie so auf eine immer größere Spiralbahn zwingt.

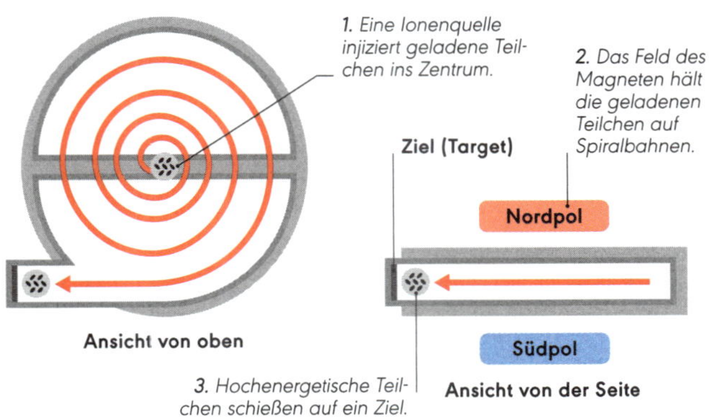

1940

1940
Die US-Chemiker Martin Kamen und Samuel Ruben entdecken das radioaktive Isotop Kohlenstoff-14.

1940
Neptunium ist das erste künstlich hergestellte Transuran.

1945
Die erste Atombombe wird über Hiroshima (Japan) abgeworfen.

1946
Die USA führen Kernwaffentests im Bikini-Atoll im Pazifischen Ozean durch.

1951
Der erste stromerzeugende Kernreaktor geht in den USA ans Netz.

1953
Das Cosmotron, ein Synchrotron in den USA, erreicht erstmals seine volle Energie.

1953
Ein schwedischer Konzern stellt die ersten synthetischen Diamanten her.

1964
Die US-amerikanischen Physiker Murray Gell-Mann und George Zweig entwickeln unabhängig voneinander eine Quarktheorie für subatomare Teilchen.

1985
Der erste Prototyp einer Lithium-Ionen-Batterie wird vom japanischen Chemiker Akira Yoshino entwickelt.

1986
Ein Kernreaktor in Tschernobyl (Ukraine) explodiert; radioaktives Material breitet sich über Europa aus.

2004
Physiker der Universität Manchester, Großbritannien, erzeugen erstmals Graphen, ein Allotrop des Kohlenstoffs.

2008
Der Large Hadron Collider (LHC) – der größte Teilchenbeschleuniger der Welt – geht in Betrieb.

2025

Actinoid

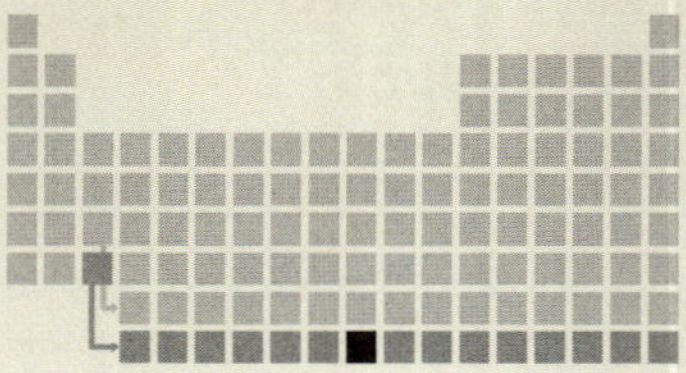

Am

Americium

Elektronenkonfiguration

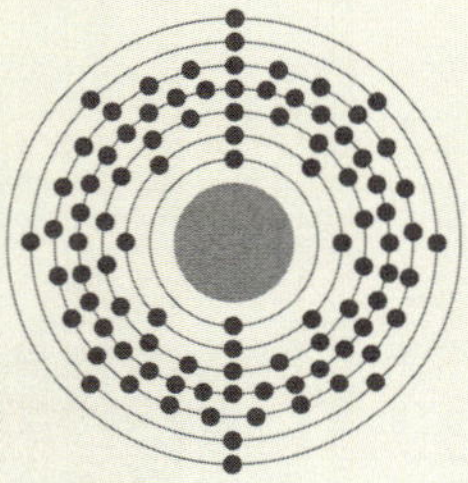

Ordnungszahl

95

Atommasse
Extra 243

Dichte
12 g/cm³

Radius
244 pm

Aggregatzustand
Fest

Schmelzpunkt
1176 °C

Entstehung
Synthese durch Menschen

Anteil an der Erdkruste
Spuren

Teure Produktion

Obwohl Americium in der Natur in winzigen Mengen vorkommt, wird der Großteil dieses radioaktiven Metalls synthetisch hergestellt. Die Produktion ist extrem teuer (etwa 75-mal so teuer wie die von Gold), sodass man es lediglich in Anwendungen nutzt, die nur geringe Mengen brauchen.

In einigen Uranerzen kommen Spuren von Americium vor.

URANERZ

Das weiche, silberne Metall läuft an der Luft langsam an.

Das teure Americium wird nur in kleinen Tropfen hergestellt.

TROPFEN AUS REINEM AMERICIUM

Das radioaktive Americium, ursprünglich im Zusammenhang mit der Entwicklung von Kernwaffen entdeckt, fand insbesondere in den USA lange Zeit Verwendung in Ionisationsrauchmeldern und war dort in fast jedem Haushalt zu finden.

Americium, das dritte Transuran, ist ein weiches, silbrig-weißes radioaktives Metall. Heute geht man davon aus, dass es in winzigen Spuren in Uranmineralien vorkommt; der größte Teil des Americiums wird jedoch in Kernreaktoren künstlich hergestellt.

Americium wurde 1944 in den USA im Rahmen des Manhattan-Projekts zur Entwicklung von Atomwaffen in einem Neutroneneinfangexperiment (siehe unten) entdeckt. Dabei entstand Americium-241 mit einer Halbwertszeit von 432 Jahren. Ein anderes, langlebigeres Isotop, Americium-243, hat eine Halbwertszeit von 7370 Jahren; es zerfällt durch Alphazerfall in Neptunium-239.

Aufgrund dieser relativ langen Halbwertszeiten nutzt man bestimmte Americiumverbindungen als Langzeitstrahlungsquellen in einigen Geräten. Einige Haushaltsrauchmelder, die in den USA, in Kanada und Teilen des Commonwealth lange üblich waren, enthalten etwa ein Mikrogramm Americium-241-Oxid, das beim Zerfall in Neptunium langsam Alphateilchen freisetzt. In einer kleinen Kammer im Rauchmelder ionisieren die Alphateilchen die Luftmoleküle, sodass die Luft einen schwachen elektrischen Strom leitet. Gelangt Rauch in den Melder, binden die Rußpartikel die Ionen, der Strom bricht ab und die Elektronik löst den Alarm aus. Heute verwendet man überwiegend optische Rauchmelder, die ohne radioaktive Stoffe auskommen.

In der Raumfahrt wird erforscht, ob sich Americium-241-Verbindungen als radioisotopische Energiequellen eignen könnten, um Raumsonden über Jahrzehnte hinweg mit elektrischer Energie zu versorgen, ohne auf externe Energiequellen wie Sonnenlicht oder Nachladung angewiesen zu sein.

SYNTHESE VON AMERICIUM

1944 beschoss ein Team an der Universität Chicago Plutonium-239 mit Neutronen. Der Plutoniumkern absorbierte dabei nacheinander zwei Neutronen, wodurch das Isotop Plutonium-241 entstand. Dieses radioaktive Isotop zerfällt jedoch nicht rasch, sondern unterliegt mit einer Halbwertszeit von etwa 14 Jahren Betazerfall, bei dem sich ein Neutron in ein Proton, ein Elektron und ein Antineutrino umwandelt. Dadurch entstand erstmals das Element Americium-241.

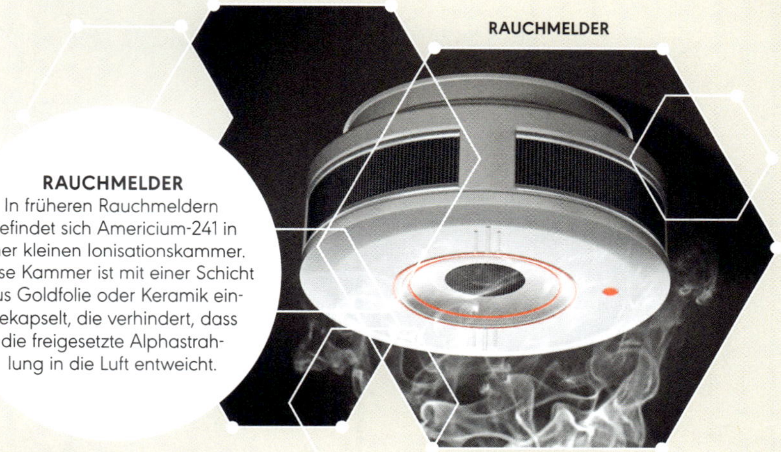

RAUCHMELDER
In früheren Rauchmeldern befindet sich Americium-241 in einer kleinen Ionisationskammer. Diese Kammer ist mit einer Schicht aus Goldfolie oder Keramik eingekapselt, die verhindert, dass die freigesetzte Alphastrahlung in die Luft entweicht.

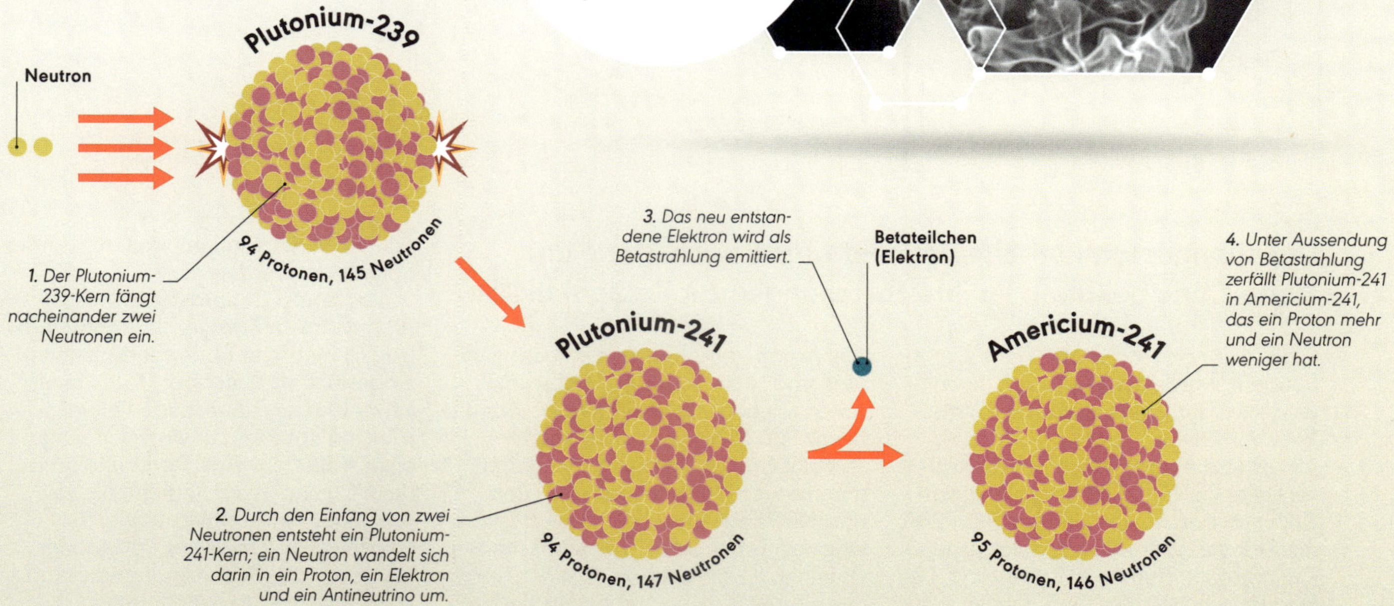

Actinoid

Cm

Curium

Konfiguration

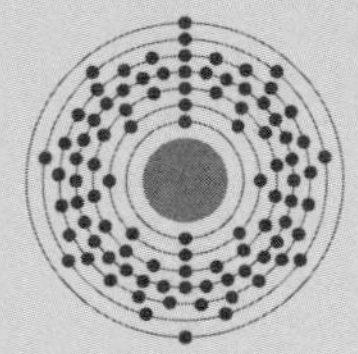

Ordnungszahl
96

Atommasse
Etwa 247

Dichte
13,5 g/cm^3

Radius
245 pm

Aggregatzustand
Fest

Schmelzpunkt
1345 °C

Entstehung
Synthese durch Menschen

Anteil an der Erdkruste
Spuren

SYNTHETISCHES CURIUM

Komplexe Struktur
Curium hat einige Eigenschaften mit Gadolinium, dem über ihm stehenden Lanthanoid, gemein, etwa die metallische Struktur und die silberweiße Farbe (wobei Curium leicht anläuft). Curium und Gadolinium bilden zwei Kristallformen: eine bei niedriger und eine bei höherer Temperatur.

Das silbrige, synthetische Actinoid wurde nach Marie und Pierre Curie benannt, für ihre Forschungen zur Radioaktivität.

Curium ist nach Marie und Pierre Curie benannt, wurde aber nicht von ihnen entdeckt. Hergestellt wurde es erstmals 1944 von Glenn T. Seaborg, Ralph A. James und Albert Ghiorso an der University of California, Berkeley. In einem Zyklotron beschossen sie Plutonium-239 mit Alphateilchen, wodurch das erste Curiumatom, Curium-242, entstand. Die Entdeckung blieb bis 1945 geheim.

Alle Isotope und Kernisomere des Curiums sind radioaktiv, ihre Halbwertszeiten reichen von etwa 20 Sekunden bis zu 15,6 Millionen Jahren. Heute entsteht Curium überwiegend durch mehrfachen Neutroneneinfang und anschließende Zerfälle bei der Bestrahlung von Uran- oder Plutoniumbrennstoffen in Kernreaktoren. In einer Tonne abgebrannten Kernbrennstoffs finden sich etwa 20 g Curium, das aufwendig abgetrennt werden muss.

Das Isotop Curium-244 wurde in Alphateilchen-Röntgenspektrometern (APXS) mehrerer Raumfahrtmissionen eingesetzt, darunter bei Mars-Rovern sowie bei der Raumsonde Philae (Mission Rosetta) zur Untersuchung eines Kometenkerns. Darüber hinaus dient Curium in der Kernchemie als Ausgangs- und Targetmaterial für die Synthese schwererer transuraner Elemente, die durch Neutroneneinfang und Ionenbeschuss entstehen.

Radioaktiv und synthetisch

Promethium ist ein silbrig-graues, relativ weiches und dichtes Metall, von dem 38 Isotope bekannt sind. Alle diese Isotope sind radioaktiv, das heißt, sie sind instabil und zerfallen mit der Zeit. Daher kommt Promethium in der Natur nur äußerst selten vor und findet sich lediglich in Spuren in einigen Uranerzen, wo es als Produkt der spontanen Kernspaltung entsteht. Der überwiegende Teil des heute verfügbaren Promethiums wird in Kernreaktoren künstlich hergestellt.

Lanthanoid

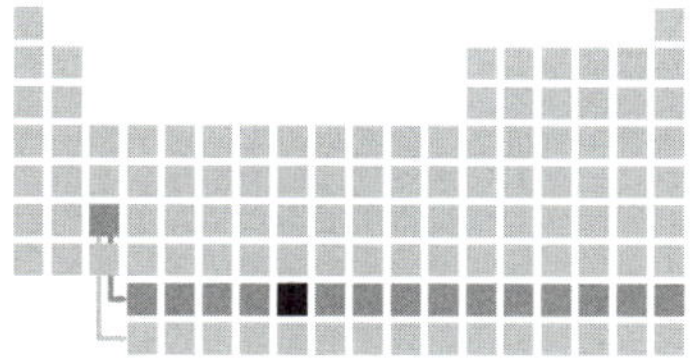

Pm

Promethium

Konfiguration

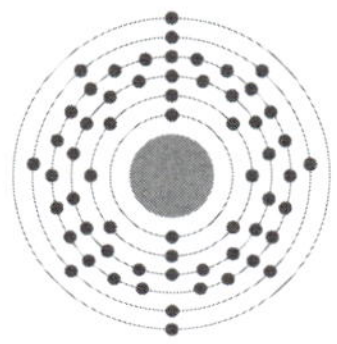

Ordnungszahl
61

Atommasse
Etwa 145

Dichte
7,3 g/cm³

Radius
236 pm

Aggregatzustand
Fest

Schmelzpunkt
1042 °C

Entstehung
Kernzerfall

Anteil an der Erdkruste
Spuren

Dieses äußerst seltene, radioaktive Metall wurde in einzelnen Sternen unserer Milchstraße nachgewiesen.

Obwohl Promethium bereits 1902 vorhergesagt worden war, gelang seine experimentelle Identifikation erst 1945 im Rahmen des Manhattan-Projekts. Der US-amerikanische Chemiker Charles D. Coryell und sein Team isolierten das Element mithilfe der Ionenaustauschchromatografie (Trennung von Ionen anhand ihrer Ladung). Die Entdeckung wurde 1947 offiziell bekannt gegeben.

Den Namen schlug Coryells Frau Grace Mary Coryell vor, in Anlehnung an Prometheus, den griechischen Titanen, der den Menschen das Feuer als Sinnbild für Wissen und Technik brachte.

Promethium ist das seltenste natürlich vorkommende Lanthanoid und eines der wenigen Elemente ohne ursprüngliche Atome auf der Erde. Seine 38 Isotope sind alle radioaktiv. In der Natur entsteht es nur in Spuren als Spaltprodukt der Kernspaltung von Uran-238 in Uranerzen, unter anderem als Promethium-147.

Industriell eingesetzt wird Promethium zur Dickenmessung: Betateilchen aus dem Zerfall von Promethium treffen auf eine dünne Materialschicht und durchdringen sie; deren Dicke ergibt sich aus dem Verhältnis der durchgelassenen zur emittierten Teilchenzahl. Promethium-147 wurde in Betavoltaikbatterien verwendet. Solche Batterien halten etwa fünf Jahre und kamen früher in Lenkraketen und Uhren zum Einsatz.

Actinoid

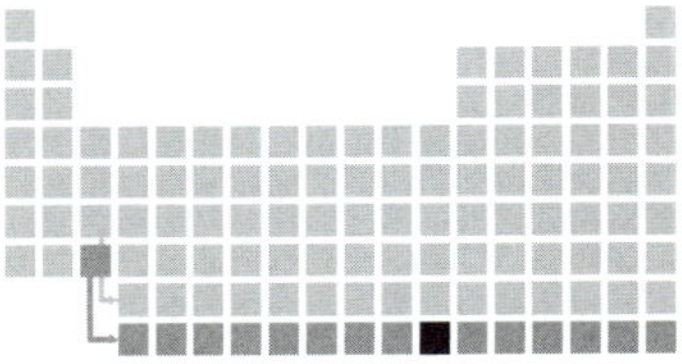

Bk

Berkelium

Konfiguration

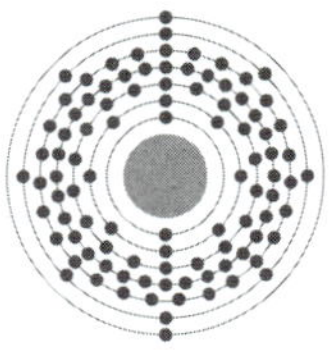

Ordnungszahl
97

Atommasse
Etwa 247

Dichte
14,8 g/cm³

Radius
244 pm

Aggregatzustand
Fest

Schmelzpunkt
986 °C

Entstehung
Synthese durch Menschen

Anteil an der Erdkruste
Nicht vorhanden

Im Labor entstanden
Berkelium kommt in der Natur nicht vor und muss synthetisiert werden. Das erste Isotop, das 1949 hergestellt wurde, war Berkelium-243 mit einer Halbwertszeit von nur viereinhalb Stunden. Die meisten heutigen Experimente konzentrieren sich auf langlebigere Isotope.

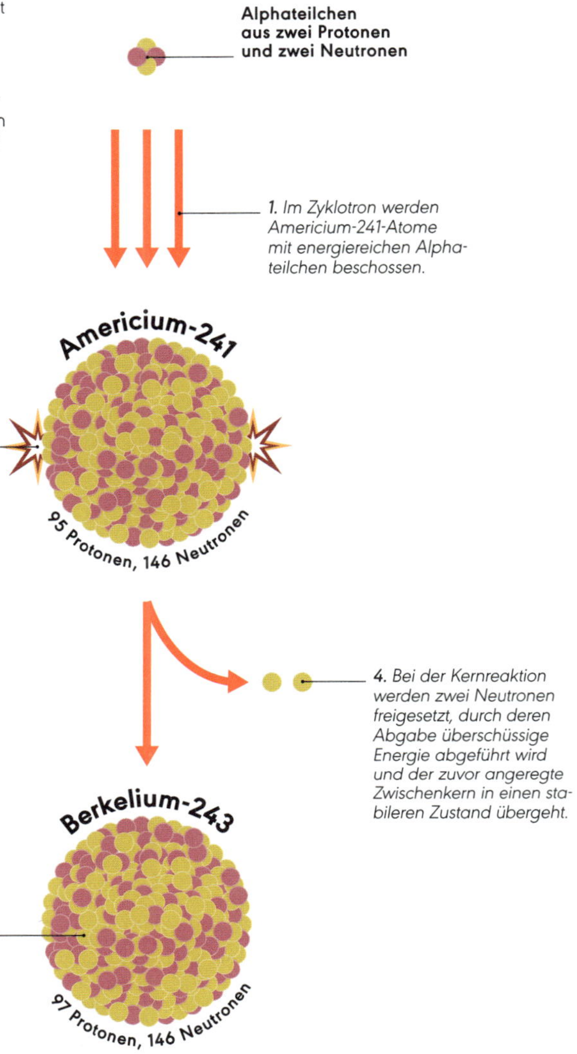

Berkelium ist ein weiches, silbrig-weißes Metall, das man wegen des hohen Syntheseaufwands nur selten nutzt.

1949 wurden die ersten Berkelium-Atome von dem Team des US-amerikanischen Chemikers Glenn Seaborg hergestellt. Sie beschossen in einem 1,5-m-Zyklotron (einem Teilchenbeschleuniger) in Berkeley (Kalifornien) ein Target aus einem anderen synthetischen Element, Americium-241, mit Alphateilchen. Das neu entstandene Isotop, Berkelium-243, wurde isoliert, indem man das Target auflöste und dann die beiden Elemente durch Ionenaustauschchromatografie trennte.

Die erste Verbindung, Berkeliumdioxid, wurde 1962 hergestellt. Seitdem wurden viele weitere Verbindungen produziert und untersucht. Berkelium hat 20 bekannte Isotope mit Halbwertszeiten zwischen 29 Mikrosekunden und 1380 Jahren. Außerdem gibt es sieben Kernisomere (mit derselben Anzahl von Protonen und Neutronen wie die Hauptisotope, aber in einem angeregten Energiezustand). Zu angeregten Kernzuständen kommt es häufig, Kernisomere sind aber langlebiger – allerdings bestehen auch sie nur für Millionstel oder Milliardstel Sekunden. In Kernreaktoren wird pro Jahr weniger als ein Gramm Berkelium hergestellt. Das Element hat keine kommerziellen Anwendungen und ist aufgrund seiner Radioaktivität giftig.

Kurze Erscheinung
Das erste erzeugte Isotop von Californium war Californium-245. Wie bei Berkelium hatte auch das erste Isotop von Californium nur eine kurze Halbwertszeit, in diesem Fall von etwa 45 Minuten.

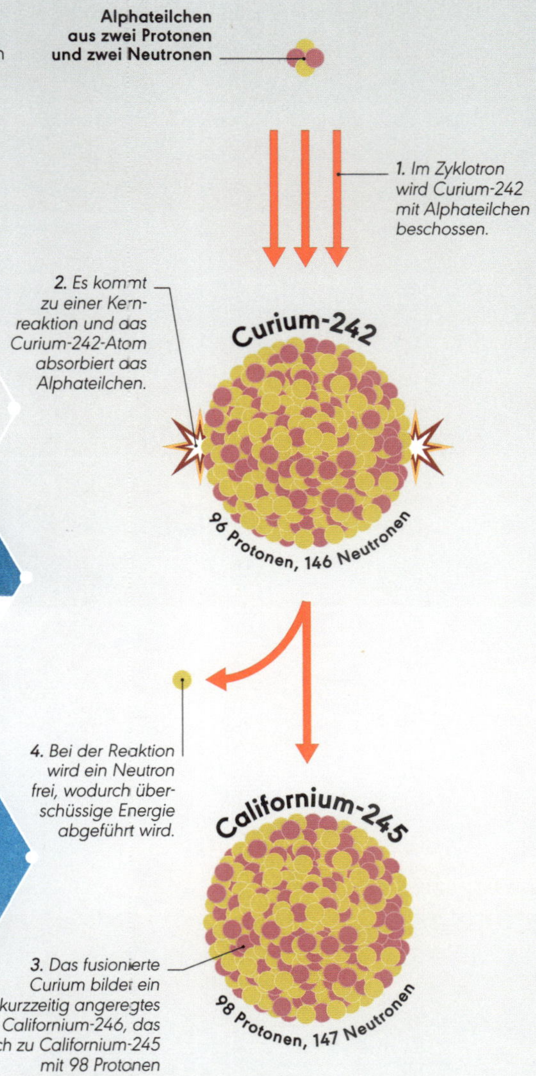

NEUTRONEN-QUELLE
Californium-252 ist ein starker Neutronenemitter. Nur ein Mikrogramm dieses Isotops setzt pro Minute 140 Millionen Neutronen frei, die auf vielfältige Weise genutzt werden können.

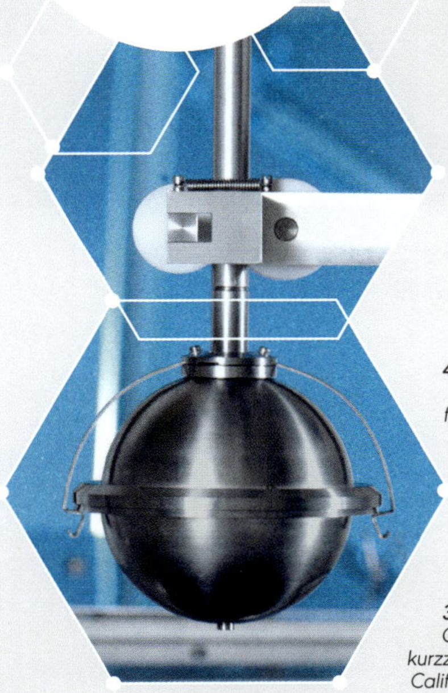
NEUTRONENEMITTER

Actinoid

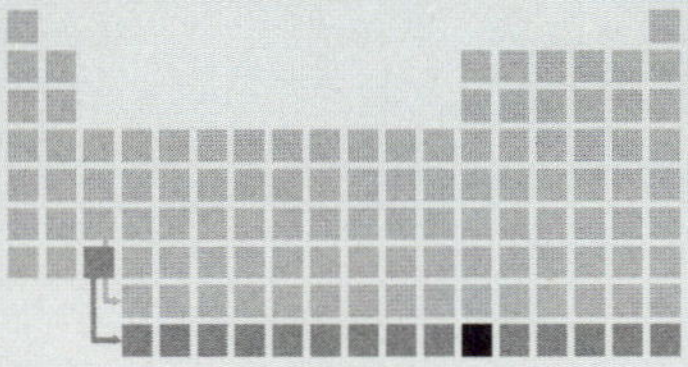

Cf
Californium

Konfiguration

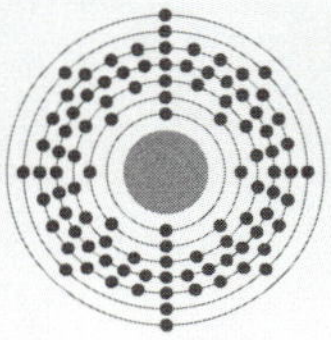

Ordnungszahl
98

Atommasse
Etwa 251

Dichte
15,1 g/cm³

Radius
245 pm

Aggregatzustand
Fest

Schmelzpunkt
900 °C

Entstehung
Synthese durch Menschen

Anteil an der Erdkruste
Nicht vorhanden

Dieses silbrig-weiße Metall wurde erstmals im US-Bundesstaat Kalifornien synthetisiert, woher es auch seinen Namen hat.

Die ersten Californiumatome wurden 1950 von den US-amerikanischen Chemikern Stanley Thompson, Glenn Seaborg und Kollegen in einem Zyklotron durch Beschuss eines Targets aus Curium-242 mit Alphateilchen hergestellt. Mehrere Namen wurden vorgeschlagen, etwa Cyclotronium und Cyclonium. Da Curium nur in extrem kleinen Mengen verfügbar war, brauchte das Team mehrere Jahre, um genug Material für das Experiment zu sammeln, bei dem sie etwa 5000 Californiumatome erzeugten. Californium ist heute das schwerste Element, das in Kernreaktoren routinemäßig in makroskopischen Mengen hergestellt wird, meist durch mehrfache Neutroneneinfänge ausgehend von Plutonium-239. Chemisch verhält es sich ähnlich wie Curium und reagiert mit Luft und Säuren, nicht aber mit Laugen.

Californium hat über 20 Isotope und mehrere Kernisomere (siehe S. 264) mit Halbwertszeiten zwischen 45 Mikrosekunden (Isomer Californium-249m) und 898 Jahren (Californium-251). Californium-252 ist das am häufigsten verwendete Isotop. Als starke Neutronenquelle verwendet man es in Kernreaktoren zum Start der Kettenreaktion und in der Neutronenaktivierungsanalyse zur Bestimmung geringer Elementkonzentrationen (z. B. von Gold oder Silber).

Actinoid

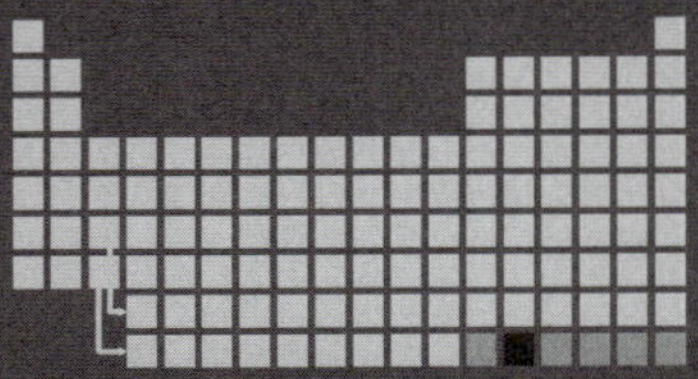

Es

Einsteinium

Konfiguration

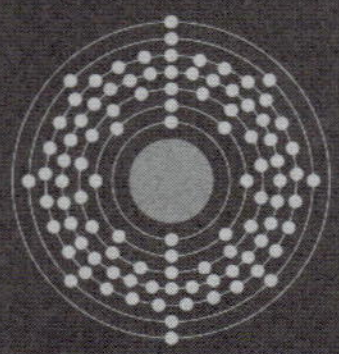

Ordnungszahl
99

Atommasse
Etwa 252

Dichte
8,8 g/cm^3

Radius
245 pm

Aggregatzustand
Fest

Schmelzpunkt
860 °C

Entstehung
Synthese durch Menschen

Anteil an der Erdkruste
Nicht vorhanden

Strahlendes Blau
Einsteinium ist so radioaktiv, dass die beim Zerfall entstehenden hochenergetischen Teilchen ein schwaches, bläuliches Leuchten hervorrufen. Dieses Licht stammt nicht vom Einsteinium selbst, sondern entsteht durch die energiereiche Strahlung im umgebenden Material. Die bei den Zerfällen frei werdende Energie führt zu einer starken Selbstbestrahlung, die das Kristallgitter schädigt und feste Einsteinium-Proben langsam strukturell zerfallen lässt.

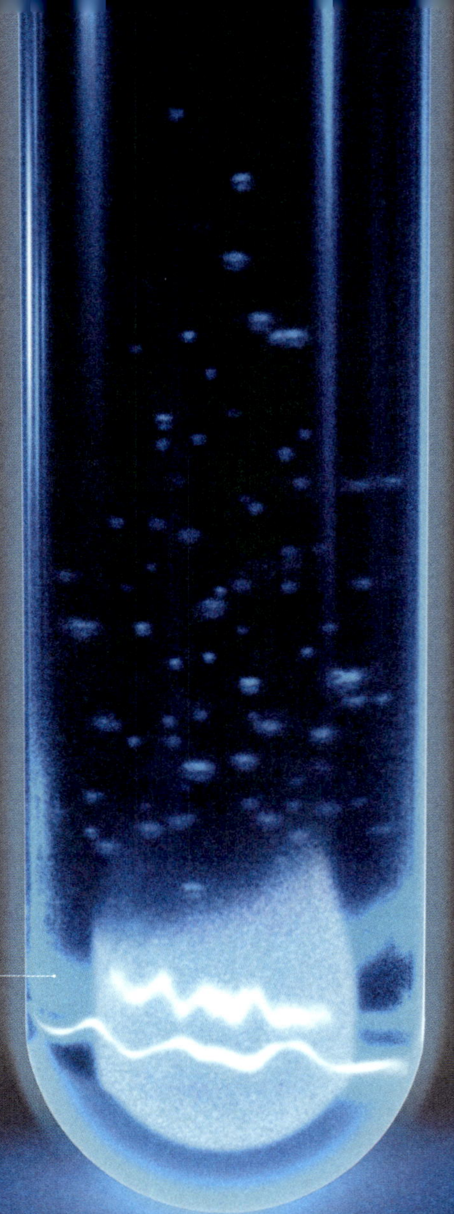

Einsteinium strahlt blau, während es sich zersetzt.

Dieses Metall ist hoch radioaktiv. Es kommt in der Natur nicht vor und wird nur zur Synthese anderer Elemente verwendet.

Einsteinium ist eines von zwei Elementen, die man im Fallout des Wasserstoffbombentests »Ivy Mike« im Enewetak-Atoll (Pazifik) im Jahr 1952 entdeckte. Der Fallout wurde auf Filterpapieren gesammelt und zusammen mit Korallen von US-Wissenschaftlern analysiert.

Die Explosion zerstörte die Insel Elugelab und hinterließ einen riesigen Unterwasserkrater, eine eindringliche Veranschaulichung der Gleichung $E = mc^2$ für die Relation zwischen Masse und Energie: Schon die Umwandlung eines Bruchteils der Masse setzt bei Kernreaktionen aufgrund des großen Faktors c^2 enorme Energie frei. Die Gleichung stammt von Albert Einstein, nach dem das Element auch benannt ist. Einstein selbst hatte vor der Entwicklung einer Wasserstoffbombe gewarnt.

Jährlich werden nur wenige Milligramm des radioaktiven, silbrig-weißen Einsteiniums synthetisiert, meist in Form relativ langlebiger Isotope wie Einsteinium-252. Dazu beschießt man Plutonium-239 in einem Kernreaktor einige Monate lang mit Neutronen, wobei über mehrere Zwischenstufen schwerere Actinoide entstehen. Rund 20 weitere Isotope mit Atommassen zwischen 240 und 258 und mehrere Kernisomere sind bekannt. Dieses hoch radioaktive und giftige Element findet derzeit außerhalb der Forschung keine Verwendung.

Synthese in Schweden
Obwohl die Entdeckung des Fermiums durch amerikanische Forschende bis 1955 geheim gehalten wurde, gelang es einer Gruppe von Physikern am Nobel-Institut in Stockholm 1953 und 1954 unabhängig davon, wenige Atome Fermium herzustellen. Dazu beschossen sie schwere Kerne, unter anderem Uran-238, mit Sauerstoff-16-Ionen. Dabei entstanden kurzlebige Fermium-Isotope, deren Halbwertszeiten im Minutenbereich lagen.

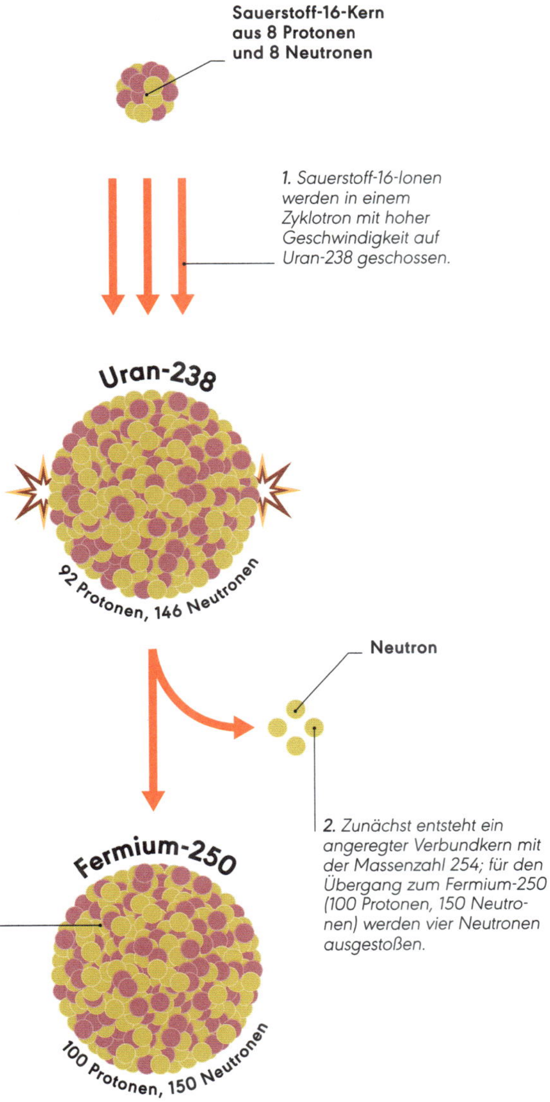

Actinoid

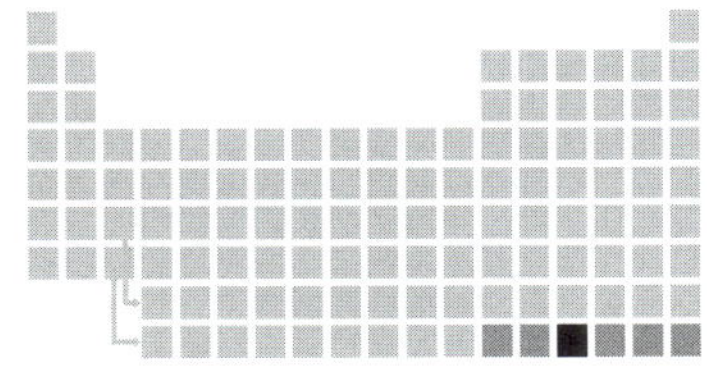

Fm

Fermium

Konfiguration

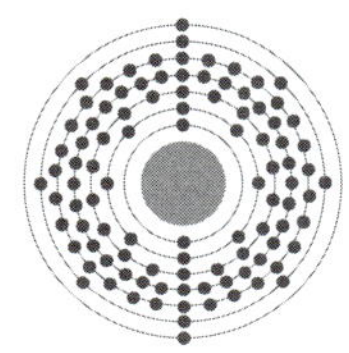

Ordnungszahl
100

Atommasse
Etwa 257

Dichte
Unbekannt

Radius
245 pm (berechnet)

Aggregatzustand
Fest (Vorhersage)

Schmelzpunkt
1527 °C

Entstehung
Synthese durch Menschen

Anteil an der Erdkruste
Nicht vorhanden

Dieses radioaktive metallische Element wurde 1952 entdeckt, aber die Entdeckung bis 1955 geheim gehalten.

Neben Einsteinium war Fermium das zweite Element, das im Fallout des ersten Wasserstoffbombentests von 1952 entdeckt wurde. Es wurde von Piloten, die gezielt durch den Atompilz flogen, auf Filterpapieren gesammelt. Einer davon war Oberleutnant Jimmy Robinson. Er verlor später bei einem Testflug im Zusammenhang mit diesen Missionen sein Leben; die genaue Ursache des Absturzes ist nicht eindeutig geklärt und wurde zeitweise mit technischen Störungen nach der Bombenexplosion in Verbindung gebracht.

Wegen der Ordnungszahl 100 hätte man Fermium fast Centurium genannt. Schließlich wurde es jedoch nach dem in Italien geborenen Physiker Enrico Fermi benannt, der 1938 den Nobelpreis für Physik unter anderem für seine Arbeiten zur Kernphysik erhielt. 1942 baute Fermis Team den weltweit ersten Kernreaktor, Chicago Pile-1, auf einem Squashplatz an der Universität Chicago. Fermium wird nur in Mikrogramm-Mengen synthetisiert, und keine einzelne Probe ist groß genug, um sie mit bloßem Auge zu sehen. Man erwartet jedoch, dass Fermium ein silbrig-graues Metall ist. Es ist das schwerste Element, das durch Neutronenbeschuss leichterer Elemente erzeugt werden kann, und es gibt 21 bekannte Radioisotope mit Atommassen zwischen 242 und 260. Außerhalb der Forschung gibt es derzeit keine Verwendungsmöglichkeiten.

Actinoid

Md

Mendelevium

Konfiguration

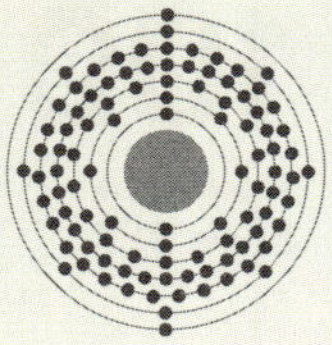

Ordnungszahl
101

Atommasse
Etwa 258

Dichte
Unbekannt

Radius
Unbekannt

Aggregatzustand
Fest

Schmelzpunkt
827 °C

Entstehung
Synthese durch Menschen

Anteil an der Erdkruste
Nicht vorhanden

Synthese von Mendelevium
Mendelevium wurde erstmals 1955 synthetisiert. Eine Handvoll Atome entstanden, als man Einsteinium-253 in einem Teilchenbeschleuniger mit Alphateilchen beschoss.

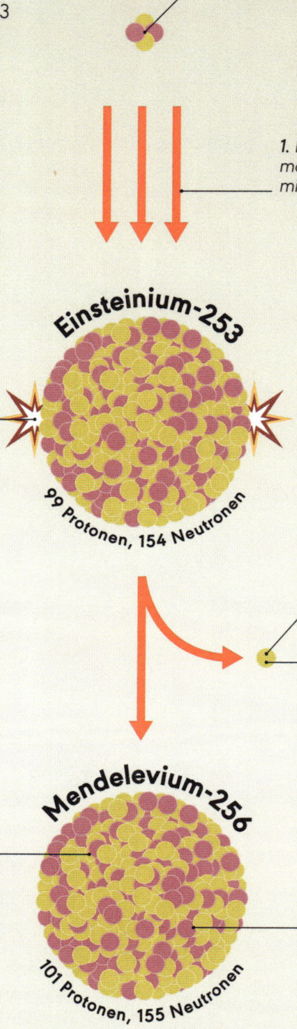

Mendelevium ist ein radioaktives metallisches Element, das nur in Teilchenbeschleunigern erzeugt werden kann.

1955 stellte das Team des US-amerikanischen Chemikers Glenn Seaborg die ersten Atome Mendelevium her. In ihrem 1,5-m-Zyklotron, das man 1962 in Medienberichten zu seiner Außerbetriebnahme als den »produktivsten Atomzerstörer der Geschichte« feierte, beschossen sie Einsteinium-253 mit Alphateilchen. Nur 17 Atome von Mendelevium-256 mit einer Halbwertszeit von etwa 78 Minuten entstanden nach einem nächtlichen Experiment am 19. Februar. Zufällig erhielt die Amerikanische Physikalische Gesellschaft die Mitteilung über die Entdeckung am 18. April 1955, dem Tag von Albert Einsteins Tod. Das Team erklärte, das neue Element Mendelevium nennen zu wollen, zu Ehren des russischen Chemikers Dmitri Mendelejew, der die erste Version des Periodensystems entwickelt hatte, mit dem sich noch unentdeckte Elemente vorhersagen ließen. Mendelevium war das neunte transuranische Element, das entdeckt wurde.

2018 wurde in Berkeley mit dem 2,2-m-Zyklotron erneut ein sehr leichtes Isotop des Elements, Mendelevium-244, synthetisiert. Dabei wurden Bismut-Targets mit Argon-Ionen beschossen. Mendelevium findet ausschließlich in der Forschung Verwendung und ist aufgrund seiner starken Radioaktivität gefährlich.

Synthese von Nobelium
Die Synthese von Nobelium findet in einem Teilchenbeschleuniger statt, wo Curium-246 mit Kohlenstoff-12-Ionen beschossen werden.

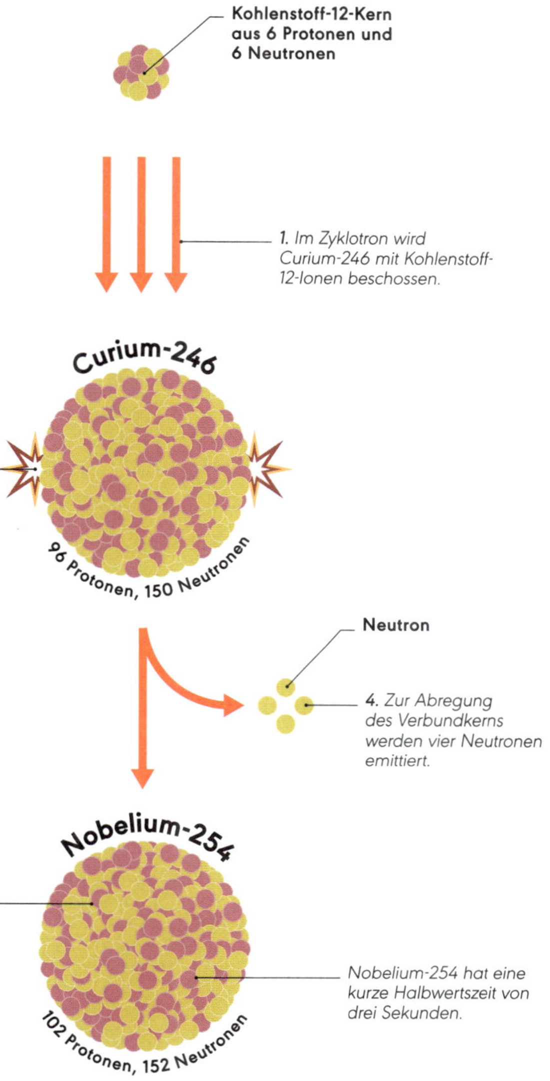

Actinoid

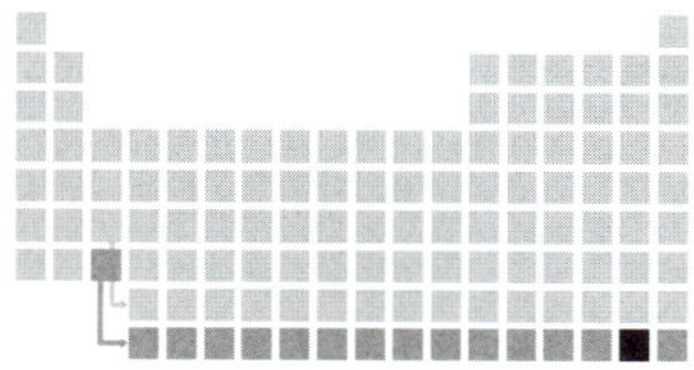

No
Nobelium

Konfiguration

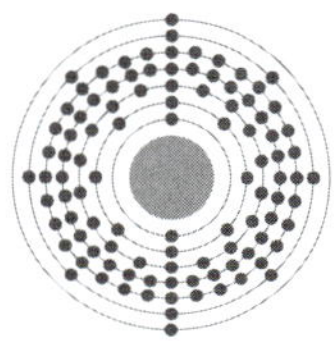

Ordnungszahl
102

Atommasse
Etwa 259

Dichte
Unbekannt

Radius
Unbekannt

Aggregatzustand
Fest

Schmelzpunkt
827 °C

Entstehung
Synthese durch Menschen

Anteil an der Erdkruste
Nicht vorhanden

Dieses radioaktive Metall wurde in den 1950ern und 1960ern unter umstrittenen Umständen entdeckt und benannt.

1957 verkündete ein internationales Team am Nobel-Institut für Physik in Stockholm die Entdeckung eines neuen Elements. Sie hatten in einem Zyklotron Curium-244 mit Kohlenstoff-13-Ionen beschossen und dabei ein neues Isotop erhalten, das sie Nobelium nannten; der Name wurde im selben Jahr von der Internationalen Union für reine und angewandte Chemie (IUPAC) vorläufig akzeptiert. Andere Teams, insbesondere US-amerikanische und sowjetische, konnten die Existenz dieses Isotops nicht bestätigen. Sie stellten 1958 bzw. 1966 erfolgreich andere Nobeliumisotope her. Die sowjetischen Wissenschaftler nannten das Element Joliotium nach der französischen Radiochemikerin Irène Joliot-Curie, doch der Name Nobelium, nach dem schwedischen Erfinder Alfred Nobel, hatte sich in der westlichen Welt bereits etabliert. Später erkannte die IUPAC beide Teams (aus Berkeley und Dubna) als gemeinsame Entdecker des Elements 102 an und bestätigte den Namen Nobelium endgültig.

Alle Nobeliumisotope sind radioaktiv mit Halbwertszeiten von weniger als zwei Millionstel Sekunden bis zu 58 Minuten. Es lassen sich jeweils nur einzelne Atome gleichzeitig herstellen. Nobelium hat keine praktische Verwendung und ist aufgrund seiner starken Radioaktivität gefährlich.

Actinoid

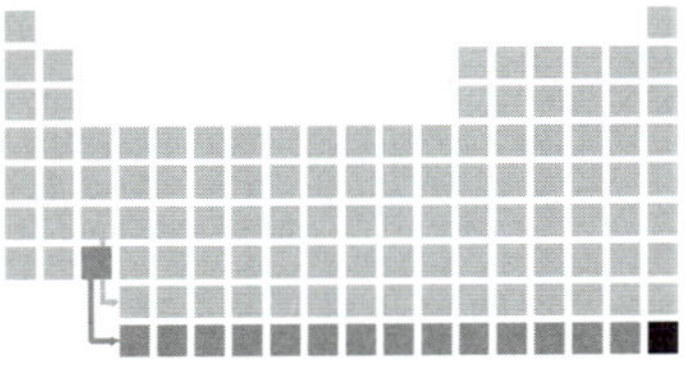

Konfiguration

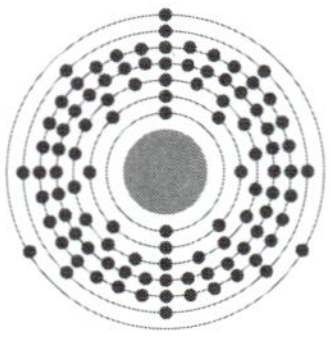

Ordnungszahl
103

Entdeckung
1961

Stabilstes Isotop
Lr-262

Halbwertszeit
4 Stunden

Lr
Lawrencium

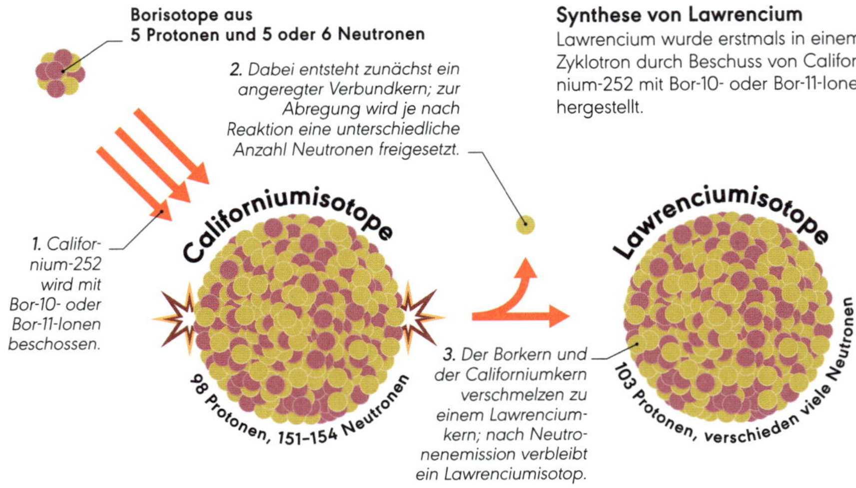

Synthese von Lawrencium
Lawrencium wurde erstmals in einem Zyklotron durch Beschuss von Californium-252 mit Bor-10- oder Bor-11-Ionen hergestellt.

Lawrencium ist ein radioaktives Element, benannt nach dem Erfinder des Zyklotrons, Ernest Orlando Lawrence.

1961 synthetisierten der US-amerikanische Wissenschaftler Albert Ghiorso und sein Team am Lawrence Berkeley National Laboratory mit einem Zyklotron erstmals erfolgreich Lawrencium-257. Im Jahr 1965 synthetisierte ein russisches Team unter der Leitung von Georgi Fljorow Lawrencium-256. Bis heute streitet man, ob dieses Element im Periodensystem zu den Übergangsmetallen oder zu den Actinoiden gehört.

Übergangsmetall

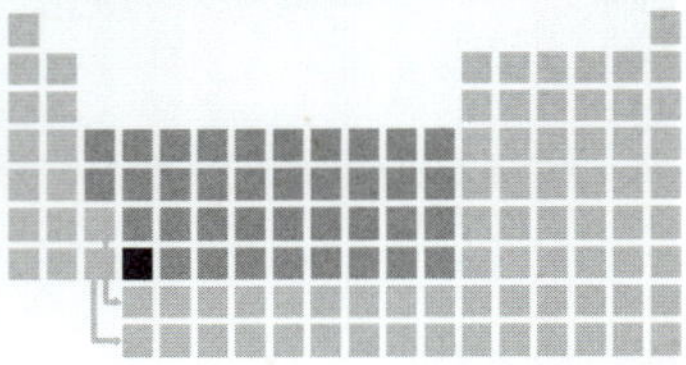

Konfiguration

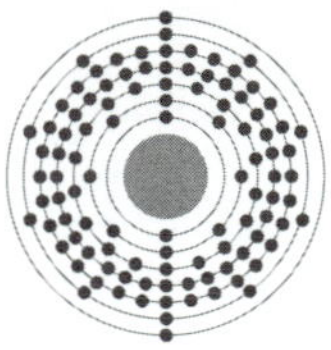

Ordnungszahl
104

Entdeckung
1964

Stabilstes Isotop
Rf-267

Halbwertszeit
48 Minuten

Rf
Rutherfordium

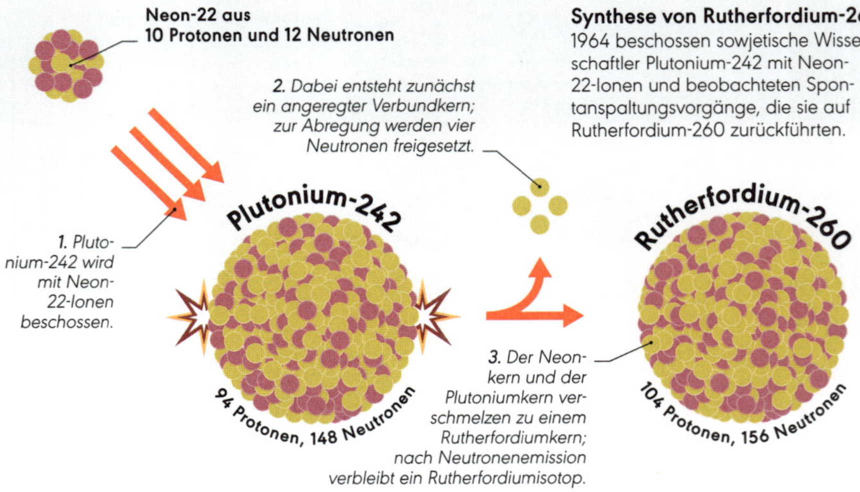

Synthese von Rutherfordium-260
1964 beschossen sowjetische Wissenschaftler Plutonium-242 mit Neon-22-Ionen und beobachteten Spontanspaltungsvorgänge, die sie auf Rutherfordium-260 zurückführten.

Rutherfordium war das erste superschwere Element (mit einer Ordnungszahl über 104), das synthetisiert wurde.

Um die Anerkennung der Entdeckung stritten sich die Sowjetunion und die USA. Während sowjetische Forschende erklärten, 1964 Rutherfordium-260 erzeugt zu haben, gelang es US-Forschenden nicht, diese Ergebnisse eindeutig zu bestätigen. Stattdessen beschossen sie 1969 Californium-249 mit Kohlenstoff-12- und Kohlenstoff-13-Ionen und erhielten ein Isotopengemisch. Beide Länder teilten sich schließlich die offizielle Ehre.

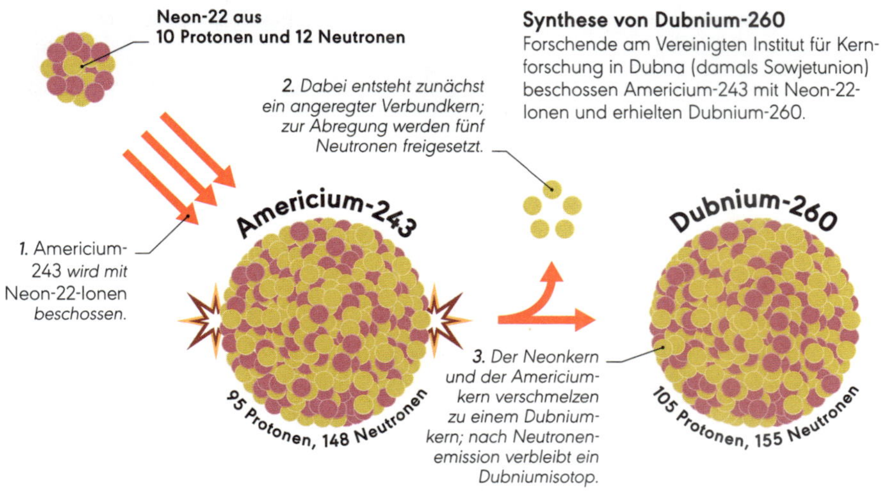

Dieses radioaktive Element hat 13 bestätigte Isotope, von denen keines außerhalb der Forschung verwendet wird.

Sowohl sowjetische als auch amerikanische Wissenschaftler synthetisierten Element 105 getrennt voneinander, und der Ruhm für die Entdeckung war heftig umstritten. Erst nach über 30 Jahren konnte man sich auf einen Namen für dieses Element einigen. Die Internationale Union für reine und angewandte Chemie (IUPAC) einigte sich schließlich auf Dubnium, den Beitrag des Forschungszentrums in Dubna (damals Sowjetunion) zu würdigen.

Übergangsmetall

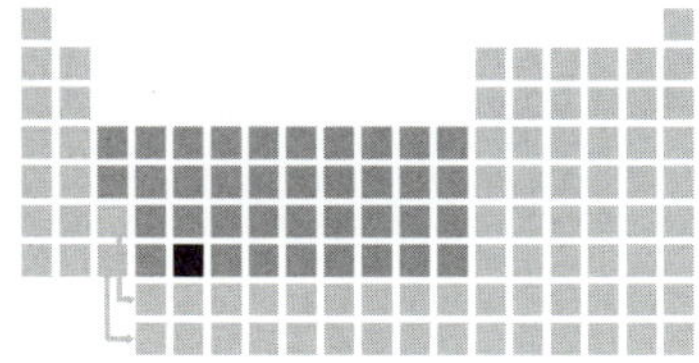

Konfiguration

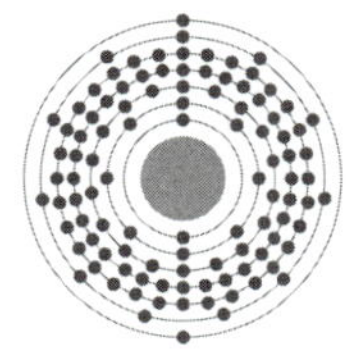

Ordnungszahl
105

Entdeckung
1967

Stabilstes Isotop
Db-268

Halbwertszeit
32 Stunden

Db
Dubnium

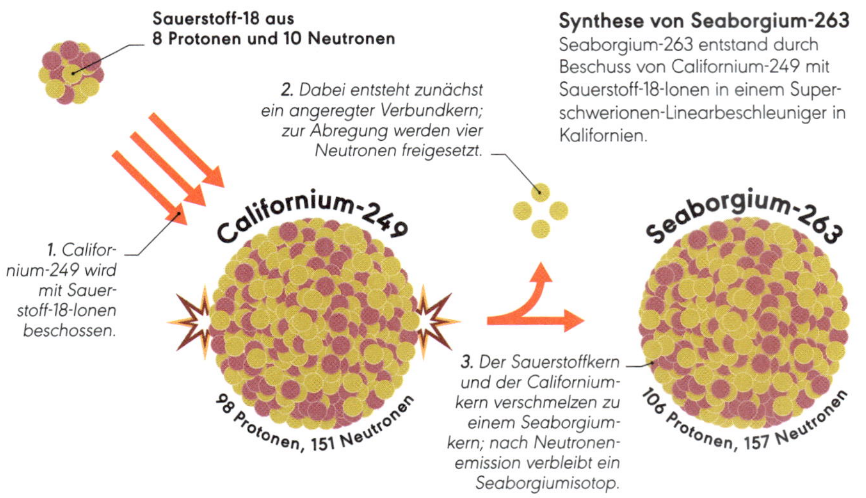

Seaborgium wurde erstmals 1974 hergestellt. Nur wenige Atome dieses Elements wurden je produziert.

Dieses Element ist nach dem US-amerikanischen Chemiker Glenn Seaborg benannt, einem frühen Pionier der Elementsynthese, der Trennmethoden zu ihrer Isolierung und Identifizierung entwickelte. Während die US-Wissenschaftler Sauerstoff und Californium zur Synthese dieses Elements verwendeten, schuf ein sowjetisches Team ein weiteres Isotop durch Beschuss von Blei-207 und Blei-208 mit Chrom-54-Ionen.

Übergangsmetall

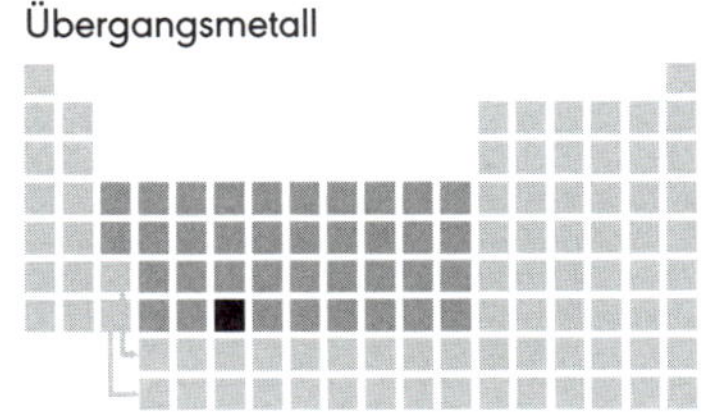

Konfiguration

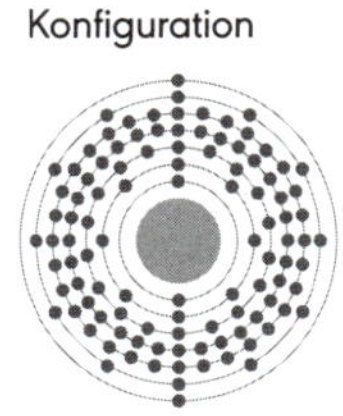

Ordnungszahl
106

Entdeckung
1974

Stabilstes Isotop
Sg-271

Halbwertszeit
2,4 Minuten

Seaborgium
Sg

Übergangsmetall

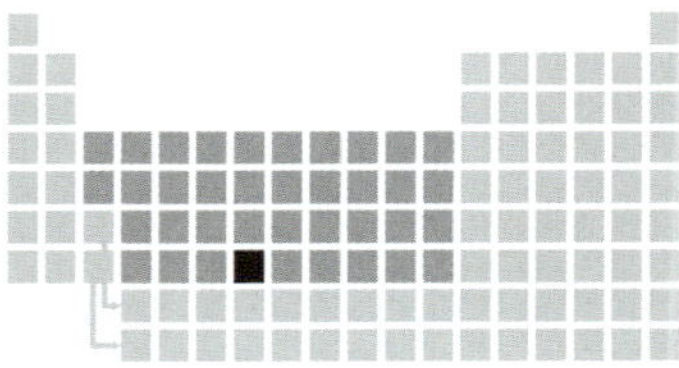

Konfiguration

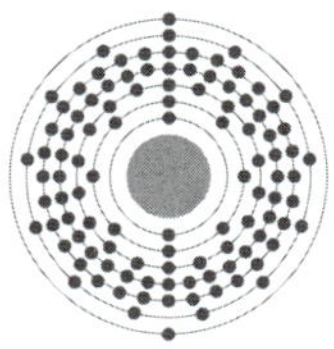

Ordnungszahl
107

Entdeckung
1981

Stabilste Isotop
Bh-270

Halbwertszeit
4 Minuten

Bh
Bohrium

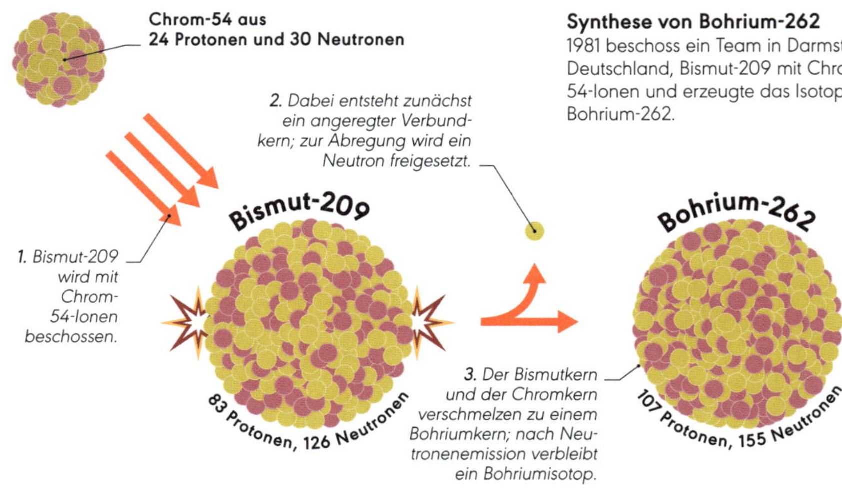

Synthese von Bohrium-262
1981 beschoss ein Team in Darmstadt, Deutschland, Bismut-209 mit Chrom-54-Ionen und erzeugte das Isotop Bohrium-262.

Bohrium wurde als erstes Element durch kalte Fusion synthetisiert. Es wurde nach dem Physiker Niels Bohr benannt.

Der schwere Kern von Bohrium macht seine Atome unglaublich instabil, daher hat man es durch sogenannte kalte Fusion synthetisiert. Dabei werden die kollidierenden Kerne so aufeinander abgestimmt, dass der entstehende Verbundkern eine geringere Anregungsenergie besitzt und deshalb eine höhere Überlebenswahrscheinlichkeit hat. Man hatte bei dem schweren Kern unerwartete Eigenschaften vermutet, aber sein Verhalten entspricht dem Erwarteten.

Übergangsmetall

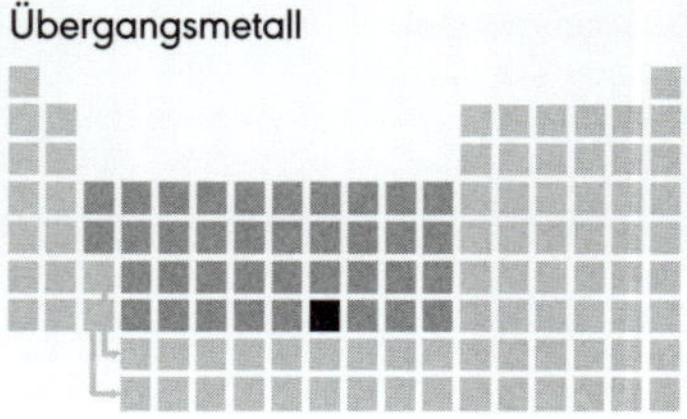

Konfiguration

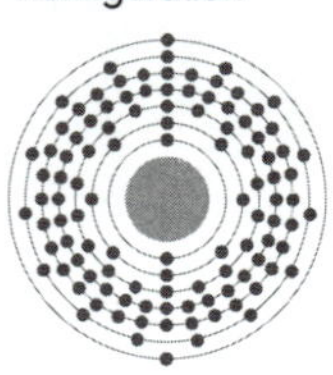

Ordnungszahl
109

Entdeckung
1982

Stabilstes Isotop
Mt-278

Halbwertszeit
8 Sekunden

Mt
Meitnerium

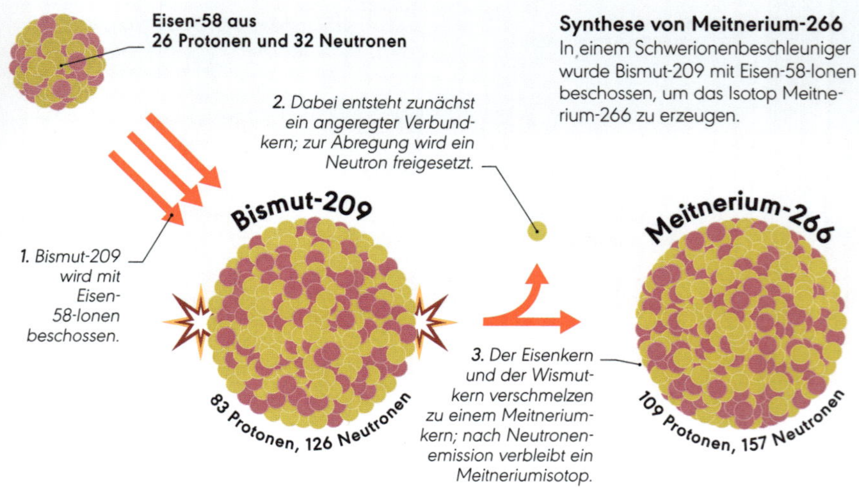

Synthese von Meitnerium-266
In einem Schwerionenbeschleuniger wurde Bismut-209 mit Eisen-58-Ionen beschossen, um das Isotop Meitnerium-266 zu erzeugen.

Meitnerium ist nach Lise Meitner benannt, der österreichisch-schwedischen Forscherin, die die Kernspaltung entdeckte.

Dieses Element wurde erstmals 1982 synthetisiert. Ein Team um die deutschen Physiker Peter Armbruster und Gottfried Münzenberg beschoss Bismut-209 mit Eisen-58-Ionen und erzeugte so ein einzelnes Atom eines neuen Elements mit einer Halbwertszeit von nur 3,8 Millisekunden. 1997 wurde das Element nach Lise Meitner benannt, um ihre lange Zeit unzureichend gewürdigten Beiträge zur Kernphysik zu ehren.

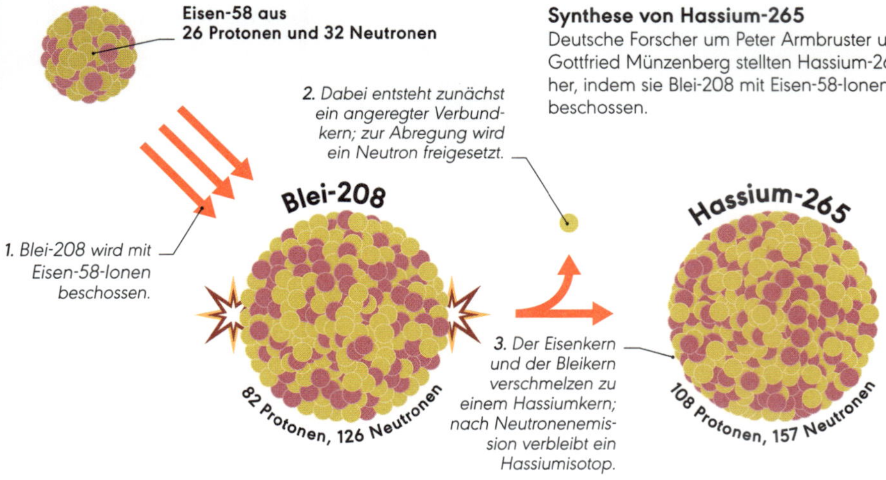

Synthese von Hassium-265
Deutsche Forscher um Peter Armbruster und Gottfried Münzenberg stellten Hassium-265 her, indem sie Blei-208 mit Eisen-58-Ionen beschossen.

Obwohl Hassium ein hochinstabiles Element ist, konnten Forschende seine Reaktion mit Sauerstoff untersuchen.

Hassium ist nach dem lateinischen Namen des Bundeslandes Hessen »Hassia« benannt: In Darmstadt befindet sich die Gesellschaft für Schwerionenforschung (GSI), wo es entdeckt wurde. Obwohl das künstliche Element nur wenige Sekunden Halbwertszeit hat, konnte man herausfinden, dass es mit Sauerstoff leicht zu Hassiumtetroxid reagiert. Damit ist es ähnlich reaktiv wie Osmium, das direkt über ihm in derselben Gruppe des Periodensystems steht.

Übergangsmetall

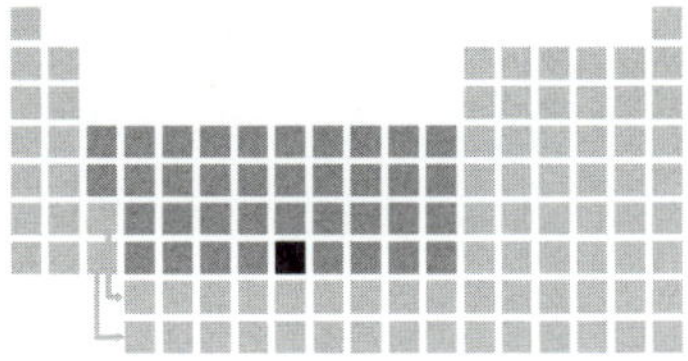

Konfiguration

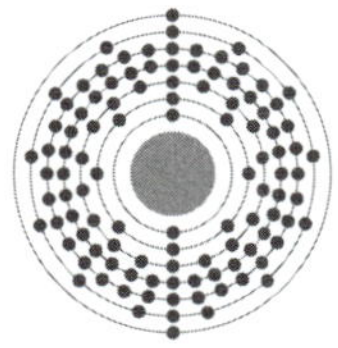

Ordnungszahl
108

Entdeckung
1984

Stabilstes Isotop
Hs-271

Halbwertszeit
10 Sekunden

Hs
Hassium

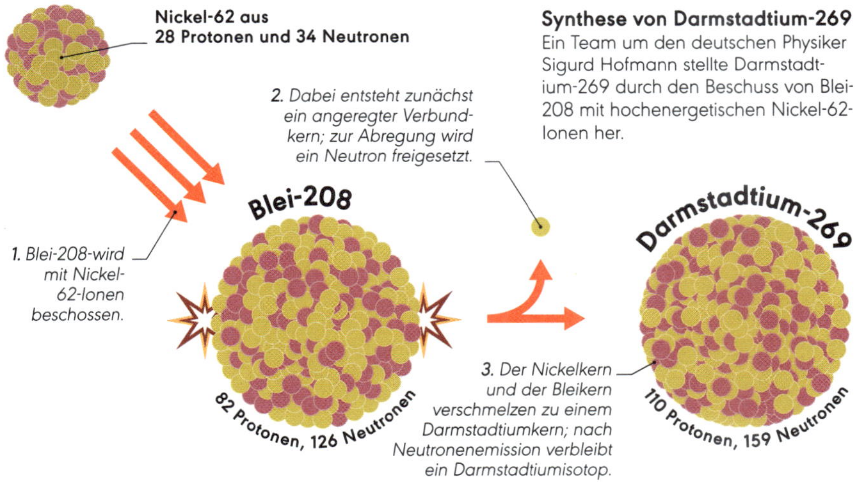

Synthese von Darmstadtium-269
Ein Team um den deutschen Physiker Sigurd Hofmann stellte Darmstadtium-269 durch den Beschuss von Blei-208 mit hochenergetischen Nickel-62-Ionen her.

Obwohl man nur wenig über Darmstadtium weiß, dürfte es ähnliche Eigenschaften haben wie Palladium und Platin.

In den 1980er- und frühen 1990er-Jahren gab es mehrere nicht bestätigte oder erfolglose Versuche, das Element 110 zu synthetisieren. Schließlich gelang es 1994 einem Team in Darmstadt, Darmstadtium-269 durch den Beschuss von Blei-208 mit Nickel-63-Ionen zu synthetisieren. Das Element wurde nach der Stadt der Entdeckung benannt. Bislang wurden etwa 15 bis 18 Isotope nachgewiesen. Das schwerste, Darmstadtium-281, ist das stabilste.

Übergangsmetall

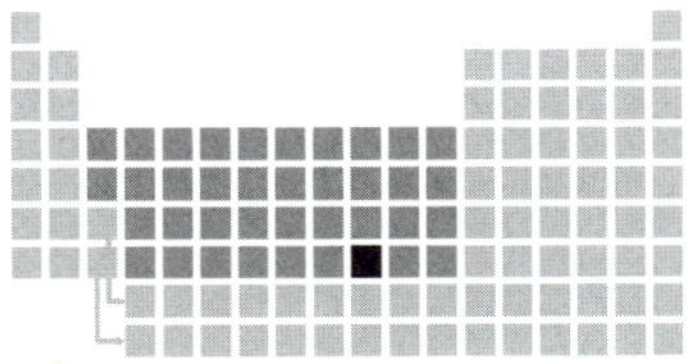

Konfiguration

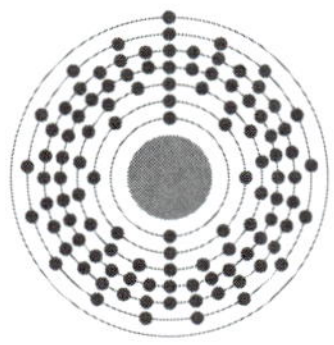

Ordnungszahl
110

Entdeckung
1994

Stabilstes Isotop
Ds-281

Halbwertszeit
14 Sekunden

Ds
Darmstadtium

Übergangsmetall

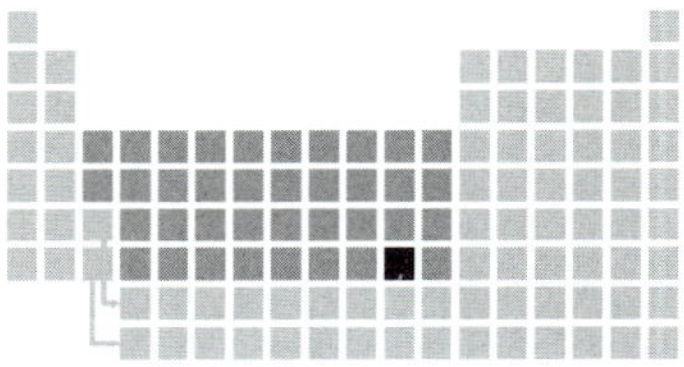

Konfiguration

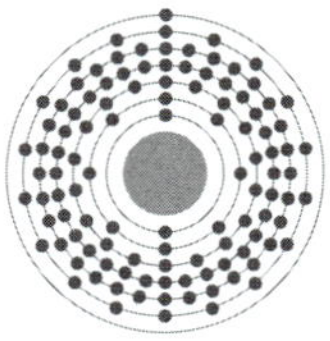

Ordnungszahl
111

Entdeckung
1994

Stabilstes Isotop
Rg-282

Halbwertszeit
130 Sekunden

Rg Röntgenium

Synthese von Röntgenium-272
Röntgenium-272 wurde durch den Beschuss von Bismut-209 mit Nickel-64-Ionen in einem Schwerionenbeschleuniger synthetisiert.

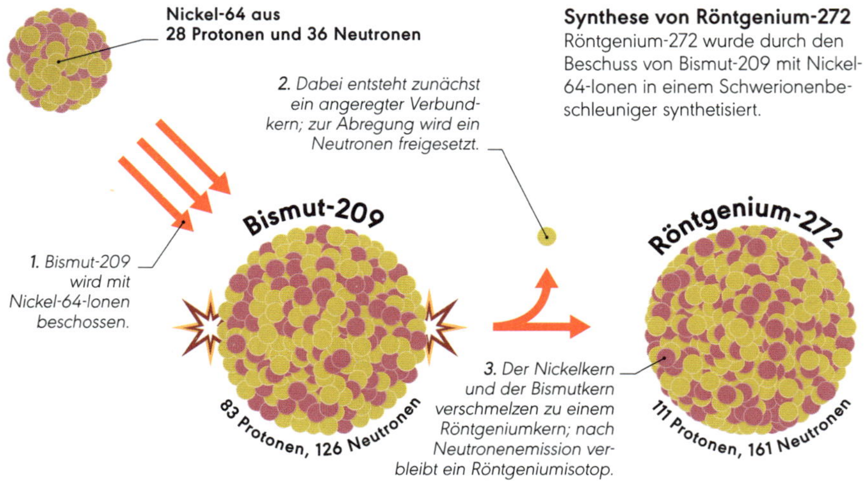

Dieses instabile Metall gehört zur gleichen Gruppe im Periodensystem wie Kupfer, Silber und Gold.

Die deutschen Physiker Peter Armbruster und Gottfried Münzenberg haben mit ihrem Team in Darmstadt 1994 das erste Isotop des Elements 111 synthetisiert. Es wurde 1997 offiziell nach Wilhelm Conrad Röntgen benannt, dem deutschen Physiker, dem die Entdeckung der Röntgenstrahlen zugeschrieben wird. Alle Isotope besitzen sehr kurze Halbwertszeiten. Daher sind sie schwer zu untersuchen und wir wissen wenig über ihre Eigenschaften.

Übergangsmetall

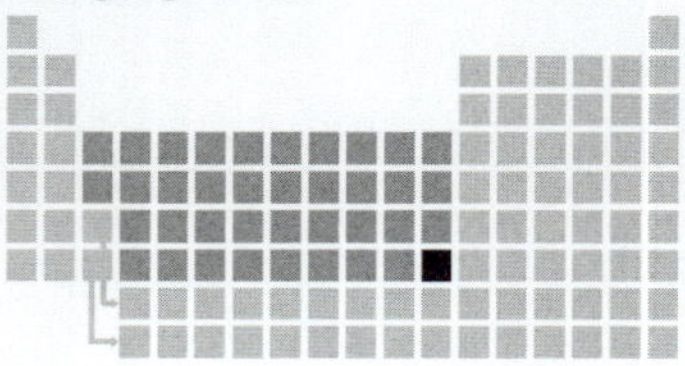

Konfiguration

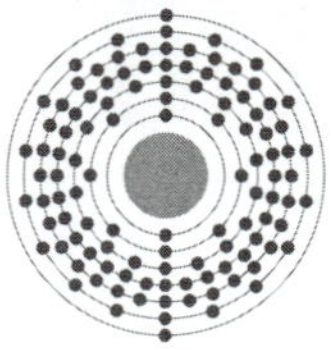

Ordnungszahl
112

Entdeckung
1996

Stabilstes Isotop
Cn-285

Halbwertszeit
30 Sekunden

Cn Copernicium

Synthese von Copernicium-277
Zink-70 wurde in einem Schwerionenbeschleuniger auf ein Blei-208-Target geschossen. Dabei entstand Copernicium-277.

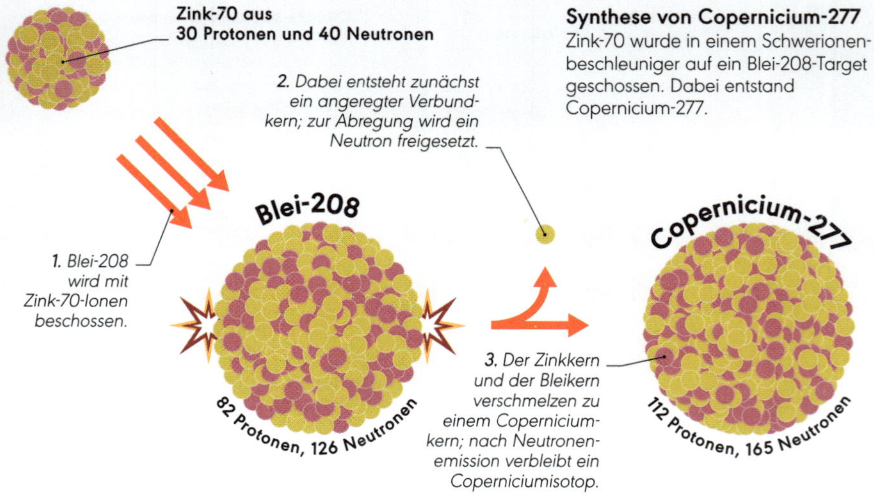

Erste Experimente deuteten darauf hin, dass dieses radioaktive Element ähnliche Eigenschaften hat wie Radon.

Copernicium ist nach dem polnischen Astronomen Nikolaus Kopernikus benannt. Ein Wissenschaftsteam unter der Leitung des deutschen Physikers Sigurd Hofmann synthetisierte Copernicium erstmals 1996 am GSI in Darmstadt. Sie beschossen Blei-208 zwei Wochen lang mit Zink-70-Ionen. Es entstand Copernicium-277, dessen Halbwertszeit im Millisekundenbereich liegt (≈ 0,24 ms).

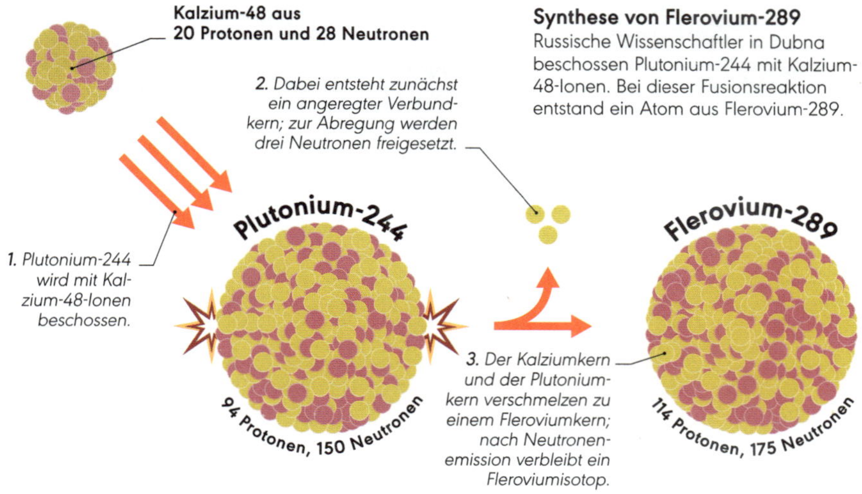

Unbekannte Eigenschaften

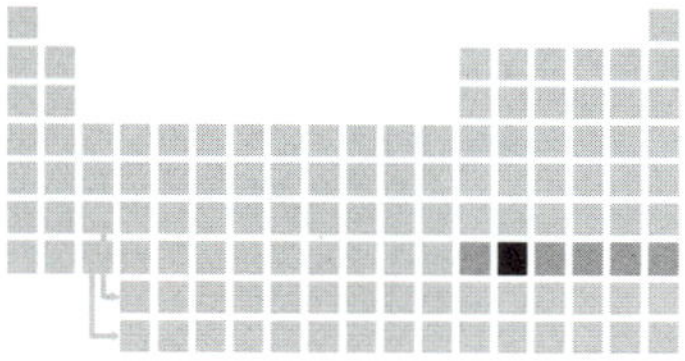

Konfiguration

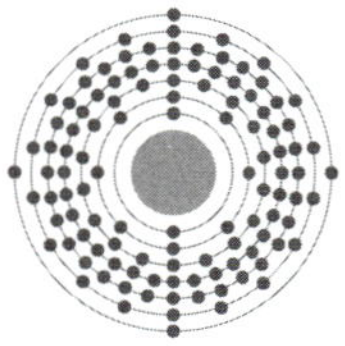

Ordnungszahl
114

Entdeckung
1998

Stabilstes Isotop
Fl-289

Halbwertszeit
2,1 Sekunden

Fl
Flerovium

Dieses radioaktive Element ist nach dem russischen Kernphysiker Georgi Fljorow benannt.

In einem 40-tägigen Experiment beschossen Forscher in Russland Plutonium-244 mit mehreren Billionen Kalzium-48-Ionen und erzeugten einzelne Atome von Flerovium-289. Flerovium galt als Teil einer theoretischen Stabilitätsinsel im Periodensystem, wo die superschweren Elemente aufgrund bestimmter Kombinationen von Kernteilchen vergleichsweise stabil sein sollten. Nach jüngsten Forschungen ist Flerovium aber instabil.

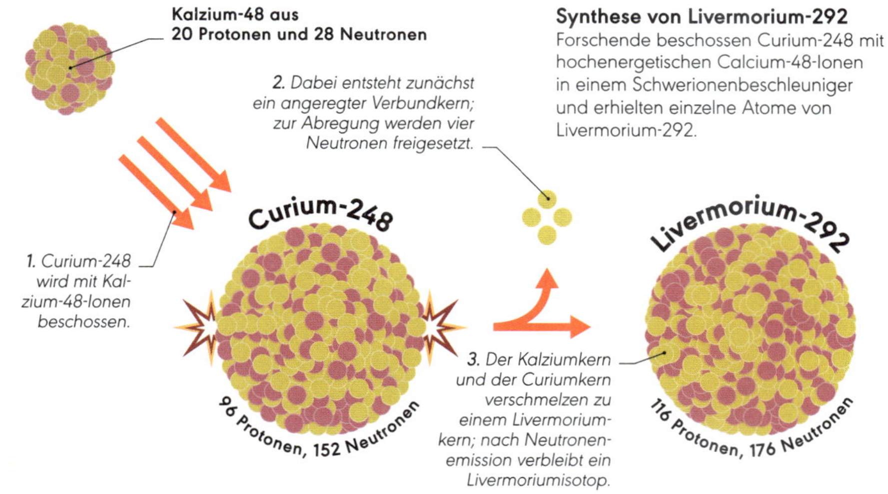

Unbekannte Eigenschaften

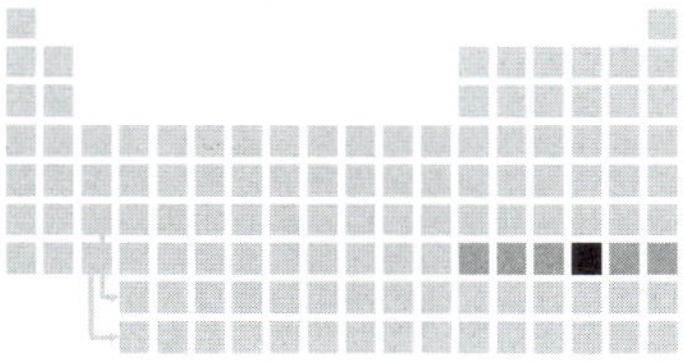

Konfiguration

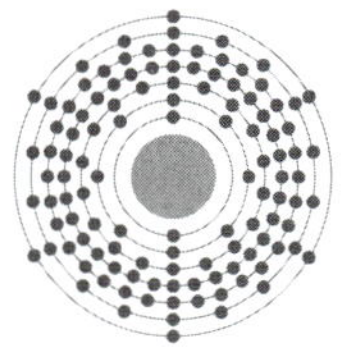

Ordnungszahl
116

Entdeckung
2000

Stabilstes Isotop
Lv-293

Halbwertszeit
70 Millisekunden

Lv
Livermorium

Da Livermorium nur atomweise synthetisiert wurde und schnell zerfällt, konnte man es bisher nicht genau untersuchen.

Im Jahr 2000 wurde Livermorium am Vereinigten Institut für Kernforschung in Dubna (Russland) erstmals synthetisiert, wobei die wichtigsten Materialien vom Lawrence Livermore National Laboratory in Kalifornien bereitgestellt wurden. Vermutlich hat das Element ähnliche Eigenschaften wie andere Elemente seiner Gruppe, beispielsweise Polonium. Bislang sind mehr als vier Isotope von Livermorium bekannt.

Unbekannte Eigenschaften

Konfiguration

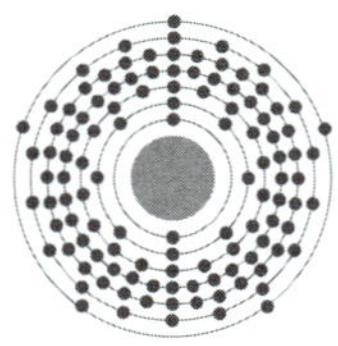

Ordnungszahl

115

Entdeckung
2003

Stabilstes Isotop
Mc-290

Halbwertszeit
840 Millisekunden

Mc
Moscovium

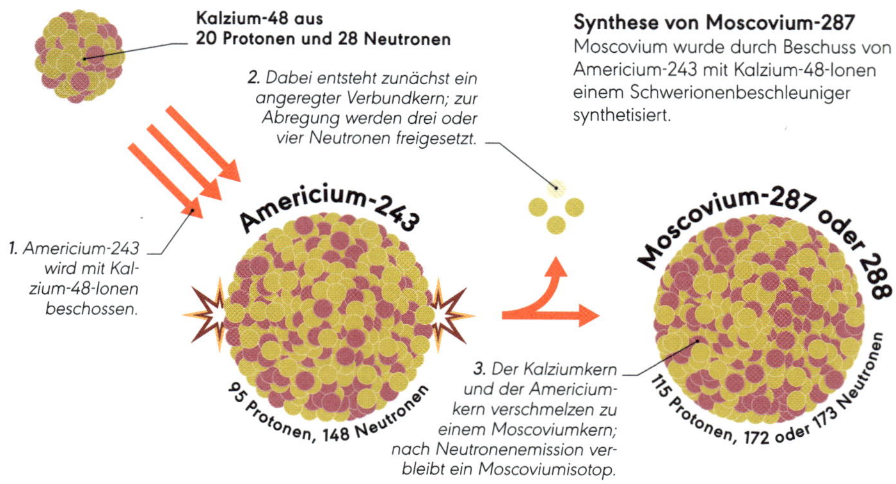

Moscovium, das zunächst als Isotopengemisch synthetisiert wurde, ist ein kurzlebiges Element.

2003 wurde Moscovium erstmals in einem Zyklotron synthetisiert, indem man Americium-243 mit hochenergetischen Kalzium-48-Ionen in einem Schwerionenbeschleuniger beschoss. Je nach Anzahl der dabei freigesetzten Neutronen entstanden verschiedene Moscoviumisotope. Bei dieser Fusionsreaktion entstanden ein Atom Moscovium-287, das vier freie Neutronen freisetzte, und drei Atome Moscovium-288, die je drei freie Neutronen freisetzten.

Unbekannte Eigenschaften

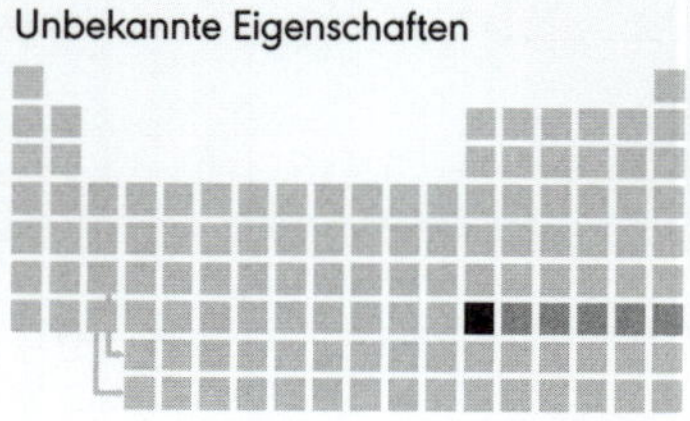

Konfiguration

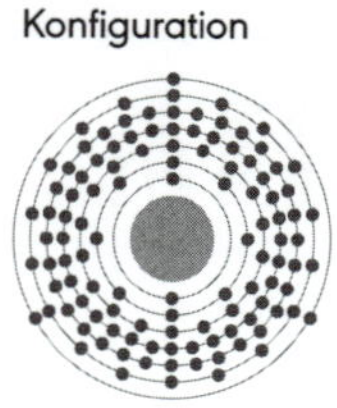

Ordnungszahl

113

Entdeckung
2004

Stabilstes Isotop
Nh-286

Halbwertszeit
12 Sekunden

Nh
Nihonium

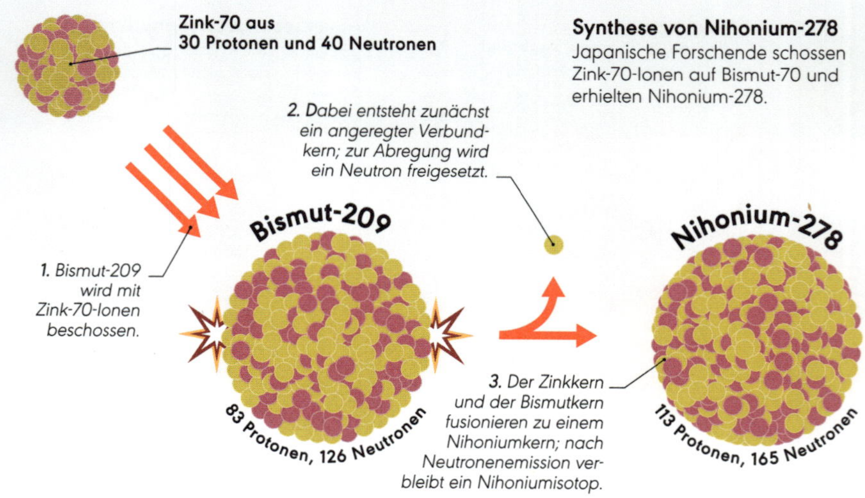

Nihonium, das erste in Japan entdeckte Element, trägt den Landesnamen: Nihon, das »Land der aufgehenden Sonne«.

Nihonium ist das erste in Asien entdeckte Element. Nach jahrelangen Versuchen, als andere Teams auf der ganzen Welt aufgegeben hatten, zeigten japanische Forscher 2004, dass sie das Element 113 durch die Kollision von Zink-70-Kernen und Bismut-209-Kernen in einem Schwerionenbeschleuniger synthetisiert hatten. Die zuerst beobachteten Nihoniumisotope zerfielen innerhalb weniger Sekunden durch Alphazerfall in leichtere Kerne.

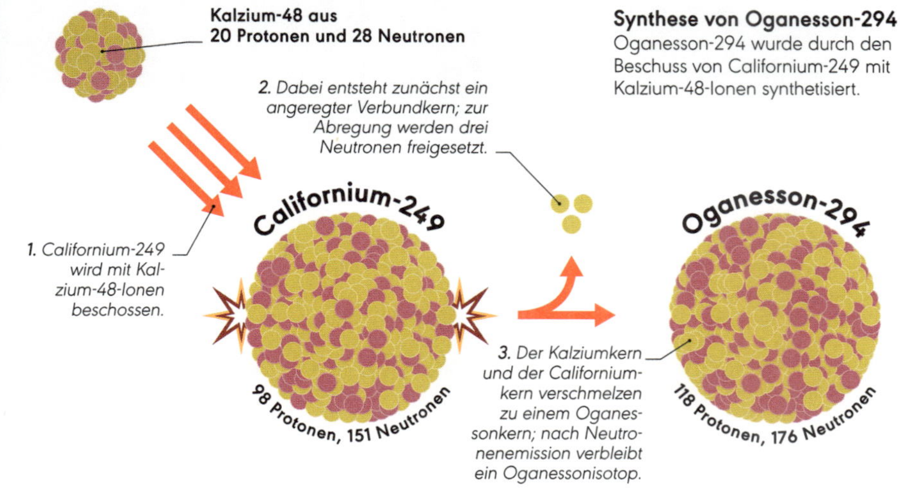

Das letzte bekannte Element im Periodensystem, Oganesson, ist nach dem russischen Forscher Juri Oganessian benannt.

Oganesson ist das schwerste bekannte Element. Obwohl es zu den weitgehend reaktionslosen Edelgasen gehört, könnte Oganesson aufgrund seines massiven Kerns reaktiv sein. Man vermutet, dass es bei Raumtemperatur eher fest oder flüssig sein könnte, nicht gasförmig. Oganesson wurde erstmals 2006 in Russland synthetisiert, wo man Californium-249 in einem Schwerionen-Zyklotron 1080 Stunden lang mit Kalzium-48-Ionen beschoss.

Unbekannte Eigenschaften

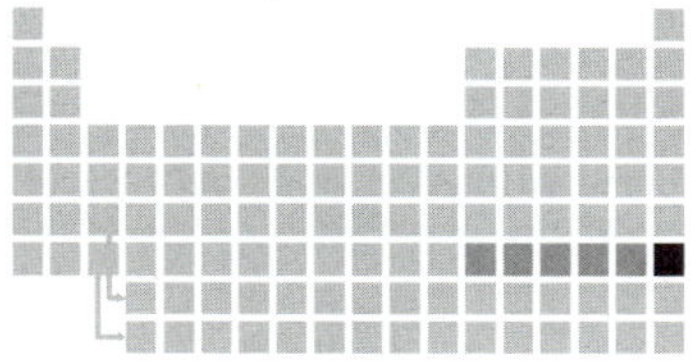

Konfiguration

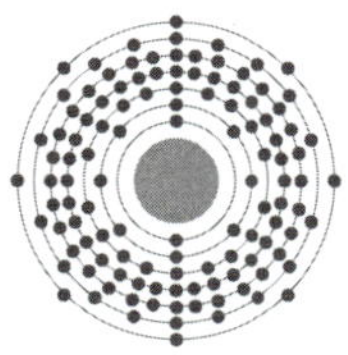

Ordnungszahl
118

Entdeckung
2006

Stabilstes Isotop
Og-294

Halbwertszeit
0,7 Millisekunden

Og
Oganesson

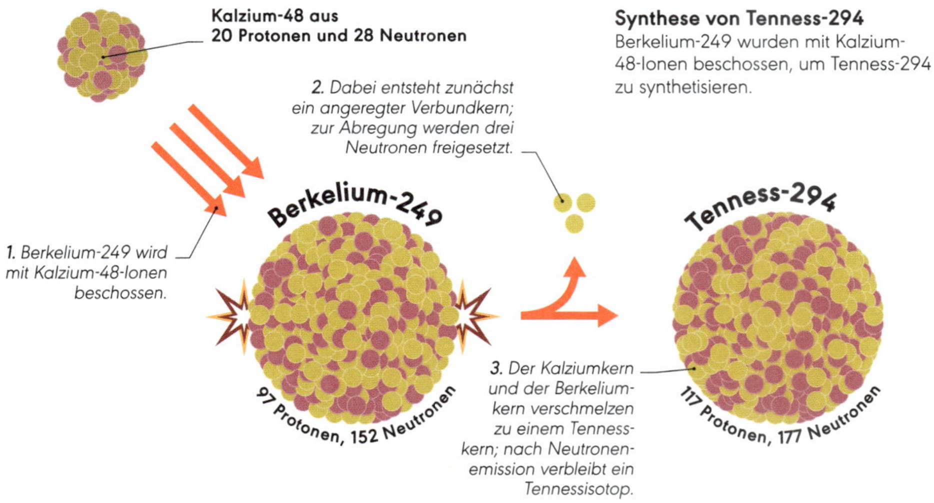

Das zuletzt entdeckte Element Tenness dürfte bei Raumtemperatur voraussichtlich ein Feststoff sein.

Tenness ist nach dem US-Bundesstaat Tennessee benannt. Es wurde erstmals in einem Schwerionen-Zyklotron durch Beschuss von Berkelium-249 mit Kalzium-48-Ionen synthetisiert. Seine Eigenschaften ähneln denen der anderen Mitglieder der Halogengruppe wie Astat. Das stabilste bekannte Isotop, Tenness-294, hat eine Halbwertszeit von nur 78 Millisekunden und zerfällt durch Alphazerfall in Moscovium-290.

Unbekannte Eigenschaften

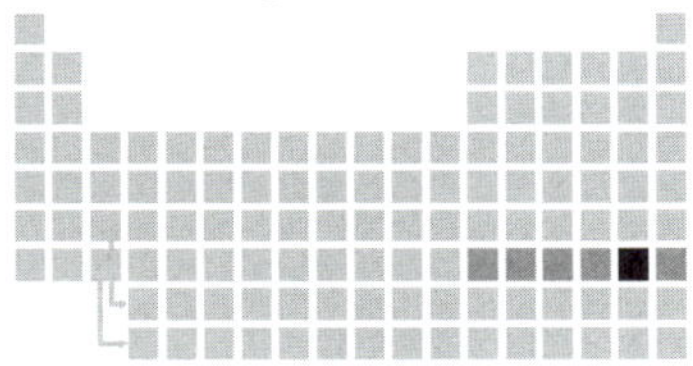

Konfiguration

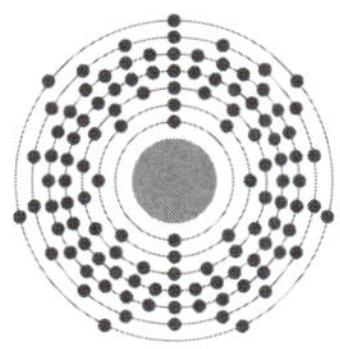

Ordnungszahl
117

Entdeckung
2010

Stabilstes Isotop
Ts-294

Halbwertszeit
78 Millisekunden

Ts
Tenness

GLOSSAR

Abschirmung Die Verringerung der Anziehung des Atomkerns auf die äußeren Elektronen durch die inneren Elektronenschalen.

Absorptionslinie Eine dunklere Linie in einem Spektrum, die entsteht, weil Atome oder Moleküle Licht bestimmter Wellenlängen absorbieren. *Siehe auch* **Spektrum.**

Actinoid Eines der 15 Elemente in der 7. Periode des Periodensystems, von Actinium bis Lawrencium.

Alchemie Ein antiker Vorläufer der Chemie, der vermutete, dass man Elemente ineinander umwandeln kann, und sich insbesondere mit dem Versuch befasste, unedle Metalle (wie Blei und Quecksilber) in Gold zu verwandeln, Allheilmittel herzustellen und ein universelles Lebenselixier zu finden.

alkalisch Ein anderer Begriff für **basisch.**

Allotrop Eine Form eines Elements, das mehrere Strukturen haben kann, meist Kristallstrukturen oder Molekülkonfigurationen. Allotrope des Kohlenstoffs sind z. B. Diamant, Graphit, Graphen und Buckminsterfulleren.

Alphateilchen Ein Heliumkern (2 Protonen und 2 Neutronen, die durch die starke Kernkraft gebunden sind), den ein größerer Kern beim Alphazerfall freisetzt.

Alphazerfall Radioaktiver Zerfall eines Atoms, bei dem ein Alphateilchen freigesetzt wird, wodurch sich die Nukleonenzahl um 4 verringert. In veralteten Rauchmeldern zerfällt z. B. Americium-241 durch Alphazerfall zu Neptunium-237. *Siehe auch* **Alphateilchen, Nuklid, radioaktiver Zerfall.**

Amalgam Eine Legierung von Quecksilber mit einem oder mehreren anderen Metallen.

Aminosäure Eine Gruppe wasserlöslicher organischer Verbindungen, bei denen eine Amino- ($-NH_2$) und eine Carboxylgruppe ($-COOH$) an ein zentrales Kohlenstoffatom gebunden sind. Es gibt in Lebewesen 20 verschiedene Aminosäuren; Proteine sind Ketten von Aminosäuren. *Siehe auch* **Protein.**

Anion Ein negativ geladenes Ion, das bei der Elektrolyse von der Anode (positiv geladene Elektrode) angezogen wird. *Siehe auch* **Elektrolyse, Ion.**

Anlaufen Den Glanz verlieren, insbesondere durch Einwirkung von Luft oder Feuchtigkeit.

Antineutrino Das Antiteilchen zum Neutrino. *Siehe auch* **Antiteilchen, Neutrino.**

Antioxidans Ein Stoff, der die Oxidationsrate verlangsamt. Antioxidantien werden häufig für die Konservierung von Lebensmitteln verwendet. *Siehe auch* **Oxidation.**

Antiteilchen Ein subatomares Teilchen mit gleicher Masse wie ein Teilchen, aber entgegengesetztem Wert einiger anderer Eigenschaften, etwa der elektrischen Ladung.

Atom Der kleinste chemisch nicht weiter teilbare Teil eines Elements. Jedes Atom besteht aus einem dichten Kern aus Neutronen und Protonen, umgeben von einer Elektronenwolke. Die Atome eines bestimmten Elements haben alle gleich viele Protonen.

Atomkern Der kleine Bereich im Zentrum des Atoms, der alle Protonen und Neutronen und damit fast die ganze Masse enthält.

Atommasse Ein gewichteter Durchschnitt der Masse der Isotope eines Elements unter Berücksichtigung der Häufigkeit jedes Isotops. *Siehe auch* **Isotop.**

Atomradius Ein Maß für die Größe eines Atoms. Die Werte in diesem Buch sind van-der-Waals-Radien: die Hälfte des Abstands zwischen zwei Kernen, die nicht in einer chemischen Bindung verbunden sind, gemessen in Pikometer (pm; Billionstel Meter).

Aufbauprinzip Die Quantenregel für die Reihenfolge, in der die Elektronenorbitale mit Elektronen besetzt werden. Dies geschieht grundsätzlich nach aufsteigenden Energieniveaus etwa in der Reihenfolge 1s, 2s, 2p, 3s, 3p, 4s, 3d, 4p, 5s, 4d, 5p, 6s, 4f, 5d, 6p, 7s, 5f, 6d. *Siehe auch* **Elektronenorbital.**

Base, basisch Ein Stoff, der mit einer Säure zu Wasser und einem Salz reagiert. Dazu gehören Metalloxide, Hydroxide oder Verbindungen (z. B. Ammoniak). In einer wässrigen Lösung bilden basische Stoffe (auch alkalische Stoffe genannt) einen Überschuss an Hydroxidionen (OH^-). *Siehe auch* **Säure, wässrige Lösung, Salz.**

Batterie Ein Gerät, das durch eine chemische Reaktion elektrischen Strom erzeugt.

Betateilchen Ein Elektron oder Positron, das bei einem Betazerfall emittiert wird.

Betazerfall Radioaktiver Zerfall, bei dem sich ein instabiler Kern in einen Kern mit gleicher Massenzahl, aber anderer Ordnungszahl umwandelt. Dabei wird entweder ein Neutron in ein Proton, ein Elektron und ein Antineutrino umgewandelt; oder ein Proton in ein Neutron, ein Positron und ein Neutrino. *Siehe auch* **Betateilchen, Massenzahl, Ordnungszahl, radioaktiver Zerfall.**

Bindung Eine Anziehung zwischen Atomen, die mehrere von ihnen zusammenhält. *Siehe auch* **ionische Bindung, kovalente Bindung, metallische Bindung.**

chalkophil Bezeichnet ein Element mit einer starken Affinität zu Schwefel, das sich vorzugsweise in Sulfiden im Erdmantel anreichert, etwa Antimon, Arsen, Kupfer, Blei und Zink.

Curie-Temperatur Die Temperatur, bei der ein ferromagnetisches Material paramagnetisch wird. *Siehe auch* **Ferromagnetismus, Paramagnetismus.**

delokalisiertes Elektron Ein Elektron in einem Molekül, einem festen Metall oder einem Ion, das nicht auf ein einzelnes Atom oder eine einzelne Bindung beschränkt ist, sondern sich über mehrere Atome oder Bindungen verteilt. *Siehe auch* **Valenzelektron.**

Destillation Eine Methode zur Trennung von Flüssigkeitsgemischen, indem man sie erhitzt, sodass die Anteile mit niedrigem Siedepunkt verdampfen; den Dampf fängt man auf und lässt ihn kondensieren.

Diamagnetismus Eine Form des Magnetismus, bei der die Substanz von einem externen Magnetfeld leicht abgestoßen wird, weil sie selbst entgegen dem äußeren Feld magnetisiert wird. *Siehe auch* **Ferromagnetismus, Magnetismus, Paramagnetismus.**

Doppelbindung Eine kovalente Bindung, bei der sich die beiden Atome zwei Elektronenpaare teilen. *Siehe auch* **kovalente Bindung.**

duktil Beschreibt Werkstoffe (wie Kupfer), die ziehbar sind, die man also zu Drähten ziehen kann, ohne dass sie brechen.

Edelgas Eines von mehreren gasförmigen Elementen aus Gruppe 18 (die letzte Gruppe) des Periodensystems. Ihre äußerste Elektronenschale ist vollständig gefüllt, wodurch sie unter Normalbedingungen sehr reaktionsarm sind.

Elektrolyse Ein Verfahren, bei dem eine Verbindung mithilfe von elektrischem Strom in einfachere Substanzen zerlegt wird. Viele Elemente, etwa Kupfer, werden damit gereinigt, und einige wurden so entdeckt.

Elektrolyt Eine Flüssigkeit, die bewegliche Ionen enthält, sodass sie elektrischen Strom leitet. *Siehe auch* **Anion, Kation.**

Elektron Ein negativ geladenes subatomares Teilchen. Im Quantenmodell werden Elektronen als Wellenfunktionen beschrieben, die bestimmte Raumbereiche um den Kern einnehmen. Der Austausch oder die gemeinsame Nutzung von Elektronen zwischen Atomen ist die Grundlage chemischer Bindungen. *Siehe auch* **Elektronenorbital**.

Elektronegativität Ein Maß dafür, wie stark ein Atom in einer chemischen Bindung Elektronen anziehen und an sich binden kann und so negative Ionen bildet.

Elektronenorbital Der wahrscheinlichste Bereich, in dem ein Elektron innerhalb einer bestimmten Elektronenschale zu finden ist.

Elektronenschale (Hauptschale) Eine Anordnung von Elektronen mit der gleichen Hauptquantenzahl um den Atomkern. Jede Schale kann nur eine bestimmte Anzahl von Elektronen enthalten. Die Besetzung der Schalen erfolgt nach steigender Energie der Orbitale (Aufbauprinzip).

elektrostatische Anziehung/Abstoßung Auch Coulomb-Kraft genannt, eine Kraft zwischen elektrisch geladenen Teilchen, die anziehend (bei entgegengesetzten Ladungen) oder abstoßend (gleiche Ladungen) ist.

Emissionslinie Eine Linie im elektromagnetischen Spektrum; die Strahlung einer bestimmten Wellenlänge, die entsteht, wenn die Elektronen eines angeregten Atoms oder Moleküls auf ein niedrigeres Energieniveau zurückfallen. *Siehe auch* **Spektrum**.

endotherme Reaktion Eine Reaktion, die Wärme aus der Umgebung aufnimmt.

Enzym Ein Protein, das als Katalysator für biochemische Reaktionen fungiert. *Siehe auch* **Katalysator**, **Protein**.

Erz Ein Gestein oder Mineral, aus dem ein nützliches Element, meist ein Metall, isoliert und gereinigt werden kann.

exotherme Reaktion Eine chemische Reaktion, die Wärme in die Umgebung abgibt.

Ferromagnetismus Eine Form des Magnetismus, bei der sich die Elektronen eines Stoffs so ausrichten, dass die Magnetisierung auch nach Entfernen des angelegten Feldes bestehen bleibt. *Siehe auch* **Curie-Temperatur**.

Fluoreszenz Das Phänomen, dass bestimmte Stoffe (meist sichtbare) Strahlung abgeben, nachdem die Elektronen durch einfallende Strahlung mit kürzerer Wellenlänge angeregt, d. h. auf einen höheren Energiezustand gehoben wurden. Wenn sie wieder in den niedrigeren Grundzustand zurückfallen, geben sie die Energie als Photon ab.

Flüssigkristall Ein Stoff, der Eigenschaften von Flüssigkeiten und Kristallen kombiniert: Er ist fließfähig, besitzt aber eine geordnete Molekülstruktur. *Siehe* **Kristall**.

formbar Beschreibt bestimmte Metalle (wie Blei), die man kalt umformen (z. B. zu Blech auswalzen) kann, ohne dass sie brechen.

Formel Eine Notation für chemische Verbindungen mit Symbolen für die vorhandenen Elemente, wobei die Anzahl ihrer Atome durch tiefgestellte Zahlen angegeben wird.

fossiler Brennstoff Ein Brennstoff wie Kohle, Öl oder Erdgas, der aus den Überresten früherer Lebewesen entstanden ist. Sie erzeugen beim Verbrennen Kohlendioxid. Öl und Gas enthalten viele Kohlenwasserstoffe. *Siehe auch* **Kohlenwasserstoff**.

fraktionierte Destillation (Fraktionierung) Die Trennung eines Gemisches von Flüssigkeiten mit unterschiedlichen Siedepunkten durch Destillation in ihre Bestandteile (oder Fraktionen). *Siehe auch* **Destillation**.

funktionelle Gruppe Die Gruppe von Atomen, die die charakteristischen Reaktionen einer Verbindung vermitteln. Die funktionelle Gruppe von Alkoholen ist z. B. -OH.

Gammastrahlung Eine Art elektromagnetischer Strahlung, die von angeregten Atomkernen beim Übergang in einen niedrigeren Anregungszustand ausgesendet wird.

gediegen In der Mineralogie ein chemisches Element, das in der Natur als reines Element, also nicht nur in Verbindungen, vorkommt.

Gemisch Ein Stoff aus mehreren Reinstoffen, die (anders als bei einer Verbindung) nicht chemisch miteinander verbunden sind.

Gleichgewicht In Bezug auf chemische Reaktionen ist der Zustand gemeint, in dem Hin- und Rückreaktion gleich schnell ablaufen. *Siehe auch* **Rückreaktion**.

Gruppe Die Elemente in einer Spalte des Periodensystems. Von oben nach unten in jeder Gruppe haben die Atome immer mehr innere Elektronenschalen, aber alle dieselbe Anzahl von Valenzelektronen und damit ähnliche chemische Eigenschaften. *Siehe auch* **Elektronenschale**, **Valenzelektron**.

Halbleiter Ein kristalliner Feststoff (wie Germanium oder Silizium) mit einer elektrischen Leitfähigkeit zwischen der eines Leiters und der eines Isolators.

Halbwertszeit Die Zeit, in der die Hälfte der Atome eines radioaktiven Stoffs zerfällt. *Siehe auch* **radioaktiver Zerfall**.

Halogen Ein Element der Gruppe 17 des Periodensystems. Halogene (griechisch für »Salzbildner«) bilden mit Metallen Salze. Sie sind reaktive, nichtmetallische Elemente. *Siehe auch* **Salz**.

Hämoglobin Ein kugelförmiger Protein-Komplex mit eisenhaltigen Häm-Gruppen, der im Blut vieler Tiere Sauerstoff transportiert.

hartes Wasser Wasser mit einem hohen Gehalt an gelösten Kalzium- oder Magnesiumionen. Es bildet krustige Ablagerungen und schäumt nicht mit Seife. *Siehe auch* **weiches Wasser**.

Hauptschale *siehe* **Elektronenschale.**

Hydrierung Eine chemische Reaktion, bei der Wasserstoff an einen Stoff angefügt wird; oft die Anlagerung von Wasserstoff an Doppel- oder Dreifachbindungen.

Ion Ein Atom oder Atomgruppe, die Elektronen abgegeben oder gewonnen haben und elektrisch geladen sind. Die Elektronenabgabe erzeugt ein positiv geladenes Kation, die Aufnahme ein negativ geladenes Anion.

Ionenaustausch Der Austausch von Ionen gleicher Ladung zwischen einer Lösung und einem Feststoff. Dies geschieht auf natürliche Weise im Boden. Chemiker nutzen dies gezielt zur Wasseraufbereitung und zur Isolierung bestimmter Elemente.

ionische Bindung (Ionenbindung) Eine chemische Bindung, die durch die Übertragung von Elektronen von einem auf ein anderes Atom entsteht. *Siehe auch* **Ion**.

Ionisierung Die Elektronenabgabe oder -aufnahme, durch die Ionen entstehen, oft gleichzeitig mit anderen Veränderungen. *Siehe auch* **Ion**.

Isomer 1. Eine Verbindung mit einer anderen Struktur oder Anordnung von Atomen als eine Verbindung mit derselben chemischen Formel. **2.** Ein Atomkern mit anderen Energiezuständen als ein anderer Kern mit derselben Massen- und Ordnungszahl.

Isotop Eine Form eines Elements mit Atomen, die dieselbe Anzahl an Protonen, aber verschieden viele Neutronen aufweisen.

IUPAC (International Union of Pure and Applied Chemistry) Internationale Union für reine und angewandte Chemie, die weltweit maßgebliche Instanz für chemische Nomenklatur, Atomgewichte und andere Daten.

Katalysator Ein Stoff, der eine chemische Reaktion beschleunigt, ohne dabei dauerhaft verbraucht zu werden.

Kation Ein positiv geladenes Ion, das bei der Elektrolyse von der Kathode angezogen wird. *Siehe auch* **Elektrolyse, Ion.**

Kern *siehe* **Atomkern.**

Kernfusion Die Verschmelzung von leichten Atomkernen, etwa Wasserstoffatomen, zu größeren Kernen, wobei viel Energie frei wird. Die Sonne leuchtet dank der Fusion von Wasserstoff zu Helium in ihrem Kern.

Kernladungszahl *siehe* **Ordnungszahl.**

Kernspaltung Die Teilung des Kerns eines instabilen Atoms in zwei kleinere Teile. Einige Kerne spalten sich spontan, meist wird die Spaltung aber ausgelöst, wenn der Kern mit einem Neutron kollidiert. Dabei werden Neutronen frei, die in einer Kettenreaktion weitere Kerne spalten. Die Energie nutzt man zur Energiegewinnung und in Kernwaffen.

Kohlenwasserstoff Eine Verbindung, die nur Wasserstoff und Kohlenstoff enthält. Da Kohlenstoff sich gut an sich selbst bindet (mit Einfach-, Doppel- oder Dreifachbindungen), gibt es eine Vielzahl von Kohlenwasserstoffen. Der einfachste ist Methan (CH_4).

Konzentration Maß für die Menge eines in einer Lösung enthaltenen Stoffs bezogen auf das Volumen oder die Masse der Lösung.

koordinative Bindung Eine kovalente Bindung, bei der eines der Atome beide Elektronen liefert. *Siehe auch* **kovalente Bindung.**

kovalente Bindung Eine chemische Bindung, die durch die gemeinsame Nutzung von Elektronen durch zwei Atome entsteht. *Siehe auch* **Bindung, koordinative Bindung.**

Kristall Ein Feststoff mit geometrischer Form aufgrund der regelmäßigen, gitterartigen Anordnung seiner Atome/Ionen. Ein Flüssigkristall ist eine fließende Substanz, in der die Moleküle aber eine gewisse Ordnung haben.

Lanthanoid Eines der 15 Elemente in Periode 6 des Periodensystems zwischen Lanthan und Lutetium, auch Seltene Erden genannt.

Lanthanoidenkontraktion Eine Verkleinerung des Atomradius bei den Lanthanoiden. Sie nimmt von Lanthan bis Lutetium zu, da die 4f-Elektronenorbitale der Atome die Außenelektronen immer weniger wirksam vor der zunehmenden Kernladung abschirmen. *Siehe auch* **Lanthanoid, Abschirmung.**

Legierung Ein Mischmetall aus verschiedenen Elementen.

Leiter Eine Substanz, die Wärme oder Elektrizität gut durch sie hindurchfließen lässt.

Lösung Ein Gemisch einer Flüssigkeit (dem Lösungsmittel) mit einem Gas, einer Flüssigkeit oder einem Feststoff (dem gelösten Stoff), meist mit einer Wechselwirkung zwischen dem gelösten Stoff und den Lösungsmittelmolekülen (wie bei wässrigen Lösungen). *Siehe auch* **wässrige Lösung.**

Magnetismus Die Erscheinung, dass einige Substanzen ein Magnetfeld (ein anziehendes oder abstoßendes Kraftfeld) haben. Jede Bewegung von Ladungen (z. B. elektrischer Strom) erzeugt ein Magnetfeld. Einzelne Atome erzeugen Magnetfelder durch Spin und Bahndrehimpuls. *Siehe auch* **Quantenmechanik, Spin.**

Massenzahl Die Anzahl der Nukleonen in einem Atom. *Siehe auch* **Nukleon.**

Metall **1.** Ein Element, das vor allem durch die Abgabe von Elektronen reagiert. **2.** Ein Stoff, der (überwiegend) aus einem Metallelement oder mehreren Metallelementen (Legierung) gebildet wird. Metalle sind meist glänzende Feststoffe, nur Quecksilber ist flüssig. Sie sind gute Wärme- und Stromleiter. *Siehe auch* **Legierung, metallische Bindung.**

metallische Bindung (Metallbindung) Eine chemische Bindung von Metallen, bei der die positiven Metallionen von einem »Meer« aus delokalisierten, beweglichen Elektronen durch die elektrostatische Anziehung in einer Gitteranordnung gehalten werden. *Siehe auch* **delokalisiertes Elektron, Metall.**

Mineral Eine natürliche Substanz, die chemisch einheitlich (also ein Element oder eine Verbindung) und meist ein kristalliner Feststoff ist. Sie sind durch typische Eigenschaften wie Kristallform und Härte erkennbar. Gesteine bestehen aus mehreren Mineralen.

Molekül Ein einzelnes Teilchen einer Verbindung oder eines Elements aus zwei oder mehr chemisch gebundenen Atomen.

Nanoteilchen Ein Materieteilchen mit einem Durchmesser von 1 bis 100 Nanometern (Milliardstel Meter).

Neutrino Ein subatomares Teilchen ohne Ladung und mit extrem geringer Masse.

Neutron Ein neutrales subatomares Teilchen im Atomkern, etwa so schwer wie ein Proton.

Nukleon Ein Neutron oder Proton.

Orbital *siehe* **Elektronenorbital.**

Ordnungszahl (Kernladungszahl) Die Anzahl der Protonen im Atomkern.

organische Chemie Der Zweig der Chemie, der Kohlenstoffverbindungen erforscht.

Oxid Eine Verbindung, in der Sauerstoff an ein oder mehrere Elemente gebunden ist.

Oxidation Eine chemische Reaktion, bei der ein Stoff Elektronen abgibt oder sich mit Sauerstoff verbindet. *Siehe auch* **Reduktion.**

Oxidationsstufe (Oxidationszahl) Die Anzahl der Elektronen, die ein Atom oder Molekül gegenüber dem neutralen Zustand formal abgegeben (positive Zahl) oder aufgenommen (negative Zahl) hat. In Stoffnamen drückt man Oxidationsstufen durch römische Zahlen aus. So gibt es u. a. Mangan(II)-oxid und Mangan(IV)-oxid, in denen das Manganatom die Oxidationsstufe +2 bzw. +4 hat; der Sauerstoff hat −2; die Formeln sind MnO bzw. MnO_2. *Siehe auch* **Oxidation.**

Paramagnetismus Eine Art von Magnetismus, bei der ein äußeres Magnetfeld eine Substanz schwach anzieht. Paramagnetische Substanzen haben ungepaarte Elektronen, die sich in Richtung eines von außen angelegten Magnetfelds ausrichten können. *Siehe auch* **Diamagnetismus, Magnetismus.**

Peptid Eine organische Verbindung aus meist 2 bis 50 kovalent verbundenen Aminosäuren. *Siehe auch* **Aminosäure, Protein.**

Periode Eine horizontale Reihe im Periodensystem. Innerhalb einer Periode haben die Elemente dieselbe Anzahl an Elektronenschalen, aber eine steigende Anzahl an Valenzelektronen.

Photon Lichtteilchen.

Pigment Ein farbiger Stoff, der zum Malen oder Färben verwendet wird, insbesondere ein Pulver, das (gemischt mit Öl, Wasser oder Ähnlichem) Farbe oder Tinte ergibt.

Plasma Ein stark ionisiertes Gas aus positiven Ionen und etwa gleich viel freien Elektronen. *Siehe auch* **Ion, Ionisation.**

Polymer Eine Substanz aus großen Molekülen, die sich aus sich wiederholenden Einheiten, den Monomeren, zusammensetzen.

Positron Das Antiteilchen des Elektrons, das dieselbe Masse wie ein Elektron hat, jedoch eine positive statt einer negativen Ladung. *Siehe auch* **Antiteilchen**, **Elektron**.

Protein Eine organische Verbindung aus 50 oder mehr kovalent verbundenen Aminosäuren. Sie haben meist komplexere Formen als Peptide. Viele Proteine sind Katalysatoren, diese nennt man Enzyme. *Siehe auch* **Aminosäure**, **Katalysator**, **Enzym**, **Peptid**.

Proton Ein subatomares Teilchen im Atomkern mit einer positiven Ladung vom gleichen Betrag wie die negative Ladung des Elektrons und etwa der 1840-fachen Masse. Ein Wasserstoffion ist ein Proton.

Quantenmechanik Ein System der Mechanik, das aus der klassischen Mechanik und der Elektromagnetismus-Theorie hervorging, weil diese keine konsistente Erklärung für atomare Strukturen liefern konnten.

radioaktiver Zerfall Die spontane Umwandlung eines instabilen Atoms in ein Tochteratom unter Aussendung von Teilchen oder Photonen. *Siehe auch* **Radioaktivität**.

Radioaktivität Der spontane Zerfall instabiler Atome unter Aussendung von Alphateilchen, Betateilchen, Gammastrahlung oder anderen Teilchen. *Siehe auch* **Alphateilchen**, **Betateilchen**, **Gammastrahlen**.

Reaktion Ein Prozess, bei dem ein oder mehrere chemische Stoffe (Elemente oder Verbindungen), die Reaktanten, sich in andere Stoffe, die Produkte, umwandeln. Dabei brechen bestehende chemische Bindungen auf und neue Bindungen bilden sich.

Reaktivität Die Neigung einer Chemikalie, eine chemische Reaktion einzugehen.

Reduktion Eine chemische Reaktion, bei der ein Stoff Sauerstoff abgibt oder Elektronen aufnimmt. *Siehe auch* **Oxidation**.

relativistische Effekte Die Auswirkungen der Relativitätstheorie auf schwerere Elemente, etwa die besonders hohe Ionisierungsenergie von 6s-Elektronen und die von oben nach unten in jeder Gruppe im d-Block zunehmende (statt abnehmende) Bindungsenergie.

Röntgenstrahlen Elektromagnetische Strahlung mit Wellenlängen kürzer als Ultraviolettstrahlung, aber länger als Gammastrahlung. Sie durchdringen viele Materieformen und werden zur Untersuchung innerer Strukturen im Körper oder in der Technik verwendet.

Rückreaktion Die Umkehr einer chemischen Reaktion. Viele Reaktionen laufen in beide Richtungen ab und die beteiligten Stoffe stehen im Gleichgewicht miteinander. *Siehe auch* **Reaktion**, **Gleichgewicht**.

Salz Eine Verbindung, die entsteht, wenn eine Säure mit einer Base reagiert, wobei der Wasserstoff der Säure durch positive Ionen (meist Metallionen) ersetzt wird. Natriumchlorid ist das bekannteste Beispiel für ein Salz. *Siehe auch* **Säure**, **Base**.

Säure Ein Stoff, der Wasserstoffionen (H^+) produziert, wenn er in Wasser aufgelöst wird.

Schale *siehe* **Elektronenschale**.

Schlacke Unerwünschte Gesteinsreste, die bei der Verhüttung von Metall übrig bleiben.

Schweißen Das Zusammenfügen von Metallteilen durch Erhitzen mit oder ohne Zusatzwerkstoff, etwa mit einem Schweißbrenner, einem Lichtbogen oder anderen Verfahren.

Seltene Erden *siehe* **Lanthanoide**.

Spektroskopie Die Analyse eines Spektrums zur chemischen Analyse oder zur Untersuchung von atomaren und molekularen Energieniveaus und Molekülstrukturen. Das Spektrum wird mit einem optischen Instrument (Spektroskop) erzeugt. Mehrere Elemente wurden mithilfe der Spektroskopie entdeckt. *Siehe auch* **Spektrum**.

Spektrum Die Verteilung elektromagnetischer Strahlung entlang zunehmender oder abnehmender Energien (und damit Frequenz oder Wellenlänge).

Spin In der Quantenmechanik eine intrinsische Eigenschaft von Teilchen, die nur diskrete Werte annehmen kann und die unabhängig von seiner Bewegung vorhanden ist. Der Spin eines Elektrons kann zwei Werte haben, die man »up« und »down« nennt. *Siehe auch* **Quantenmechanik**.

Spurenelement **1.** Ein Element, das nur in winzigen Mengen in einer Probe oder Umgebung vorhanden ist. **2.** In Lebewesen ein Element, das zum Funktionieren nötig ist, aber nur in geringen Mengen. Dazu gehören Chrom, Kobalt, Kupfer, Jod, Eisen, Mangan, Molybdän, Selen, Silizium und Zink.

Supraleiter Ein Material, das unterhalb einer bestimmten Übergangstemperatur keinen elektrischen Widerstand aufweist.

Synthese **1.** Die Bildung einer chemischen Verbindung aus einfacheren Verbindungen oder Elementen. **2.** Die künstliche Herstellung von Elementen, die auf der Erde nicht natürlich vorkommen.

Teilchenbeschleuniger Eine Maschine, die Atome oder subatomare Teilchen mit hoher Geschwindigkeit zur Kollision bringt. So kann man subatomare Teilchen erforschen oder künstliche Elemente erzeugen, von denen einige medizinische und industrielle Anwendungen finden.

Transuran Ein Element mit einer Ordnungszahl von mehr als 92 (der Ordnungszahl von Uran). Die meisten dieser Elemente sind instabil und haben eine kurze Halbwertszeit.

Übergangsmetall Eines der Metalle, die sich in der Mitte des Periodensystems befinden. *Siehe auch* **Metall**.

Unterschale Eine Teilmenge einer Elektronenschale, die aus allen Orbitalen desselben Typs in dieser Schale besteht. Zum Beispiel bilden die drei p-Orbitale einer Schale eine Unterschale.

Valenz *siehe* **Wertigkeit**.

Valenzelektron Ein Elektron in einer der äußeren Schalen eines Atoms, das an chemischen Bindungen beteiligt ist.

Verbindung Ein Stoff aus Atomen von zwei oder mehr Elementen, die in einer bestimmten Kombination verbunden sind.

Verbrennung Eine chemische Reaktion zwischen Sauerstoff und einem Brennstoff, die Wärme und Licht (oft als Flammen) erzeugt.

Verhüttung Die Gewinnung eines Metalls aus dem Erz durch Erhitzen in einem Ofen mit einem Reduktionsmittel (wie Kohlenstoff) und oft einem Flussmittel (wie Kalkstein).

wässrige Lösung Eine Lösung, bei der ein Stoff in Wasser gelöst ist.

weiches Wasser Wasser mit relativ geringen Mengen gelösten Kalziums und Magnesiums. *Siehe auch* **hartes Wasser**.

Wertigkeit **1.** Ein Maß dafür, wie leicht sich ein Atom oder eine Gruppe von Atomen mit anderen Atomen verbinden kann. **2.** In der Chemie ist die Wertigkeit oft ein Zahlenwert, der angibt, wie viele Elektronen ein Atom in einer Bindung abgibt, aufnimmt oder teilt.

Zerfallskette Die Reihe von Zerfällen oder Umwandlungen, die radioaktive Nuklide durchlaufen, bevor sie eine stabile Form erreichen. *Siehe auch* **radioaktiver Zerfall**.

Zyklotron Ein Typ von Teilchenbeschleunigern. Mithilfe von magnetischen und elektrischen Feldern zwingt er Teilchen auf eine spiralförmige Bahn zwischen zwei d-förmigen Elektroden, die ein wechselndes elektrisches Feld erzeugen, das die Teilchen immer mehr beschleunigt, bis sie am Rand aus dem Beschleuniger herausgeschleudert werden.

REGISTER

Fett gedruckte Seitenzahlen beziehen sich auf Haupteinträge.

Q

R

S

DANK

Dorling Kindersley dankt: Katie John für zusätzliche Redaktionsarbeit; Helen Peters für das Register; Katie Cederborg, Karen Font, Kristine French, Michelle Harris, Priyanka Kharbanda, Katherine Kling und Michaela Weglinski für Faktenchecks; Anjali Sachar, Rupanki Kaushik und Shaarang Bhanot für Designassistenz; Vishal Bhatia, Satish Gaur für technische Assistenz; Aditya Katyal, Ridhima Sikka, Rituraj, Sakshi Saluja und Taiyaba Khatoon für Unterstützung der Bildrecherche sowie Vagisha Pushp und Priya Singh für die Verwaltung der Bildrecherche.

Künstlerische Darstellungen für die folgenden Elemente wurden von Stuart Jackson-Carter geschaffen: Americium, Curium, Einsteinium, Quecksilber, Plutonium, Promethium, Protactinium, Schwefel und Technetium.

Der Verlag dankt folgenden Personen und Organisationen für die freundliche Genehmigung zum Abdruck von Fotos:
(Abkürzungen: o = oben, u = unten, m = Mitte, l = links, r = rechts, g = ganz)

123RF.com: Micha Baraski 50um, Hapelena 144gom; **Adobe Stock:** Matthieu 28gol, Vittaya_25 174-175mo, vvoe 32mro; **Alamy Stock Photo:** ADC Pictures 102mu, Derrick Alderman 129m, Ancient Art and Architecture 119ul, AP Photo/Michael Probst 77mr, Art Directors & TRIP 228gor, Associated Press/Tanya Moutzalias 187gol, Basement Stock 156mr, Joerg Boethling 137mr, Bruce Leighty - Sports Images 191mru, John Cancalosi 131mlu, 146mlu, 154um (Bastnäsit), 180ur, 196mro (Bastnäsit), 214mro, 216mr, 217mo, 244mu, Phil Degginger 38ul, 80ul, 94m, 94um, 98um (Dolomit), 146gor, 184go, 184um, 199mu, 207mu, 212m, Susan E. Degginger 124gor, 130m, 180mru, 188mru, 188ur, 218go, 220mro, Dorling Kindersley Ltd. 204mr, 205gol, Thomas Dutour 129gol, Eye35 233ur, Fossil & Rock Stock Photos 125ml, Dino Fracchia 129mr, Granger Historical Picture Archive 28gom, History & Art Collection 202gol, imageBROKER.com 137mlu, imageBROKER.com/Thomas Frey 231mr, Khosro Zangeneh Kamali 187mr, ala Köhserli 42ur, Henri Koskinen 58mro, KPixMining 35mr, DARA KUSHNER 93gol, Vincent Ledvina 118mru, José María Barres Manuel 54mro, 98ur, mauritius images GmbH/Heiko Osswald 135ml, Patti McConville 119mlu, Steve Morgan 112-113mo, Natural History Museum, London 46mru, Nature Picture Library/John Cancalosi 118mro, NG Images 105mo, Panther Media GmbH/StGrafix 42go, PB/YB 62ur, 70ur, 80um, 118ur, 124m, 124mr, 125mlo, 131mu, 138um, 146mu, 147ml, 176ur, 192ur, 194mru, 194ur, 196mro, 198mru, 206mo, 209ml, 211mlo, 215mo, 218mu, 244mru, 251mlu, Phanie - Sipa Press/Voisin 117m, PhotoStock-Israel 30-31gom, PjrRocks 160um (Orthoklas), 236ur, Chuck Place 109gor, SBS Eclectic Images 178ur, Science History Images 88gol, Science History Images/Photo Researchers 30gom, 142gol, 142gom, 258gol, 258-259go, sciencephotos 220m, David Shwatal 56-57mo, Siim Sepp 132um (rötlich), Gareth Taylor 137ur, The Granger Collection 242-243go, The Natural History Museum 50ur, 54gor, 150mru, The Print Collector/Ann Ronan Picture Library/Heritage-Images 88-89go, TommyK 130mu, Fabrizio Troiani 236um, Universal Images Group North America LLC/DeAgostini 90um, 218mru, urbanbuzz 65gol, WaterFrame 145ur, Well/BOT 30gol, Westend61 GmbH 92-93m, Björn Wylezich 62m, Xinhua/Liu Dawei 258gom, yothinpi 32mr, Erberto Zani 69gol; **Alchemist-hp:** Heinrich Pniok 122go; **Bridgeman Images:** Stefano Bianchetti 242gom, Erich Lessing 28-29go, PVDE 142-143go, SSPL/UIG 31gom; **Courtesy of Smithsonian:** 122ur, 215mo (Gadolinit), Ken Larsen 197gol, 198mu, 212mro, 245gol, 250mu; **Depositphotos Inc:** 3d_kot 36-37gom, 3dmentat 40-41m, SedovaY 84-85m, siimsepp 188mr, Vilab 36mlo, VladislavNosick 101gol; **Dorling Kindersley:** Holts Gems/Ruth Jenkinson 110ur, Ruth Jenkinson/Holts Gems 164um (Gips), Ruth Jenkinson/RGB Research Limited 32m, 38go, 74m, 98go, 106go, 144m, 148go, 150go, 160m, 168m, 180m, 206gor, 207go, 208go, 214m, 215gol, 234go, 236go, Colin Keates 46m, Colin Keates/Natural History Museum, London 74um, 150ur, 206m, Natural History Museum, London/Colin Keates 42um (Galenit), 66gol, 136ur, Natural History Museum, London/Tim Parmenter 156mro, Tim Parmenter/Natural History Museum, London 82um (beige), Gary Ombler/Oxford University Museum of Natural History 207mlu, Oxford University Museum of Natural History/Gary Ombler 38um, RGB Research Limited/Ruth Jenkinson 50go, 58m, 70go, 102go, 110go, 114go, 125m, 126go, 130go, 131go, 136go, 138go, 156m, 164go, 172go, 176go, 192go, 194m, 204go, 205go, 209go, 228u, 230go, 250go, Pavlo Vakhrushev 100-101m; **Dreamstime.com:** Astrofireball 233mlu, Bigtunaonline 145mr, Bwylezich 78go, 82ur, 90go, 132m, 147go, 170m, 210gor, 211m, 213gol, 217gol, 239mlu, 239mu, Caimacanul 163gol, Chartthai 167gor, Natalya Chernyavskaya 41mr, Vsevolod Chuvanov 105ml, Eugenesergeev 76-77gom, Peter Hermes Furian 110um, 184ul, Globo360gradi 220gor, Hamik 41gor, Caeri Hiraman 135gol, Iamtkb 132ur, JaCrispy 35gol, Jeep2499 117gol, Branko Jovanovic 74um (pink), Roberto Junior 149gol, 152go, 154go, 178go, 216go, 244go, Aleksander Kovaltchuk 54m, Ekaterina Kriminskaia 50um (Magnetit), 98um, 125gol, 247mu, Adrien Ledeul 226-227m, Losmandarinas 82um, Ruslan Lytvyn 222-223m, Micropic 146mru, 147mlu, 220mru, Ruslan Minakryn 62mru, Tanadet Mukkathrap 52-53m, MXW Photo 32mro (Holzkohle), Joe P 78ul (Arsenopyrit), Rangizzz 44m, Matyas Rehak 167gol, Renvema 186-187mo, Derek Rutherford 231ur, Iryna Sialitskaya 96-97mo, Bundit Singhakul 159ml, Vladimir Sychev 113gol, Methaphum Thongbun 116-117m, Toldiu74 56-57m, VanderWolfImages 61mr, Vladimir Veljanovski 35gor, Vvoevale 78ur, Weir2010 97gor, Björn Wylezich 70um, 72r, 118m, 120go, 126um, 196m, 197m, 198go, 224gor, 238mru, 239mru, 245m, 246mu, 247go, 251mu, 252mru, 254ur, 263mlu; **Getty Images:** DEA/A.RIZZI 170gor, aapsky 171ul, Bloomberg 229ur, Corbis Documentary/Walter Geiersperger 2, 80go, Corbis News/Pallava Bagla 159mr, Hulton Archive/Paul S. Howell 222mro, Hulton Archive/USC Pacific Asia Museum 68-69m, Moment/Douglas Sacha 85mr, Moment/MirageC 187ml, Moment/Nora Carol Photography 113gor, Moment Open/Monthon Wa 57gol, Navinpeep 41gol, Procycling Magazine 101ml, Science Photo Library - Steve Gschmeissner 119ur, Science Photo Library/Steve Gschmeissner 77gor, Manu Vega 171m; **Getty Images/iStock:** Adventtr 261mr, AndreyPopov 175mlo, Anzhelika Costin 77m, E+/AlexSava 135mr, E+/JohnnyGreig 227ml, E+/O2O Creative 123ur, E+/Onurdongel 117gor, E+/Rob_Ellis 135gor, Epitavi 65mr, fotokostic 85gor, frankpeters 190-191mo, grynold 227gol, Hispanolistic 235ur, Ghulam Hussain 109gom, Jodi Jacobson 163gor, Albert_Karimov 137um, chutarat sae-khow 36mu, Mark Kostich 237ur, loraks 101gor, mikdam 191gol, milansys 48-49m, mofles 183mr, MXW Photo 32gor, Ake Ngiamsanguan 36-37m, Nostal6ie 128-129mo, Photodisc/Digital Vision 61gor, Alex_Schmidt 69m, Maki_Shmaki 53gor, Squareman 45mr, Tatiana 61mlo, Alexandr Vorontsov 159gor, xphotoz 118mr, Michael Zeigle 167mr, Zhaojiankang 119mr, Phillip Van Zyl 162-163mo; **History of Science Museum, University of Oxford:** 242gol; **Dr. Gregory Ivanyuk:** 196gor, 198mu (Cerit); **Los Angeles County Museum of Art:** The Madina Collection of Islamic Art, gift of Camilla 57mr; **The Metropolitan Museum of Art:** Gift of Helene Fortunoff and Robert Grossman, 2017 44-45gom, Gift of Mrs. Emily Winthrop Miles, 1946 117ml; **NASA:** 49gor, 158mu, 229m, 235ul, Verstärktes Bild von Kevin M. Gill (CC-BY) basierend auf Bildern von NASA/JPL-Caltech/SwRI/MSSS. 102mru, 234ur, JPL-Caltech/MSSS 255m, NASA Earth Observatory NASA image use policy. NASA Goddard Space Flight Center 230ur, 232gor; **National Museum of Natural History/Smithsonian Institution:** 80ur; **RRUFF:** Rock Currier 172ur, Michael Scott 126um (Brannerit), James Shigley 72um, 152um, University of Arizona Mineral Museum 16081 154um; **Sanford Underground Research Facility:** Matthew Kapust 235mr; **Science Photo Library:** 82m, 192um, 199go, 211gol, 224m, 232m, Burger/Phanie 108-109m, Martyn F. Chillmaid 68ml (c), Herve Conge 101mr, Phil Degginger 42um, Laguna Design 222m, Eye of Science 171ur, K H Fung 175mr, Steve Gschmeissner 53m, 57gor, 93mr, Dorling Kindersley 144mlo, MAREK MIS 163mr, National Physical Laboratory/Andrew Brookes 265ml, National Cancer Institute 49gol, National Institutes Of Health, NIAID 129gor, Natural History Museum, London 72mu, 148mru, Susumu Nishinaga 59mr, NIST 227mr, Alfred Pasieka 109mr, Power and Syred 105mr, Samunella 175gor, Science History Institute 88gom, Sheila Terry 203gom, Anne E. Weston 113mr, Dirk Wiersma 106ur, 187gor, 236um (Gneis), Charles D. Winters 160ur, Zephyr 69gor, Vsevolod Zviryk 223m; **Shutterstock.com:** Myriam B. 206gom, Joe Belanger 85gol, John Cancalosi 182-183m, D-VISIONS 227gor, Denis---S 134-133mo, Melnikov Dmitriy 60-61m, Everett Collection 183ml, Evikka 183gol, Ray Geiger 183gor, Haggardous50000 132um, hbpictures 93gor, Herzstaub 223gol, Jag_cz 166-167m, Jessicahyde 65gor, Andriy Kananovych 114ur, Kateryna Kon 34-35m, K.K.T Madhusanka 40mlu, MarcelClemens 74ur, 178um, Mpohodzhay 231ul, Peakstock 45gor, Photo Hedge 191mlu, Aleksandr Pobedimskiy 184ur, RHJPhtotos 188m, 248mro, 260gor, B. Robinson 249m, Albert Russ 120um, 250mru, Janik Rybicka 229ul, Science Project 101 22mro, Georgy Shafeev 97ml, 145ul, Sergey Skleznev 64-65m, STUDIO492 49mr, Nuttawut Uttamaharad 97mr, Bo Valentino 157ur, Sergio Delle Vedove 53gol; **Tosaka:** 219, 251; **US Naval History & Heritage Command:** 105gom **Wikimedia Commons:** Amédée Guillemi 202-203gom

Cover: *Vorne:* **Dorling Kindersley:** Ruth Jenkinson/RGB Research Limited; *Hinten:* **Getty Images:** Corbis Documentary/Walter Geiersperger
Vorsatz- und Nachsatz: Dreamstime.com: Björn Wylezich

Einführung zum Vorwort, S. 8
Neysan Donnelly, *Das Periodensystem der Elemente: Eine Würdigung*, Blogbeitrag für die Foundation Lindau Nobel Laureate Meetings, *www.lindau-nobel.org*

Noch mehr Wissen und Lesefreude

ISBN 978-3-8310-4859-5

ISBN 978-3-8310-4519-8

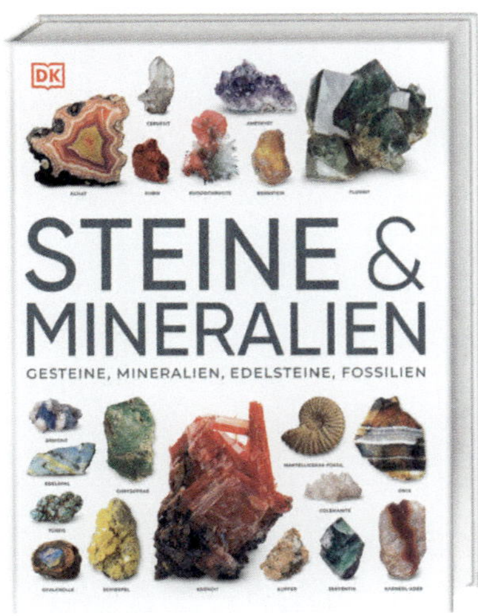

ISBN 978-3-8310-4806-9

ISBN 978-3-8310-5085-7

DK

www.dk-verlag.de

Neugierig auf mehr?